Claude HAZARD
Inspecteur général de
l'Éducation nationale

Frédy LELONG
Inspecteur pédagogique
régional,
Inspecteur d'académie

Bruno QUINZAIN
Professeur
agrégé de génie civil

MÉMOTECH
STRUCTURES MÉTALLIQUES

Mise à jour 2004

**(du CAP au BTS
filières Structures Métalliques)**

Collection
A. Capliez

CASTEILLA

educalivre

Éditions **CASTEILLA** – 25, rue Monge – 75005 PARIS

Préface

Dans l'enseignement technique, la réussite aux examens à finalité professionnelle a toujours requis une solide formation professionnelle. C'est actuellement le cas des CAP, BEP, Bac professionnel, Bac STI et BTS « Structures métalliques » dont les savoirs et savoir-faire en matière de fabrication et de réalisation constituent la meilleure garantie d'insertion dans le marché du travail.

Cependant, le contenu de ces formations s'enrichissant et « s'intellectualisant », la tendance dans les établissements scolaires serait de développer les savoirs théoriques au détriment des savoir-faire de fabrication et de réalisation dont l'apprentissage serait alors confié aux entreprises industrielles.

Pourtant, quel que soit le système de formation professionnelle adopté, il est clair que les savoir-faire de base doivent être acquis en formation initiale dans les établissements scolaires, selon des méthodes et des stratégies pédagogiques largement éprouvées. C'est ce qu'ont fort bien compris et ce que défendent Claude HAZARD Inspecteur général de l'Éducation nationale, Frédy LELONG Inspecteur pédagogique régional, inspecteur d'académie et Bruno QUINZAIN professeur agrégé de Génie Civil enseignant en « Constructions métalliques ».

Les auteurs, dont l'expérience pédagogique et les références industrielles sont reconnues de tous, ont rédigé, dans le plus pur style Mémotech, cet ouvrage où tous les éléments des fabrications et des réalisations sont traités avec beaucoup de méthode et de précision : matériaux de construction, produits sidérurgiques, mise en forme des éléments, dossier méthodes, systèmes de représentation, éléments de calcul, utilisation des logiciels, normalisation et réglementation relatives aux réalisations des ouvrages en construction métallique, en chaudronnerie et en tuyauterie font l'objet d'autant de chapitres rédigés avec beaucoup d'originalité.

Remercions vivement C. HAZARD, F. LELONG, et B. QUINZAIN pour cet important et bienvenu apport à la bibliographie de l'enseignement technique et de la formation professionnelle.

A. CAPLIEZ
Inspecteur général honoraire
de l'Éducation nationale

Réalisation : Gex Mougin

I.S.B.N. : 2-7135-1751-6
I.S.S.N. : 0986-4024

Les auteurs et l'éditeur remercient les entreprises et les organismes suivants pour leur aimable et gracieuse collaboration à cet ouvrage : AMB-PICOT, CADEX, CTICM, Descours et Cabaud, Diamond, Eternit, Hilti, INFOPLAN, OTUA, RobotBAT, SAF, SCMF, SNCT, Sonaspection, Technisoft, Ugine, USINOR-SACILOR, Buildsoft, TEKLA.

Crédit photographique :
page 5, haut : © J. Hebinger/89 – Photothèque USINOR-SACILOR
page 236 : © Studio Pons/92 – Photothèque USINOR-SACILOR

TABLE DES MATIÈRES

1 ENTREPRISES DE STRUCTURES MÉTALLIQUES

Le vocable « Structures métalliques » regroupe trois champs professionnels :

- la chaudronnerie, tuyauterie et tôlerie industrielle ;
- la construction métallique ;
- la construction navale (rattachée dans cet ouvrage à la chaudronnerie tuyauterie).

DÉFINITIONS

Dans la nomenclature interprofessionnelle des métiers, la chaudronnerie est rattachée à la construction mécanique alors que la construction métallique est recensée dans les métiers du bâtiment.
Leur représentation en France est assurée par :

- Pour la chaudronnerie :
le Syndicat National de la Chaudronnerie Tuyauterie (S.N.C.T.) 39-41, rue Louis-Blanc 92400 Courbevoie

- Pour la construction métallique :
le Syndicat de la Construction Métallique de France (S.C.M.F.) 20, rue Jean-Jaurès 92800 Puteaux

LA CHAUDRONNERIE TUYAUTERIE

La chaudronnerie occupe au sein de la construction mécanique une place de tout premier plan. Elle devance, par son chiffre d'affaires et ses effectifs, la plupart des autres sous-branches de la mécanique et elle est présente sur de nombreux domaines de pointe de la mécanique : nucléaire, exploitation pétrolière offshore, économie d'énergie, protection de l'environnement, aérospatiale, matériel ferroviaire…
La profession comprend près de 80 % d'entreprises dont l'effectif est inférieur à cinquante salariés. Ce sont des P.M.E, P.M.I.
On y distingue trois profils types :

– les ensembliers

– les spécialistes produits

– les spécialistes métiers

Pièce forgée de cuve de réacteur nucléaire

LA CONSTRUCTION MÉTALLIQUE

La construction métallique est un corps d'état du B.T.P.
Ses activités s'étendent de l'étude au montage sur chantier en passant par le calcul, le dessin et la fabrication.
Elle construit des ouvrages aussi variés que des immeubles, des bâtiments industriels ou agricoles, des ponts, des passerelles, des pylônes, des silos, des engins de levage et des plates-formes de forage.
Près de 20 000 personnes travaillent dans 400 entreprises de profils très variés : bureaux d'étude spécialisés, ateliers de fabrication, entreprises de montage, de levage…

Construction d'un atelier industriel

2 NORMES EUROPÉENNES DE QUALITÉ

Une norme est une règle fixant le type d'un objet fabriqué ou d'un service et les conditions techniques de réalisation.
Les clients, les donneurs d'ordres, font référence aux normes qui les concernent dans les contrats qu'ils passent avec les fabricants (les fournisseurs).

DÉFINITION

L'AFNOR (Association Française de Normalisation) participe au sein du **C.E.N.** (Comité Européen de Normalisation) à l'élaboration de normes européennes applicables par tous les pays de la **C.E.E.** (Communauté Économique Européenne).

Un organisme certificateur d'entreprises atteste, après réalisation d'un audit qualité, que l'entreprise met en œuvre, pour des activités données, un système d'assurance de la qualité qui répond aux exigences de l'une des normes de la famille ISO 9000 version 2000 suivante :

- **ISO 9000**
- **ISO 9001**
- **ISO 9004**
- **ISO 19011**
- **ISO 14001**

LA NORME ISO 9000

Les objectifs de la norme internationale ISO 9000 sont :

- de clarifier les distinctions et les relations entre les principaux concepts relatifs à la qualité.
- de fournir des lignes directrices pour la sélection et l'utilisation d'une série de normes internationales sur les systèmes qualité, qui peuvent être utilisées à des fins de gestion interne de la qualité (ISO 9004) et à des fins d'assurance externe de la qualité (ISO 9001).
- de préciser les principes essentiels et le vocabulaire.

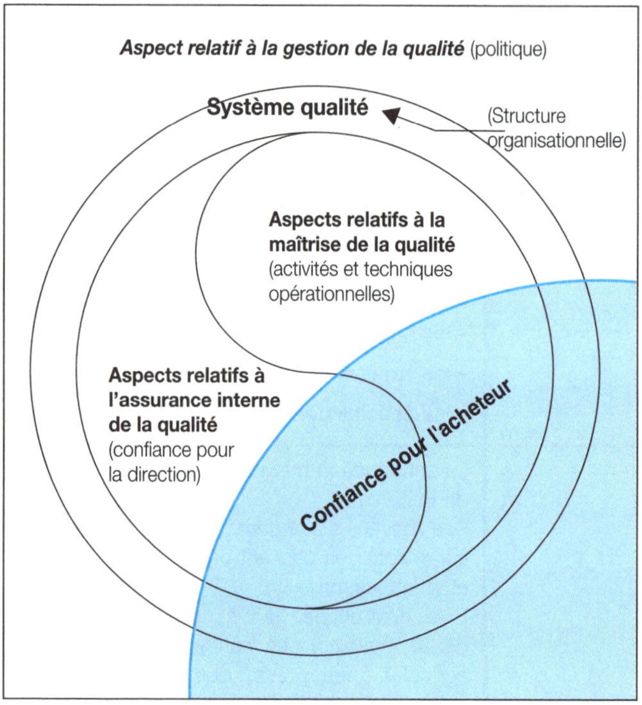

LA NORME ISO 9001

La norme ISO 9001 est utilisée lorsque la conformité à des exigences spécifiées doit être assurée par le fournisseur pendant plusieurs phases qui peuvent comprendre :

- la conception/développement,
- la production,
- l'installation sur le site,
- le soutien après la vente.

Elle spécifie les exigences en matière de système qualité qui sont applicables lorsqu'un contrat entre deux parties exige **que soit démontrée l'aptitude du fournisseur à concevoir, à fabriquer et à fournir un produit.**

LA NORME ISO 9001 (suite)	Elle est utilisée lorsque la conformité à des exigences spécifiées doit être assurée : – par le fournisseur pendant la production et l'installation ; – uniquement lors des contrôles et des essais finaux. Elle spécifie les exigences en matière de système qualité qui sont applicables lorsqu'un contrat entre deux parties exige **que soit démontrée l'aptitude du fournisseur à maîtriser les procédés qui sont déterminants pour l'acceptabilité du produit fourni.** Les exigences spécifiées visent, en premier lieu, à prévenir toute non-conformité pendant la production et l'installation et à mettre en œuvre les moyens pour en prévenir le renouvellement.
LA NORME ISO 9004	La norme ISO 9004 donne les lignes directrices à toutes les organisations, à des fins de gestion de la qualité. Elle vise à améliorer des performances de l'organisme et la satisfaction des clients et des autres parties intéressées. *« La motivation des personnels commence par la compréhension des tâches qui leur incombent et de la façon dont elles contribuent aux activités d'ensemble. Les employés devraient être rendus conscients de l'intérêt d'un travail bien fait à tous les niveaux et des conséquences des performances médiocres sur les autres employés, sur la satisfaction du client, sur les coûts de fabrication et sur la prospérité de l'entreprise. »* extrait : *Chap. 18. Motivation* ***Boucle de la qualité*** 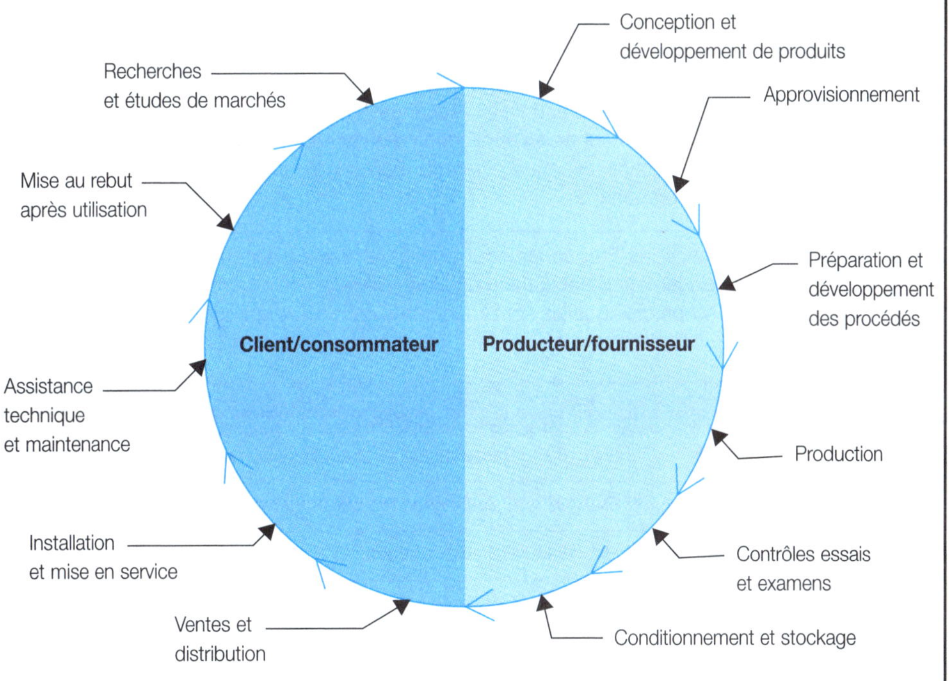
LA NORME ISO 19011	Cette norme fournit des conseils sur l'audit des systèmes de management de la qualité et des systèmes de management environnemental.
LA NORME ISO 14001	Cette norme précise le système de management environnemental.

3 RÉGLEMENTATION

3.1 RÉGLEMENTATION EN CONSTRUCTION MÉTALLIQUE

PRÉAMBULE

Dans un avenir proche, les Eurocodes se substitueront aux règlements actuels en vigueur (CM 66, Additif 80, normes de type NF P 22-xxx, Neige et Vent 65/67, Neige 84 modifiée 95, Recommandations).

EUROCODES STRUCTURAUX

Les Eurocodes (EC) structuraux sont des normes européennes de conception et de dimensionnement des structures de bâtiment et de génie civil, prenant en compte les hypothèses faites sur les matériaux, la mise en œuvre et le contrôle.
Ils concernent les structures en béton, acier, acier/béton, bois, maçonnerie, aluminium.
Ce ne sont pas des normes harmonisées (bien que les conditions soient réunies), mais des normes d'application volontaire.
Les Eurocodes sont au nombre de neuf.

HISTORIQUE DES EUROCODES

L'abscence d'harmonisation au niveau européen apparaît comme un obstacle au libre accès des entreprises de travaux, ou des bureaux d'études, aux marchés des autres États membres. L'Union européenne a confié au Comité européen de normalisation (CEN) la rédaction des Eurocodes, pour qu'ils soient publiés en tant que normes.

STATUT DES EUROCODES

Le Comité européen de normalisation (CEN), en accord avec l'Union européenne a décidé de donner aux Eurocodes un statut de prénorme européenne (ENV). Cela correspond à un statut de norme expérimentale. Ces normes sont valables (en théorie) trois ans (et souvent beaucoup plus), avec une prolongation possible de deux ans. Cette période permet de tester les Eurocodes sur des projets de construction. Durant cette période ENV, la coexistence des normes ou règles nationales avec les Eurocodes est effective. Par la suite, ces prénormes, améliorées grâce à cette phase d'expérimentation et d'échanges, seront transformées en normes européennes à part entière (EN). À l'entrée en application des normes européennes, les normes nationales qui seraient en contradiction avec les différents Eurocodes seront annulées et cela dans tous les pays de l'Union européenne.

LES EUROCODES EN FRANCE

En France les Eurocodes sont publiés en tant que norme expérimentale et sont accompagnés d'un document d'application national (DAN).
Le DAN précise quelles sont les normes nationales auxquelles il se réfère mais apporte également des modifications à la prénorme européenne (cela est permis pendant la période ENV).

DIFFÉRENTS EUROCODES ET ÉQUIVALENCE AVEC LES NORMES FRANÇAISES

Eurocodes	ENV	Titres	« Équivalence française »
Eurocode 1	ENV 1991	Bases de calcul et actions sur les structures	Règles Neige et Vent
Eurocode 2	ENV 1992	Calcul des structures en béton	Règles BAEL 91 et BPEL 91
Eurocode 3	ENV 1993	Calcul des structures en acier	Règles CM 66 – Additif 80
Eurocode 4	ENV 1994	Conception et dimensionnement des structures mixtes acier/béton	Pas d'équivalence française
Eurocode 5	ENV 1995	Calcul des structures bois	Règles CB 71
Eurocode 6	ENV 1996	Calcul des structures en maçonnerie	Pas d'équivalence française
Eurocode 7	ENV 1997	Calcul géotechnique	Pas d'équivalence française
Eurocode 8	ENV 1998	Résistance des structures aux séismes	Règles PS 92
Eurocode 9	ENV 1999	Calcul des structures en alliage d'aluminium	Règles A1

LES EUROCODES POUR LA CONSTRUCTION MÉTALLIQUE	L'Eurocode 1 (EC 1) définit les bases du calcul et actions sur les structures. L'Eurocode 3 (EC 3) définit le calcul des structures en acier. En cas de besoin, consulter l'Eurocode 2 qui définit le calcul des structures en béton (pour le calcul relatif aux pieds de poteaux) et l'Eurocode 8 qui définit la résistance des structures aux séismes.

	Parties	Titre
COMPOSITION DE L'EUROCODE 1 **ENV 1991**	Partie 1	Bases de calcul
	Partie 2	2.1 - Densités, poids propres, charges d'exploitation 2.2 - Actions sur les structures exposées au feu 2.3 - Charges de neige 2.4 - Action du vent 2.5 - Actions thermiques 2.6 - Actions en cours d'exécution 2.7 - Actions accidentelles dues aux chocs et aux explosions
	Partie 3	Charges sur les ponts dues au trafic
	Partie 4	Actions dans les silos et les réservoirs
	Partie 5	Actions induites par les grues, les ponts roulants et la machinerie

	ENV	Titre
COMPOSITION DE L'EUROCODE 3 **ENV 1993**	ENV 1993-1-1	Règles générales et règles applicables aux bâtiments + Annexes
	ENV 1993-1-2	Calcul de la résistance au feu
	ENV 1993-1-3	Profilés et plaques à parois minces formés à froid
	ENV 1993-1-4	Aciers inoxydables
	ENV 1993-2	Ponts et structures en plaques
	ENV 1993-3	Pylônes, mâts haubanés et cheminées
	ENV 1993-4	Réservoirs, silos et pipelines
	ENV 1993-5	Pieux et palplanches
	ENV 1993-6	Chemins de roulement
	ENV 1993-7	Structures marines et maritimes
	ENV 1993-8	Structures agricoles

TABLEAU RÉCAPITULATIF DES ÉLÉMENTS DE LA RÉGLEMENTATION

Nom	Référence	Intitulé	Observations
CM66	DTU P 22-701 (Document Technique Unifié)	Règles de calcul des constructions en acier.	Basé sur le comportement élastique de l'acier.
Additif 80	Revue Construction Métallique n°1 - 1981 du CTICM (Centre Technique Industriel de la Construction Métallique)	Règles de calcul des constructions en acier.	Prend en compte la plastification de l'acier. Introduit la notion d'états limites.
Norme	NF P 22-410 et 411	Assemblages rivés.	Remplace l'article 4,1 du CM66.
Norme	NF P 22-430 et 431	Assemblages par boulons non précontraints.	
Norme	NF P 22-460, 461, 462, 463, 464, 466, 468, 469	Assemblages par boulons à serrage contrôlé.	Pour les boulons à haute résistance (boulons HR).
Norme	NF P 22-470 et 471	Assemblages soudés soumis à un chargement statique.	Remplace l'article 4,3 du CM66.
Norme	NF P 22-250, 251, 252, 255	Assemblages soudés de profils creux.	
NV65 modifiée 2000	DTU P 06-002	Règles définissant les effets de la neige et du vent sur les constructions et Annexes.	
N84 modifiée 95 et 2000	DTU P 06-006	Action de la neige sur les constructions.	Modification de la partie neige des règles neige et vent NV65.
Normes		Normes diverses spécifiques ou non de la construction métallique. engins de levage, sécurité.	Exemples : Couvertures et bardages, garde-corps, éléments de fixation,
Recommandations		Recommandations relatives à la construction métallique.	Exemple : Calcul et exécution des chemins de roulement de ponts roulants.
Eurocode 1-DAN	NF P 06-102-3 NF P 06-102-4	Actions de la neige Action du vent	Destiné à remplacer le NV 65 et N84
Eurocode 3-DAN	NF P 22-311	Calcul des structures en acier et Document d'Application Nationale.	Destiné à remplacer le CM66, l'Additif 80 et les normes sur les assemblages.

3.2 RÉGLEMENTATION EN CHAUDRONNERIE TUYAUTERIE

TABLEAU RÉCAPITULATIF

Codes	Commentaires
C.O.D.A.P	Définit les catégories d'appareils soumis à pression et non soumis à la flamme, les notes de calculs, la fabrication et les tolérances de fabrication, les contrôles.
C.O.D.E.T.I.	Définit les règles générales, les matériaux, les calculs, la fabrication et les contrôles des éléments de tuyauterie. Il présente des annexes : installation de compensateurs, supportage, réglementation française des canalisations.

Codification		Commentaires
française	indice AFNOR	
NF EN 10028	A 36 205	Produits plats en acier pour appareil à pression.
NF EN 10028-1	A 36 205-1	Prescriptions générales.
NF EN 10028-2	A 36 205-2	Aciers non-alliés et alliés avec caractéristiques spécifiées à température élevée.
NF EN 10028-3	A 36 205-3	Aciers soudables à grains fins normalisés.
NF EN 10028-4	A 36 205-4	Aciers alliés au nickel avec caractéristiques spécifiées aux basses températures.
NF EN 10028-5	A 36 205-5	Aciers soudables à grains fins laminés thermomécaniquement.
NF EN 10028-6	A 36 205-6	Aciers soudables à grains fins trempés revenus.
NF EN 10028-7	A 36 205-7	Aciers inoxydables.
NF EN 10025	A 35 501	Aciers de construction d'usage général, nuance et qualité, tôles minces, moyennes et fortes, larges plats, laminés marchands et poutrelles.
	A 36 200	Influence des traitements thermiques après soudage (TTAS) sur les propriétés mécaniques des aciers non alliés pour chaudières et appareils à pression.
NF EN 10164	A 36 202	Tôles et larges plats avec propriétés garanties dans le sens perpendiculaire à la surface.
NF EN 10027	A 36 220	Aciers pour appareils à pression simple, conditions techniques de livraison des tôles, bandes et barres.
NF EN 10222	A 36 620	Pièces forgées en acier pour appareils à pression.
NF EN 10216	A 49 200	Tubes sans soudure en acier pour service sous pression.
NF EN 10217	A 49 201	Tubes soudés en acier pour appareils à pression.

3.3 HYGIÈNE ET SÉCURITÉ

L'hygiène et la sécurité en chaudronnerie, tuyauterie industrielle et construction métallique sont d'une importance capitale.

Les personnels d'atelier et de chantier doivent tout naturellement être capables :

- **de prévoir et d'identifier** les risques d'accidents non seulement pour le ou les acteurs, mais aussi en rapport avec l'environnement.
- **d'adopter** les règles, les méthodes et les solutions de mise en œuvre permettant d'assurer la sécurité des personnes et des biens.

3.3.1 NIVEAU DE PROTECTION DES PERSONNES EN STRUCTURES MÉTALLIQUES

ÉTATS DES PERSONNES ET DES BIENS	Conséquences possibles	Remèdes possibles
LES MAINS	• Brûlures thermiques et chimiques • Coupures • Écorchures • Pénétration de corps étrangers • Écrasement • --------------------	• **Gants en cuir** avec manchette (soudage à l'arc électrique) • **Gants de protection armés** (meulage) • **Gants de protection résistant aux bavures, corps gras, souple** (manutention de profilés et tôles). • --------------------
LES PIEDS	• Brûlures thermiques et chimiques • Écrasement • Coupures • Pénétration de corps étrangers (clous rouillés...)	• Port de chaussures de sécurité, hauteur mi-tibia au-dessus de la cheville • Éviter les chaussures avec lacets
LE CORPS	• Brûlures thermiques et chimiques • Coups violents • Pénétration de corps étrangers	• Supprimer les vêtements amples • Adopter la combinaison en coton de couleurs vives avec renforts de protection en rapport avec les travaux à réaliser (tablier et guêtres en cuir, protections des genoux, abdomen...)
LES YEUX VISAGE TÊTE	Projections de produits chimiques, de corps étrangers, de particules de meulage... chutes d'objets...	• **Casques de protection** de la nuque et de la tête • Masques avec verres de protection • Lunettes confortables à grande protection oculaire
APPAREIL RESPIRATOIRE	Émanations de poussière, de gaz et de fumées dues au soudage	• Écran de protection de la bouche et du nez
OREILLES	• Bruits importants • Chocs répétés • Machines outils (poinçonnage, martelage, découpage...)	Casque de protection, ou bouchons.

3.3.2 NIVEAU DE SÉCURITÉ EN ATELIER ET SUR CHANTIER

ÉTATS DES PERSONNES ET DES BIENS	Conséquences possibles	Remèdes possibles
L'ORDRE (dans l'atelier et les équipements individuels)	• Blessures diverses lors des déplacements • Chutes de profilés ou de tôles (mauvais rangement, ou sous-estimation des charges et pressions…).	• Aire suffisante pour le stockage des produits semi-finis et finis. • Orientation de plain-pied organisée. • Signalisation adaptée. • Râteliers pour matières premières et outils. • Servantes à roulettes. • Éclairement de l'atelier de qualité. • ………
IMPLANTATION DES MACHINES INADAPTÉE	• Gênes réciproques des acteurs entraînant des accidents. • Accès difficiles entraînant des accrochages et blessures.	• Établir un projet d'implantation rationnelle des machines avant la réalisation de l'atelier et l'achat des machines.
LES SOLS (en mauvais état)	• Chutes de plain-pied • Blessures dues au basculement des charges. • Chutes des machines.	• Mettre les sols au **même niveau.** • Supprimer les trous. • Rendre les sols antidérapants. • Assurer l'entretien permanent.
MANUTENTIONS (pénibles)	• Blessures graves par basculement, instabilité, ripage de tôles, d'ouvrages…). • Lombalgies (mal de dos) assez fréquents dans les métiers des « structures métalliques ».	• Mettre en place des moyens de manipulation adaptés aux matériaux ou pièces à manipuler. (Palonniers à ventouses, monorails ou ponts roulants).
CHANTIER (travaux)	• Les travaux de chantier effectués en « structures métalliques » peuvent entraîner **des** accidents **graves et irréversibles**. • Des blessures graves peuvent se produire lors de : déplacements, manutentions manuelles, renversement d'engins de levage, effondrement de structures… retombées de charges, heurts de personnes avec la charge ou l'appareil…). • Coincement, écrasement par la charge…). • ………	• Réflexion nécessaire et préalable afin de répertorier les risques auxquels le personnel peut être exposé. • Simulation des travaux de levage. • Étude préalable des objets, masses et particules en mouvements.

4 MATÉRIAUX DE CONSTRUCTION

4.1 MÉTAUX FERREUX

4.1.1 FONTES — NF EN 1560

Les fontes sont des alliages de fer et de carbone en quantité supérieure à 2 %. Le carbone se présente sous forme de graphite (lamelles ou nodules).

RÈGLES DE DÉSIGNATION (structure générale)

Le système normalisé européen de désignation de la fonte repose sur :

- **Une désignation symbolique :**
  Elle se fait à partir des symboles littéraux et numériques répartis au plus sur 6 positions.

Positions

1	2	3	4	5	6
EN–	GJ				
obligatoire		options		obligatoire	option

(Caractères)

- **Une désignation numérique :**
  Elle est complémentaire de la désignation symbolique. Elle comporte neuf caractères.

Positions

1	2	3	4	5	6	7	8	9
E	N	-	J	L	n	n	n	n
obligatoire				structure graphitique (voir tableau 1)	code numérique			

(Caractères)

4.1.1.1 DÉSIGNATION SYMBOLIQUE DES FONTES

SYMBOLES POUR LA FONTE

La désignation symbolique commence obligatoirement par 2 lettres **EN**, suivies d'un tiret **-**, du symbole **GJ** et de la valeur de la résistance minimale à la traction en MPa.

Soit EN – GJ L – 200
①② ③④⑤ ⑥

① Fonte normalisée
② Séparateur
③ G pour pièce moulée
J pour fonte
④ L : fonte à graphite lamellaire (voir tableau ci-dessous)
⑤ Séparateur
⑥ 200 : résistance minimale à la traction 200 MPa

1. Structure graphitique

L	Lamellaire
S	Sphéroïdale
M	Graphite de recuit (malléable) [1]
V	Vermiculaire
N	Exemple de graphite (dure), lédéburitique
Y	Structure spéciale, identifiée dans la norme produit correspondante

1) Y compris les fontes malléables à cœur blanc

2. Microstructure ou macrostructure

A	Austénite
F	Ferrite
P	Perlite
M	Martensite
L	Lédéburite
Q	Trempée
T	Trempée et revenue
B	Cœur noir [1]
W	Cœur blanc [1]

1) Uniquement pour les fontes malléables

3. Lettre décrivant le mode de production des échantillons pour essai

S	Échantillon coulé séparément
U	Échantillon attenant
C	Échantillon prélevé sur une pièce moulée
X	Indicateur des composants chimiques dans les fontes alliées (ex : forme 3)

DÉSIGNATION FONTES NON ALLIÉES

Deux formes de désignation peuvent être adoptées.

Forme 1

Indicateurs : R_{mini} et mode de production (voir tableau 3)

EN – GJL – 200 S
- S → Caractéristiques mesurées sur l'échantillon coulé séparément
- 200 → Résistance minimale à la traction

Forme 2

Indicateurs : dureté suivant type d'essai

EN-GJL-HB 152	dureté Brinell
EN-GJS-HR_C 35	dureté Rockwell
EN-GJN-HV 340	dureté Vickers

DÉSIGNATION FONTES ALLIÉES

Forme 3

Indicateurs : X indique que la fonte est classée selon sa composition chimique.

EN-GJN-X 350 Cr Ni Si 10-6-1,5
①② ③④⑤

① X = composition chimique
② 3,5 % de carbone (teneur en % de carbone multipliée par 100)
③ 10 % de chrome (Cr)
④ 6 % de nickel (Ni)
⑤ 1,5 % de silicium (Si)

4.1.1.2 DÉSIGNATION NUMÉRIQUE DES FONTES

SYMBOLE POUR LA FONTE

La désignation numérique commence obligatoirement par 2 lettres **EN**, d'un tiret **-**, du symbole **JL** et suivi d'un code numérique. Elle est encore peu utilisée.

EN – JL 1030
① ③ ⑤
② ④

① Fonte normalisée
② Séparateur
③ Fonte
④ Structure graphitique
⑤ Code numérique (n° à affecter par la norme matériau)

4.1.1.3 EXEMPLE DE NUANCES (suivant norme NF EN 1560)

Types	Désignations			R (MPa)	A %	HB	Principales propriétés
	Ancienne	Symbolique	Numérique				
À graphite lamellaire ou fonte grise	FGL 150	EN-GJL-150	EN-JL 1020	150	> 0,8	125-205	Très bonne usinabilité ;
	FGL 200	EN-GJL-200	EN-JL 1030	200	> 0,8	150-230	bonne aptitude à être coulée ;
	FGL 250	EN-GJL-250	EN-JL 1040	250	> 0,8	180-250	bonne résistance à l'usure par frottement ;
	FGL300	EN-GJL-300	EN-JL 1060	300	> 0,8	200-275	bonne étanchéité.
	FGL 350	EN-GJL-350	EN-JL 1080	350	> 0,8	220-290	
Malléables	MB 380-12	EN-GJMB-380	EN-JM 1130	380	12	⩽ 200	Caractéristiques mécaniques élevées :
	MB 400-7	EN-GJMB-400	EN-JM 1140	450	7	⩽ 220	très grande ductilité, perméabilité magnétique
	MN 350-10	EN-GJMW-350	EN-JM 1010	350	10	⩽ 150	élevée ;
	MN 450-6	EN-GJMW-450	EN-JM 1030	450	6	150-210	excellente usinabilité.
	MN 550-4	EN-GJMW-550	EN-JM 1050	550	4	180-240	
À graphite sphéroïde	FGS 300-22	EN-GTS-300	EN-JS 1030	300	22	⩽ 150	Excellente usinabilité ;
	à FGS 400-10	EN-GTS-400	EN-JS 1040	400	10	160-210	bonne capacité d'amortissement aux vibrations ;
	FGS 500-7	EN-GTS-500	EN-JS 1050	500	7	170-230	très grande ductilité ;
	FGS 600-3	EN-GTS-600	EN-JS 1060	600	3	190-270	grande résilience.
	FGS 700-2	EN-GJS-700	EN-JS 1070	700	2	225-305	Bonne résistance à l'usure.
	à FGS 900-2	EN-GJS-900	EN-JS 1090	900	2	280-360	

4.1.2 ACIERS

EN. 10027-1-2

La norme européenne EN 10027 (novembre 1992) précise les « systèmes de désignation des aciers » remplaçant ainsi la norme NF A 02 005.

RÈGLES DE DÉSIGNATION

Deux systèmes européens permettent de désigner un acier normalisé (les désignations françaises restent admises) :

• **Désignation symbolique** : elle se fait à partir des symboles littéraux et numériques et comprend 2 groupes.
– **Groupe 1** : la désignation des aciers de ce groupe se réfère à l'emploi et aux caractéristiques mécaniques ou physiques de l'acier désigné.
– **Groupe 2** : la désignation des aciers de ce groupe se réfère à la composition chimique.

• **Désignation numérique** : complémentaire de la désignation symbolique, elle attribue à chaque nuance d'acier un numéro caractéristique comportant 5 chiffres compris entre 10 000 et 19 999 (cette désignation est susceptible d'évoluer vers 7 chiffres).

4.1.2.1 DÉSIGNATION SYMBOLIQUE DES ACIERS

STRUCTURE DU SYSTÈME DE DÉSIGNATION SYMBOLIQUE DES ACIERS

Symboles principaux	Symboles additionnels pour l'acier	Symboles additionnels pour les produits en acier
Lettre / Caractéristiques mécaniques	Groupe 1 *(2)* / Groupe 2 *(3)*	
G | S | n | n | n *(1)*	an .... *(1)*	+ an + an .... *(1)*
Ex. : **G** et/ou **S** (si acier moulé) **355** : Re mini en MPa	**J2** : Acier de construction méc. K_V –20 °C ⩾ 27J **N** : Normalisé	+ **Z** : Galvanisation

(1) ***n*** *: caractères numériques ;* ***a*** *: caractères alphabétiques,* ***an*** *: caractères alphanumériques*
(2) les symboles M, N et Q (voir tableau page suivante) du groupe 1 s'appliquant aux aciers à grains fins.
(3) les symboles du groupe 2, autres que les symboles chimiques, peuvent avoir un suffixe de 1 ou 2 digits de façons à distinguer 2 qualités.

4.1.2.1.1 ACIERS DU GROUPE 1

Les aciers du groupe 1 sont désignés à partir de leur emploi et de leurs caractéristiques mécaniques ou physiques.

SYMBOLES PRINCIPAUX

La désignation comprend en premier lieu et suivant l'emploi les symboles suivants :

Symbole	Désignation	Symbole	Désignation
G	si nécessaire, précède la nuance de l'acier spécifié lorsqu'il s'agit d'une forme moulée	**R**	aciers pour ou sous forme de rails
S	aciers de construction	**H**	produits plats laminés à froid acier haute résistance pour emboutissage
P	aciers pour appareil à pression	**D**	produits plats pour formage à froid. (sauf ceux précisés en H)
L	aciers pour tubes de conduite	**T**	fer noir, fer blanc, fer chromé (aciers pour emballage)
E	aciers de construction mécanique	**M**	aciers magnétiques
B	aciers à béton		
Y	aciers pour béton précontraint		

Ces symboles sont suivis de la valeur minimale de la limite d'élasticité ou de la résistance minimale à la traction en MPa.

SYMBOLES ADDITIONNELS POUR L'ACIER

On distingue 2 sous-groupes de symboles additionnels :

- l'un sous-groupe 1 pour l'acier
- l'autre sous-groupe 2 ne devant être utilisé qu'en conjonction avec les symboles du sous-groupe 1.

La très grande diversité des symboles additionnels impose de recourir aux documents normatifs AFNOR pour en connaître tous les détails.

Sous-groupe 1

Énergie de rupture (J)			Température d'essai (°C)
27	40	50	
JR	KR	LR	20
JO	KO	LO	0
J2	K2	L2	− 20
J3	K3	L3	− 30
J4	K4	L4	− 40
J5	K5	L5	− 50
J6	K6	L6	− 60

M = laminage thermomécanique
N = normalisé ou laminage normalisant
Q = trempé et revenu
G = autres caractéristiques suivies, lorsque nécessaire, par 1 ou 2 digits

Sous-groupe 2

C	formage à froid spécial
D	galvanisation
E	émaillage
F	forgeage
H	profil creux
L	basse température
M	formage thermomécanique
N	normalisé ou laminage normalisant
O	offshore
Q	trempé et revenu
S	construction navale
T	tubes
W	résistant à la corrosion atmosphérique
an	symbole chimique de l'élément d'alliage spécifié, par ex. Cu, avec éventuellement un seul digit représentant 10 fois la moyenne (arrondie à 0,1 %) de la fourchette spécifiée de la teneur de cet élément.

Exemple :

S 235 JO :
- Acier de construction
- Re > 235 MPa
- K_V 0 °C ⩾ 27J

S 235 J2 G1 W :
- Acier de construction
- Re ⩾ 235 MPa
- K_V − 20 °C ⩾ 27 J
- G1 normalisé ou laminage normalisant
- W : résistant à la corrosion atmosphérique

SYMBOLES ADDITIONNELS POUR LES PRODUITS EN ACIER

■ SYMBOLES POUR EXIGENCES SPÉCIALES (1)

Symbole	Signification
+ C (2)	Gros grain
+ F	Grain fin
+ H	Trempabilité
+ Z 15	Propriété garantie dans le sens de l'épaisseur : striction minimale = 15 %
+ Z 25	Propriété garantie dans le sens de l'épaisseur : striction minimale = 25 %
+ Z 35	Propriété garantie dans le sens de l'épaisseur : striction minimale = 35 %

(1) Ces exigences spéciales sont normalement des caractéristiques de l'acier. Pour des raisons pratiques, ils sont utilisés comme symboles pour les produits en aciers.

(2) Le signe (+) sépare du symbole précédent.

■ SYMBOLES POUR TYPE DE REVÊTEMENT

Symbole	Signification	Symbole	Signification
+ A (1)	Revêtement d'aluminium par immersion à chaud	+S	Revêtement d'étain par immersion à chaud
+ AR	Revêtement d'aluminium par placage	+SE	Revêtement électrolytique d'étain
+ AS	Revêtement d'alliage aluminium-silicium	+T	Revêtement d'alliage plomb-étain par immersion à chaud (galvanisation)
+ AZ	Revêtement d'alliage zinc-aluminium (> 50 % AL)	+TE	Revêtement électrolytique d'alliage plomb-étain
+ CE	Revêtement électrolytique de chrome/oxyde de chrome (ECCS)	+Z	Revêtement de zinc par immersion à chaud (galvanisation)
+ CU	Revêtement de cuivre	+ZA	Revêtement de zinc-aluminium (>50 % Zn) par immersion à chaud
+ IC	Revêtement inorganique	+ZE	Revêtement électrolytique de zinc
+ OC	Revêtement organique	+ZF	Revêtement de zinc-fer par immersion à chaud

(1) Le signe (+) sépare du symbole précédent.

■ SYMBOLES POUR TYPE DE TRAITEMENT

Symbole	Signification	Symbole	Signification
+ A (1)	Recuit d'adoucissement	+ NT	Normalisé et revenu
+ AC	Recuit de globulisation de carbures	+ Q	Trempé
+ AT	Recuit de mise en solution	+ QA	Trempé à l'air
+ C	Écroui à froid	+ QO	Trempé à l'huile
+ CR	Laminé à froid	+ QT	Trempé et revenu
+ HR	Laminé à chaud et écroui à froid	+ QW	Trempé à l'eau
+ LC	Skin pass (planage ou étirage à froid)	+ S	Traitement pour cisaillage à froid
+ M	Formage thermomécanique	+ T	Revenu
+ N	Normalisé ou formage normalisant	+ U	Non traité

(1) le signe (+) sépare du symbole précédent

Pour éviter une confusion, la lettre S peut être utilisée comme préfixe à ces symboles (+ SA).

4.1.2.1.2 ACIERS DU GROUPE 2

Les aciers du groupe 2 sont désignés à partir de leur composition chimique. Ils se subdivisent en 4 sous-groupes.

ACIERS NON ALLIÉS SPÉCIAUX

Sous-groupe 2.1

- **Aciers non alliés (sauf aciers de décolletage) avec teneur en manganèse < 1 %**

La désignation comprend successivement :

1) La lettre [C]
2) Le centuple de la teneur moyenne spécifiée en % de carbone :
   [C x 100 teneur en % de Carbone]
   Exemple : C35 = acier à 0,35 % de C
   Voir page 20

Sous-groupe 2.2

- **Aciers non alliés avec manganèse $\geqslant$ 1 %, aciers non alliés de décolletage et aciers alliés (sauf aciers rapides) avec teneur de chaque élément d'alliage à < 5 %**

La désignation comprend successivement :

1) Le centuple de la teneur moyenne spécifiée en % de carbone.
2) Les symboles chimiques des éléments d'alliage dans l'ordre décroissant des teneurs des éléments.
3) Nombres représentant la teneur moyenne de chaque élément d'alliage à partir de son coefficient multiplicateur :

Élément d'alliage	Coefficient multiplicateur
Cr, Co, Mn, Ni, Si, W	4
Al, Be, Cu, Mo, Nb, Pb, Ta, Ti, V, Zr	10
Ce, N, P, S	100
B	1000

– Exemple : 36 Ni Mo 16.10 { Acier à 0,36 % de C / à 16/4 de nickel / à 10/10 de molybdène

Voir page 20

ACIERS ALLIÉS SPÉCIAUX

Sous-groupe 2.3

- **Aciers alliés (sauf aciers rapides) dont la teneur d'au moins un des éléments d'alliage est $\geqslant$ à 5 %**

La désignation comprend successivement :

1) La lettre [X]
2) Le centuple de la teneur moyenne spécifiée en carbone
3) Les symboles chimiques des éléments d'alliage dans l'ordre décroissant des teneurs des éléments
4) Les nombres représentant la teneur moyenne de chaque élément d'alliage séparés par un trait d'union,

– Exemple : X 5 CrNi18-10 Acier à 0,05 % de C – 18 % de chrome (Cr) – 10 % de Nickel (Ni)

Voir pages 21 et 22

Sous-groupe 2.4

- **Aciers rapides**

La désignation comprend successivement :

1) Les lettres [HS]
2) Les nombres séparés par un trait d'union, précisant les teneurs des éléments d'alliage dans l'ordre suivant :
   Tungstène (W), Molybdène (Mo), Vanadium (V), Cobalt (Co)

– Exemple : HS2-9-1-8 HS6-5-3

Voir pages 21 et 22

4.1.2.2 DÉSIGNATION NUMÉRIQUE DES ACIERS — EN 10027-2

La désignation numérique est obligatoire pour les nuances d'acier définies dans les normes européennes et facultative pour les nuances d'acier nationales ou les aciers de marque.

STRUCTURE DES NUMÉROS D'ACIER

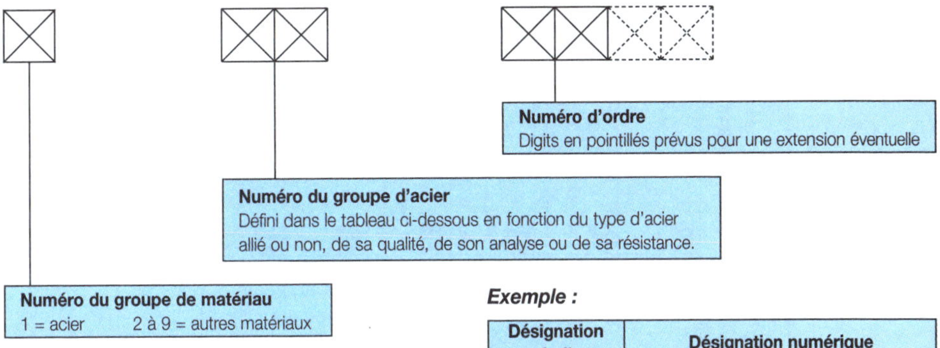

Les informations suivantes sont données dans les cases du tableau :

a) le numéro du groupe d'acier (en haut à gauche 00),

b) la caractéristique principale du groupe d'acier,

c) R_m est la résistance à la traction.

Exemple :

Désignation symbolique	Désignation numérique		
	Acier	N° Groupe	N° d'ordre (1)
S185	1	0 0	3 5

(1) Désigné uniquement par le ECISS (European Committee for Iron and Steel Standardization ou Comité Européen de Normalisation du fer et de l'acier).

CLASSIFICATION DES GROUPES D'ACIER SELON EN 10020 — ACIERS NON ALLIÉS

N°	Aciers de base		Aciers de qualité		Aciers spéciaux
0	00	90			10 Aciers à propriétés physiques particulières
	Aciers de base				
1			01 Aciers de construction d'usage général avec Rm < 500 N/mm²	91	11 Aciers de construction – Aciers pour appareils à pression avec C < 0,50 %
2			02 Aciers de construction d'usage spécial non destinés au traitement thermique avec Rm < 500 N/mm²	92	12 Aciers de construction appareil à pression avec C ⩾ 0,50 %
3			03 Aciers avec un C moyen < 0,12 % ou Rm < 400 N/mm²	93	13 Aciers de construction appareil à pression avec prescriptions particulières
4			04 Aciers avec : 0,12 % ⩽ C moyen < 0,25 % ou 400 N/mm² ⩽ Rm < 500 N/mm²	94	14
5			05 Aciers avec : 0,25 % ⩽ C moyen < 0,55 % ou 500 N/mm² ⩽ Rm < 700 N/mm²	95	15 Aciers à outils
6			06 Aciers avec un C moyen ⩾ 0,55 % ou Rm ⩾ 700 N/mm²	96	16 Aciers à outils
7			07 Aciers à haute teneur en P ou S	97	17 Aciers à outils
8					18 Aciers à outils
9					19

CLASSIFICATION DES GROUPES D'ACIER SELON NF EN 10020

ACIERS ALLIÉS

N°	Aciers de qualité		Aciers spéciaux						
			Aciers à outils	Aciers divers	Aciers inoxydables et réfractaires	Aciers de construction – Aciers pour appareils à pression			
0			20 Cr	30	40 Aciers inoxydables avec Ni < 2,5 % sans Mo, Nb, Ti	50 Mn-Si-Cu	60 Cr-Ni avec 2, 0 ⩽ Cr < 3 %	70 Cr ; Cr-B	80 Cr-Si-Mo ; Cr-Si-Mn-Mo ; Cr-Si-Mo-V ; Cr-Si-Mn-Mo-V
1			21 Cr-Si ; CR-Mn ; Cr-MN-Si	31	41 Aciers inoxydables avec Ni < 2,5 % avec Mo, sans Nb, Ti	51 Mn-Si ; Mn-Cr	61	71 Cr-Si ; Cr-Mn ; Cr-Mn-B ; Cr-Si-Mn	81 Cr-Si-V ; Cr-Mn-V ; Cr-Si-Mn-V
2			22 Cr-V ; Cr-V-Si ; Cr-V-Mn ; Cr-V-Mn-Si	32 Aciers rapides avec Co	42	52 Mn-Cu ; Mn-V-Si ; Mn-Si-V	62 Ni-Si ; Ni-Mn ; Ni-Cu	72 Cr-Mo avec Mo < 0,35 % ; Cr-Mo-B	82 Cr-Mo-W ; Cr-Mo-W-V
3			23 Cr-Mo ; Cr-Mo-V ; Mo-V	33 Aciers rapides sans Co	43 Aciers inoxydables avec Ni ⩾ 2,5 % sans Mo, Nb, Ti	53 Mn-Ti ; Si-Ti	63 Ni-Mo ; Ni-Mo-Mn ; Ni-Mo-Cu ; Ni-Mo-V ; Ni-Mn-V	73 Cr-Mo avec Mo ⩾ 0,35 %	83
4			24 W ; Cr-W	34	44 Aciers inoxydables avec Ni ⩾ 2,5 % avec Mo, sans Nb, Ti	54 Mo ; Nb, Ti, V ; W	64	74	84 Cr-Si-Ti ; Cr-Mn-Ti ; Cr-Si-Mn-Ti
5			25 W-V ; Cr-W-V	35 Aciers pour roulements	45 Aciers inoxydables avec additions particulières	55 B ; Mn-B Mn < 1,65 %	65 Cr-Ni-Mo avec Mo < 0,4 %, Ni < 0,2 %	75 Cr-V avec Cr < 2,0 %	85 Aciers de nitruration
6			26 W en dehors des classes 24,25 et 27	36 Matériaux à propriétés magnétiques particulières sans Co	46 Aciers inoxydables et réfractaires alliage de Ni	56 Ni	66 Cr-Ni-Mo avec Mo < 0,4 % + 2 ⩽ Ni < 3,5 %	76 Cr-V avec Cr ⩾ 2,0 %	86
7			27 Avec Ni	37 Matériaux à propriétés magnétiques particulières avec Co	47 Aciers réfractaires avec Ni < 2,5 %	57 Cr-Ni avec Cr < 1 %	67 Cr-Ni-Mo avec Cr < 0,4 %, 3,5 ⩽ Ni < 5 %, Mo ⩾ 0,4 %	77 Cr-Mo-V	87 88 89 Aciers non destinés à un traitement thermique chez l'utilisateur
8	08 Aciers à propriétés physiques et particulières	98	28 Autres	38 Matériaux à propriétés physiques particulières sans Ni	48 Aciers réfractaires avec Ni ⩾ 2,5 %	58 Cr-Ni avec 1 ⩽ Cr < 1,5 %	68 Cr-Ni -V ; Cr-Ni-W ; Cr-Ni-V-W	78	88 { Aciers soudables à haute résistance
9	09 Aciers pour autres domaines d'application	99	29	39 Matériaux à propriétés physiques particulières avec Ni	49 Matériaux avec propriétés à températures élevées	59 Cr-Ni avec 1,5 ⩽ Cr < 2 %	69 Cr-Ni en dehors des classes 57 à 68	79 Cr-Mn-Mo ; Cr-Mn-Mo-V	89

Les informations suivantes sont données dans les cases du tableau : a) le numéro du groupe d'acier (en haut à gauche 00) ; b) la caractéristique principale du groupe d'acier ; c) R_m est la résistance à la traction.

4.1.2.3 DÉSIGNATION DES ACIERS DE CONSTRUCTION NORMALISÉS

ACIERS DE CONSTRUCTION D'USAGE COURANT (GROUPE 1)

Il s'agit des aciers de construction désignés à partir de leur utilisation et de leurs caractéristiques mécaniques ou physiques.

Désignation symbolique	Désignation numérique	Désignation nationale antérieure	R (MPa)	Re (MPa)
S 185	10035	A 33	370	160
S 235	10037	E 24	420	225
S 275	10044	E 28	450	260
S 355	10045	E 36	520	340
E 295	10050	A 50	500	275
E 335	10060	A 60	600	330
E 360	10070	A 70	730	360

R (MPa) : résistance à la rupture en MPa

Re (MPa) : limite apparente d'élasticité en MPa

Remarque :
S'il s'agit d'une **pièce moulée** en acier d'usage courant, la désignation ci-dessus doit être précédée de la **lettre G**.
Exemple : • pièce usinée : S 185 • pièce moulée : GS 185

ACIERS NON ALLIÉS SPÉCIAUX (GROUPE 2)

• **Aciers de construction pour traitements thermiques** (teneur en manganèse : Mn ⩾ 1 %)

Désignation symbolique	Désignation numérique	Désignation nationale antérieure	R (MPa)	Re (MPa)	Principales propriétés
C 22	1.1151	XC18	440.640	330	Aciers malléables, soudables Aciers de cémentation Pièces forgées et matricées
C 25	1.1158	XC25	490.630	365	
C 30	1.1178	XC32	570.760	430	Aciers qui permettent : – une résistance à l'usure – un traitement dans la masse – une trempe à l'eau en général – une trempe à l'huile pour les faibles sections
C 35	1.1181	XC38	630.830	490	
C 40	1.1186	XC42	670.880	520	
C 45	1.1201	XC48	710.935	550	Aciers qui permettent : – une trempe à l'huile pour les faibles et les moyennes sections
C 55	1.1203	XC55	750.980	585	

• **Aciers de construction pour traitements thermiques [trempe – revenu]**
(teneur des éléments d'alliage < 5 %)

Désignation symbolique	Désignation numérique	Désignation nationale antérieure	Désignation symbolique	Désignation numérique	Désignation nationale antérieure
25CrMo4	17218	25CD4	36NiCrMo16.10	16773	35NCD16
34CrMo4	17220	34CD4	51CrV4	18159	50CV4
42CrMo4	17225	42CD4	34Cr4	17033	32C4
37Cr4	17034	38C4	42Cr2	17006	38C2

Remarque :
Le chrome et le nickel augmentent la dureté et la résistance à la traction.

4.1.2.4 ACIERS INOXYDABLES — NF EN 10088 2

Appellations commerciales et compositions chimiques des aciers inoxydables

Désignation européenne Selon NF EN 10088-2 (nov. 95) NOM	N°	Ancienne désignation de la NF A 35573 (Annulation nov. 95)	C	Si	Mn	Cr	Mo	Ni	Autres	Variantes	Rm	$R_{p0.2}$	A %
ACIERS INOXYDABLES MARTENSITIQUES													
X20Cr13	1.4021	Z20C13	0,21	0,35	0,35	13,30					550	340	24
X30Cr13	1.4028	Z33C13	0,33	0,20	0,30	13,70					600	340	24
X46Cr13	1.4034	Z44C14	0,46	0,35	0,30	13,80					650	400	23
ACIERS INOXYDABLES FERRITIQUES													
X2CrTi12	1.4512	Z3CT12	0,02	0,50	0,30	11,50			Ti = 0,180		410	250	32
X6CrNiTi12	1.4516	Z8CNT12	0,06	0,30	0,80	11,00		0,80	Ti = 0,150		510	370	27
X6Cr17	1.4016	Z8C17	0,05	0,35	0,40	16,50				F18 (Cr ≥ 17,5)	500	340	26
X3CrTi17	1.4510	Z4CT17	0,02	0,35	0,40	16,50			Ti = 0,400	AISI 439 (Cr 17,5)	450	300	30
X6CrNi17-1	1.4017	Z8CN17	0,02	0,15	0,40	16,80		1,40			700	360	20
X2CrMoTi18-2	1.4521	Z3CDT18-02	0,02	0,40	0,40	17,70	2,00		Ti + Nb = 0,450		540	380	27
ACIERS INOXYDABLES AUSTÉNITIQUES													
X10CrNi18-8	1.4310	Z11CN18-08	0,10	1,00	1,20	16,80	0,70	6,80			740	320	50
X2CrNiN18-7	1.4313	Z3CN18-07Az	0,025	0,50	1,50	17,50		7,0	N = 0,15		780	360	48
X5CrNi18-10	1.4301	Z7CN18-9	0,04	0,50	1,50	18,20		8,70			630	300	52
X2CrNi18-9	1.4307	Z3CN18-10	0,025	0,50	1,50	18,20		9,20			620	310	50
X2CrNi19-11	1.4306	Z3CN18-10	< 0,025	0,60	1,50	18,50		10,20			600	300	50
X6CrNiTi18-10	1.4541	Z6CN18-10	0,03	0,50	1,30	17,50		9,20	Ti = 0,300	Ti > 5 (C+N)	610	280	48
ACIERS INOXYDABLES AUSTÉNITIQUES AU MOLYBDÈNE													
X5CrNiMo17-12-2	1.4401	Z7CND17-11-02	0,05	0,50	1,50	17,00	2,10	10,60			620	340	48
X2CrNiMo17-12-2	1.4404	Z3CND17-11-02	< 0,03	0,50	1,50	17,50	2,25	11,20			610	320	48
X2CrNiMo18-14-3	1.4435	Z3CND17-12-03	< 0,03	0,50	1,50	17,80	2,60	12,70			610	310	45
X6CrNiMoTi17-12-2	1.4571	Z6CNDT17-12	0,04	0,50	1,50	17,00	2,10	10,70	Ti = 0,350		610	310	47
X1NiCrMoCu25-20-5	1.4539	Z2NCDU25-20	0,015	0,20	1,50	20,20	4,35	25,20	Cu = 1,50		650	340	40
ACIERS INOXYDABLES RÉFRACTAIRES													
X18CrNi23-13	1.4833	Z20CN24-13	0,06	0,35	1,50	22,50		13,50			630	330	45
X8CrNi25-21	1.4845	Z8CN25-20	0,05	0,50	1,70	25,00		19,80			600	300	42

(Composition Chimique à titre indicatif: C, Si, Mn, Cr, Mo, Ni, Autres. Caractéristiques mécaniques — État recuit à titre indicatif (valeurs moyennes): Rm, $R_{p0.2}$, A %.)

Duretés obtenues à titre indicatif après trempe à l'huile sur pièces finies (aciers martensitiques)

Traitement thermique	Dureté HRC	Rm
Trempe 1050 °C + revenu à 180° – 200 °C	⩾ 45	1500
	⩾ 50	1700
	⩾ 52	1800

Unités utilisées

Rm : charge de rupture (MPa)

$\mathbf{R_{p0.2}}$: limite élastique à 0,2% (MPa)

A% : allongement %
Éprouvette
Lo = 80 mm
(ép. < 3 mm)
Lo = $5,65\sqrt{S_0}$
(ép. ≥ 3 mm)

1 Mpa = $1 N/mm^2$
= 145 PSI
= $0,1 kg/mm^2$

CRITÈRES DE CHOIX DES ACIERS INOXYDABLES

■ CARACTÉRISTIQUES PRINCIPALES DES ACIERS INOXYDABLES

Désignation européenne Selon NF EN 10088-2 (Nov. 95) — Nom	N°	Conformation à froid : emboutissage profilage	Soudage	Résistance à la corrosion	Particularités	Exemples d'application
ACIERS INOXYDABLES MARTENSITIQUES						
X20Cr13	1.4021	Difficile	Difficile	Moyen	Bonne aptitude à la trempe – Livraison possible à l'état trempé	Outils tranchants – Coutellerie – Pièces mécaniques – Outil de bâtiment
X30Cr13	1.4028	Difficile	Difficile	Moyen	Bonne aptitude à la trempe – Livraison possible à l'état trempé	Feuillards de rechargement – Coutellerie – Outils tranchants – Pièces d'usure
X46Cr13	1.4034	Difficile	Difficile	Moyen	Bonne aptitude à la trempe – Livraison possible à l'état trempé	Coutellerie – Instrument chirurgie...
ACIERS INOXYDABLES FERRITIQUES						
X2CrTi12	1.4512	Bien	Bien	Moyen	Bonne résistance à l'oxydation à chaud	Système d'échappements automobile
X6CrNiTi12	1.4516	Moyen	Bien	Moyen	Nuance pour construction soudée	Conteneurs – Matériels ferroviaires – Trémies – Équipements industriels
X6Cr17	1.4016	Moyen	Moyen	Moyen	En recuit brillant pour pièces d'aspect – F18 flans monétaires	Articles ménagers – Pièces décoratives – Électroménager – Platerie
X3CrTi17	1.4510	Bien	Bien	Bien	Le titane améliore la soudabilité et la déformation à froid	Électroménager – Éviers – Tubes – Brûleurs
X6CrNi17-1	1.4017	Difficile	Difficile	Moyen	Caractéristiques mécaniques élevées après trempe et écrouissage	Chaînes transporteuses
X2CrMoTi18–2	1.4512	Bien	Bien	Très bien	Résistance à la corrosion par piqûres identique à celle du 18.11 ML (316L)	Ballons d'eau chaude – Chaudières de fumée – Échangeurs divers
ACIERS INOXYDABLES AUSTÉNITIQUES						
X10CrNi18-8	1.4310	Bien	Bien	Bien	Nuance écrouissage	Ressorts – Pièces mécaniques
X2CrNiN18-7	1.4318	Bien	Excellent	Très bien	Caractéristiques mécaniques améliorées à l'état écroui	Matériels ferroviaires
X5CrNi 18-10	1.4301	Très bien	Très bien	Très bien	Nuance conforme toutes normes	Chaudronnerie – Tubes – Cuverie– Platerie – Ustensiles de cuissons
X2CrNi18-9	1.4307	Très bien	Excellent	Très bien	Nuance très bas carbone – Bonne aptitude soudage	Chaudronnerie – Échangeurs – Métal déployé – Nucléaire
X2CrNi19-11	1.4306	Très bien	Excellent	Très bien	Nuance très bas carbone– Affectation nucléaire Co < 0,2	Chaudronnerie – Nucléaire
X6CrNiTi18-10	1.4541	Bien	Excellent	Très bien	Stabilisé titane – Résistance à la corrosion des zones soudées – Résistance au fluage	Tubes – Résistances chauffantes – Aéronautique
ACIERS INOXYDABLES AUSTÉNITIQUES AU MOLYBDÈNE						
X5CrNiMo17-12-2	1.4401	Bien	Très bien	Excellent	Chaudronnerie	Cuverie vinicole
X2CrNiMo17-12-2	1.4404	Très bien	Excellent	Excellent	Nuance molybdène très bas carbone	Tubes – Chaudronnerie – Citernes routières – Ballons d'eau chaude
X2CrNiMo18-14-3	1.4435	Très bien	Excellent	Excellent	Nuance haut molybdène très bas carbone	Cuves pour produits chimiques et alimentaires – Applications marines
X6CrNiMoTi17-12-2	1.4571	Bien	Excellent	Excellent	Nuance stabilisée titane pour soudage	Industrie chimique et pétrolière...
X1NiCrMoCu25-20-5	1.4539	Très bien	Très bien	Excellent	Super austénitique – Excellente tenue à la corrosion	Échangeurs – Chimie
ACIERS INOXYDABLES AUSTÉNITIQUES AU MOLYBDÈNE						
X18CrNi23-13	1.4833	Moyen	Très bien	Très bien	Résistance à l'oxydation à chaud jusqu'à 1050°C	Gaines de résistances
X8CiNi25-21	1.4845	Moyen	Très bien	Très bien	Résiste à l'oxydation à chaud jusqu'à 1100°C	Équipements de fours

Difficile ○ Moyen ◔ Bien ◑ Très bien ◕ Excellent ●

ÉTATS ET ASPECTS DE SURFACE DES ACIERS INOXYDABLES

■ CRITÈRES DE CHOIX

États	Aspect	Présentation	Correspondance	
			AISI	NF EN 10088 Partie 2 (1995)
1	RGD	Laminé à chaud – Recuit décapé	1	1D
2	D	LAF MAT (recuit décapé)	2D	2D
	B	LAF GLACE (recuit décapé skin passé)	2B	2B
	R	LAF (recuit brillant)	BA	2R
Écroui	B et R	Écroui sur aspect B ou R		2H
2 ou écroui	N° 3	Poli N° 3	N° 3	2G
	N° 4	Poli N° 4	N° 4	2G
	N° 5	Poli N° 5		2G
	N° 6	Poli N° 6	N° 6	2G
	N° 7	Poli N° 7	N° 6	2G
		Poli UGINOX		2J
		Satiné UGINOX		2J
		Brossé UGINOX		2J
		Mat UGINOX		2J
2 écroui	TG3	Gravé grenaillé		2M
	TG5	Gravé cuir		2M
	TT	Gravé toilé (TT2 – TT3)		2M
2		Étamé		2S

REVÊTEMENTS DE SURFACE DES ACIERS INOXYDABLES

■ CRITÈRES DE CHOIX

Code réf.	Aspect et Présentation	Utilisations	Vieillissement (à partir de l'application du revêtement)
124	blanc ép. = 0,10 mm	Protection de manutention pliage, roulage et emboutis très légers. Aspects polis	6 mois
234	noir ép. = 0,12 mm	Protection pour manutention, stockage	6 mois résiste aux U.V.
134	noir ép. = 0,10 mm	Exposition extérieure, emboutissage et pliage légers	6 mois résiste aux U.V.
243	bleu ép. = 0,08 mm	Pliage et emboutissage en plusieurs passes	1 an
113	jaune ép. = 0,06 mm	Emboutis peu profonds, profilage et pliage	3 mois
193	Bleu translucide ép. = 0,06 mm	Protection, pliage et roulage	3 mois

4.2 MÉTAUX ET ALLIAGES NON FERREUX — NF EN 573-1-2-3-4

4.2.1 ALUMINIUM ET ALLIAGES D'ALUMINIUM CORROYÉS

La désignation de l'aluminium et des alliages d'aluminium corroyés peut se faire en une ou deux parties :

- **l'une** (partie 1) basée sur **un système de désignation numérique**,
- **l'autre** (partie 2) basée sur **un système de désignation fondé sur les symboles chimiques**, ce dernier étant principalement destiné à compléter la désignation à quatre chiffres de la désignation numérique.

SYSTÈME DE DÉSIGNATION NUMÉRIQUE (partie 1)

CODIFICATION NF EN 573-1

(pour produits corroyés, plaques et billettes destinées à être corroyées)

Éléments de la désignation

EN AW-1XXXA

① Préfixe EN suivi d'un espace ②
③ Lettre A indique l'aluminium
④ Lettre W indique produits corroyés
⑤ Tiret de séparation
⑥ 4 chiffres précisant la composition chimique suivis d'une lettre

ALUMINIUM NON ALLIÉ

1 | 0 | 70 | A

- ***Le premier chiffre*** (toujours 1) indique le groupe d'aluminium, il correspond à une teneur en aluminium > à 99 %.
- ***Le deuxième chiffre*** désigne le nombre d'impuretés pour lesquelles des contrôles sont envisagés.
- ***Les deux chiffres*** suivants précisent le pourcentage minimum d'aluminium au-delà des 99 % (ici la teneur est de 99,70 %)
- ***La lettre*** indique une variation légère dans la composition de base (variante propre à un ou plusieurs pays).

ALLIAGES D'ALUMINIUM

2 | 6 | 18 | A

- ***Le premier chiffre*** donne l'élément principal d'addition et prend des valeurs allant de 2 à 8 suivant les groupes d'alliage (voir tableau ci-dessous).
- ***Le deuxième chiffre*** indique le nombre de modifications effectuées sur l'alliage. 0 correspond à l'alliage d'origine. 1 à 9 précisent les modifications successives de l'alliage.
- Identification de l'alliage, pas de signification particulière.
- Signification identique à celle donnée pour les aluminiums non alliés.

GROUPES D'ALLIAGES NF EN 573-1

Série 1000	Série 3000	Série 5000	Série 7000
Aluminium	Manganèse	Magnésium	Zinc
Série 2000	**Série 4000**	**Série 6000**	**Série 8000**
Cuivre	Silicium	Magnésium, silicium	Autres éléments

Exemples de désignation numérique : EN AW-5052, EN AW-5052A

SYSTÈME DE DÉSIGNATION BASÉ SUR LES SYMBOLES CHIMIQUES (partie 2)

CODIFICATION NF EN 573-1

(pour produits corroyés, plaques et billettes destinées à être corroyées)

Éléments de la désignation

utilisation normale : EN AW-3103 (*système de désignation numérique*) ou EN AW-3103[Al Mn1] (*compléments avec symboles chimiques*)

ou

utilisation exceptionnelle : EN AW-Al Mn1 (*éléments obligatoires* + *symboles chimiques*)

- Les symboles chimiques (Al, Cu, Mg...) complètent ou précisent la définition de l'aluminium et des alliages d'aluminium souhaités. Ils sont suivis de chiffres indiquant la pureté de l'aluminium ou la teneur de l'élément considéré.
- Les limites de la composition chimique sont données dans la norme EN 573-3
- Ces symboles sont définis par une nomenclature internationale (voir tableau ci-après).

RÈGLES POUR LA DÉSIGNATION CODÉE (NF EN 573-2)

ALUMINIUM NON ALLIÉ CORROYÉ

EN AW–1099[Al 99,99]
- Symbole chimique international
- Espace
- % de pureté

EN AW–1080A[Al 99,8]
- Variation légère dans la composition de base

EN AW–1100[Al 99,0Cu]
- Élément ajouté en teneur faible à l'aluminium allié.

N.B. : ajouter sans espace le symbole chimique après le % de pureté

ALLIAGES D'ALUMINUM CORROYÉS

EN AW–6061[Al Mg1SiCu]
- Al : alliage d'aluminium
- Espace
- Composition chimique par ordre décroissant

EN AW–2014[Al Zn6CuMgZr]
- Éléments d'addition limités à 4 éléments

EN AW–2011[Al Cu6BiPb]
- Composition chimique rangée par ordre alphabétique des symboles

NOMENCLATURE INTERNATIONALE DES SYMBOLES CHIMIQUES NF EN 573-2

Aluminium	Al	Cérium	Ce	Lithium	Li	Silicium	Si
Antimoine	Sb	Chrome	Cr	Magnésium	Mg	Strontium	Sr
Argent	Ag	Cobalt	Co	Manganèse	Mn	Terres rares	Re
Béryllium	Be	Cuivre	Cu	Molybdène	Mo	Titane	Ti
Bismuth	Bi	Étain	Sn	Nickel	Ni	Vanadium	Va
Bore	B	Fer	Fe	Niobium	Nb	Zinc	Zn
Cadmium	Cd	Gallium	Ga	Plomb	Pb	Zirconium	Zr

ALUMINIUM ET ALLIAGES CORROYÉS (exemples)

	Nuances (1)	État		R mini (MPa)	Re mini (MPa)	A (%)	Propriétés – emplois
ALUMINIUM NON ALLIÉ	EN AW–1050A	1/4 dur	H12	100	85	14	Aptitudes à : l'anodisation, la résistance à la corrosion, la soudabilité. (Profilés, tôles, tubes…)
	EN AW–1070A[Al 99,7]	1/2 dur	H14	100	70	7	
ALUMINIUM + CUIVRE	EN AW–2011A	Trempé	T3	300	250	10	Décolletage et matriçage.Beau fini de surface (barres, tubes). Pièces usinées, forgées, matricées pour l'aéronautique).
	EN AW–2618[Al Cu4SiMg]	Trempé-revenu	T6	440	390	8,5	
ALUMINIUM + MANGANÈSE	EN AW–3003A	1/2 dur	H14	160	140	8	Bonnes aptitudes à l'anodisation de protection, la soudabilité, la résistance à la corrosion.
	EN AW–3004A[Al Mn1Mg]	3/4 dur	H36	260	230	7	
ALUMINIUM + MAGNÉSIUM	EN AW–5005A	Recuit	0	120	40	30	Excellente résistance à la corrosion atmosphérique (bonne en milieu marin). Excellente soudabilité. Protection bonne pour la décoration.
	EN AW–5150A[Al Mg2]	3/4 dur	H26	210	190	8	
ALUMINIUM + MAGNÉSIUM ET SILICIUM	EN AW–6060	Trempé-revenu	T4	150	90	22	Bel aspect après anodisation (Menuiserie métallique – Aménagement intérieur. Structures – Chaudronnerie – Pylônes…)
	EN AW–6063[Al Mg0,7Si]	Trempé-revenu	T6	320	280	14	
ALUMINIUM + ZINC	EN AW–7020A	Trempé-revenu	T6	380	320	12	Alliages à très hautes caractéristiques. Éléments de structure. Applications militaires (blindage).
	EN AW–7050A[Al Zn6CuMgZr]	Trempé-revenu	T6	610	530	5	

(1) Un exemple de désignation est donné dans chacun des systèmes.

4.2.2 ALLIAGES D'ALUMINIUM DE FONDERIE — NF EN 1706/NF A 57-702/02-002/02-004

La désignation des alliages d'aluminium de fonderie peut se faire actuellement sous deux formes :

- **la désignation numérique** suivant la norme NF EN 1706 ; celle des alliages moulés est identique à celle des alliages corroyés. Cinq chiffres au lieu de quatre précisent la composition chimique (*voir le tableau ci-dessous*) ;
- **la désignation conventionnelle** suivant la norme NF A 57-702 des alliages de moulage ; celle-ci est du type alphanumérique suivant NF A 02-004. Le mode d'obtention et l'état métallurgique sont désignés par la lettre Y suivie de deux chiffres suivant la norme NF A 02-002 (*voir tableau ci-dessous*). Ce type de désignation est encore partiellement utilisée.

ALLIAGES D'ALUMINIUM DE FONDERIE (exemples : comparaison NF EN 1706 et NF A 57-702)

GROUPES D'ALLIAGES D'ALUMINIUM	DÉSIGNATION NF EN 1706	DÉSIGNATION NF A 57-702	ÉTAT	PROPRIÉTÉS – EMPLOIS
Aluminium + cuivre	EN AB–20180[Al Cu8MgTi]	A–U8S	Y23, Y33 Y24, Y34	Bonne aptitude à l'usinage (pièces mécaniques, caractéristiques mécaniques élevées)
Aluminium + manganèse	EN AB–30040[Al Mn1Mg]	A–M1G	Y10	Durcissement par écrouissage Lingots pour produits laminés
Aluminium + silicium	EN AB–42200[Al Si7Mg]	A–S7G06	Y20 Y30	Caractéristiques mécaniques élevées à température ambiante et à chaud
Aluminium + magnésium	EN AB–51000[Al Mg3Ti]	A–G3T	Y23 Y30	Excellente résistance à la corrosion
Aluminium + magnésium + silicium	EN AB–60000[Al Mg1Si]	A–G3Si1	Y20 Y30	Se soude bien. Bonne tenue à la corrosion (jantes, moyeux…)
Aluminium + zinc	EN AB–71000[Al Zn5Mg]	A–Z5G	Y25 Y29	Bonne tenue à la corrosion. Se soude bien (moyeux, goussets d'assemblage…)

PRODUITS MOULÉS NF A 02-002

ÉTATS DE LIVRAISON

Désignation

Lettre suivie de ***deux chiffres :***

- le premier précise le mode d'obtention (voir tableau),
- le deuxième indique le traitement thermique.

Exemple : Pièce en alliage d'aluminium A-U5GT Y23.

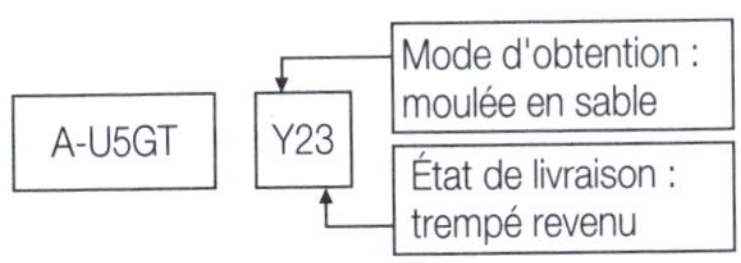

Symbole	Mode d'obtention	Symbole	État de livraison
Y0	Non défini	0	Aucun traitement, ou traitement non spécifié
Y1	Lingot	1	Recuit
Y2	Moulage en sable	2	Trempé
Y3	Moulage en coquilles	3	Trempé et revenu
Y4	Moulage sous pression	4	Trempé et mûri
Y5	Par concréfaction (frittage)	5	Stabilisé
Y6	–	6	Trempé et stabilisé
Y7	Par coulée continue	7	–
Y8	Par centrifugation	8	–
Y9	Suivant prescriptions	9	Suivant prescriptions

SYMBOLES DE TRAITEMENT

ÉTATS MÉTALLURGIQUES DE BASE			
F- Brut de fabrication	**O-Recuit**	**H-Écroui**	**T-Traitements Thermiques**
Subdivisions de l'état H			
État	**Écroui**	**Écroui-recuit**	**Écroui-stabilisé**
1/4 dur	H 12	H 22	H 32
1/2 dur	H 14	H 24	H 34
3/4 dur	H 16	H 26	H 36
4/4 dur	H 18	H 28	H 38
Extra-dur	H 19	H 29	H 39
Subdivisions de l'état T			
Aluminium et alliages d'aluminium		Cuivre et alliages de cuivre – nickel et alliages de nickel	
T3 Solution*, écroui et mûri	T6 Solution et revenu	TA Refroidissement contrôlé	TC TA et déformation à froid
T4 Solution et mûri	T8 Solution, écroui et revenu	TB Solution et trempé	TD TB et déformation à froid
T5 Refroidi et revenu	T10 Refroidi, revenu et écroui		

* Traitement thermique

4.2.3 CUIVRE ET ALLIAGES DE CUIVRE — NF A 02-008/009

Le cuivre ***non allié*** et les ***alliages de cuivre*** sont désignés par le symbole chimique du métal de base Cu.

DÉSIGNATION

CUIVRE NON ALLIÉ

- Cu = symbole chimique international.
- ***Tiret*** de séparation.
- ***Série de caractères*** alphabétiques majuscules se référant au type de cuivre :
  - ETP : affiné électrolytiquement, non désoxydé, à conductivité garantie.
  - FRHC : affiné thermiquement, non désoxydé, à conductivité garantie.
  - FRTP : affiné thermiquement, à conductivité non garantie.
  - DHP : affiné thermiquement ou électrolytiquement – phosphore résiduel fort.
  - DLP : affiné thermiquement ou électrolytiquement – phosphore résiduel faible.
  - OF : désoxydé.
  - OFE : exempt d'oxygène, de haute pureté.

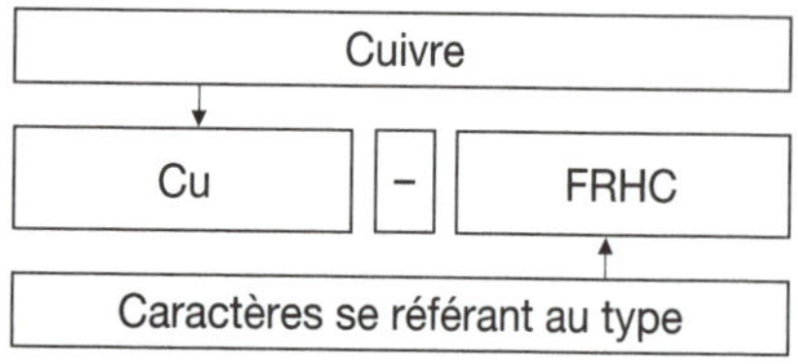

ALLIAGE DE CUIVRE

- Cu = symbole chimique international.
- Symboles des éléments d'alliage et un nombre entier indiquant leur teneur en % (teneurs supérieures à 1 %).
- Rangement des éléments de l'alliage par ordre de *teneur décroissant.*

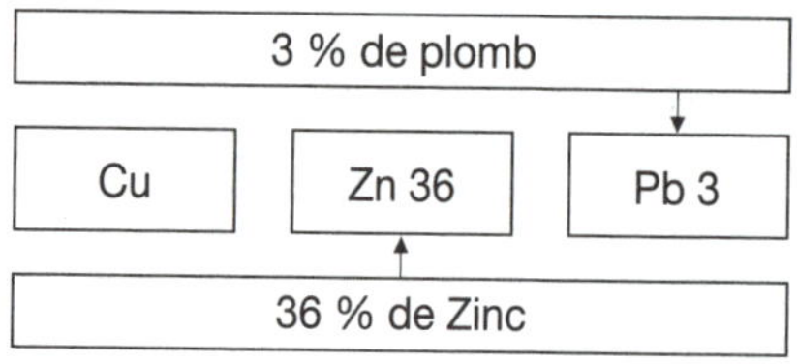

CUIVRE ET ALLIAGES DE CUIVRE DE FONDERIE

	Nuances	État		R mini (MPa)	Re mini (MPa)	A (%)	Propriétés – emplois
BRONZES	Cu Sn 12	Y30	Moulage en coquilles	270	150	16	Excellentes propriétés de frottement chimique ; bonnes propriétés pour la fonderie ; paliers résistants aux acides.
	Cu Pb 20 Sn 5	Y20	Moulage en sable	150	60	5	
LAITONS	Cu Zn 19 A 16	Y20	Moulage en sable	750	500	8	Construction mécanique. Industrie chimique.
	Cu Zn 40	Y30	Moulage en coquilles	435	300	14	Bonnes caractéristiques mécaniques. Robinetterie.
CUPRO-ALU	Cu Al 19	Y30	Moulage en coquilles	500	200	20	Excellentes caractéristiques mécaniques : bonne résistance à la corrosion. Robinetterie, quincaillerie.
	Cu Al 10 Fe 5 Ni 5	Y20	Moulage en sable	630	250	12	
CUPRO-NICKEL	Cu N 10 Fe 1 Mn	Y30	Moulage en coquilles	280	120	20	Haute résistance à la corrosion. Construction navale.
AU BERYLLIUM	Cu Be 2	Y23	M. en coquilles Tr. et Rev.	1000	800	2	Caractéristiques comparables aux bons aciers spéciaux. Moules, ressorts…

CUIVRE ET ALLIAGES DE CUIVRE CORROYÉS

CUIVRE	Cu-FRHC	H12	Écroui	230	70	20	Bonne conductibilité électrique. Câbles, bobinages, contacts…
BRONZES	Cu Sn 8,5 P	0	Recuit	445	282	35	Très bonne tenue aux frottements. Très utilisés.
	Cu Sn 10 Pb9	H14	Écroui	160	100	6	
LAITONS	Cu Zn 20	H12	Écroui	280	140	28	Bonne qualité de frottement. Utilisation en décolletage, très bonne usinabilité.
	Cu Zn 38 Pb 2	H14	Écroui	390	240	16	
CUPRO-ALU	Cu Al 9 Ni 3 Fe 2 Mn	H12	Écroui	630	260	15	Caractéristiques mécaniques voisines de celles des aciers. Inoxydabilité aux hautes températures. Résiste bien aux chocs.
	Cu Al 10 Mn 7 Fe 2	H14	Écroui	690	320	13	
CUPRO-NICKEL	Cu Ni 10 Fe 1 Mn	H22	Écroui-Recuit	325	175	25	Haute résistance à la corrosion. Construction navale.
	Cu-FRHC	H12	Écroui	230	70	20	Bonne résistance à la corrosion.

4.3 MATIÈRES PLASTIQUES

Une ***matière plastique*** est obtenue par association d'un constituant de base – ***résine*** ou ***polymère*** – à des ***adjuvants*** (stabilisants, plastifiants…) et des ***additifs*** (colorants, fongicides…). On distingue deux catégories de matières plastiques : les ***thermosplastiques*** et les ***thermodurcissables.***

THERMO-PLASTIQUES	Ils peuvent être ***ramollis par chauffage*** et ***durcis par refroidissement.*** L'opération est ***réversible*** et peut être ***répétée*** plusieurs fois.
THERMO-DURCISSABLES	Ils peuvent être transformés par la chaleur ou par d'autres moyens tels que radiation, catalyseurs, etc. en un état essentiellement infusible et insoluble. L'opération est ***irréversible*** et le recyclage des déchets est impossible.

4.4 MATÉRIAUX COMPOSITES

Un matériau composite résulte de l'assemblage de deux constituants non miscibles à structure différente. Les qualités de chacun d'eux se combinent et se complètent pour former un matériau hétérogène dont les caractéristiques globales sont meilleures que celles de ses composants.

Les constituants du matériau composite sont :

- **Le renfort**, composé en général de fibres à haute résistance (fibres de carbone, de bore ou de verre). Judicieusement implanté, il constitue l'âme de la pièce et en supporte les efforts.
- **La matrice**, qui assure le lien entre les différents constituants, répartit les efforts et protège les renforts.

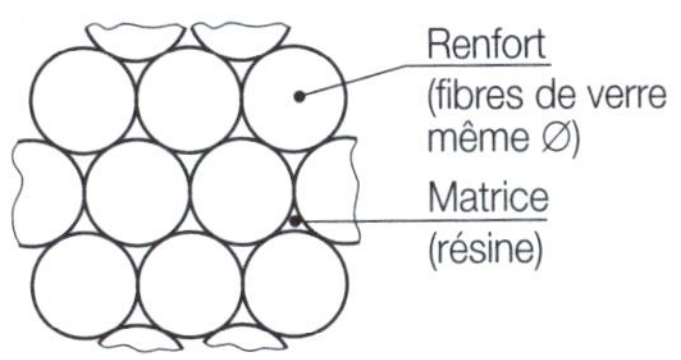

4.4.1 DIFFÉRENTES STRUCTURES DE RENFORT (1)

CRÉATION DES STRUCTURES DE RENFORTS

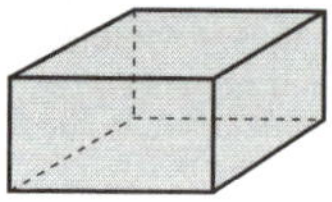

Particules

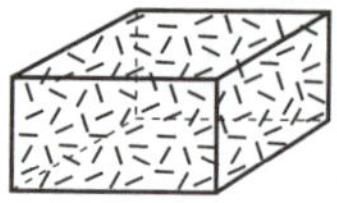

Fibres courtes

Fibres continues

Tissage triaxial

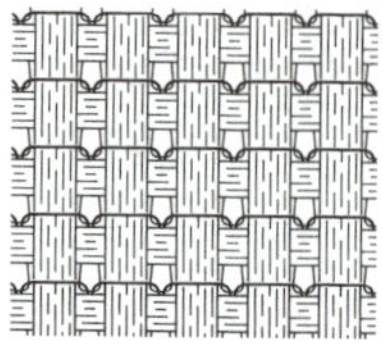

Tricotage

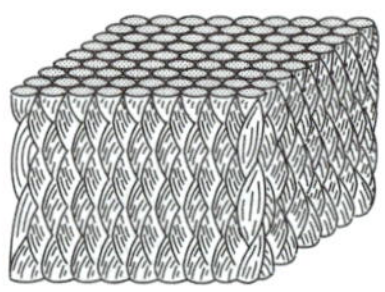

Tressage tridimensionnel

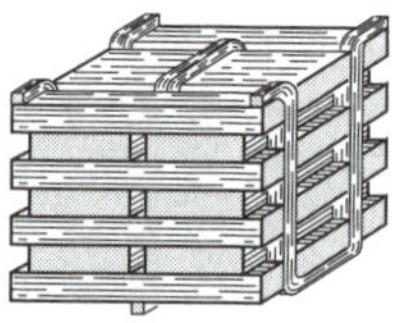

Assemblage orthogonal tridimensionnel

Les structures de renfort peuvent être classées, en première approximation, en fonction de la ***forme*** des éléments de renfort :

- Particules, fibres longues, fibres courtes.

- Fibres continues parallèles dans des couches peu épaisses (composite stratifié).

- Maillage tissé ou tricoté qui renforce chaque couche d'un composite.

- Tressage tridimensionnel ou assemblage orthogonal tridimensionnel constitue très souvent la forme finale du composite.

Le choix des renforts repose sur le coût et les caractéristiques mécaniques.

4.4.2 PROPRIÉTÉS DES MATÉRIAUX COMPOSITES

Les propriétés des matériaux composites résultent :

- ***du choix des constituants :***
  - résistance mécanique spécifique ;
  - rigidité spécifique ;
  - conductivité thermique et électrique ;
  - compatibilité entre renfort et matrice ;
- ***de la morphologie du renfort et son architecture :***
  - recherche du renfort fibreux optimal (prise en compte des efforts) ;
  - prise en compte de la technique de mise en œuvre.

Comparativement aux matériaux classiques, les composites offrent ***de nombreuses propriétés avantageuses :***

- résistance exceptionnelle aux agressions chimiques et à la corrosion ;
- caractéristiques mécaniques élevées et légèreté ;
- possibilité de formes et séries adaptées aux besoins spécifiques permettant l'intégration de fonctions dès la conception.

(1) SOURCE : *REVUE POUR LA SCIENCE* « LES MATÉRIAUX DU FUTUR ».

4.4.3 CARACTÉRISTIQUES DES MATÉRIAUX COMPOSITES USUELS

	Matrice	Renfort	Module de Young E (MPa)	Masse volumique (g/cm³)	R (MPa)	A (%)	Température limitée (°C)
COMPOSITES À MATRICE ORGANIQUE	ÉPOXY	BORE	220 000	2,1	2 000	0,8	160
	ÉPOXY	CARBONE HR (1)	130 000	1,5	1 150	1	200
	ÉPOXY	CARBONE HM (2)	200 000	1,7	1 000	0,5	200
	ÉPOXY	CARBONE HM	75 000	1,37	1 550	2	160
	ÉPOXY	VERRE R	53 000	2	1 900	3,5	160
COMPOSITES À MATRICE MÉTALLIQUE	ALUMINIUM	BORE	230 000	2,7	1 500	0,8	500

(1) HR – fibres hautement résistantes.
(2) HM – fibres à haut module.

4.5 BÉTON

CONSTITUANTS	– Granulats – Ciment (liant hydraulique) – Eau de gâchage – Adjuvants éventuels
GRANULATS	Les granulats sont composés de : – Sable : 0,08 à 5 mm – Gravier : 5 à 20 mm – Cailloux : 20 à 80 mm Une analyse granulométrique par tamisage selon la norme NF P 18-560 permet de connaître la répartition de ces différents composants.

CIMENTS

• **Définition :** Poudre fine obtenue par le mélange de clinker et de produits d'addition en proportion variable selon le type de ciment recherché.

Clinker : 30 % d'argile et 70 % de calcaire broyés et portés à environ 1500°.
Produits d'addition : Laitier pour cimenterie, cendres, fillers, pouzzolane, gypse.

Les mélanges sont normalisés selon la norme NF P 15-301 et ENV 197-1 pour obtenir différents types de ciment.

Classification	Ciment Portland	Ciment Portland composé	Ciment de haut fourneau	Ciment pouzzolanique	Ciment au laitier et aux cendres
Notation française	CPA	CPJ	CHF	CPZ	CLC
Notation européenne	CEM I	CEM II	CEM III	CEM IV	CEM V

• **Propriétés des ciments :**
– Hydratation (en présence d'eau, il se produit une cristallisation avec une augmentation de température).
– Prise (correspond au moment où l'on constate une augmentation relativement brusque de la viscosité. En général pour les ciments courants il faut compter 2 à 5 heures à une température de 20°).
– Durcissement (poursuite du phénomène d'hydratation après la prise. Confère au ciment sa résistance. Selon le type de ciment la majeure partie de cette résistance est obtenue sur une période allant de quelques jours à quelques mois).

• **Résistance mécanique :**

Désignation de la classe	Résistance à la compression garantie en MPa		
	Limite inférieure à 2 jours	Limite inférieure à 28 jours	Limite supérieure à 28 jours
35	–	25	45
45	–	35	55
45R	15	35	55
55	–	45	65
55R	22,5	45	65

Béton

EAU DE GÂCHAGE	Elle est nécessaire pour l'hydratation mais également pour la maniabilité du béton. Les caractéristiques de l'eau sont fixées par la norme NF P 18-303. Ces caractéristiques sont d'ordre physique (quantité de matières en suspension) et chimique (sels dissous).
ADJUVANTS	Produits qui sont ajoutés au béton pour améliorer ses propriétés tels que : accélérateurs ou retardateurs de prise, antigels et antigélifs, hydrofuges, fluidifiants, plastifiants, entraîneurs d'air, adjuvants divers.

RÉSISTANCE DU BÉTON

Classe de ciment		45 et 45R		55 et 55R	
Conditions de fabrication		CC	AS	CC	AS
Résistance caractéristique f_{c28} en MPa	**Résistance de calcul à la compression f_{bu} en MPa**	**Dosage en ciment kg/m³**			
16	9,07	300	–	–	–
20	11,33	350	325	325	300
25	14,17	–	400	375	350

CC : conditions courantes de fabrication **AS** : auto contrôle surveillé

ACIER UTILISÉ EN BÉTON ARMÉ

Types	**Ronds lisses**	**Barres à haute adhérence**
Normes de référence	NF A 35-015	NF A 35-016
Qualités	Fe E 215 et Fe E 235	Fe E 400 et Fe E 500
Diamètres en mm	6 – 8 – 10 – 12 – 14 – 16 – 20 – 25 – 32 – 40	6 – 8 – 10 – 12 – 14 – 16 – 20 – 25 – 32 – 40

EXEMPLES DE BARRES À HAUTE ADHÉRENCE

Marque commerciale	**Nature – Diamètres nominaux fournis**	**Formes de la section transversale et de la surface latérale**
TORSID 500	Fe E 500 Ø : 8 – 10 – 12 – 14 – 16 – 20 – 25	
NERVEX	Fe E 400 Ø : 6 – 8 – 10 – 12 – 14 – 16 – 20 – 25 – 32 – 40	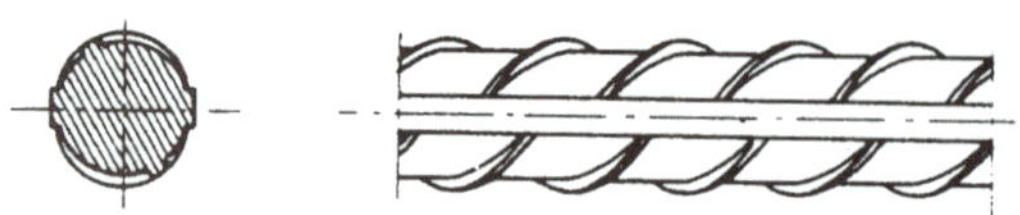
CRÉLOI S	Fe E 400 Ø : 8 – 9 – 10 – 12 – 14 – 16 – 20 – 25 – 32 – 40	
BRETEUIL DN	Fe E 400 Ø : 8 – 10 – 12 – 14 – 16 – 20	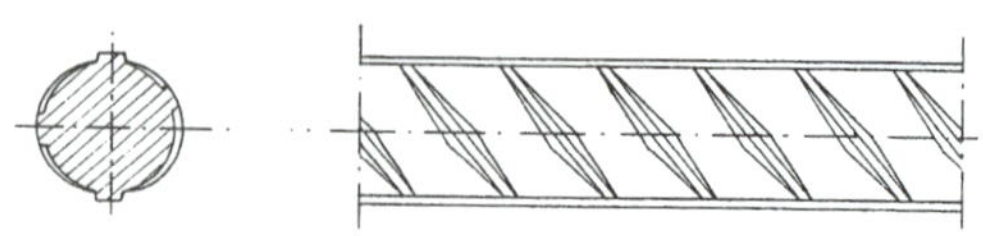

DOC. OTUA

5 ESSAIS MÉCANIQUES DES MATÉRIAUX

Les essais mécaniques effectués sur les matériaux permettent de mesurer leur comportement lorsqu'ils sont soumis à une ou plusieurs des diverses contraintes qui peuvent s'exercer sur une pièce mécanique.

5.1 ESSAI DE TRACTION

PRINCIPE

On soumet une éprouvette normalisée à un effort d'extension progressif, généralement jusqu'à la rupture et on détermine la **ténacité** et **l'élasticité** du matériau.

ÉPROUVETTES

Éprouvette cylindrique

$S_0 = \frac{\pi d^2}{4}$ avec $d > 4$

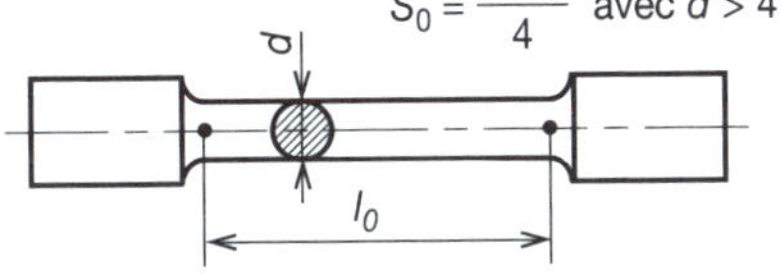

Éprouvette plate

$S_0 = a\,b$ avec $\frac{b}{a} < 8$

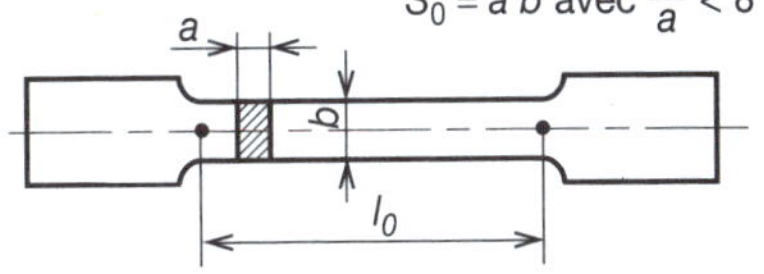

Une partie calibrée de longueur l_0 (mm) et de section S_0 (mm) est définie entre deux têtes d'amarrage.

$$l_0 = 5{,}65\,\sqrt{S_0}$$

COMPORTEMENT DU MÉTAL EN COURS D'ESSAI

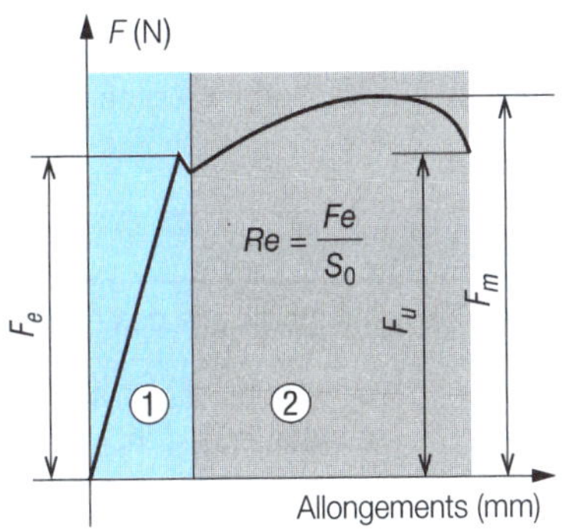

Déformations élastiques ① ; effort F_e

- L'allongement est proportionnel à l'effort F_e.
- Si on relâche les charges, l'éprouvette reprend ses dimensions initiales.

Déformations permanentes ② : effort F_m

- L'allongement n'est plus proportionnel à l'effort F_m.
- Si on relâche la charge, la déformation subsiste.

Striction jusqu'à la rupture : effort F_u

- L'effort diminue, car il se produit une diminution de section en un point de la longueur calibrée.
- La longueur initiale l_0 devient, après rupture, l_u.

CARACTÉRISTIQUES DÉTERMINÉES

Limite apparente d'élasticité *Re*	$Re\ (\text{MPa}) = \frac{F_e}{S_0}$	**Allongement *(A)***	$A\ (\%) = \frac{l_u - l_0}{l_0} \times 100$
Résistance à la traction *Rm*	$Rm\ (\text{MPa}) = \frac{F_m}{S_0}$	**Coefficient de striction Σ**	$\Sigma\ (\%) = \frac{S_0 - S_u}{S_0} \times 100$
Module d'élasticité longitudinale *E*	$E\ (\text{MPa}) = \frac{F_e \bullet l_0}{S_0 \bullet \Delta l}$ Pour les aciers $E = 210\,000$ MPa	**Résistance pratique à l'extension *Rpe***	Utilisée pour les calculs de résistance des matériaux, c'est une valeur empirique telle que : $Rpe\ (\text{MPa}) = \frac{Re}{K}$ K = Coefficient de sécurité $1{,}5 < K < 15$
Allongement Δl (loi de Hooke)	$\Delta l = \Delta l_u - \Delta l_0$	**Allongement unitaire ε_x**	$\varepsilon_x = \frac{\Delta l}{l_0}$

COEFFICIENT DE SÉCURITÉ *K*

La contrainte d'extension autorisée que peut supporter une pièce mécanique doit être inférieure à la limite d'élasticité.
La nature de l'effort supporté par la pièce intervient dans le choix de K.
En conclusion ***K*** est fonction du matériau (élasticité) et de l'utilisation de la pièce (sollicitations).

5.2 ESSAI DE DURETÉ BRINELL

PRINCIPE

L'essai a pour but de déterminer ***la dureté superficielle*** des métaux.
Il consiste à imprimer dans le métal une bille de diamètre donné (∅ 10 ; 5 ; 2,5 et 1), sous une charge déterminée et sans choc.

NOMBRE REPRÉSENTANT LA DURETÉ BRINELL

L'épaisseur de la pièce doit être au moins égale à huit fois la profondeur de l'empreinte.

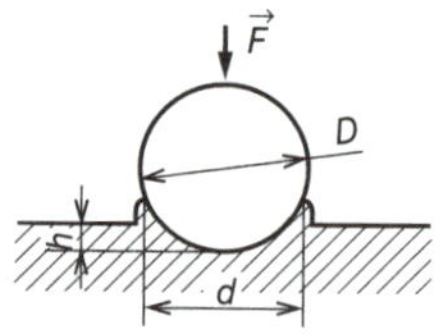

D = diamètre de la bille (mm)
$\vec{F}$ = charge de l'essai (daN)
d = diamètre de l'empreinte (mm)
h = profondeur de l'empreinte (mm)
S = aire de l'empreinte (mm^2) ou de la calotte sphérique.

La dureté HB est donnée par le rapport : $\mathbf{HB} = \dfrac{F\ (\text{daN})}{S\ (\text{mm}^2)}$

Désignation : HB 5 / 750 / 20

↓ 5 : D ; ↓ 750 : h ; ↓ 20 : durée de maintien de la charge (en seconde)

Relation : pour les aciers non alliés on admet Rm = 0,35 HB
Remarque : l'essai est déconseillé pour une dureté de matériaux HB > 450
Le tableau de conversion « Dureté – Résistance à la traction » présenté page 36 peut fournir quelques valeurs approximatives.

ESSAI DE DURETÉ PAR COMPARAISON

PRINCIPE

L'essai a pour but de déterminer la dureté HB (Brinell) superficielle des métaux.

$\vec{F}$ (Action du marteau)

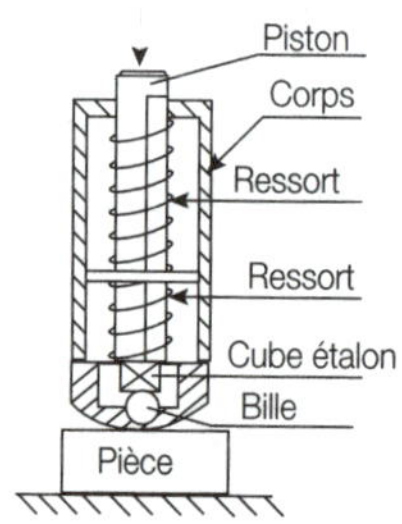

Appareil TURPIN

La bille est placée en sandwich entre la pièce et un cube étalon, dont la dureté est connue et se trouve voisine de celle supposée, de la pièce à essayer. La charge F provoquée par l'action d'un coup de marteau imprime la bille sur la pièce et sur le cube étalon.

La comparaison des deux empreintes permet de déterminer la dureté HB de la pièce essayée.

CALCUL DE LA DURETÉ

• Dureté de l'étalon

$$H'B = \frac{F}{S'} \quad \begin{matrix} \to \text{charge} \\ \to \text{aire de l'empreinte ÉTALON} \end{matrix}$$

• Dureté de la pièce

$$HB = \frac{F}{S} \quad \begin{matrix} \to \text{charge} \\ \to \text{aire de l'empreinte PIÈCE} \end{matrix}$$

Les duretés étalon et pièce étant voisines, S' et S sont admises proportionnelles à d' le diamètre empreinte sur l'étalon et d le diamètre empreinte sur pièce.

$$\left.\begin{matrix} H'B = \dfrac{F}{d'} \to F = H'B \cdot d' \\ HB = \dfrac{F}{d} \to F = HB \cdot d \end{matrix}\right\} \quad H'B \cdot d' = HB \cdot d$$

Soit $$HB = \frac{H'B \cdot d'}{d}$$

5.3 ESSAI DE DURETÉ ROCKWELL

PRINCIPE

Il consiste à imprimer en deux temps une charge et une surcharge dans la couche superficielle de la pièce à l'aide d'un pénétrateur (cône ou bille).
On mesure l'accroissement rémanent ***e*** de la profondeur de pénétration.
L'unité de mesure est égale à 0,002 mm.

MÉTHODES D'ESSAI

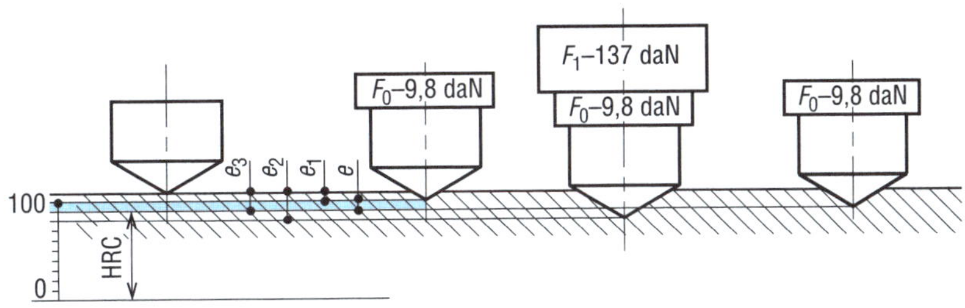

$e = e_3 - e_1$

$$1 \text{ division} = \frac{0{,}2}{100} = 0{,}002$$

$$HRC = (100 - e) = 100 - \frac{e_3 - e_1}{0{,}002} \text{ (mm)}$$

- F_0 = charge initiale (référence de la mesure)
- F_1 = surcharge
- F = charge totale
- e = accroissement rémanent de la profondeur de pénétration

Symboles	Rockwell C HRC	Rockwell B HRB	Rockwell E HRE	Rockwell F HRF
Pénétrateurs	Cône en diamant	Bille en acier trempé HV ⩾ 850		
		D = 1,59 1/16 pouce	D = 3,175 1/18 pouce	D = 1,59 1/16 pouce
Charge initiale F_0 daN	9,8	9,8	9,8	9,8
Surcharge r_1 daN	137,3	88,3	88,3	49
Dureté	100 – e	130 – e		

5.4 ESSAI DE DURETÉ VICKERS

PRINCIPE

Il consiste à imprimer dans la pièce un pénétrateur en forme de pyramide droite à base carrée. On mesure la diagonale de l'empreinte ***d***.

MÉTHODES D'ESSAI

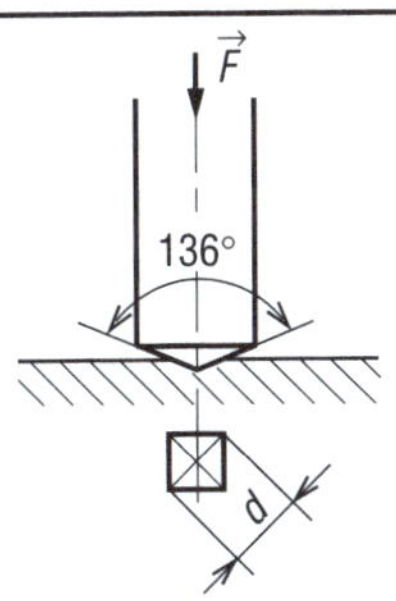

La charge normale d'essai $\vec{F}$ = 29,4 daN est appliquée pendant 10 à 15 secondes.
On peut également employer l'une des charges suivantes :
4,9 - 9,8 - 19,6 - 49 - 78,4 - 98 daN.
Avec des charges inférieures à 4,9 daN on se trouve dans le domaine des microduretés.
Les charges supérieures à 98 daN sont parfois utilisées avec une pyramide en acier trempé sur des matériaux de faible dureté.

Essai de dureté Vickers

NOMBRE REPRÉSENTANT LA DURETÉ VICKERS

d = diagonale de l'empreinte

$HV = \dfrac{F}{S}$ F → charge de l'essai (daN), S → aire de l'empreinte (mm^2)

$$HV = \frac{2\,F \sin \frac{136°}{2}}{d\alpha^2}$$

$$\boxed{\mathbf{HV = 1{,}854\,\frac{F}{d^2}}}$$

$\dfrac{HV}{10}$ charge cruciale 9,8 daN appliquée pendant 10 à 15 secondes.

5.5 ESSAI DE RÉSILIENCE CHARPY

PRINCIPE

Cet essai consiste à déterminer la **résistance aux chocs** ou **résilience KCU ou KCV** des métaux. Il s'agit dans cet essai de rompre une éprouvette entaillée et de mesurer l'énergie absorbée **W**.

ÉPROUVETTE ET ESSAI

Caractéristiques de l'éprouvette et de sa position sur la machine d'essai

- **KCU**

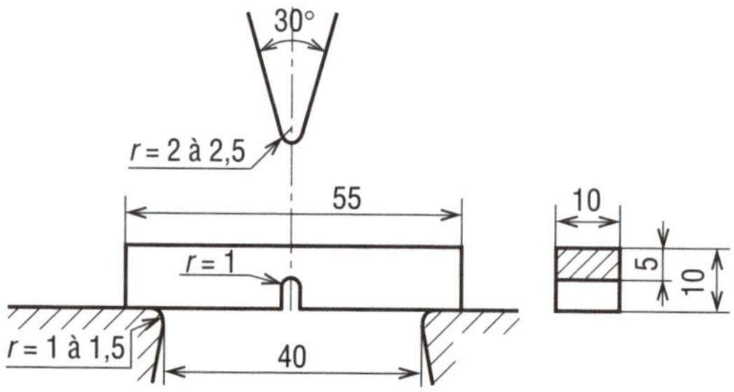

- **KCV**

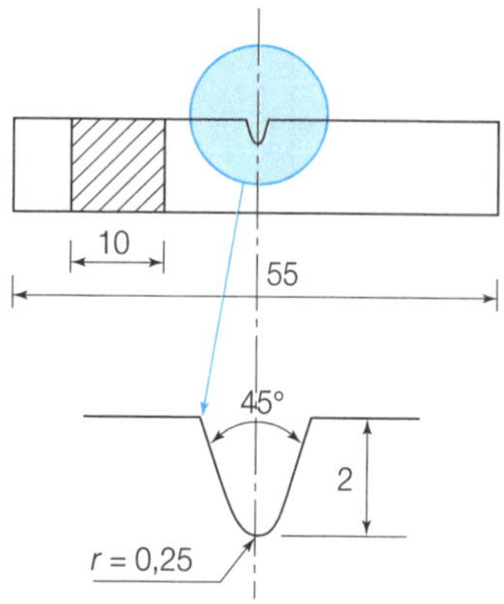

- Éprouvette carrée 10 × 10, longueur 55 cm.
- Écartement des appuis 40 mm.
- Profondeur de l'entaille 5 mm.
- Section rompue 0,5 cm^2.

Les modifications des conditions d'essai donnent des résultats différents qui ne peuvent en aucun cas être comparés.

Mouton Charpy

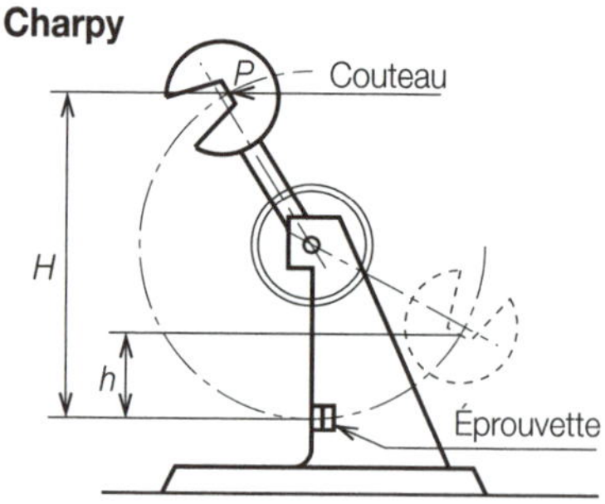

- Énergie initiale
  $Wi = Mg \times H$ = 294 joules (normalisée)
- Énergie résiduelle
  $Wr = Mg \times h$
- Énergie absorbée
  $W = Wi - Wr$
  $= (Mg \times H) - (Mg \times h)$
  $= Mg\,(H - h)$

CALCUL DE LA RÉSISTANCE

$$\mathbf{KCU\ J/cm^2 = \frac{Mg\,(H-h)}{S}}$$

$Mg\,(H-h)$ ← Énergie absorbée
S ← Section rompue (cm^2)

W en J
M en kg
g = 9,81 m/s^2
h en m

N. B. : Résilience Charpy V (KCV) *surtout utilisée pour les températures inférieures à 0°. Son emploi tend à se développer même pour la température ambiante (éprouvette normalisée ISO).*
Les notions de résilience aux basses et très basses températures, de température de transition, de « rupture fragile », etc. dans le domaine du soudage.

5.6 CONVERSION DURETÉ - RÉSISTANCE À LA TRACTION — NF A03-172/173

La conversion ***dureté – résistance à la traction*** est très approximative et doit être manipulée avec beaucoup de réserve et de prudence.
Le tableau présenté ci-dessous tient compte des tables existantes normalisées ou non. Il donne uniquement les valeurs liées aux aciers ou faiblement alliés, valeurs qui ne peuvent en aucun cas se substituer aux résultats spécifiques fournis par les essais de dureté et de traction définis par les normes de produit.

Résistance à la traction R médian en MPa	Dureté					
	Brinell	Rockwell				Vickers
	HB	HRA	HRB	HRC	HRD	HV
260	76,0					80
310	80,7					85
320	85,5					90
340	90,2					95
350	95,0					100
370	99,8					105
380	104,5		62,0			110
390	109,3		64,6			115
410	114,0		67,0			120
420	118,8		69,0			125
440	123,5		71,0			130
450	128,3		73,1			135
470	133,0		75,1			140
480	137,8		77,0			145
500	142,5		78,8			150
510	147,3		80,5			155
530	152,0		82,1			160
540	156,8		83,5			165
550	161,5		85,0			170
570	166,3		86,1			175
580	171,0		87,3			180
600	175,8		88,5			185
610	180,5		89,6			190
630	185,3		90,7			195
650	190,0		91,8			200
660	194,8		92,8			205
680	199,5		93,7			210
690	204,3		94,6			215
710	209,0		95,5			220
720	213,8		96,3			225
740	218,5					230
750	223,3					235
770	228,0	60,7		20,3	40,3	240
780	232,8	61,2		21,3	41,1	245
800	237,5	61,6		22,2	41,7	250
820	242,2	62,0		23,1	42,2	255
830	247,0	62,4		24,0	43,1	260
850	251,7	62,7		24,8	43,7	265
860	256,5	63,1		25,8	44,3	270
880	261,2	63,5		26,4	44,9	275
890	266,0	63,8		27,1	45,3	280
910	270,7	64,2		27,8	46,0	285
930	275,5	64,5		28,5	46,5	290
940	280,2	64,8		29,2	47,1	295
960	285,0	65,2		29,8	47,5	300
990	294,5	65,8		31,0	48,4	310
1020	304,0	66,4		32,2	49,4	320
1060	313,5	67,0		33,3	50,2	330

Résistance à la traction R médian en MPa	Dureté				
	Brinell	Rockwell			Vickers
	HB	HRA	HRC	HRD	HV
1090	323,0	67,6	34,4	51,1	340
1120	332,5	68,1	35,5	51,9	350
1160	342,0	68,7	36,6	52,8	360
1190	351,5	69,2	37,7	53,6	370
1220	361,0	69,8	38,8	54,4	380
1260	370,5	70,3	39,8	55,2	390
1290	380,0	70,8	40,8	56,0	400
1330	389,5	71,4	41,8	56,8	410
1400	399,0	71,8	42,7	57,5	420
1430	408,5	72,3	43,6	58,2	430
1470	418,0	72,8	44,5	58,8	440
1500	427,5	73,3	45,3	59,4	450
1540	437,0	73,6	46,1	60,1	460
1570	446,5	74,1	46,9	60,7	470
1610	450,0	74,5	47,7	61,3	480
1650	456,0	74,9	48,4	61,6	490
1680	466,0	75,3	49,1	62,2	500
1720	475,0	75,7	49,8	62,9	510
1760	483,0	76,1	50,5	63,5	520
1790	492,0	76,4	51,1	63,9	530
1830	500,0	76,7	51,7	64,4	540
1870	509,0	77,0	52,3	64,8	550
1910	517,0	77,4	53,0	65,4	560
1940	526,0	77,6	53,6	65,8	570
1980	535,0	78,0	54,1	66,2	580
2020	543,0	78,4	54,7	66,7	590
2060	552,0	78,6	55,2	67,0	600
2100	560,0	78,9	55,7	67,5	610
2140	569,0	79,2	56,3	67,9	620
2180	577,0	79,5	56,8	68,3	630
2220	586,0	79,8	57,3	68,7	640
		80,0	57,8	69,0	650
		80,3	58,3	69,4	660
		80,6	58,8	69,8	670
		80,8	59,2	70,1	680
		81,1	59,7	70,5	690
		81,3	60,1	70,8	700
		81,8	61,0	71,5	720
		82,2	61,8	72,1	740
		82,6	62,5	72,6	760
		83,0	63,3	73,3	780
		83,4	64,0	73,8	800
		83,8	64,7	74,3	820
		84,1	65,3	74,8	840
		84,4	65,9	75,3	860
		84,7	66,4	75,7	880
		85,0	67,0	76,1	900
		85,3	67,5	76,5	920
		85,6	68,0	76,9	940

Dureté Rockwell :
A : cône diamant avec charge 588 N
B : bille avec charge 883 N
C : cône avec charge 1373 N
D : cône diamant avec charge 981 N

6 ACIER – PROPRIÉTÉS MÉCANIQUES – TRAITEMENTS DE SURFACE

6.1 STRUCTURE DE L'ACIER

LE GRAIN

Ci-contre un acier à l'état liquide *Figure 1a*, et son refroidissement lent jusqu'à la température ambiante.
Très vite des germes apparaissent : *Figure 1b*, ce sont des **dendrites**.

Les dendrites se développent comme de petits arbres : c'est la **germination**. *Figure 1c*
Chaque germe donne naissance à un **grain**. *Figure 1d*

La taille du grain a une grande influence sur les caractéristiques mécaniques du métal. Le laminage *Figure 2* affine le grain créant les fibres de laminage.

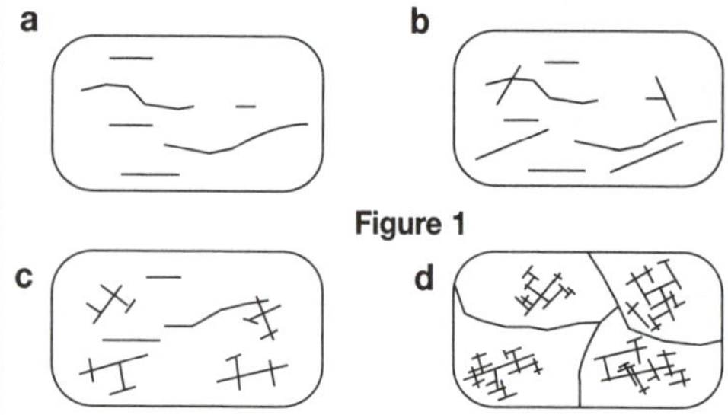

Figure 1

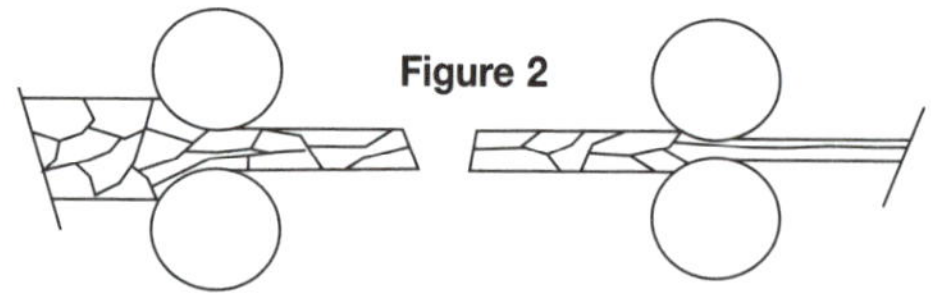
Figure 2

LES VARIÉTÉS POLYMORPHIQUES

Chaque grain est constitué de millions d'atomes regroupés en un réseau cubique : les **mailles**.
De 0 à 720 °C les mailles sont dites « **cubiques centrées** » **:** le **Fer** α.

Au-delà, les mailles se transforment progressivement pour devenir « **cubique à face centrée** » : le **Fer** γ

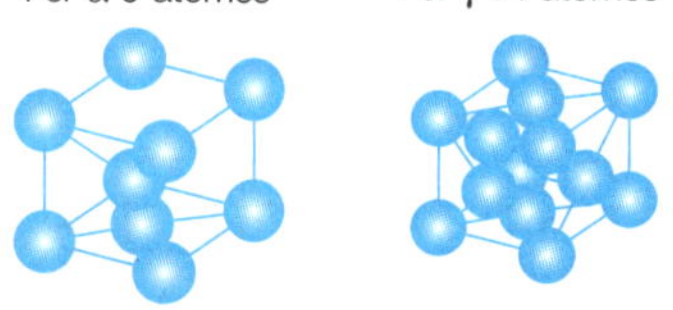

NB : à 768 °C (point de Curie), la ferrite devient amagnétique.

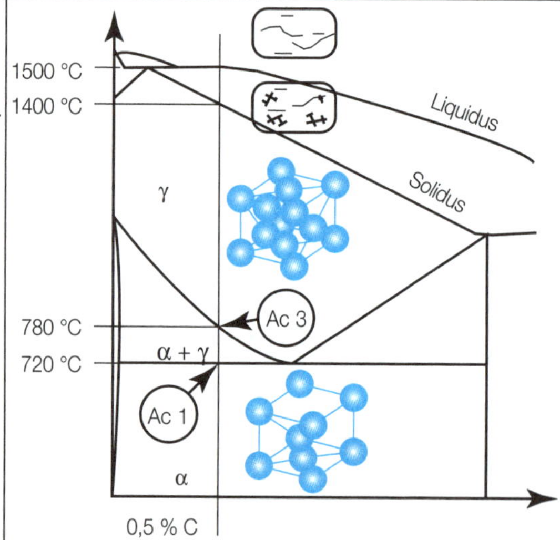

Diagramme de Roozeboum

LES ALLIAGES FER + CARBONE

La **Ferrite** est du fer pratiquement pur. Elle ne renferme que 0,04 % de carbone à 720 °C.
La **Cémentite** est un carbure de fer Fe_3C.
La **Perlite** est un mélange de ferrite et de cémentite. Elle dissout 0,85 % de C.
L'**Austénite** est une solution solide de carbone dans le fer γ. Elle n'apparaît qu'au-dessus de 720 °C.

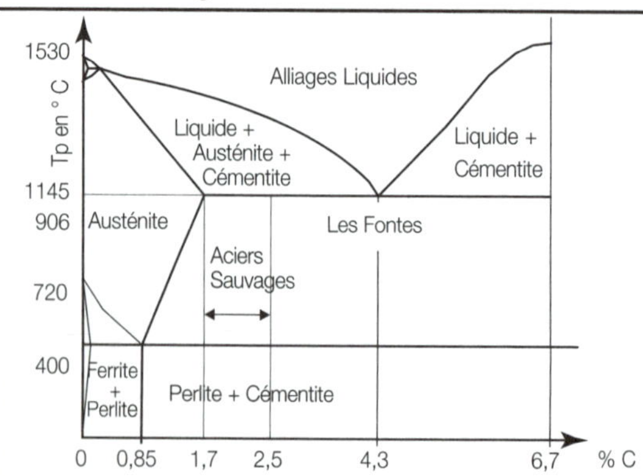

Diagramme d'équilibre fer + Carbone

6.2 TREMPE

LE CARBONE

Il existe deux grands types de défauts dans les réseaux cristallins :
- les lacunes,
- les dislocations.

À température ambiante, le carbone se place dans ces lacunes.
Il est en substitution dans le Fer α.

L'atome de carbone est plus petit que celui du fer.
Lors d'une montée en température, à la transformation du fer α en fer γ, le carbone se stabilise à l'intérieur de la maille.
Il est en insertion dans le Fer γ.

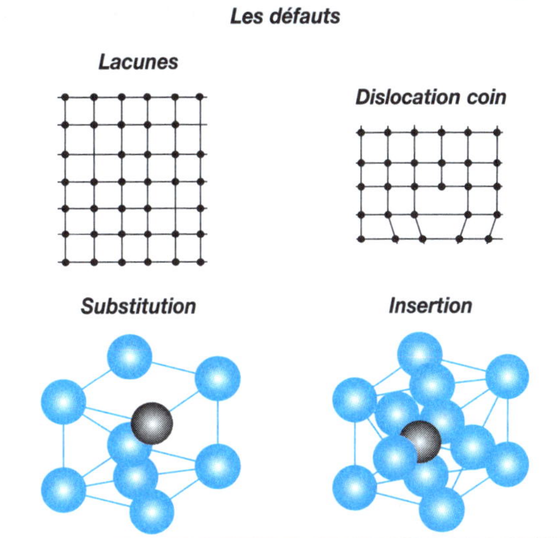

LA TREMPE

Tout le carbone est en insertion à **Ac3 + 50 °C**.

Si la vitesse de refroidissement est très grande, le carbone demeure à l'intérieur de la maille redevenue cubique centrée.

Il est en **sursaturation dans le Fer α**.
C'est la **Martensite** très dure et très fragile. (720 HV)

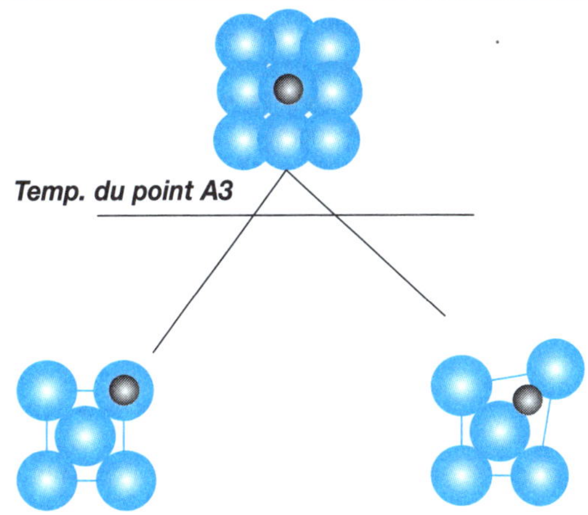

LA VITESSE CRITIQUE DE TREMPE

Une allure de refroidissement correspondant à la *courbe I*, permet à l'austénite de se transformer en ferrite et cémentite, comme l'acier l'était au départ.
Une vitesse supérieure à VCT1, *courbe II*, fait apparaître la martensite à partir du point Ms (*martensite start*).
L'austénite sera transformée au point Mf *(martensite final)*.
Une vitesse supérieure à VCT2 provoquerait une telle transformation martensitique que l'acier serait inutilisable.

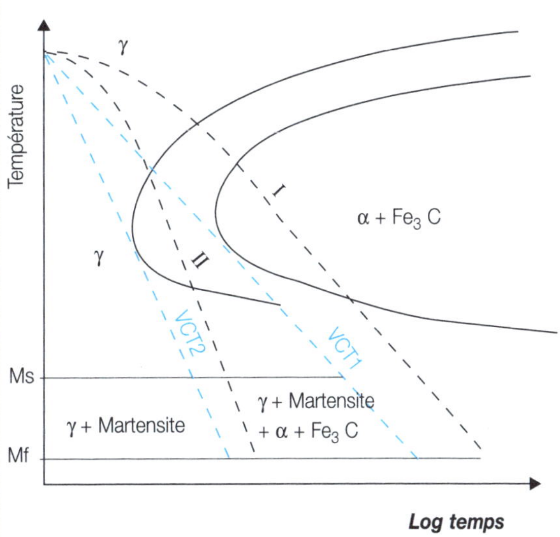

6.3 PROPRIÉTÉS MÉCANIQUES DE L'ACIER

ÉLASTICITÉ

Ci-contre un cristal d'un système cubique *a*, *b*, *c*, *d*, fixe en *cd*, dont la section de base est *S*.
Si on lui applique une contrainte $\tau = \frac{F}{S}$, croissante, le cristal se déforme en *a′b′*.
Si la contrainte disparaît, le cristal reprend sa forme.
La déformation est élastique.

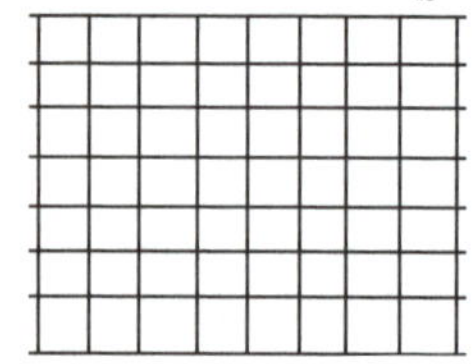

PLASTICITÉ

Dès que τ atteint la valeur de la contrainte critique de cisaillement τc, il se produit un glissement brusque selon le plan *P*, *P′*. Si la contrainte disparaît, le cristal ne reprend plus sa forme.
La déformation est plastique.
Attention : Il ne s'agit pas là d'une rupture, le réseau cristallin a tout simplement atteint une nouvelle position d'équilibre.

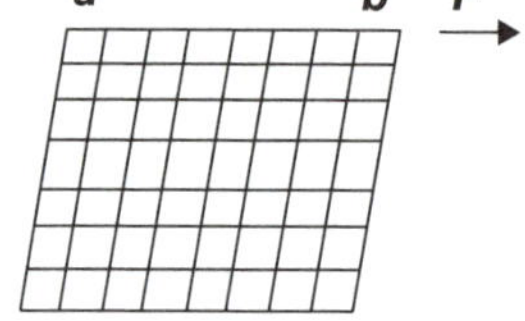

MALLÉABILITÉ

La malléabilité est la qualité des métaux qui opposent une faible résistance aux travaux de façonnage *(pliage, cintrage, emboutissage...)*.
Plus le nombre de plans *P*, *P′* est important, plus il sera facile d'atteindre cette situation de déformation plastique, c'est la **malléabilité**.
Cette caractéristique dépend essentiellement du type d'arrangement atomique dans les cristaux métalliques.
Très schématiquement, on peut compter 2 plans de glissement dans le réseau « cubique centré CC » et 8 dans le réseau « cubique face centrée CFC ».
L'or, le platine, l'argent, le plomb, le nickel, le cuivre, le fer γ, qui cristallisent sous la forme CFC, sont plus malléables que le chrome, le tungstène, le molybdène, le fer α qui cristallisent sous la forme CC.

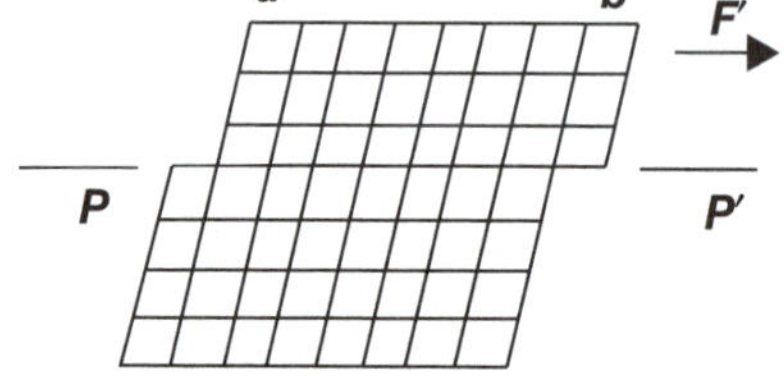

Cubique centré

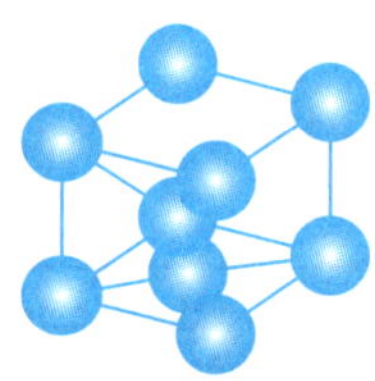

CC

Cubique face centrée

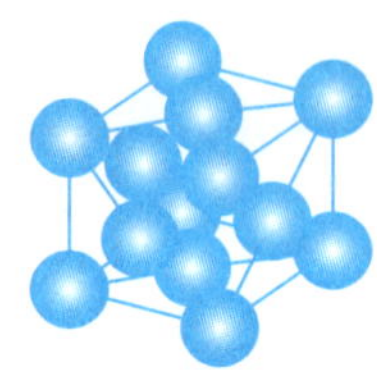

CFC

ÉCROUISSAGE

Lorsque la direction de la force *F* n'est pas parallèle à un plan de glissement, *(c'est toujours forcément le cas pour un grand nombre de cristaux)*, la déformation plastique affecte également la géométrie des mailles et crée des dislocations. Cette situation « ruine » un grand nombre de plans de glissement et diminue considérablement la malléabilité : c'est l'**écrouissage**.

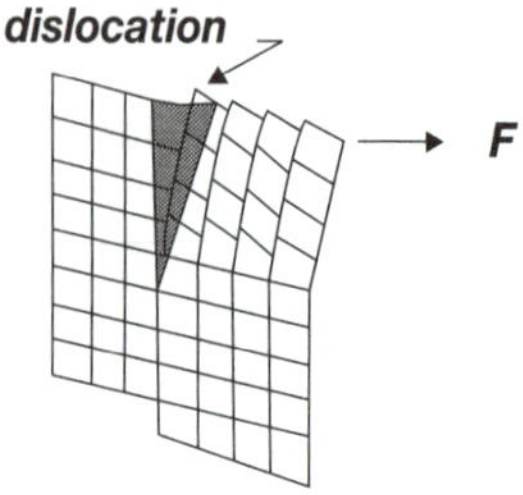

RECUIT

L'écrouissage se réduit grâce au **recuit de recristallisation** à la température θ° = (t de fusion – 273 °C)/2, suivi d'un refroidissement lent. Le plomb fond à 327 °C, il recristallise automatiquement à 27 °C.

6.4 TRAITEMENTS DE SURFACE

Les traitements et les revêtements de surface sont d'une grande importance. Ils permettent de faire acquérir aux produits des caractéristiques mécaniques et des propriétés différentes de celles existant au départ. Ces traitements peuvent, par exemple, accroître considérablement la dureté de la périphérie d'une pièce, sa résistance à la corrosion ou son esthétique.

TYPES DE TRAITEMENTS	Traitement	Métal support	Épaisseur	Dureté		Propriétés et domaines d'application
				Vickers HV (509)	Rockwell HR	
TRAITEMENTS THERMIQUES	**Trempe superficielle**	Aciers non alliés *(voir chapitre 4)*	0,5 à 5 mm	Variable suivant l'acier utilisé		Grande dureté superficielle. Déformations faibles. Pièces de frottement : dents d'engrenages, bancs de machines outils.
TRAITEMENTS THERMO-CHIMIQUES	**Cémentation**	Aciers à faible % de carbone *(voir chapitre 4)*	0,5 à 1 mm	550		Dureté superficielle augmentée, le cœur de la pièce garde ses propriétés élastiques. Pièces d'usure, cames, axes…
	Nitruration	Aciers alliés *(voir chapitre 4)*	0,1 à 0,5 mm	600 à 1 200		Résistance à l'usure et à la corrosion. Pignons, broches, glissières, axes.
	Carbo-nitruration	Aciers de cémentation et de nitruration	0,05 à 0,5 mm			Bonne résistance à l'usure et à la corrosion. Articulations, arbres.
	Sulfo-nitruration	Tous les alliages ferreux	20 µm à 30 µm	700 à 1 000		Résistance au grippage. Bonne tenue à la fatigue. Glissières, paliers, guides.
	Chromisation	Aciers à faible pourcentage de carbone	25 µm à 500 µm	1 000 à 1 600		Inoxydable, réfractaire, de bonnes qualités frottantes. Limes, filières, fraises dentaires, moules.
DÉPÔTS ÉLECTRO-LYTIQUES	**Cadmium**	Métaux ferreux Cuivre et ses alliages	2 µm à 30 µm	25 à 30		Protection des pièces en mécanique, électrotechnique, électronique. Pièces employées en milieu alcalin.
	Zinc	Métaux ferreux Aluminium et ses alliages	5 µm à 30 µm	70 à 240		Bonne résistance à la corrosion (milieu marin). Tôles, fils, tubes et profilés galvanisés.
	Étain (fer blanc)	Métaux ferreux Aluminium et ses alliages Zinc et ses alliages	5 µm à 30 µm			Résiste à la corrosion provoquée par les produits alimentaires et chimiques.
	Nickel		5 µm à 25 µm	150 à 400		Protection contre l'oxydation à température élevée. Résiste à l'attaque des produits chimiques. Industries : chimiques, alimentaires, nucléaires.
	Cuivre		5 µm à 25 µm	50 à 100		Permet les dépôts de Ni et de Cr sur fer. Protection contre la cémentation. Pour matériel électrique et électronique.
	Chrome		0,05 mm à 0,5 mm	900 à 1 000		Bonnes qualités frottantes. Objets de décoration. Cycles, ameublement.
	Argent	Matériaux métalliques Matières plastiques (métallisation préalable)	5 µm à 400 µm	25 à 80		Industrie électrique. Objets d'art.
	Or		0,2 µm à 5 µm	20 à 60		Industrie électronique. Objets d'art.
TRAITEMENTS CHIMIQUES	**Phosphatation** (Trempage dans un bain de sels)	Métaux ferreux	10 µm à 20 µm			Couche électriquement isolante. Facilite l'accrochage de peinture et vernis. Surfaces frottantes.
	Chromatation	Appliquée aux surfaces de zinc, cadmium, aluminium				Améliore la résistance à la corrosion.
	Anodisation (oxydation anodique)	Aluminium et ses alliages	0,01 mm à 0,120 mm		50 à 70	Résistance à la corrosion. Isolation électrique ou diélectrique. Durcissement superficiel. Pièces d'usure. Décoration.
REVÊTEMENTS PEINTURES	**Au pistolet. Brosses Au trempé. Électrophorèse**	Tous supports	10 à 20 µm suivant peinture et nombre de couches			Résistance à la corrosion, isolation et décoration.
REVÊTEMENTS THERMO-PLASTIQUES	**Polyamnide type 11**	Métaux ferreux Aluminium et ses alliages. Verres.	80 µm à 600 µm			Épaisseurs variables de faibles à fortes. Bonne adhérence des dépôts.
	PVC		200 µm à 300 µm			Très utilisé pour les revêtements de fils.

7. PRODUITS SIDÉRURGIQUES FORMES, DIMENSIONS, CARACTÉRISTIQUES

7.1 VOCABULAIRE

POUTRELLES CLASSIQUES

IPN	IPE
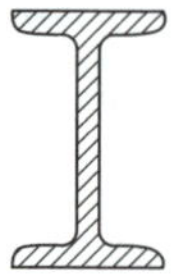	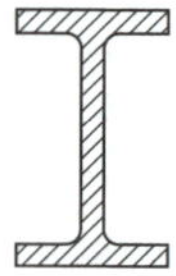
HEA	**HEB**
	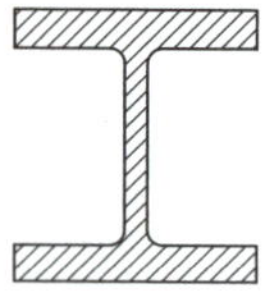
UPN	**UAP**
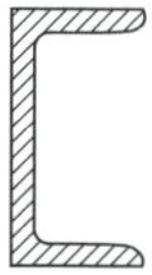	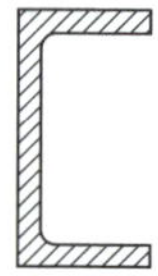

LAMINÉS MARCHANDS USUELS

Cornière égale	Cornière inégale	Té égal à congé	Petit fer U
	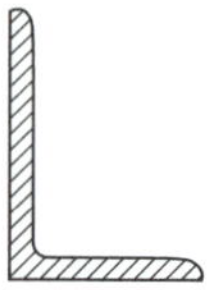	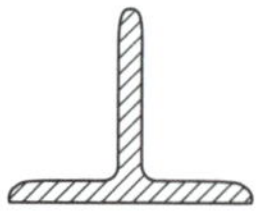	

Plat	Rond	Carré
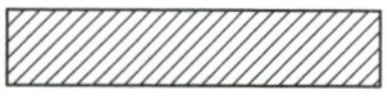	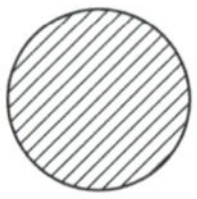	

PRODUITS PLATS

Tôle laminée à chaud en feuille ou bobine ; bande refendue à chaud ; tôle forte et plaque (tôle provenant d'un train réversible) ; tôle laminée à froid en feuille ou en bobine.

TUBES

Tube rond	Tube carré	Tube rectangulaire
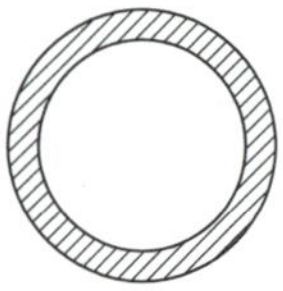		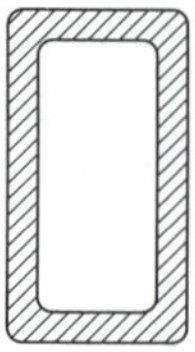

7.2 NOTATIONS

d'après DOC OTUA

NOTATIONS SELON EUROCODE 3 (EC 3)

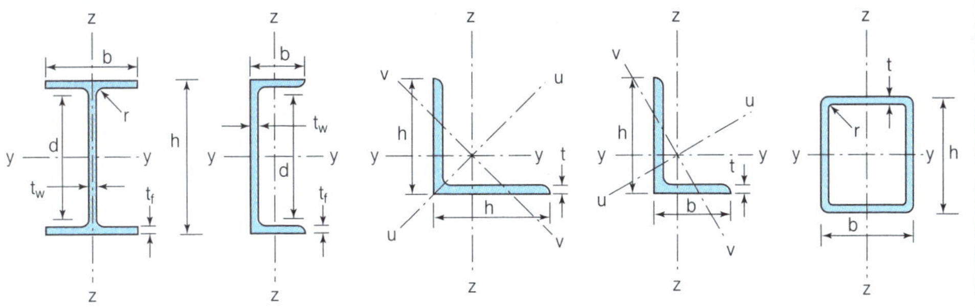

Caractéristiques	Unités	Notations Eurocode 3		Anciennes notations	
Axes de forte inertie	–	yy	uu	xx	zz
Axes de faible inertie	–	zz	vv	yy	vv
Hauteur du profilé	mm	h		h	
Largeur du profilé	mm	a	b	a	b
Épaisseur de l'âme	mm	t	t_w	a	
Épaisseur de l'aile	mm	t_f		e	
Rayon du congé	mm	r	r_1	r	r_1
Rayon d'arrondi	mm	r_2	r_3	r_2	r_3
Hauteur de la partie droite de l'âme	mm	d		d	
Masse par mètre linéaire	kg/m	P		P	
Section d'acier	cm^2	A		A	
Distance du centre de gravité	cm	d_1 d_y u_1 v_y	d_2 d_z v_2 v_z	d_1 d_x z_1 v_x	d_2 d_y v_2 v_y
Moment d'inertie	cm^4	I_y I_u	I_z I_v	I_x I_z	I_y I_v
Module de flexion élastique	cm^3	$W_{el.y}$ $W_{el.u}$	$W_{el.z}$ $W_{el.v}$	I_x/v_x I_z/v_z	I_y/v_y I_v/v_v
Module de flexion plastique	cm^3	$W_{pl.y}$ $W_{pl.u}$	$W_{pl.z}$ $W_{pl.v}$	– –	
Rayon de giration	cm	i_y i_u	i_z i_v	i_x i_z	i_y i_v
Moment d'inertie de torsion	cm^4	I_t		J	
Aire de cisaillement	cm^2	A_{vz}	A_{vy}	–	

N.B. : Les tableaux qui suivent présentent les caractéristiques avec les anciennes notations sur fond blanc et les notations Eurocode 3 sur fond tramé en couleur.

OTUA : IMMEUBLE PACIFIC, 13 COURS DE VALMY – 92070 LA DÉFENSE CEDEX

7.3 POUTRELLES

d'après DOC OTUA

MATIÈRE

Les nuances de base utilisées en construction métallique sont les aciers S 235, S 275 et S 355 d'après la norme NF EN 10025.

IPN

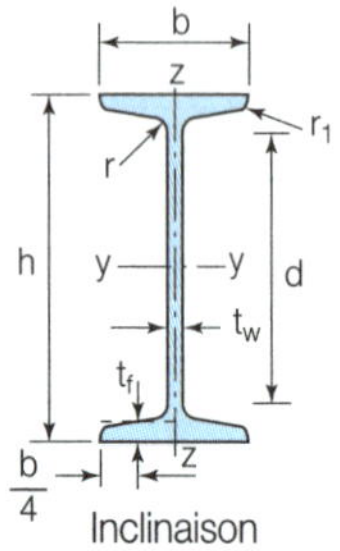

Inclinaison des ailes à 14 %

	Dimensions							Masse par mètre	Aire de la section
	h	b	a	e	r	r_1	h_1	P	A
	h	b	t_w	t_f	r	r_1	d	P	A
	mm	mm	mm	mm	mm	mm	mm	kg/m	cm²
IPN 80	80	42	3,9	5,9	3,9	2,3	59,0	5,94	7,6
IPN 100	100	50	4,5	6,8	4,5	2,7	75,7	8,3	10,6
IPN 120	120	58	5,1	7,7	5,1	3,1	92,4	11,1	14,2
IPN 140	140	66	5,7	8,6	5,7	3,4	109,1	14,3	18,2
IPN 160	160	74	6,3	9,5	6,3	3,8	125,7	17,9	22,8
IPN 180	180	82	6,9	10,4	6,9	4,1	142,4	21,9	27,9
IPN 200	200	90	7,5	11,3	7,5	4,5	159,1	26,2	33,4
IPN 220	220	98	8,1	12,2	8,1	4,9	175,8	31,0	39,5
IPN 240	240	106	8,7	13,1	8,7	5,2	192,5	36,2	46,1
IPN 260	260	113	9,4	14,1	9,4	5,6	208,9	41,9	53,3
IPN 280	280	119	10,1	15,2	10,1	6,1	225,1	47,9	61,0
IPN 300	300	125	10,8	16,2	10,8	6,5	241,6	54,2	69,0
IPN 320	320	131	11,5	17,3	11,5	6,9	257,8	61,0	77,7
IPN 340	340	137	12,2	18,3	12,2	7,3	274,3	68,0	86,7
IPN 360	360	143	13,0	19,5	13,0	7,8	290,2	76,1	97,0
IPN 380	380	149	13,7	20,5	13,7	8,2	306,7	84,0	107,0
IPN 400	400	155	14,4	21,6	14,4	8,6	322,9	92,4	117,7
IPN 450	450	170	16,2	24,3	16,2	9,7	363,6	115,3	146,9
IPN 500	500	185	18,0	27,0	18,0	10,8	404,3	140,8	179,4

NORMES DE RÉFÉRENCE

Dimensions : NF A 45-209
Tolérances : NF A 45-210

IPN (suite)

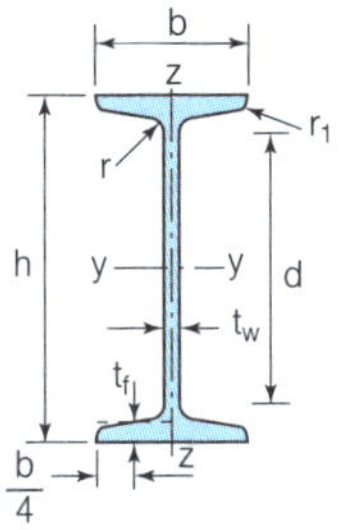

Inclinaison des ailes à 14 %

	Caractéristiques de calcul									Moment d'inertie de torsion
	I_x	I_x/v_x	i_x	–	–	I_y	I_y/v_y	i_y	–	J
	I_y	$W_{el.y}$	i_y	$W_{pl.y}$	A_{vz}	I_z	$W_{el.z}$	i_z	$W_{pl.z}$	I_t
	cm^4	cm^3	cm	cm^3	cm^2	cm^4	cm^3	cm	cm^3	cm^4
IPN 80	78	19,5	3,20	22,8	3,41	6,29	3,00	0,91	5,0	0,87
IPN 100	171	34,2	4,01	39,8	4,85	12,20	4,88	1,07	8,1	1,60
IPN 120	328	54,7	4,81	63,6	6,63	21,50	7,41	1,23	12,4	2,71
IPN 140	573	81,9	5,61	95,4	8,65	35,20	10,70	1,40	17,9	4,32
IPN 160	935	117,0	6,40	136,0	10,83	54,70	14,80	1,55	24,9	6,57
IPN 180	1450	161,0	7,20	187,0	13,35	81,30	19,80	1,71	33,2	9,58
IPN 200	2140	214,0	8,00	250,0	16,03	117,00	26,00	1,87	43,5	13,50
IPN 220	3060	278,0	8,80	324,0	19,06	162,00	33,10	2,02	55,7	18,60
IPN 240	4250	354,0	9,59	412,0	22,33	221,00	41,70	2,20	70,0	25,00
IPN 260	5740	442,0	10,40	514,0	26,08	288,00	51,00	2,32	85,9	33,50
IPN 280	7590	542,0	11,10	632,0	30,18	364,00	61,20	2,45	103,0	44,20
IPN 300	9800	653,0	11,90	762,0	34,58	451,00	72,20	2,56	121,0	56,80
IPN 320	12510	782,0	12,70	914,0	39,26	555,00	84,70	2,67	143,0	72,50
IPN 340	15700	923,0	13,50	1080,0	44,27	674,00	98,40	2,80	166,0	90,40
IPN 360	19610	1090,0	14,20	1276,0	49,95	818,00	114,00	2,90	194,0	115,00
IPN 380	24010	1260,0	15,00	1482,0	55,55	975,00	131,00	3,02	221,0	141,00
IPN 400	29210	1460,0	15,70	1714,0	61,69	1160,00	149,00	3,13	253,0	170,00
IPN 450	45850	2040,0	17,70	2400,0	77,79	1730,00	203,00	3,43	345,0	267,00
IPN 500	68740	2750,0	19,60	3240,0	95,60	2480,00	268,00	3,72	456,0	402,00

Poutrelles

MATIÈRE	Les nuances de base utilisées en construction métallique sont les aciers S 235, S 275 et S 355 d'après la norme NF EN 10025.

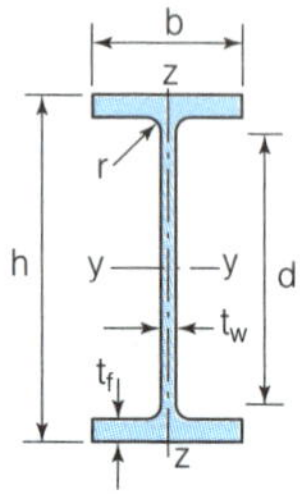

		Dimensions						**Masse par mètre**	**Aire de la section**
		h	b	a	e	r	h_1	P	A
		h	b	t_w	t_f	r	d	P	A
		mm	mm	mm	mm	mm	mm	kg/m	cm^2
IPE	IPE 80	80,0	46	3,8	5,2	5	59,6	6,0	7,6
	IPE 100	100,0	55	4,1	5,7	7	74,6	8,1	10,3
	IPE 120	120,0	64	4,4	6,3	7	93,4	10,4	13,2
	IPE 140	140,0	73	4,7	6,9	7	112,2	12,9	16,4
	IPE 160	160,0	82	5,0	7,4	9	127,2	15,8	20,1
	IPE 180	180,0	91	5,3	8,0	9	146,0	18,8	23,9
	IPE 200	200,0	100	5,6	8,5	12	159,0	22,4	28,5
	IPE 220	220,0	110	5,9	9,2	12	177,6	26,2	33,4
	IPE 240	240,0	120	6,2	9,8	15	190,4	30,7	39,1
	IPE 270	270,0	135	6,6	10,2	15	219,6	36,1	45,9
	IPE 300	300,0	150	7,1	10,7	15	248,6	42,2	53,8
	IPE 330	330,0	160	7,5	11,5	18	271,0	49,1	62,6
	IPE 360	360,0	170	8,0	12,7	18	298,6	57,1	72,7
	IPE 400	400	180	8,6	13,5	21	331,0	66,3	84,5
	IPE 450	450,0	190	9,4	14,6	21	378,8	77,6	98,8
	IPE 500	500,0	200	10,2	16,0	21	426,0	90,7	115,5
	IPE 550	550,0	210	11,1	17,2	24	467,6	105,5	134,4
	IPE 600	600,0	220	12,0	19,0	24	514,0	122,4	156,0

NORMES DE RÉFÉRENCE	Dimensions : NF A 45-205 Tolérances : NF EN 10034

IPE (suite)

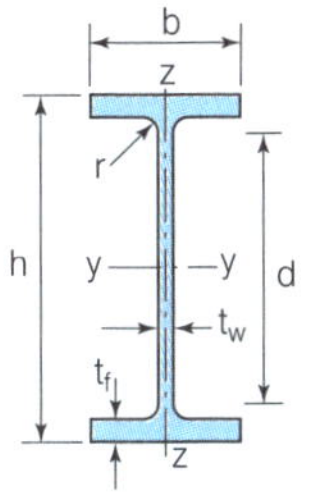

	Caractéristiques de calcul										Moment d'inertie de torsion
	I_x	I_x/v_x	i_x	–	–	I_y	I_y/v_y	i_y	–	–	J
	I_y	$W_{el.y}$	i_y	$W_{pl.y}$	A_{vz}	I_z	$W_{el.z}$	i_z	$W_{pl.z}$	A_{vy}	I_t
	cm^4	cm^3	cm	cm^3	cm^2	cm^4	cm^3	cm	cm^3	cm^2	cm^4
IPE 80	80,1	20,0	3,24	23,2	3,6	8,48	3,69	1,05	5,8	5,1	0,70
IPE 100	171,0	34,2	4,07	39,4	5,1	15,91	5,78	1,24	9,1	6,7	1,20
IPE 120	317,8	53,0	4,90	60,7	6,3	27,65	8,64	1,45	13,6	8,6	1,74
IPE 140	541,2	77,3	5,74	88,3	7,6	44,90	12,30	1,65	19,2	10,6	2,45
IPE 160	869,3	108,7	6,58	123,9	9,7	68,28	16,65	1,84	26,1	12,8	3,60
IPE 180	1317,0	146,3	7,42	166,4	11,3	100,81	22,16	2,05	34,6	15,3	4,79
IPE 200	1943,2	194,3	8,26	220,6	14,0	142,31	28,46	2,24	44,6	18,0	6,98
IPE 220	2771,8	252,0	9,11	285,4	15,9	204,81	37,24	2,48	58,1	21,3	9,07
IPE 240	3891,6	324,3	9,97	366,6	19,1	283,58	47,26	2,69	73,9	24,8	12,88
IPE 270	5789,8	428,9	11,23	484,0	22,1	419,77	62,19	3,02	97,0	29,0	15,94
IPE 300	8356,1	557,1	12,46	628,4	25,7	603,62	80,48	3,35	125,2	33,7	20,12
IPE 330	11766,9	713,1	13,71	804,3	30,8	788,00	98,50	3,55	153,7	38,7	28,15
IPE 360	16265,6	903,6	14,95	1019,1	35,1	1043,20	122,73	3,79	191,1	45,3	37,32
IPE 400	23128,4	1156,4	16,55	1307,1	42,7	1317,58	146,40	3,95	229,0	51,1	51,08
IPE 450	33742,9	1499,7	18,48	1701,8	50,8	1675,35	176,35	4,12	276,4	58,3	66,87
IPE 500	48198,5	1927,9	20,43	2194,1	59,9	2140,90	214,09	4,30	335,9	67,2	89,29
IPE 550	67116,5	2440,6	22,35	2787,0	72,3	2666,49	253,95	4,45	400,5	76,1	123,24
IPE 600	92083,5	3069,4	24,30	3512,4	83,8	3385,78	307,80	4,66	485,6	87,9	165,42

Poutrelles

MATIÈRE — Les nuances de base utilisées en construction métallique sont les aciers S 235, S 275 et S 355 d'après la norme NF EN 10025.

HEA

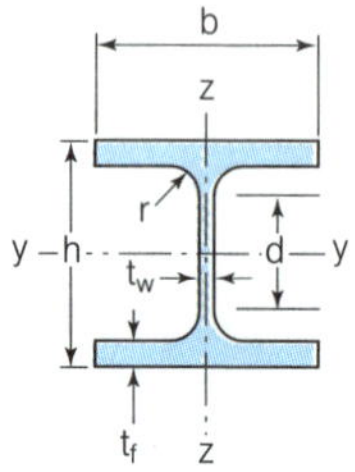

	Dimensions						Masse par mètre	Aire de la section
	h	b	a	e	r	h_1	P	A
	h	b	t_w	t_f	r	d	P	A
	mm	mm	mm	mm	mm	mm	kg/m	cm^2
HEA 100	96	100	5,0	8	12	56	16,7	21,2
HEA 120	114	120	5,0	8	12	74	19,9	25,3
HEA 140	133	140	5,5	8,5	12	92	24,7	31,4
HEA 160	152	160	6,0	9	15	104	30,4	38,8
HEA 180	171	180	6,0	9,5	15	122	35,5	45,3
HEA 200	190	200	6,5	10	18	134	42,3	53,8
HEA 220	210	220	7,0	11	18	152	50,5	64,3
HEA 240	230	240	7,5	12	21	164	60,3	76,8
HEA 260	250	260	7,5	12,5	24	177	68,2	86,8
HEA 280	270	280	8,0	13	24	196	76,4	97,3
HEA 300	290	300	8,5	14	27	208	88,3	112,5
HEA 320	310	300	9,0	15,5	27	225	97,6	124,4
HEA 340	330	300	9,5	16,5	27	243	104,8	133,5
HEA 360	350	300	10,0	17,5	27	261	112,1	142,8
HEA 400	390	300	11,0	19	27	298	124,8	159,0
HEA 450	440	300	11,5	21	27	344	139,8	178,0
HEA 500	490	300	12,0	23	27	390	155,1	197,5
HEA 550	540	300	12,5	24	27	438	166,2	211,8
HEA 600	590	300	13,0	25	27	486	177,8	226,5
HEA 650	640	300	13,5	26	27	534	189,7	241,6
HEA 700	690	300	14,5	27	27	582	204,5	260,5
HEA 800	790	300	15,0	28	30	674	224,4	285,8
HEA 900	890	300	16	30	30	770	251,6	320,5
HEA 1000	990	300	16,5	31	30	868	272,3	346,8

NORMES DE RÉFÉRENCE

Dimensions : NF A 45-201
Tolérances : NF EN 10034

HEA (suite)

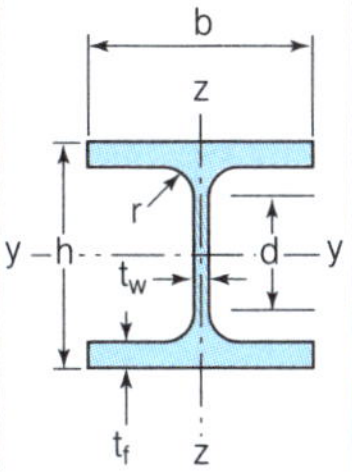

	Caractéristiques de calcul										Moment d'inertie de torsion
	I_x	I_x/v_x	i_x	–	–	I_y	I_y/v_y	i_y	–	–	J
	I_y	$W_{el.y}$	i_y	$W_{pl.y}$	A_{vz}	I_z	$W_{el.z}$	i_z	$W_{pl.z}$	A_{vy}	I_t
	cm^4	cm^3	cm	cm^3	cm^2	cm^4	cm^3	cm	cm^3	cm^2	cm^4
HEA 100	349,2	72,8	4,06	83,0	7,6	133,8	26,8	2,51	41,1	16,9	5,24
HEA 120	606,2	106,3	4,89	119,5	8,5	230,9	38,5	3,02	58,9	20,1	5,99
HEA 140	1033,1	155,4	5,73	173,5	10,1	389,3	55,6	3,52	84,8	24,8	8,13
HEA 160	1673,0	220,1	6,57	245,1	13,2	615,5	76,9	3,98	117,6	30,1	12,19
HEA 180	2510,3	293,6	7,45	324,9	14,5	924,6	102,7	4,52	156,5	35,5	14,80
HEA 200	3692,2	388,6	8,28	429,5	18,1	1335,6	133,6	4,98	203,8	41,6	20,98
HEA 220	5409,7	515,2	9,17	568,5	20,7	1954,5	177,7	5,51	270,6	50,2	28,46
HEA 240	7763,2	675,1	10,05	744,6	25,2	2768,9	230,7	6,00	351,7	59,7	41,55
HEA 260	10455,0	836,4	10,97	919,8	28,8	3668,2	282,2	6,50	430,2	67,4	52,37
HEA 280	13673,3	1012,8	11,86	1112,2	31,7	4763,0	340,2	7,00	518,1	75,4	62,10
HEA 300	18263,5	1259,63	12,74	1383,3	37,3	6310,5	420,7	7,49	641,2	87,0	85,17
HEA 320	22928,6	1479,3	13,58	1628,1	41,1	6985,8	465,7	7,49	709,7	96,2	107,97
HEA 340	27693,1	1678,4	14,40	1850,5	45,0	7436,3	495,8	7,46	755,9	102,5	127,20
HEA 360	33089,8	1890,8	15,22	2088,5	49,0	7886,8	525,8	7,43	802,3	108,7	148,82
HEA 400	45069,4	2311,3	16,84	2561,8	57,3	8563,1	570,9	7,34	872,9	118,2	189,04
HEA 450	63721,6	2896,4	18,92	3215,9	65,8	9464,2	630,9	7,29	965,5	130,4	243,76
HEA 500	86974,8	3550,0	20,98	3948,9	74,7	10365,6	691,0	7,24	1058,5	142,7	309,27
HEA 550	111932,2	4145,6	22,99	4621,8	83,7	10817,2	721,1	7,15	1106,9	148,9	351,54
HEA 600	141208,1	4786,7	24,97	5350,4	93,2	11269,1	751,3	7,05	1155,7	155,2	397,81
HEA 650	175178,2	5474,3	26,93	6136,3	103,2	11721,3	781,4	6,96	1204,8	161,5	448,30
HEA 700	215301,4	6240,6	28,75	7031,8	117,0	12175,5	811,7	6,84	1256,7	168,0	513,89
HEA 800	303442,6	7682,1	32,58	8699,5	138,8	12634,7	842,3	6,65	1312,3	174,8	596,87
HEA 900	422075,0	9484,8	36,29	10811,0	163,3	13542,4	902,8	6,50	1414,5	187,4	736,77
HEA 1000	553846,2	11188,8	39,96	12824,4	184,6	13998,9	933,3	6,35	1469,7	193,7	822,41

MATIÈRE	Les nuances de base utilisées en construction métallique sont les aciers S 235, S 275 et S 355 d'après la norme NF EN 10025.

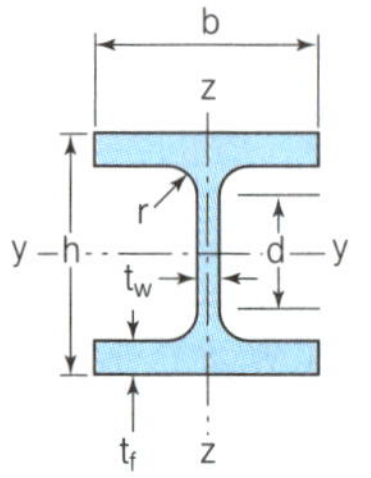

		Dimensions						Masse par mètre	Aire de la section
		h	b	a	e	r	h_1	P	A
		h	b	t_w	t_f	r	d	P	A
		mm	mm	mm	mm	mm	mm	kg/m	cm^2
HEB	HEB 100	100	100	6,0	10	12	56	20,4	26,0
	HEB 120	120	120	6,5	11	12	74	26,7	34,0
	HEB 140	140	140	7,0	12	12	92	33,7	43,0
	HEB 160	160	160	8,0	13	15	104	42,6	54,3
	HEB 180	180	180	8,5	14	15	122	51,2	65,3
	HEB 200	200	200	9,0	15	18	134	61,3	78,1
	HEB 220	220	220	9,5	16	18	152	71,5	91,0
	HEB 240	240	240	10,0	17	21	164	83,2	106,0
	HEB 260	260	260	10,0	17,5	24	177	93,0	118,4
	HEB 280	280	280	10,5	18	24	196	103,1	131,4
	HEB 300	300	300	11,0	19	27	208	117,0	149,1
	HEB 320	320	300	11,5	20,5	27	225	126,7	161,3
	HEB 340	340	300	12,0	21,5	27	243	134,2	170,9
	HEB 360	360	300	12,5	22,5	27	261	141,8	180,6
	HEB 400	400	300	13,5	24	27	298	155,3	197,8
	HEB 450	450	300	14,0	26	27	344	171,1	218,0
	HEB 500	500	300	14,5	28	27	390	187,3	238,6
	HEB 550	550	300	15,0	29	27	438	199,4	254,1
	HEB 600	600	300	15,5	30	27	486	211,9	270,0
	HEB 650	650	300	16,0	31	27	534	224,8	286,3
	HEB 700	700	300	17,0	32	27	582	240,5	306,4
	HEB 800	800	300	17,5	33	30	674	262,3	334,2
	HEB 900	900	300	18,5	35	30	770	291,5	371,3
	HEB 1000	1000	300	19,0	36	30	868	314,0	400,0

NORMES DE RÉFÉRENCE

Dimensions : NF A 45-201
Tolérances : NF EN 10034

HEB (suite)

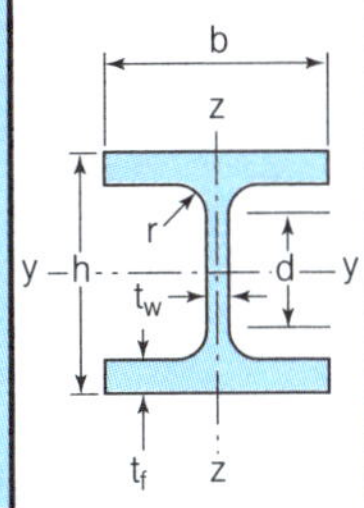

	Caractéristiques de calcul										Moment d'inertie de torsion
	I_x	I_x/v_x	i_x	–	–	I_y	I_y/v_y	i_y	–	–	J
	I_y	$W_{el.y}$	i_y	$W_{pl.y}$	A_{vz}	I_z	$W_{el.z}$	i_z	$W_{pl.z}$	A_{vy}	I_t
	cm^4	cm^3	cm	cm^3	cm^2	cm^4	cm^3	cm	cm^3	cm^2	cm^4
HEB 100	449,5	89,9	4,16	104,2	9,0	167,2	33,4	2,53	51,4	21,1	9,25
HEB 120	864,4	144,1	5,04	165,2	11,0	317,4	52,9	3,06	81,0	27,6	13,84
HEB 140	1509,2	215,6	5,93	245,4	13,1	549,5	78,5	3,58	119,8	34,9	20,06
HEB 160	2492,0	311,5	6,78	354,0	17,6	889,0	111,1	4,05	170,0	43,4	31,24
HEB 180	3831,1	425,7	7,66	481,4	20,2	1362,5	151,4	4,57	231,0	52,4	42,16
HEB 200	5696,2	569,6	8,54	642,5	24,8	2002,9	200,3	5,06	305,8	62,4	59,28
HEB 220	8091,0	735,5	9,43	827,0	27,9	2842,7	258,4	5,59	393,9	73,0	76,57
HEB 240	11259,3	938,3	10,31	1053,1	33,2	3921,9	326,8	6,08	498,4	84,7	102,69
HEB 260	14919,4	1147,6	11,22	1282,9	37,6	5134,0	394,9	6,58	602,2	94,4	123,78
HEB 280	19270,3	1376,4	12,11	1534,4	41,1	6593,7	471,0	7,08	717,6	104,4	143,72
HEB 300	25165,7	1677,7	12,99	1868,7	47,4	8562,1	570,8	7,58	870,1	118,2	185,05
HEB 320	30823,5	1926,5	13,82	2149,2	51,8	9237,7	615,8	7,57	939,1	127,4	225,07
HEB 340	36656,4	2156,3	14,65	2408,1	56,1	9688,5	645,9	7,53	985,7	133,7	257,20
HEB 360	43193,5	2399,6	15,46	2683,0	60,6	10139,4	676,0	7,49	1032,5	139,9	292,45
HEB 400	57680,5	2884,0	17,08	3231,7	70,0	10816,5	721,1	7,40	1104,0	149,5	355,75
HEB 450	79887,6	3550,6	19,14	3982,4	79,7	11718,4	781,2	7,33	1197,7	161,7	440,48
HEB 500	107175,8	4287,0	21,19	4814,6	89,8	12620,6	814,4	7,27	1291,6	174,0	538,44
HEB 550	136690,9	4970,6	23,20	5590,6	100,1	13073,2	871,5	7,17	1341,1	180,3	600,33
HEB 600	171041,1	5701,4	25,17	6425,1	110,8	13526,1	901,7	7,08	1391,1	186,6	667,18
HEB 650	210616,1	6480,5	27,12	7319,9	122,0	13979,4	932,0	6,99	1441,4	192,9	739,20
HEB 700	256888,4	7339,7	28,96	8327,1	137,1	14435,4	962,4	6,86	1495,0	199,5	830,94
HEB 800	359083,6	8977,1	32,78	10228,7	161,8	14896,9	993,1	6,68	1553,1	206,3	946,02
HEB 900	494064,7	10979,2	36,48	12584,1	188,8	15808,0	1053,9	6,53	1658,3	219,0	1137,47
HEB 1000	644748,3	12895,0	40,15	14855,1	212,5	16267,3	1084,5	6,38	1716,3	225,3	1254,42

Poutrelles

MATIÈRE

Les nuances de base utilisées en construction métallique sont les aciers S 235, S 275 et S 355 d'après la norme NF EN 10025.

UPN

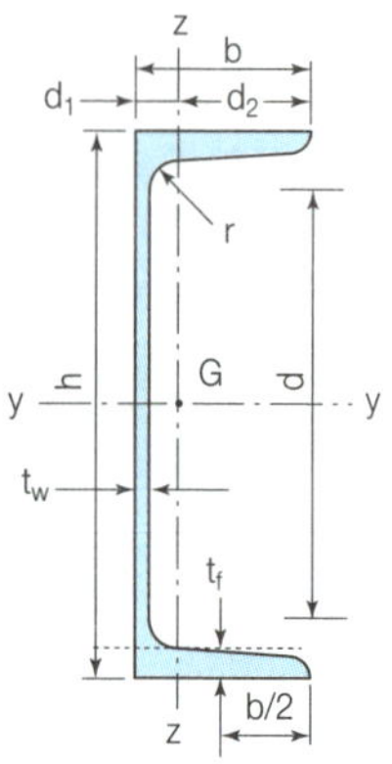

Inclinaison des ailes :
h ⩽ 300 : 8 %
h > 300 : 5 %

Profils	Dimensions							Masse par mètre	Aire de la section	Position du centre de gravité	
	h	b	a	e	r	r_1	h_1	P	A	d_1	$d_2 = v_y$
	h	b	t_w	t_f	r	r_1	d	P	A	d_1	$d_2 = v_z$
	mm	mm	mm	mm	mm	mm	mm	kg/m	cm²	cm	cm
UPN 80	80	45	6,0	8,0	8,0	4,00	47	8,7	11,0	1,45	3,05
UPN 100	100	50	6,0	8,5	8,5	4,50	64	10,6	13,5	1,55	3,45
UPN 120	120	55	7,0	9,0	9,0	4,50	82	13,3	17,0	1,61	3,89
UPN 140	140	60	7,0	10,0	10,0	5,00	98	16,0	20,4	1,76	4,24
UPN 160	160	65	7,5	10,5	10,5	5,50	116	18,9	24,0	1,84	4,66
UPN 180	180	70	8,0	11,0	11,0	6,00	133	21,9	27,9	1,92	5,08
UPN 200	200	75	8,5	11,5	11,5	6,50	151	25,2	32,2	2,01	5,49
UPN 220	220	80	9,0	12,5	12,5	6,50	167	29,4	37,4	2,14	5,86
UPN 240	240	85	9,5	13,0	13,0	7,00	185	33,2	42,3	2,23	6,27
UPN 260	260	90	10,0	14,0	14,0	7,50	201	37,9	48,3	2,36	6,64
UPN 280	280	95	10,0	15,0	15,0	8,00	216	41,9	53,4	2,53	6,97
UPN 300	300	100	10,0	16,0	16,0	8,00	231	46,1	58,8	2,70	7,30

NORMES DE RÉFÉRENCE

Dimensions : NF A 45-202
Tolérances : NF A 45-210

UPN (suite)

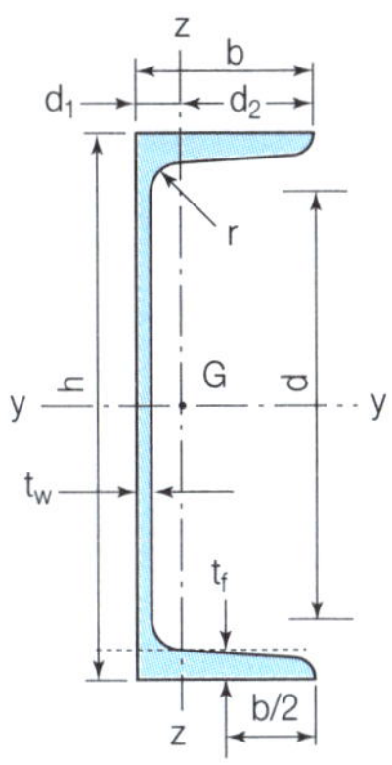

Inclinaison des ailes :
h ⩽ 300 : 8 %
h > 300 : 5 %

Profils	Caractéristiques de calcul									Moment d'inertie de torsion
	I_x	I_x/v_x	i_x	–	–	I_y	I_y/v_y	i_y	–	J
	I_y	$W_{el.y}$	i_y	$W_{pl.y}$	A_{vz}	I_z	$W_{el.z}$	i_z	$W_{pl.z}$	I_t
	cm^4	cm^3	cm	cm^3	cm^2	cm^4	cm^3	cm	cm^3	cm^4
UPN 80	106	26,5	3,1	31,8	5,10	19,4	6,4	1,33	12,1	2,16
UPN 100	206	41,2	3,9	49,0	6,46	29,3	8,5	1,47	16,2	2,81
UPN 120	364	60,7	4,6	72,6	8,80	43,2	11,1	1,59	21,2	4,15
UPN 140	605	86,4	5,5	103,0	10,41	62,7	14,8	1,75	28,3	5,68
UPN 160	925	116,0	6,2	138,0	12,60	85,3	18,3	1,89	35,2	7,39
UPN 180	1350	150,0	7,0	179,0	15,09	114,0	22,4	2,02	42,9	9,55
UPN 200	1910	191,0	7,7	228,0	17,71	148,0	27,0	2,14	51,8	11,90
UPN 220	2690	245,0	8,5	292,0	20,62	197,0	33,6	2,30	64,1	16,00
UPN 240	3600	300,0	9,2	358,0	23,71	248,0	39,6	2,42	75,7	19,70
UPN 260	4820	371,0	10,0	442,0	27,12	317,0	47,7	2,56	91,6	25,50
UPN 280	6280	448,0	10,9	532,0	29,28	399,0	57,2	2,74	109,0	31,00
UPN 300	8030	535,0	11,7	632,0	31,77	495,0	67,8	2,90	130,0	37,40

MATIÈRE	Les nuances de base utilisées en construction métallique sont les aciers S 235, S 275 et S 355 d'après la norme NF EN 10025.

UAP

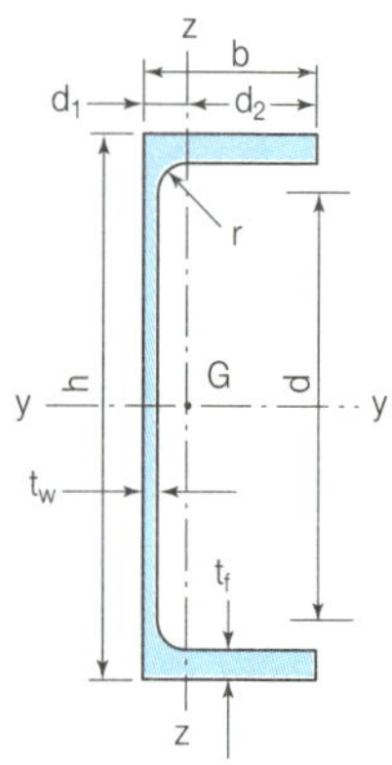

Profils	Dimensions						Masse par mètre	Aire de la section	Position du centre de gravité	
	h	b	a	e	r	h_1	P	A	d_1	$d_2 = v_y$
	h	b	t_w	t_f	r	d	P	A	d_1	$d_2 = v_z$
	mm	mm	mm	mm	mm	mm	kg/m	cm^2	cm	cm
UAP 80	80	45	5,0	8,0	8,0	48	8,38	10,67	1,61	2,89
UAP 100	100	50	5,5	8,5	8,5	66	10,50	13,38	1,70	3,30
UAP 130	130	55	6,0	9,5	9,5	92	13,74	17,50	1,77	3,73
UAP 150	150	65	7,0	10,3	10,3	109	17,93	22,84	2,05	4,45
UAP 175	175	70	7,5	10,8	10,8	132	21,24	27,06	2,12	4,88
UAP 200	200	75	8,0	11,5	11,5	154	25,10	31,98	2,22	5,28
UAP 220	220	80	8,0	12,5	12,5	170	28,47	36,27	2,40	5,60
UAP 250	250	85	9,0	13,5	13,5	196	34,38	43,80	2,45	6,05
UAP 300	300	100	9,5	16,0	16,0	236	45,97	58,56	2,96	7,04

NORMES DE RÉFÉRENCE

Dimensions : NF A 45-255
Tolérances : NF A 45-255

UAP (suite)

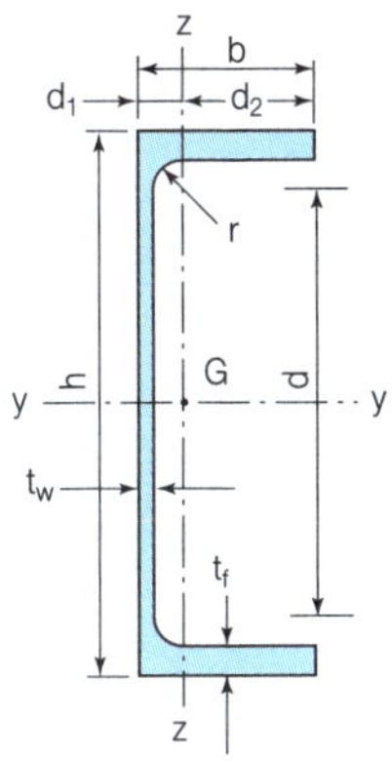

Profils	Caractéristiques de calcul										Moment d'inertie de torsion
	I_x	I_x/v_x	i_x	–	–	I_y	I_y/v_y	i_y	–	–	J
	I_y	$W_{el.y}$	i_y	$W_{pl.y}$	A_{vz}	I_z	$W_{el.z}$	i_z	$W_{pl.z}$	A_{vy}	I_t
	cm^4	cm^3	cm	cm^3	cm^2	cm^4	cm^3	cm	cm^3	cm^2	cm^4
UAP 80	107,13	26,78	3,17	31,87	4,51	21,33	7,38	1,41	13,70	7,20	1,90
UAP 100	209,50	41,90	3,96	49,59	6,07	32,83	9,95	1,57	18,54	8,50	2,65
UAP 130	459,56	70,70	5,12	83,51	8,52	51,34	13,78	1,71	25,64	10,45	4,15
UAP 150	796,06	106,14	5,90	125,27	11,28	93,25	20,97	2,02	38,91	13,33	6,51
UAP 175	1269,99	145,14	6,85	171,47	13,97	126,36	25,92	2,16	47,62	15,05	8,43
UAP 200	1945,85	194,59	7,80	230,12	16,97	169,69	32,13	2,30	58,49	17,25	11,24
UAP 220	2709,93	246,36	8,64	289,90	18,83	222,31	39,68	2,48	72,78	20,00	14,40
UAP 250	4136,42	330,91	9,72	391,76	23,89	295,44	48,87	2,60	87,94	22,95	20,38
UAP 300	8170,18	544,68	11,81	639,31	30,64	562,07	79,88	3,10	146,23	32,00	36,30

7.4 LAMINÉES MARCHANDS USUELS — d'après doc. OTUA

MATIÈRE	Les nuances de base utilisées en construction métallique sont les aciers S 235, S 275, et S 355 d'après la norme NF EN 10025.

CORNIÈRES À AILES ÉGALES

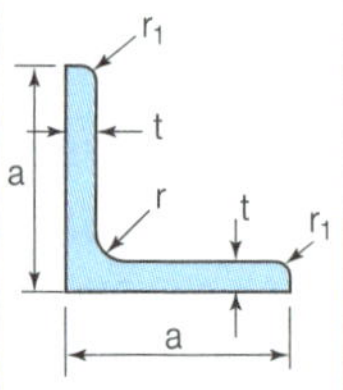

	Dimensions					Masse par mètre	Aire de la section	Caractéristiques de calcul — Axe yy = Axe zz			
	a	a	e	r	r_1	P	A	d	$I_x = I_y$	$I_x/d_x = I_y/d_y$	$i_x = i_y$
	a	a	t	r	r_1	P	A	d	$I_y = I_z$	$W_{el.y} = W_{el.z}$	$i_y = i_z$
	mm	mm	mm	mm	mm	kg/m	cm^2	cm	cm^4	cm^3	cm
L 20 x 20 x 3	20	20	3	4	2	0,88	1,13	0,60	0,39	0,28	0,59
L 25 x 25 x 3	25	25	3	4	2	1,12	1,43	0,72	0,80	0,45	0,75
L 25 x 25 x 4	25	25	4	4	2	1,46	1,86	0,76	1,01	0,58	0,74
L 25 x 25 x 5	25	25	5	5	2,5	1,79	2,28	0,79	1,19	0,70	0,72
L 30 x 30 x 3	30	30	3	5	2,5	1,36	1,74	0,84	1,40	0,65	0,90
L 30 x 30 x 3,5	30	30	3,5	5	2,5	1,57	2,00	0,86	1,61	0,75	0,90
L 30 x 30 x 4	30	30	4	5	2,5	1,78	2,27	0,88	1,80	0,85	0,89
L 30 x 30 x 5	30	30	5	5	2,5	2,18	2,78	0,92	2,16	1,04	0,88
L 35 x 35 x 3,5	35	35	3,5	4	2	1,84	2,34	0,99	2,66	1,06	1,06
L 35 x 35 x 4	35	35	4	5	2,5	2,09	2,67	1,00	2,95	1,18	1,05
L 35 x 35 x 5	35	35	5	5	2,5	2,57	3,28	1,04	3,56	1,45	1,04
L 40 x 40 x 3	40	40	3	5	2,5	1,83	2,34	1,08	3,49	1,20	1,22
L 40 x 40 x 4	40	40	4	6	3	2,42	3,08	1,12	4,47	1,55	1,21
L 40 x 40 x 5	40	40	5	6	3	2,97	3,79	1,16	5,43	1,91	1,20
L 40 x 40 x 6	40	40	6	6	3	3,52	4,48	1,20	6,31	2,26	1,19
L 45 x 45 x 3	45	45	3	5	2,5	2,07	2,64	1,21	5,05	1,53	1,38
L 45 x 45 x 4	45	45	4	5	2,5	2,72	3,47	1,25	6,55	2,02	1,37
L 45 x 45 x 4,5	45	45	4,5	7	3,5	3,06	3,90	1,26	7,15	2,20	1,35
L 45 x 45 x 5	45	45	5	7	3,5	3,38	4,30	1,28	7,84	2,43	1,35
L 45 x 45 x 6	45	45	6	7	3,5	4,00	5,09	1,32	9,16	2,88	1,34
L 50 x 50 x 3	50	50	3	5	2,5	2,31	2,94	1,33	7,01	1,91	1,54
L 50 x 50 x 4	50	50	4	5	2,5	3,04	3,87	1,38	9,12	2,52	1,54
L 50 x 50 x 5	50	50	5	7	3,5	3,77	4,80	1,40	10,96	3,05	1,51
L 50 x 50 x 6	50	50	6	7	3,5	4,47	5,69	1,45	12,84	3,61	1,50
L 50 x 50 x 7	50	50	7	7	3,5	5,15	6,56	1,49	14,61	4,16	1,49
L 50 x 50 x 8	50	50	8	7	3,5	5,82	7,41	1,52	16,28	4,68	1,48
L 55 x 55 x 6	55	55	6	7	3.5	4,94	6,29	1,57	17,40	4,43	1,66

NORMES DE RÉFÉRENCE

Dimensions : NF A 45-009
Tolérances : NF A 45-009-2

CORNIÈRES À AILES ÉGALES (suite)

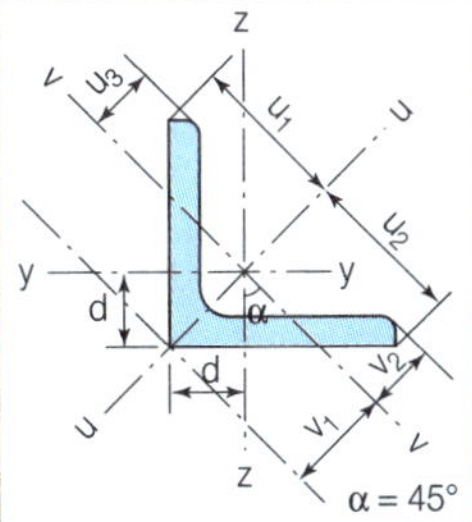

	Caractéristiques de calcul							
	Axe uu				Axe vv			
	z_1	I_z	I_z/z_1	i_z	v_1	I_v	I_v/v_1	i_v
	u_1	I_u	$W_{el,u}$	i_u	v_1	I_v	$W_{el,v}$	i_v
	cm	cm^4	cm^3	cm	cm	cm^4	cm^3	cm
L 20 x 20 x 3	1,41	0,61	0,43	0,74	0,84	0,16	0,19	0,38
L 25 x 25 x 3	1,77	1,26	0,71	0,94	1,02	0,33	0,33	0,48
L 25 x 25 x 4	1,77	1,60	0,90	0,93	1,07	0,43	0,40	0,48
L 25 x 25 x 5	1,77	1,87	1,06	0,91	1,12	0,51	0,46	0,48
L 30 x 30 x 3	2,12	2,22	1,05	1,13	1,18	0,59	0,50	0,58
L 30 x 30 x 3,5	2,12	2,55	1,20	1,13	1,21	0,67	0,55	0,58
L 30 x 30 x 4	2,12	2,85	1,34	1,12	1,24	0,75	0,61	0,58
L 30 x 30 x 5	2,12	3,41	1,61	1,11	1,30	0,92	0,71	0,57
L 35 x 35 x 3,5	2,47	4,22	1,70	1,34	1,40	1,10	0,78	0,68
L 35 x 35 x 4	2,47	4,68	1,89	1,32	1,42	1,23	0,87	0,68
L 35 x 35 x 5	2,47	5,64	2,28	1,31	1,48	1,49	1,01	0,67
L 40 x 40 x 3	2,83	5,53	1,96	1,54	1,53	1,45	0,94	0,79
L 40 x 40 x 4	2,83	7,09	2,51	1,52	1,58	1,86	1,17	0,78
L 40 x 40 x 5	2,83	8,59	3,04	1,51	1,64	2,26	1,38	0,77
L 40 x 40 x 6	2,83	9,98	3,53	1,49	1,70	2,65	1,56	0,77
L 45 x 45 x 3	3,18	8,01	2,52	1,74	1,71	2,09	1,22	0,89
L 45 x 45 x 4	3,18	10,40	3,27	1,73	1,77	2,70	1,52	0,88
L 45 x 45 x 4,5	3,18	11,32	3,56	1,70	1,78	2,97	1,67	0,87
L 45 x 45 x 5	3,18	12,42	3,90	1,70	1,81	3,26	1,80	0,87
L 45 x 45 x 6	3,18	14,50	4,56	1,69	1,87	3,83	2,05	0,87
L 50 x 50 x 3	3,54	11,12	3,15	1,95	1,88	2,89	1,53	0,99
L 50 x 50 x 4	3,54	14,49	4,10	1,94	1,95	3,75	1,92	0,98
L 50 x 50 x 5	3,54	17,38	4,92	1,90	1,99	4,55	2,29	0,97
L 50 x 50 x 6	3,54	20,34	5,75	1,89	2,04	5,34	2,61	0,97
L 50 x 50 x 7	3,54	23,11	6,54	1,88	2,10	6,11	2,91	0,97
L 50 x 50 x 8	3,54	25,69	7,27	1,86	2,16	6,87	3,19	0,96
L 55 x 55 x 6	3,89	27,59	7,09	2,09	2,22	7,21	3,25	1,07

Laminées marchands usuels

MATIÈRE	Les nuances de base utilisées en construction métallique sont les aciers S 235, S 275, et S 355 d'après la norme NF EN 10025.

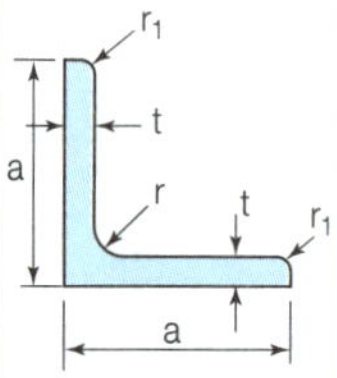

CORNIÈRES À AILES ÉGALES (suite)

	Dimensions					**Masse par mètre**	**Aire de la section**	**Caractéristiques de calcul**			
								Axe yy = Axe zz			
	a	a	e	r	r_1	P	A	d	$I_x = I_y$	$I_x/d_x = I_y/d_y$	$i_x = i_y$
	a	a	t	r	r_1	P	A	d	$I_y = I_z$	$W_{el.y} = W_{el.z}$	$i_y = i_z$
	mm	mm	mm	mm	mm	kg/m	cm^2	cm	cm^4	cm^3	cm
L 60 x 60 x 4	60	60	4	5	2,5	3,66	4,67	1,63	16,11	3,68	1,86
L 60 x 60 x 5	60	60	5	6	3	4,54	5,79	1,66	19,61	4,52	1,84
L 60 x 60 x 6	60	60	6	8	4	5,42	6,91	1,69	22,79	5,29	1,82
L 60 x 60 x 7	60	60	7	8	4	6,26	7,98	1,73	26,05	6,10	1,81
L 60 x 60 x 8	60	60	8	8	4	7,09	9,03	1,77	29,15	6,89	1,80
L x 60 x 10	60	60	10	12	6	8,76	11,15	1,83	34,26	8,21	1,75
L 65 x 65 x 5	65	65	5	7	3,5	4,95	6,30	1,78	25,07	5,31	1,99
L 65 x 65 x 6	65	65	6	8	4	5,89	7,51	1,81	29,36	6,26	1,98
L 65 x 65 x 7	65	65	7	8	4	6,81	8,68	1,85	33,60	7,23	1,97
L 65 x 65 x8	65	65	8	8	4	7,72	9,83	1,89	37,66	8,18	1,96
L 65 x 65 x 9	65	65	9	9	4,5	8,62	10,98	1,93	41,37	9,05	1,94
L 70 x 70 x 5	70	70	5	6	3	5,33	6,79	1,91	31,76	6,24	2,16
L 70 x 70 x 6	70	70	6	9	4,5	6,38	8,13	1,93	36,88	7,27	2,13
L 70 x 70 x 7	70	70	7	9	4,5	7,38	9,40	1,97	42,30	8,41	2,12
L 70 x 70 x9	70	70	9	9	4,5	9,32	11,88	2,05	52,47	10,60	2,10
L 75 x 75 x 5	75	75	5	6	3	5,72	7,29	2,04	39,37	7,20	2,32
L 75 x 75 x 6	75	75	6	9	4,5	6,85	8,73	2,05	45,83	8,41	2,29
L 75 x 75 x 7	75	75	7	9	4,5	7,93	10,10	2,10	52,61	9,74	2,28
L 75 x 75 x 8	75	75	8	9	4,5	8,99	11,45	2,14	59,13	11,03	2,27
L 75 x 75 x 10	75	75	10	10	5	11,07	14,11	2,21	71,17	13,46	2,25
L 80 x 80 x 5	80	80	5	6	3	6,11	7,79	2,16	48,11	8,24	2,49
L 80 x 80 x 5,5	80	80	5,5	10	5	6,75	8,60	2,14	51,52	8,80	2,45
L 80 x 80 x 6	80	80	6	10	5	7,34	9,35	2,17	55,82	9,57	2,44
L 80 x 80 x 6,5	80	80	6,5	10	5	7,92	10,08	2,19	60,04	10,34	2,44
L 80 x 80 x 8	80	80	8	10	5	9,63	12,27	2,26	72,25	12,58	2,43
L 80 x 80 x 10	80	80	10	10	5	11,86	15,11	2,34	87,50	15,45	2,41
L 90 x 90 x 6	90	90	6	11	5,5	8,30	10,57	2,41	80,31	12,18	2,76
L 90 x 90 x 7	90	90	7	11	5,5	9,61	12,24	2,45	92,55	14,13	2,75
L 90 x 90 x 8	90	90	8	11	5,5	10,90	13,89	2,50	104,38	16,05	2,74
L 90 x 90 x 9	90	90	9	11	5,5	12,18	15,52	2,54	115,83	17,93	2,73
L 90 x 90 x 10	90	90	10	11	5,5	13,45	17,13	2,58	126,91	19,77	2,72
L 90 x 90 x 11	90	90	11	11	5,5	14,70	18,72	2,62	137,64	21,57	2,71
L 90 x 90 x 12	90	90	12	11	5,5	15,93	20,29	2,66	148,03	23,34	2,70

NORMES DE RÉFÉRENCE

Dimensions : NF A 45-009
Tolérances : NF A 45-009-2

CORNIÈRES À AILES ÉGALES (suite)

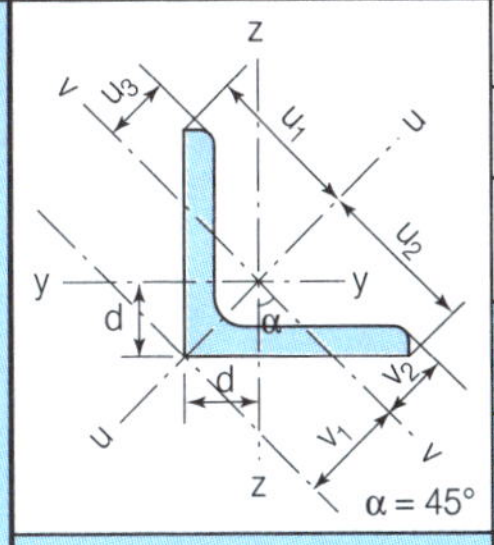

	Caractéristiques de calcul							
	Axe uu				Axe vv			
	z_1	I_z	I_z/z_1	i_z	v_1	I_v	I_v/v_1	i_v
	u_1	I_u	$W_{el,u}$	i_u	v_1	I_v	$W_{el,v}$	i_v
	cm	cm^4	cm^3	cm	cm	cm^4	cm^3	cm
L 60 x 60 x 4	4,24	25,63	6,04	2,34	2,30	6,60	2,87	1,19
L 60 x 60 x 5	4,24	31,16	7,35	2,32	2,35	8,06	3,43	1,18
L 60 x 60 x 6	4,24	36,14	8,52	2,29	2,39	9,44	3,96	1,17
L 60 x 60 x 7	4,24	41,29	9,73	2,27	2,45	10,81	4,42	1,16
L 60 x 60 x 8	4,24	46,15	10,88	2,26	2,50	12,16	4,86	1,16
L 60 x 60 x 10	4,24	54,01	12,73	2,20	2,58	14,50	5,62	1,14
L 65 x 65 x 5	4,60	39,81	8,66	2,51	2,51	10,33	4,11	1,28
L 65 x 65 x 6	4,60	46,59	10,14	2,49	2,56	12,13	4,73	1,27
L 65 x 65 x 7	4,60	53,30	11,60	2,48	2,62	13,91	5,30	1,27
L 65 x 65 x 8	4,60	59,68	12,98	2,46	2,68	15,64	5,84	1,26
L 65 x 65 x 9	4,60	65,45	14,24	2,44	2,73	17,29	6,34	1,26
L 70 x 70 x 5	4,95	50,51	10,21	2,73	2,70	13,01	4,81	1,38
L 70 x 70 x 6	4,95	58,50	11,82	2,68	2,73	15,27	5,60	1,37
L 70 x 70 x 7	4,95	67,09	13,55	2,67	2,79	17,50	6,28	1,36
L 70 x 70 x 9	4,95	83,09	16,79	2,65	2,90	21,84	7,52	1,36
L 75 x 75 x 5	5,30	62,64	11,81	2,93	2,88	16,10	5,59	1,49
L 75 x 75 x 6	5,30	72,72	13,71	2,89	2,90	18,94	6,53	1,47
L 75 x 75 x 7	5,30	83,49	15,74	2,88	2,96	21,73	7,33	1,47
L 75 x 75 x 8	5,30	93,80	17,69	2,86	3,02	24,46	8,09	1,46
L 75 x 75 x 10	5,30	112,66	21,24	2,83	3,13	29,69	9,49	1,45
L 80 x 80 x 5	5,66	76,58	13,54	3,14	3,05	19,65	6,43	1,59
L 80 x 80 x 5,5	5,66	81,66	14,43	3,08	3,03	21,39	7,06	1,58
L 80 x 80 x 6	5,66	88,52	15,65	3,08	3,07	23,13	7,55	1,57
L 80 x 80 x 6,5	5,66	95,24	16,84	3,07	3,10	24,85	8,02	1,57
L 80 x 80 x 8	5,66	114,61	20,26	3,06	3,19	29,88	9,37	1,56
L 80 x 80 x 10	5,66	138,63	24,51	3,03	3,30	36,37	11,01	1,55
L 90 x 90 x 6	6,36	127,29	20,00	3,47	3,40	33,34	9,80	1,78
L 90 x 90 x 7	6,36	146,81	23,07	3,46	3,47	38,29	11,04	1,77
L 90 x 90 x 8	6,36	165,63	26,03	3,45	3,53	43,13	12,22	1,76
L 90 x 90 x 9	6,36	183,78	28,88	3,44	3,59	47,88	13,34	1,76
L 90 x 90 x 10	6,36	201,28	31,63	3,43	3,65	52,55	14,40	1,75
L 90 x 90 x 11	6,36	218,13	34,28	3,41	3,70	57,15	15,43	1,75
L 90 x 90 x 12	6,36	234,36	36,83	3,40	3,76	61,70	16,41	1,74

MATIÈRE	Les nuances de base utilisées en construction métallique sont les aciers S 235, S 275, et S 355 d'après la norme NF EN 10025.

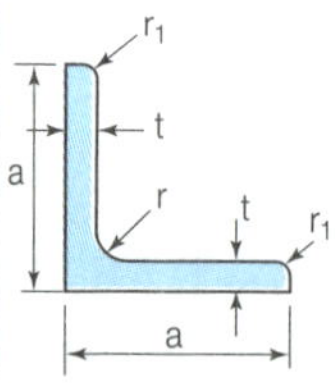

CORNIÈRES À AILES ÉGALES (suite)

	Dimensions					**Masse par mètre**	**Aire de la section**	**Caractéristiques de calcul – Axe yy = Axe zz**			
	a	a	e	r	r_1	P	A	d	$I_x = I_y$	$I_x/d_x = I_y/d_y$	$i_x = i_y$
	a	a	t	r	r_1	P	A	d	$I_y = I_z$	$W_{el.y} = W_{el.z}$	$i_y = i_z$
	mm	mm	mm	mm	mm	kg/m	cm^2	cm	cm^4	cm^3	cm
L 100 x 100 x 7	100	100	7	12	6	10,73	13,66	2,69	128,20	17,54	3,06
L 100 x 100 x 8	100	100	8	12	6	12,18	15,51	2,74	144,84	19,94	3,06
L 100 x 100 x 9	100	100	9	12	6	13,62	17,34	2,78	161,00	22,30	3,05
L 100 x 100 x 10	100	100	10	12	6	15,04	19,15	2,82	176,68	24,62	3,04
L 100 x 100 x 11	100	100	11	12	6	16,44	20,94	2,86	191,90	26,89	3,03
L 100 x 100 x 12	100	100	12	12	6	17,83	22,71	2,90	206,69	29,12	3,02
L 110 x 110 x 10	110	110	10	13	6,5	16,63	21,18	3,06	237,98	29,99	3,35
L 110 x 110 x 12	110	110	12	13	6,5	19,74	25,14	3,15	279,11	35,54	3,33
L 120 x 120 x 8	120	120	8	13	6,5	14,71	18,74	3,23	255,43	29,11	3,69
L 120 x 120 x 9	120	120	9	13	6,5	16,46	20,97	3,27	284,54	32,59	3,68
L 120 x 120 x 10	120	120	10	13	6,5	18,20	23,18	3,31	312,94	36,03	3,67
L 120 x 120 x 11	120	120	11	13	6,5	19,92	25,37	3,36	340,64	39,41	3,66
L 120 x 120 x 12	120	120	12	13	6,5	21,62	27,54	3,40	367,67	42,73	3,65
L 120 x 120 x 13	120	120	13	13	6,5	23,31	29,69	3,44	394,04	46,01	3,64
L 120 x 120 x 14	120	120	14	13	6,5	24,98	31,82	3,48	419,77	49,25	3,63
L 120 x 120 x 15	120	120	15	13	6,5	26,64	33,93	3,51	444,89	52,43	3,62
L 130 x 130 x 12	130	130	12	14	7	23,53	29,97	3,64	472,17	50,44	3,97
L 140 x 140 x 13	140	140	13	15	7,5	27,44	34,95	3,92	638,54	63,37	4,27
L 150 x 150 x 10	150	150	10	16	8	22,98	29,27	4,03	624,04	56,91	4,62
L 150 x 150 x 12	150	150	12	16	8	27,35	34,83	4,12	736,91	67,75	4,60
L 150 x 150 x 14	150	150	14	16	8	31,65	40,31	4,21	845,40	78,33	4,58
L 150 x 150 x 15	150	150	15	16	8	33,77	43,02	4,25	898,05	83,52	4,57
L 150 x 150 x 16	150	150	16	16	8	35,89	45,71	4,29	946,68	88,65	4,56
L 150 x 150 x 18	150	150	18	16	8	40,06	51,03	4,37	1049,97	98,74	4,54
L 160 x 160 x 15	160	160	15	17	8,5	36,16	46,06	4,49	1098,83	95,47	4,88
L 160 x 160 x 17	160	160	17	17	8,5	40,68	51,82	4,57	1225,40	107,22	4,86
L 180 x 180 x 16	180	180	16	18	9	43,48	55,39	5,02	1682,43	129,65	5,51
L 180 x 180 x 18	180	180	18	18	9	48,60	61,91	5,10	1865,60	144,67	5,49
L 180 x 180 x 20	180	180	20	18	9	53,65	68,35	5,18	2042,88	159,39	5,47
L 200 x 200 x 16	200	200	16	18	9	48,50	61,79	5,52	2341,36	161,73	6,16
L 200 x 200 x 18	200	200	18	18	9	54,25	69,11	5,60	2599,74	180,59	6,13
L 200 x 200 x 20	200	200	20	18	9	59,93	76,35	5,68	2850,58	199,11	6,11
L 200 x 200 x 24	200	200	24	18	9	71,11	90,59	5,84	3330,66	235,18	6,06

NORMES DE RÉFÉRENCE

Dimensions : NF A 45-009
Tolérances : NF A 45-009-2

CORNIÈRES À AILES ÉGALES (suite)

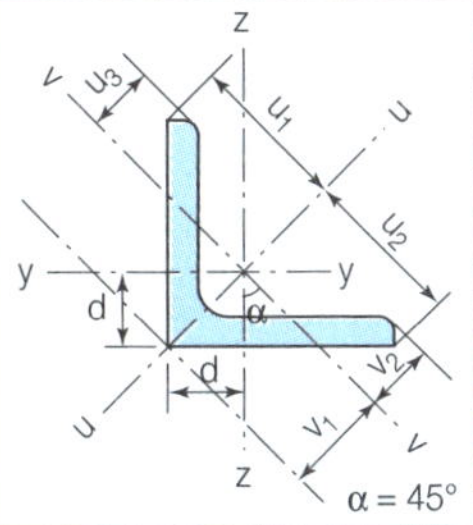

	Caractéristiques de calcul							
	Axe uu				Axe vv			
	z_1	I_z	I_z/z_1	i_z	v_1	I_v	I_v/v_1	i_v
	u_1	I_u	$W_{el,u}$	i_u	v_1	I_v	$W_{el,v}$	i_v
	cm	cm^4	cm^3	cm	cm	cm^4	cm^3	cm
L 100 x 100 x 7	7,07	203,30	28,75	3,86	3,81	53,11	13,95	1,97
L 100 x 100 x 8	7,07	229,82	32,50	3,85	3,87	59,86	15,47	1,96
L 100 x 100 x 9	7,07	225,50	36,13	3,84	3,93	66,49	16,91	1,96
L 100 x 100 x 10	7,07	280,35	39,65	3,83	3,99	73,01	18,29	1,95
L 100 x 100 x 11	7,07	304,38	43,05	3,81	4,05	79,42	19,61	1,95
L 100 x 100 x 12	7,07	327,63	46,33	3,80	4,11	85,75	20,89	1,94
L 110 x 110 x 10	7,78	377,71	48,56	4,22	4,33	98,25	22,67	2,15
L 110 x 110 x 12	7,78	442,77	56,92	4,20	4,45	115,46	25,95	2,14
L 120 x 120 x 8	8,49	405,39	47,78	4,65	4,56	105,47	23,12	2,37
L 120 x 120 x 9	8,49	451,80	53,25	4,64	4,62	117,28	25,36	2,36
L 120 x 120 x 10	8,49	496,98	58,57	4,63	4,69	128,90	27,51	2,36
L 120 x 120 x 11	8,49	540,94	63,75	4,62	4,75	140,34	29,57	2,35
L 120 x 120 x 12	8,49	583,71	68,79	4,60	4,80	151,62	31,56	2,35
L 120 x 120 x 13	8,49	625,32	73,70	4,59	4,86	162,76	33,49	2,34
L 120 x 120 x 14	8,49	665,78	78,46	4,57	4,92	173,76	35,35	2,34
L 120 x 120 x 15	8,49	705,11	83,10	4,56	4,97	184,66	37,15	2,33
L 130 x 130 x 12	9,19	749,83	81,57	5,00	5,15	194,52	37,79	2,55
L 140 x 140 x 13	9,90	1014,04	102,43	5,39	5,55	263,03	47,41	2,74
L 150 x 150 x 10	10,61	990,57	93,39	5,82	5,71	257,52	45,14	2,97
L 150 x 150 x 12	10,61	1170,38	110,35	5,80	5,83	303,45	52,05	2,95
L 150 x 150 x 14	10,61	1342,57	126,58	5,77	5,95	348,23	58,53	2,94
L 150 x 150 x 15	10,61	1425,87	134,43	5,76	6,01	370,24	61,64	2,93
L 150 x 150 x 16	10,61	1507,34	142,11	5,74	6,06	392,02	64,66	2,93
L 150 x 150 x 18	10,61	1664,92	156,97	5,71	6,17	435,01	70,46	2,92
L 160 x 160 x 15	11,31	1745,07	154,25	6,16	6,35	452,60	71,27	3,13
L 160 x 160 x 17	11,31	1945,03	171,92	6,13	6,46	505,76	78,24	3,12
L 180 x 180 x 16	12,73	2673,07	210,02	6,95	7,10	691,79	97,37	3,53
L 180 x 180 x 18	12,73	2962,79	232,79	6,92	7,22	768,28	106,43	3,52
L 180 x 180 x 20	12,73	3242,28	254,74	6,89	7,33	843,48	115,07	3,51
L 200 x 200 x 16	14,14	3722,69	263,24	7,76	7,81	960,03	122,91	3,94
L 200 x 200 x 18	14,14	4132,54	292,22	7,73	7,93	1066,95	134,62	3,93
L 200 x 200 x 20	14,14	4529,12	320,26	7,70	8,04	1172,05	145,82	3,92
L 200 x 200 x 24	14,14	5283,66	373,61	7,64	8,26	1377,67	166,88	3,90

MATIÈRE

Les nuances de base utilisées en construction métallique sont les aciers S 235, S 275 et S 355 d'après la norme NF EN 10025.

CORNIÈRES À AILES INÉGALES

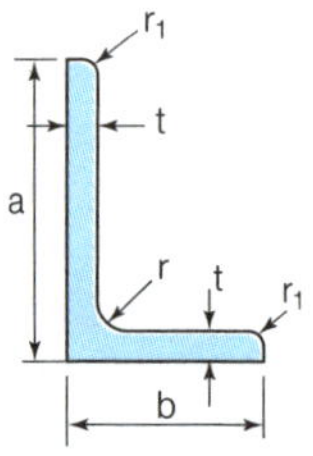

	Dimensions					Masse par mètre	Aire de la section	Distance du centre de gravité				
	a	b	e	r	r_1	P	A	d_1	d_2	z_1	v_2	tan α
	a	b	t	r	r_1	P	A	d_1	d_2	u_1	v_2	tan α
	mm	mm	mm	mm	mm	kg/m	cm^2	cm	cm	cm	cm	–
L 30 x 20 x 3	30	20	3	4	2	1,12	1,43	0,99	0,50	2,04	1,04	0,430
L 30 x 20 x 4	30	20	4	4	2	1,46	1,86	1,03	0,54	2,02	1,04	0,422
L 35 x 20 x 3,5	35	20	3,5	4	2	1,43	1,82	1,22	0,49	2,32	1,12	0,322
L 35 x 20 x 4	35	20	4	4	2	1,61	2,06	1,25	0,51	2,30	1,11	0,318
L 40 x 20 x 3	40	20	3	4	2	1,36	1,73	1,42	0,44	2,61	1,19	0,258
L 40 x 20 x 4	40	20	4	4	2	1,77	2,26	1,47	0,48	2,58	1,17	0,252
L 40 x 25 x 4	40	25	4	4	2	1,93	2,46	1,36	0,62	2,69	1,35	0,382
L 40 x 25 x 5	40	25	5	5	2,5	2,38	3,03	1,40	0,66	2,67	1,34	0,374
L 45 x 30 x 4	45	30	4	4	2	2,24	2,86	1,48	0,74	3,06	1,57	0,436
L 45 x 30 x 5	45	30	5	5	2,5	2,77	3,53	1,51	0,78	3,05	1,56	0,429
L 50 x 30 x 4	50	30	4	5	2,5	2,41	3,07	1,68	0,70	3,36	1,66	0,359
L 50 x 30 x 5	50	30	5	5	2,5	2,96	3,78	1,73	0,74	3,33	1,65	0,354
L 50 x 30 x 6	50	30	6	6	3	3,52	4,48	1,76	0,78	3,32	1,64	0,347
L 50 x 40 x 5	50	40	5	5	2,5	3,36	4,28	1,55	1,06	3,48	1,84	0,624
L 50 x 40 x 6	50	40	6	6	3	3,99	5,08	1,59	1,10	3,48	1,84	0,619
L 60 x 30 x 5	60	30	5	5	2,5	3,36	4,28	2,17	0,68	3,88	1,77	0,258
L 60 x 40 x 5	60	40	5	6	3	3,76	4,79	1,96	0,97	4,10	2,10	0,437
L 60 x 40 x 6	60	40	6	6	3	4,46	5,68	2,00	1,01	4,07	2,09	0,433
L 60 x 40 x 7	60	40	7	6	3	5,14	6,55	2,04	1,05	4,06	2,09	0,429
L 65 x 50 x 5	65	50	5	6	3	4,35	5,54	1,99	1,25	4,53	2,38	0,581
L 65 x 50 x 6	65	50	6	6	3	5,16	6,58	2,04	1,29	4,51	2,38	0,578
L 65 x 50 x 7	65	50	7	7	3,5	5,98	7,61	2,07	1,33	4,51	2,38	0,574
L 65 x 50 x 8	65	50	8	8	4	6,77	8,63	2,10	1,36	4,50	2,37	0,570
L 70 x 50 x 6	70	50	6	6	3	5,40	6,88	2,24	1,25	4,82	2,52	0,500
L 70 x 50 x 7	70	50	7	7	3,5	6,25	7,96	2,27	1,29	4,81	2,51	0,496
L 75 x 50 x 5	75	50	5	5	2,5	4,73	6,03	2,41	1,18	5,13	2,64	0,443
L 75 x 50 x 6	75	50	6	6	3	5,64	7,18	2,45	1,21	5,11	2,63	0,439
L 75 x 50 x 7	75	50	7	7	3,5	6,53	8,31	2,48	1,25	5,10	2,62	0,435
L 75 x 50 x 8	75	50	8	8	4	7,40	9,43	2,51	1,28	5,09	2,61	0,431

NORMES DE RÉFÉRENCE

Dimensions : NF A 45-010
Tolérances : NF A 45-009-2

CORNIÈRES À AILES INÉGALES (suite)

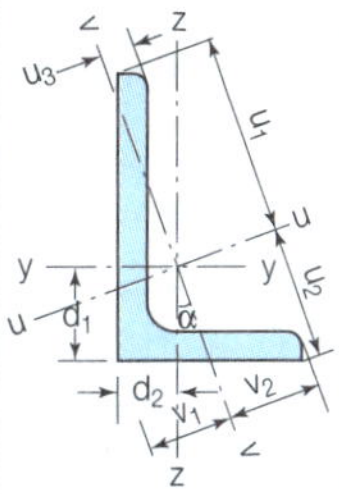

	Caractéristiques de calcul									
	Axe yy			Axe zz			Axe uu		Axe vv	
	I_x	I_x / d_x	i_x	I_y	I_y / d_y	i_y	I_z	i_z	I_v	i_v
	I_y	$W_{el.y}$	i_y	I_z	$W_{el.z}$	i_z	I_u	i_u	I_v	i_v
	cm^4	cm^3	cm	cm^4	cm^3	cm	cm^4	cm	cm^4	cm
L 30 × 20 × 3	1,25	0,62	0,93	0,44	0,29	0,55	1,43	1,00	0,25	0,42
L 30 × 20 × 4	1,59	0,81	0,92	0,55	0,38	0,55	1,81	0,99	0,33	0,42
L 35 × 20 × 3,5	2,20	0,97	1,10	0,52	0,34	0,53	2,40	1,15	0,32	0,42
L 35 × 20 × 4	2,46	1,09	1,09	0,58	0,39	0,53	2,68	1,14	0,36	0,42
L 40 × 20 × 3	2,80	1,09	1,27	0,47	0,30	0,52	2,97	1,31	0,30	0,42
L 40 × 20 × 4	3,59	1,42	1,26	0,60	0,39	0,51	3,80	1,30	0,39	0,42
L 40 × 25 × 4	3,89	1,47	1,26	1,16	0,62	0,69	4,36	1,33	0,70	0,53
L 40 × 25 × 5	4,66	1,79	1,24	1,37	0,75	0,67	5,20	1,31	0,84	0,53
L 45 × 30 × 4	5,77	1,91	1,42	2,05	0,91	0,85	6,64	1,52	1,18	0,64
L 45 × 30 × 5	6,95	2,33	1,40	2,44	1,10	0,83	7,97	1,50	1,42	0,64
L 50 × 30 × 4	7,71	2,33	1,59	2,09	0,91	0,82	8,54	1,67	1,26	0,64
L 50 × 30 × 5	9,36	2,86	1,57	2,51	1,11	0,82	10,34	1,65	1,53	0,64
L 50 × 30 × 6	10,86	3,35	1,56	2,88	1,30	0,80	11,96	1,63	1,79	0,63
L 50 × 40 × 5	10,34	3,00	1,55	5,85	1,99	1,17	13,20	1,76	2,99	0,84
L 50 × 40 × 6	12,01	3,52	1,54	6,76	2,33	1,15	15,27	1,73	3,50	0,83
L 60 × 30 × 5	15,60	4,07	1,91	2,63	1,14	0,78	16,52	1,97	1,71	0,63
L 60 × 40 × 5	17,19	4,25	1,89	6,11	2,02	1,13	19,80	2,03	3,49	0,85
L 60 × 40 × 6	20,14	5,03	1,88	7,12	2,38	1,12	23,14	2,02	4,12	0,85
L 60 × 40 × 7	22,94	5,79	1,87	8,07	2,74	1,11	26,29	2,00	4,72	0,85
L 65 × 50 × 5	23,18	5,14	2,05	11,93	3,19	1,47	28,90	2,28	6,21	1,06
L 65 × 50 × 6	27,23	6,10	2,03	13,98	3,77	1,46	33,87	2,27	7,33	1,06
L 65 × 50 × 7	30,99	6,99	2,02	15,82	4,31	1,44	38,43	2,25	8,38	1,05
L 65 × 50 × 8	34,55	7,85	2,00	17,55	4,83	1,43	42,71	2,22	9,39	1,04
L 70 × 50 × 6	33,53	7,04	2,21	14,27	3,81	1,44	39,95	2,41	7,85	1,07
L 70 × 50 × 7	38,21	8,08	2,19	16,16	4,35	1,42	45,41	2,39	8,96	1,06
L 75 × 50 × 5	34,64	6,81	2,40	12,48	3,26	1,44	40,05	2,58	7,08	1,08
L 75 × 50 × 6	40,66	8,05	2,38	14,54	3,84	1,42	46,90	2,56	8,30	1,08
L 75 × 50 × 7	46,40	9,24	2,36	16,46	4,39	1,41	53,39	2,53	9,48	1,07
L 75 × 50 × 8	51,88	10,40	2,35	18,27	4,91	1,39	59,54	2,51	10,62	1,06

Laminés marchands usuels

MATIÈRE

Les nuances de base utilisées en construction métallique sont les aciers S 235, S 275 et S 355 d'après la norme NF EN 10025.

CORNIÈRES À AILES INÉGALES (suite)

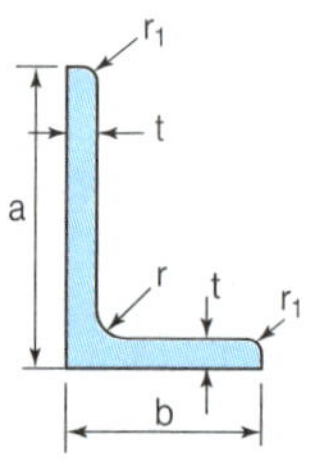

	Dimensions					Masse par mètre	Aire de la section	Distance du centre de gravité				
	a	b	e	r	r_1	P	A	d_1	d_2	z_1	v_2	tan α
	a	b	t	r	r_1	P	A	d_1	d_2	u_1	v_2	tan α
	mm	mm	mm	mm	mm	kg/m	cm^2	cm	cm	cm	cm	–
L 80 x 40 x 6	80	40	6	6	3	5,40	6,88	2,86	0,89	5,19	2,38	0,261
L 80 x 40 x 8	80	40	8	8	4	7,09	9,03	2,93	0,96	5,15	2,34	0,252
L 80 x 60 x 7	80	60	7	8	4	7,36	9,38	2,51	1,52	5,55	2,91	0,550
L 80 x 60 x 8	80	60	8	8	4	8,34	10,63	2,55	1,56	5,53	2,91	0,547
L 80 x 65 x 6	80	65	6	6	3	6,58	8,38	2,41	1,66	5,60	2,96	0,650
L 80 x 65 x 8	80	65	8	8	4	8,66	11,03	2,47	1,73	5,58	2,95	0,644
L 80 x 65 x 10	80	65	10	10	5	10,68	13,61	2,54	1,80	5,57	2,94	0,639
L 90 x 65 x 6	90	65	6	6	3	7,05	8,98	2,81	1,57	6,22	3,26	0,516
L 90 x 65 x 8	90	65	8	8	4	9,29	11,83	2,88	1,64	6,20	3,25	0,510
L 90 x 70 x 8	90	70	8	8	4	9,60	12,23	2,80	1,81	6,26	3,31	0,592
L 100 x 50 x 6	100	50	6	6	3	6,81	8,68	3,53	1,05	6,52	2,99	0,266
L 100 x 50 x 8	100	50	8	8	4	8,97	11,43	3,60	1,13	6,48	2,96	0,259
L100 x 50 x 10	100	50	10	10	5	11,07	14,11	3,66	1,20	6,44	2,93	0,252
L 120 x 80 x 8	120	80	8	11	5,5	12,16	15,49	3,83	1,87	8,23	4,21	0,441
L 120 x 80 x 10	120	80	10	11	5,5	15,02	19,13	3,92	1,95	8,18	4,20	0,438
L 130 x 65 x 8	130	65	8	11	5,5	11,85	15,09	4,56	1,37	8,51	3,89	0,263
L 130 x 65 x 10	130	65	10	11	5,5	14,62	18,63	4,65	1,45	8,44	3,85	0,259
L 150 x 90 x 10	150	90	10	12	6	18,18	23,15	5,00	2,04	10,10	5,01	0,363
L 150 x 90 x 11	150	90	11	12	6	19,90	25,34	5,04	2,08	10,07	5,00	0,362
L 150 x 100 x 10	150	100	10	13	6,5	18,98	24,18	4,80	2,34	10,28	5,27	0,442
L 150 x 100 x 12	150	100	12	13	6,5	22,56	28,74	4,89	2,42	10,23	5,26	0,439
L 160 x 80 x 10	160	80	10	13	6,5	18,20	23,18	5,63	1,69	10,46	4,78	0,263
L 160 x 80 x 12	160	80	12	13	6,5	21,62	27,54	5,72	1,77	10,40	4,75	0,260
L 200 x 100 x 10	200	100	10	15	7,5	22,95	29,24	6,93	2,01	13,15	6,02	0,266
L 200 x 100 x 12	200	100	12	15	7,5	27,32	34,80	7,03	2,10	13,08	5,99	0,264
L 200 x 100 x 14	200	100	14	15	7,5	31,62	40,28	7,12	2,18	13,01	5,95	0,262

NORMES DE RÉFÉRENCE

Dimensions : NF A 45-010
Tolérances : NF A 45-009-2

CORNIÈRES À AILES INÉGALES (suite)

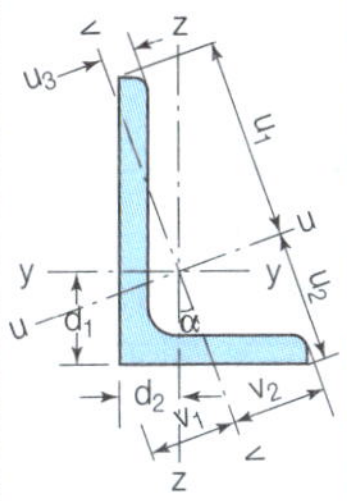

	Caractéristiques de calcul									
	Axe yy			Axe zz			Axe uu		Axe vv	
	I_x	I_x / d_x	i_x	I_y	I_y / d_y	i_y	I_z	i_z	I_v	i_v
	I_y	$W_{el.y}$	i_y	I_z	$W_{el.z}$	i_z	I_u	i_u	I_v	i_v
	cm^4	cm^3	cm	cm^4	cm^3	cm	cm^4	cm	cm^4	cm
L 80 × 40 × 6	45,02	8,77	2,56	7,66	2,46	1,06	47,74	2,63	4,94	0,85
L 80 × 40 × 8	57,49	11,34	2,52	9,54	3,14	1,03	60,73	2,59	6,30	0,84
L 80 × 60 × 7	59,00	10,74	2,51	28,37	6,34	1,74	72,26	2,78	15,12	1,27
L 80 × 60 × 8	66,28	12,16	2,50	31,79	7,16	1,73	81,00	2,76	17,06	1,27
L 80 × 65 × 6	53,16	9,50	2,52	31,54	6,52	1,94	68,97	2,87	15,73	1,37
L 80 × 65 × 8	68,08	12,32	2,48	40,11	8,41	1,91	87,95	2,82	20,24	1,35
L 80 × 65 × 10	81,76	14,97	2,45	47,87	10,19	1,88	105,11	2,78	24,52	1,34
L 90 × 65 × 6	73,79	11,92	2,87	32,60	6,61	1,91	88,75	3,14	17,64	1,40
L 90 × 65 × 8	94,87	15,49	2,83	41,48	8,54	1,87	113,65	3,10	22,69	1,39
L 90 × 70 × 8	97,27	15,68	2,82	51,42	9,90	2,05	121,97	3,16	26,71	1,48
L 100 × 50 × 6	90,23	13,95	3,22	15,61	3,96	1,34	95,89	3,32	9,95	1,07
L 100 × 50 × 8	116,22	18,15	3,19	19,66	5,08	1,31	123,16	3,28	12,73	1,06
L 100 × 50 × 10	140,35	22,15	3,15	23,30	6,13	1,29	148,28	3,24	15,37	1,04
L 120 × 80 × 8	225,65	27,63	3,82	80,76	13,17	2,28	260,65	4,10	45,76	1,72
L 120 × 80 × 10	275,53	34,10	3,80	98,11	16,21	2,26	317,53	4,07	56,11	1,71
L 130 × 65 × 8	262,51	31,10	4,17	44,77	8,72	1,72	278,67	4,30	28,61	1,38
L 130 × 65 × 10	320,46	38,39	4,15	54,20	10,73	1,71	339,65	4,27	35,01	1,37
L 150 × 90 × 10	533,14	53,29	4,80	146,07	20,98	2,51	592,07	5,06	87,15	1,94
L 150 × 90 × 11	580,73	58,30	4,79	158,65	22,91	2,50	644,37	5,04	95,02	1,94
L 150 × 100 × 10	551,67	54,08	4,78	197,75	25,80	2,86	637,36	5,13	112,06	2,15
L 150 × 100 × 12	649,61	64,23	4,75	231,87	30,58	2,84	749,12	5,11	132,35	2,15
L 160 × 80 × 10	611,31	58,94	5,14	104,41	16,55	2,12	648,97	5,29	66,75	1,70
L 160 × 80 × 12	719,52	69,98	5,11	122,03	19,59	2,10	762,86	5,26	78,69	1,69
L 200 × 100 × 10	1218,58	93,24	6,46	210,34	26,33	2,68	1295,51	6,66	133,41	2,14
L 200 × 100 × 12	1440,06	111,01	6,43	247,22	31,28	2,67	1529,57	6,63	157,71	2,13
L 200 × 100 × 14	1654,13	128,41	6,41	282,24	36,08	2,65	1755,13	6,60	181,25	2,12

ASSOCIATIONS DE CORNIÈRES

Cas courants d'association de cornières à ailes égales et ailes inégales :
- deux cornières égales en croix
- deux cornières égales dos à dos
- deux cornières inégales dos à dos sur le grand côté
- deux cornières inégales dos à dos sur le petit côté

ASSOCIATIONS DE CORNIÈRES À AILES ÉGALES EN CROIX

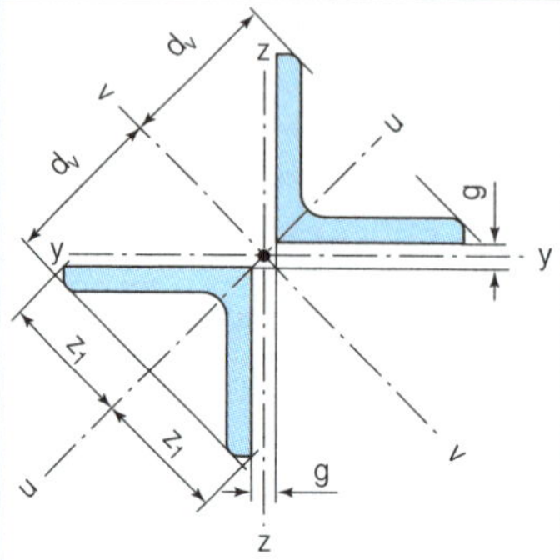

	Dimensions		Masse par mètre	Aire de la section	Aire de la section		
	a	e	P	A	I_z	I_z/z_1	i_z
	a	t	P	A	I_u	$W_{el.u}$	i_u
	mm	mm	kg/m	cm^2	cm^4	cm^3	cm
30 × 30 × 3	30	3	2,73	3,48	4,44	2,10	1,13
35 × 35 × 3,5	35	3,5	3,69	4,70	8,44	3,40	1,34
40 × 40 × 4	40	4	4,84	6,16	14,2	5,02	1,52
45 × 45 × 4,5	45	4,5	6,12	7,80	22,6	7,12	1,70
50 × 50 × 5	50	5	7,54	9,60	34,8	9,84	1,90
60 × 60 × 6	60	6	10,85	13,82	72,34	17,0	2,29
70 × 70 × 7	70	7	14,76	18,80	134	27,1	2,67
80 × 80 × 8	80	8	19,26	24,54	229	40,5	3,06
90 × 90 × 9	90	9	24,4	31,0	368	57,8	3,44
100 × 100 × 10	100	10	30,0	38,3	561	79,3	3,83
120 × 120 × 12	120	12	43,2	55,1	1 167	138	4,60
150 × 150 × 15	150	15	67,6	86,0	2 852	269	5,76
180 × 180 × 18	180	18	97,2	123,8	5 926	466	6,92
200 × 200 × 20	200	20	120	157,7	9 058	641	7,70

N.B. : $I_y = I_z$
(voir tableau associations des cornières à ailes égales dos à dos, mêmes caractéristiques que l'axe zz)

ASSOCIATIONS DE CORNIÈRES À AILES ÉGALES DOS À DOS

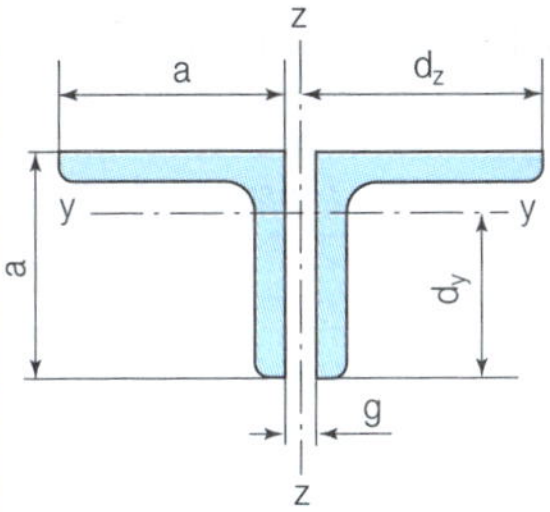

	Dimensions		Masse par mètre	Aire de la section	Caractéristiques rapportées à l'axe yy		
	a	e	P	A	I_x	I_x/d_x	i_x
	a	t	P	A	I_y	$W_{el.y}$	i_y
	mm	mm	kg/m	cm^2	cm^4	cm^3	cm
⅂Γ 30 × 30 × 3	30	3	2,73	3,48	2,80	1,30	0,90
⅂Γ 35 × 35 × 3,5	35	3,5	3,69	4,70	5,32	2,12	1,06
⅂Γ 40 × 40 × 4	40	4	4,84	6,16	8,94	3,10	1,21
⅂Γ 45 × 45 × 4,5	45	4,5	6,12	7,80	14,3	4,40	1,35
⅂Γ 50 × 50 × 5	50	5	7,54	9,60	21,9	6,10	1,51
⅂Γ 60 × 60 × 6	60	6	10,85	13,82	45,6	10,6	1,82
⅂Γ 70 × 70 × 7	70	7	14,76	18,80	84,6	16,8	2,12
⅂Γ 80 × 80 × 8	80	8	19,26	24,54	145	25,2	2,43
⅂Γ 90 × 90 × 9	90	9	24,46	31,0	232	35,9	2,73
⅂Γ 100 × 100 × 10	100	10	30,06	38,3	353	49,2	3,03
⅂Γ 120 × 120 × 12	120	12	43,2	55,1	735	85,4	3,65
⅂Γ 150 × 150 × 15	150	15	67,6	86,0	1 796	167	4,57
⅂Γ 180 × 180 × 18	181	18	97,2	123,8	3 732	289	5,49
⅂Γ 200 × 200 × 20	200	20	120	152,7	5 700	398	6,11

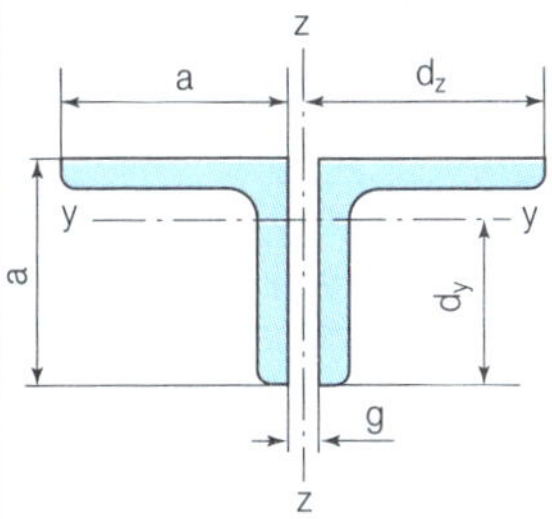

	Caractéristiques rapportées à l'axe zz								
	Pas de gousset			épaisseur gousset : g = 4 mm			épaisseur gousset : g = 5 mm		
	I_y	I_y/d_y	i_y	I_y	I_y/d_y	i_y	I_y	I_y/d_y	i_y
	I_z	$W_{el.z}$	i_z	I_z	$W_{el.z}$	i_z	I_z	$W_{el.z}$	i_z
	cm^4	cm^3	cm	cm^4	cm^3	cm	cm^4	cm^3	cm
⅂Γ 30 × 30 × 3	5,26	1,75	1,23	6,56	2,05	1,37	6,93	2,13	1,41
⅂Γ 35 × 35 × 3,5	9,93	2,84	1,45	12,0	3,23	1,60	12,6	3,35	1,63
⅂Γ 40 × 40 × 4	16,7	4,17	1,64	19,7	4,68	1,79	20,5	4,82	1,82
⅂Γ 45 × 45 × 4,5	26,7	5,93	1,85	30,9	6,58	1,99	32,1	6,75	2,03
⅂Γ 50 × 50 × 5	40,7	8,15	2,06	46,5	8,94	2,20	48,1	9,15	2,24
⅂Γ 60 × 60 × 6	85,1	14,2	2,48				97,6	15,6	2,66
⅂Γ 70 × 70 × 7	158	22,5	2,89						
⅂Γ 80 × 80 × 8	270	33,7	3,32						
⅂Γ 90 × 90 × 9	432	48,0	3,73						
⅂Γ 100 × 100 × 10	658	65,8	4,14						
⅂Γ 120 × 120 × 12	1 372	114	4,99						
⅂Γ 150 × 150 × 15	3 350	223	6,24						
⅂Γ 180 × 180 × 18	6 953	386	7,49						
⅂Γ 200 × 200 × 20	10 626	531	8,34						

ASSOCIATIONS DE CORNIÈRES À AILES ÉGALES DOS À DOS (suite)

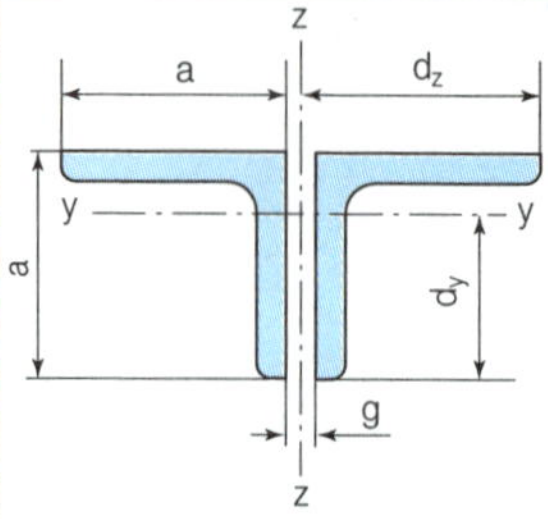

	Caractéristiques rapportées à l'axe zz								
	épaisseur gousset : g = 6 mm			épaisseur gousset : g = 7 mm			épaisseur gousset : g = 8 mm		
	I_y	I_y/d_y	i_y	I_y	I_y/d_y	i_y	I_y	I_y/d_y	i_y
	I_z	$W_{el.z}$	i_z	I_z	$W_{el.z}$	i_z	I_z	$W_{el.z}$	i_z
	cm^4	cm^3	cm	cm^4	cm^3	cm	cm^4	cm^3	cm
⌉⌈ 30 × 30 × 3	7,32	2,22	1,45						
⌉⌈ 35 × 35 × 3,5	13,1	3,46	1,67						
⌉⌈ 40 × 40 × 4	21,4	4,97	1,86	22,3	5,12	1,90	23,2	5,27	1,94
⌉⌈ 45 × 45 × 4,5	33,3	6,93	2,07	34,5	7,12	2,10	35,8	7,30	2,14
⌉⌈ 50 × 50 × 5	49,7	9,37	2,27	51,3	9,59	2,31	53,0	9,82	2,35
⌉⌈ 60 × 60 × 6	100	15,9	2,69	103	16,2	2,73	106	16,6	2,77
⌉⌈ 70 × 70 × 7	182	24,9	3,11	186	25,3	3,14	190	25,7	3,18
⌉⌈ 80 × 80 × 8				312	37,3	3,56	318	37,9	3,60
⌉⌈ 90 × 90 × 9				491	52,5	3,98	500	53,2	4,01
⌉⌈ 100 × 100 × 10							751	72,2	4,43
⌉⌈ 120 × 120 × 12							1 531	123	5,27
⌉⌈ 150 × 150 × 15									
⌉⌈ 180 × 180 × 18									
⌉⌈ 200 × 200 × 20									

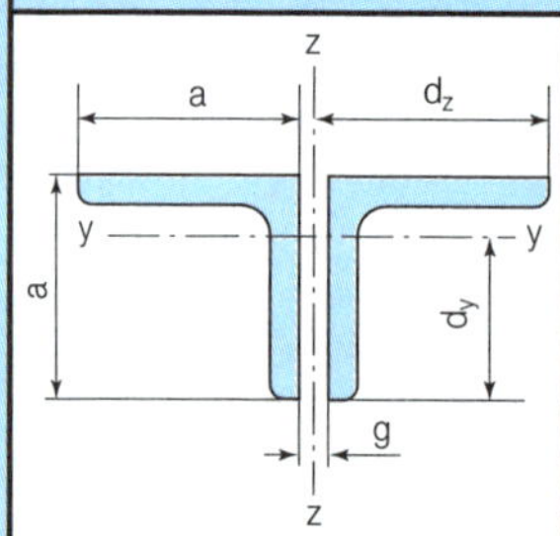

	Caractéristiques rapportées à l'axe zz								
	épaisseur gousset : g = 10 mm			épaisseur gousset : g = 12 mm			épaisseur gousset : g = 14 mm		
	I_y	I_y/d_y	i_y	I_y	I_y/d_y	i_y	I_y	I_y/d_y	i_y
	I_z	$W_{el.z}$	i_z	I_z	$W_{el.z}$	i_z	I_z	$W_{el.z}$	i_z
	cm^4	cm^3	cm	cm^4	cm^3	cm	cm^4	cm^3	cm
⌉⌈ 30 × 30 × 3									
⌉⌈ 35 × 35 × 3,5									
⌉⌈ 40 × 40 × 4									
⌉⌈ 45 × 45 × 4,5									
⌉⌈ 50 × 50 × 5	56,6	10,3	2,43						
⌉⌈ 60 × 60 × 6	112	17,2	2,85	118	17,9	2,92			
⌉⌈ 70 × 70 × 7	199	26,6	3,26	209	27,5	3,33			
⌉⌈ 80 × 80 × 8	331	39,0	3,68	345	40,1	3,75	360	41,3	3,83
⌉⌈ 90 × 90 × 9	518	54,6	4,08	538	56,0	4,16	557	57,5	4,24
⌉⌈ 100 × 100 × 10	776	73,9	4,50	801	75,6	4,57	828	77,4	4,65
⌉⌈ 120 × 120 × 12	1 573	126	5,34	1 617	128	5,42	1 661	131	5,49
⌉⌈ 150 × 150 × 15	3 737	241	6,59	3 820	245	6,66	3 904	249	6,74
⌉⌈ 180 × 180 × 18							7 897	422	7,99
⌉⌈ 200 × 200 × 20							11 916	576	8,83

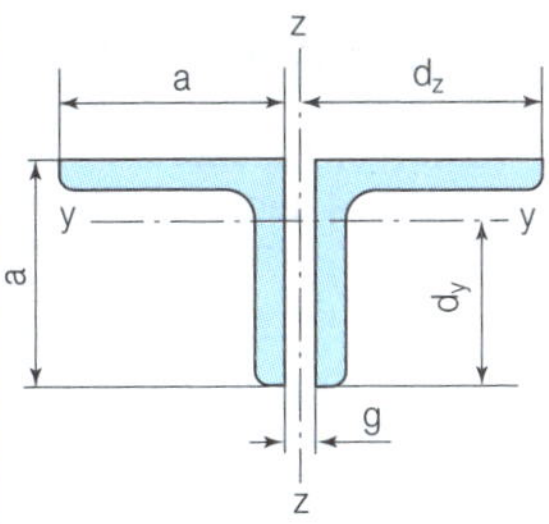

		Caractéristiques rapportées à l'axe zz								
		épaisseur gousset : g = 16 mm			épaisseur gousset : g = 18 mm			épaisseur gousset : g = 20 mm		
		I_y	I_y/d_y	i_y	I_y	I_y/d_y	i_y	I_y	I_y/d_y	i_y
		I_z	$W_{el.z}$	i_z	I_z	$W_{el.z}$	i_z	I_z	$W_{el.z}$	i_z
		cm^4	cm^3	cm	cm^4	cm^3	cm	cm^4	cm^3	cm
ASSOCIATIONS DE CORNIÈRES À AILES ÉGALES DOS À DOS (suite)	⅂Γ 30 × 30 × 3									
	⅂Γ 35 × 35 × 3,5									
	⅂Γ 40 × 40 × 4									
	⅂Γ 45 × 45 × 4,5									
	⅂Γ 50 × 50 × 5									
	⅂Γ 60 × 60 × 6									
	⅂Γ 70 × 70 × 7									
	⅂Γ 80 × 80 × 8									
	⅂Γ 90 × 90 × 9	578	59,0	4,31						
	⅂Γ 100 × 100 × 10	855	79,2	4,73	883	81,0	4,80	912	82,9	4,88
	⅂Γ 120 × 120 × 12	1 707	133	5,57	1 754	136	5,64	1 802	139	5,72
	⅂Γ 150 × 150 × 15	3 990	253	6,81	4 078	256	6,88	4 168	260	6,96
	⅂Γ 180 × 180 × 18	8 042	428	8,06	8 190	433	8,13	8 339	439	8,21
	⅂Γ 200 × 200 × 20	12 112	582	8,91	12 311	589	8,98	12 514	596	9,05

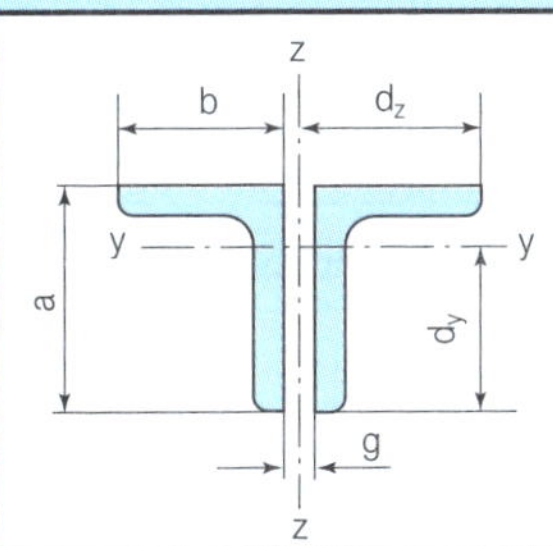

		Dimensions			Masse par mètre	Aire de la section	Caractéristiques rapportées à l'axe yy		
		a	b	e	P	A	I_x	I_x/d_x	i_x
		a	b	t	P	A	I_y	$W_{el.y}$	i_y
		mm	mm	mm	kg/m	cm^2	cm^4	cm^3	cm
ASSOCIATIONS DE CORNIÈRES À AILES INÉGALES DOS À DOS SUR LE GRAND CÔTÉ	⅂Γ 40 × 25 × 4	40	25	4	3,86	4,92	7,78	2,94	1,26
	⅂Γ 45 × 30 × 4	45	30	4	4,48	5,72	11,5	3,82	1,42
	⅂Γ 50 × 30 × 5	50	30	5	5,92	7,56	18,7	5,72	1,57
	⅂Γ 60 × 40 × 5	60	40	5	7,52	9,58	34,4	8,50	1,89
	⅂Γ 70 × 50 × 6	70	50	6	10,80	13,76	67,0	14,1	2,21
	⅂Γ 80 × 60 × 7	80	60	7	14,72	18,76	118	21,4	2,51

ASSOCIATIONS DE CORNIÈRES À AILES INÉGALES DOS À DOS SUR LE GRAND CÔTÉ (suite)

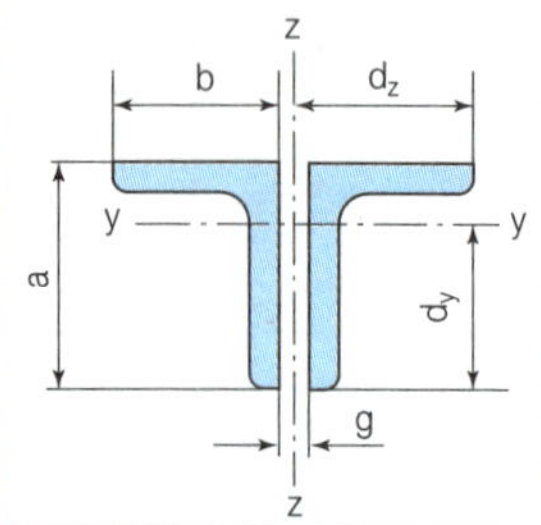

	Caractéristiques rapportées à l'axe zz								
	Pas de gousset :			**épaisseur gousset : g = 4 mm**			**épaisseur gousset : g = 5 mm**		
	I_y	I_y/d_y	i_y	I_y	I_y/d_y	i_y	I_y	I_y/d_y	i_y
	I_z	$W_{el.z}$	i_z	I_z	$W_{el.z}$	i_z	I_z	$W_{el.z}$	i_z
	cm^4	cm^3	cm	cm^4	cm^3	cm	cm^4	cm^3	cm
⌉⌈ 40 × 25 × 4	4,21	1,68	0,93	5,63	2,08	1,07	6,04	2,20	1,11
⌉⌈ 45 × 30 × 4	7,23	2,41	1,12	9,15	2,86	1,27	9,71	2,99	1,30
⌉⌈ 50 × 30 × 5	9,16	3,05	1,10	11,7	3,66	1,24	12,4	3,82	1,28
⌉⌈ 60 × 40 × 5	21,2	5,31	1,49	25,3	6,03	1,63	26,5	6,23	1,66
⌉⌈ 70 × 50 × 6	50,1	10,0	1,91				59,6	11,3	2,08
⌉⌈ 80 × 60 × 7	100	16,7	3,31						

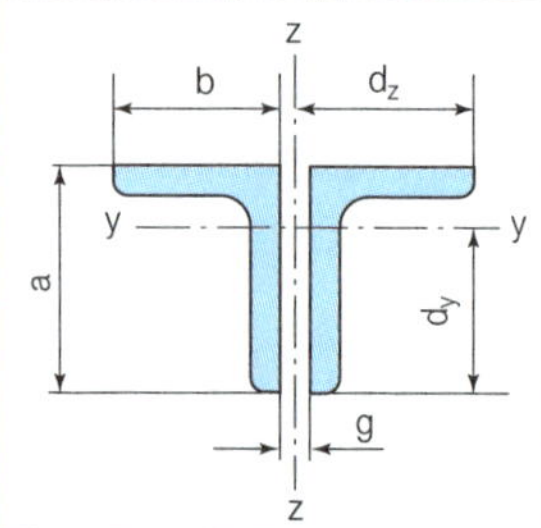

	Caractéristiques rapportées à l'axe zz								
	épaisseur gousset : g = 6 mm			**épaisseur gousset : g = 7 mm**			**épaisseur gousset : g = 8 mm**		
	I_y	I_y/d_y	i_y	I_y	I_y/d_y	i_y	I_y	I_y/d_y	i_y
	I_z	$W_{el.z}$	i_z	I_z	$W_{el.z}$	i_z	I_z	$W_{el.z}$	i_z
	cm^4	cm^3	cm	cm^4	cm^3	cm	cm^4	cm^3	cm
⌉⌈ 40 × 25 × 4	6,48	2,32	1,15						
⌉⌈ 45 × 30 × 4	10,3	3,12	1,34						
⌉⌈ 50 × 30 × 5	13,2	4,06	1,32	14,0	4,18	1,36	14,8	4,37	1,40
⌉⌈ 60 × 40 × 5	27,7	6,43	1,70	28,9	6,65	1,74	30,2	6,86	1,78
⌉⌈ 70 × 50 × 6	61,7	11,6	2,12	63,8	11,9	2,15	66,1	12,2	2,19
⌉⌈ 80 × 60 × 7	119	18,9	2,52	122	19,3	2,55	126	19,7	2,59

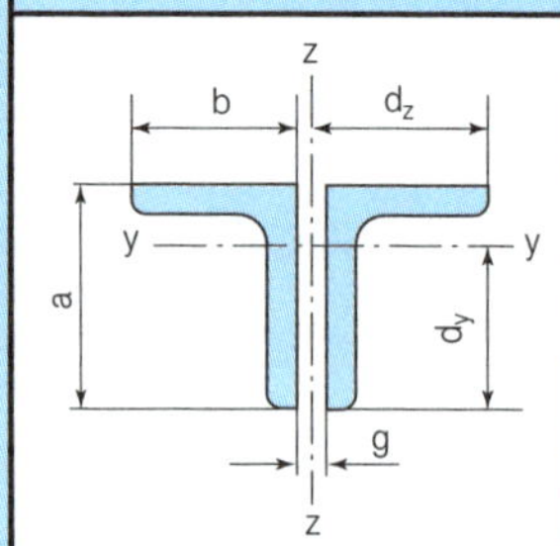

	Caractéristiques rapportées à l'axe zz					
	épaisseur gousset : g = 10 mm			**épaisseur gousset : g = 12 mm**		
	I_y	I_y/d_y	i_y	I_y	I_y/d_y	i_y
	I_z	$W_{el.z}$	i_z	I_z	$W_{el.z}$	i_z
	cm^4	cm^3	cm	cm^4	cm^3	cm
⌉⌈ 40 × 25 × 4						
⌉⌈ 45 × 30 × 4						
⌉⌈ 50 × 30 × 5						
⌉⌈ 60 × 40 × 5						
⌉⌈ 70 × 50 × 6	70,7	12,9	2,27			
⌉⌈ 80 × 60 × 7	133	20,5	2,67	141	21,4	2,74

ASSOCIATIONS DE CORNIÈRES À AILES INÉGALES DOS À DOS SUR LE PETIT CÔTÉ

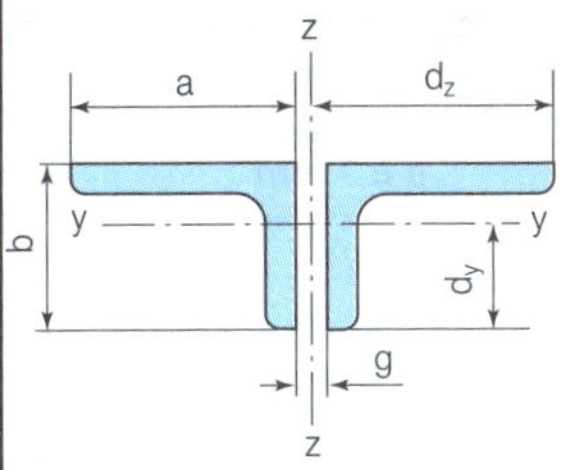

	Dimensions			Masse par mètre	Aire de la section	Caractéristiques rapportées à l'axe yy		
	a	b	e	P	A	I_x	I_x/d_x	i_x
	a	b	t	P	A	I_y	$W_{el.y}$	i_y
	mm	mm	mm	kg/m	cm^2	cm^4	cm^3	cm
¬⌐ 40 × 25 × 4	40	25	4	3,86	4,92	2,32	1,24	0,69
¬⌐ 45 × 30 × 4	45	30	4	4,48	5,72	4,10	1,82	0,85
¬⌐ 50 × 30 × 5	50	30	5	5,92	7,56	5,02	2,22	0,82
¬⌐ 60 × 40 × 5	60	40	5	7,52	9,58	12,2	4,04	1,13
¬⌐ 70 × 50 × 6	70	50	6	10,80	13,76	28,6	7,62	1,44
¬⌐ 80 × 60 × 7	80	60	7	14,72	18,76	56,8	12,7	1,74

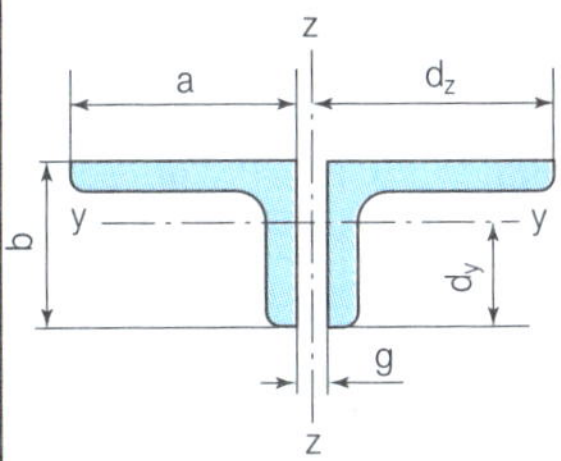

	Caractéristiques rapportées à l'axe zz								
	Pas de gousset :			épaisseur gousset : g = 4 mm			épaisseur gousset : g = 5 mm		
	I_y	I_y/d_y	i_y	I_y	I_y/d_y	i_y	I_y	I_y/d_y	i_y
	I_z	$W_{el.z}$	i_z	I_z	$W_{el.z}$	i_z	I_z	$W_{el.z}$	i_z
	cm^4	cm^3	cm	cm^4	cm^3	cm	cm^4	cm^3	cm
¬⌐ 40 × 25 × 4	16,91	4,22	1,85	19,83	4,70	2,00	20,54	4,83	2,04
¬⌐ 45 × 30 × 4	24,13	5,35	2,05	27,75	5,89	2,20	28,71	6,03	2,24
¬⌐ 50 × 30 × 5	41,36	8,27	2,34	46,9	9,02	2,49	48,4	9,21	2,53
¬⌐ 60 × 40 × 5	71,2	11,9	2,73	79,1	12,83	2,87	81,2	13,0	2,91
¬⌐ 70 × 50 × 6	136	19,4	3,14				152,6	21,0	3,33
¬⌐ 80 × 60 × 7	236	29,5	3,55						

ASSOCIATIONS DE CORNIÈRES À AILES INÉGALES DOS À DOS SUR LE PETIT CÔTÉ (suite)

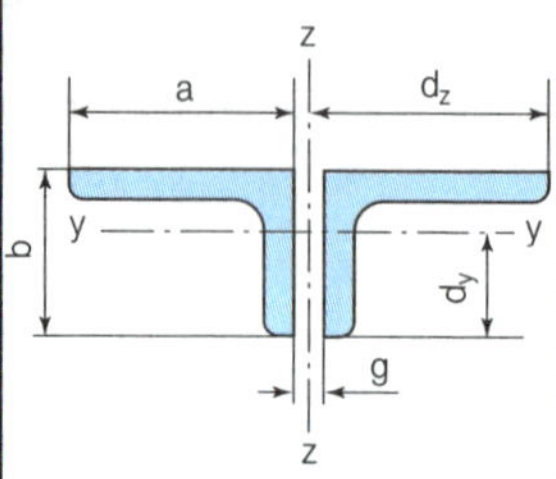

	Caractéristiques rapportées à l'axe zz								
	épaisseur gousset : g = 6 mm			épaisseur gousset : g = 7 mm			épaisseur gousset : g = 8 mm		
	I_y	I_y/d_y	i_y	I_y	I_y/d_y	i_y	I_y	I_y/d_y	i_y
	I_z	$W_{el.z}$	i_z	I_z	$W_{el.z}$	i_z	I_z	$W_{el.z}$	i_z
	cm^4	cm^3	cm	cm^4	cm^3	cm	cm^4	cm^3	cm
¬⌐ 40 × 25 × 4	21,38	4,96	2,08						
¬⌐ 45 × 30 × 4	29,7	6,18	2,28						
¬⌐ 50 × 30 × 5	49,9	9,41	2,57	51,4	9,61	2,61	53,0	9,82	2,65
¬⌐ 60 × 40 × 5	83,3	13,2	2,95	85,5	13,5	2,89	87,8	13,7	3,03
¬⌐ 70 × 50 × 6	156	21,3	3,36	159	21,7	3,40	163	22,0	3,44
¬⌐ 80 × 60 × 7	266	32,1	3,77	271	32,5	3,80	277	33,0	3,84

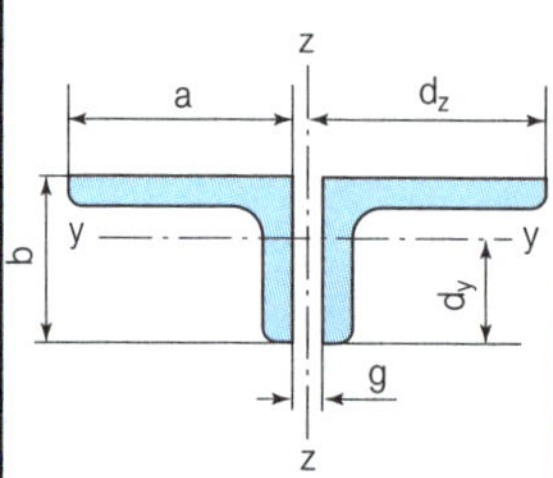

	Caractéristiques rapportées à l'axe zz					
	épaisseur gousset : g = 10 mm			épaisseur gousset : g = 12 mm		
	I_y	I_y/d_y	i_y	I_y	I_y/d_y	i_y
	I_z	$W_{el.z}$	i_z	I_z	$W_{el.z}$	i_z
	cm^4	cm^3	cm	cm^4	cm^3	cm
¬⌐ 40 × 25 × 4						
¬⌐ 45 × 30 × 4						
¬⌐ 50 × 30 × 5						
¬⌐ 60 × 40 × 5						
¬⌐ 70 × 50 × 6	170	22,7	3,53			
¬⌐ 80 × 60 × 7	288	33,9	3,92	299	34,8	4,00

Produits sidérurgiques – formes et dimensions, caractéristiques

MATIÈRE	Les nuances de base utilisées en construction métallique sont les aciers S 235, S 275 et S 355 d'après la norme NF EN 10025.
NORMES DE RÉFÉRENCE	Dimensions : NF A 45-008 Tolérances : NF A 45-001

TÉS À AILES ÉGALES ET À COINS ARRONDIS

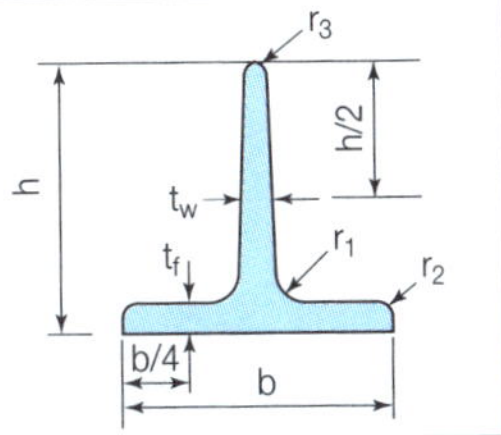

	Dimensions							Masse par mètre	Aire de la section
	b	h	e	e'	r_1	r_2	r_3	P	A
	b	h	t_w	t_f	r_1	r_2	r_3	P	A
	mm	mm	mm	mm	mm	mm	mm	kg/m	cm^2
T 25 × 25 × 3,5	25	25	3,5	3	3	2	1	1,29	1,64
T 30 × 30 × 4	30	30	4	3,5	3,5	2	1	1,77	2,26
T 35 × 35 × 4,5	35	35	4,5	4	4	2	1	2,33	2,97
T 40 × 40 × 4	40	40	4	4	4	2	1	2,40	3,04
T 40 × 40 × 4,5	40	40	4,5	4,5	4,5	2,5	1	2,67	3,40
T 40 × 40 × 5	40	40	5	5	5	2,5	1	2,96	3,77
T 50 × 50 × 5	50	50	5	5	5	2,5	1	3,75	4,76
T 50 × 50 × 6	50	50	6	6	6	3	1,5	4,44	5,66
T 60 × 60 × 7	60	60	7	7	7	3,5	1,5	6,25	7,94
T 70 × 70 × 8	70	70	8	8	8	4	2	8,34	10,90
T 80 × 80 × 9	80	80	9	9	9	4,5	2	10,73	13,64

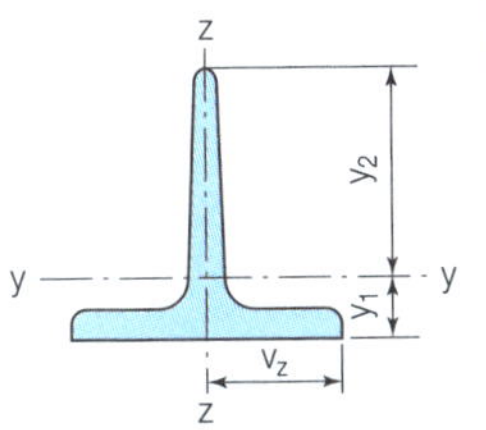

	Caractéristiques de calcul									
	Axe yy					Axe zz				Moment d'inertie de torsion
	x_1	x_2	I_x	I_x / v_x	i_x	v_y	I_y	I_x/V_y	i_y	J
	y_1	y_2	I_y	$W_{el.y}$	i_y	v_z	I_z	$W_{el.z}$	i_z	I_t
	cm	cm	cm^4	cm^3	cm	cm	cm^4	cm^3	cm	cm^4
T 25 × 25 × 3,5	0,73	1,77	0,87	0,49	0,73	1,25	0,43	0,34	0,51	–
T 30 × 30 × 4	0,85	2,15	1,72	0,80	0,87	1,50	0,87	0,58	0,62	–
T 35 × 35 × 4,5	0,99	2,51	3,10	1,23	1,04	1,75	1,57	0,90	0,73	–
T 40 × 40 × 4	1,08	2,92	4,18	1,43	1,17	2,00	2,04	1,02	0,82	0,178
T 40 × 40 × 4,5	1,10	2,90	4,67	1,61	1,17	2,00	2,29	1,14	0,92	0,252
T 40 × 40 × 5	1,12	2,88	5,28	1,84	1,18	2,00	2,58	1,29	0,83	0,350
T 50 × 50 × 5	1,35	3,65	10,23	2,80	1,47	2,50	4,99	1,99	1,02	0,435
T 50 × 50 × 6	1,39	3,61	12,10	3,36	1,46	2,50	6,06	2,42	1,03	0,757
T 60 × 60 × 7	1,66	4,34	24,48	5,64	1,76	3,00	12,11	4,04	1,23	1,421
T 70 × 70 × 8	1,93	5,07	44,38	8,75	2,05	3,50	21,96	6,27	1,44	2,478
T 80 × 80 × 9	2,20	5,80	74,76	12,90	2,34	4,00	36,86	9,22	1,64	4,036

Laminés marchands usuels

MATIÈRE	Les nuances de base utilisées en construction métallique sont les aciers S 235, S 275 et S 355 d'après la norme NF EN 10025.
NORMES DE RÉFÉRENCE	Dimensions : NF A 45-008 Tolérances : NF A 45-001

PETITS FERS U

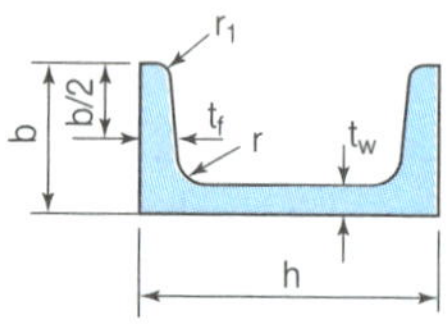

	Dimensions						**Masse par mètre**	**Aire de la section**
	h	b	a	e	r	r_1	P	A
	h	b	t_w	t_f	r	r_1	P	A
	mm	mm	mm	mm	mm	mm	kg/m	cm^2
U 30 × 15 × 4	30	15	4	4,5	4,5	2	1,74	2,21
U 40 × 20 × 4	40	20	4	4	4	2	2,25	2,87
U 40 × 20 × 5	40	20	5	5,5	5	2,5	2,87	3,66
U 40 × 35 × 5	40	35	5	5	5	2,5	3,88	4,95
U 50 × 25 × 4	50	25	4	4	4	2	2,87	3,66
U 50 × 25 × 5	50	25	5	6	6	3	3,86	4,92
U 50 × 25 × 6	50	25	6	6	6	3	4,15	5,28
U 50 × 38 × 5	50	38	5	6	6	3	5,04	6,42
U 60 × 30 × 6	60	30	6	6	6	3	5,07	6,46
U 60 × 40 × 6	60	40	6	6	6	3	5,98	7,61
U 65 × 42 × 5,5	65	42	5,5	6	6	3	6,19	7,89
U 70 × 40 × 6	70	40	6	6,5	6,5	3,25	6,77	8,62

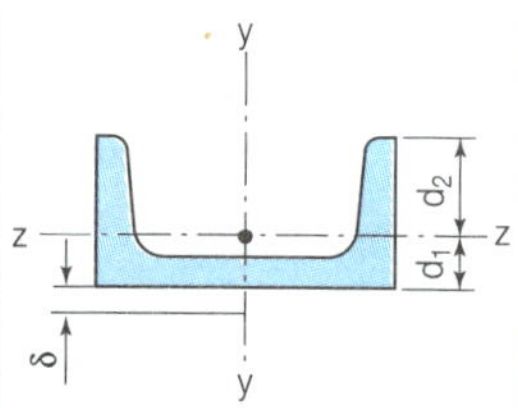

	Position du centre de gravité		**Caractéristiques de calcul**						**Position du centre de flexion**
	d_1	$d_2 = v_y$	I_x	I_x / v_x	i_x	I_y	I_x / v_y	i_y	δ
	d_1	$d_2 = v_z$	I_y	$W_{el.y}$	i_y	I_z	$W_{el.z}$	i_z	δ
	cm	cm	cm^4	cm^3	cm	cm^4	cm^3	cm	cm
U 30 × 15 × 4	0,52	0,98	2,53	1,69	1,07	0,38	0,39	0,42	0,30
U 40 × 20 × 4	0,61	1,39	6,24	3,12	1,47	0,89	0,64	0,56	0,40
U 40 × 20 × 5	0,67	1,33	7,58	3,79	1,44	1,14	0,86	0,56	0,35
U 40 × 35 × 5	1,19	2,31	11,69	5,84	1,54	5,19	2,25	1,02	0,98
U 50 × 25 × 4	0,71	1,79	12,90	5,16	1,88	1,80	1,01	0,70	0,57
U 50 × 25 × 5	0,81	1,69	16,80	6,73	1,85	2,49	1,48	0,71	0,54
U 50 × 25 × 6	0,80	1,70	17,26	6,90	1,81	2,51	1,47	0,69	0,42
U 50 × 38 × 5	1,30	2,50	24,16	9,66	1,94	8,10	3,24	1,12	1,10
U 60 × 30 × 6	0,91	2,09	31,60	10,50	2,21	4,51	2,16	0,84	0,60
U 60 × 40 × 6	1,25	2,75	40,00	13,33	2,29	10,15	3,70	1,15	1,03
U 65 × 42 × 5,5	1,31	2,89	50,04	15,40	2,52	11,81	4,08	1,22	1,15
U 70 × 40 × 6	1,32	2,68	61,80	17,60	2,68	13,00	4,85	1,22	1,00

Produits sidérurgiques – formes et dimensions, caractéristiques

MATIÈRE

Les nuances de base utilisées en construction métallique sont les aciers S 235, S 275 et S 355 d'après la norme NF EN 10025.

NORMES DE RÉFÉRENCE

Dimensions : NF A 45-005
Tolérances : NF A 45-001

PLATS POUR USAGES GÉNÉRAUX

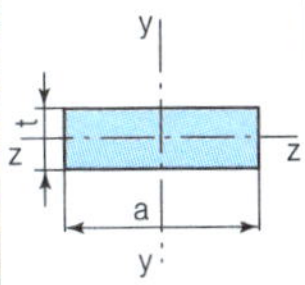

	Dimensions		Masse par mètre	Aire de la section
	a	t	P	A
	mm	mm	kg/m	mm²
▭ 16 × 5	16	5	0,628	80
▭ 16 × 6	16	6	0,754	96
▭ 16 × 8	16	8	1,006	128
▭ 16 × 10	16	10	1,26	160
▭ 18 × 5	18	5	0,707	90
▭ 18 × 6	18	6	0,848	108
▭ 18 × 8	18	8	1,13	144
▭ 18 × 10	18	10	1,41	180
▭ 20 × 3	20	3	0,472	60
▭ 20 × 4	20	4	0,628	80
▭ 20 × 5	20	5	0,785	100
▭ 20 × 6	20	6	0,942	120
▭ 20 × 7	20	7	1,1	140
▭ 20 × 8	20	8	1,25	160
▭ 20 × 10	20	10	1,57	200
▭ 20 × 12	20	12	1,88	240
▭ 20 × 14	20	14	2,2	280
▭ 20 × 15	20	15	2,36	300
▭ 20 × 16	20	16	2,51	320
▭ 25 × 3	25	3	0,59	75
▭ 25 × 4	25	4	0,785	100
▭ 25 × 5	25	5	0,98	125
▭ 25 × 6	25	6	1,18	150
▭ 25 × 7	25	7	1,37	175
▭ 25 × 8	25	8	1,57	200
▭ 25 × 10	25	10	1,96	250
▭ 25 × 12	25	12	2,35	300
▭ 25 × 14	25	14	2,75	350
▭ 25 × 15	25	15	2,94	375
▭ 25 × 16	25	16	3,14	400

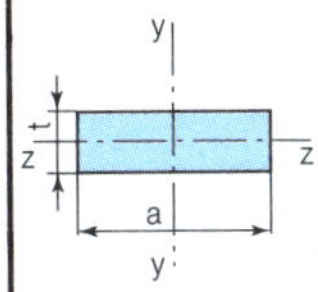

	Dimensions		Masse par mètre	Aire de la section
	a	t	P	A
	mm	mm	kg/m	mm²
▭ 30 × 3	30	3	0,707	90
▭ 30 × 4	30	4	0,942	120
▭ 30 × 5	30	5	1,18	150
▭ 30 × 6	30	6	1,41	180
▭ 30 × 7	30	7	1,65	210
▭ 30 × 8	30	8	1,88	240
▭ 30 × 10	30	10	2,36	300
▭ 30 × 12	30	12	2,83	360
▭ 30 × 14	30	14	3,2	420
▭ 30 × 15	30	15	3,53	450
▭ 30 × 16	30	16	3,77	480
▭ 30 × 20	30	20	4,71	600
▭ 35 × 3	35	3	0,824	105
▭ 35 × 4	35	4	1,1	140
▭ 35 × 5	35	5	1,37	175
▭ 35 × 6	35	6	1,65	210
▭ 35 × 7	35	7	1,92	245
▭ 35 × 8	35	8	2,2	280
▭ 35 × 10	35	10	2,75	350
▭ 35 × 12	35	12	3,3	420
▭ 35 × 14	35	14	3,85	490
▭ 35 × 15	35	15	4,12	565
▭ 35 × 16	35	16	4,4	560
▭ 35 × 20	35	20	5,5	700
▭ 40 × 3	40	3	0,942	120
▭ 40 × 4	40	4	1,25	160
▭ 40 × 5	40	5	1,57	200
▭ 40 × 6	40	6	1,88	240
▭ 40 × 7	40	7	2,2	280
▭ 40 × 8	40	8	2,51	320

Laminés marchands usuels

MATIÈRE

Les nuances de base utilisées en construction métallique sont les aciers S 235, S 275 et S 355 d'après la norme NF EN 10025.

NORMES DE RÉFÉRENCE

Dimensions : NF A 45-005
Tolérances : NF A 45-001

PLATS POUR USAGES GÉNÉRAUX (suite)

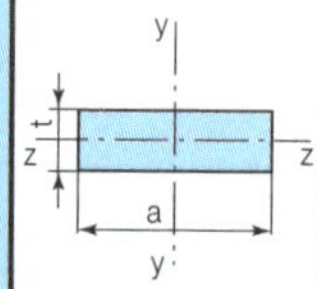

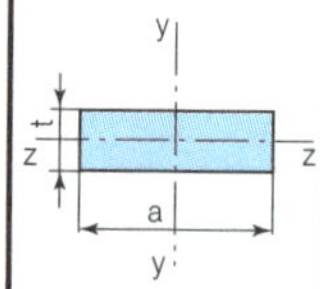

	Dimensions		Masse par mètre	Aire de la section
	a	t	P	A
	mm	mm	kg/m	mm²
40 × 10	40	10	3,14	400
40 × 12	40	12	3,77	480
40 × 14	40	14	4,4	560
40 × 15	40	15	4,71	600
40 × 16	40	16	5,02	640
40 × 20	40	20	6,28	800
40 × 25	40	25	7,85	1000
40 × 30	40	30	9,42	1200
45 × 3	45	3	1,06	135
45 × 4	45	4	1,41	180
45 × 5	45	5	1,77	225
45 × 6	45	6	2,12	270
45 × 7	45	7	2,47	315
45 × 8	45	8	2,82	360
45 × 10	45	10	3,53	450
45 × 12	45	12	4,24	540
45 × 14	45	14	4,95	630
45 × 15	45	15	5,30	675
45 × 16	45	16	5,65	720
45 × 20	45	20	7,07	900
45 × 25	45	25	8,83	1125
45 × 30	45	30	10,60	1350
50 × 3	50	3	1,18	150
50 × 4	50	4	1,57	200
50 × 5	50	5	1,96	250
50 × 6	50	6	2,36	300
50 × 7	50	7	2,75	350
50 × 8	50	8	3,14	400
50 × 10	50	10	3,93	500
50 × 12	50	12	4,71	600
50 × 14	50	14	5,50	700
50 × 15	50	15	5,89	750
50 × 16	50	16	6,28	800
50 × 20	50	20	7,85	1000
50 × 25	50	25	9,81	1250
50 × 30	50	30	11,80	1500
60 × 4	60	4	1,88	240
60 × 5	60	5	2,36	300
60 × 6	60	6	2,83	360
60 × 7	60	7	3,30	420
60 × 8	60	8	3,77	480
60 × 10	60	10	4,71	600
60 × 12	60	12	5,65	720
60 × 14	60	14	6,60	840
60 × 15	60	15	7,07	900
60 × 16	60	16	7,54	960
60 × 20	60	20	9,42	1200
60 × 25	60	25	11,80	1500
60 × 30	60	30	14,13	1800
70 × 5	70	5	2,75	350
70 × 6	70	6	3,30	420
70 × 7	70	7	3,85	490
70 × 8	70	8	4,40	560
70 × 10	70	10	5,50	700
70 × 12	70	12	6,60	840
70 × 14	70	14	7,70	980
70 × 15	70	15	8,24	1050
70 × 16	70	16	8,79	1120
70 × 20	70	20	11,00	1400
70 × 25	70	25	13,74	1750

Produits sidérurgiques – formes et dimensions, caractéristiques

MATIÈRE	Les nuances de base utilisées en construction métallique sont les aciers S 235, S 275 et S 355 d'après la norme NF EN 10025.
NORMES DE RÉFÉRENCE	Dimensions : NF A 45-005 Tolérances : NF A 45-001

PLATS POUR USAGES GÉNÉRAUX (suite)

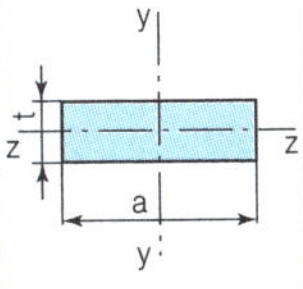

	Dimensions		Masse par mètre	Aire de la section
	a	t	P	A
	mm	mm	kg/m	mm²
80 × 5	80	5	3,14	400
80 × 6	80	6	3,77	480
80 × 7	80	7	4,40	560
80 × 8	80	8	5,02	640
80 × 10	80	10	6,28	800
80 × 12	80	12	7,54	960
80 × 14	80	14	8,79	1120
80 × 15	80	15	9,42	1200
80 × 16	80	16	10,05	1280
80 × 20	80	20	12,56	1600
80 × 25	80	25	15,70	2000
90 × 5	90	5	3,53	450
90 × 6	90	6	4,24	540
90 × 7	90	7	4,95	630
90 × 8	90	8	5,65	720
90 × 10	90	10	7,07	900
90 × 12	90	12	8,48	1080
90 × 14	90	14	9,89	1260
90 × 15	90	15	10,60	1350
90 × 16	90	16	11,30	1440
90 × 20	90	20	14,10	1800
90 × 25	90	25	17,66	2250
100 × 5	100	5	3,92	500
100 × 6	100	6	4,71	600
100 × 7	100	7	5,50	700
100 × 8	100	8	6,28	800

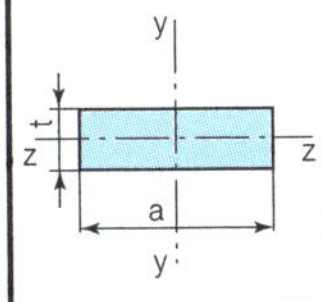

	Dimensions		Masse par mètre	Aire de la section
	a	t	P	A
	mm	mm	kg/m	mm²
100 × 10	100	10	7,85	1000
100 × 12	100	12	9,42	1200
100 × 14	100	14	11,00	1400
100 × 15	100	15	11,80	1500
100 × 16	100	16	12,60	1600
100 × 20	100	20	15,70	2000
100 × 30	100	30	23,55	3000
110 × 6	110	6	5,18	660
110 × 8	110	8	6,91	880
110 × 10	110	10	8,64	1100
110 × 12	110	12	10,36	1320
110 × 15	110	15	12,95	1650
120 × 5	120	5	4,71	600
120 × 6	120	6	5,65	720
120 × 8	120	8	7,54	960
120 × 10	120	10	9,42	1200
120 × 12	120	12	11,30	1440
120 × 15	120	15	14,13	1800
120 × 20	120	20	18,84	2400
140 × 8	140	8	8,79	1120
140 × 10	140	10	10,99	1400
140 × 12	140	12	13,20	1680
140 × 15	140	15	16,50	2100
150 × 10	150	10	11,78	1500
150 × 12	150	12	14,13	1800
150 × 15	150	15	17,66	2250

Laminés marchands usuels

MATIÈRE	Les nuances de base utilisées en construction métallique sont les aciers S 235, S 275 et S 355 d'après la norme NF EN 10025.
NORMES DE RÉFÉRENCE	Dimensions : NF A 45-003 Tolérances : NF A 45-001

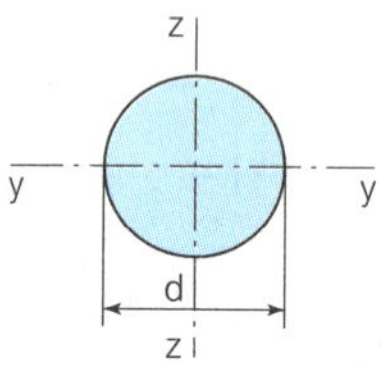

	Diamètre d	Masse par mètre	Section	Moment d'inertie	Module de flexion	Moment d'inertie polaire	Module de torsion
		P	A	I_y	$\frac{I_y}{d/2}$	I_t	$\frac{I_t}{d/2}$
	mm	kg/m	cm²	cm⁴	cm³	cm⁴	cm³
RONDS POUR USAGES GÉNÉRAUX	12	0,887	1,13	0,1018	0,1696	0,2036	0,3392
	12,5	0,963	1,23	0,1198	0,192	0,2397	0,3935
	13	1,042	1,33	0,1402	0,216	0,2804	0,4314
	14	1,208	1,54	0,1886	0,2694	0,3772	0,5388
	15	1,387	1,77	0,2845	0,3313	0,4970	0,6626
	16	1,578	2,01	0,3217	0,4021	0,6434	0,8042
	17	1,781	2,27	0,4100	0,4823	0,8200	0,9646
	18	1,997	2,54	0,5153	0,5726	1,0306	1,145
	19	2,225	2,83	0,6397	0,6734	1,2794	1,347
	20	2,466	3,14	0,7854	0,7854	1,5708	1,571
	21	2,728	3,46	0,9547	0,9092	1,9094	1,818
	22	2,984	3,80	1,1499	1,045	2,2998	2,090
	23	3,261	4,15	1,3737	1,194	2,7474	2,398
	24	3,551	4,52	1,6286	1,357	3,2572	2,714
	25	3,853	4,91	1,9175	1,534	3,8350	3,068
	26	4,167	5,31	2,2432	1,726	4,4864	3,452
	27	4,494	5,73	2,6087	1,932	5,2174	3,864
	28	4,833	6,16	3,0172	2,155	6,0344	4,310
	29	5,185	6,61	3,4718	2,394	6,9437	4,788
	30	5,549	7,07	3,9761	2,651	7,9522	5,302
	32	6,313	8,04	5,1472	3,217	10,2944	6,434
	33	6,714	8,55	5,8214	3,528	11,6428	7,056
	34	7,127	9,08	6,5597	3,859	13,1194	7,718
	35	7,552	9,62	7,3662	4,209	14,7324	8,418
	36	7,990	10,18	8,2448	4,580	16,4896	9,160
	37	8,440	10,75	9,1988	4,973	18,3996	9,945
	38	8,902	11,34	10,2354	5,387	20,4708	10,774
	40	9,864	12,57	12,5664	6,283	25,1328	12,566
	42	10,876	13,85	15,2745	7,274	30,5490	14,548
	44	11,936	15,20	18,3984	8,363	36,7968	16,726

MATIÈRE	Les nuances de base utilisées en construction métallique sont les aciers S 235, S 275 et S 355 d'après la norme NF EN 10025.
NORMES DE RÉFÉRENCE	Dimensions : NF A 45-003 Tolérances : NF A 45-001

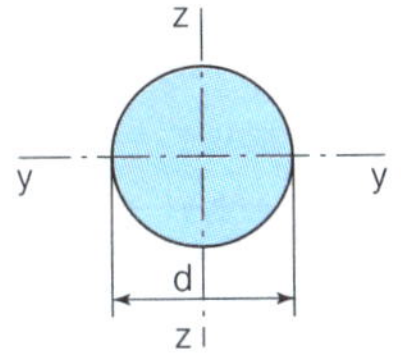

RONDS POUR USAGES GÉNÉRAUX (suite)

Diamètre d	Masse par mètre	Section	Moment d'inertie	Module de flexion	Moment d'inertie polaire	Module de torsion
	P	A	I_y	$\frac{I_y}{d/2}$	I_t	$\frac{I_t}{d/2}$
mm	kg/m	cm^2	cm^4	cm^3	cm^4	cm^3
45	12,485	15,90	20,1289	8,946	40,2578	17,892
46	13,046	16,62	21,9787	9,556	43,9574	19,112
47	13,619	17,35	23,9531	10,193	47,9062	20,386
48	14,205	18,10	26,0577	10,857	52,1154	21,715
50	15,413	19,63	30,6796	12,272	61,3592	24,544
52	16,67	21,23	35,890	13,804	71,781	27,608
53	17,32	22,06	38,732	14,616	77,464	29,232
55	18,65	23,75	44,918	16,334	89,836	32,668
56	19,33	24,63	48,275	17,241	96,550	34,482
58	20,74	26,42	55,549	19,155	111,098	38,310
60	22,19	28,27	63,617	21,206	127,234	42,412
63	24,47	31,17	77,327	24,548	154,654	49,096
68	28,51	36,31	104,95	30,869	209,920	61,738
70	30,21	38,48	117,85	33,674	235,71	67,348
73	32,85	41,85	139,40	38,192	278,80	76,384
75	34,68	44,17	155,31	41,417	310,63	82,834
80	39,46	50,26	201,06	50,265	402,12	100,530
90	49,94	63,61	322,06	71,569	644,12	143,130
100	61,65	78,54	490,87	98,175	981,74	196,35
110	74,60	95,03	718,68	130,671	1437,3	261,34
120	88,78	113,09	1 017,8	169,646	2 035,7	339,29
130	104,19	132,73	1 401,9	214,690	2 803,9	431,38
140	120,84	153,93	1 885,7	269,392	3 771,4	538,78
150	138,72	176,71	2 485,0	331,340	4 970,0	662,68
160	157,83	201,06	3 317,0	402,125	6 434,0	804,25
180	199,76	254,47	5 153,0	572,555	10 306	1 145,10
200	246,61	314,16	7 854,0	785,398	15 708	1 570,80
230	326,15	415,47	13 736,0	1 194,495	27 473	2 388,99
250	385,34	490,87	19 174,8	1 533,984	38 350	3 067,96

MATIÈRE

Les nuances de base utilisées en Construction Métallique sont les aciers S 235, S 275 et S 355 d'après la norme NF EN 10025.

NORMES DE RÉFÉRENCE

Dimensions : NF A 45-004
Tolérances : NF A 45-001

CARRÉS POUR USAGES GÉNÉRAUX

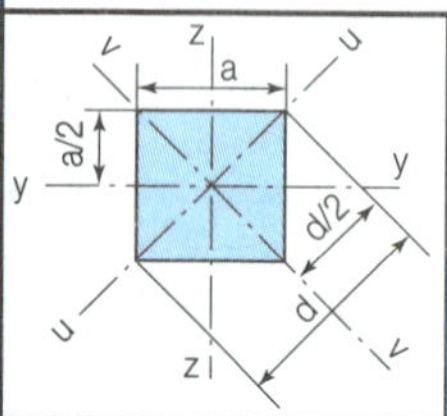

Côté a	Masse par mètre	Section	Moment d'inertie	Module de flexion		Moment d'inertie polaire	Module de torsion
	P	A	$I_y = I_v = \frac{a^4}{12}$	$\frac{I_y}{a/2}$	$\frac{I_y}{d/2}$	I_t	$\frac{I_t}{d/2}$
mm	kg/m	cm²	cm⁴	cm³	cm³	cm⁴	cm³
8	0,502	0,64	0,034133	0,08533	0,0603	0,0683	0,1207
9	0,636	0,81	0,054675	0,12150	0,0859	0,1094	0,1718
10	0,785	1,00	0,0833333	0,16667	0,1179	0,1667	0,2357
11	0,950	1,21	0,122008	0,22183	0,1569	0,2440	0,3137
12	1,130	1,44	0,172800	0,28800	0,2036	0,3456	0,4073
13	1,327	1,69	0,238008	0,36617	0,2589	0,4760	0,5178
14	1,539	1,96	0,320133	0,45733	0,3234	0,6403	0,6468
15	1,766	2,25	0,421875	0,56250	0,3977	0,8438	0,7955
16	2,010	2,56	0,546133	0,68267	0,4827	1,092	0,9654
17	2,269	2,89	0,696008	0,81883	0,5790	1,392	1,158
18	2,543	3,24	0,874800	0,97200	0,6873	1,750	1,375
19	2,834	3,61	1,086	1,14317	0,8083	2,172	1,617
20	3,140	4,00	1,333	1,33333	0,9428	2,667	1,886
21	3,462	4,41	1,621	1,54350	1,091	3,241	2,183
22	3,799	4,84	1,952	1,77467	1,255	3,904	2,510
25	4,906	6,25	3,255	2,60417	1,841	6,510	3,683
30	7,065	9,00	6,750	4,50000	3,182	13,500	6,364
32	8,038	10,24	8,738	5,46133	3,862	17,476	7,723
35	9,616	12,25	12,505	7,14583	5,053	25,010	10,106
38	11,335	14,44	17,376	9,14533	6,467	34,752	12,933
40	12,560	16,00	21,333	10,667	7,542	42,667	15,085
42	13,847	17,64	25,931	12,348	8,731	51,862	17,463
45	15,896	20,25	34,172	15,188	10,739	68,344	21,478
50	19,625	25,00	52,083	20,833	14,731	104,167	29,463
52	21,226	27,04	60,930	23,435	16,571	121,860	33,142
60	28,260	36,00	108,000	36,000	25,456	216,000	50,912
70	38,465	49,00	200,083	57,167	40,423	400,167	80,846
80	50,240	64,00	341,333	85,333	60,340	682,667	120,680
90	63,585	81,00	546,750	121,500	85,913	1093,500	171,827

Rayon de giration en fonction du côté a : $i_y = i_z = i_v = \sqrt{\frac{I_y}{a}} = \frac{a}{\sqrt{12}} = 0{,}2887a$

7.5 TRUSQUINAGE

7.5.1 TRUSQUINAGE DES ÂMES ET DES AILES DES POUTRELLES

TRUSQUINAGES DES IPN

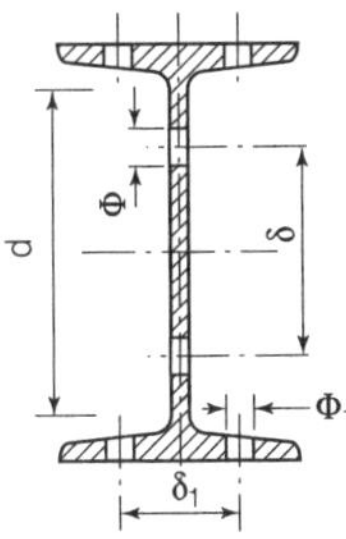

	Âme								Ailes	
	Partie droite de l'âme d mm	δ en mm en fonction de Φ – Diamètre des boulons Φ en mm							Diamètre des boulons Φ_1 mm	δ_1 mm
		10	12	14	16	18	20	22		
IPN 80	59	(*)								
IPN 100	75	(*)	(*)							
IPN 120	92	62	56	50						
IPN 140	109	79	73	67					10	36

TRUSQUINAGES DES IPE

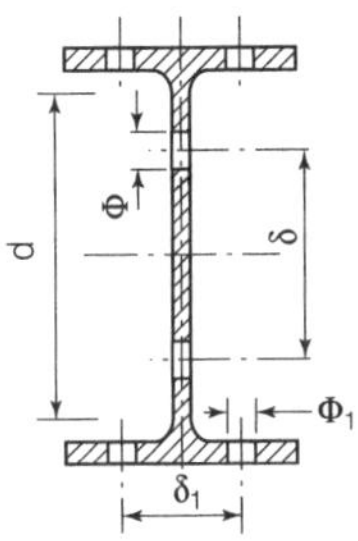

	Âme								Ailes	
	Partie droite de l'âme d mm	δ en mm en fonction de Φ – Diamètre des boulons Φ en mm							Diamètre des boulons Φ_1 mm	δ_1 mm
		10	12	14	16	18	20	22		
IPE 80	60	(*)								
IPE 100	75	(*)	(*)							
IPE 120	93	63	57						10	34
IPE 140	112		76						12	37
IPE 160	127		91	85					12	46
IPE 180	146			104					14	49
IPE 200	159			117					16	52
IPE 220	178			136					18	56
IPE 240	190				142				20	60
IPE 270	220				172				22	69
IPE 300	249					195			22	84
IPE 330	271					217			22	94
IPE 360	299						239		22	104
IPE 400	331						271		22	114
IPE 450	379						319		24	118
IPE 500	426							360	24	128
IPE 550	468							402	24	138
IPE 600	514							448	24	148

(*) : possibilité de mettre un seul boulon dans l'axe de l'âme

TRUSQUINAGE des HEA

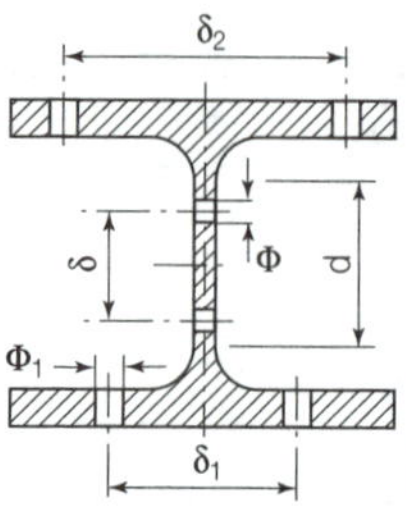

	Âme							Ailes		
	Partie droite de l'âme d mm	δ en mm en fonction de Φ — Diamètre des boulons Φ en mm						Diamètre des boulons Φ_1 mm	δ_1 mm	δ_2 mm
		14	16	18	20	22	24			
HEA 100	56	(*)						14	58	
HEA 120	74	(*)						14	78	
HEA 140	92	50						16	92	
HEA 160	104		56					18	106	
HEA 180	122		74					20	120	
HEA 200	134		86					22	90	134
HEA 220	152			98				22	90	154
HEA 240	164			110				22	95	174
HEA 260	177			123				22	100	194
HEA 280	196				136			22	100	214
HEA 300	208				148			24	120	228
HEA 320	225				165			24	120	228
HEA 340	243				183			24	120	228
HEA 360	261					195		24	120	228
HEA 400	298					232		24	120	228
HEA 450	344					278		24	120	228
HEA 500	390					324		24	120	228
HEA 550	438					372		24	120	228
HEA 600	486					420		24	120	228

(*) : possibilité de mettre un seul boulon dans l'axe de l'âme

TRUSQUINAGE des HEB

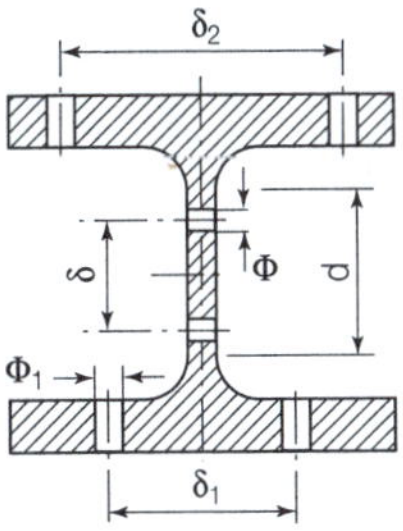

	Âme						Ailes		
	Partie droite de l'âme d mm	δ en mm en fonction de Φ — Diamètre des boulons Φ en mm					Diamètre des boulons		
		16	18	20	22	24	Φ_1 mm	δ_1 mm	δ_2 mm
HEB 100	56	(*)					14	58	
HEB 120	74	(*)					16	72	
HEB 140	92		(*)				18	86	
HEB 160	104			(*)			20	100	
HEB 180	122			62			22	114	
HEB 200	134			74			24	90	128
HEB 220	152			92			24	95	148
HEB 240	164				98		24	100	168
HEB 260	177				111		24	105	188
HEB 280	196				130		24	110	208
HEB 300	208				142		24	120	228
HEB 320	225				159		24	120	228
HEB 340	243				177		24	120	228
HEB 360	261				195		24	120	228
HEB 400	298				232		24	120	228
HEB 450	344				278		24	120	228
HEB 500	390					318	24	120	228
HEB 550	438					366	24	120	228
HEB 600	486					414	24	120	228

(*) : possibilité de mettre un seul boulon dans l'axe de l'âme

TRUSQUINAGE des UPN

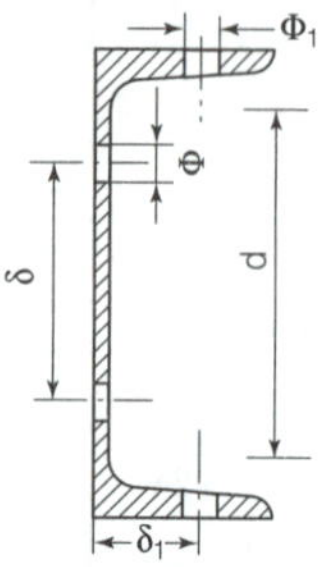

	Âme							Ailes	
	Partie droite de l'âme d mm	δ en mm en fonction de Φ						Diamètre des boulons	
		Diamètre des boulons Φ en mm						Φ_1	δ_1
		12	14	16	18	20	22	mm	mm
UPN 80	46	(*)	(*)	(*)				12	27
UPN 100	64	(*)	(*)	(*)				14	29
UPN 120	82	46	(*)	(*)	(*)			14	34
UPN 140	98		56	50	(*)			16	36
UPN 160	115			67	61			16	41
UPN 180	133				79	73		18	43
UPN 200	151					91		20	45
UPN 220	167					107		20	50
UPN 240	184					124		22	52
UPN 260	200						134	22	57
UPN 300	232						166	22	67

TRUSQUINAGE des UAP

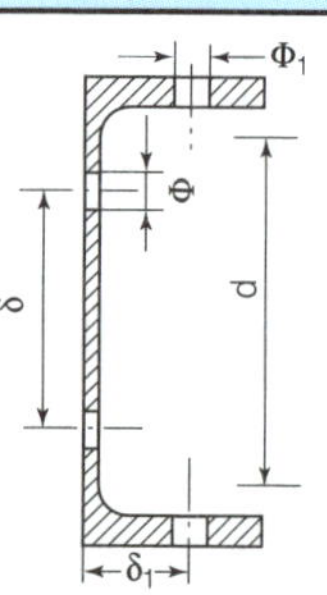

	Âme						Ailes	
	Partie droite de l'âme d mm	δ en mm en fonction de ∅					Diamètre des boulons	
		Diamètre des boulons ∅ en mm					$\varnothing_1$	δ_1
		12	14	16	18	20	mm	mm
UAP 80	48	(*)	(*)				12	27
UAP 100	66	(*)	(*)				14	29
UAP 130	92	56	50	(*)			14	34
UAP 150	109			61	55		16	41
UAP 175	132				78		18	43
UAP 200	154					94	20	45
UAP 220	170					110	20	50
UAP 250	196					136	22	52
UAP 300	236					176	22	67

(*) : possibilité de mettre un seul boulon dans l'axe de l'âme

7.5.2 TRUSQUINAGE DES LAMINÉS MARCHANDS USUELS

REMARQUE PRÉLIMINAIRE

Les indications données ne constituent qu'une première approche. Elles doivent être adaptées cas par cas en fonction des dimensions normalisées des boulons et du respect des règles en vigueur.

TRUSQUINAGE DES CORNIÈRES À AILES ÉGALES

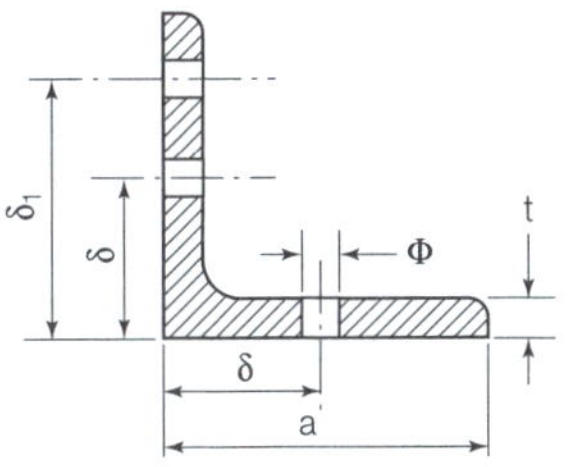

	Dimensions		Diamètre des boulons	Trusquinage	
	a mm	t mm	Φ mm	δ mm	δ_1 mm
L 30 × 30 × 3	30	3	8	17	
L 30 × 30 × 4	30	4	8	17	
L 35 × 35 × 3,5	35	3,5	10	20	
L 35 × 35 × 4	35	4	10	20	
L 40 x 40 x 4	40	4	12	20	
L 40 x 40 x 5	40	5	12	20	
L 45 x 45 x 4,5	45	4,5	12	25	
L 45 x 45 x 5	45	5	12	25	
L 50 x 50 x 5	50	5	14	25	
L 50 x 50 x 6	50	6	14	25	
L 50 x 50 x 7	50	7	14	25	
L 60 x 60 x 6	60	6	16	35	
L 70 x 70 x 6	70	6	16	40	
L 70 x 70 x 7	70	7	18	40	
L 80 x 80 x 5,5	80	5,5	14	45	
L 80 x 80 x 6,5	80	6,5	16	45	
L 80 x 80 x 8	80	8	20	45	
L 90 x 90 x 6	90	6	16	50	
L 90 x 90 x 7	90	7	18	50	
L 90 x 90 x 9	90	9	20	50	
L 100 x 100 x 7	100	7	18	55	
L 100 x 100 x 8	100	8	20	55	
L 100 x 100 x 10	100	10	22	55	
L 100 x 100 x 12	100	12	22	55	
L 120 x 120 x 12	120	12	22	50	80
L 120 x 120 x 15	120	15	24	50	80
L 150 x 150 x 10	150	10	22	55	110
L 150 x 150 x 14	150	14	22	55	110
L 150 x 150 x 15	150	15	24	55	110
L 150 x 150 x 18	150	18	24	55	110
L 180 x 180 x 18	180	18	24	60	140
L 200 x 200 x 18	200	18	24	60	160
L 200 x 200 x 20	200	20	24	60	160

REMARQUE PRÉLIMINAIRE

Les indications données ne constituent qu'une première approche. Elles doivent être adaptées cas par cas en fonction des dimensions normalisées des boulons et du respect des règles en vigueur.

TRUSQUINAGE DES CORNIÈRES À AILES INÉGALES

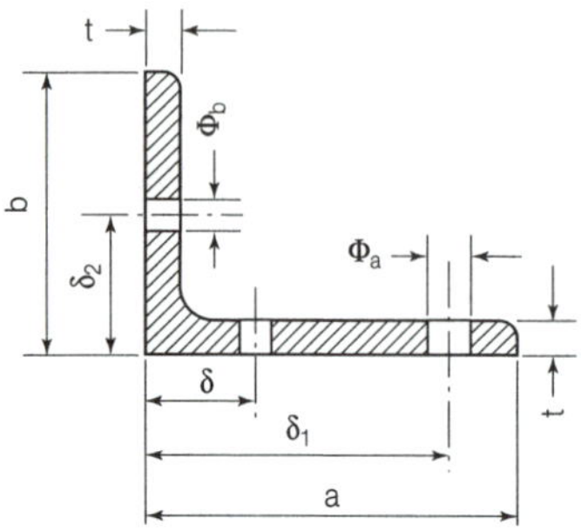

	Dimensions			Diamètre des boulons		Trusquinage		
	a mm	b mm	t mm	Φ_a mm	Φ_b mm	δ mm	δ_1 mm	δ_2 mm
L 30 x 20 x 3	30	20	3	8		17		
L x 35 x 20 x 3,5	35	20	3,5	10		20		
L 40 x 25 x 4	40	25	4	12		22		
L 45 x 30 x 4	45	30	4	12	8	27		17
L 45 x 30 x 5	45	30	5	12	8	27		17
L 50 x 30 x 5	50	30	5	14	8	28		17
L 60 x 40 x 5	60	40	5	14	12	35		22
L 60 x 40 x 6	60	40	6	16	12	35		22
L 70 x 50 x 6	70	50	6	16	14	40		23
L 80 x 60 x 7	80	60	7	18	16	45		35
L 80 x 60 x 8	80	60	8	20	16	45		35

7.6 PRODUITS PLATS

d'après doc. Descours et Cabaud

DESCOURS ET CABAUD : 13 ROUTE BASSIN N5 – 92230 GENNEVILLIERS

TÔLES LAMINÉES À CHAUD

Matière S 235	Poids de la feuille en kg													
	Épaisseur en mm													
Format de tôle	1,5	2	2,5	3	4	5	6	7	8	9	10	12	14	15
2000 x 800	19,20	25,60	32,00	-	-	-	-	-	-	-	-	-	-	-
2000 x 1000	24,00	32,00	40,00	48,00	64,00	80,00	96,00	112,00	128,00	144,00	160,00	192,00	224,00	240,00
2100 x 1100	27,72	36,96	46,20	55,44	73,92	92,40	110,88	-	147,8	-	-	-	-	-
2200 x 1200	31,68	42,24	52,80	63,36	84,48	105,60	126,72	-	168,96	-	-	-	-	-
2500 x 1250	37,44	49,92	62,40	74,88	99,84	124,80	149,76	-	199,68	224,60	249,60	299,52	-	374,40
3000 x 1000	36,00	48,00	60,00	72,00	96,00	120,00	144,00	168,00	192,00	-	240,00	288,00	-	-
3000 x 1100	39,60	52,80	66,00	79,20	105,60	132,00	158,40	184,80	211,20	-	-	-	-	-
3000 x 1200	43,20	57,60	72,00	86,40	115,20	144,00	172,80	-	230,40	-	-	-	-	-
3000 x 1300	46,80	62,40	78,00	93,60	124,80	156,00	187,20	-	249,60	-	-	-	-	-
3000 x 1400	-	67,20	84,00	100,80	134,40	168,00	201,60	-	268,80	-	-	-	-	-
3000 x 1500	54,00	72,00	90,00	108,00	144,00	180,00	216,00	252,00	288,00	324,00	360,00	432,00	504,00	540,00
4000 x 1000	–	-	-	96,00	128,00	160,00	192,00	-	256,00	-	-	-	-	-
4000 x 1100	-	-	-	105,60	140,80	176,00	211,20	-	281,60	-	-	-	-	-
4000 x 1200	-	-	-	115,20	153,60	192,00	230,40	-	307,20	-	-	-	-	-
4000 x 1300	-	-	-	124,80	166,40	208,00	249,60	-	332,80	-	-	-	-	-
4000 x 1400	-	-	-	134,40	179,20	224,00	268,80	-	358,40	-	-	-	-	-
4000 x 1500	-	-	-	144,00	192,00	240,00	288,00	-	384,00	-	480,00	576,00	-	-
4000 x 1600	-	-	-	153,60	204,80	256,00	307,20	-	409,60	-	512,00	614,20	-	-
4000 x 1800	-	-	-	172,80	230,40	288,00	345,60	-	460,80	-	576,00	691,20	-	-
4000 x 2000	-	-	-	192,00	256,60	320,00	384,00	-	512,00	-	640,00	768,00	896,00	960,00
5000 x 1500	-	-	-	180,00	240,00	300,00	360,00	-	480,00	-	600,00	720,00	-	-
5000 x 1600	-	-	-	192,00	256,00	320,00	384,00	-	512,00		640,00	768,00	-	-
5000 x 1800	-	-	-	216,00	288,00	360,00	432,00	-	576,00	-	720,00	864,00	-	-
5000 x 2000	-	-	-	240,00	320,00	400,00	480,00	-	640,00	-	800,00	960,00	-	-
6000 x 1500	-	-	-	216,00	288,00	360,00	432,00	-	576,00		720,00	864,00	-	-
6000 x 1600	-	-	-	230,40	307,20	384,00	460,80	-	614,40	-	768,00	921,60	-	-
6000 x 1800	-	-	-	259,20	345,60	432,00	518,40	-	691,20	-	864,00	1036,80	-	-
6000 x 2000	-	-	-	288,00	384,00	480,00	576,00	-	768,00	864,00	960,00	1152,00	-	1440,00
8000 x 2000	-	-	-	-	-	640,00	768,00	-	1024,00	-	1280,00	1536,00	-	-

Tolérances sur les épaisseurs des tôles laminées à chaud : NF EN 10051

PLAQUES

Matière S 235	Poids de la plaque en kg														
	Épaisseur en mm														
Format de tôle	5	6	8	10	12	15	16	18	20	22	25	30	35	40	45
2000 x 1000	-	-	-	-	-	-	256,00	288,00	320,00	352,00	400,00	480,00	560,00	640,00	720
2000 x 1250	-	-	-	-	-	-	-	449,28	499,20	-	624,00	748,80	-	-	-
3000 x 1000	-	-	-	-	-	-	-	-	-	-	-	-	-	-	-
3000 x 1500	-	-	-	-	-	-	576,00	648,00	720,00	792,00	900,00	1080,00	1260,00	1440,00	1620
4000 x 1500	-	-	-	-	-	-	-	-	-	-	-	-	-	-	-
4000 x 1600	-	-	-	-	-	-	-	-	-	-	-	-	-	-	-
4000 x 1800	-	-	-	-	-	-	-	-	-	-	-	-	-	-	-
4000 x 2000	-	-	-	-	-	-	1024,00	1152,00	1280,00	-	1600,00	1920,00	-	2560,00	-
5000 x 1500	-	-	-	-	-	-	-	-	-	-	-	-	-	-	-
5000 x 1600	-	-	-	-	-	-	-	-	-	-	-	-	-	-	-
5000 x 1800	-	-	-	-	-	-	-	-	-	-	-	-	-	-	-
5000 x 2000	-	-	-	-	-	-	-	-	-	-	-	-	-	-	-
6000 x 1500	-	-	-	-	-	-	-	-	-	-	-	-	-	-	-
6000 x 1600	-	-	-	-	-	-	-	-	-	-	-	-	-	-	-
6000 x 1800	-	-	-	-	-	-	-	-	-	-	-	-	-	-	-
6000 x 2000	-	-	-	-	-	-	1536,00	1728,00	1920,00	-	2400,00	2880,00	-	-	-
8000 x 2000	-	-	-	-	-	-	-	-	-	-	-	-	-	-	-
8000 x 2500	800,00	960,00	1280,00	1600,00	1920,00	-	-	-	-	-	-	-	-	-	-
9000 x 3000	-	1296,00	1728,00	2160,00	2592,00	3240,00	-	4320,00	-	-	-	-	-	-	-

Tolérances sur l'épaisseur des plaques : NF EN 100-29

TÔLES LAMINÉES À CHAUD DÉCAPÉES

Tôles laminées à chaud, décapées pour le pliage à froid ou pour l'emboutissage

Matière S 235	Masse de la feuille en kg						
	Épaisseur en mm						
Format de tôle	1,5	2	2,5	3	4	5	6
2 000 × 1 000	24,00	32,00	40,00	48,00	64,00	80,00	96,00
2 500 × 1 250	37,44	49,92	62,40	74,88	99,84	124,00	149,76
3 000 × 1 550	54,00	72,00	90,00	108,00	144,00	180,00	216,00

TÔLES LAMINÉES À FROID

NF EN 10130
NF EN 10131

Matière S 235	Masse de la feuille en kg									
	Épaisseur en mm									
Format de tôle	5/10	6/10	8/10	10/10	12/10	125/100	15/10	20/10	25/10	299/100
2 000 × 1 000	8,00	9,60	12,80	16,00	19,20	20,00	24,00	32,00	40,00	48,00
2 200 × 1 200	–	–	–	21,12	–	–	31,68	42,24	52,80	63,36
2 500 × 1 250	–	–	20,00	25,20	30,24	31,20	37,80	50,40	63,00	75,60
3 000 × 1 000	–	–	–	24,00	28,80	30,00	36,00	48,00	60,00	72,00
3 000 × 1 200	–	–	–	28,80	34,56	36,00	43,20	57,60	72,00	86,40
3 000 × 1 300	–	–	–	31,20	37,44	39,00	46,80	62,40	78,00	93,60
3 000 × 1 500	–	–	28,80	36,00	43,20	45,00	54,00	72,00	90,00	108,00

TÔLES ÉLECTROZINGUÉES

NF EN 10130
NF EN 10131

- Une tôle électrozinguée résulte du laminage à froid de l'acier puis d'un dépôt par électrolyse d'une couche de zinc. Un traitement de passivation (phosphatation ou chromatation) est en général appliqué après électrozinguage.
- Propriétés : propreté de surface ; aptitude à la peinture ; résistance à la corrosion ; aptitude à l'emboutissage.
- La tôle électrozinguée a les mêmes qualités que la tôle d'acier utilisée.

N.B : L'épaisseur de zinc reste uniforme après emboutissage.

Matière S 235	Masse de la feuille en kg									
	Épaisseur en mm									
Format de tôle	5/10	6/10	8/10	10/10	12/10	125/100	15/10	20/10	25/10	299/100
2 000 × 1 000	8,00	9,60	12,80	16,00	19,20	20,00	24,00	32,00	40,00	48,00
2 200 × 1 200	–	–	–	21,12	–	26,40	31,68	42,24	52,80	63,36
2 500 × 1 250	–	–	19,97	24,96	29,95	31,20	37,44	49,92	62,40	74,88
3 000 × 1 000	–	–	–	24,00	28,80	30,00	36,00	48,00	60,00	72,00
3 000 × 1 200	–	–	–	28,80	34,56	36,00	43,20	57,60	72,00	86,40
3 000 × 1 300	–	–	–	31,20	37,44	39,00	46,80	62,40	78,00	93,60
3 000 × 1 500	–	–	28,80	36,00	43,20	45,00	54,00	72,00	90,00	108,00

TÔLES GALVANISÉES PLANES

NF EN 10142
NF EN 10143

Les tôles galvanisées sont obtenues par immersion dans un bain de zinc en fusion sur une installation en continu. Le revêtement est de 275 g par m^2 double face.

- **Contact avec les autres matériaux**

– *cuivre* : contact direct interdit
– *acier, aluminium, béton* : aucun inconvénient

Épaisseur mm / Longueur × largeur mm	Masse de la feuille en kg								
	Épaisseur en mm								
Format de tôle	50/100	63/100	75/100	1	1,25	1,5	2	2,5	3
2 000 × 1 000	3,5	10,1	12,5	16,5	19,8	24,5	32,5	40,5	48,5
2 500 × 1 250	–	–	–	25,9	30,9	37,9	50,9	62,9	75,9
3 000 × 1 500	–	–		37,2	44,2	54,2	72,2	91,2	109,2

TÔLES STRIÉES

Matière : S 235

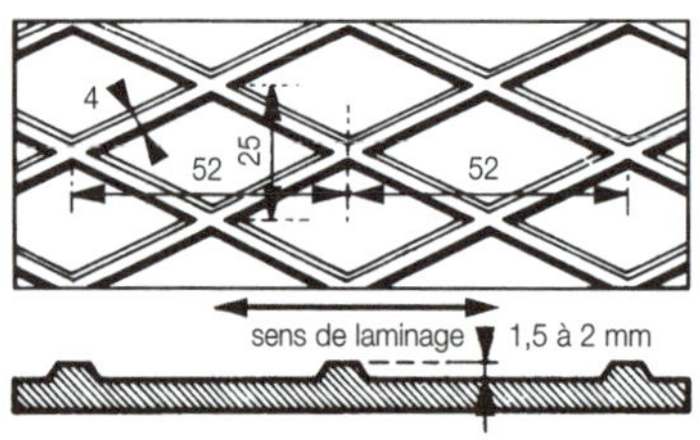

Format en mm	Masse de la feuille en kg					
	Épaisseur en mm					
2 000 × 1 000	58,00	74,00	90,00	100,00	138,00	170,00
2 500 × 1 250	90,48	115,44	140,40	165,36	215,28	265,20
3 000 × 1 100	95,70	122,10	148,50	174,90	227,70	280,50
3 000 × 1 300	113,10	144,30	175,50	206,70	269,10	331,50
3 000 × 1 500	130,50	166,50	202,50	238,50	310,50	382,50

Caractéristiques :

- Diagonale du losange : 52 × 25
- Hauteur de la strie : 1,5 à 2 mm
- Largeur de la strie base : 4 mm, sommet 2 mm
- Masse du relief au m^2 ≃ 5 kg
- La grande diagonale de la strie est parallèle au sens du laminage soit en général aux grands côtés de la tôle.

TÔLES LARMÉES

Matière : S 235

TYPE I

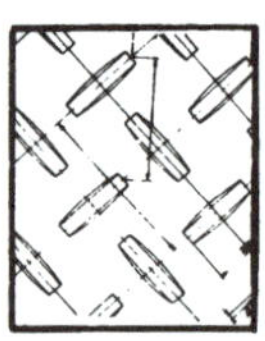

TYPE II

Format en mm	Masse de la feuille en kg					
	Épaisseur en mm					
	3/5	4/6	5/7	6/8	8/10	10/12
2 000 × 1 000	54,00	70,00	86,00	102,00	134,00	166,00
2 500 × 1 250	84,24	109,20	134,16	159,12	209,04	258,96
3 000 × 1 100	89,10	115,50	141,90	168,30	221,10	273,90
3 000 × 1 300	105,30	136,50	167,70	198,90	261,30	323,70
3 000 × 1 500	121,50	157,50	193,50	229,50	301,50	373,50

	Type I	Type II
Hauteur	2 mm	1,8 mm
Largeur	8 mm	9,5 mm
Largeur au sommet	6 mm	–
Longueur	30 mm	30,1 mm
Entre-axe longitudinal	65 mm	60,3 mm
Masse du relief au m^2	3 kg env.	3 kg env.

7.7 PROFILS CREUX

CHOIX D'UN PROFIL CREUX

S'il s'agit d'un **ouvrage de construction qui doit supporter des charges** (poids propre, charges climatiques…), il est nécessaire pour être conforme à la réglementation d'utiliser des **profils creux pour construction**.
S'il s'agit d'ouvrages de **métallerie** (grille, portails…) on peut avoir recours à **des tubes pour métallerie**. Mais il est possible d'utiliser les profils creux pour construction.

7.7.1 PROFILS CREUX POUR CONSTRUCTION — d'après DOC. OTUA

NORMALISATION

Les caractéristiques chimiques et mécaniques, les dimensions, les tolérances et les essais de réception éventuels des profils creux pour construction sont définis par les normes :
– **NF A 49-501 pour les profils creux finis à chaud** pour charpente et construction métallique ;
– **NF A 49-541 pour les profils creux finis à froid** pour charpente et construction métallique.

CALCUL

Les **profils creux finis à chaud (NF A 49-501)** de limite d'élasticité 235 et 295 MPa sont calculés au flambement d'après la **courbe a** établie par la Convention Européenne de la Construction Métallique (CECM).
Les **profils creux finis à froid (NF A 49-541)** de limite d'élasticité 235 et 275 MPa sont calculés au flambement d'après la **courbe c** établie par la CECM.

GAMME DE PROFILS CREUX POUR CONSTRUCTION

4 types de profils creux pour construction : ronds, carrés, rectangulaires, hexagonaux. Seules les caractéristiques géométriques et mécaniques de profils creux ronds, carrés, rectangulaires sont rassemblées dans les tableaux qui suivent. Et seuls les profils creux aux dimensions extérieures immédiatement disponibles sont cités. Pour les profils creux de mêmes dimensions extérieures avec des épaisseurs différentes, consulter les normes ou le catalogue OTUA.

PROFILS CREUX RONDS FINIS À CHAUD NFA 49-501 DE LIMITE ÉLASTIQUE 235 MPa

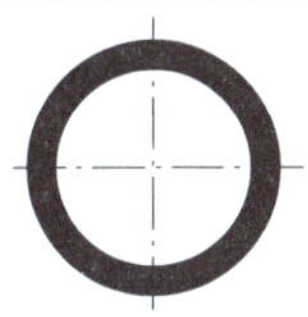

	Épaisseur	Masse par mètre	Aire de la section	Moment d'inertie de torsion	Constante de torsion	Moment d'inertie de flexion	Module d'inertie de flexion	Rayon de giration
	t	P	A	J	C	I	W	i
Diamètre extérieur en mm	mm	kg/m	cm²	cm⁴	cm³	cm⁴	cm³	cm
∅ 21,3	2,3	1,08	1,373	1,257	1,180	0,6286	0,5902	0,6767
∅ 26,9	2,3	1,40	1,778	2,713	2,017	1,356	1,008	0,8735
∅ 33,7	2,9	2,20	2,806	6,714	3,984	3,357	1,992	1,094
∅ 42,4	2,9	2,82	3,599	14,11	6,657	7,056	3,328	1,400
∅ 48,3	2,9	3,25	4,136	21,40	8,861	10,70	4,431	1,608
∅ 60,3	3,2	4,51	5,740	46,94	15,57	23,47	7,784	2,022
∅ 76,1	3,2	5,75	7,329	97,56	25,64	48,78	12,82	2,580
∅ 88,9	3,2	6,76	8,616	158,4	35,64	79,21	17,82	3,032
∅ 101,6	3,6	8,70	11,08	266,5	52,46	133,2	26,23	3,467
∅ 114,3	3,6	9,83	12,52	384	67,19	192	33,59	3,916
∅ 139,7	4	13,4	17,06	785,7	112,5	392,9	56,24	4,800
∅ 168,3	4,5	18,2	23,16	1554	184,7	777,2	92,36	5,793

Profils creux pour construction

		Épaisseur	Masse par mètre	Aire de la section	Moment d'inertie de torsion	Constante de torsion	Moment d'inertie de flexion	Module d'inertie de flexion	Rayon de giration
		t	P	A	J	C	I	W	i
	Diamètre extérieur en mm	mm	kg/m	cm^2	cm^4	cm^3	cm^4	cm^3	cm
PROFILS CREUX RONDS FINIS À FROID NF A 49-541 DE LIMITE ÉLASTIQUE 235 MPa	∅ 21,3	2,3	1,08	1,373	1,257	1,180	0,6286	0,5902	0,6767
	∅ 26,9	2,3	1,40	1,778	2,713	2,017	1,356	1,008	0,8735
	∅ 33,7	2,6	1,99	2,540	6,185	3,671	3,093	1,835	1,103
	∅ 42,4	2,6	2,55	3,251	12,93	6,099	6,464	3,049	1,410
	∅ 48,3	2,9	3,25	4,136	21,40	8,861	10,70	4,431	1,608
	∅ 48,3	3,2	3,56	4,534	23,17	9,595	11,59	4,797	1,599
	∅ 60,3	2,9	4,11	5,229	43,18	14,32	21,59	7,162	2,032
	∅ 70	3,2	5,27	6,715	75,09	21,45	37,54	10,73	2,364
	∅ 76,1	2,9	5,24	6,669	89,48	23,52	44,74	11,76	2,590
	∅ 88,9	3,2	6,76	8,616	158,4	35,64	79,21	17,82	3,032
	∅ 101,6	3,6	8,70	11,08	266,5	52,46	133,2	26,23	3,467
	∅ 114,3	3,6	9,83	12,52	384	67,19	192	33,59	3,916
	∅ 139,7	4	13,4	17,05	785,7	112,5	392,9	56,24	4,800
	∅ 168,3	4,5	18,2	23,16	1554	184,7	777,2	92,36	5,793
PROFILS CREUX RONDS FINIS À FROID NF A 49-541 DE LIMITE ÉLASTIQUE 275 MPa	∅ 193,7	4	18,7	23,84	2146	221,5	1073	110,8	6,708
	∅ 193,7	5	23,3	29,64	2640	272,6	1320	136,3	6,674
	∅ 219,1	3,2	17,0	21,70	2530	230,9	1265	115,5	7,634
	∅ 273	3,6	23,9	30,47	5529	405,1	2765	202,5	9,526
	∅ 273	5	33,0	42,10	7562	554,0	3781	277,0	9,477
	∅ 273	6,3	41,4	52,79	9392	688,0	4696	344,0	9,432
	∅ 323,9	3,6	28,4	36,23	9292	573,8	4646	286,9	11,33
	∅ 323,9	4,5	35,5	45,15	11520	711,2	5759	355,6	11,29
	∅ 323,9	5,6	44,0	56,00	14190	876,1	7094	438,0	11,26
	∅ 323,9	7,1	55,5	70,66	17740	1095	8869	547,7	11,20
	∅ 355,6	6,3	54,3	69,13	21090	1186	10550	593,2	12,35
	∅ 355,6	8	68,6	87,36	26400	1485	13200	742,5	12,29
	∅ 406,4	6,3	62,2	79,19	31700	1560	15850	780,0	14,15

Produits sidérurgiques – formes, dimensions, caractéristiques

PROFILS CREUX CARRÉS FINIS À CHAUD NF A 49-501 DE LIMITE ÉLASTIQUE 295 MPa

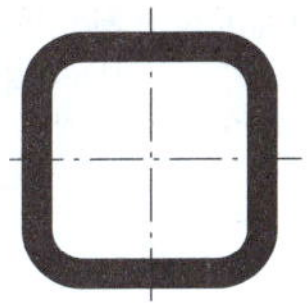

Dimensions extérieures en mm	Épaisseur t mm	Masse par mètre P kg/m	Aire de la section A cm^2	Moment d'inertie de torsion J cm^4	Constante de torsion C cm^3	Moment d'inertie de flexion I cm^4	Module d'inertie de flexion W cm^3	Rayon de giration i cm
40 × 40	3,2	3,66	4,661	16,53	7,429	10,44	5,219	1,496
45 × 45	4	5,09	6,483	28,67	11,34	18	7,999	1,666
50 × 50	5	6,97	8,879	47,57	16,72	29,64	11,86	1,827
60 × 60	5	8,54	10,88	86,33	25,77	54,39	18,13	2,236
70 × 70	5	10,1	12,88	141,8	36,80	90,08	25,74	2,645
80 × 80	5	11,7	14,88	217,1	49,83	138,7	34,68	3,053
90 × 90	5	13,3	16,88	315	64,85	202,3	44,95	3,462
100 × 100	4	12	15,28	360,6	68,18	234	46,80	3,913
100 × 100	5	14,8	18,88	438,8	81,87	282,8	56,56	3,870
120 × 120	4	14,5	18,48	634,3	100,8	413,5	68,91	4,730
120 × 120	5	18	22,88	775,4	121,9	502,6	83,77	4,687
135 × 135	4	16,4	20,88	911,9	129,5	596	88,29	5,342
140 × 140	4	16,7	21,27	1026	139,7	647,6	92,51	5,518
140 × 140	8	31,6	40,26	1900	248,2	1138	162,5	5,316
150 × 150	5	22,2	28,23	1558	196,6	974,9	130	5,877
150 × 150	6	26,3	33,45	1837	229,6	1135	151,4	5,826
150 × 150	8	34,1	43,46	2362	289,6	1424	189,9	5,725
150 × 150	10	41,5	52,91	2840	342	1672	223	5,622
180 × 180	6	31,9	40,65	3231	339,8	2021	224,6	7,052
180 × 180	8	41,7	53,06	4183	432,7	2564	284,9	6,951
180 × 180	10	51	64,91	5070	516,3	3045	338,3	6,849
200 × 200	5	30	38,23	3772	361,7	2397	239,7	7,919
200 × 200	6	35,7	45,45	4470	425,2	2814	281,4	7,869
200 × 200	8	46,7	59,46	5807	544,2	3589	358,9	7,769
200 × 200	10	57,2	72,91	7064	652,5	4286	428,6	7,667
250 × 250	6	45,1	57,45	8862	680,9	5643	451,4	9,911
250 × 250	8	59,2	75,46	11580	878,7	7264	581,1	9,811
250 × 250	10	72,9	92,91	14180	1063	8761	700,9	9,711
250 × 250	12	86,2	109,8	16650	1234	10140	811	9,609
300 × 300	8	71,8	91,46	20280	1293	12850	856,7	11,85
300 × 300	10	88,6	112,9	24930	1573	15600	1040	11,75
300 × 300	12	105	133,8	29400	1837	18170	1211	11,65
350 × 350	10	104	132,9	40070	2183	25300	1445	13,80
350 × 350	12	124	157,8	47390	2559	29600	1691	13,70

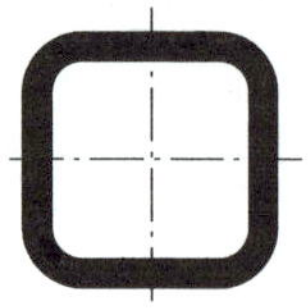

PROFILS CREUX CARRÉS FINIS À FROID NF A 49-541 DE LIMITE ÉLASTIQUE 235 MPa

Dimensions extérieures en mm	Épaisseur t (mm)	Masse par mètre P (kg/m)	Aire de la section A (cm^2)	Moment d'inertie de torsion J (cm^4)	Constante de torsion C (cm^3)	Moment d'inertie de flexion I (cm^4)	Module d'inertie de flexion W (cm^3)	Rayon de giration i (cm)
22 × 22	2,3	1,28	1,631	1,804	1,417	0,9817	0,8925	0,7759
28 × 28	2,5	1,83	2,335	4,281	2,682	2,391	1,708	1,012
35 × 35	2,5	2,38	3,035	8,882	4,545	5,124	2,928	1,299
40 × 40	2,5	2,78	3,535	13,63	6,174	7,999	3,999	1,504
45 × 45	3	3,71	4,731	23	9,207	13,39	5,949	1,682
50 × 50	3	4,18	5,331	32,20	11,70	18,98	7,592	1,887
60 × 60	3	5,13	6,531	57,28	17,59	34,43	11,48	2,296
70 × 70	3	6,07	7,731	92,78	24,68	56,57	16,16	2,705
80 × 80	3	7,01	8,931	140,5	32,96	86,60	21,65	3,114
90 × 90	3,5	9,18	11,69	232,5	48,39	142,9	31,76	3,497
90 × 90	4	10,4	13,21	261,8	54,03	159,1	35,36	3,471
100 × 100	4	11,6	14,81	363,4	67,96	222,9	44,58	3,879
120 × 120	4	14,1	18,01	639,1	100,66	397,3	66,22	4,697
135 × 135	4	16	20,41	918,6	129,3	575,4	85,24	5,310
140 × 140	4	16,7	21,21	1027	139,7	644,8	92,12	5,514

PROFILS CREUX RECTANGULAIRES FINIS À CHAUD NF A 49-501 DE LIMITE ÉLASTIQUE 295 MPa

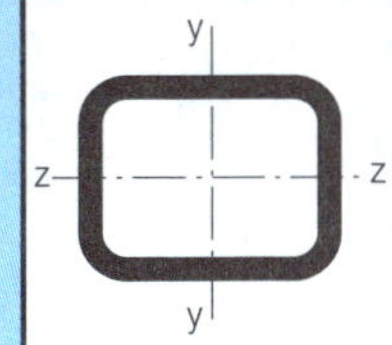

	Épaisseur	Masse par mètre	Aire de la section	Moment d'inertie de torsion	Constante de torsion	Moment d'inertie de flexion	Module d'inertie de flexion	Rayon de giration	Moment d'inertie de flexion	Module d'inertie de flexion	Rayon de giration
	t	P	A	J	C	I_y	W_y	i_y	I_z	W_z	i_z
Dimensions extérieures en mm	mm	kg/m	cm^2	cm^4	cm^3	cm^4	cm^3	cm	cm^4	cm^3	cm
50 × 25	2,6	2,82	3,597	8,671	4,746	10,95	4,379	1,745	3,537	2,280	0,9916
60 × 30	4	5,09	6,483	21,52	9,604	27,30	9,099	2,052	8,611	5,741	1,153
60 × 40	4	5,72	7,283	36,63	13,73	33,58	11,19	2,147	17,35	8,674	1,543
80 × 40	4	6,97	8,883	55,14	18,92	69,58	17,40	2,799	22,55	11,28	1,593
80 × 50	5	9,33	11,88	98,28	28,85	96,46	24,12	2,850	44,89	17,96	1,944
90 × 50	5	10,1	12,88	116,3	32,90	129,9	28,88	3,176	49,98	19,99	1,970
100 × 50	5	10,9	13,88	134,6	36,96	169,9	33,98	3,498	55,06	22,02	1,992
120 × 60	5	13,3	16,88	241,5	56	304,1	50,69	4,245	99,89	33,30	2,433
120 × 80	5	14,8	18,88	400,8	77,92	370,3	61,72	4,429	195	48,76	3,214
140 × 80	5	16,4	20,88	498,7	91,98	540,7	77,25	5,089	223,2	55,80	3,270
150 × 50	5	14,8	18,88	229,6	57,26	483,8	64,48	5,061	80,48	32,19	2,065
150 × 100	5	18,7	23,88	805,6	127	746,5	99,54	5,591	395,7	79,14	4,071
180 × 80	5	19,5	24,88	701,8	120,1	1011	112,3	6,374	279,5	69,89	3,352
200 × 100	5	22,2	28,23	1209	171,8	1446	144,6	7,158	493,7	98,74	4,182
200 × 100	6	26,3	33,45	1420	199,8	1685	168,5	7,097	572,3	114,5	4,136
200 × 100	8	34,1	43,46	1810	250,1	2113	211,3	6,973	711	142,2	4,045
200 × 100	10	41,5	52,91	2157	293,1	2479	247,9	6,845	826,5	165,3	3,952
250 × 150	6	35,7	45,45	3895	395,4	3857	308,5	9,212	1758	234,4	6,219
250 × 150	8	46,7	59,46	5044	504,5	4921	393,6	9,097	2232	297,6	6,126
250 × 150	10	57,2	72,91	6116	603,1	5879	470,4	8,980	2654	353,9	6,033
300 × 100	5	30	38,23	2048	262,1	4036	269,1	12,28	719,5	143,9	4,339
300 × 100	6	35,7	45,45	2408	305,9	4735	315,7	10,21	837,7	167,5	4,293
300 × 100	8	46,7	59,46	3079	385,8	6028	401,9	10,07	1050	210,1	4,203
300 × 100	10	57,2	72,91	3682	455,6	7184	479	9,927	1233	246,6	4,113
300 × 200	8	59,2	75,46	10610	838,9	9439	629,3	11,18	5064	506,4	8,192
300 × 200	10	72,9	92,91	12970	1013	11390	759,4	11,07	6093	609,3	8,098
300 × 200	12	86,2	109,8	15210	1174	13190	879,2	10,96	7033	703,3	8,004
400 × 200	10	88,6	112,9	19340	1374	23140	1157	14,32	7899	789,9	8,364
400 × 200	12	105	133,8	22720	1599	26960	1348	14,19	9156	915,6	8,273
400 × 300	10	104	132,9	38350	2133	30750	1537	15,21	19800	1320	12,21
400 × 300	12	124	157,8	45330	2500	35990	1800	15,10	23150	1543	12,11

PROFILS CREUX RECTANGULAIRES FINIS À FROID NF A 49-541 DE LIMITE ÉLASTIQUE 235 MPa

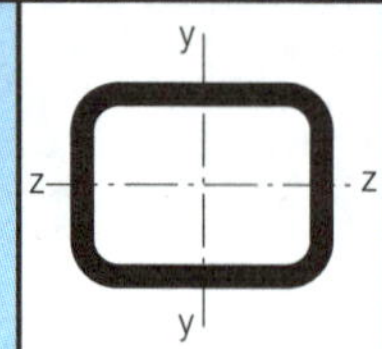

	Épaisseur	Masse par mètre	Aire de la section	Moment d'inertie de torsion	Constante de torsion	Moment d'inertie de flexion	Module d'inertie de flexion	Rayon de giration	Moment d'inertie de flexion	Module d'inertie de flexion	Rayon de giration
	t	P	A	J	C	I_y	W_y	i_y	I_z	W_z	i_z
Dimensions extérieures en mm	mm	kg/m	cm^2	cm^4	cm^3	cm^4	cm^3	cm	cm^4	cm^3	cm
35 × 20	2,5	1,79	2,285	3,324	2,297	3,139	1,794	1,172	1,291	1,291	0,752
40 × 27	2,5	2,27	2,885	7,036	3,898	5,710	2,855	1,407	3,085	2,285	1,034
50 × 25	2,5	2,58	3,285	8,415	4,564	9,548	3,819	1,705	3,194	2,555	0,986
50 × 30	3	3,24	4,131	13,48	6,426	12,34	4,938	1,729	5,526	3,684	1,157
60 × 30	2,5	3,17	4,035	15,16	6,944	17,45	5,816	2,079	5,878	3,919	1,207
60 × 34	3	3,90	4,971	21,98	9,174	21,75	7,250	2,092	8,925	5,250	1,340
70 × 35	3	4,42	5,631	28,72	11,25	32,99	9,426	2,420	11,10	6,344	1,404
80 × 40	3	5,13	6,531	43,97	15,22	51,00	12,75	2,795	17,24	8,622	1,625
90 × 50	3	6,07	7,731	76,92	22,30	80,27	17,84	3,222	32,25	12,90	2,043
100× 50	3	6,54	8,331	88,85	24,95	104,5	20,90	3,542	35,57	14,23	2,066
100 × 60	3	7,01	8,931	122,1	30,58	118,6	23,73	3,645	53,95	17,98	2,458
120 × 60	3	7,95	10,13	156,9	37,08	186,3	31,05	4,289	63,70	21,23	2,508
140 × 40	3	7,95	10,13	90,50	27,56	218,0	31,14	4,638	29,59	14,80	1,709
140 × 80	3	9,84	12,53	318,2	59,63	330,6	47,23	5,136	140,0	35,00	3,342
150 × 50	3	8,89	11,33	150,6	38,21	294,2	39,22	5,095	52,16	20,86	2,146
150 × 100	3	11,3	14,33	509,0	81,34	456,3	60,84	5,643	245,7	49,14	4,141
160 × 90	3	11,3	14,33	467,0	77,76	495,8	61,98	5,882	205,2	45,60	3,784
180 × 80	3	11,7	14,93	446,3	77,42	614,6	68,28	6,416	175,6	43,89	3,429
180 × 80	5	19,0	24,14	706,3	119,7	953,5	105,9	6,285	268,8	67,20	3,337
180 × 100	3	12,7	16,13	656,0	98,28	708,6	78,73	6,628	288,0	57,61	4,226

7.7.2 TUBES ACIER POUR MÉTALLERIE — D'APRÈS DOC. DESCOURS ET CABAUD

Ces tubes sont réalisés à partir de feuillards laminés à chaud non décapés et peuvent être livrés galvanisés. Ils sont généralement utilisés pour des travaux de serrurerie.

TUBES MINCES SOUDÉS QUALITÉ 1 NF A 49-643

• *Ronds*

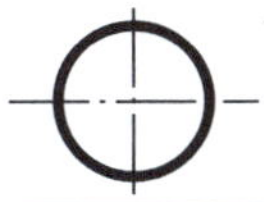

Diamètre extérieur mm	Épaisseur mm	Masse théorique kg/m
30	1,50	1,050
30	2	1,380
35	1,50	1,240
35	2	1,630
40	2	1,870
45	2	2,120
50	2	2,370
60	2	2,860
70	2	3,350

Tolérances sur le Ø : ± 1 % avec minimum de ± 0,5 mm

• *Carrés*

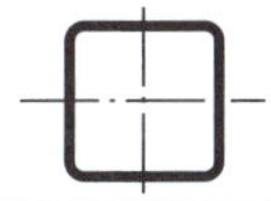

Cotes extérieures mm	Épaisseur mm	Masse théorique kg/m
20 × 20	2	1,100
25 × 25	1,50	1,110
25 × 25	2	1,500
30 × 30	1,50	1,350
30 × 30	2	1,760
35 × 35	2	2,070
40 × 40	2	2,390
45 × 45	2	2,700
50 × 50	2	3,010
60 × 60	2	3,640

Tolérances sur le carré : ± 1 % avec minimum de ± 0,5 mm

• *Rectangulaires*

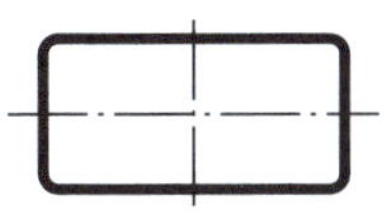

Cotes ext. mm	Épaisseur mm	Masse théorique kg/m	Cotes ext. mm	Épaisseur mm	Masse théorique kg/m
35 × 20	1,50	1,240	60 × 34	2	2,700
35 × 20	2	1,650	60 × 34	2,50	3,490
40 × 27	2	1,980	80 × 40	2	3,640
50 × 30	2	2,390	100 × 40	2	4,260
60 × 30	2	2,700	100 × 50	2	4,580

Tolérances sur les tubes rectangulaires : ± 1 % avec minimum de ± 0,5 mm

TUBES MINCES SOUDÉS QUALITÉ 2 NF A 49-643

• *Ronds*

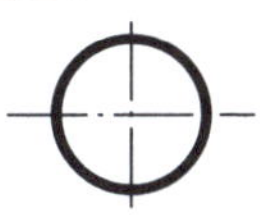

Tolérances sur le Ø : ± 0,5 % avec minimum de ± 0,15 mm.

D : diamètre en mm
E : épaisseur en mm
M : masse linéique en kg/m

D mm	E mm	M kg/m	D mm	E mm	M kg/m	D mm	E mm	M kg/m	D mm	E mm	M kg/m
10	1	0,220	18	1,25	0,520	25	2	1,130	38	1,50	1,350
12	1	0,270	18	1,50	0,610	28	1,25	0,820	40	1,50	1,420
12	1,25	0,330	20	1	0,470	28	1,50	0,980	40	2	1,870
13	1	0,300	20	1,25	0,580	30	1,25	0,890	45	1,50	1,610
14	1	0,320	20	1,50	0,680	30	1,50	1,050	45	2	2,120
14	1,25	0,390	22	1,25	0,640	30	2	1,380	50	2	2,370
16	1	0,370	22	1,50	0,760	32	1,25	0,950	55	2	2,610
16	1,25	0,450	25	1	0,590	32	2	1,480	60	2	2,860
16	1,50	0,540	25	1,25	0,730	35	1,50	1,240	70	2	3,350
18	1	0,420	25	1,50	0,870	35	2	1,630	80	2	3,850

• *Carrés*

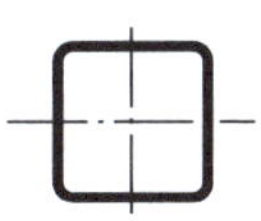

Tolérances sur le carré : ± 0,5 % avec minimum de ± 0,2 mm

Cotes ext. mm	Épaisseur mm	Masse linéique kg/m	Cotes ext. mm	Épaisseur mm	Masse linéique kg/m
14 × 14	1,50	0,590	25 × 25	1,25	0,900
14 × 14	2	0,780	25 × 25	1,50	1,110
16 × 16	1	0,470	30 × 30	1,50	1,340
16 × 16	1,25	0,560	30 × 30	2	1,760
16 × 16	1,50	0,680	35 × 35	2	2,070
20 × 20	1,25	0,740	40 × 40	2	2,390
20 × 20	1,50	0,870	45 × 45	2	2,700
22 × 22	1,25	0,820	50 × 50	2	3,010
22 × 22	1,50	0,970	60 × 60	2	3,640

• *Rectangulaires*

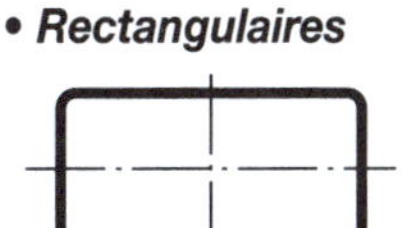

Tolérances sur les tubes rectangulaires : ± 0,5 % avec minimum de ± 0,2 mm

Cotes ext. mm	Épaisseur mm	Masse linéique kg/m	Cotes ext. mm	Épaisseur mm	Masse linéique kg/m
30 × 10	1,50	0,870	50 × 30	2	2,390
35 × 20	1,50	1,230	60 × 30	2	2,700
40 × 10	1,50	1,110	60 × 35	2	2,860
40 × 10	2	1,440	80 × 40	2	3,640
40 × 27	1,50	1,510	100 × 50	2	4,580
40 × 27	2	1,810			

TUBES CARRÉS À AILES

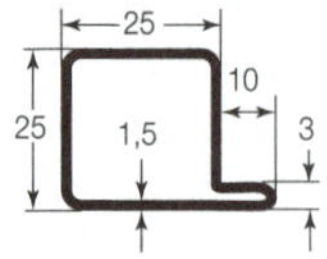

Dimensions extérieures	Épaisseur	Ailes			Masse linéique
mm	mm	Nombre	Dimensions	Forme	kg/m
25 × 25	1,50	1	10		1,300

TUBES RECTANGULAIRES À AILES

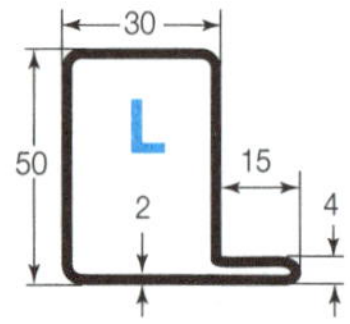

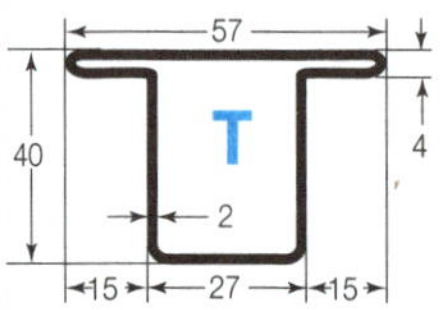

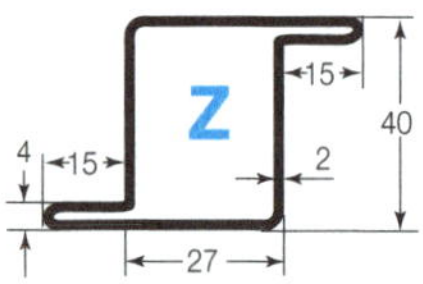

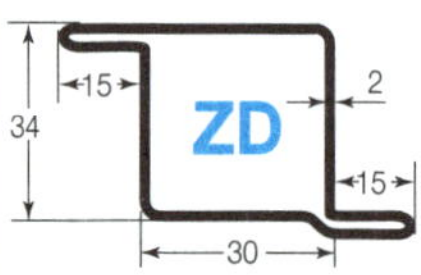

Dimensions extérieures	Épaisseur	Ailes			Masse linéique
mm	mm	Nombre	Dimensions	Forme	kg/m
30 × 34	2	1	15	L	2,300
30 × 34	2	2	15	T	2,760
30 × 34	2	2	15	Z	2,760
30 × 34	2	1	15	LD	2,380
30 × 34	2	2	15	TD	2,840
30 × 34	2	2	15	ZD	2,840
35 × 20	1,50	1	10	L	1,345
35 × 20	1,50	2	10	T	1,740
40 × 27	2	1	15	L	2,480
40 × 27	2	1	20	L	2,610
40 × 27	2	2	15	T	2,960
40 × 27	2	2	15	Z	2,960
50 × 30	2	1	15	L	2,860
50 × 30	2	1	20	L	2,970
50 × 30	2	2	15	T	3,350
50 × 30	2	2	20	T	3,580
55 × 34	2	1	15	L	3,070
55 × 34	2	2	15	T	3,530
55 × 34	2	2	15	Z	3,530

N.B. : – les ailes sont dans le prolongement du petit côté sauf pour le 55 × 34 × 2 ;
– LD, TD, ZD = aile déportée.

D'autres formes (ovales elliptiques, ovales plats, etc.) peuvent faire l'objet de fabrications spéciales.

Ces tubes sont utilisés en menuiserie et façades acier pour portes-fenêtres coulissantes, accordéons pare flammes et coupe-feu. (système Jansen). Ils sont livrés en longueurs de 6 m.

7.8 TUBES ACIER POUR CANALISATIONS ET ACCESSOIRES

TUBES GAZ SANS SOUDURE

PRESSION D'ÉPREUVE : 60 BARS

NF A 49115

DOC. DESCOURS ET CABAUD

Diamètres extérieurs approx.	Épaisseur approx.	Dimensions nominales		Masse linéique
mm	mm	mm	pouces	kg/m
13,5	2,35	8 × 13	1/4	0,650
17,2	2,35	12 × 17	3/8	0,850
21,3	2,65	15 × 21	1/2	1,220
26,9	2,65	20 × 27	3/4	1,580
33,7	3,25	26 × 34	1	2,440
42,4	3,25	33 × 42	1 1/4	3,140
48,3	3,25	40 × 49	1 1/2	3,610
60,3	3,65	50 × 60	2	5,100
76,1	3,65	66 × 76	2 1/2	6,510
88,9	4,05	80 × 90	3	8,470
114,3	4,50	102 × 114	4	12,100
139,7	4,50	127 × 140	5	15,000

Ces tubes sont disponibles :

- noirs bouts lisses,
- noirs filetés manchonnés,
- galvanisés bouts lisses,
- galvanisés filetés manchonnés.

Ils sont livrés en longueurs courantes de 3 m à 7,5 m.

TUBES SANS SOUDURE LAMINÉS À CHAUD

PRESSION D'ÉPREUVE : 60 BARS

NF A 49115

D mm	E mm	M kg/m	D mm	E mm	M kg/m	D mm	E mm	M kg/m
26,9	2,3	1,400	70	2,9	4,800	168,3	4,5	18,200
33,7	2,6	1,990	76,1	2,9	5,240	193,7	5,6	26,000
38 (*)	2,6	2,270	88,9	3,2	6,760	219,1	6,3	33,000
42,4	2,6	2,550	101,6	3,6	8,700	244,5	6,3	37,000
44,5 (*)	2,6	2,690	108	3,6	9,270	273	6,3	41,440
48,3	2,6	2,930	114,3	3,6	9,830	323,9	7,1	55,470
54 (*)	2,6	3,300	133	4	12,700	355,6	8	68,600
57 (*)	2,9	3,870	139,7	4	13,390	406,4	8,8	86,300
60,3	2,9	4,100	159	4,5	17,100	419	10	100,900

DOC. DESCOURS ET CABAUD

(*) : dimensions non préférentielles

Ces tubes sont livrés : noirs bouts lisses en longueurs courantes de 5 à 8 m et en grandes longueurs de 10 à 15 m.

D : diamètres extérieurs
E : épaisseur
M : masse linéique

TUBES GAZ SOUDÉS

PRESSION D'ÉPREUVE : 50 BARS

NF A 49145

DOC. DESCOURS ET CABAUD

Diamètres extérieurs approx.	Épaisseur approx.	Dimensions nominales		Masse linéique
mm	mm	mm	pouces	kg/m
13,5	2,00	8 × 13	1/4	0,573
17,2	2,00	12 × 17	3/8	0,747
21,3	2,35	15 × 21	1/2	1,100
26,9	2,35	20 × 27	3/4	1,410
33,7	2,90	26 × 34	1	2,210
42,4	2,90	33 × 42	1 1/4	2,840
48,3	2,90	40 × 49	1 1/2	3,260
60,3	3,65	50 × 60	2	4,560
70,0	3,25	60 × 70	2 1/4	5,350
76,1	3,25	66 × 76	2 1/2	5,800
88,9	3,25	80 × 90	3	6,810
101,6	3,65	90 × 102	3 1/2	8,740
114,3	4,50	102 × 114	4	9,890
139,7	4,50	127 × 140	5	15,000
165,1	4,50	152 × 165	6	17,800

Ces tubes sont livrés :
- noirs bouts lisses ou filetés manchonnés,
- galvanisés bouts lisses ou filetés manchonnés.

Longueur de 6,40 m

TUBES SOUDÉS VS 141 – VS 10

PRESSION D'ÉPREUVE : 60 BARS

NF A 49141

D mm	E mm	M kg/m	D mm	E mm	M kg/m
60,3	2,9	4,110	114,3	3,6	9,830
70	2,9	4,800	133	4	12,700
76,1	2,9	5,240	139,7	4	13,390
88,9	3,2	6,760	159	4,5	17,100
101,6	3,6	8,700	168,3	4,5	18,200
108	3,6	9,270			

Cordon intérieur raclé

VS 141 : finis à chaud.
VS 10 : formés à froid.
Ces tubes sont livrés noirs, bouts lisses, en longueurs courantes de 6,40 m.

D : diamètres extérieurs
E : épaisseur
M : masse linéique

RÉDUCTION À SOUDER EN TUBE ACIER SANS SOUDURE

∅ D/ ∅ d

NF A 49112

DOC. DESCOURS ET CABAUD

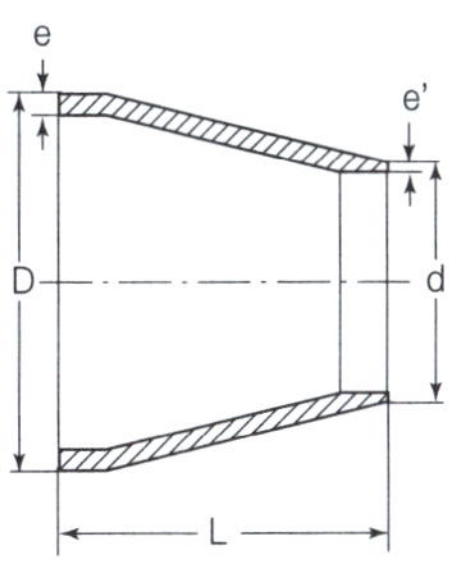

Note :
Les réductions sont chanfreinées à partir de l'épaisseur 4 mm.

Grand diamètre		Petit diamètre		Longueur	Masse théorique
diamètre	épaisseur	diamètre	épaisseur		
D en mm	**e** en mm	**d** en mm	**e'** en mm	**L** en mm	kg
33,7	2,3	26,9	2	35	0,07
38	2,6	26,9	2	43	0,10
42,4	2,6	26,9	2	51	0,13
42,4	2,6	33,7	2,3	39	0,10
48,3	2,6	26,9	2	67	0,19
48,3	2,6	33,7	2,3	55	0,16
48,3	2,6	42,4	2,6	38	0,11
57	2,9	26,9	2	83	0,33
57	2,9	42,4	2,6	55	0,22
60,3	2,9	30	2,3	84	0,36
60,3	2,9	33,7	2,3	77	0,33
60,3	2,9	42,4	2,6	61	0,26
60,3	2,9	48,3	2,6	50	0,21
70	2,9	33,7	2,3	100	0,49
70	2,9	42,4	2,6	84	0,41
70	2,9	48,3	2,6	73	0,36
70	2,9	60,3	2,9	51	0,25
76,1	2,9	38	2,6	104	0,55
76,1	2,9	42,4	2,6	95	0,50
76,1	2,9	48,3	2,6	84	0,45
76,1	2,9	60,3	2,9	63	0,34
88,9	3,2	44,5	2,6	115	0,80
88,9	3,2	48,3	2,6	108	0,75
88,9	3,2	60,3	2,9	86	0,59
88,9	3,2	70	2,9	68	0,47
88,9	3,2	76,1	2,9	56	0,39
101,6	3,6	54	2,6	121	1,09
101,6	3,6	60,3	2,9	110	0,99
101,6	3,6	70	2,9	92	0,83
101,6	3,6	76,1	2,9	92	0,87
101,6	3,6	88,9	3,2	56	0,51
108	3,6	54	2,6	133	1,25
108	3,6	60,3	2,9	122	1,15
108	3,6	76,1	2,9	92	0,87
108	3,6	88,9	3,2	68	0,64
114,3	3,6	60,3	2,9	143	1,46
114,3	3,6	70	2,9	125	1,28
114,3	3,6	76,1	2,9	114	1,17
114,3	3,6	88,9	3,2	90	0,92

COURBES À SOUDER

NF A 49-112

Les courbes sont exécutées par forgeage à chaud à partir de tubes sans soudure de nuances d'aciers TU 37 b et TU 42 b.

Elles sont utilisées pour tubes : NF A 49-111, NF A 49-112, NFA 49-141, NF A 49-142.

Exemple de désignation normalisée : courbe à souder 3 D-90°-323,9 (NF A 49-182), acier TU 42 b.

■ COURBES À 90°

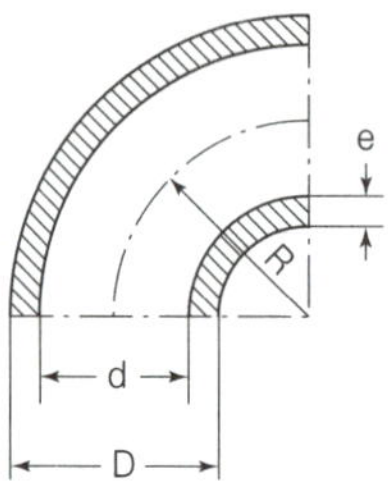

• **Modèle 3 D norme A 49-186**

Diamètre extérieur en mm	**Épaisseur** en mm	**Rayon moyen R** en mm	**Masse du coude à 90°** en kg	**Rayon moyen R** en mm	**Masse du coude à 90°** en kg
26,9	2	28,5	0,055	57,5	0,110
30	2,3	33,5	0,080	62,5	0,155
33,7	2,3	38	0,106	72,5	0,203
38	2,6	45	0,152	82,5	0,294
42,4	2,6	47,5	0,190	92,5	0,361
44,5	2,6	51	0,210	97,5	0,412
48,3	2,6	57	0,263	109,5	0,505
54	2,6	57	0,263	109,5	0,505
57	2,9	72	0,440	130	0,790
60,3	2,9	76	0,490	137,5	0,890
70	2,9	92	0,700	160	1,205
76,1	2,9	95	0,780	175	1,440
88,9	3,2	114,5	1,215	207,5	2,216
101,6	3,6	133,5	1,825	235	3,210
108	3,6	142,5	2,075	252,5	3,680
114,3	3,6	152,5	2,350	270	4,170
133	4	181	3,600	311,5	6,230
139,7	4	190,5	4,490	330	7,780
159	4,5	216	5,790	375	10,100
168,3	4,5	228,5	6,530	390	11,140
193,7	5,4	270	10,640	455	17,920
219,1	5,9	305	14,680	515	25,080
244,5	6,3	340	19,770	580	33,720
273	6,3	381	24,800	650	42,310
323,9	7,1	475	39,820	770	67,100
355,6	8	533,5	57,470	850	91,600
368	8	533,5	59,520	875	97,600
406,4	8,8	609,5	82,620	970	131,500
419	10	609,5	96,600	–	–

• **Modèle 3 DG norme A 49-181**

Dénominations en pouces	**Diamètre extérieur** en mm	**Épaisseur** en mm	**Rayon moyen R** en mm	**Masse du coude à 90°** en kg
1/2	21,3	2,65	38	0,073
3/4	26,9	2,65	28,6	0,067
1	33,7	3,25	38	0,146
1 1/4	42,4	3,25	47,6	0,235
1 1/2	48,3	3,25	57,2	0,325
2	60,3	3,65	76,2	0,610
2 1/2	76,1	3,65	95,2	0,975
3	88,9	4,05	114	1,517
4	114,3	4,50	157	3,005

■ COURBES À 45°

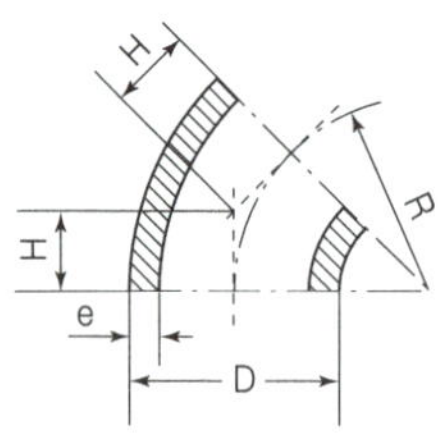

■ COURBES À 180°

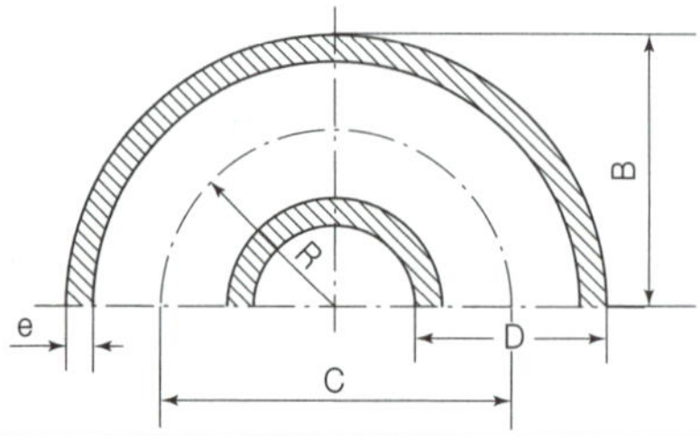

Caractéristiques dimensionnelles en mm					
D	**e**	**F**	**H**	**C**	**B**
26,9	2,3	28,5	11,8	57	42
33,7	2,3	38	15,7	76	55
38	2,6	45	19,6	90	64
42,4	2,6	47,5	19,7	95	69
44,5	2,6	51	21,1	102	73
48,3	2,6	57	23,6	114	82
54	2,6	58,5	28,4	137	95
57	2,9	72	29,8	144	100
60,3	2,9	76	31,5	152	106
70	2,9	92	38,1	184	127
76,1	2,9	95	39,4	190	133
88,9	3,2	114,5	47,4	229	159
101,6	3,6	133,5	55,3	267	184
108	3,6	142,5	59	285	195
114,3	3,6	152,5	63,2	305	210
133	4,0	181	75	362	247
139,7	4,0	190,5	78,9	381	260
158	4,5	216	89,5	432	295

DOC. DESCOURS ET CABAUD

7.9 PROFILÉS FORMÉS À FROID

d'après doc OTUA

DÉFINITION

Les profilés à froid sont des produits de formes multiples obtenus par un procédé de transformation appelé « profilage à froid » qui met à profit l'aptitude au formage à froid des aciers. La forme est obtenue par la déformation de produits plats (tôles et feuillards) due à des passages dans des cages à galets de formes complémentaires.

FAMILLES DE PROFILÉS FORMÉS À FROID

On distingue :
- les profilés formés à froid d'usage courant. Il s'agit des familles L, U, C, Ω, et Z ;
- les profilés formés à froid du génie civil. Il s'agit des palfeuilles, palplanches, et profilés pour soutènement des fouilles ;
- les profilés à froid d'usage particulier ;
- les profilés à froid de construction métallique.

EXEMPLES DE PROFILÉS À FROID UTILISÉS COMME PANNES OU LISSES EN CONSTRUCTION MÉTALLIQUE

■ PROFILÉS EN « Z » EMBOÎTABLES

(pour permettre un recouvrement longitudinal)

Type des « Z »	Épaisseur	Hauteur	Largeurs d'ailes		Retombée	Section	Masse
	t	h	b1	b2	c	A	P
	mm	mm	mm	mm	mm	cm²	kg/m
120	2,5	122,5	59,5	68,5	22,5	6,74	5,27
	3	123	60	69	22,5	8,09	6,35
	3,5	123,5	60,5	69,5	22,5	9,44	7,43
140	2,5	142,5	59,5	68,5	22,5	7,24	5,66
	3	143	60	69	22,5	8,69	6,82
	3,5	143,5	60,5	69,5	22,5	10,14	7,98
160	2,5	162,5	59,5	68,5	22,5	7,74	6,05
	3	163	60	69	22,5	9,29	7,29
	3,5	163,5	60,5	69,5	22,5	10,84	8,53
180	1,5	181,5	59,5	68,5	22,5	4,95	3,90
	2,5	182,5	59,5	68,5	22,5	8,24	6,44
	3	183	60	69	22,5	9,89	7,76
	3,5	183,5	60,5	69,5	22,5	11,54	9,03

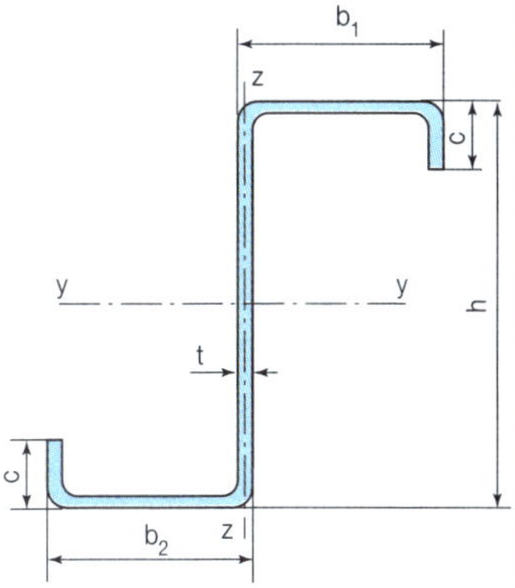

■ PROFILÉS EN « C » NERVURÉS

Dimensions			Section	Masse
h	b	t	A	P
mm	mm	mm	cm²	kg/m
140	70	2,5	8,36	6,56
200	70	2,5	9,86	7,74
175	90	2,5	10,23	8,03
225	90	2,5	11,48	9,01
300	90	2,5	13,36	10,49

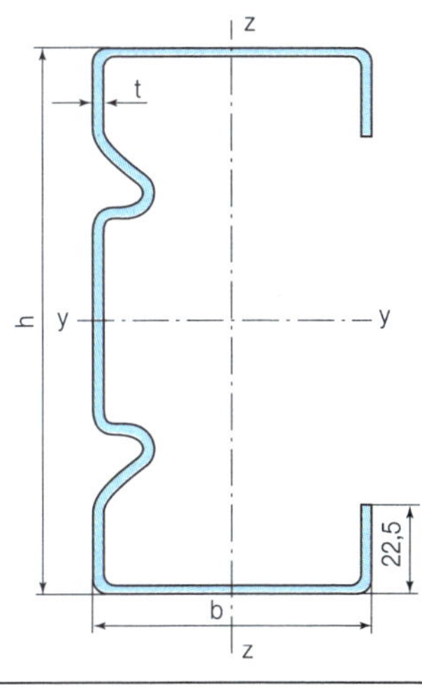

Pour d'autres types de profilés à froid consulter le catalogue OTUA.

7.10 PRODUITS EN ACIER INOXYDABLE

d'après doc UGINE

Les produits sont livrés en feuilles (tôles, flans), en bobines ou en disques :
- feuillards (largeur ″ 600 mm),
- bobines (largeur > 600 mm),
- flans (largeur ″ 600 mm),
- tôles (largeur > 600 mm),
- disques réalisés à la presse ou à la molette.

■ FEUILLARDS – BOBINES

Possibilités selon l'épaisseur et largeur à l'état recuit.

Épaisseur en mm	Largeur mini en mm	Largeur maxi en mm
0,025 < e < 0,3	2	1000
0,3 ″ e < 0,4	4	1000
0,4 ″ e < 0,6	4	1250
e = 0,8	8	1400
e = 1,0	8	1524
e = 1,5	12	1524
e = 2,0	18	1524
e = 2,5	20	1524
e = 4,0	42	1524

■ DISQUES

Relations entre épaisseur et diamètre.

	Épaisseur en mm	Diamètre mini/maxi en mm
Presse	0,30	115 – 500
	0,40 à 1,50	115 – 620
	1,50 à 2,0	200 – 415
	2,0 à 2,5	200 – 310
Molette	0,35 à 0,50	150 – 1000
	0,50 à 2,50	150 – 1250
	2,50 à 3,0	250 – 1250

■ RIVES BRUTES (BRUTS)

De laminage à froid

■ RIVES CISAILLÉES (CIS)

La coupe est franche sans inflexion excessive des bords.

■ RIVES ÉBAVURÉES (EB)

Après cisaillage, les angles sont abattus méca-niquement.

■ RIVES USINÉES (USI)

Après cisaillage, les chants sont arrondis mécaniquement.

■ RIVES ARRONDIES (ARR)

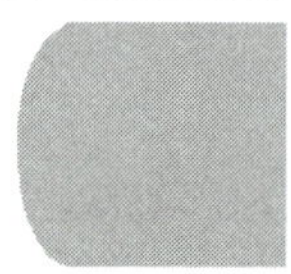

Après cisaillage, les chants sont arrondis mécaniquement.

■ FLANS – TÔLES

Possibilités de largeur selon l'épaisseur.

Épaisseur en mm	Largeur mini en mm	Largeur maxi en mm
0,2 – 0,3	10	680
0,3 – 0,35	10	1000
0,35 – 0,75	10	1250
0,75 – 0,95	10	1350
0,95 – 3,0	10 – 50	1540
3,0 – 5,0	50	1540

■ FINI N°1 LAMINÉS À CHAUD RECUITS – DÉCAPÉS (selon nuances)

Épaisseur en mm	Largeur en mm			
	50 à 330	331 à 600	601 à 1100	1101 à 1524
1,5 – 2,5	feuillards	tôles feuillards	tôles bobines	
3,0 – 4,0	feuillards	tôles feuillards	tôles bobines	tôles bobines
4,1 – 4,75		feuillards	bobines	tôles bobines
4,76 – 6,0		feuillards	tôles bobines	tôles bobines
6,1 – 8,0		feuillards	tôles bobines	tôles bobines

UGINE : IMMEUBLE LE PACIFIC, 13 COURS VALMY – 92070 LA DÉFENSE CEDEX

BARRES (ACIER INOXYDABLE)

■ BARRES RONDES

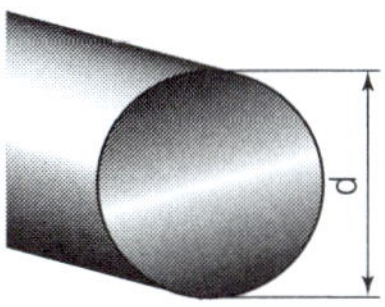

Diamètres mm	Poids kg/m
3	0,055
4	0,100
5	0,150
6	0,236
7	0,300
8	0,400
10	0,620
12	0,890
14	1,200
15	1,400
16	1,590
18	2,010
20	2,480
22	3,000
25	3,980
30	5,580
35	7,550
40	9,860
45	12,500
50	15,411

Matière :

– Ø 3 à 25,
X 5 Cr Ni 18-10
X 2 Cr Ni Mo 17-12-2
Aspect étiré poli ;

– Ø 30 à 50,
X 5 Cr Ni 18-10
X 2 Cr Ni Mo 17-12-2
Aspect tourné poli.

■ BARRES CARRÉES

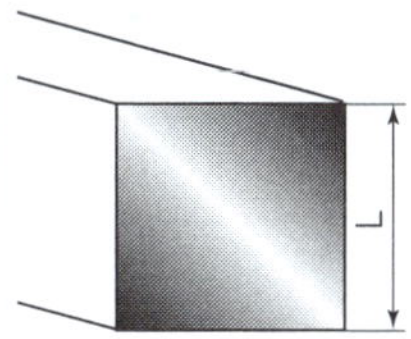

Sections mm	Poids kg/m
6 × 6	0,280
8 × 8	0,500
10 × 10	0,800
12 × 12	1,152
15 × 15	1,800
16 × 16	2,025
20 × 20	3,160
25 × 25	4,938
30 × 30	7,110
40 × 40	12,540

Matière :
X 5 Cr Ni 18-10
X 2 Cr Ni Mo 17-12-2
Aspect mat décapé.

■ BARRES PLATES

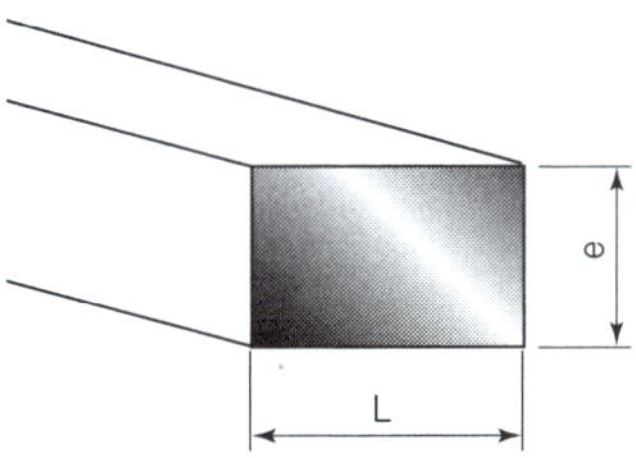

Matière :
X 5 Cr Ni 18-10
X 2 Cr Ni Mo 17-12-2
Aspect : laminé ou étiré (voir tableau ci-contre)

● standard : en stock
☐ non standard : sur demande

Largeur mm		Épaisseur mm												
		2	3	4	5	6	8	10	12	15	20	25	30	40
10	laminé													
	étiré		●	●	●									
12	laminé													
	étiré		●		●	●								
15	laminé			●	●									
	étiré		●	●	●	●	●	●						
16	laminé													
	étiré	●		●										
20	laminé		●	●	●	●	●	●	●	●				
	étiré		●	●	●			●		●				
25	laminé		●	●	●	●	●	●	●	●	●			
	étiré			●	●	●	●	●						
30	laminé		●	●	●	●	●	●	●	●	●			
	étiré		●	●	●	●	●	●	●	●	●			
35	laminé			●	●	●	●	●	●	●	●	●		
	étiré													
40	laminé		●	●	●	●	●	●	●	●	●		●	
	étiré		●	●	●	●	●	●	●	●	●			
50	laminé		●	●	●	●	●	●		●	●	●	●	
	étiré				●	●	●	●		●	●			
60	laminé				●	●	●	●	●	●	●			
	étiré						●	●						
70	laminé				●	●						●		
	étiré							●						
80	laminé				●	●	●	●		●	●	●	●	●
	étiré							●						
100	laminé				●			●	●			●		
	étiré													

TUBES ET ACCESSOIRES (ACIER INOXYDABLE)

■ TUBES RONDS

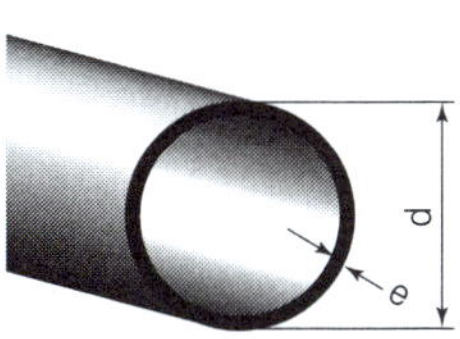

Matière :
X 5 Cr Ni 18-10
X 2 Cr Ni Mo 17-12-2

d mm	e = 1,2	e = 1,5	e = 2,0
20	●	●	
25	●	●	
30	●	●	
35	●	●	
40	●	●	
45	●	●	
50		●	●
60		●	●
70		●	●
80		●	●

■ ACCESSOIRES

d mm	Coude 90°	Embout
20		
25		
30		
35		
40	●	●
45		
50	●	●
60	●	●
70	●	●
80	●	●

TÔLES ACIER INOXYDABLE

■ TÔLES LAMINÉS À FROID

• Polies 1 face, grain 220 + PVC

Formats	Poids théorique de la feuille en kg	304 (1)	314 (1)	316 L (1)
1000 × 2000 × 1	16	●		
1000 × 2000 × 1,2	19,2	●		
1000 × 2000 × 1,5	24	●		
1000 × 2000 × 2	32	●		
1000 × 2000 × 3	48	●		
1250 × 2500 × 1	25	●		
1250 × 2500 × 1,2	30	●		
1250 × 2500 × 1,5	37,5	●	sur demande	sur demande
1250 × 2500 × 2	50	●		
1250 × 2500 × 3	75	●		
1500 × 3000 × 1	36	●		
1500 × 3000 × 1,2	43,2	●		
1500 × 3000 × 1,5	54	●		
1500 × 3000 × 2	72	●		
1500 × 3000 × 3	108	●		

*(1) : **304** = X 5 Cr Ni 18-10 ;*
***314** = X 2 Cr Ni 18-9 ;*
***316 L** = Z 3 CND 17-11-02.*

Normes NF A 35-573 – 36-209 – Tolérance dimensionnelle 46-110

• Fini 2 B* (glacé)

Formats	Poids théorique de la feuille en kg	304 (1)	314 (1)	316 L (1)
1000 × 2000 × 0,5	8	●		
1000 × 2000 × 0,6	9,6	●		
1000 × 2000 × 0,8	12,8	●	●	
1000 × 2000 × 1	16	●	●	●
1000 × 2000 × 1,2	19,2	●	●	
1000 × 2000 × 1,5	24	●	●	●
1000 × 2000 × 2	32	●	●	●
1000 × 2000 × 2,5	40	●	●	●
1000 × 2000 × 3	48	●	●	●
1250 × 2500 × 1	25	●	●	●
1250 × 2500 × 1,2	30	●	●	
1250 × 2500 × 1,2	37,5	●	●	●
1250 × 2500 × 1,5	50	●	●	●
1250 × 2500 × 2	62,5	●	●	●
1250 × 2500 × 3	75	●	●	●
1500 × 3000 × 1	36	●	●	
1500 × 3000 × 1,2	43,2	●		

Formats	Poids théorique de la feuille en kg	304 (1)	314 (1)	316 L (1)
1500 × 3000 × 1,5	54	●	●	●
1500 × 3000 × 2	72	●	●	●
1500 × 3000 × 2,5	90	●	●	●
1500 × 3000 × 3	108	●	●	●
1500 × 4000 × 1,5	72	●	●	●
1500 × 4000 × 2	96	●	●	●
1500 × 4000 × 2,5	120	●	●	●
1500 × 4000 × 3	144	●	●	●
2000 × 4000 × 2	128	●	●	●
2000 × 4000 × 2,5	160	●	●	●
2000 × 4000 × 3	192	●	●	●
2000 × 4000 × 4	256			●
2000 × 6000 × 2	192	●	●	●
2000 × 6000 × 2,5	240	●	●	●
2000 × 6000 × 3	288	●	●	●
2000 × 6000 × 4	384			●

(*) : possibilité aspect recuit brillant épaisseur " 2 mm

*(1) : **304** = X 5 Cr Ni 18-10 ; **314** = X 2 Cr Ni 18-9 ; **316 L** = Z 3 CND 17-11-02.*

■ TÔLES LAMINÉS À CHAUD

Normes NF A 35-573 – 36-209 – Tolérance dimensionnelle EN 10-051

Formats	Poids théorique de la feuille en kg	304 (1)	314 (1)	316 L (1)
1000 × 2000 × 3	48	●	●	●
1000 × 2000 × 4	64	●	●	●
1000 × 2000 × 5	80	●	●	●
1000 × 2000 × 6	96	●	●	●
1000 × 2000 × 8	128	●	●	●
1000 × 2000 × 10	160	●	●	●
1000 × 2000 × 12	192	●	●	
1250 × 2500 × 3	75	●	●	
1250 × 2500 × 4	100	●	●	
1250 × 2500 × 5	125	●	●	
1500 × 3000 × 3	108	●	●	
1500 × 3000 × 4	144	●	●	●
1500 × 3000 × 5	180	●	●	●

Formats	Poids théorique de la feuille en kg	304 (1)	314 (1)	316 L (1)
1500 × 3000 × 6	216	●	●	●
1500 × 3000 × 8	288	●	●	●
1500 × 3000 × 10	360	●	●	●
2000 × 4000 × 4	256	●		
2000 × 4000 × 5	320	●	●	●
2000 × 4000 × 6	384	●	●	●
2000 × 4000 × 8	512			
2000 × 4000 × 10	640	(2)	(2)	(2)
2000 × 6000 × 4	384	●	●	
2000 × 6000 × 5	480	●	●	●
2000 × 6000 × 6	576	●	●	●
2000 × 6000 × 8	768			
2000 × 6000 × 10	960	(2)	(2)	(2)

*(1) : **304** = X 5 Cr Ni 18-10 ; **314** = X 2 Cr Ni 18-9 ; **316 L** = Z 3 CND 17-11-02. (2) : sur demande.*

TUBES POUR DÉCORATION

■ TUBES CARRÉS

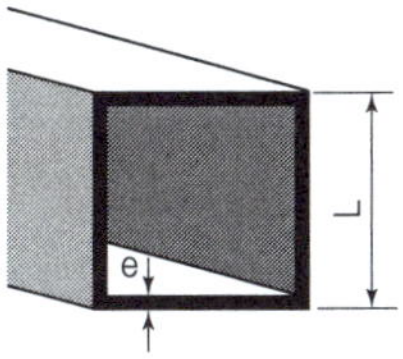

● standard : en stock
☐ non standard : sur demande

L mm	e 1,2	e 1,5	e 2,0
20 × 20	●	●	
25 × 25	●	●	
30 × 30	●	●	
35 × 35	●	●	
40 × 40	●	●	
45 × 45	●	●	
50 × 50		●	●
60 × 60		●	●
80 × 80		●	●

■ TUBES RECTANGULAIRES

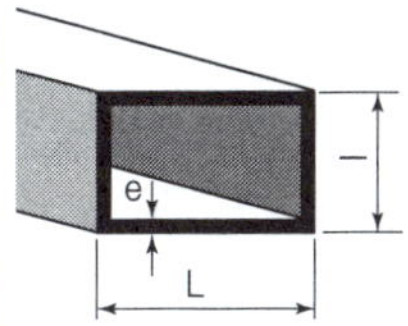

● standard : en stock
☐ non standard : sur demande

L × l mm	e 1,2	e 1,5	e 2,0
20 × 10	●	●	
20 × 15	●	●	
30 × 15	●	●	
35 × 15	●	●	
40 × 15	●	●	
40 × 20	●	●	
50 × 25		●	●
60 × 30		●	●
80 × 40		●	●

TUBES DE STRUCTURES (CONSTRUCTION ET CHARPENTE MÉTALLIQUE)

■ TUBES CARRÉS

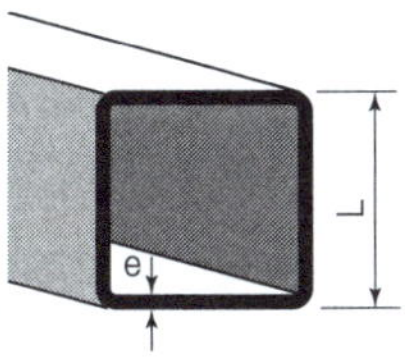

L × L mm	e 3,0	e 4,0	e 5,0
100 × 100	●	●	
120 × 120	●	●	
150 × 150	●	●	●
200 × 200		●	●
250 × 250		●	●

Dimensions mm	Moment d'inertie de flexion I cm^4	Moment d'inertie de torsion J cm^4
100 × 100 × 3	175,1	279,8
100 × 100 × 4	222,9	363,4
120 × 120 × 3	309,5	489,5
120 × 120 × 4	397,3	639,1
150 × 150 × 3	618,4	967,7
150 × 150 × 4	800	1269
150 × 150 × 5	970	1560
200 × 200 × 4	1954	3058
200 × 200 × 5	2388	3777
250 × 250 × 4	3886	6030
250 × 250 × 5	4771	7467

● standard : en stock
☐ non standard : sur demande

■ TUBES RECTANGULAIRES

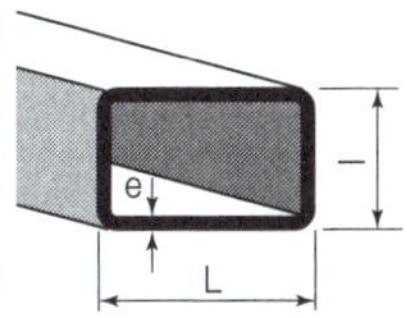

L × l mm	e 3,0	e 4,0	e 5,0
100 × 50	●	●	
120 × 60	●	●	
150 × 50	●	●	●
200 × 100		●	●
250 × 100		●	●

Dimensions mm	Moment d'inertie de flexion I cm^4		Moment d'inertie de torsion J cm^4
	XX	YY	
100 × 50 × 3	104,5	35,5	68,8
100 × 50 × 4	130,7	44	113,2
120 × 60 × 3	186,3	63,7	156,9
120 × 60 × 4	235,8	80	201,7
150 × 50 × 3	294,2	52,1	150,6
150 × 50 × 4	373,6	65,3	192,5
150 × 50 × 5	444,1	76,5	230,1
200 × 100 × 4	1186	407,3	988,8
200 × 100 × 5	1438	491,5	1211
250 × 100 × 4	2070	499,5	1327
250 × 100 × 5	2520	604,4	1625

PROFILÉS ACIER INOXYDABLE

■ CORNIÈRES À AILES ÉGALES

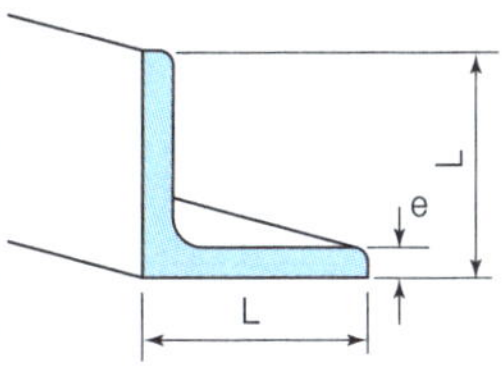

L × L mm	e mm
20 × 20	3
25 × 25	3
30 × 30	3
35 × 35	3
40 × 40	4
50 × 50	5
60 × 60	6
70 × 70	7
80 × 80	8
100 × 100	10

■ CORNIÈRES À AILES INÉGALES

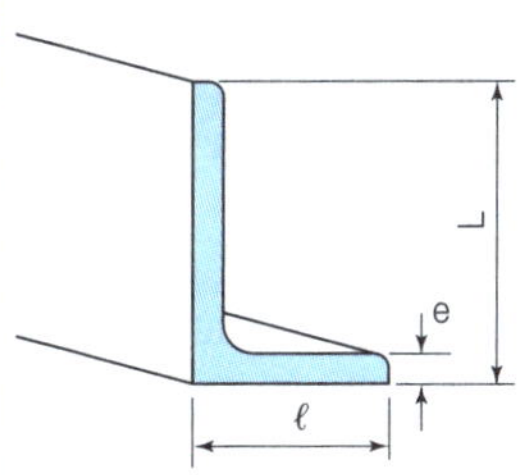

L × ℓ mm	e mm
30 × 20	4
40 × 20	4
45 × 30	5
50 × 30	5
60 × 30	5
60 × 40	6
70 × 50	6
80 × 40	6
100 × 50	8
100 × 75	9
120 × 80	8

■ PROFILS EN T

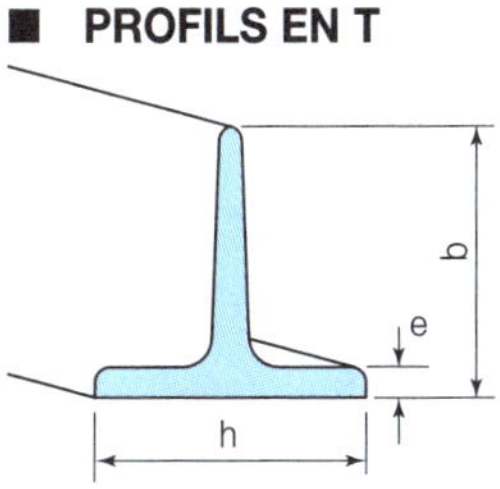

h × b mm	e mm
25 × 25	4
30 × 30	3
40 × 40	4
50 × 50	5
60 × 60	6
80 × 80	8
100 × 100	10

■ PROFILS EN I

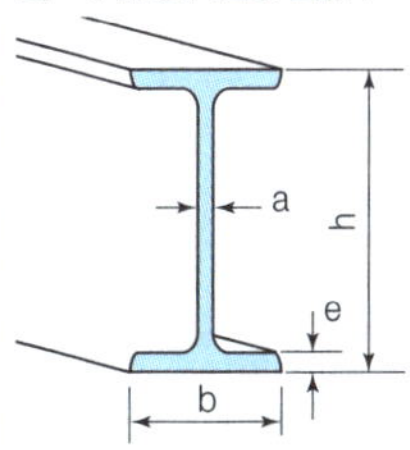

h × b mm	a mm	e mm
80 × 40	4,5	5,2
100 × 55	5,7	5,7
120 × 64	7,5	7
140 × 73	6	6,9
160 × 82	10	12

TÔLES PERFORÉES

ACIER DOUX ET ACIER INOXYDABLE

Elles sont destinées à des applications multiples : planchers, marches, remplissage de garde corps.

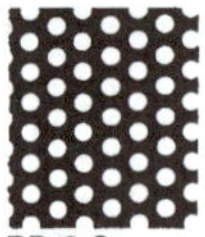
RD 3 S

DEC 1

CAR 5,5

Matière : S23
- Acier doux,
- Acier inoxydable,
  Z 7 CN 18-09
  Z 8 C 17
  Z 3 CND 17-41.

Dimensions mm	Désignation	Axe mm	Vide	Épaisseur mm
2000 × 1000	RD 3 S	4,8	35 %	10/10
2000 × 1000	RD 5 S	7	44 %	10/10
2000 × 1000	RD 8 S	11	47 %	15/10
2000 × 1000	RD 10 S	14	48 %	15/10
2000 × 1000	RD 8 S	15	40 %	20/10
2000 × 1000	CAR 5,5	8	47 %	10/10
2000 × 1000	CAR 8	10	50 %	15/10
2000 × 1000	DEC 1		34 %	10/10

Sur demande (en acier doux 0,5 à 5 mm) : – toutes perforations en trous ronds, carrés, longs, longs arrondis, rectangulaires, décoratifs ;
– tôles perforées nervurées.

TÔLES GAUFRÉES

ACIER DOUX ET ACIER INOXYDABLE

Elles sont destinées à des applications multiples : planchers, marches, remplissage de garde corps.

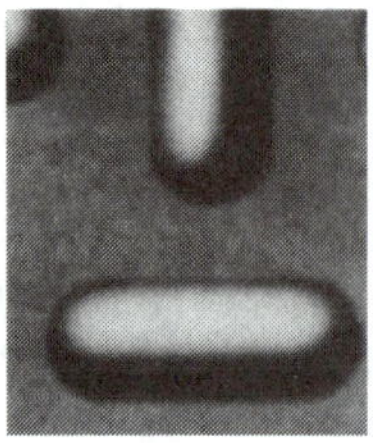

Matière : S23
- Acier doux,
- Acier inoxydable,
  Z 7 CN 18-09
  Z 8 C 17
  Z 3 CND 17-41.

Dimensions mm	Désignation	Épaisseur mm
2000 × 1000	GAU C	15/10
2500 × 1250	GAU C	15/10
2000 × 1000	GAU C	20/10
2500 × 1250	GAU C	20/10

Sur demande : – Gaufrage B (pointes de diamants alignés) ;
– Gaufrage D (pointes de diamant en quinconce).

Les tôles perforées et gaufrées peuvent être réalisées en acier galvanisé ou inoxydable.

• Tôles larmées

304 = X 5 Cr Ni 18-10 ;
314 = X 2 Cr Ni 18-9 ;
316 L = Z 3 CND 17-11-02.

Désignation		Poids	Nuance		
Dimensions mm	Épaisseur mm	kg/m²	304	304 L	316 L
1000 × 3000	3 – 4,5	26,2	●		
1250 × 3000	4,5 – 6	38,6	●		
1250 × 3000	6 – 8	50,5	délai 10 jours	délai 10 jours	délai 10 jours
1000 × 3000	10 – 12	82,5			

• Tôles perforées (trous ronds, trous carrés)

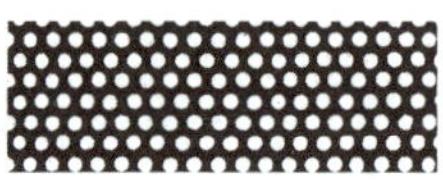

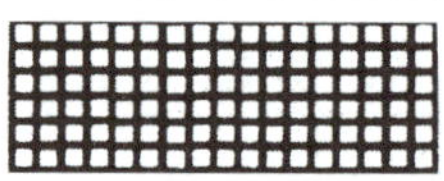

304 = X 5 Cr Ni 18-10

Trous ronds		Coef vide	AISI 304 – Format 2000 × 1000			
			Épaisseurs tôles en mm			
∅ Trou mm	Entraxe mm	%	0,5	1,0	1,5	2,0
1	2	23				
1,8	3	26		●		
2	3,5	30				
3	4,8	32		●		
4	6	40				
4	7	29				●
5	7	45		●	●	
6	8,5	45				
8	11	47		●		
8	12	40			●	●

Trous carrés		Coef vide	304			
			Épaisseurs tôles en mm			
Longueur d'arête mm	Entraxe mm	%	0,5	1,0	1,5	2,0
5,5	8	44		●		

• Tôles gravées "grain cuir" – décoration

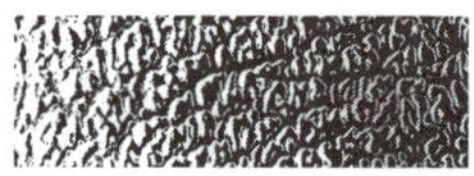

304 = X 5 Cr Ni 18-10

Formats	Poids théorique de la feuille en kg	304
1250 × 2500 × 1	25	●
1250 × 2500 × 1,5	37,5	●

• Métal déployé "mailles losanges"

304 = X 5 Cr Ni 18-10

Références	LD × CD en mm	kg/m²	304
62 22 15	2000 × 1600	2,20	●
62 35 20	2000 × 1600	4,40	●
43 25 15	1000 × 1600	4,65	●
28 13 06	1000 × 1600	1,40	●
28 18 15	1000 × 1600	4,66	●

• Sols industriels de sécurité

304 = X 5 Cr Ni 18-10

Largeur mm	Hauteur mm	Alliage inoxydable AISI 304 – épaisseur : 2 mm
240	50	●
356	50	
414	50	●

Longueur : 4,020 m

DOC. DESCOURS ET CABAUD

TUBES ET COUDES « SÉRIE GAZ »

Tubes							Coudes 90° 3 D		
∅ pouces	∅ mm	kg/m	304 L		316 L		kg	304 L	316 L
			soudés	sans soudure	soudés	sans soudure			
1/4"	13,5 × 2,3	0,65		●		●	0,10	●	●
3/8"	17,2 × 2,3	0,86		●		●	0,13	●	●
1/2"	21,3 × 2,6	1,22	●	●	●	●	0,15	●	●
3/4"	26,9 × 2,6	1,58	●	●	●	●	0,18	●	●
1"	33,7 × 3,2	2,44	●	●	●	●	0,25	●	●
1" 1/4	42,4 × 3,2	3,14	●	●	●	●	0,37	●	●
1" 1/2	48,3 × 3,2	3,61	●	●	●	●	0,45	●	●
2"	60,3 × 3,6	5,11	●	●	●	●	0,68	●	●
2" 1/2	76,1 × 3,6	6,54					1,29		
3"	88,9 × 4,0	8,50					2,04		
4"	114,3 × 4,5	12,40					3,99		

DOC. DESCOURS ET CABAUD

RACCORDS MÉCANIQUES

Types	∅ mm	8	12	15	20	26	33	40	50	65	80	100
	∅ pouces	1/4	3/8	1/2	3/4	1	1 1/4	1 1/2	2	2 1/2	3	4
Vannes à boisseau sphérique à souder, taraudés, à brides	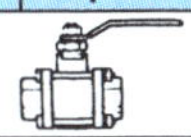	●	●	●	●	●	●	●	●	●	●	
Bouchon mâle		●	●	●	●	●	●	●	●	●	●	
Bouchon femelle		●	●	●	●	●	●	●	●	●	●	
Té fem./fem./fem.	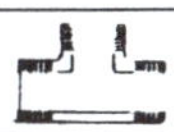	●	●	●	●	●	●	●	●			
Coude fem./fem.	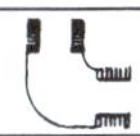	●	●	●	●	●	●	●	●			
Réduction mâle/fem.	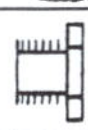	●	●	●	●	●	●					
Raccord 3 P femelle lisse	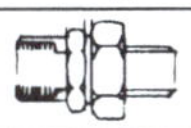	●	●	●	●	●	●	●	●			
Raccord 3 P mâle lisse	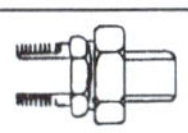	●	●	●	●	●	●	●	●			
Raccord 3 P lisse/lisse	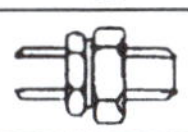	●	●	●	●	●	●	●	●			
Raccord 3 P femelle/femelle	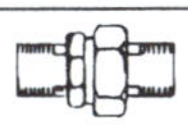	●	●	●	●	●	●	●	●			
Raccord 3 P mâle/mâle	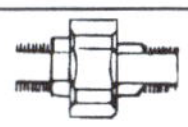											
Raccord 3 P mâle/femelle	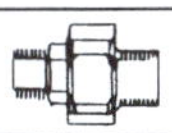	●	●	●	●	●	●	●	●			
Embout femelle	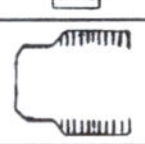											
Embout mâle	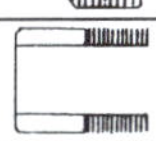	●	●	●	●	●	●	●	●	●	●	●
Manchon	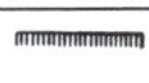	●	●	●	●	●	●	●	●	●	●	●
Mamelon + Mamelon hexag.	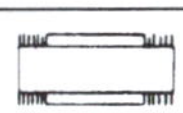	●	●	●	●	●	●	●	●	●	●	●

DOC. DESCOURS ET CABAUD

CRITÈRES DE CHOIX EN FONCTION DES ÉTATS ET DES ASPECTS DE SURFACE

■ CARACTÉRISTIQUES DIMENSIONNELLES DES ACIERS INOXYDABLES

États et aspects de surface	Épaisseur en mm	Largeur en mm
ACIERS INOXYDABLES MARTENSITIQUES		
2 B	0,40 – 4,00	1250
2 R	0,30 – 2,00	670
Trempé	0,20 – 1,50	10 – 500
ACIERS INOXYDABLES FERRITIQUES		
2B	0,10 – 0,30	650
	0,31 – 0,40	1000
	0,41 – 0,60	1300
	0,61 – 0,75	1350
	0,76 – 0,96	1400
	0,97 – 4,00	1524
2R	0,025 – 0,40	1000
	0,41 – 0,75	1350
	0,76 – 0,96	1400
	0,97 – 1,80	1500
ACIERS INOXYDABLES AUSTÉNITIQUES ET AUSTÉNITIQUES AU MOLYBDÈNE		
2B	0,10 – 0,30	625
	0,31 – 0,40	1000
	0,41 – 0,80	1300
	0,81 – 0,95	1350
	0,96 – 4,00	1524
2R	0,025 – 0,40	1000
	0,41 – 0,45	1250
	0,46 – 095	1300
	0,96 – 1,50	1400
2D	0,40 – 0,80	1300
	0,81 – 0,95	1350
	0,96 – 4,00	1524
ACIER INOXYDABLE AUSTÉNO-FERRITIQUE		
2D	0,40 – 4,00	1250
ACIERS INOXYDABLES RÉFRACTAIRES		
2R	0,025 – 0,39	1000
	0,40 – 0,65	1250
	0,66 – 0,95	1300
2B / 2D	0,96 – 4,00	1500

■ TOLÉRANCES DIMENSIONNELLES DES ACIERS INOXYDABLES

• **Sur épaisseur** :
Les tolérances sont réparties par moitié au-dessus et au-dessous de la cote nominale. En fonction de la demande, ces tolérances peuvent être aménagées.

• **Sur largeur :**
Les tolérances sont données en plus par rapport à la valeur commandée pour les tôles et à cheval pour les bobines et feuillards.

• **Sur longueur :**
Les tolérances sont à considérer en plus par rapport à la valeur minimale.

En règles générales, les tolérances sont conformes aux normes AFNOR NFA 46-110* – ASTM A 480 – DIN 59381* – DIN 59362* pour les laminés à froid et à la norme européenne NF EN 10051 pour les laminés à chaud.

** Projet européen : Pr EN 10258 et 10259 (laminés à froid).*

DOC. UGINE

7.11 PROFILÉS ALUMINIUM OU ALLIAGES D'ALUMINIUM NF A 02-104

6060 (AGS T5) : alliage aluminium + magnésium et silicium
État : trempé revenu (• R mini = 150 Mpa • Re mini = 90 MPa • A = 22 %).
Propriétés-emplois : bel aspect après anodisation (chaudronnerie, structures, pylônes, menuiserie métallique, aménagement intérieur).

• Plats angles vifs

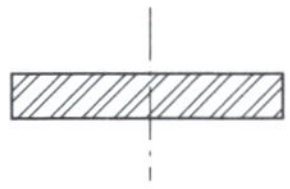

Sections	Poids kg/m	Brut	Anodisé*	Sections	Poids kg/m	Brut	Anodisé*
20 × 2	0,110	●	●	40 × 4	0,440	●	●
20 × 3	0,162	●	●	40 × 5	0,550	●	●
20 × 4	0,220	●	●	40 × 8	0,864	●	
20 × 5	0,270	●		40 × 10	1,080	●	
25 × 3	0,203	●		50 × 2	0,270	●	●
25 × 5	0,350	●	●	50 × 3	0,405	●	●
25 × 8	0,540	●		50 × 5	0,675	●	●
30 × 2	0,162	●	●	50 × 8	1,080	●	
30 × 3	0,245	●	●	50 × 10	1,380	●	
30 × 4	0,325	●	●	60 × 5	0,810	●	
30 × 5	0,420	●	●	60 × 10	1,620	●	
40 × 2	0,216	●	●	80 × 5	1,090	●	
40 × 3	0,324	●	●	100 × 5	1,350	●	

• Cornières égales angles vifs

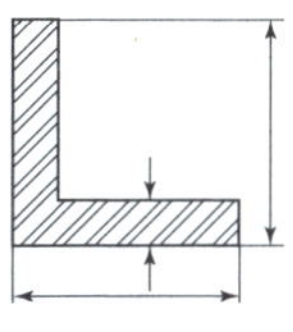

Sections	Poids kg/m	Brut	Anodisé*	Sections	Poids kg/m	Brut	Anodisé*
15 × 15 × 2	0,152	●	●	40 × 40 × 3	0,640	●	●
20 × 20 × 2	0,205	●	●	40 × 40 × 4	0,830	●	
25 × 25 × 2	0,260	●	●	50 × 50 × 2	0,530	●	●
30 × 30 × 2	0,315	●	●	50 × 50 × 4	1,037	●	
30 × 30 × 3	0,460	●		50 × 50 × 5	1,290	●	
35 × 35 × 2	0,380	●	●	60 × 60 × 2	0,660	●	●
40 × 40 × 2	0,422	●	●				

PROFILÉS EN ALLIAGE D'ALUMINIUM 6060 (AGS T5)

• Cornières inégales angles vifs

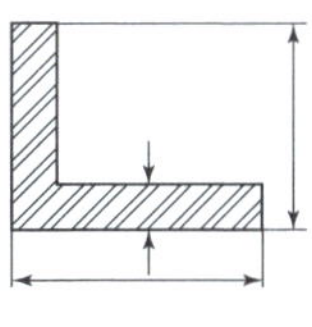

Sections	Poids kg/m	Brut	Anodisé*	Sections	Poids kg/m	Brut	Anodisé*
20 × 10 × 2	0,150	●	●	50 × 30 × 2	0,430	●	●
20 × 15 × 2	0,170	●	●	50 × 30 × 3	0,624	●	
25 × 15 × 2	0,205	●	●	60 × 20 × 2	0,430	●	●
25 × 20 × 2	0,240	●	●	60 × 25 × 2	0,450	●	
30 × 20 × 2	0,260	●	●	60 × 40 × 2	0,530	●	●
40 × 20 × 2	0,314	●	●	80 × 20 × 2	0,530	●	●
40 × 25 × 3	0,510	●		80 × 25 × 2,5	0,700	●	●
50 × 20 × 2	0,370	●	●	110 × 30 × 2	0,750	●	

• Profilés en "U" angles vifs

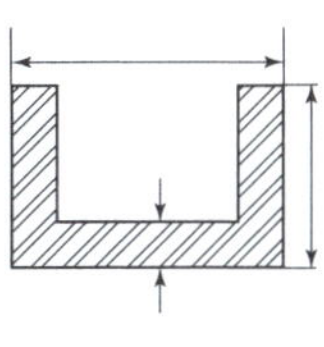

Sections	Poids kg/m	Brut	Anodisé*	Sections	Poids kg/m	Brut	Anodisé*
10 × 10 × 10 × 2	0,140	●	●	20 × 30 × 20 × 2	0,360	●	
15 × 15 × 15 × 2	0,222	●	●	20 × 40 × 20 × 2	0,410	●	●
20 × 20 × 20 × 2	0,304	●	●	30 × 50 × 30 × 3	0,850	●	
25 × 25 × 25 × 2	0,383	●	●	40 × 60 × 40 × 2,5	0,911	●	
25 × 25 × 25 × 2,5	0,490	●	●	45 × 55 × 45 × 2	0,770	●	●

• Profilés en "T" angles vifs

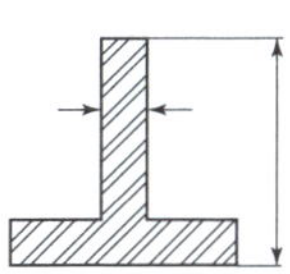

Sections	Poids kg/m	Brut	Anodisé*	Sections	Poids kg/m	Brut	Anodisé*
20 × 20 × 2	0,205	●	●	40 × 40 × 3	0,630	●	
25 × 25 × 2	0,260	●	●	40 × 40 × 4	0,820	●	
30 × 30 × 3	0,465	●	●				

Longueurs courantes de fabrication : 6,040 m

** Anodisation naturelle 15μ*

DOC. DESCOURS ET CABAUD

PROFILÉS EN ALLIAGE D'ALUMINIUM 6060 (AGS T5)

DOC. DESCOURS ET CABAUD

• Tubes ronds

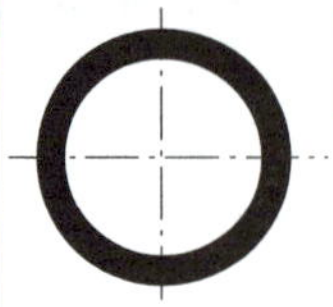

Sections	Poids kg/m	Brut	Anodisé*	Sections	Poids kg/m	Brut	Anodisé*
20 × 2	0,306	●	●	50 × 2	0,825	●	●
25 × 2	0,400	●		55 × 2,5	1,120	●	
30 × 2	0,480	●	●	60 × 2	1,000	●	
40 × 2	0,645	●	●				

• Tubes carrés

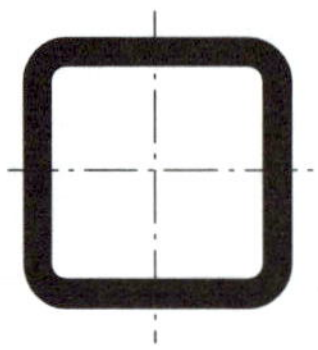

Sections	Poids kg/m	Brut	Anodisé*	Sections	Poids kg/m	Brut	Anodisé*
20 × 20 × 2	0,380	●	●	40 × 40 × 2,5	1,020	●	
25 × 25 × 2	0,498	●	●	50 × 50 × 2	1,040	●	●
30 × 30 × 2	0,615	●	●	60 × 60 × 2	1,250	●	●
35 × 35 × 2	0,730	●	●	90 × 90 × 2	1,900	●	
40 × 40 × 2	0,820	●	●				

• Tubes rectangulaires

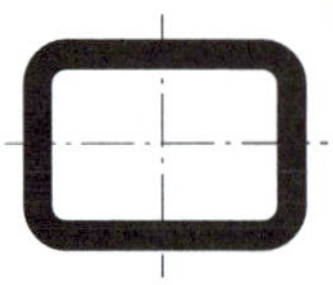

Sections	Poids kg/m	Brut	Anodisé*	Sections	Poids kg/m	Brut	Anodisé*
30 × 20 × 2	0,498	●	●	80 × 40 × 2	1,300	●	●
40 × 20 × 2	0,610	●	●	80 × 40 × 4	2,420	●	
50 × 20 × 2	0,720	●	●	80 × 50 × 2	1,360	●	
50 × 25 × 2	0,770	●		100 × 50 × 2	1,577	●	●
50 × 30 × 2	0,820	●	●	100 × 50 × 4	3,110	●	
60 × 40 × 2	1,040	●		150 × 50 × 4	4,230	●	
60 × 40 × 3	1,525	●	●				

Longueurs courantes de fabrication : 6,040 m

** Anodisation naturelle 15μ*

TÔLES PLANES ET TÔLES À DAMIERS EN ALUMINIUM

DOC. DESCOURS ET CABAUD

	Tôles planes							Tôles à damiers		
Format	Ép.	1050 A (A5) H 24	5754 (AG3) H 111	5086 (AG4 MC) H 111	5005 H 14 Anodisé Naturel 15μ	3005 H 44 Laqué blanc Brillant	3103 Laqué blanc Mat	Ép.	5754 H 111	5086 H
1000 × 2000	0,5	●						2/3,2	●	●
	0,8	●						3/4,4	●	●
	1	●	●					4/5,4	●	●
	1,5	●	●			sur demande		5/5,7	●	
	2	●	●	●						
	3	●	●	●						
	4	●	●	●						
1250 × 2500	1		●		●			2/3,2	●	●
	1,5	●	●		●			3/4,4	●	●
	2	●	●					4/5,4	●	●
	3		●					5,5/7	●	
	4		●							
1500 × 3000	1		●		●			2/3,2	●	
	1,5	●	●		●	●	●	3/4,4	●	
	2	●	●	●	●			4/5,4	●	
	3		●	●				5,5/7	●	
	4		●	●						
	5		●							
2000 × 6000	4			●						
	5			●						
	6			●						

BANDES EN ALLIAGE D'ALUMINIUM 5754

DOC. DESCOURS ET CABAUD

• Sols industriels de sécurité

5754 : caractéristiques mécaniques plus élevées – résistance à la corrosion, utilisée en chaudronnerie.

Largeur en mm	Hauteur en mm	Alliage aluminium 5754 épaisseur : 3 mm
240	50	●
298	50	
356	50	●
414	50	●
475	50	

Longueurs : 4,020 m

8 DOSSIERS CONTRACTUELS

8.1 EN CHAUDRONNERIE – TUYAUTERIE

8.1.1 CATÉGORIES D'APPAREILS

LE CODAP

Il spécifie des règles et des exigences minimales en vue d'assurer la sécurité d'emploi des appareils dans des conditions normales d'utilisation.

Ces règles concernent le choix des matériaux, le calcul, la fabrication, le contrôle et l'inspection, ainsi que les organes de protection contre les excès de pression.

Il s'applique aux appareils métalliques dont la pression **P** de calcul en situation normale de service est :

- **P** > 0,05 MPa (0,5 bar) en pression intérieure,
- **P** > 0,01 MPa (0,1 bar) en pression extérieure.

Il ne s'applique pas aux appareils :

- soumis à l'action de la flamme,
- multicouches, frettés,
- aux matériels mécaniques des îlots nucléaires.

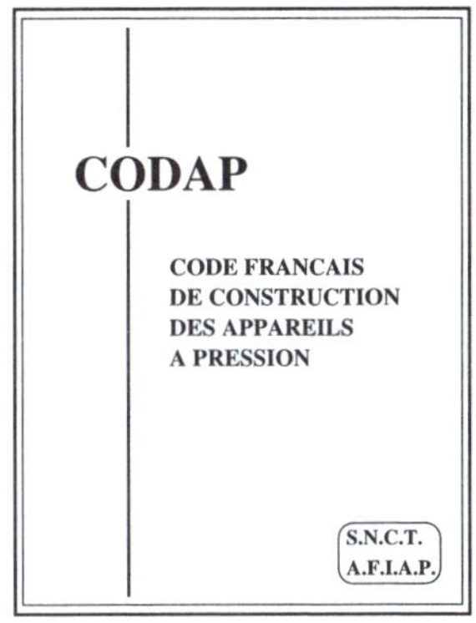

S.N.C.T. Syndicat National de la Chaudronnerie Tuyauterie
A.F.I.A.P. Association Française des Ingénieurs Appareils à Pression

CATÉGORIES D'APPAREILS

Le choix de la catégorie de construction est de la responsabilité de l'acheteur. Le code définit trois catégories et une classe exceptionnelle.

La catégorie C correspond à une qualité courante. B et A conviennent à une très grande majorité d'appareils.

		Risques potentiels de défaillance		
		élevés	moyens	faibles
Conséquences d'une défaillance éventuelle	importantes	exceptionnelle	A	B
	moyennes	A	B	C
	faibles	B	C	C

RISQUES POTENTIELS D'UNE DÉFAILLANCE

Critères	Évaluation des niveaux			
S1 : La variabilité des sollicitations est-elle ? (1)	importante	modérée		faible ou nulle
S2 : La fréquence des démarrages et des arrêts est-elle ?	très importante	importante	normale	faible
U1 : Les conditions d'utilisation sont-elles ?	très sévères	sévères	normales	
U2 : La surveillance de l'appareil en service est-elle ?	inexistante ou impossible	occasionnelle	périodique et systématique	continue
U3 : L'inspection de l'appareil en service est-elle ?	impossible ou non prévue	occasionnelle	périodique et systématique	continue
D1 : La complexité de l'appareil est-elle ?	très grande	grande	moyenne	faible
D2 : L'appareil est-il envisagé pour une durée de vie ?	prolongée		normale	brève

(1) : voir les commentaires sur les critères retenus page suivante.

En chaudronnerie – tuyauterie

CONSÉQUENCES DUNE DÉFAILLANCE

Critères	Évaluation des niveaux			
H1 : La population concernée en cas de défaillance est-elle ?	très importante	importante	faible	très faible
H2 : La présence du personnel d'exploitation à proximité de l'appareil est-elle ?	permanente	fréquente	occasionnelle	rare
T : La toxicité du produit est-elle ?	très élevée	élevée	faible	nulle
F1 : L'énergie libérable par l'appareil est-elle ?	très grande	grande	moyenne	faible
F2 : L'explosion du produit en cas de fuite est-elle ?	certaine	probable	peu probable	impossible
F3 : L'inflammabilité du produit en cas de fuite est-elle ?	certaine	probable	peu probable	impossible
F4 : En cas de fuite, la température du produit présente-t-elle un danger pour le personnel ?	certain	modéré		nul
M1 : L'incidence économique d'une défaillance serait-elle ?	très importante	importante	modérée	faible
M2 : La défaillance de l'appareil peut-elle entraîner la défaillance d'un appareil voisin dont les conséquences seraient ?	importantes	moyennes		faibles

COMMENTAIRES SUR LES CRITÈRES RETENUS

S1 : La variabilité (amplitude et nombre de cycles) des sollicitations dues à la pression, à la température, aux vibrations..., peut impliquer, lorsqu'elle est importante, une analyse de fatigue. Cependant, si cette analyse est nécessaire, elle n'est pas forcément suffisante. La variabilité des sollicitations conditionne également le choix des matériaux, la conception des assemblages, l'étendue et la sévérité des contrôles.

S2 : La fréquence de démarrages dépend des conditions de marche de l'appareil (marche discontinue, arrêts pour entretien, régénération de catalyseur ou de produit réactif par exemple...). Les cycles de démarrage et d'arrêt sont à prendre en compte ici indépendamment de la variabilité des sollicitations.

U1 : Les conditions d'utilisation d'un appareil comprennent la nature et la maîtrise des transformations subies par le ou les fluides qu'il contient (changements d'état physique, réactions chimiques, brutalité de l'évolution des pressions et températures,...).

U2 : La surveillance de l'appareil peut être assurée soit par le personnel d'exploitation, soit par des dispositifs de régulation et de contrôle automatiques, soit par une combinaison des deux. Elle fait l'objet de consignes dites « consignes d'exploitation ».

U3 : L'inspection en service consiste à examiner ou à mesurer en continu ou périodiquement certaines caractéristiques susceptibles d'évoluer et de mettre éventuellement en évidence l'apparition de détériorations.

D1 : La complexité de l'appareil résulte de sa conception. Elle concerne les formes générales de l'appareil et ses équipements internes et externes. La complexité de forme est caractérisée par la présence de discontinuités, d'asymétries...

D2 : La durée de vie est également conditionnée par les risques de corrosion, d'érosion et, plus généralement, de détérioration du métal par les fluides en contact avec la paroi. Elle est aussi un paramètre fondamental pour les appareils dont la rupture par fluage est le mode de défaillance prépondérant.

H1 : La population concernée comprend le public susceptible de se trouver dans la zone affectée par une défaillance éventuelle de l'appareil.

H2 : L'importance de la présence du personnel résulte, d'une part, de l'implantation de l'appareil dans l'ensemble considéré et, d'autre part, des conditions d'exploitation de l'appareil.

T : La notion de toxicité est caractérisée par le rapport :
concentration maximale réellement possible/concentration acceptable
La concentration maximale réellement possible dépend de la capacité de dilution du produit dans le milieu de rejet.

F1 : Cette énergie est caractérisée par les paramètres pression et volume (voir graphique de la page suivante). Il doit être tenu compte également, de l'état d'équilibre physique du fluide (liquide, gaz ou gaz liquéfié) dans les conditions normales.
Pour les appareils soumis à une dépression, le niveau d'énergie est considéré comme faible.

F2 et **F3** : Ces deux critères sont liés à la composition chimique du produit et à ses limites d'inflammabilité et d'explosivité (température, point d'éclair, mélange combustible/comburant).

F4 : Il s'agit des risques corporels liés à la température du fluide (vapeur, gaz chaud, gaz liquéfié).

M1 : L'incidence économique comprend :
- la perte de production par immobilisation de l'installation.
- le coût global de réparation ou de remplacement.

M2 : Les conséquences de la défaillance de l'appareil voisin sont à apprécier au moyen des critères H1 à M1.

■ CARACTÉRISATION DE L'ÉNERGIE LIBÉRABLE EN CAS DE DÉFAILLANCE

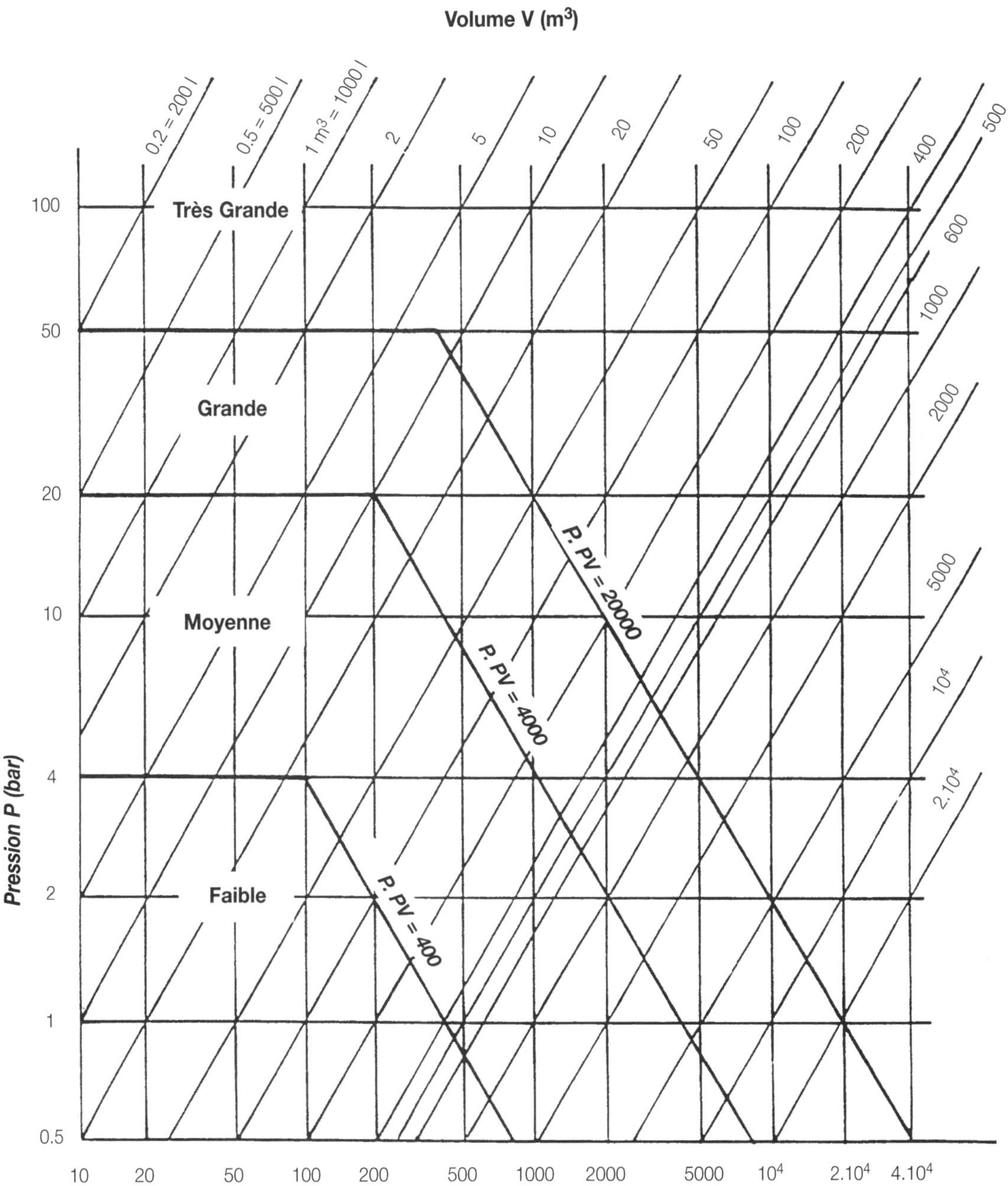

1 bar = 0,1 MPa

8.1.2 DOSSIERS CONSTRUCTEURS ET DOSSIERS D'APPAREILS

Le dossier constructeur contient ou permet de rassembler facilement tous les éléments relatifs à la construction de l'appareil et au minimum les éléments figurant dans les colonnes **F** du tableau ci-dessous.
Le dossier de l'appareil contient des éléments du dossier constructeur conformément aux colonnes **CR**. Ce dossier est transmis à l'acheteur à la livraison de l'appareil.

DOSSIERS À ÉTABLIR

	Nature des documents	Catégorie					
		A		B		C	
		F	CR	F	CR	F	CR
I	**Documents contractuels**						
	• Spécifications techniques de l'Acheteur	V (2)		V		V	
II	**Documents relatifs aux matériaux**						
	• Documents techniques d'achat des matériaux soumis au Code, et des produits d'apport de soudage	V		E (1)	V	E	
	• Récapitulatif des matériaux utilisés (3)	V	V	V	V	V	
	• Documents de réception des matériaux (NF A 00-001)	E	E	E	E	E	
	• Documents de réception des produits d'apport de soudage	E	E	E	E	E	
III	**Documents d'exécution**						
	• Plan d'ensemble (dernier indice) (3)	V	V	E	E	V	E
	• Plans de détail (dernier indice) (3)	E		E		E	
	• Liste de plans précisant l'indice de révision (3)	V	V	V	V	V	V
	• Note de calcul des éléments soumis à pression (4)	V	V	V	V	V	V
	• Liste des contrôles non destructifs ou gammes de fabrication ou de contrôle	E				E	
	• Liste des modes opératoires de soudage (3)	E	E	E	E	E	
	• Plan de repérage des modes opératoires de soudage et des soudeurs (3)	E	E	E	E	E	
	• Descriptif des modes opératoires d'examens non destructifs	E		E			
	• Documents de qualification des modes opératoires de soudage	E		E		E	
	• Instructions d'essai de résistance	E		E		E	
	• Liste des soudeurs et opérateurs (3)	V		V		V	
	• Justificatifs de la qualification des soudeurs et opérateurs	E		E		E	
	• Relevés de contrôle (5)	E		E		E	
	• Relevés des non conformités	V	V	V	V	E	V
	• Relevés des contrôles non destructifs	V		V		E	
	• Radiogrammes	E		E		E	
	• Liste des contrôleurs ultrasons et radiographie	V		E		E	
	• Plan de repérage des clichés radiographiques	E	E	E	E	E	E
	• Feuille d'interprétation des radiogrammes	V	V	V	V	V	V
	• Résultats d'essais des coupons-témoins	V	V	V	V	V	V
	• Diagrammes des traitements thermiques	E		E		E	

DOSSIERS À ÉTABLIR

Nature des documents		Catégorie A F	A CR	B F	B CR	C F	C CR
IV	**Attestations et certificats (6)**						
	• Attestation des contrôles non destructifs	V	V	E	E	E	E
	• Attestation de traitement de détensionnement (7)	E	E	E	E	E	E
	• Attestation d'exécution des soudures conformément aux modes opératoires de soudage	E	E	E	E	E	E
	• Certificat de visite avant épreuve	V	V	V	V	V	V
	• Certificat d'examen final de l'appareil (8)	V	V	V	V	E	E
	• Certificat d'inspection et d'essai de résistance (8)	V	V	V	V	V	V
	• Attestation de conformité au Code	V	V	V	V	V	V
	• Certificat d'épreuve réglementaire éventuelle (9)						
V	**Divers**						
	• Listes récapitulatives des éléments du dossier	E	E	E	E	E	E
	• Notices d'exploitation et d'entretien éventuelles	E	E	E	E	E	E

Notes :

(1) Le symbole E indique les documents qui sont examinés par l'Inspecteur.

(2) Le symbole V indique les documents qui, ayant été examinés par l'Inspecteur, doivent porter son visa (nom de l'Inspecteur, date, signature).

(3) Ces documents peuvent être regroupés sur un même support physique.

(4) La note de calcul peut être présentée sous forme de tableau de valeurs d'une sortie « ordinateur » pour autant que ce tableau reproduise également les données « d'entrée d'ordinateur ».

(5) Les relevés de contrôle sont les documents établis au fur et à mesure des divers contrôles et signés du contrôleur responsable.

(6) L'attestation est un document, établi et signé par le Constructeur, qui, se fondant sur les relevés de contrôle, précise l'étendue des contrôles réalisés et atteste que les résultats de ces contrôles sont conformes aux exigences de la commande.

(7) Il s'agit du traitement de détensionnement qui peut être réalisé thermiquement (TTAS) ou par une mise sous pression selon F2.7.2.5 ou remplacé par un traitement thermique de l'ensemble de l'appareil (normalisation, par exemple).

(8) Certificat établi par l'Inspecteur.

(9) Certificat établi par l'Autorité réglementaire.

8.1.3 QUALIFICATION ET DESCRIPTIF D'UN MODE OPÉRATOIRE DE SOUDAGE (M.O.S) – QUALIFICATION DES SOUDEURS

DOSSIERS À ÉTABLIR

Qualification des soudeurs : cette qualification doit répondre aux normes NF EN 287-1 et NF EN 287-2.

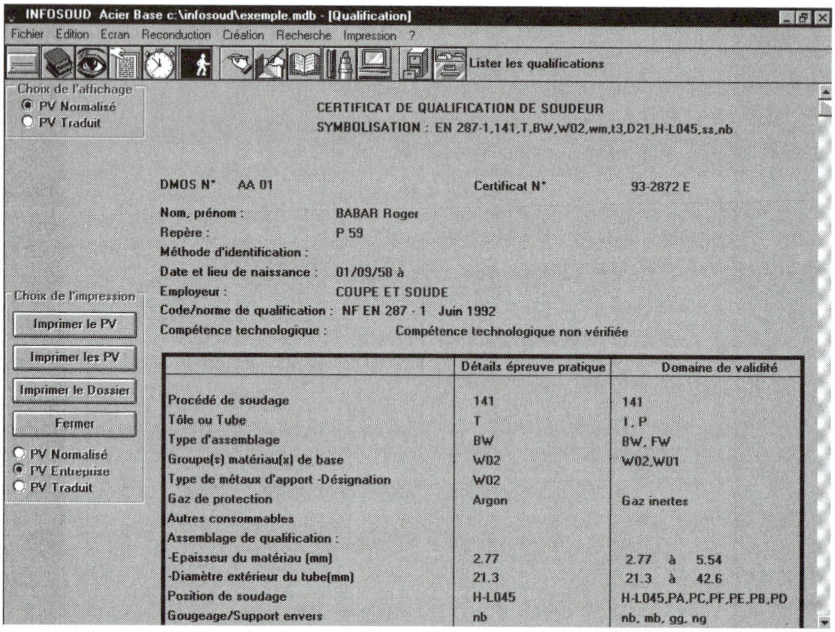

La création des documents de **Q**ualification de **M**odes **O**pératoires de **S**oudage (Q.M.O.S.) et de **D**escriptifs des **M**odes **O**pératoires **S**oudage (D.M.O.S) peut être faite par des logiciels spécialisés.

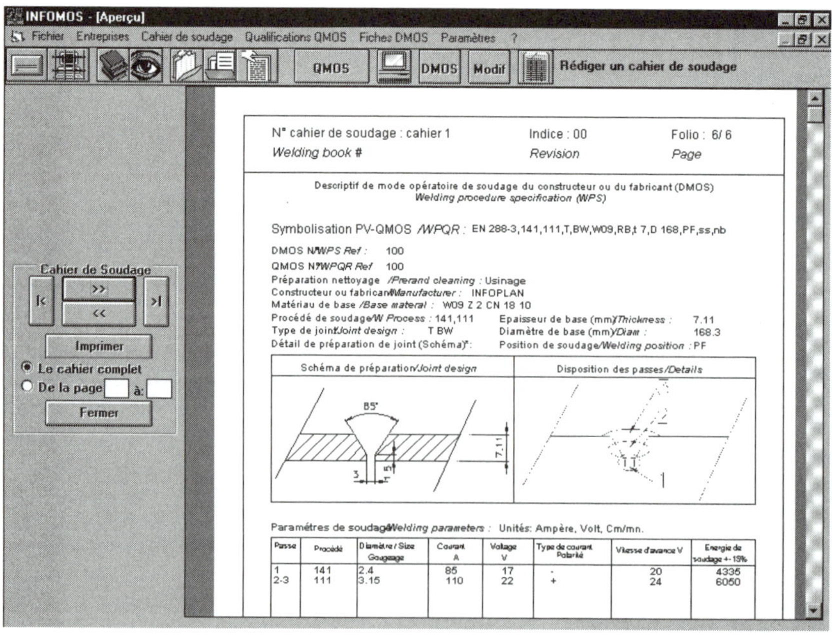

8.2 EN CONSTRUCTION MÉTALLIQUE

La construction d'un bâtiment métallique nécessite la réalisation de documents réalisés par les différents intervenants.

DÉFINITIONS

Maître d'ouvrage : Personne qui commande la construction et qui réalise son financement.
Maître d'œuvre : Personne choisie par le maître d'ouvrage, responsable de la conception, du respect du cahier des charges et de la coordination des travaux.

COMPOSITION DU DOSSIER

Documents	Rôle	Réalisation
Pour les marchés publics : Acte d'engagement. Pour les marchés privés : Lettre d'engagement ou soumission acceptée.	Engagement.	
Cahier des clauses administratives particulières (CCAP) et générales (CCAG).	Fixer les conditions administratives.	
Descriptif.	Donner la description de la construction et sa localisation.	
Plans et dessins d'architecte.	Permettre de définir tous les paramètres nécessaires pour réaliser les calculs.	
Selon le type de marché : Cahier des prescriptions communes (CPC), cahier des clauses spéciales (CCS).	Fixer les règles du calcul et les DTU à utiliser.	Maître d'ouvrage
Calendrier général.	Préciser les dates de début et de fin de chaque corps d'état et la date de livraison de la construction.	
Selon les types de marché : Cahier des clauses techniques particulières (CCTP), générales (CCTG), cahier des charges.	Définit les conditions techniques à respecter.	
Métré, devis, note de calcul, dossier de plans de bureau d'études.	Définit tous les éléments intervenant dans la construction.	Bureau d'étude qui est Maître d'œuvre et qui dirige les travaux
Dessins et documents de fabrication, commande matière.	Préparation du travail pour l'atelier.	Bureau des méthodes
	Fabrication de tous les éléments intervenant dans la construction.	Atelier
	Montage de la construction.	Chantier
Rapport du bureau de contrôle.	Vérifier la conformité des calculs.	Bureau de contrôle (Socotec, Véritas,...)

9 DOSSIER DES MÉTHODES

9.1 PROCESSUS DE RECHERCHE ET DE CONCEPTION

ALGORIGRAMME DES ÉTAPES

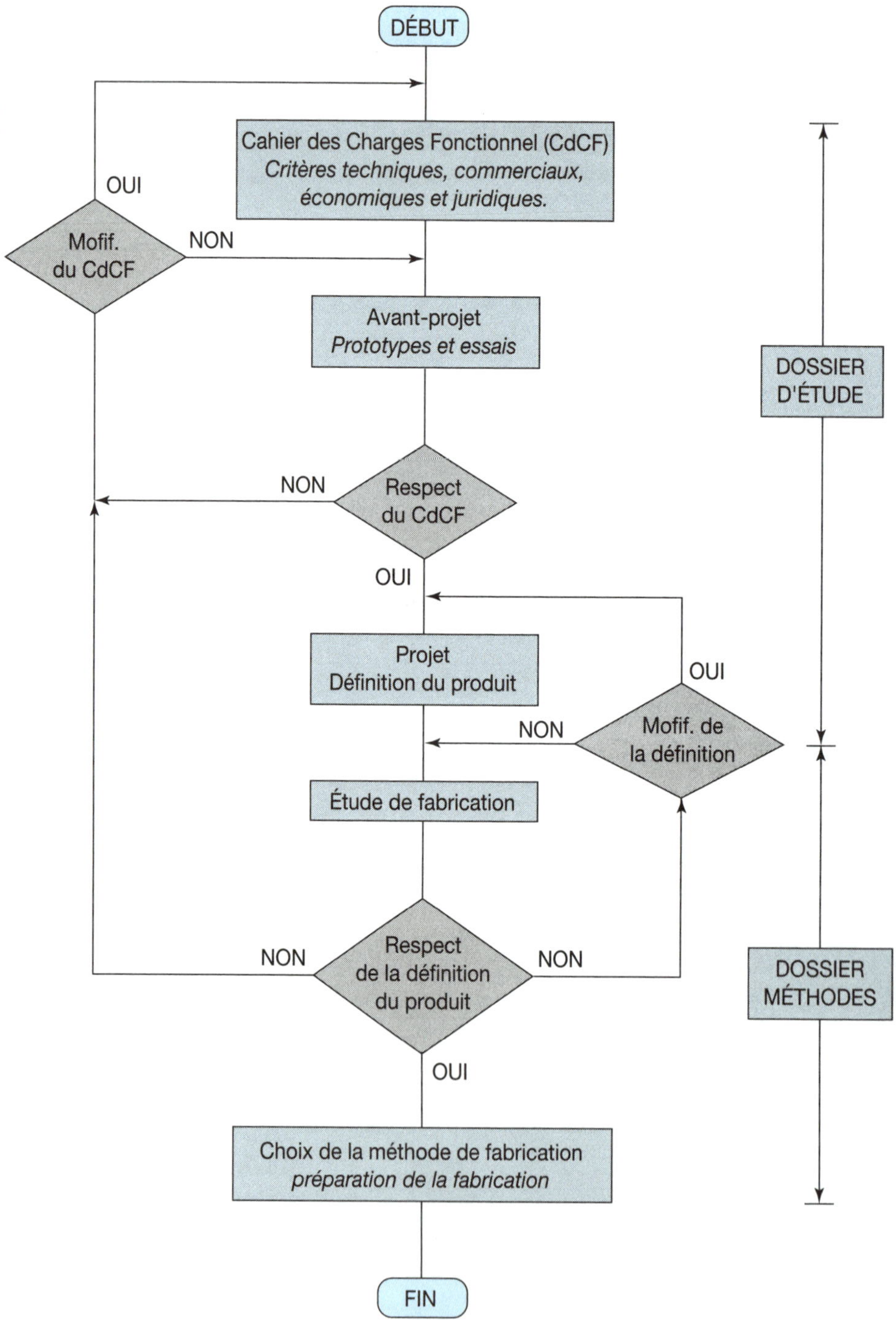

9.2 DOCUMENTS TECHNIQUES

Dans les dossiers d'étude ou des méthodes relatifs à un produit n'apparaissent jamais tous les documents techniques de manière exhaustive.

Leur choix doit être judicieusement fait selon :
- la nature du produit,
- la quantité d'exemplaires à produire : fabrication unitaire, en petite série, moyenne série, grande série…
- la nature de la fabrication : renouvelable ou non…

D'autres critères peuvent être encore considérés selon la spécificité du produit ou de la fabrication.

INVENTAIRE EXHAUSTIF DES DOCUMENTS

DOSSIER D'ÉTUDE

■ DOCUMENTS DE RECHERCHE

- Croquis
- Schémas
- L'épure

■ DOCUMENTS D'EXPLOITATION

- Dessins d'ensemble
  - Géométral
  - Projections
  - Coupes
  - Sections
  - Perspectives
- Nomenclatures
- Perspectives éclatées
- Devis descriptifs
- Cahier des Charges Fonctionnel
- Dessins de définition

LE DOSSIER DES MÉTHODES

■ PLANS

- Dessins de définition

■ ÉTUDE DE FABRICATION

- Feuille de débit
- Feuille "sortie de matière"
- Analyse de fabrication
- Analyse de phases
- Gammes
  - d'usinage
  - de montage
  - de finition
  - de contrôle
- Processus de fabrication
- Planning de phases
- Contrat de phases
- Fiche suiveuse
- Circuit d'usinage
- Projet de définition montages d'usinage
- Bordereau de programmation C.N.
- Cahiers de soudage
- LOFC (liste des opérations fabrication contrôle)

9.3 GAMME D'USINAGE

La gamme d'usinage est établie par le bureau des méthodes.

Sur ce document technique destiné à l'atelier de fabrication figurent tous les renseignements utiles à l'exécution des phases nécessaires à la réalisation d'un élément rentrant dans la composition d'un article. Les phases sont ordonnées chronologiquement sur une gamme en tenant compte des facteurs d'antériorité.

CONTENU D'UNE GAMME D'USINAGE

■ INFORMATIONS GÉNÉRALES ET D'IDENTIFICATION

Renseignements sur la destination, la désignation, la nature et l'importance de la production considérée :

- ① Numéro de référence et/ou nom du client.
- ② Objet de la fabrication : nom du projet ou de la gamme de produit.
- ③ Repère et/ou nom de l'ensemble, nom du produit.
- ④ Repère et/ou nom du sous-ensemble auquel appartient l'élément.
- ⑤ Repère et/ou nom de l'élément.
- ⑥ Matière et CCPU (1).
- ⑦ Nombre de pièces à fabriquer et cadence de fabrication.

■ INFORMATIONS RELATIVES AUX DESSINS DE L'ÉLÉMENT

- ⑧ Repère du dessin de fabrication.
- ⑨ Repère du dossier de fabrication.
- ⑩ Esquisse cotée de l'élément, vues et/ou coupes.

■ INFORMATIONS RELATIVES AUX OPÉRATIONS D'USINAGE À RÉALISER

- ⑪ Repères de phase.
- ⑫ Repères des opérations.
- ⑬ Désignation des phases, opérations.
- ⑭ Ci-contre

■ ⑮ MOYENS ET OUTILLAGES DE CONTRÔLE

Noms, sigles, pictogrammes, schémas, références et caractéristiques des matériels et instruments de contrôle mis en œuvre.

■ LES TEMPS DE FABRICATION

- ⑯ Tp : Temps de préparation
  - ➤ F1 : Temps de réglage.
- ⑰ Tr : Temps de réalisation
  - ➤ F1 : Temps de fabrication.
- ⑱ Tm : Temps de manipulation
  - ➤ F1 : Temps de transit.

■ ⑭ CROQUIS DES OPÉRATIONS D'USINAGE

La qualité de la représentation des croquis, qu'ils soient à main levée ou aux instruments, doit être de la plus grande rigueur, car c'est à partir des informations qu'ils portent que sont effectués les réglages de la machine-outil.

Sur ces croquis seront en particulier schématisés :

- Les contours de la pièce à usiner.
- Le contour du support de pièce lié à la machine-outil.
- Les mouvements, direction et sens des rotations et translations.
- Les surfaces usinées représentées en trait fort.
- Les axes X, Y, Z, nécessaires au repérage spatial des mobiles liés au trièdre de sens direct normalisé (NF Z 68-020).
- Les points de mise en position (symboles normalisés des appuis et de la nature du contact).
- Les points de maintien en position (symboles des organes de serrage de la pièce).
- Les cotes de fabrication :
  - Cm : cotes machine.
  - Co : cotes outils.
  - Ca : cotes appareillages.
  - Cp : cotes programmées.
  - Cr : cotes réglages.
- Les tolérances dimensionnelles et géométriques.
- Les repérages alphanumériques nécessaires au décodage du document et à l'exécution de la tâche.
- Les indications écrites, brèves, concises, précises strictement indispensables pour la compréhension du mode opératoire.

(1) CCPU : Certifié conforme par l'usine selon les normes NF EN 10020 et 10204.

MODÈLE DE GRILLE FORMAT A3

	GAMME D'USINAGE	FEUILLE /
CLIENT ①	DESSIN DE FABRICATION N° ⑧	DOSSIER N° ⑨
OBJET ②	⑩	
ENSEMBLE ③		
SOUS-ENSEMBLE ④		
ÉLÉMENT N° ⑤		
DÉSIGNATION		
MATIÈRE ⑥		
NOMBRE D'ÉLÉMENTS ⑦		

Repère			Désignation	Croquis et montage d'usinage ⑭	Contr. des cotes	Temps		
Ph.	S.ph.	Op.				Tp.	Tr.	T.m.
					⑮			
⑪						⑯		
							⑰	
		⑫	⑬					⑱

Établi par : ________ Exécuté par : ________

Le : ________ Le : ________

CODIFICATION DÉCIMALE UNIVERSELLE (CDU)

Le principe de numérotation des phases et opérations figurant sur une gamme d'usinage, est établi sur le principe de la Codification Décimale Universelle « CDU ».
Les phases sont numérotées de 10 en 10, les opérations sont numérotées de 1 à 9 sur la colonne des dizaines rajoutée au numéro des phases.

PHASE ET OPÉRATION

■ LA PHASE

Ensemble des actions de production exécutées sur un même poste de travail par les mêmes personnes en mettant en œuvre éventuellement des réglages, des outils ou des outillages différents avec ou sans démontage de la pièce sur le support de pièce.

40 – Pliage.

→ Numéro en dizaine sans unité

■ L'OPÉRATION

Elle représente une transformation subie par la pièce en vue de l'approche du résultat final.
Exemple :

41 Pli n° 2
42 Pli n° 3

Exemple : pliage d'un capot.

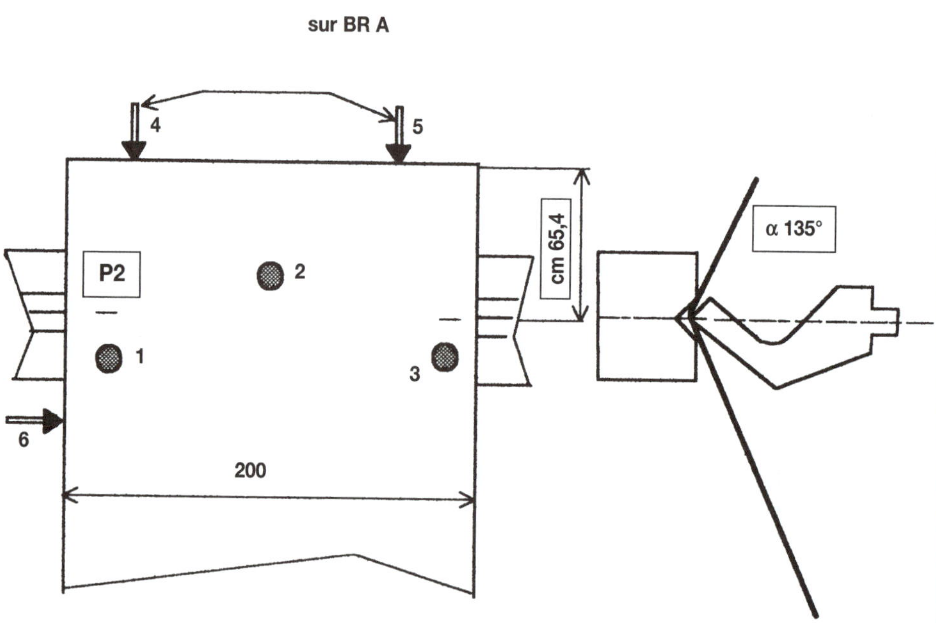

9.4 DESSIN DE DÉFINITION

DESSIN DE DÉFINITION DU CAPOT

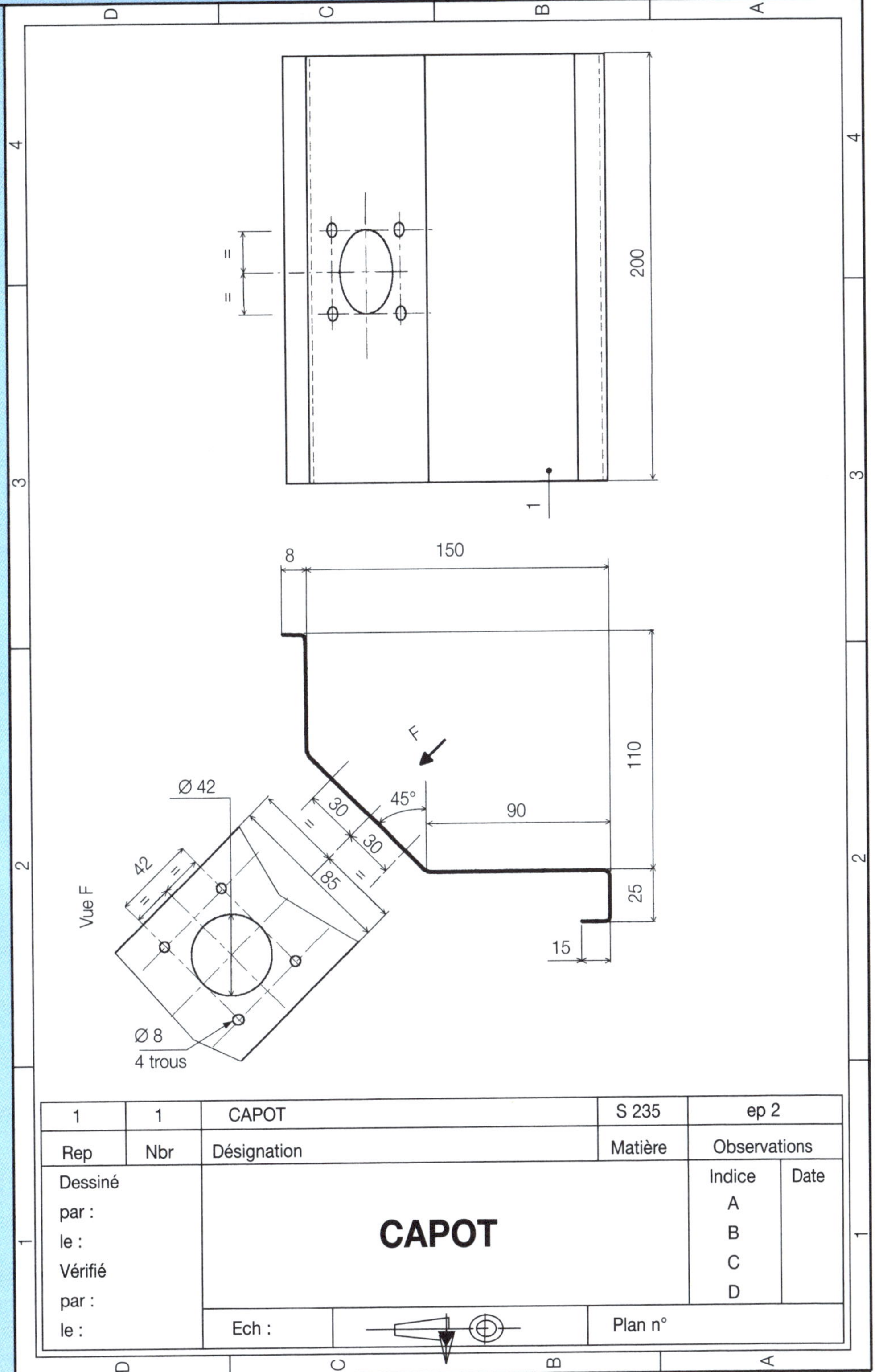

9.5 CONTRAT DE PHASE

PHASE N° 40 PLIAGE					
Client		Élément : CAPOT Rep 1		Organisme de contrôle :	
Commande N° :		Plan n° :		Points d'arrêt après :	
Ensemble : Pupitre de commande		Révision, ind. date :		Procédure n° :	
Machine : Presse-plieuse n° (2m – 800 kN).		Matrice n°		Poinçon n° :	
N° de l'opération	Nature	Rep du PmB	Cote machine	Valeur de V	Force de pliage
– 41	**Pli n° 2**	117	65,4	16	33 kN
– 42	**Pli n° 3**	117	121,4	16	33 kN
– 43	**Pli n° 5**	155	13	16	33 kN
– 44	**Pli n° 4**	155	23	16	33 kN
– 45	**Pli n° 1**	150	6	10	54 kN

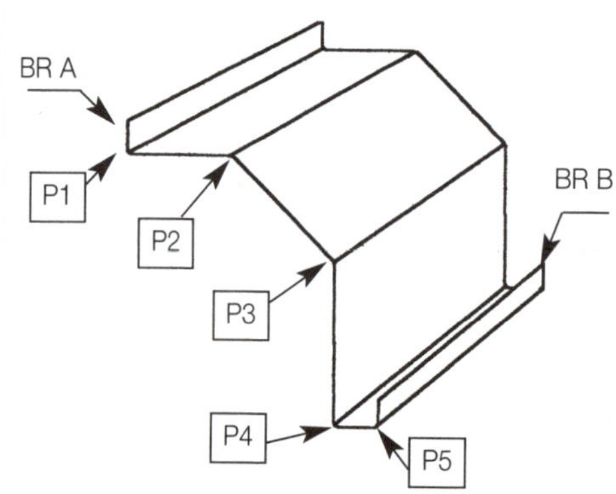

Opération n° 41

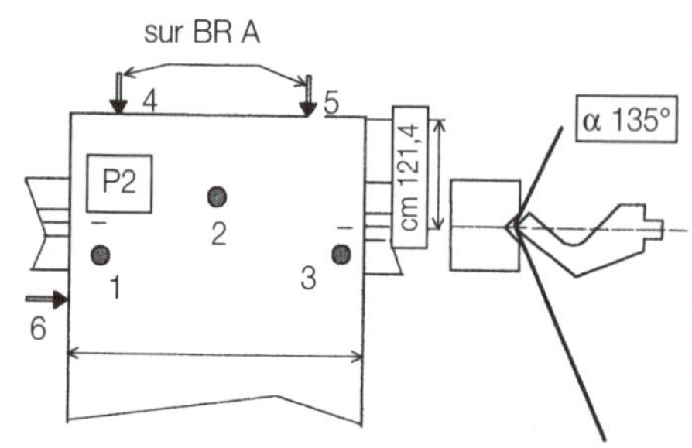

Opération n° 42

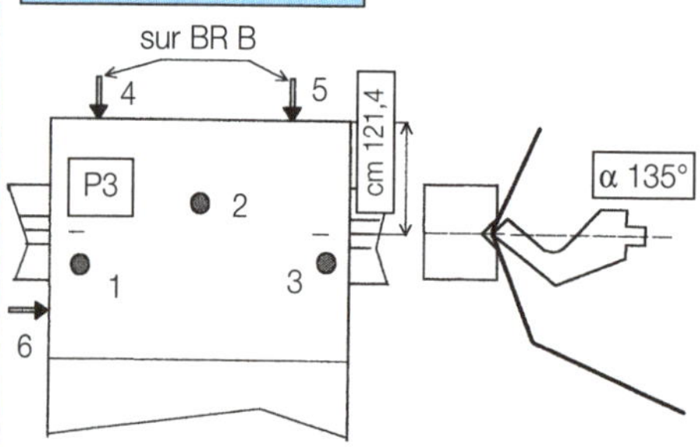

Opération n° 43

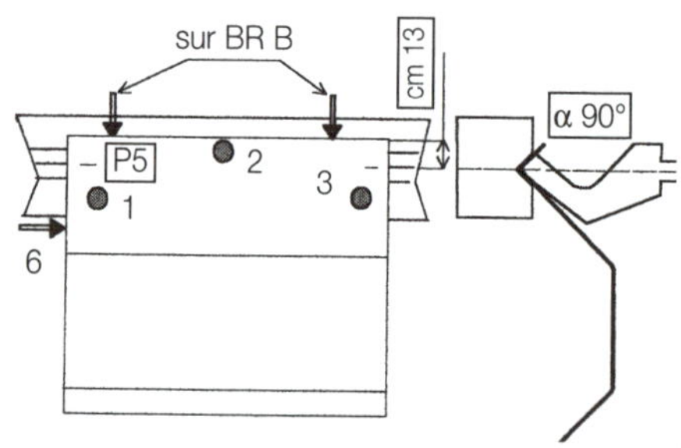

Opération n° 44

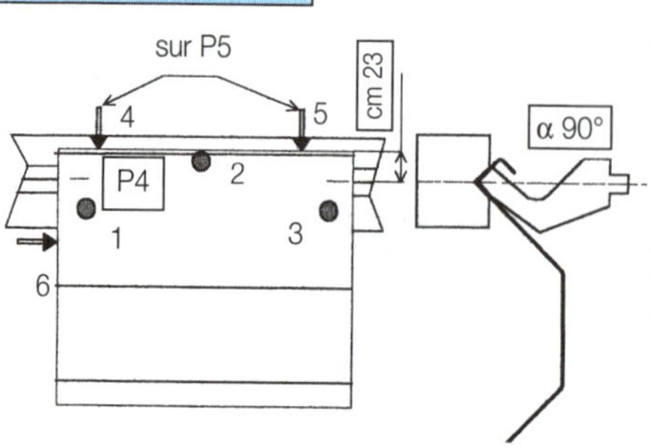

Opération n° 45

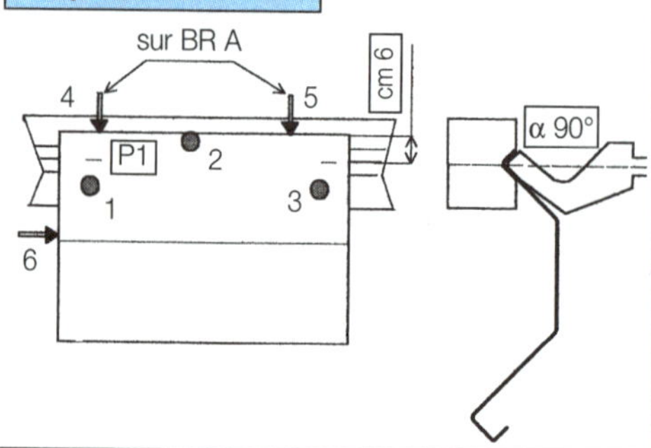

9.6 SYMBOLISATION DES PRISES DE PIÈCES

Le plan de définition d'un montage d'usinage doit faire apparaître sur ses différentes vues :
- les dispositifs de mise en position, appui plan, appui linéique, appui ponctuel,
- les organes de maintien en position.

SYMBOLES DES APPUIS ET DES SERRAGES DE PIÈCES

■ NORME NF E 04-013

1. Symbolisation de l'élimination des degrés de liberté d'une pièce :

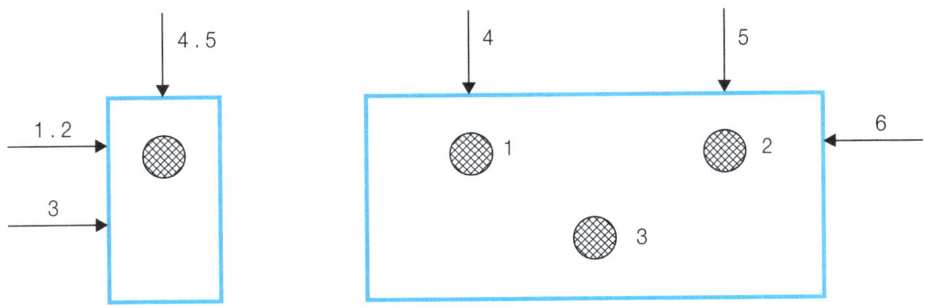

2. Symbolisation des éléments technologiques d'appui et de maintien :

	Profil	Projection
– Appui fixe :		
– Centrage fixe :		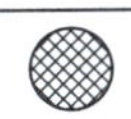
– Système à serrage :	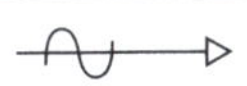	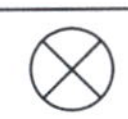

3. Symbolisation de la nature de la surface de contact de la pièce :

– Appui sur une surface brute : 	Symbole :
– Appui sur une surface usinée : 	Symbole :

4. Symboles indiquant la nature du contact avec la surface de la pièce :

– Contact ponctuel : 	Symbole :)
– Contact surfacique : 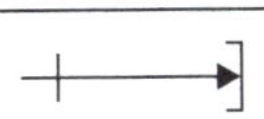	Symbole :]

5. Principe d'établissement d'un symbole d'appui ou de maintien :

– Composition d'un symbole :

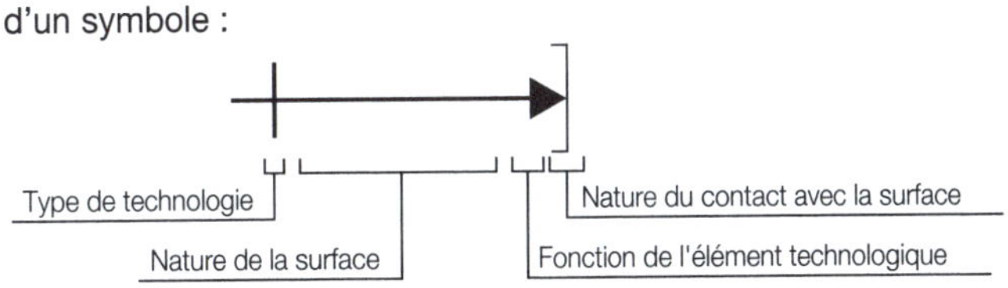

10 SYSTÈMES DE REPRÉSENTATION

10.1 EN CONSTRUCTION MÉTALLIQUE

10.1.1 ARCHITECTE

TYPES DE PLANS

- Plan de situation
- Plan de masse
- Plan des façades

EXEMPLE DE PLAN DE SITUATION

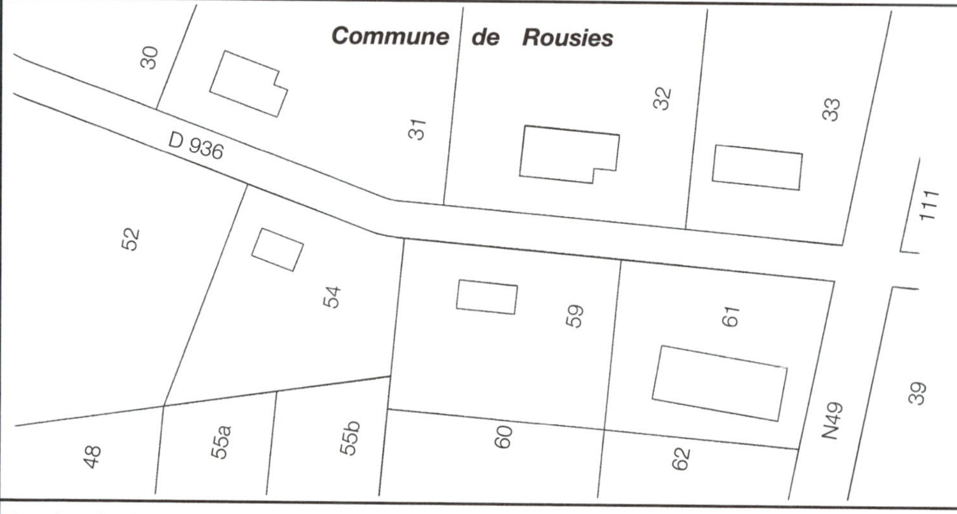

COMPOSITION D'UN PLAN DE SITUATION

Le plan de situation localise la parcelle à construire dans une commune.
C'est en général un relevé cadastral.
Échelle courante 1:5000 ou 1:10000

EXEMPLE DE PLAN DE MASSE

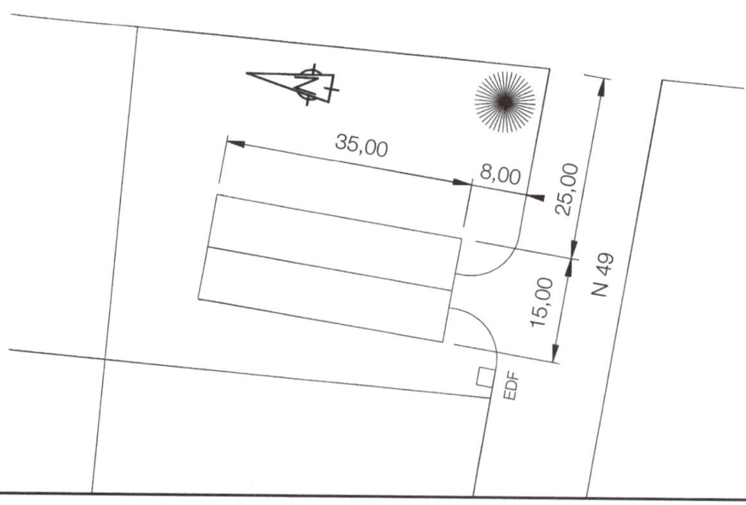

COMPOSITION D'UN PLAN DE MASSE

Le plan de masse donne la position de la construction sur la parcelle.
Il indique les viabilités (voirie, eau, gaz, électricité, égouts, téléphone).
Échelle courante 1:250 ou 1:500

EXEMPLE DE PLAN DES FAÇADES

Long-pan Ouest

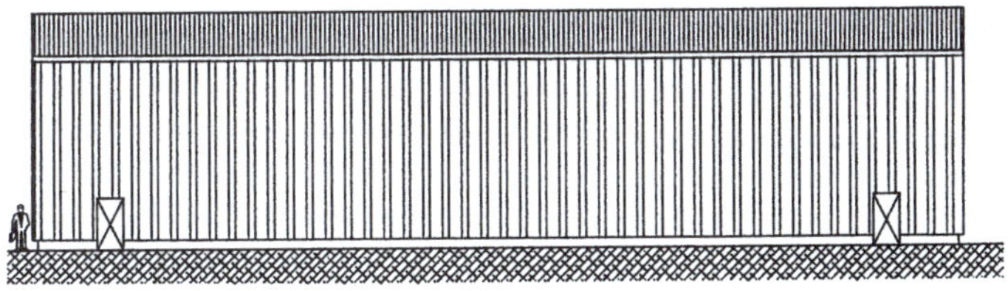

Long-pan Est

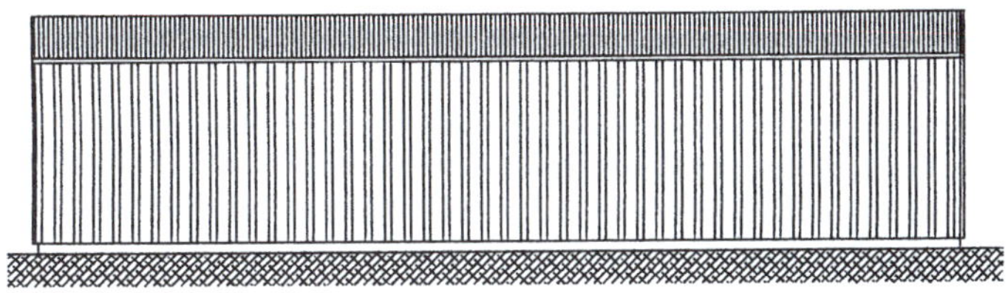

Pignon Sud

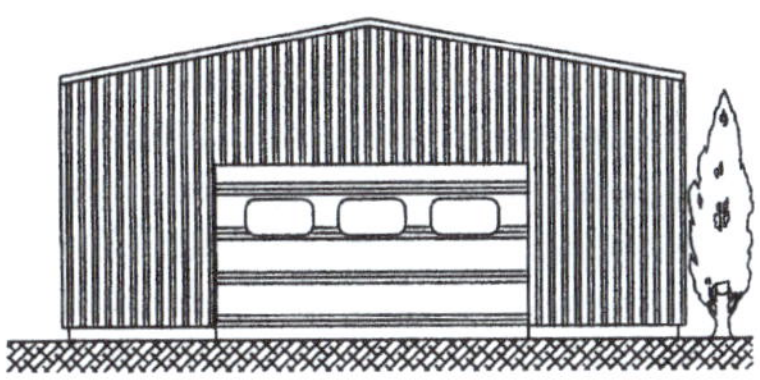

Pignon Nord

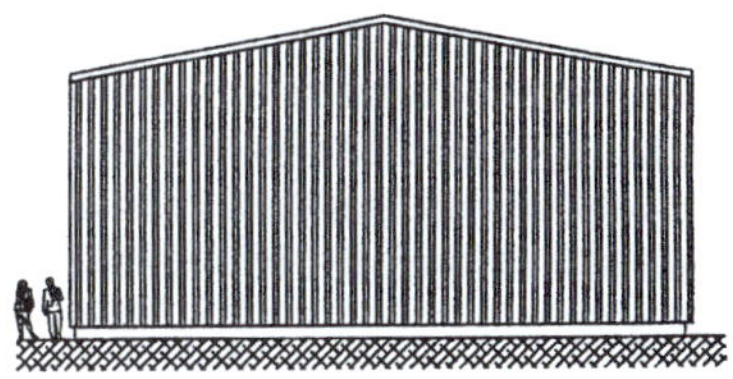

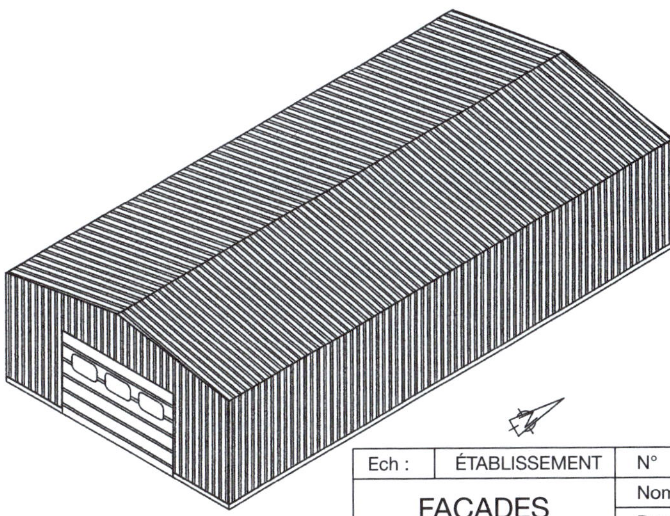

Ech :	ÉTABLISSEMENT	N°
FACADES		Nom :
		Date :

COMPOSITION DU PLAN DES FAÇADES

Le plan des façades présente l'aspect extérieur des différentes façades du bâtiment.
Échelle courante 1:100
Une perspective peut compléter ce plan.

10.1.2 BUREAU D'ÉTUDE

TYPES DE PLANS

- Plan d'implantation
- Plan d'ensemble
- Plan de sous-ensembles
- Plan de détails
- Dessins de définition

EXEMPLE DE PLAN D'IMPLANTATION

Détails page 130

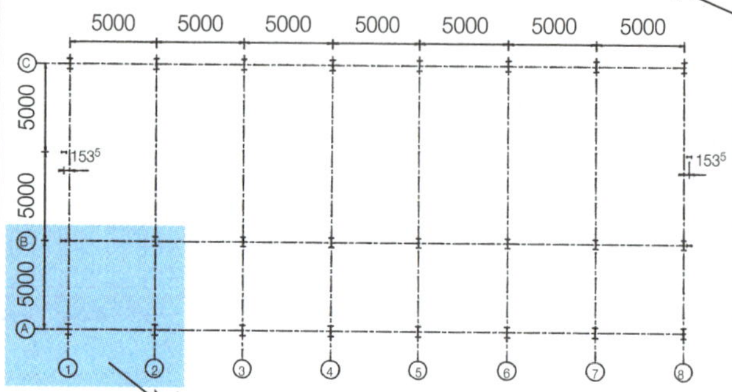

Détails page 129

Descente de charges						
Unités	File A		File B		File C	
daN	V	H	V	H	V	H
G	+3614	-305	+970	-232	+4290	+538
Q	+3325	-401	-66	+93	+2991	+308
S	-107	+215	+1686	-751	+1722	+536
W1	+289	+578	-901	-99	-1491	-500
W2	+319	-639	-327	-135	-882	-573
W3	-164	+329	-1244	+869	-696	-20
W4	-240	-481	+952	-589	-60	-87
W5	-37	+74	+457	-364	+470	+290
W6	+65	-131	-1520	+101	-1542	+30
W7	+222	-442	+336	-319	-558	-568
W8	-195	+390	-345	+817	+540	+122

Nota : Charges descendantes positives

File A

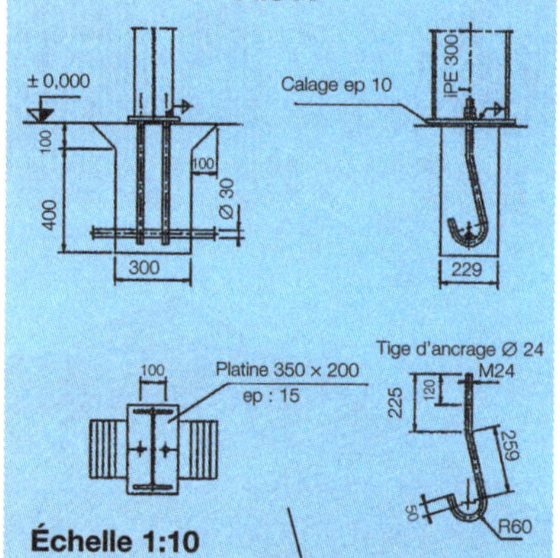

Échelle 1:10

Détails page 130

File B

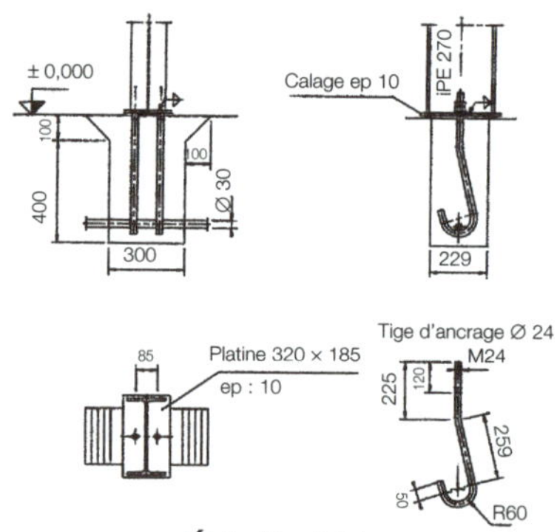

Échelle 1:10

File C

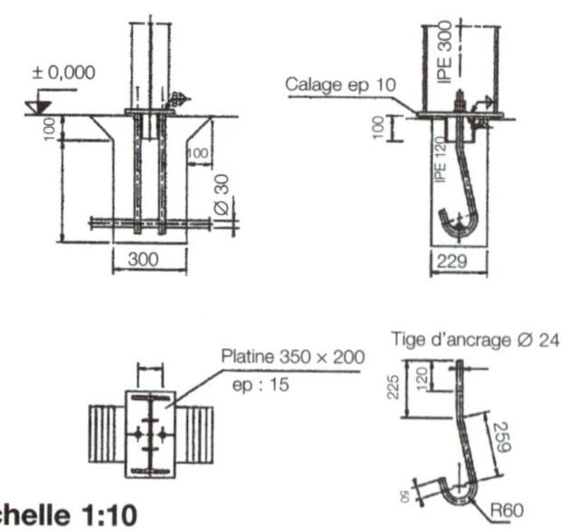

Échelle 1:10

Potelets

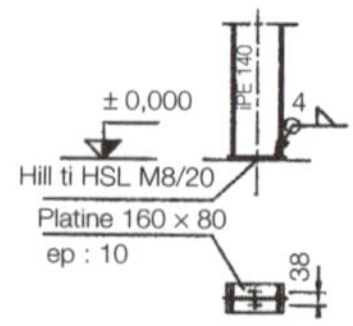

Échelle 1:10

Ech :	ÉTABLISSEMENT	N°
IMPLANTATION		Nom :
		Date :

COMPOSITION D'UN PLAN D'IMPLANTATION	Ce plan est aussi destiné au génie civil pour le calcul et la fabrication des massifs de fondation. Le plan se compose pour un bâtiment : – d'une **vue en plan** à l'échelle 1:50 ou 1:100 – d'une **descente de charges** pour le calcul des massifs de fondation – des **détails des pieds de poteaux avec les réservations** dans les massifs de fondation à l'échelle 1:5 ou 1:10.
CONVENTIONS DE REPRÉSENTATION DANS UN PLAN D'IMPLANTATION	• **Sur la vue en plan :** – les distances entre les différents poteaux sont à l'échelle. – les poteaux sont représentés en section et ne sont pas à l'échelle. Utiliser des valeurs qui respectent les proportions. – faire un repérage des files (files A, B, C… et files 1, 2, 3…). – coter les entraxes des poteaux. • **Dans la descente de charges :** – donner pour chaque type de pied de poteau les charges **non pondérées** horizontales, verticales et éventuellement les moments sous les différents chargements. • **Dans les détails des pieds de poteaux :** – donner les dimensions et la forme de la réservation, le diamètre et la position de la clé d'ancrage pour le génie civil.
AGRANDISSEMENT SUR UNE PARTIE DE LA VUE EN PLAN	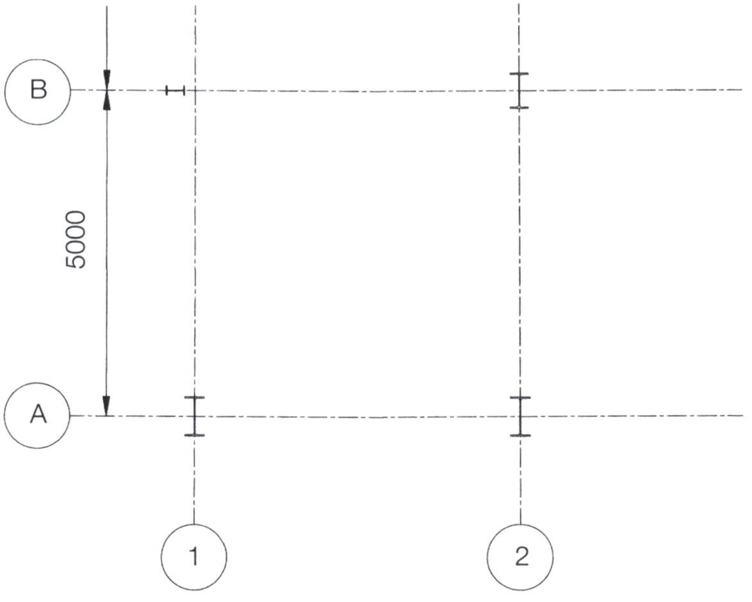

AGRANDISSEMENT SUR LA DESCENTE DE CHARGES

Descente de charges

Unités daN	File A		File B		File C	
	V	H	V	H	V	H
G	+ 3614	– 305	+ 970	– 232	+ 4290	+ 538
Q	+ 3325	– 401	– 66	+ 93	+ 2991	+ 308
S	– 107	+ 215	+ 1686	– 751	+ 1722	+ 536
W1	+ 289	+ 578	– 901	– 99	– 1491	– 500

AGRANDISSEMENT SUR UN DÉTAIL DE RÉSERVATION

File A

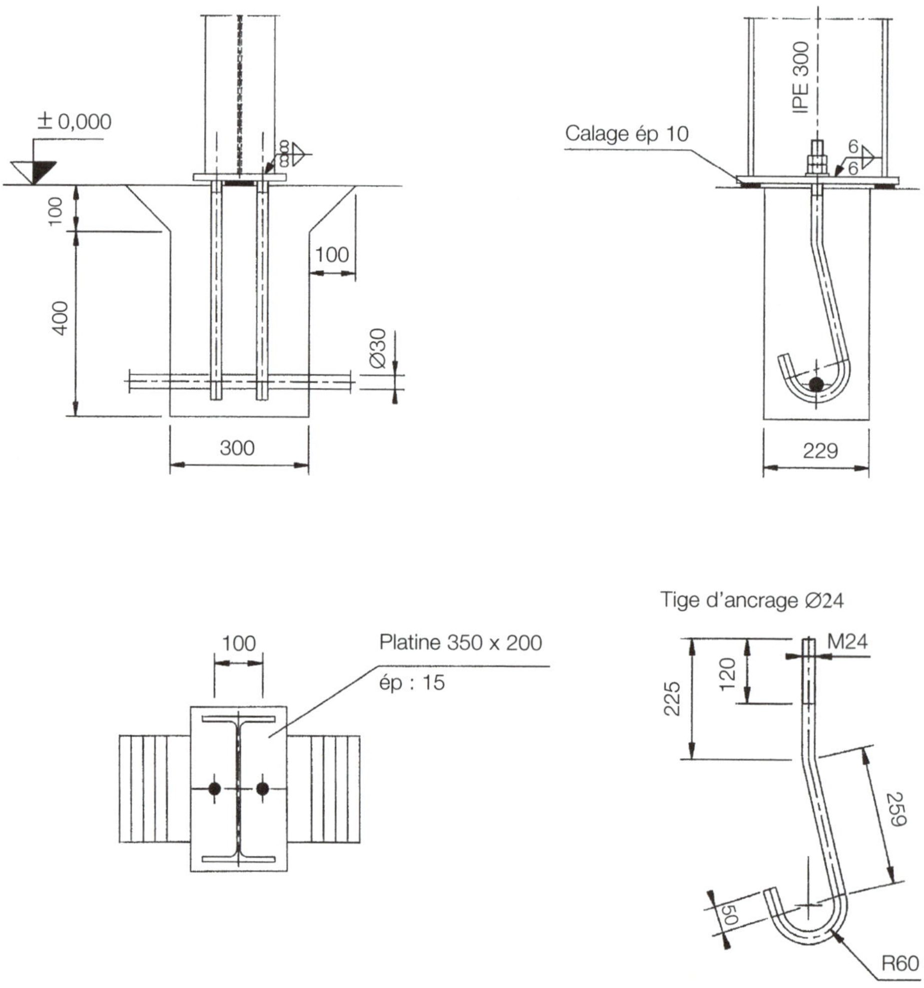

EXEMPLE DE PLAN D'ENSEMBLE

Long-pan File C

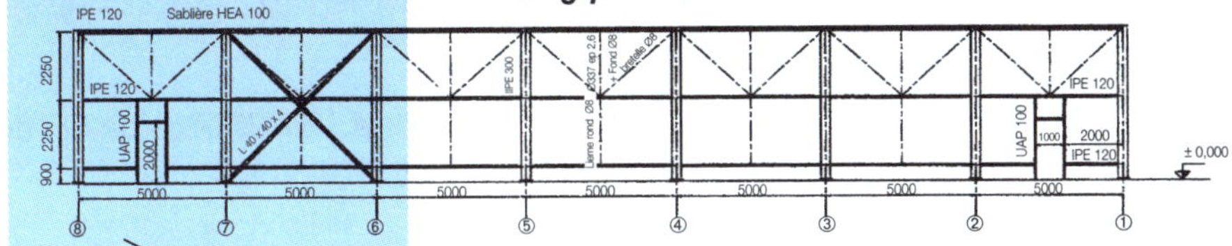

Détails page 132

Long-pan File A

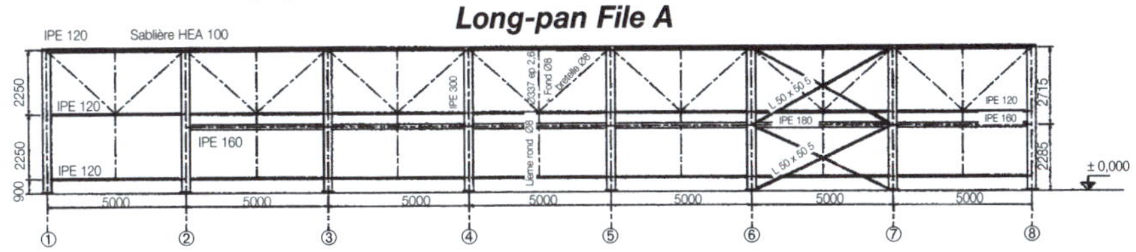

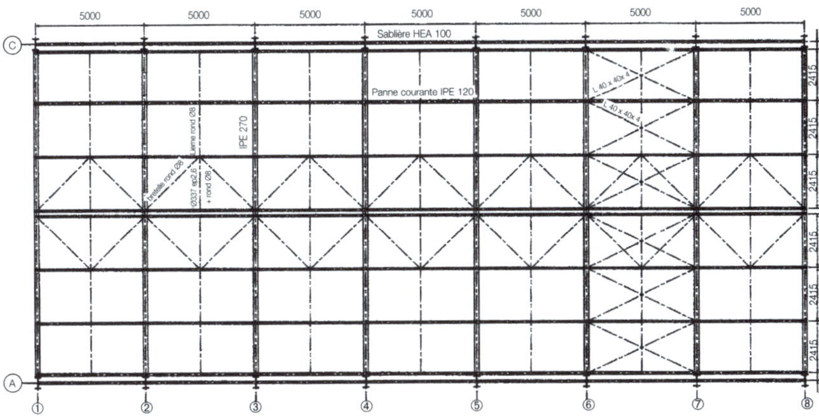

Portique File 1

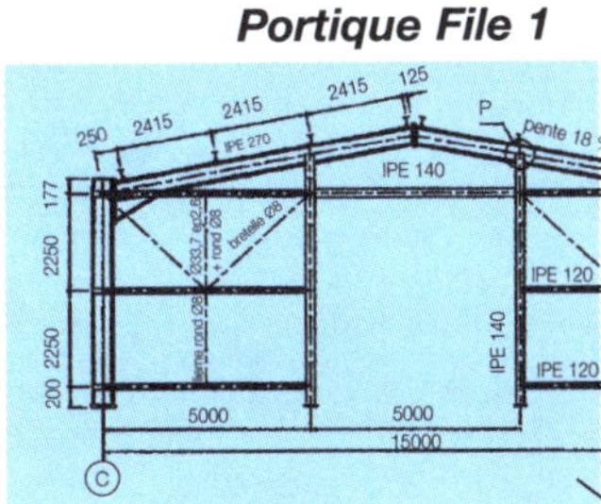

Portique File 8

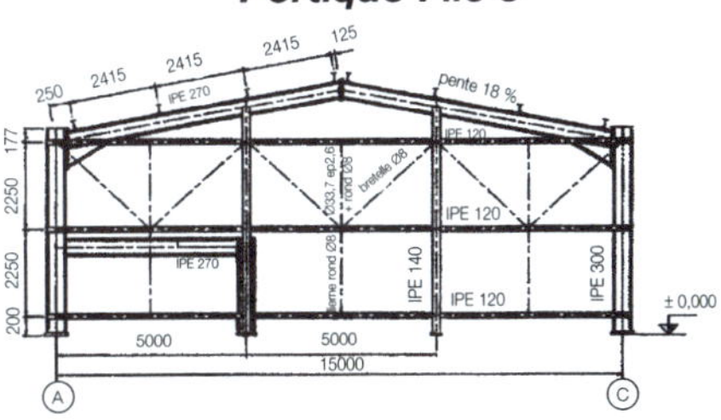

Détails page 132

Portique File 2 à 7

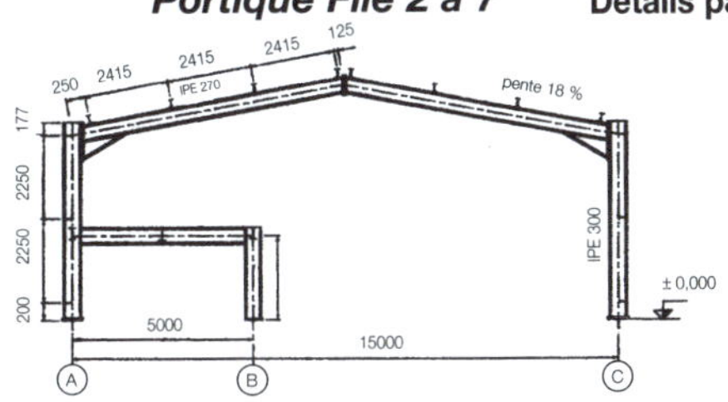

Ech :	ÉTABLISSEMENT	N°
BÂTIMENT – ENSEMBLE		Nom :
		Date :

COMPOSITION D'UN PLAN D'ENSEMBLE

Le plan d'ensemble se compose pour un bâtiment :

- des vues en élévation des files caractéristiques (long-pan, pignon, portique courant).
- de la vue en plan de la toiture.
- éventuellement des dessins de détail.

Échelle courante 1:50 ou 1:100.

En construction métallique

CONVENTIONS DE REPRÉSENTATION DANS UN PLAN D'ENSEMBLE

- Les distances entre les axes des différents profils sont à l'échelle.
- Les hauteurs et largeurs des profils en I, H, U, L ne sont pas à l'échelle. Utiliser des valeurs qui respectent les proportions.
- Faire un repérage des files.
- Pour faire les vues en élévation des longs-pans et pignons : regarder de l'extérieur du bâtiment.
- Ne dessiner que les profils qui sont dans la file à représenter.
- La toiture est vue en plan et non en projection.
- Désigner les profils.
- Coter les entraxes et les niveaux.
- Placer un titre au-dessus de chaque vue.
- Dans certains cas repérage des différents éléments. En théorie c'est le rôle du bureau des méthodes. Dans la pratique cela dépend de l'entreprise et de son organisation. En CAO le repérage est nécessaire car le logiciel de dessin est associé à un logiciel de traçage automatique des éléments.

AGRANDISSEMENT SUR UNE PARTIE DU LONG-PAN FILE C

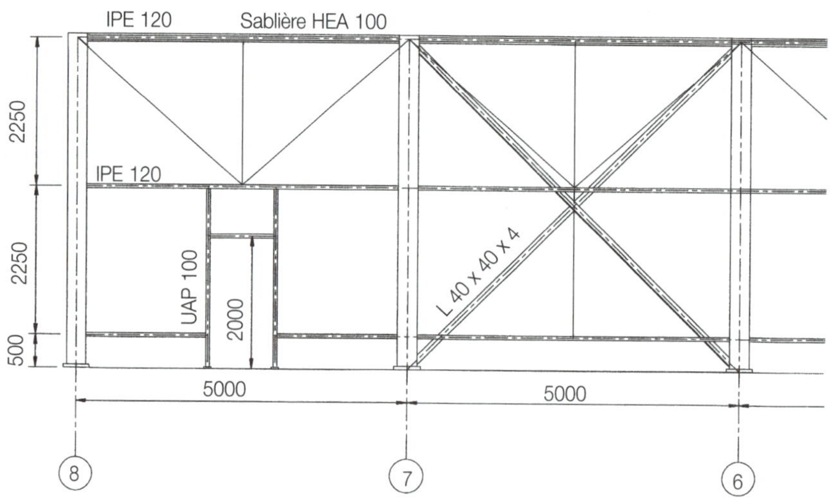

AGRANDISSEMENT SUR UNE PARTIE PORTIQUE FILE 1

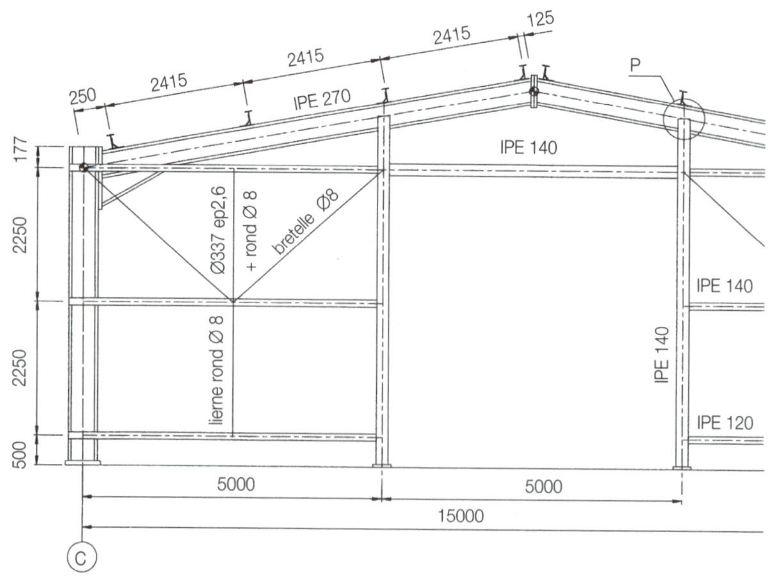

EXEMPLE DE PLAN DE SOUS-ENSEMBLE

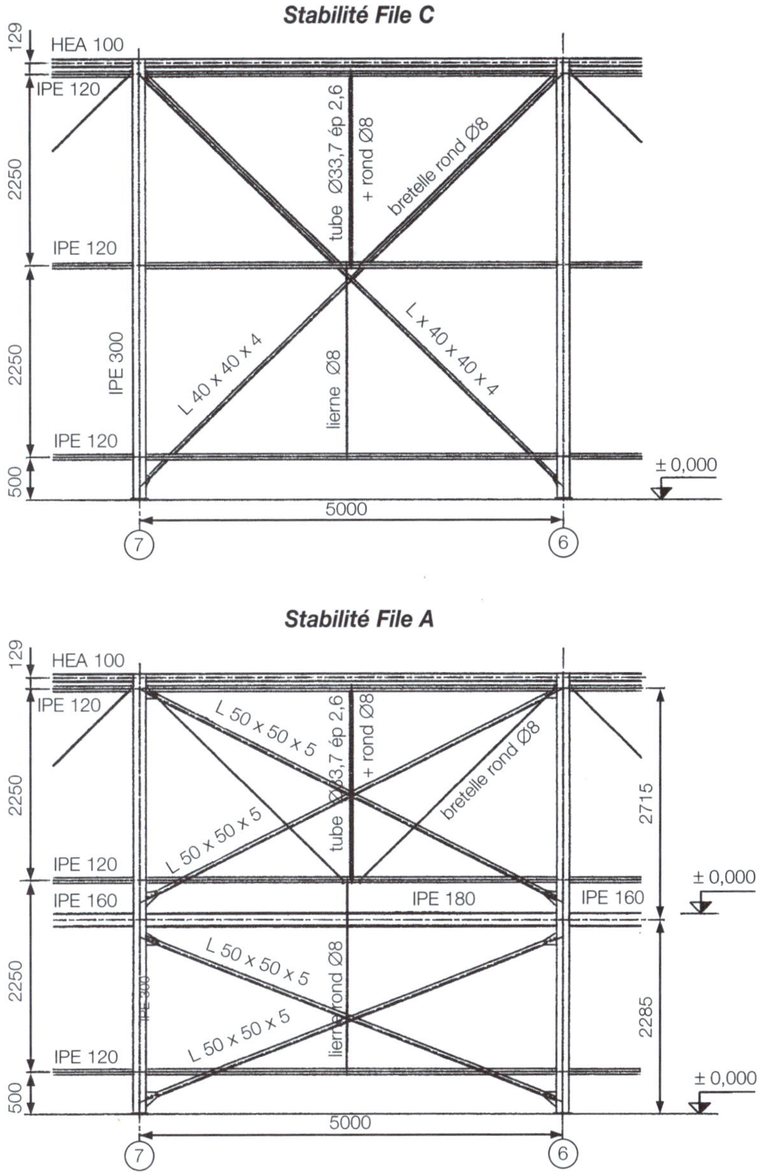

Ech :	ÉTABLISSEMENT	N°
STABILITÉS FILES A et C		Nom :
		Date :

COMPOSITION D'UN PLAN DE SOUS-ENSEMBLE

Le plan de sous-ensemble se compose pour un bâtiment :
– des vues d'une ou plusieurs zones du plan d'ensemble (par exemple : stabilités).
– éventuellement des dessins de détail.

Échelle courante 1:25 ou 1:50

EXEMPLE DE PLAN DE DÉTAILS

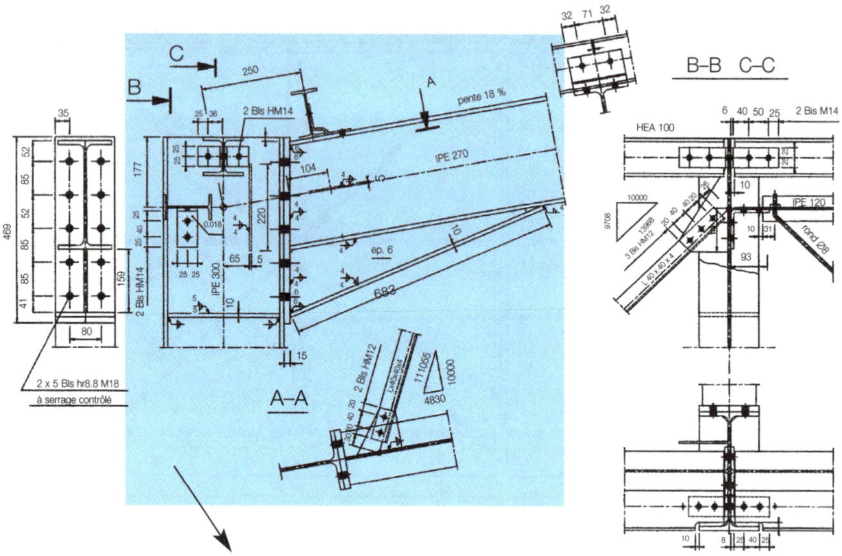

Détails page 135

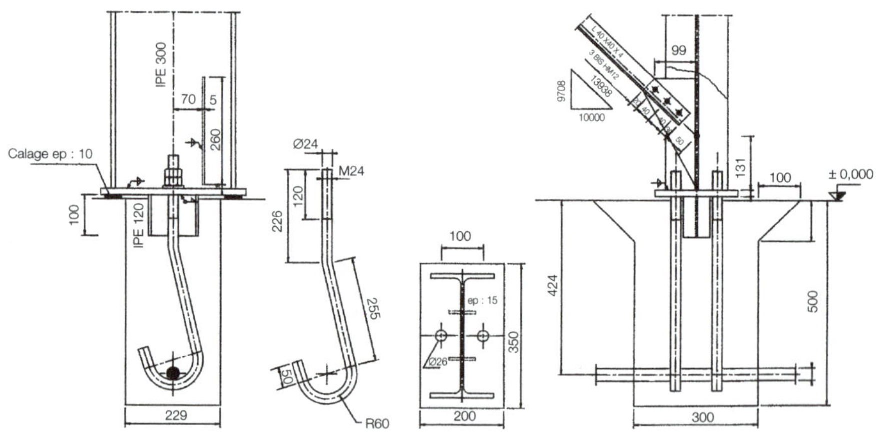

Ech :	ÉTABLISSEMENT	N°
DÉTAILS POTEAU C6		Nom :
		Date :

COMPOSITION D'UN PLAN DE DÉTAILS

Représentation de tous les détails d'assemblages repérés sur le plan d'ensemble ou de sous-ensemble avec autant de vues qu'il est nécessaire pour une bonne compréhension. Plusieurs plans peuvent être nécessaires.

Il est possible de représenter les détails sur les plans d'ensemble ou de sous-ensemble.

Échelle courante 1:4 ou 1:5.

CONVENTIONS DE REPRÉSENTATION DANS UN PLAN DE DÉTAILS

■ LES COTES

Les cotes inférieures au mètre sont exprimées en millimètre (600 équivaut à 600 mm)

Les cotes supérieures au mètre sont exprimées en mètre (10,250 équivaut à 10 m et 250 mm).

Coter les inclinaisons des barres par des triangles cotés.

■ LES ORGANES D'ASSEMBLAGE

Les organes d'assemblages sont symbolisés.

- La représentation des soudures est conforme à la norme NF EN 22553
- La représentation des rivets est conforme à la norme NF E 04-014
- Les boulons sont symbolisés de la façon suivante :

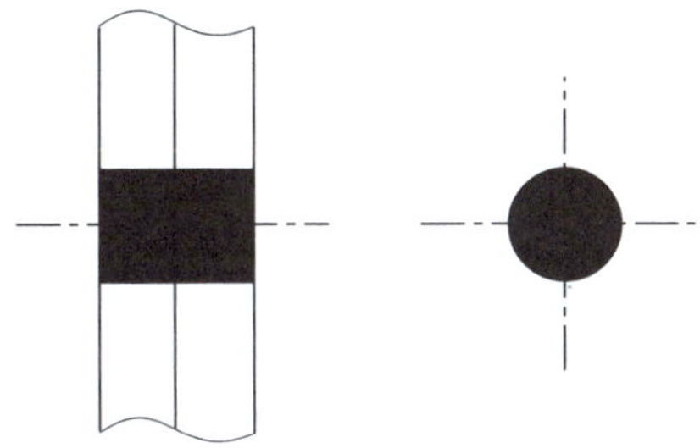

AGRANDISSEMENT SUR UNE PARTIE DE LA TÊTE DE POTEAU

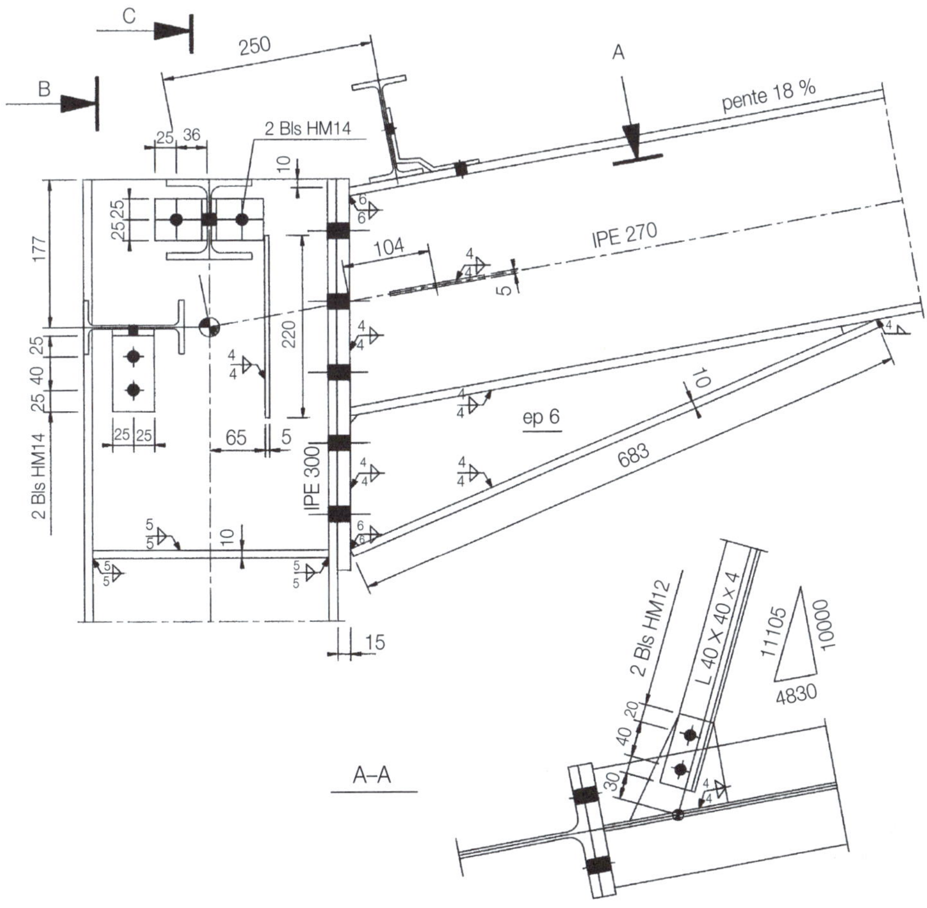

EXEMPLE DE DESSIN DE DÉFINITION

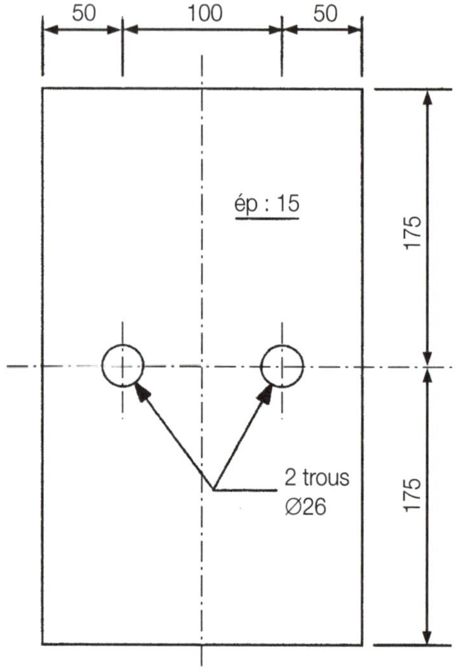

Ech :	ÉTABLISSEMENT	N°
DÉFINITION PLATINE POTEAU A6		Nom
		Date

COMPOSITION D'UN DESSIN DE DÉFINITION

Dessin d'un élément isolé avec sa cotation complète de bureau d'études qui définit entièrement cet élément.
Échelle courante 1:4 ou 1:5

10.1.3 BUREAU DES MÉTHODES

TYPES DE PLANS

- Plans de repérages des éléments.
- Dessins de fabrication.
- Plans de calepinage.

COMPOSITION D'UN PLAN DE REPÉRAGE DES ÉLÉMENTS

Les plans d'ensemble, de sous-ensemble, éventuellement de détails servent de support pour réaliser les repérages des différents éléments. Les plans obtenus sont utilisés pour :
- le montage de la structure.
- établir les nomenclatures des éléments afin de réaliser les commandes matières.
- établir les dessins de fabrication afin de réaliser les éléments à l'atelier.

EXEMPLE DE DESSIN DE FABRICATION

Établissement :			Affaire :	Des :
Matière : S235	Rep : Pl2	Nb : 8	Profil : tôle Ep 15	Dim : 350 × 200

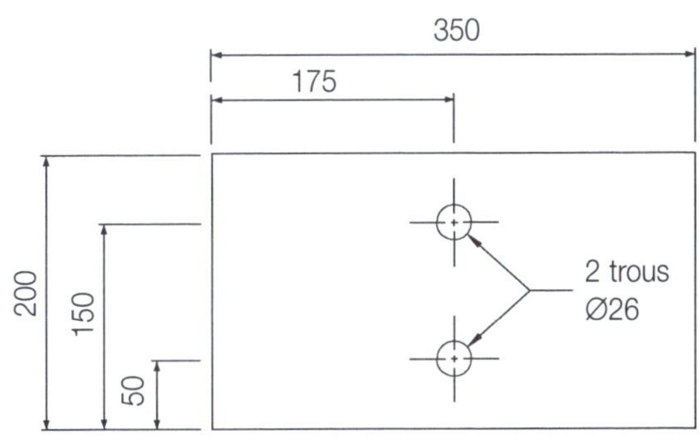

COMPOSITION D'UN DESSIN DE FABRICATION

Dessin d'un élément isolé avec sa cotation complète de fabrication (cotation par rapport à un référentiel). Ce dessin est réalisé à partir du dessin de définition après transfert éventuel des cotes de bureau d'études.
Ce dessin est utilisé pour la réalisation de l'élément à l'atelier.
Dans la pratique les dessins de fabrication sont réalisés à partir des plans de repérage des éléments sans réaliser les dessins de définition, dans un souci de gain de temps.
Avec la conception assistée par ordinateur (CAO) ces dessins sont obtenus automatiquement à partir du plan d'ensemble.

EXEMPLE DE PLAN DE CALEPINAGE

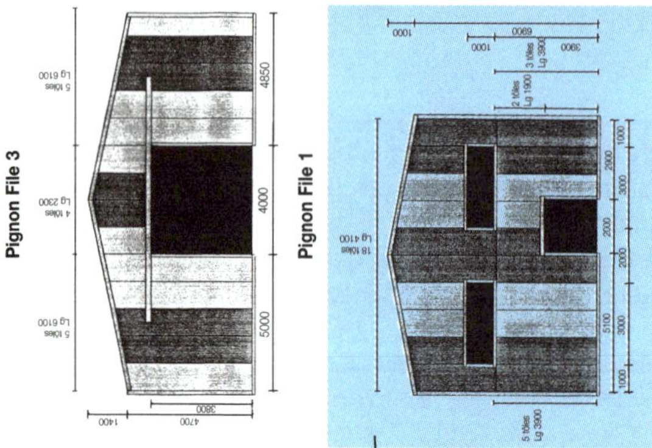

Détails page 139

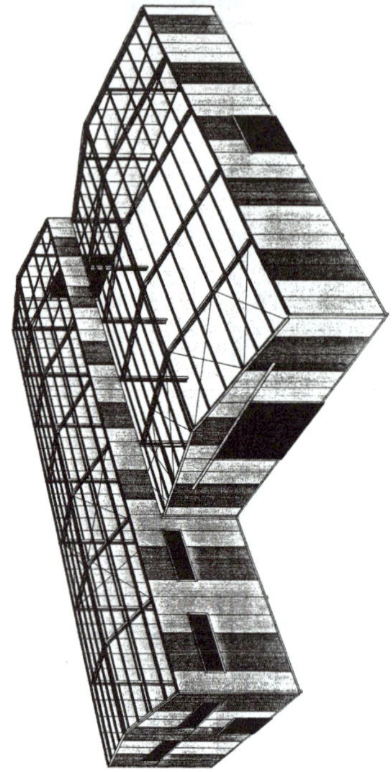

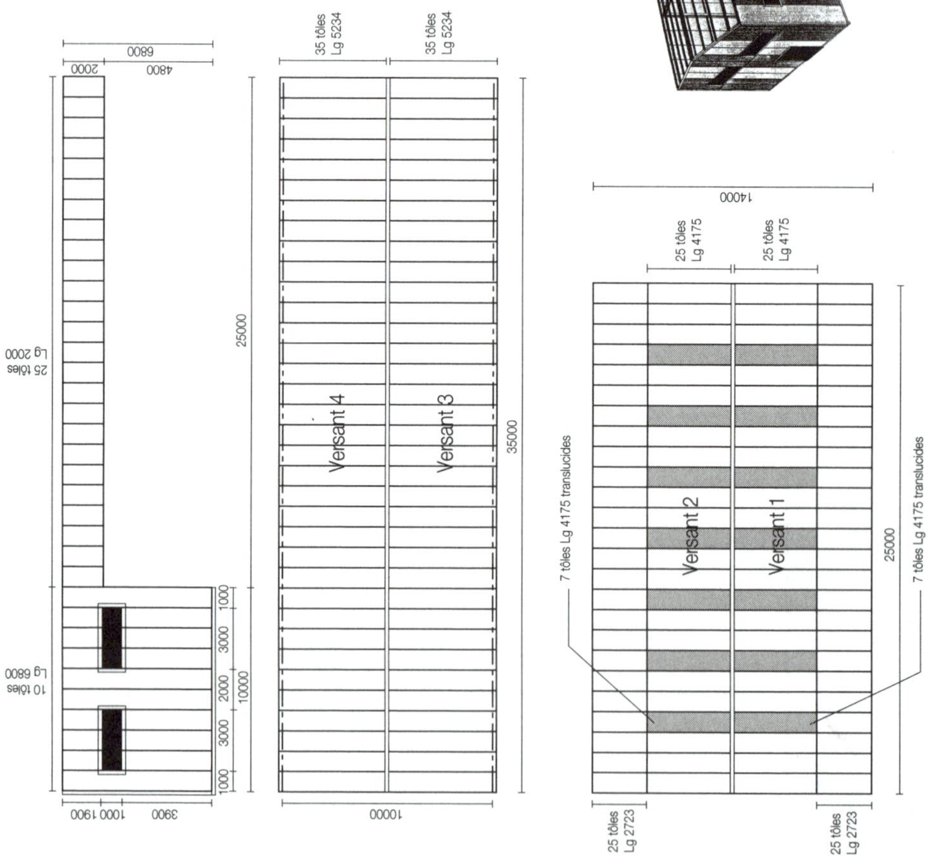

DOC. TECHNISOFT (logiciel atom)

COMPOSITION D'UN PLAN DE CALEPINAGE

Représentation de la disposition de surfaces élémentaires (tôles, plaques) avec indication du nombre, des dimensions et du type.

**AGRANDIS-
SEMENT SUR LE
PIGNON
FILE 1 DU PLAN
DE CALEPINAGE**

PIGNON File 1

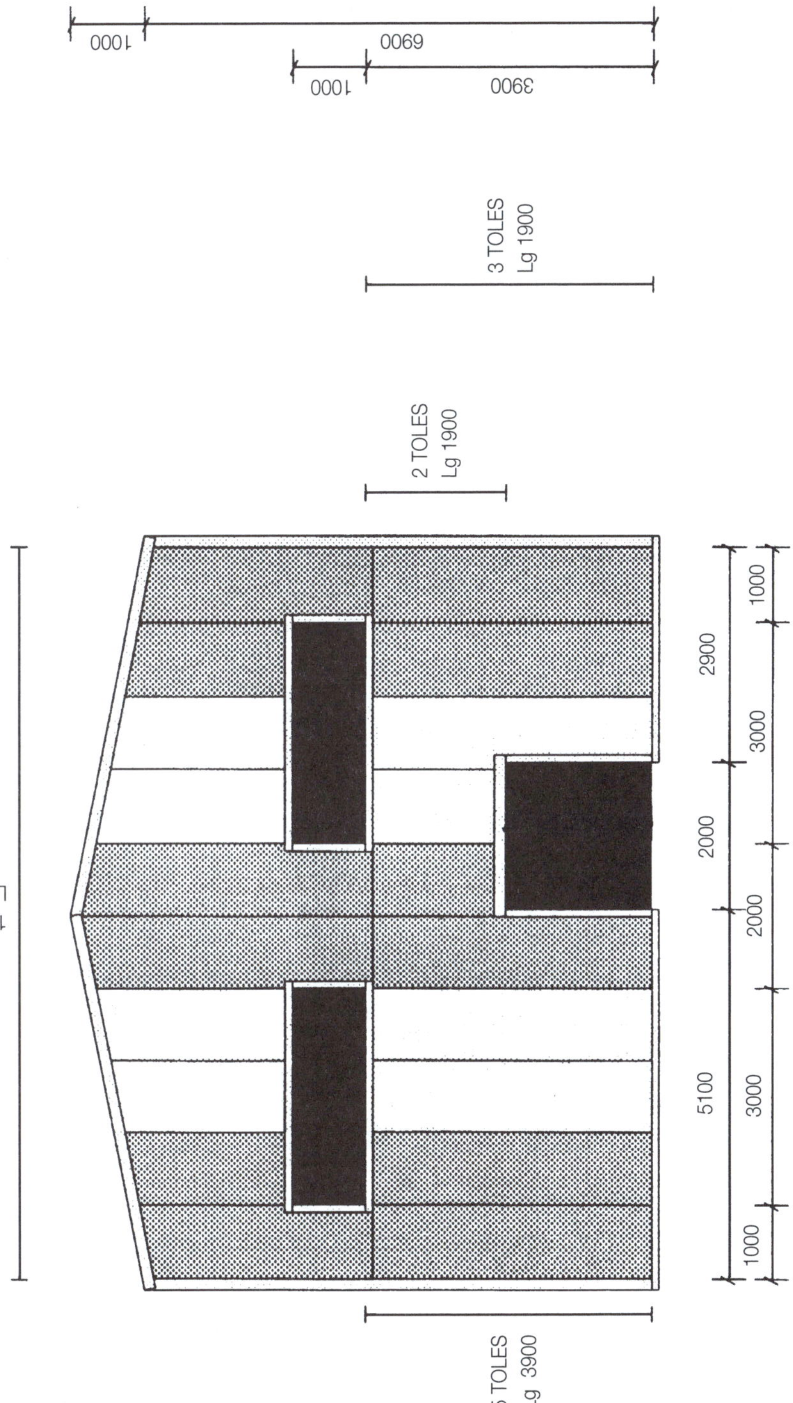

DOC. TECHNISOFT
(logiciel atom)

10.2 EN CHAUDRONNERIE

TYPE DE PLAN

– Plan d'ensemble d'appareil.

EXEMPLE DE PLAN INDUSTRIEL D'ENSEMBLE D'APPAREIL À PRESSION

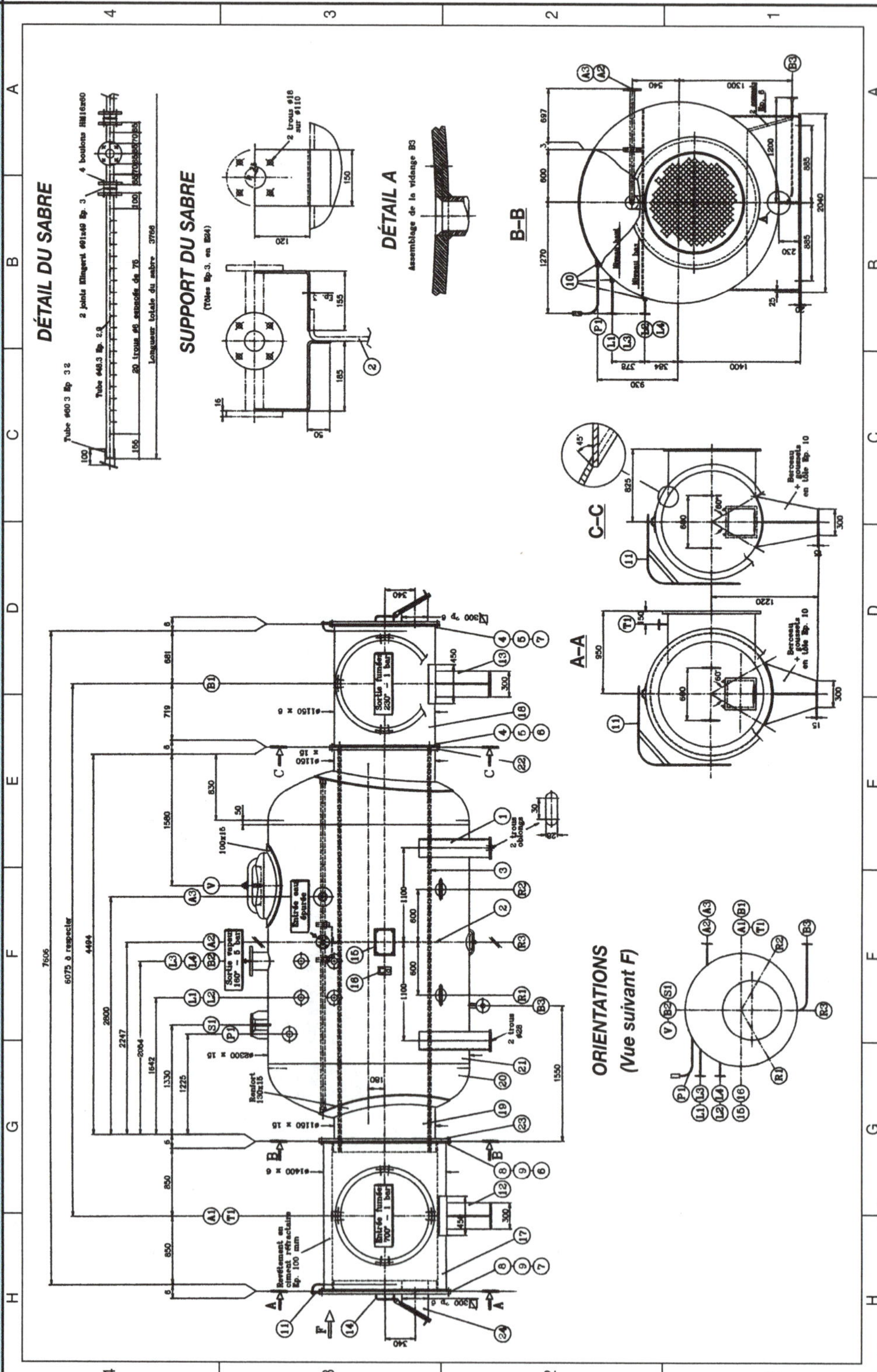

EXEMPLE DE PLAN INDUSTRIEL D'ENSEMBLE D'APPAREIL À PRESSION

Repère	∅ nominal	∅ extérieur	Épaisseur	Longueur	Fonctions	Matière
V	750	750	16		Trou d'homme	
T1	25	33,4	4,54		Prise de température	
P1	25	33,4	4,54		Prise de température	
L_4^1	25	33,4	4,54		Prise de pression	
R1	à R3				Trou de poing	
B3	32	42,16	4,85	–	Vidange	
A3	100	114,3	8,55	200	Retour colonne	A42C1
S1	125	141,3	9,52	200	Soupape de sûreté	
B2	200	219,1	12,7	200	Sortie de vapeur d'eau	A42C1
A2	40	48,3	5,08	–	Entrée eau	42C1
B1	1000	1000	6	250	Sortie des fumées	A42C1
A1	1000	1000	4	250	Entrée des fumées	Z2 CNDT 1810

TUBULURES

Rep	Nbr	Désignation	Matière	Observations
24	2	Porte de décendrage	A42C1	
23	1	Plaque tubulaire	A42C1	
22	1	Plaque tubulaire	A42C1	
21	1	Corps ∅2300 Ep.15	A42C1	
20	2	Fond elliptique 2300 Ep.15	A42C1	
19	2	Piquage	A42C1	
18	1	Boîte de sortie	A42C1	
17	1	Boîte d'entrée	72 CN 18-10	
16	1	Timbre		
15	1	Plaque de firme modèle A		
14	6	Poignées en fer rond ∅1233		
13	1	Pied de support virole ∅115	E24	
12	1	Pied de support pour virole ∅140	E24	
11	2	Potence		NF E 86 –100
10	6	Demi-manchon Sw1–6000, long 12	KC 18 S	
9	2	Joint ∅1162×1262×1216-40 trous ∅18	Amiante	Ep. 6 mm
8	2	Bride ISO PN6, DN 1400, type 01	A42	NF E 29 203
7	84	Boulon HM16×50	E26–3	
6	84	Boulon HM16×75	E26–3	
5	2	Joint ∅1162×1262×1216-40 trous ∅18	Amiante	Ep. 6 mm
4	2	Bride ISO PN6, DN 1150 type 01	A42	NF E 29 203
3	528	Tube ∅33,7×2,3 Lg. 4500	A42C1	
2	1	Pied support Ep. 8	A42C1	Soudée sur virole
1	2	Pied support Ep.12	E24	

Code de construction : SNCT 85 — Catégorie : C

Poids à vide : 10960 Kg — Capacité — Surface
Rempli d'eau : 24845 Kg — 13,9 m^3 — 247 m^2

CHAUDIÈRE
Pour production de vapeur d'eau

Échelle	
Dessiné par :	Date :
Plan Rep. Q31	

Note des auteurs : ce plan utilise l'ancienne notation pour désigner la matière.

COMPOSITION DU PLAN D'ENSEMBLE

Le plan se compose en général pour un appareil :

- des vues de l'appareil.
- éventuellement d'une rose d'orientation.
- d'une nomenclature.
- généralement des dessins de détail à une plus grande échelle.

Échelles courantes :

- 1:50 pour les très gros appareils.
- 1:20 ou 1:25 pour les gros appareils.
- 1:10 pour les moyens appareils.
- 1:5 pour les petits appareils.

Exemples de dessins de détail (extrait du plan d'ensemble page 140)

DÉTAIL DU SABRE

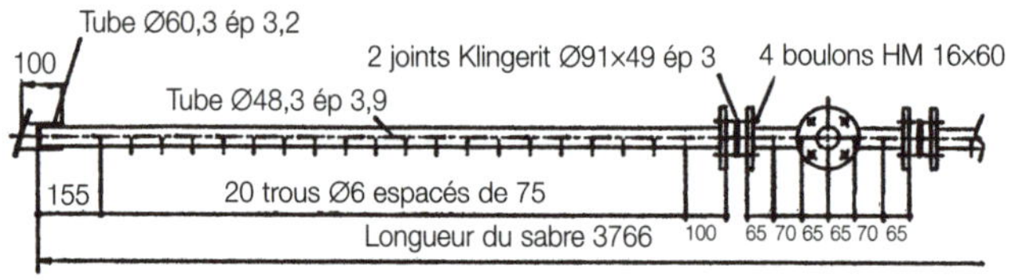

SUPPORT DU SABRE

Tôles ép 3 en E24

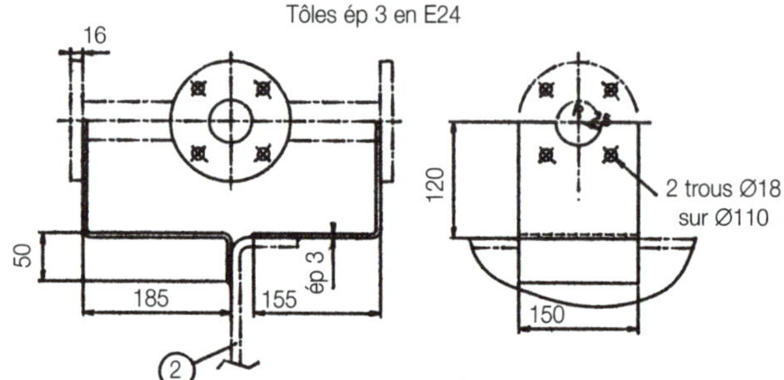

DÉTAIL A

Assemblage de la vidange B3

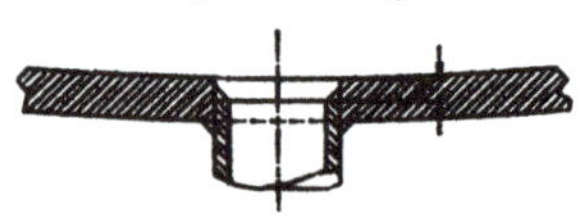

DOC. SNCT

CONVENTIONS DE REPRÉSENTATION DANS UN PLAN D'ENSEMBLE

■ POUR LE DESSIN D'ENSEMBLE

- Les tubulures et d'une façon générale, les particularités sont ramenées dans le plan du dessin. Leur position est définie par une rose d'orientation (voir page 143).
- Les vues de l'appareil sont cotées avec un repérage des différents éléments et des détails (exemples : A1, B1...).
- L'épaisseur des tôles est représentée par un trait plus ou moins épais mais sans relation avec l'échelle.
- Les boulons sont en général représentés par leur axe (définition dans la nomenclature).
- Les trous dans les plaques tubulaires ne sont pas tous représentés.
- Le perçage des brides est toujours positionné « hors axes ».

■ POUR LES DESSINS DE DÉTAIL

- Les épaisseurs des tôles sont représentées en coupe avec deux traits entre lesquels il n'est pas nécessaire de hachurer.
- La représentation des soudures est conforme à la norme NF EN 22553.
- Le perçage des brides normalisées n'est jamais coté.

Dans certains cas, les dessins des détails peuvent être réalisés sur un plan de détails.

- Utilisation des dessins de pièces prédessinées (dont la cotation est à compléter) et de pièces standardisées (potences, couvercles, trous d'homme...).

Informations complémentaires éventuelles du bureau des méthodes :

- Préparation des bords (utilisation éventuelle de dessin standard).
- Procédés de soudage...

EXEMPLE DE ROSE D'ORIENTATION

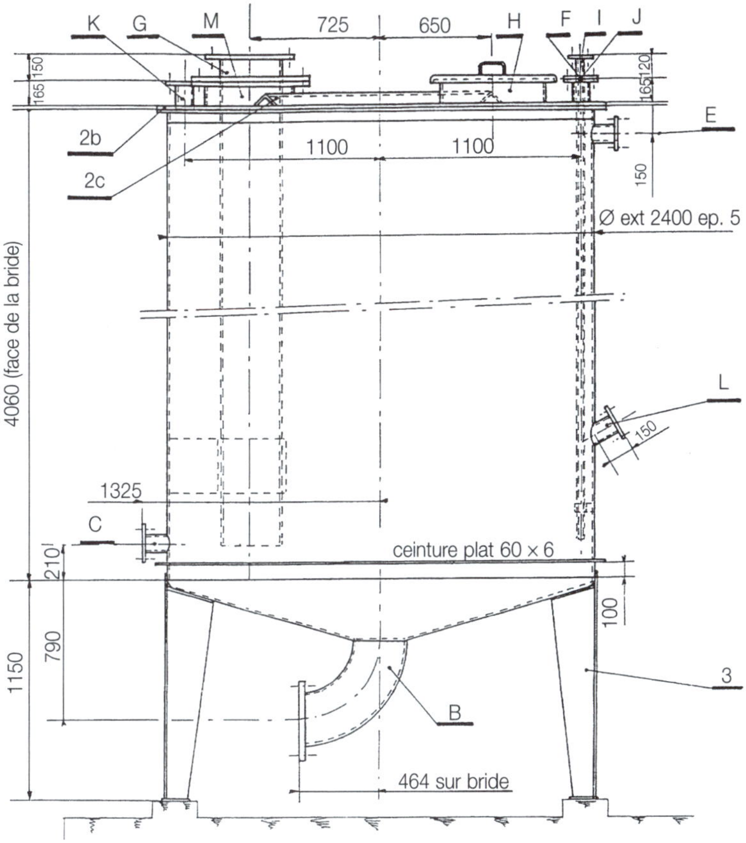

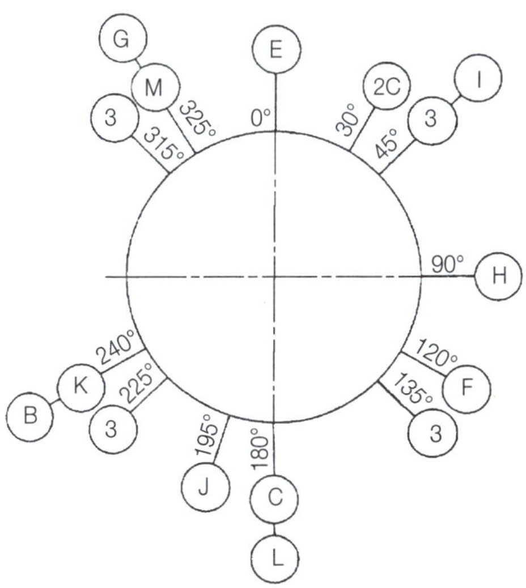

10.3 EN TUYAUTERIE

TYPES DE PLANS	- Plan d'ensemble d'installation. - Dessins de définition des lignes de tuyauterie.	
MODES DE REPRÉSENTATION	- Représentation orthogonale bifilaire. - Représentation orthogonale unifilaire.	- Représentation isométrique bifilaire. - Représentation isométrique unifilaire.
REPRÉSENTATION ORTHOGONALE	Utilisation du système de projection européen (ou méthode du 1er dièdre) selon la norme NF E 04-520 et NF E 04-118-1.	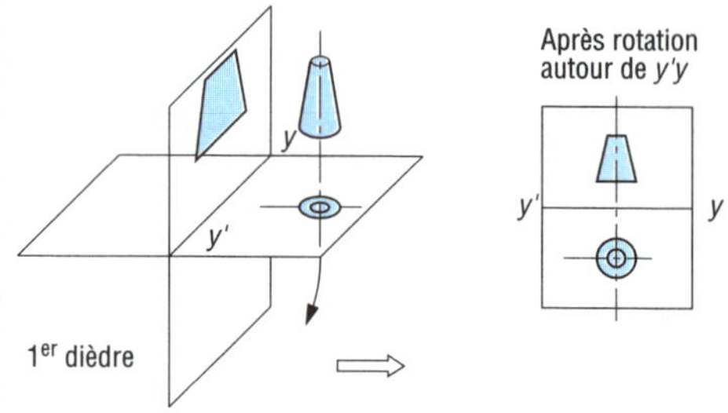
REPRÉSENTATION ISOMÉTRIQUE	Utilisation de la perspective isométrique selon la norme NF E 04-108 et NF E 04-118-2. Cette perspective permet de représenter avec une seule vue les 3 plans de l'espace : - horizontal - de profil - frontal	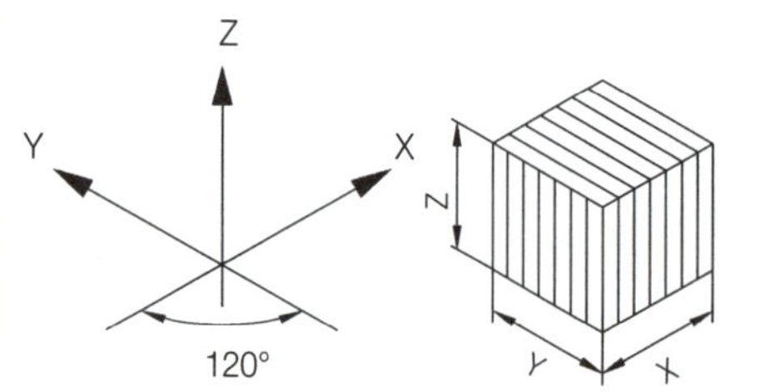
REPRÉSENTATION BIFILAIRE	Le tube est représenté par son axe en trait mixte et par deux traits fins continus qui représentent son diamètre extérieur.	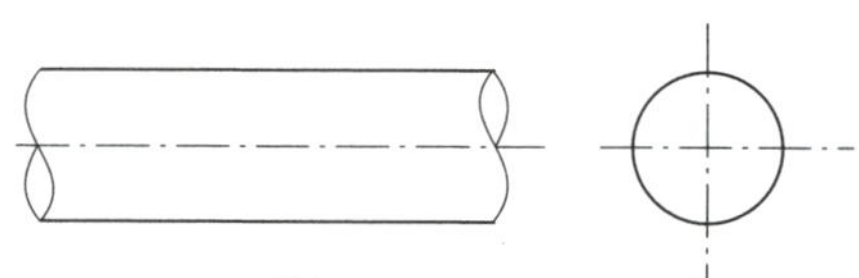 Tube
REPRÉSENTATION UNIFILAIRE	Le tube est matérialisé par un trait continu fort d'un diamètre de 3 à 5 mm indépendant du diamètre réel et qui passe par l'axe du tube. Cette représentation utilise un ensemble de symbole pour représenter par exemple un changement de direction, une réduction, un croisement de tubes, un piquage, un assemblage par brides..., etc , conformément aux normes : - NF E 04-118-1 pour les représentations orthogonales. - NF E 04-118-2 pour les représentations isométriques.	***Exemples :***  Tube 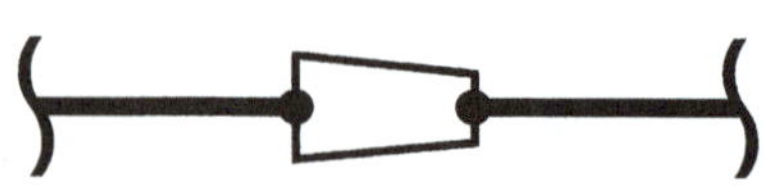 Réduction concentrique soudée

EXEMPLE DE REPRÉSENTATION ORTHOGONALE UNIFILAIRE

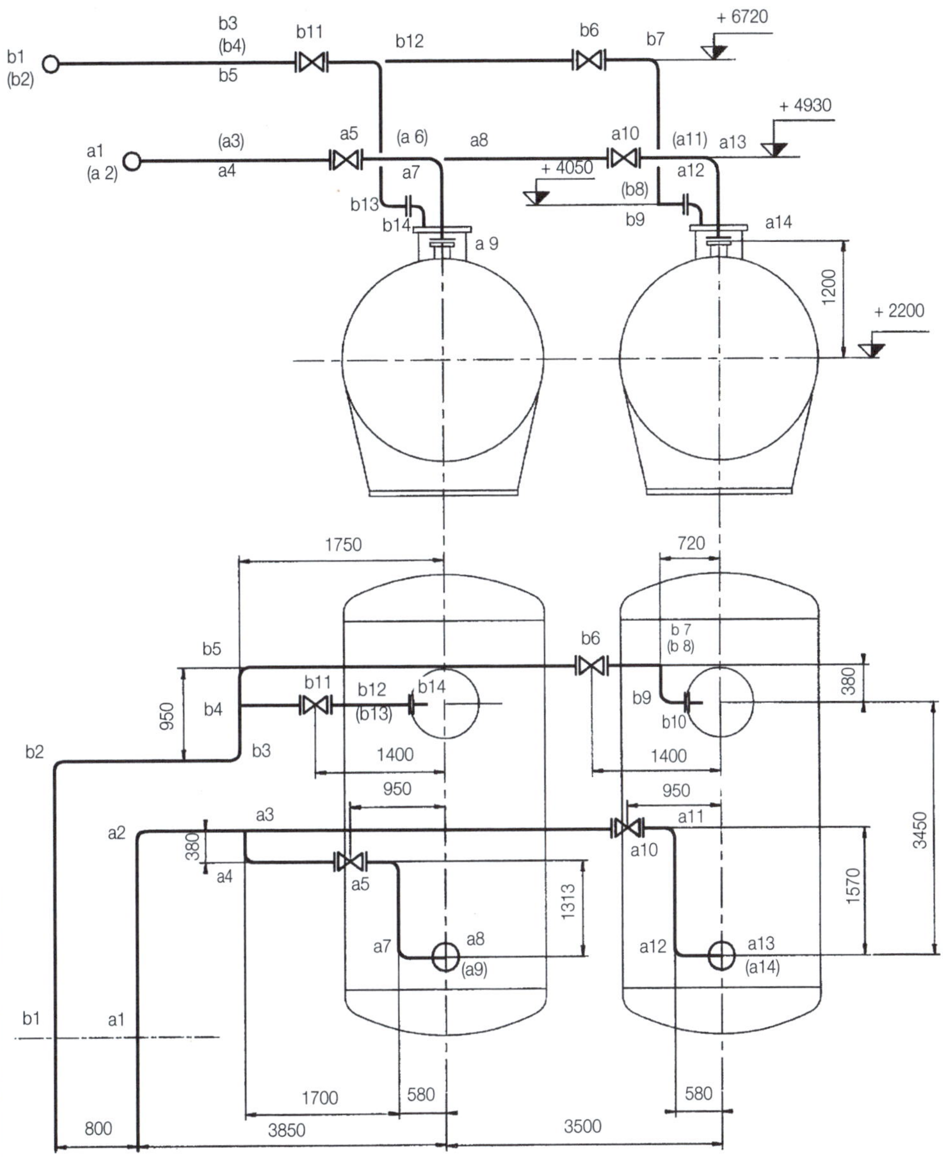

COMPOSITION D'UN PLAN D'ENSEMBLE D'INSTALLATION

La représentation orthogonale unifilaire ou bifilaire est généralement utilisée sur les plans d'ensemble d'installation.

Le plan comporte :

- une vue de face (vue en élévation),
- une vue de dessus (vue en plan),
- éventuellement des vues complémentaires,
- les lignes de tuyauterie de l'installation avec leurs repérages, leurs positions relatives et leurs positions par rapport aux appareils, la position des accessoires.

La représentation bifilaire est utilisée dans les cas de conception difficile.

EXEMPLE DE REPRÉSENTATION ISOMÉTRIQUE UNIFILAIRE	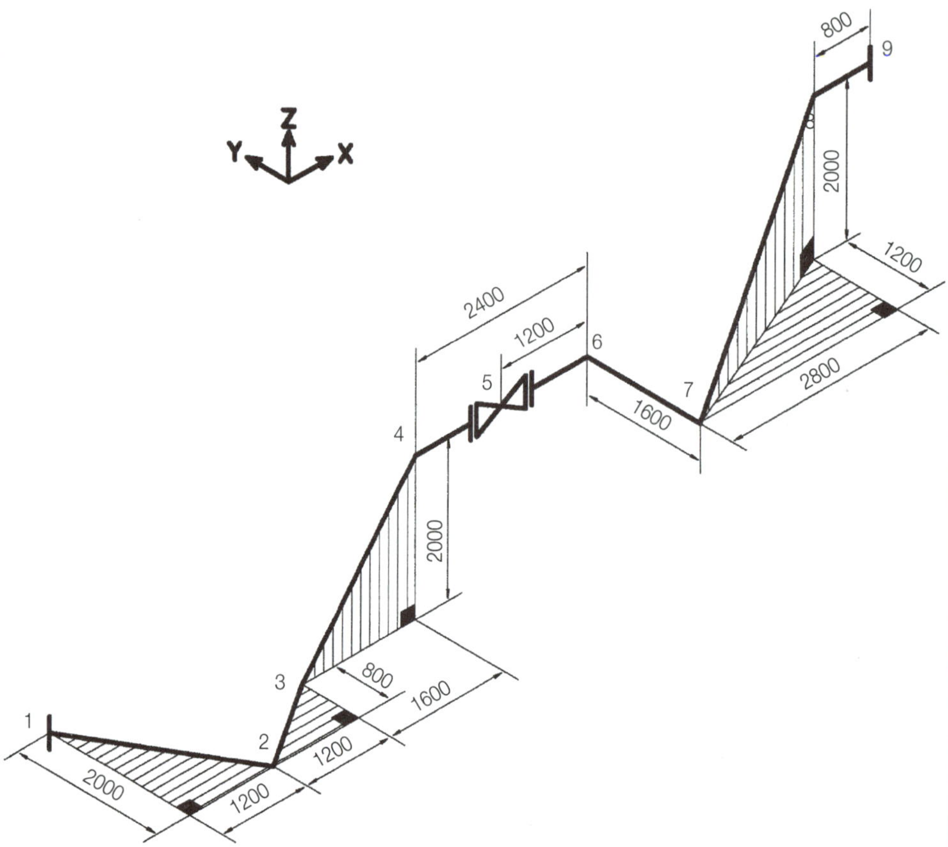
COMPOSITION D'UN DESSIN DE DÉFINITION D'UNE LIGNE DE TUYAUTERIE	La représentation isométrique unifilaire (ou éventuellement bifilaire dans le cas des gros diamètres) est généralement utilisée pour la réalisation des dessins de définition de ligne de tuyauterie. Le dessin comporte : - la représentation isométrique de la ligne de tuyauterie avec les changements de direction symbolisés et cotés conformément à la norme NF E 04-118-2 - la position et les dimensions des accessoires - le repérage des différents éléments. La nomenclature des différents éléments peut se trouver avec le dessin ou séparément.

11 OUVRAGES EN CONSTRUCTION MÉTALLIQUE

11.1 VOCABULAIRE DES BÂTIMENTS MÉTALLIQUES

TYPES DE BÂTIMENTS MÉTALLIQUES	**BÂTIMENT À UN VERSANT**	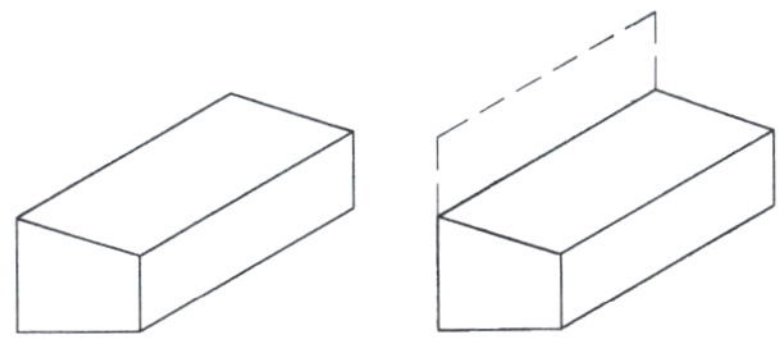	Appelé appentis lorsque ce bâtiment est adossé à un bâtiment plus grand.
	BÂTIMENT À DEUX VERSANTS	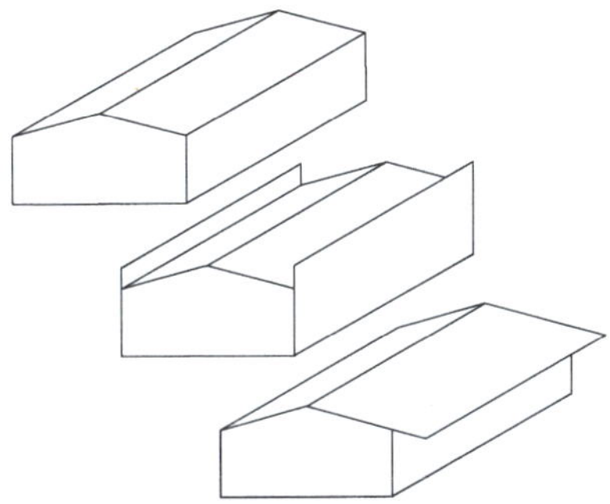	Les deux versants peuvent être ou non symétriques. Avec acrotères. Avec un auvent.
	BÂTIMENT À PLUSIEURS VERSANTS	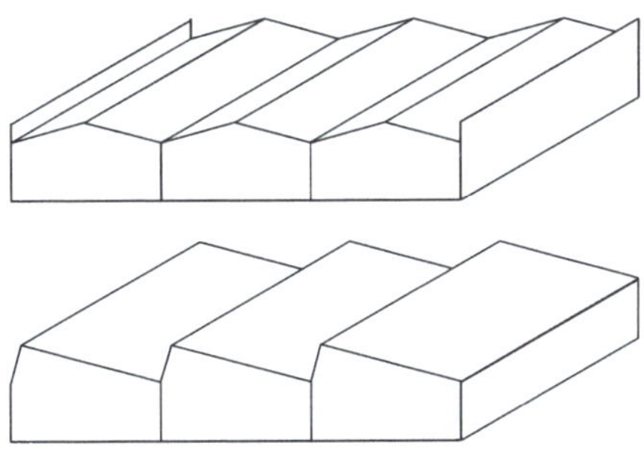	Plusieurs halles symétriques ou non. Toiture en shed, c'est-à-dire avec deux versants inégaux généralement à 90°, de petite portée, avec vitrage sur le petit versant pour diffuser la lumière.
	BÂTIMENT À ÉTAGES	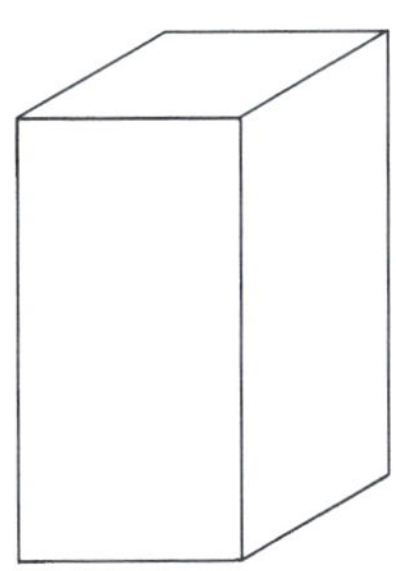	Bâtiments de grande hauteur. La structure est mixte : noyau en béton (constitué par les gaines de circulations verticales comme les escaliers, les ascenseurs et les gaines techniques) sur lequel est fixée l'ossature métallique.
	BÂTIMENT COMBINAISON DES CAS PRÉCÉDENTS	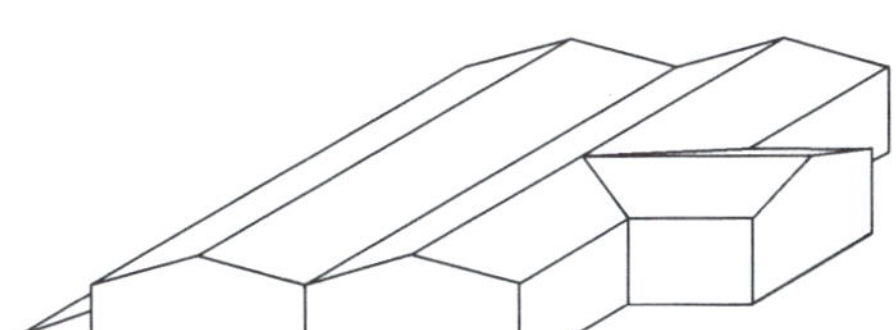	

ENVELOPPE DU BÂTIMENT

Perspective d'ensemble

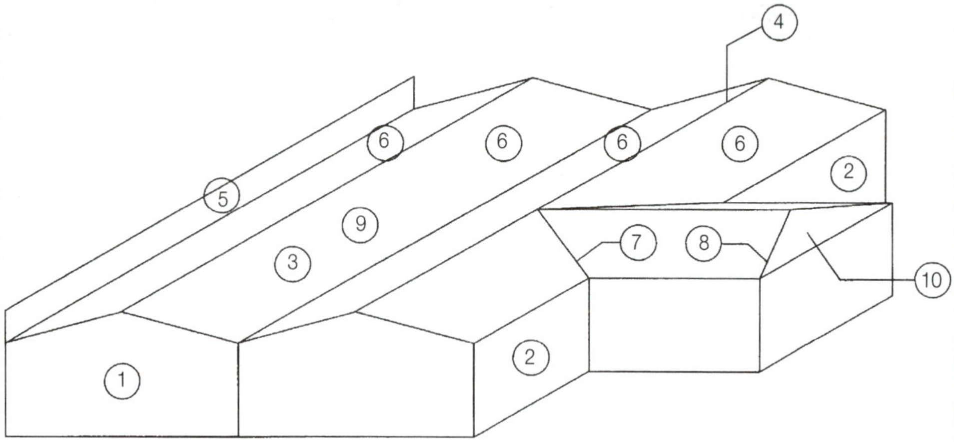

1 Pignon
2 Long-pan
3 Versant
4 Faîtage
5 Acrotère
6 Toiture
7 Noue
8 Arêtier
9 Rampant
10 Croupe

OSSATURE DU BÂTIMENT

Perspective d'ensemble

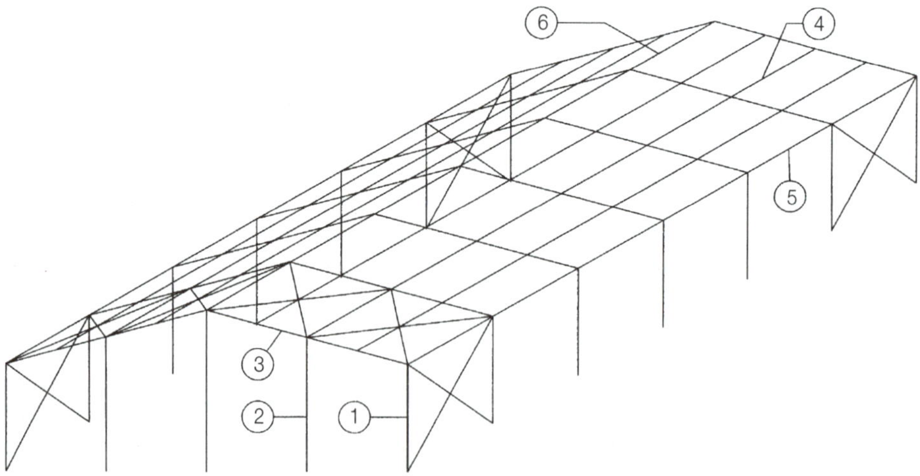

1 Poteau
2 Potelet
3 Traverse
4 Panne
5 Sablière
6 Faîtière

OSSATURE DU BÂTIMENT

Portique : ensemble poteaux et traverses à âmes pleines

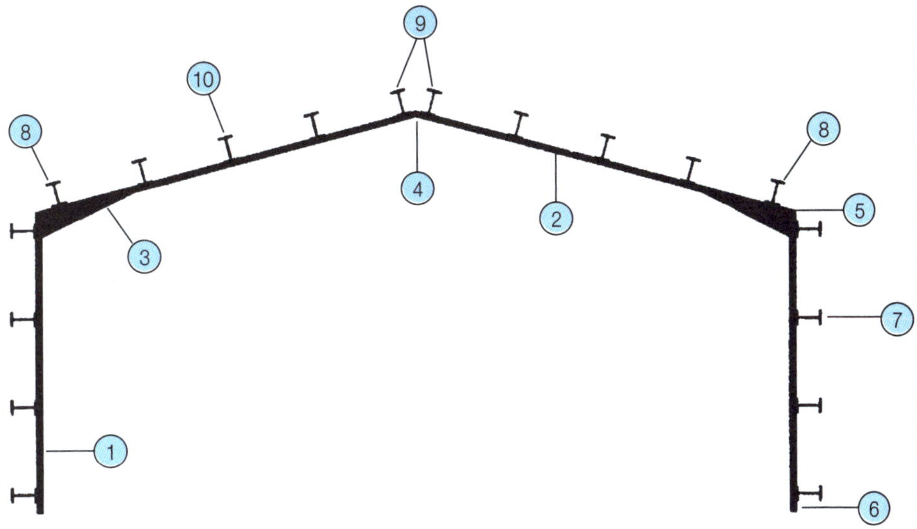

1 Poteau
2 Traverse
3 Jarret
4 Faîtage
5 Tête de poteau
6 Pied de poteau
7 Lisse
8 Panne sablière
9 Pannes faîtières
10 Panne courante

Portique : ensemble poteaux et ferme

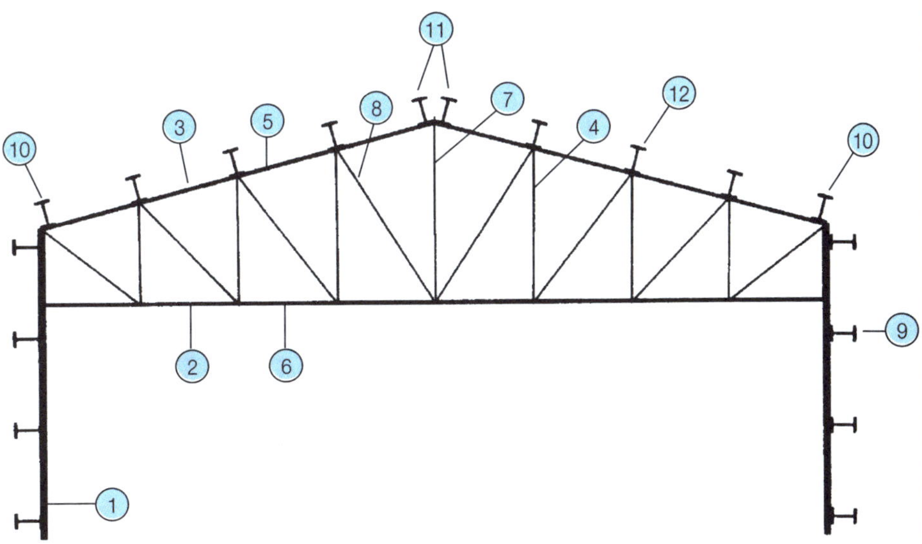

1 Poteau
2 Entrait
3 Arbalétrier
4 Montant
5 Membrure supérieure
6 Membrure inférieure
7 Poinçon
8 Diagonale
9 Lisse
10 Panne sablière
11 Pannes faîtières
12 Panne courante

OSSATURE DU BÂTIMENT

Long-pan

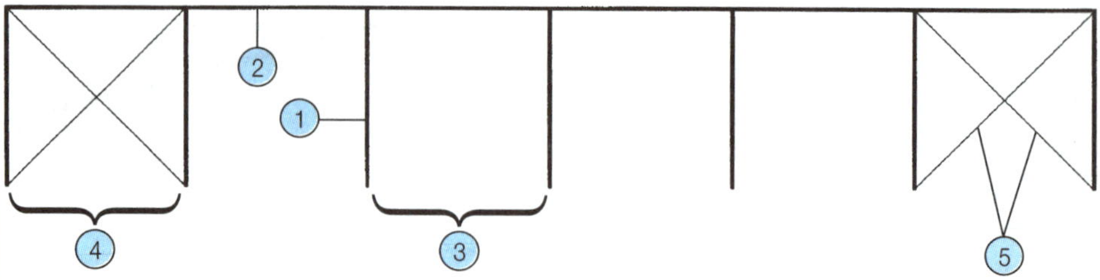

1 Poteau
2 Sablière
3 Palée
4 Palée de stabilité
5 Croix de Saint-André

Toiture

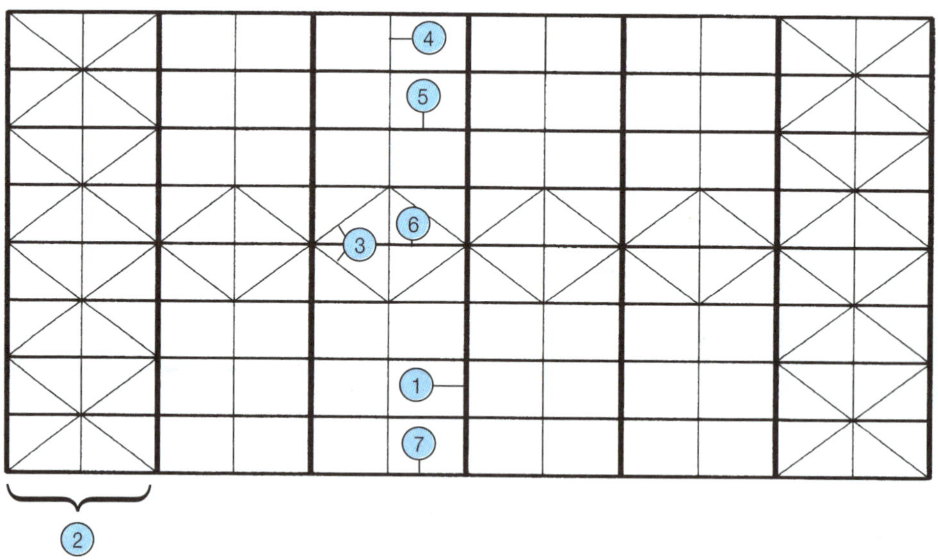

1 Traverse
2 Poutre au vent
3 Bretelles
4 Lierne
5 Panne courante
6 Panne Faîtière
7 Sablière

11.2 ACTIONS SUR LES BÂTIMENTS — EUROCODE 3 (EC3) : NF P 22 - 311 - 2

Définition : une action est une force (charge) appliquée à la structure (action directe) ou une déformation imposée (action indirecte), par exemple effet thermique ou déplacement d'appui.

Classification :

- Actions permanentes (**G**) telles que poids propre des structures et équipements fixes.
- Actions variables (**Q**) telles que charges d'exploitation, action de la neige, action du vent.
- Actions accidentelles (**A**) telles qu'explosions, chocs des véhicules, séismes.

11.2.1 CHARGES PERMANENTES — NF P 06 - 004

Définition : les charges permanentes correspondent au poids de la structure et des équipements fixes.
Remarque : certains équipements fixes légers peuvent être inclus dans les charges d'exploitation.

EXEMPLES DE RÉPARTITION

Sur une poutre de plancher

Charge uniformément répartie et charge ponctuelle (si équipement fixe)

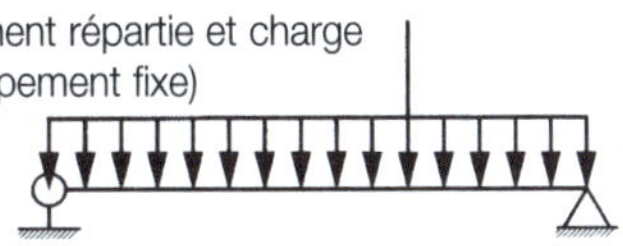

Sur un portique

■ EXEMPLES DE VALEURS

Éléments	Valeurs
plaque ondulée fibres-ciments	0,137 kN/m^2
tôle ondulée acier galvanisé	0,06 kN/m^2
tôle en acier galvanisé prélaqué	0,06 à 0,1 kN/m^2
acier	78,5 kN/m^3
béton armé	25 kN/m^3
IPE 100	0,081 kN/m

11.2.2 CHARGES D'EXPLOITATION — NF P 06 - 001

Définition : Les charges d'exploitation sont celles qui résultent de l'usage des locaux. Elles correspondent au mobilier, au matériel, aux matières en dépôt et aux personnes pour un mode normal d'occupation. Les valeurs des charges d'exploitation comprennent également les équipements légers tels que canalisations de distribution des fluides ménagers, appareils sanitaires, radiateurs, appareils de chauffage individuels.
Elles ne comprennent pas les cloisons, plafonds, sols et revêtements, gaines et conduits de fumée, ni les appareils lourds. Ces éléments sont pris en compte en fonction de leurs caractéristiques propres.

EXEMPLES DE RÉPARTITION

Sur une poutre de plancher

Charge uniformément répartie

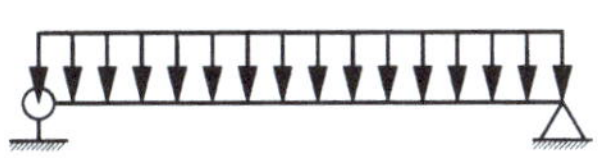

Sur un portique

Charge uniformément répartie suivant versant

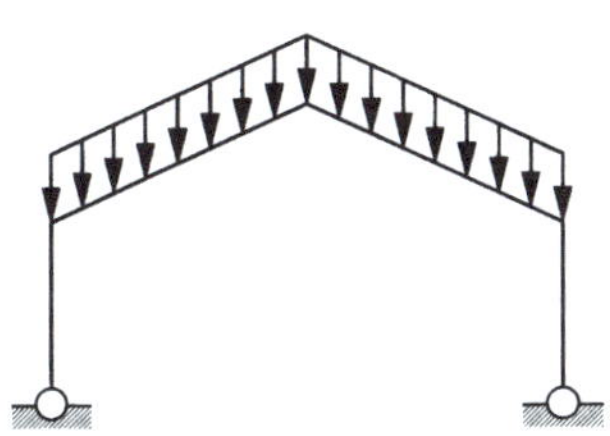

■ EXEMPLES DE VALEURS

Bâtiments à usage d'habitation

Nature du local	Valeurs
Logements	1,5 kN/m^2
Balcons	3,5 kN/m^2
Escaliers, hall d'entrée	2,5 kN/m^2

Bâtiments à usage de bureaux

Nature du local	Valeurs
Bureaux	2,5 kN/m^2
Circulation et escaliers	2,5 kN/m^2
Halls de réception	2,5 kN/m^2
Salle de projection et de conférence ″ 50 m^2	3,5 kN/m^2
Salles de réunion	2,5 kN/m^2

EXEMPLES DE VALEURS

■ **BÂTIMENTS SCOLAIRES ET UNIVERSITAIRES**

Nature du local	Valeurs
Salles polyvalentes	4 kN/m²
Amphithéâtres	3,5 kN/m²
Salles de classe	2,5 kN/m²

■ **BÂTIMENTS HOSPITALIERS ET DISPENSAIRES**

Nature du local	Valeurs
Chambres	1,5 kN/m²
Circulations internes	2,5 kN/m²
Salles d'opérations	3,5 kN/m²
Halls	4 kN/m²
Circulations générales	4 kN/m²
Bureaux	2,5 kN/m²

■ **USAGES DIVERS**

Nature du local	Valeurs
Bâtiments à usage sportif	5 kN/m²
Toiture (entretien par du personnel)	1,5 kN/m²
Terrasses accessibles aux usagers : – Terrasses privées	 1,5 kN/m²
Efforts horizontaux sur les gardes corps : – Locaux privés : zone de stationnement > 3,25 m – Bâtiments recevant du public – Tribune de stade	 0,4 kN/m 1 kN/m 1,7 kN/m
Escaliers et passerelles dans les locaux industriels : – Charge répartie – Charge concentrée	 2 kN/m² 1 kN

11.2.3 CHARGES DE NEIGE

RÈGLES NV65 AVRIL 2000 : DTU P06 – 002
RÈGLES N84 AVRIL 2000 : DTU P06 – 006
EUROCODE 1, PARTIE 2.3 NEIGE : P06-102-3

L'Eurocode 1 et les règles N84 modifiées avril 2000 ne peuvent être appliquées qu'**avec les règles de calcul aux « états limites » (Eurocode 3).**

Ces règles définissent l'action de la neige sur les constructions. **Les charges de neige dépendent** : de la région où se situe la construction, de l'altitude, de la forme de la toiture, du vent.

La charge de neige s est définie **par les formules suivantes** :

– pour les règles N84 modifiées avril 2000 : $s = \mu \cdot s_0 + s_1$ et $s = \mu \cdot s_{0a} + s_1$

– pour l'Eurocode 1 : $s = \mu_i \cdot C_e \cdot C_t \cdot S_k + s_1$ et $s = \mu_i \cdot s_A + s_1$

μ et μ_i : coefficient nominal fonction de la forme de la toiture

s_0 et S_k : valeur de la charge de neige sur le sol

s_{0a} et s_A : valeur de la charge accidentelle sur le sol

C_e coefficient d'exposition (en général égal à 1) et C_t : coefficient dynamique (en général égal à 1)

Dans le cas d'utilisation de **règles qui ne sont pas aux « états limites » (CM66/Additif 80)**, il convient d'**appliquer les règles NV65 modifiées avril 2000** dans les conditions suivantes :

– utiliser la carte des règles N84 modifiées 95 ;

– prendre en compte une charge accidentelle égale à 0,8 s_{oa} au lieu de la charge extrême si, compte tenu de l'altitude, cette valeur est plus défavorable que la charge extrême ;

– s_1 n'est pas appliqué.

EXEMPLE DE RÉPARTITION

Sur un portique

Charge uniformément répartie horizontalement

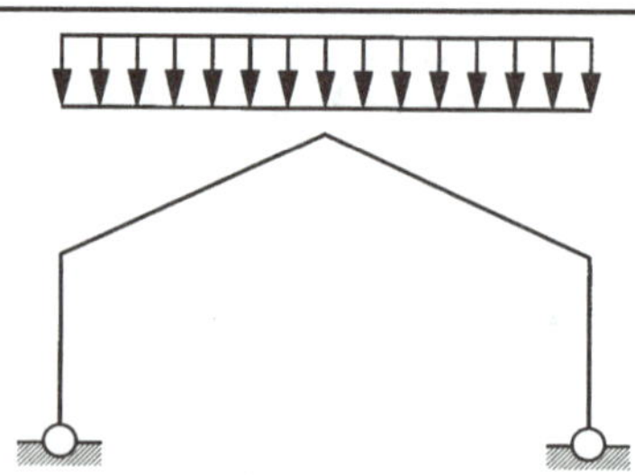

DÉTERMINATION DE s_1

Cette majoration ne vise que les difficultés d'évacuation des eaux de pluie en présence de neige.

$s_1 = 0{,}2$ kN/m², lorsque la pente nominale du fil de l'eau de la partie enneigée de toiture (noue par exemple) est inférieure ou égale à 3 %.

$s_1 = 0{,}1$ kN/m², lorsque cette pente est comprise entre 3 et 5 %.

La zone de majoration s'étend dans toutes les directions sur une distance de 2 m au-delà de la partie de toiture visée ci-dessus.

INFLUENCE DU LIEU DE CONSTRUCTION

Carte des charges de neige

Altitude < 200 m

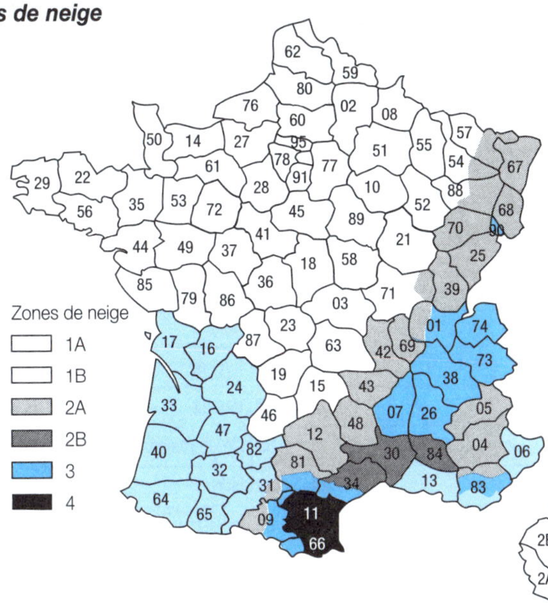

Eurocode 1 partie 2.3	Règles N84 avril 2000	Zones					
Unité en kN/m²		1A	1B	2A	2B	3	4
Charge de la neige sur le sol $s_{k\,200}$	Charge de la neige sur le sol $s_{0\,min}$	0,45	0,45	0,55	0,55	0,65	0,90
Charge accidentelle s_A	Charge accidentelle s_{oa}		1,00	1,00	1,35	1,35	1,80

Nota : la carte est divisée en 4 zones, et plus précisément selon les limites administratives départementales et cantonales données ci-après :	**NV65 avril 2000**	Zones					
	Unités en daN/m²	1A	1B	2A	2B	3	4
	Charge normale p_{n0}	35	35	45	45	55	80
	Charge extrême p'_{n0}	60	60	75	75	90	130
	Charge accidentelle p''_n		80	80	108	108	144

ZONES EN FONCTION DES CANTONS

Département		Zone	Cantons
01	Ain	2A 3	Bâgé-le-Châtel, Bourg-en-Bresse (tous cantons), Chalamont, Châtillon-sur- Chalaronne, Coligny, Meximieux, Miribel, Montluel, Montrevel-en-Bresse, Péronnas, Pont-d'Ain, Pont-de-Vaux, Ponte-de-Veyle, Reyrieux, Saint-Trivier-de-Courtes, Saint-Trivier-sur-Moignans, Thoissey, Trévoux, Villars-les-Dombes, Viriat Tous les autres cantons.
09	Ariège	3 2A	Ax-les-Thermes, Cabannes (Les), Lavelanet, Mirepoix, Quérigut Tous les autres cantons
11	Aude	3 4	Belpech, Castelnaudary (tous cantons), Fanjeaux, Salles-sur-l'Hers Tous les autres cantons
31	Haute-Garonne	2A 3 1B	Caraman, Cintegabelle, Lanta, Montgiscard, Nailloux, Villefranche-de-Lauraguais Revel Tous les autres cantons
34	Hérault	3 2B	Béziers (tous cantons), Capestang, Olonzac, Saint-Chinian, Saint-Pons de-Thomières Tous les autres cantons
54	Meurthe-et-Moselle	2A 1A	Arracourt, Baccarat, Badonviller, Bayon, Blâmont, Cirey-sur-Vezouze, Gerbéviller, Haroué, Lunéville (tous cantons) Tous les autres cantons
57	Moselle	2A 1A	Albestroff, Behren-lès-Forbach, Bitche, Château-Salins, Dieuze, Fénétrange, Forbach, Freyming-Merlebach, Grostenquin, Lorquin, Phalsbourg, Réchicourt-le-Château, Rohrbach-lès-Bitche, Saint-Avold (tous cantons), Sarralbe, Sarrebourg, Sarreguemines, Sarreguemines-Campagne, Stiring-Wendel, Vic-sur-Seille, Volmuster Tous les autres cantons
66	Pyrénées-Orientales	3 4	Mont-Louis, Olette, Saillegouse Tous les autres cantons

ZONES EN FONCTION DES CANTONS (suite)

71	Saône-et-Loire	2A	Beaurepaire-en-Bresse, Cuiseaux, Cuisery, Louhans, Montpont-en-Bresse, Montret, Pierre-de-Bresse, Saint-Germain-du-Bois, Tournus
		1B	Tous les autres cantons
81	Tarn	3	Dourgne, Labruguière, Mazamet (tous cantons), Saint-Amans-Soult
		2A	Tous les autres cantons
83	Var	2A	Aups, Callas, Comps-sur-Artuby, Draguignan, Fayence, Rians, Salernes, Tavernes
		3	Barjols, Besse-sur-Issole, Brignoles, Cotignac, Fréjus, Grimaud, Lorgues, Luc (Le), Saint-Maximin-la-Sainte-Baume, Saint-Raphaël, Saint-Tropez
		1B	Tous les autres cantons
88	Vosges	1A	Bulgnéville, Châtenois, Coussey, Lamarche, Mirecourt, Neufchâteau, Vittel
		2A	Tous les autres cantons

ZONES EN FONCTION DES DÉPARTEMENTS

	Département	Zone		Département	Zone		Département	Zone
01	Ain	2A/3	32	Gers	1B	64	Pyrénées-Atlantiques	1B
02	Aisne	1A	33	Gironde	1B	65	Hautes-Pyrénées	1B
03	Allier	1B	34	Hérault	2B/3	66	Pyrénées-Orientales	3/4
04	Alpes-de-Haute-Provence	2A	35	Ille-et-Vilaine	1A	67	Bas-Rhin	2A
05	Hautes-Alpes	2A	36	Indre	1A	68	Haut-Rhin	2A
06	Alpes-Maritimes	1B	37	Indre-et-Loire	1A	69	Rhône	2A
07	Ardèche	3	38	Isère	3	70	Haute-Saône	2A
08	Ardennes	1A	39	Jura	2A	71	Saône-et-Loire	1B/2A
09	Ariège	2A/3	40	Landes	1B	72	Sarthe	1A
10	Aube	1A	41	Loir-et-Cher	1A	73	Savoie	3
11	Aude	3/4	42	Loire	2A	74	Haute-Savoie	3
12	Aveyron	2A	43	Haute-Loire	2A	75	Paris	1A
13	Bouches-du-Rhône	1B	44	Loire-Atlantique	1A	76	Seine-Maritime	1A
14	Calvados	1A	45	Loiret	1A	77	Seine-et-Marne	1A
15	Cantal	1B	46	Lot	1B	78	Yvelines	1A
16	Charente	1B	47	Lot-et-Garonne	1B	79	Deux-Sèvres	1A
17	Charente-Maritime	1B	48	Lozère	2A	80	Somme	1A
18	Cher	1A	49	Maine-et-Loire	1A	81	Tarn	2A/3
19	Corrèze	1B	50	Manche	1A	82	Tarn-et-Garonne	1B
20	(2B) Haute-Corse	1B	51	Marne	1A	83	Var	1B/2A/3
20	(2A) Corse-du-Sud	1B	52	Haute-Marne	1A	84	Vaucluse	2B
21	Côte-d'Or	1A	53	Mayenne	1A	85	Vendée	1A
22	Côtes-d'Armor	1A	54	Meurthe-et-Moselle	1A/2A	86	Vienne	1A
23	Creuse	1B	55	Meuse	1A	87	Haute-Vienne	1B
24	Dordogne	1B	56	Morbihan	1A	88	Vosges	1A/2A
25	Doubs	2A	57	Moselle	1A/2A	89	Yonne	1A
26	Drôme	3	58	Nièvre	1A	90	Territoire-de-Belfort	3
27	Eure	1A	59	Nord	1A	91	Essonne	1A
28	Eure-et-Loir	1A	60	Oise	1A	92	Hauts-de-Seine	1A
29	Finistère	1A	61	Orne	1A	93	Seine-Saint-Denis	1A
30	Gard	2B	62	Pas-de-Calais	1A	94	Val-de-Marne	1A
31	Haute-Garonne	1B/2A/3	63	Puy-de-Dôme	1B	95	Val-d'Oise	1A

INFLUENCE DE L'ALTITUDE

Altitude h en m	N84 avril 2000 — s_0 en kN/m²	Eurocode 1 — s_k en kN/m²
200 m $< h \leqslant$ 500 m	$s_{0\,min} + (0{,}15\,h - 30)/100$	$s_{k\,200} + (0{,}15\,h - 30)/100$
500 m $< h \leqslant$ 1 000 m	$s_{0\,min} + (0{,}30\,h - 105)/100$	$s_{k\,200} + (0{,}30\,h - 105)/100$
1 000 m $< h \leqslant$ 2 000 m	$s_{0\,min} + (0{,}45\,h - 255)/100$	$s_{k\,200} + (0{,}45\,h - 255)/100$

Altitude A en m	NV65 avril 2000 — Charges normales p_n en daN/m²	NV65 avril 2000 — Charges extrêmes p'_n en daN/m²
200 m $<$ A $\leqslant$ 500 m	$p_{n0} + (A - 200)/10$	$p'_{n0} + (A - 200)/6$
500 m $<$ A $\leqslant$ 1 500 m	$p_{n0} + 30 + (A - 500)/4$	$p'_{n0} + (A - 500)/2{,}4$
1 500 m $<$ A $\leqslant$ 2 000 m	$p_{n0} + 280 + (A - 1\,500)/2{,}5$	$p'_{n0} + 467 + (A - 1\,500)/1{,}5$

INFLUENCE DES CARACTÉRISTIQUES DE LA TOITURE

Eurocode 1, la forme de la toiture est caractérisée par un **coefficient** μ_i.

Règles N84 modifiées avril 2000, la forme de la toiture est caractérisée par un **coefficient** μ.

Pour obtenir les valeurs des coefficients μ ou μ_i, consulter : l'Eurocode 1 ou les Règles N84 modifiées avril 2000.

Règles NV65 modifiées avril 2000

• **Pente des versants** : les charges de neige sont inchangées, tant que les pentes ne dépassent pas 25°.

Les charges de neige doivent être réduites de 2 % par degré d'inclinaison supplémentaire, sous réserve que rien ne s'oppose au glissement de la neige (dispositifs spéciaux).

Si α, exprimé en degrés, est l'angle formé par la ligne de plus grande pente de la surface considérée avec l'horizontale, les charges réduites p_{ne} et p'_{ne} se déduisent des charges normale et extrême, en les multipliant par $1{,}5\text{-}0{,}02\alpha$.

• **Accumulation de la neige - cas courants** : mode d'évaluation des charges à prendre en compte lorsque la forme de la toiture ou la juxtaposition de plusieurs toitures favorise l'accumulation de neige (bord de toiture, saillies et obstacles locaux, toitures en sheds, noues des toits multiples).

Pour ces cas particuliers consulter les Règles NV65 modifiées avril 2000.

Exemple d'accumulation de la neige : noues des toits multiples avec versants symétriques

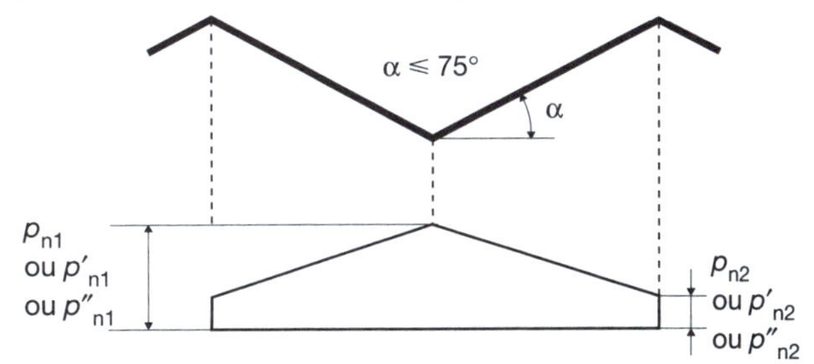

	Charges normale et extrême	Charge accidentelle
si $\alpha \leqslant 15°$	$p_{n1} = p_{n2} = p_n$ et $p'_{n1} = p'_{n2} = p'_n$	
si $15° < \alpha \leqslant 25°$	$p_{n1} = p_n[1 + (\alpha - 15)/10]$ $p_{n2} = p_n[1 - 0{,}5(\alpha - 15)/10]$ $p'_{n1} = p'_n[1 + (\alpha - 15)/10]$ $p'_{n2} = p'_n[1 - 0{,}5(\alpha - 15)/10]$	$p''_{n1} = p''_{n2} = p''_n$
si $25° < \alpha \leqslant 75°$	$p_{n1} = 2p_n$ $p_{n2} = p_n[0{,}5 - 0{,}5(\alpha - 25)/50]$ $p'_{n1} = 2p'_n$ $p'_{n2} = p'_n[0{,}5 - 0{,}5(\alpha - 25)/50]$	$p''_{n1} = p''_n[1 + (\alpha - 25)/50]$ $p''_{n2} = p''_n[1 - (\alpha - 25)/50]$

COMBINAISON DES EFFETS DE LA NEIGE ET DU VENT

Les effets de la neige et du vent sont considérés simultanément lorsque leur combinaison produit dans la construction des actions plus défavorables que si la neige ou le vent agissait seul.
Il suffit en général, pour tenir compte de la dissymétrie de charges de neige dues à l'action du vent :
- dans le cas d'une toiture à un versant, de charger au maximum la moitié de la toiture ;
- dans le cas d'une toiture à deux versants, de charger au maximum un des versants.

• **Répartition sensiblement uniforme de la neige sur la toiture**
- la charge normale ou extrême du vent soufflant dans les différentes directions est prise en totalité ;
- la charge normale ou extrême de la neige est réduite de moitié.

• **Possibilité de répartition non uniforme de la neige sous l'action du vent**
- la charge normale ou extrême du vent soufflant dans différentes directions est prise en totalité ;
- la charge de neige réduite de moitié est appliquée de la manière la plus défavorable soit totalement, soit partiellement ; dans ce dernier cas, les parties les plus chargées supportent intégralement la charge réduite et les parties les moins chargées 35 daN/m^2 de moins pour la charge normale et 60 daN/m^2 de moins pour la charge extrême sans descendre au-dessous de O.

• **Dispositions de la toiture rendant impossible l'enlèvement de la neige par le vent (sheds, noues obturées à une extrémité, terrasse avec acrotère)**
Dans ces zones, aucune réduction de la charge de neige n'est envisagée, mais on ne tient compte que des deux combinaisons suivantes :
- valeur extrême de la charge de neige et valeur normale de la charge de vent ;
- valeur normale de la charge de neige et valeur extrême de la charge de vent.

Terrasse sans acrotère

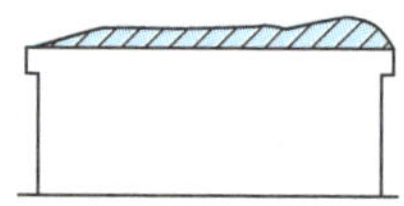

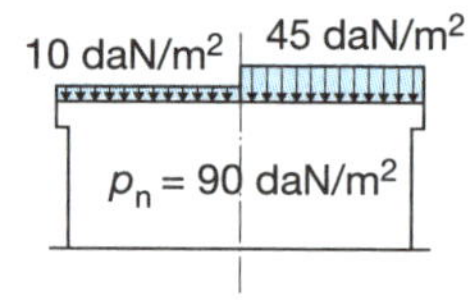

Toiture à deux versants

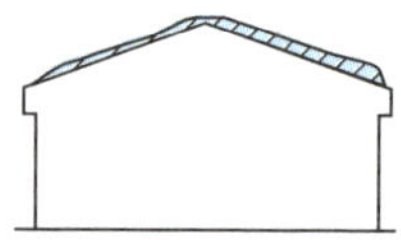

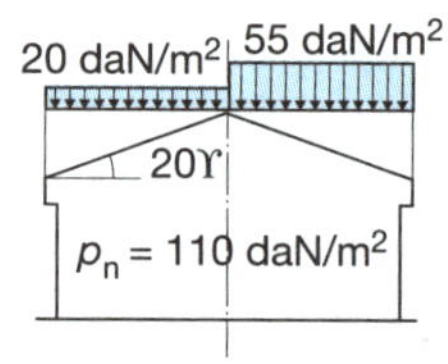

11.2.4 CHARGES DE VENT — RÈGLES NV65 DÉCEMBRE 1999 MODIFICATIF N° 2 DU DTU P 06-002

Définition : Les règles NV65 définissent l'action du vent sur les constructions.
Hypothèse : La **direction** d'ensemble moyenne du **vent** est **horizontale**.
Termes de base :
- **surface au vent** correspond à la surface exposée au vent
- **surface sous le vent** correspond à la surface non exposée au vent ou parallèle à la direction du vent
- **maître couple** correspond à la projection de la surface considérée sur un plan normal à la direction du vent.

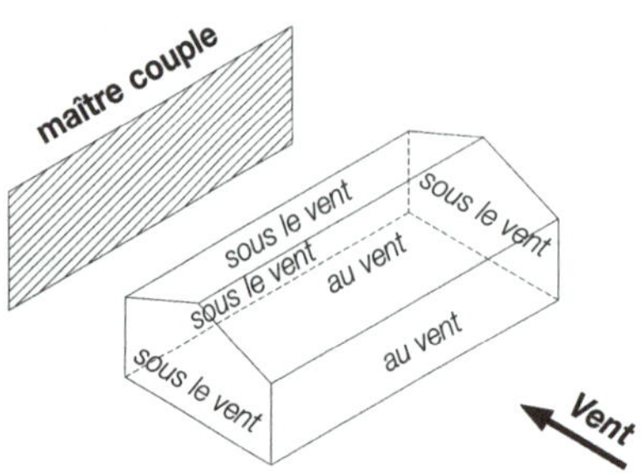

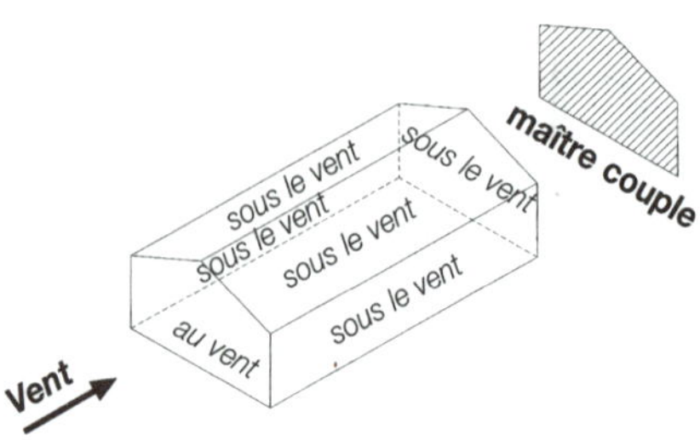

L'action exercée par le vent sur une des faces d'un élément de paroi est considérée comme normale à cet élément. Elle est fonction :
- de la vitesse du vent ;
- de la catégorie de la construction et de ses proportions d'ensemble ;
- de l'emplacement de l'élément considéré dans la construction et de son orientation par rapport au vent ;
- des dimensions de l'élément considéré ;
- de la forme de la paroi (plane ou courbe).

EXEMPLE DE RÉPARTITION

Sur un portique

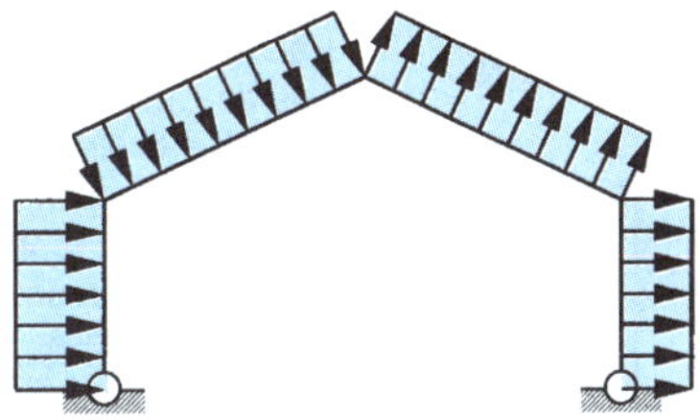

Charges uniformément réparties perpendiculaires aux parois

INFLUENCE DU LIEU DE CONSTRUCTION

DÉTERMINATION DE LA PRESSION DYNAMIQUE DE BASE

La pression dynamique de base normale q_{10} est celle qui s'exerce à une hauteur de 10 m au-dessus du sol.

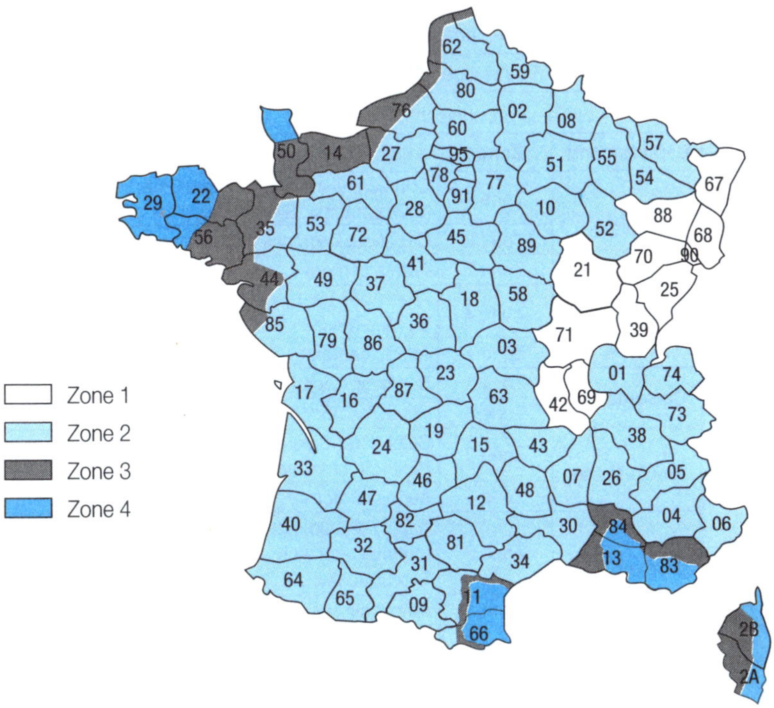

Zonage	Pressions dynamiques du vent pour une altitude < 1 000 m		Vitesses instantanées du vent pour une altitude < 1 000 m	
	Pression dynamique de base normale q_{10} (en daN/m^2)	Pression dynamique de base extrême (en daN/m^2)	Valeurs normales	Valeurs extrêmes
Zone 1	50	87,5	28,6 m/s ou 103,0 km/h	37,8 m/s ou 136,1 km/h
Zone 2	60	105,0	31,3 m/s ou 112,7 km/h	41,4 m/s ou 149,1 km/h
Zone 3	75	131,0	35,0 m/s ou 126,0 km/h	46,3 m/s ou 166,6 km/h
Zone 4	90	157,5	38,3 m/s ou 137,9 km/h	50,7 m/s ou 182,5 km/h
Zone 5	120	210,0	44,2 m/s ou 159,2 km/h	58,5 m/s ou 210,6 km/h

Actions sur les bâtiments

ZONES EN FONCTION DES DÉPARTEMENTS

Zones	Départements
Zone I	Côte-d'Or*, Doubs, Jura, Bas-Rhin*, Haut-Rhin, Rhône, Haute-Saône, Saône-et-Loire, Vosges, Belfort (Territoire) Guyane
Zone 2	Ain, Aisne, Allier, Alpes-de-Haute-Provence, Hautes-Alpes, Alpes-Maritimes, Ardèche, Ardennes. Ariège, Aube, Aude*, Aveyron, Cantal, Charente, Charente-Maritime, Cher, Corrèze, Côte-d'Or*, Creuse, Dordogne, Drôme, Eure*, Eure-et-Loir, Gard, Haute-Garonne, Gers, Gironde, Hérault*, Ille-et-Vilaine*, Indre, Indre-et-Loire, Isère, Landes, Loir-et-Cher, Haute-Loire, Loire-Atlantique*, Loiret, Lot, Lot-et-Garonne, Lozère, Maine-et-Loire, Marne, Haute-Marne, Mayenne, Meurthe-et-Moselle, Meuse, Moselle, Nièvre, Nord*, Oise, Orne, Pas-de-Calais*, Puy-de-Dôme, Pyrénées-Atlantiques, Hautes-Pyrénées, Pyrénées-Orientales*, Bas-Rhin*, Sarthe, Savoie, Haute-Savoie, Seine-Maritime*, Deux-Sèvres, Somme*, Tarn, Tarn-et-Garonne, Var*, Vaucluse*, Vendée*, Vienne, Haute-Vienne, Yonne Région Île-de-France : Ville de Paris, Seine-et-Marne, Yvelines, Essonne, Hauts-de-Seine, Seine-Saint-Denis, Val-de-Marne, Val-d'Oise
Zone 3	Aude*, Bouches-du-Rhône, Calvados, Corse-du-Sud*, Haute-Corse*, Côtes-d'Armor*, Eure*, Hérault*, Ille-et-Vilaine*, Loire-Atlantique*, Manche*, Morbihan*, Nord*, Pas-de-Calais*, Pyrénées-Orientales*, Seine-Maritime*, Somme*, Var*, Vaucluse*, Vendée*
Zone 4	Aude*, Bouches-du-Rhône, Corse-du-Sud*, Haute-Corse*, Côtes-d'Armor*, Finistère, Manche*, Morbiban*, Pyrénées-Orientales*, Var*, Vaucluse* Saint-Pierre-et-Miquelon
Zone 5	Guadeloupe, Martinique, Réunion, Mayotte

* pour une partie du département

ZONES EN FONCTION DES CANTONS

Départements	Zones	Cantons
Aude	Zone 4	Coursan, Durban-Corbières, Ginestas, Lézignan, Corbières, Narbonne (tous cantons), Sigean
	Zone 3	Capendu, Lagrasse, Mouthoumet, Peyriac-Minervois, Tuchan
	Zone 2	Autres cantons
Bouches-du-Rhône	Zone 3	Arles (tous cantons), Châteaurenard, Peyrolles-en-Provence, Saintes-Maries-de-la-Mer, Saint-Rémy-de-Provence, Tarascon
	Zone 4	Autres cantons
Corse-du-Sud	Zone 4	Bonifacio, Figari, Levie, Porto-Vecchio
	Zone 3	Autres cantons
Haute-Corse	Zone 3	Belgodère, Calenzana, Calvi, Castifao-Morosaglia, Corte, L'Ile-Rousse, Niolu-Omessa, Venaco
	Zone 4	Autres cantons
Côte-d'Or	Zone 2	Aignay-le-Duc, Baigneux-les-Juifs, Châtillon-sur-Seine, Laignes, Montbard, Montigny-sur-Aube, Précy-sous-Thil, Recey-sur-Ource, Saulieu, Semur-en-Auxois, Venarey-les-Laumes, Vitteaux
	Zone 1	Autres cantons
Côtes-d'Armor	Zone 4	Bégard, Belle-Isle-en-Terre, Bourbriac, Callac, Gouarec, Guingamp, Lannion, Lanvollon, Lézardrieux, Maël-Carhaix, Paimpol, Perros-Guirec, Plestin-les-Grèves, Plouagat, Plouaret, Plouha, Pontrieux, La Roche-Derrien, Rostrenen, Saint-Nicolas-du-Pélem, Tréquier
	Zone 3	Autres cantons
Eure	Zone 3	Beuzeville, Cormeilles, Pont-Audemer, Quillebeuf-sur-Seine, Saint-Georges-du-Vièvre, Thiberville
	Zone 2	Autres cantons
Hérault	Zone 3	Béziers (tous cantons), Capestang, Olonzac, Saint-Chinian, Saint-Pons-de-Thomières
	Zone 2	Autres cantons
Ille-et-Vilaine	Zone 2	Argentré-du-Plessis, Bain-de-Bretagne, Châteaubourg, Grand-Fougeray, La Guerche-de-Bretagne, Janzé, Retiers, Le Sel-de-Bretagne, Vitré (tous cantons)
	Zone 3	Autres cantons

	Départements	Zones	Cantons
ZONES EN FONCTION DES CANTONS (suite)	Loire-Atlantique	Zone 2	Aigrefeuille-sur-Maine, Ancenis, Châteaubriant, Clisson, Derval, Ligné, Moisdon-la-Rivière, Nort-sur-Erdre, Nozay, Riaillé, Rougé, Saint-Julien-de-Vouvantes, Saint-Mars-la-Jaille, Vallet, Varades
		Zone 3	Autres cantons
	Manche	Zone 4	Barneville-Carteret, Beaumont-Hague, Bricquebec, Cherbourg (tous cantons), Equeurdreville-Hainneville, Montebourg, Octeville, Les Pieux, Quettehou, Sainte-Mère-Eglise, Saint-Pierre-Église, Saint-Sauveur-le-Vicomte, Tourlaville, Valognes
		Zone 3	Autres cantons
	Morbihan	Zone 4	Le Faouët, Gourin, Guémené-sur-Scorff
		Zone 3	Autres cantons
	Nord	Zone 3	Bergues, Bourbourg, Coudekerque-Branche, Dunkerque (tous cantons), Grande-Synthe, Gravelines, Hondschoote, Wormhout
		Zone 2	Autres cantons
	Pas-de-Calais	Zone 3	Ardres, Audruicq, Berck, Boulogne-sur-Mer (tous cantons), Calais (tous cantons), Campagne-lès-Hesdin, Desvres, Etaples, Guînes, Hucqueliers, Marquise, Montreuil, Outreau, Le Portel, Samer
		Zone 2	Autres cantons
	Pyrénées-Orientales	Zone 2	Mont-Louis, Olette, Saillagouse
		Zone 3	Arles-sur-Tech, Céret, Prades. Prats-de-Mollo-la-Preste, Saint-Paul-de-Fenouillet, Sournia, Vinça
		Zone 4	Autres cantons
	Bas-Rhin	Zone 2	Bischwiller, Bouxwiller, Drulingen, Haguenau, Lauterbourg, Marmoutier, Niederbronn-les-Bains, La Petite-Pierre, Sarre-Union, Saverne, Seltz, Soultz-sous-Forêts, Wissembourg, Wœrth
		Zone 1	Autres cantons
	Seine-Maritime	Zone 3	Bacqueville-en-Caux, Bellencombre, Blangy-sur-Bresle, Bolbec, Cany-Barville, Caudebec-en-Caux, Criquetot-l'Esneval, Dieppe (tous cantons), Doudeville, Envermeu, Eu, Fauville-en-Caux, Fécamp, Fontaine-le-Dun, Goderville, Gonfreville-l'Orcher, Le Havre (tous cantons), Lillebonne, Londinières, Longueville-sur-Scie, Montivilliers, Offranville, Ourville-en-Caux, Pavilly, Saint-Romain-de-Colbosc, SaintValery-en-Caux, Tôtes, Valmont, Yerville, Yvetot
		Zone 2	Autres cantons
	Somme	Zone 3	Abbeville (tous cantons), Ailly-le-Haut-Clocher, Ault, Crécy-en-Ponthieu, Friville-Escarbotin, Gamaches, Hallencourt, Moyenneville, Nouvion, Rue, Saint-Valery-sur-Somme
		Zone 2	Autres cantons
	Var	Zone 2	Aups, Callas, Comps-sur-Artuby, Draguignan, Fayence, Fréjus, Le Muy, Saint-Raphaêl, Salernes, Tavernes
		Zone 3	Barjols, Besse-sur-Issole, Brignoles, Collobrières, Cotignac, Cuers, Grimaud, Lorgues, Le Luc, Rians, La Roquebrussanne, Saint-Tropez
		Zone 4	Autres cantons
	Vaucluse	Zone 2	Bollène, Valréas
		Zone 4	Bonnieux, Cadenet, Cavaillon, L'Isle-sur-la-Sorgue, Pernes-les-Fontaines
		Zone 3	Autres cantons
	Vendée	Zone 3	Beauvoir-sur-Mer, Challans, L'Ile-d'Yeu, Noirmoutier-enl'Ile, Palluau, Saint-Gilles-Croix-de-Vie, Saint-Jean-de-Monts
		Zone 2	Autres cantons

INFLUENCE DE LA HAUTEUR DE LA CONSTRUCTION

DÉTERMINATION DE q_H

qH : pression dynamique agissant à la hauteur H (exprimée en m) au dessus du sol.
q_{10} : pression dynamique de base à 10 m de hauteur.
Pour $0 < H < 500$ m

$$q_H = 2{,}5\,\frac{H + 18}{H + 60} \cdot q_{10}$$

Actions sur les bâtiments

EFFET DE SITE — DÉTERMINATION DE k_s

Type de site	Exemples	Zone 1	Zone 2	Zone 3	Zone 4	Zone 5
site protégé	fond de cuvette bordé de collines sur tout son pourtour et protégé ainsi pour toutes les directions du vent	0,80	0,80	0,80	0,80	pas pris en compte dans cette zone
site normal	plaine ou plateau de grande étendue pouvant présenter des dénivellations peu importantes, de pente inférieure à 10 %	1,00	1,00	1,00	1,00	1,00
site exposé	littoral sur une profondeur de 6 km, sommet des falaises, îles ou presqu'îles étroites, vallées étroites où le vent s'engouffre, montagnes isolées ou élevées, et certains cols	1,35	1,30	1,25	1,20	1,20

EFFET DE MASQUE — DÉTERMINATION DE k_m

Définition : Il y a effet de masque lorsqu'une construction est masquée partiellement ou totalement par d'autres constructions.

L'effet peut se traduire par une réduction ou une augmentation (turbulences) des actions du vent.

Dans le cas général $k_m = 1$.

EFFET DE DIMENSION — DÉTERMINATION DE δ

Définition : L'action du vent s'exerçant sur une paroi n'étant pas uniforme du fait de tourbillons locaux (plus faible plus la surface est grande), on tient compte de ce phénomène par l'utilisation du coefficient de réduction δ.

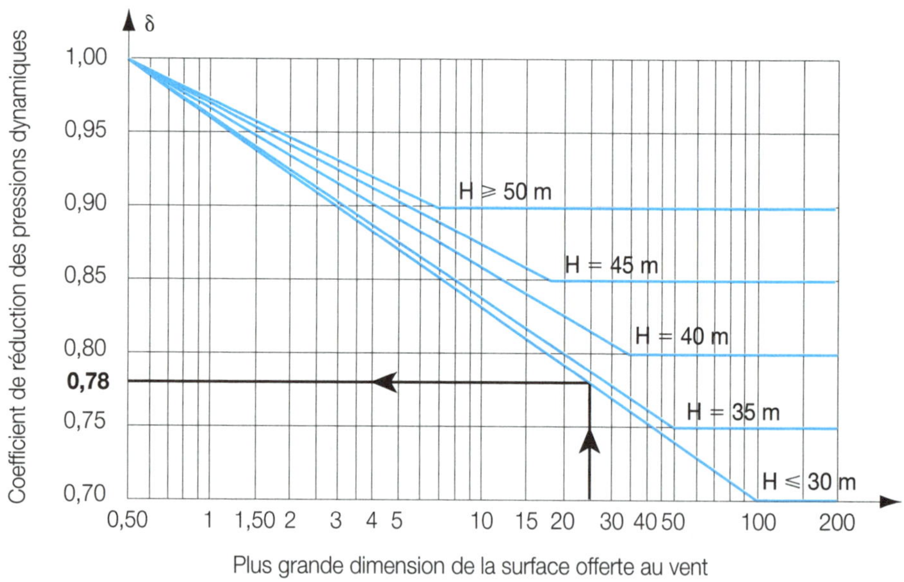

RÉDUCTION MAXIMALE DES PRESSIONS DYNAMIQUES DE BASE

Pour les constructions définitives, la totalité des réductions autorisées par les règles « Effet de masque » et « Effet des dimensions » ne doit en aucun cas dépasser 33 %.

Quels que soient la hauteur H au dessus du sol, le site, l'effet de masque et l'effet des dimensions, les valeurs de la pression dynamique corrigée sont limitées comme ci-dessous.

Pressions dynamiques corrigées	Valeurs maximales	Valeurs minimales
normale	170 daN/m^2	30 daN/m^2
extrême	297,5 daN/m^2	52,5 daN/m^2

CONSTRUCTIONS COURANTES À BASE RECTANGULAIRE

MÉTHODE SIMPLIFIÉE

- **Hypothèses**

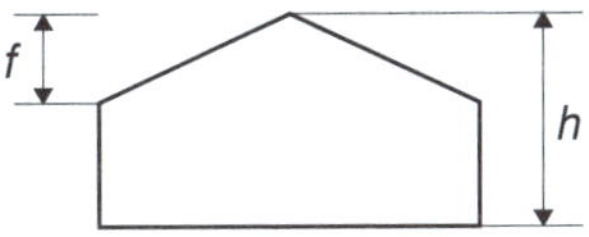

– la construction est constituée par un bloc unique reposant sur le sol.
– la base au niveau du sol est un rectangle de longueur *a* et de largeur *b*,
– les dimensions doivent **obligatoirement respecter** les conditions suivantes :
$h/a \geqslant 0{,}25$ avec $h \leqslant 30$ m
$h/a \leqslant 2{,}5$ avec $b/a \leqslant 0{,}4$ si $h/b > 2{,}5$
$f \leqslant h/2$
– la couverture est une toiture unique de hauteur *f* à un ou deux versants plans inclinés au plus de 40° avec l'horizontale.
– les parois verticales doivent reposer directement sur le sol, être planes sans décrochement, avoir une perméabilité **$\mu \leqslant 5$ %** (pourcentage d'ouverture pour une paroi) **pour chaque paroi** avec la possibilité d'avoir pour **une seule paroi $\mu \geqslant 35$ %**.
– la construction doit être située sur un terrain sensiblement horizontal dans un grand périmètre si $\mu \leqslant 5$ % construction fermée.
si $5\,\% < \mu < 35\,\%$ construction partiellement ouverte.
si $\mu \geqslant 35$ % construction ouverte.

- **Pressions dynamiques**

Elles sont constantes sur toute la hauteur de la construction, et **sont données par la formule** :
$q = (46 + 0{,}7\,h)\,k_r \cdot k_s$ exprimé en daN/m²
h : hauteur de la construction
k_r : coefficient de région
k_s : coefficient de site (page 160)
Les valeurs obtenues doivent être corrigées pour tenir compte :
– de l'effet de masque ;
– de l'effet des dimensions ;
– des réductions maximales autorisées.

Action du vent normal :
$W_n = q_n \cdot k_m \cdot \delta\,(c_e - c_i)$

Action du vent extrême :
$W_e = q_e \cdot k_m \cdot \delta\,(c_e - c_i)$ ou $W_e = 1{,}75\ W_n$
c_e : coefficient relatif aux actions extérieures
c_i : coefficient relatif aux actions intérieures

k_r	Pression normale	Pression extrême
Zone 1	1,00	1,75
Zone 2	1 20	2,10
Zone 3	1,50	2,63
Zone 4	1 80	3,15
Zone 5	2,40	4,20

Convention de signe : actions positives vers l'intérieur du bâtiment				Surpression		Dépression	
Cas du bâtiment fermé		α	c_e	c_i	$c_e - c_i$	c_i	$c_e - c_i$
Surface au vent	paroi verticale	90°	0,80	0,3	0,50	- 0,3	1,10
Surface au vent	TOITURE	40°	- 0,10	0,3	- 0,40	- 0,3	0,20
Surface au vent	TOITURE	30°	- 0,30	0,3	- 0,60	- 0,3	0,00
Surface au vent	TOITURE	20°	- 0,50	0,3	- 0,80	- 0,3	- 0,20
Surface au vent	TOITURE	15°	- 0,60	0,3	- 0,90	- 0,3	- 0,30
Surface au vent	TOITURE	10°	- 0,70	0,3	- 1,00	- 0,3	- 0,40
Surface au vent	TOITURE	5°	- 0,60	0,3	- 0,90	- 0,3	- 0,30
Vent parallèle à la surface	TOITURE	0°	- 0,50	0,3	- 0,80	- 0,3	- 0,20
Surface sous le vent	TOITURE	5°	- 0,42	0,3	- 0,72	- 0,3	- 0,12
Surface sous le vent	TOITURE	10°	- 0,35	0,3	- 0,65	- 0,3	- 0,05
Surface sous le vent	TOITURE	15	- 0,38	0,3	- 0,68	- 0,3	- 0,08
Surface sous le vent	TOITURE	20°	- 0,40	0,3	- 0,70	- 0,3	- 0,10
Surface sous le vent	TOITURE	30°	- 0,45	0,3	- 0,75	- 0,3	- 0,15
Surface sous le vent	TOITURE	40°	- 0,50	0,3	- 0,80	- 0,3	- 0,20
Surface sous le vent	paroi verticale	90°	- 0,50	0,3	- 0,80	- 0,3	- 0,20

$c_e - c_i > 0$ sur toutes les parois

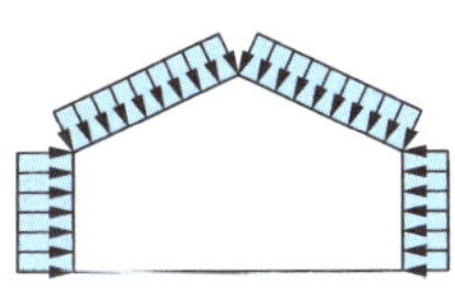

Quand les coefficients de pression :

$0 < c_e - c_i < 0{,}3$ alors $c_e - c_i = 0{,}3$

$-0{,}3 < c_e - c_i < 0$ alors $c_e - c_i = -0{,}3$

11.3 STABILITÉ DES OUVRAGES

Deux conditions sont nécessaires pour assurer la stabilité d'un ouvrage :
- assurer la stabilité géométrique de l'ouvrage.
- assurer la stabilité au point de vue de la résistance et de la forme de l'ouvrage.

11.3.1 STABILITÉ GÉOMÉTRIQUE

Pour assurer la stabilité géométrique de l'ouvrage, il faut que tous les éléments qui composent l'ouvrage ne forment pas de systèmes hypostatiques, mais des systèmes isostatiques ou hyperstatiques pour pouvoir être en équilibre.

DÉTERMINATION DU TYPE DE SYSTÈME :

HYPOSTATIQUE OU ISOSTATIQUE OU HYPERSTATIQUE

Condition nécessaire pour avoir un système :
- hypostatique 3 × nombre d'éléments – somme des inconnues liaison > 0
- isostatique 3 × nombre d'éléments – somme des inconnues liaison = 0
- hyperstatique 3 × nombre d'éléments – somme des inconnues liaison < 0

Liaisons dans le plan	Schématisation en construction métallique	Nombre d'inconnues liaison	Inconnues liaison
Appui simple	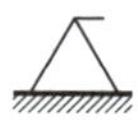	1	– action perpendiculaire au plan de l'appui
Articulation	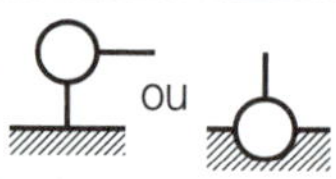	2	– action horizontale – action verticale
Encastrement	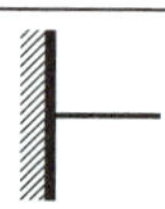	3	– action horizontale – action verticale – moment

EXEMPLES

Cas	Schématisation	Nombre d'éléments	Nombre d'inconnues	Calcul	Résultat
poutre sur 2 appuis		1	1 + 1 = 2	3 × 1 – 2 = 1	Hypostatique 1 mobilité
poutre articulée et simplement appuyée		1	2 + 1 = 3	3 × 1 – 3 = 0	Isostatique
poutre encastrée aux deux extrémités		1	3 + 3 = 6	3 × 1 – 6 = –3	Hyperstatique degré 3
palée articulée en pied et en tête		3	2 + 2 + 2 + 2 = 8	3 × 3 – 8 = 1	Hypostatique 1 mobilité
palée encastrée en pied et en tête		3	3 + 3 + 3 + 3 = 12	3 × 3 – 12 = – 3	Hyperstatique degré 3
portique articulé en pied encastré en tête et articulé au faîtage		4	2 + 3 + 2 + 3 + 2 = 12	3 × 4 – 12 = 0	Isostatique

	TYPES	Schématisation	Isostatique ou Hyperstatique	Commentaire
STABILITÉ GÉOMÉTRIQUE TRANSVERSALE D'UN BÂTIMENT PAR L'ENSEMBLE POTEAUX AVEC TRAVERSE À ÂME PLEINE	PORTIQUE ENCASTRÉ EN TÊTE ET ARTICULÉ EN PIED	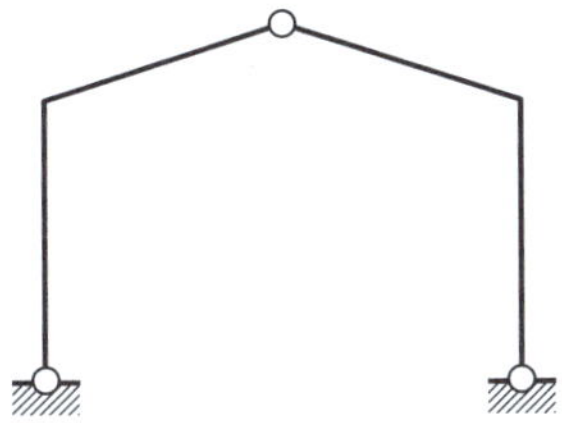	Isostatique	Articulation au faîtage
		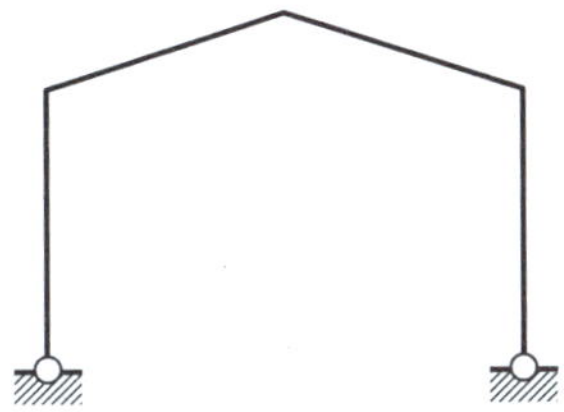	Hyperstatique degré 1	Encastrement au faîtage. Cas le plus courant, car le plus économique
	PORTIQUE ARTICULÉ EN TÊTE ET ENCASTRÉ EN PIED	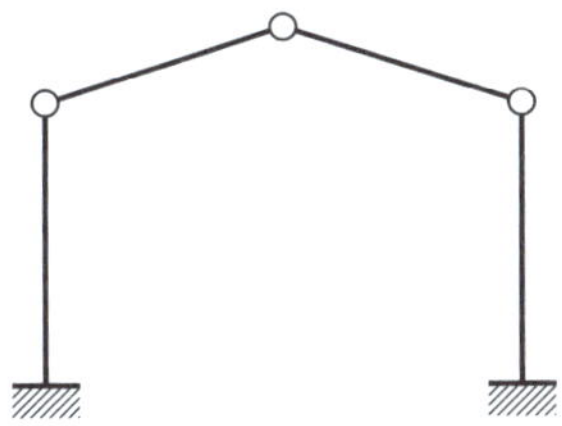	Isostatique	Articulation au faîtage.
		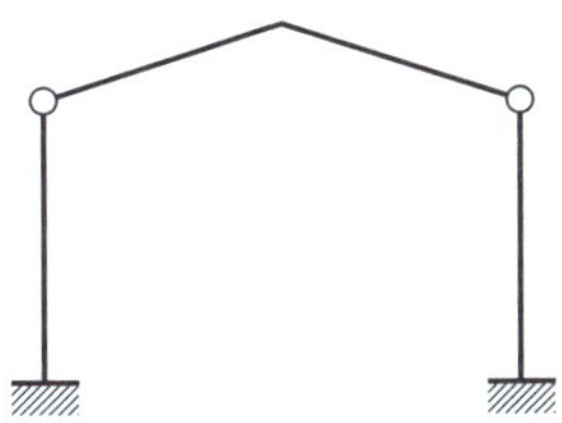	Hyperstatique degré 1	Encastrement au faîtage. Massif de fondation plus important dans ce cas, à cause du moment à transmettre au sol
	PORTIQUE ENCASTRÉ EN TÊTE ET ENCASTRÉ EN PIED	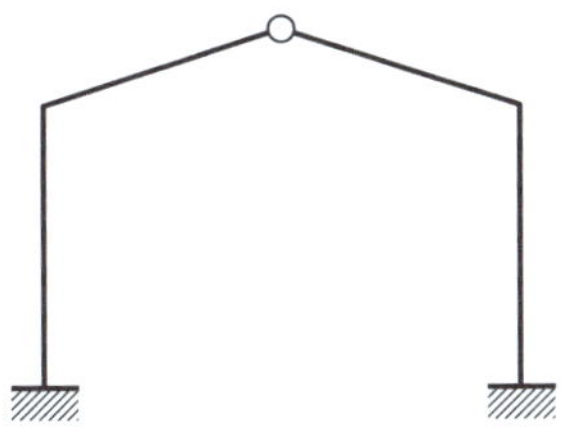	Hyperstatique degré 2	Articulation au faîtage.
		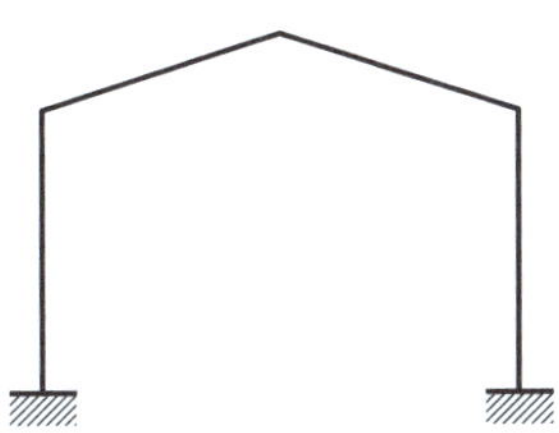	Hyperstatique degré 3	Encastrement au faîtage.

	Ferme anglaise	Ferme américaine	Ferme belge	Ferme Polonceau
PRINCIPAUX TYPES DE FERMES EN TREILLIS ISOSTATIQUES	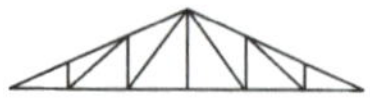 montants verticaux	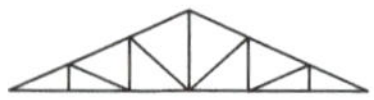 montants verticaux		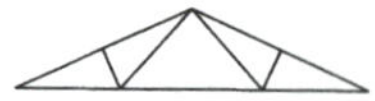 montants perpendiculaires à l'arbalétrier

STABILITÉ GÉOMÉTRIQUE TRANSVERSALE D'UN BÂTIMENT PAR L'ENSEMBLE POTEAUX AVEC FERME EN TREILLIS

Conception d'ensemble poteaux avec ferme en treillis avec :
— création ou non d'encastrements en tête des poteaux.
— utilisation d'un entrait brisé ou non brisé.

TYPES	Schématisation	Isostatique ou Hyperstatique	Commentaire
FERME ENCASTRÉE EN TÊTE DE POTEAU. **POTEAU ARTICULÉ EN PIED**	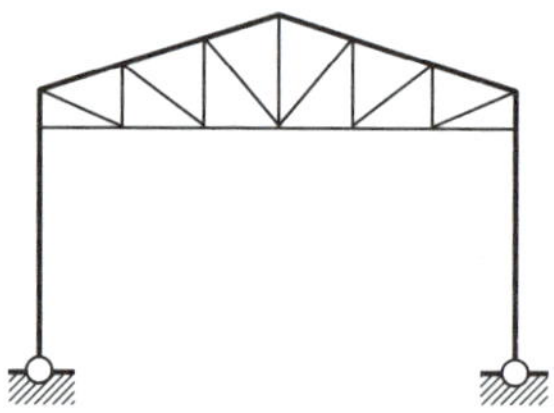	Hyperstatique degré 1	Variante de la ferme américaine. Entrait non brisé.
FERME ENCASTRÉE EN TÊTE DE POTEAU. **POTEAU ENCASTRÉ EN PIED**	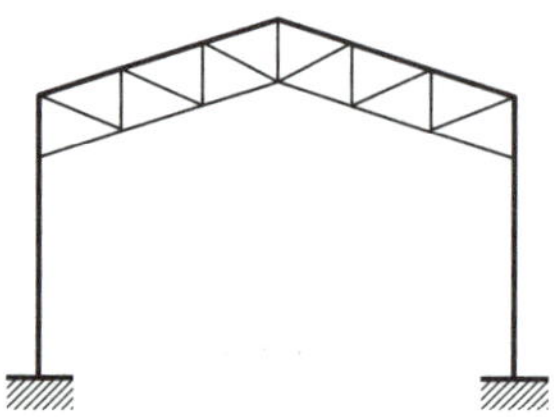	Hyperstatique degré 3	Variante de la ferme américaine. Entrait brisé.
FERME ARTICULÉE EN TÊTE DE POTEAU. **POTEAU ENCASTRÉ EN PIED**	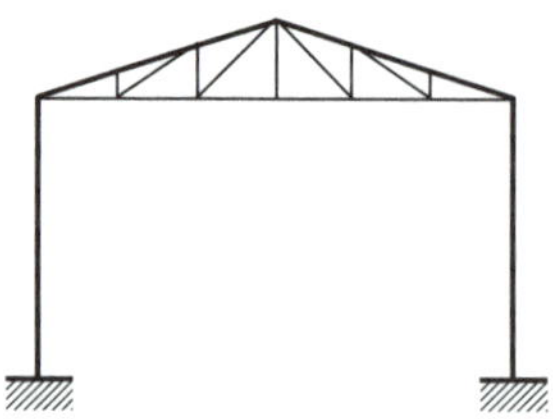	Hyperstatique degré 1	Ferme anglaise. Entrait non brisé.
	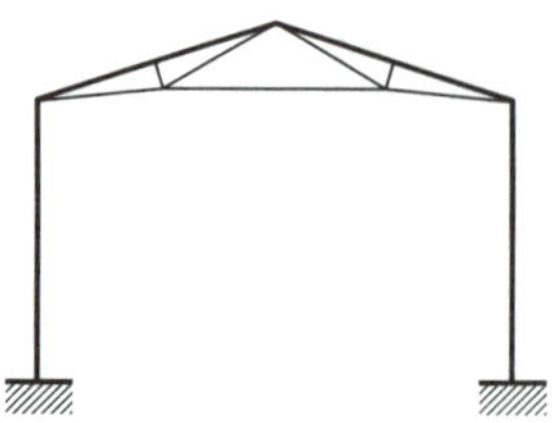	Hyperstatique degré 1	Ferme Polonceau. Entrait brisé.

	TYPES	Schématisation	Isostatique ou Hyperstatique	Commentaire
STABILITÉ GÉOMÉTRIQUE TRANSVERSALE D'UN BÂTIMENT EN ARC	ARC ARTICULÉ EN PIED	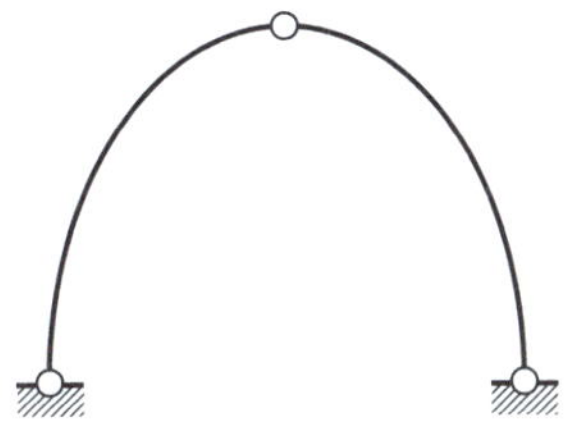	Isostatique	Arc en 2 parties articulées
			Hyperstatique degré 1	Arc continu
	ARC ENCASTRÉ EN PIED	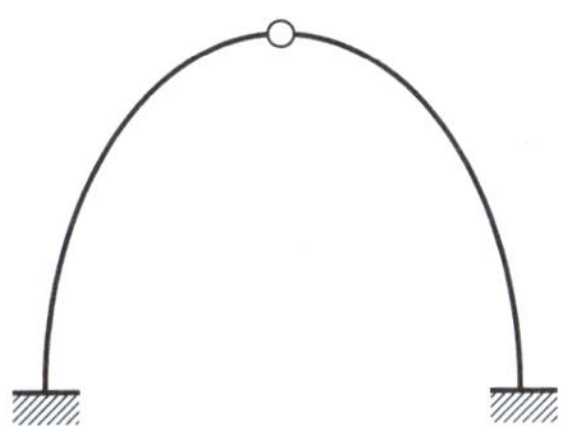	Hyperstatique degré 2	Arc en 2 parties articulées
		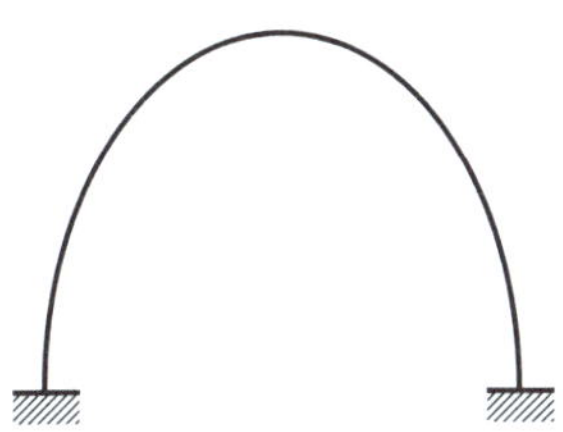	Hyperstatique degré 3	Arc continu

	TYPES	Schématisation	Isostatique ou Hyperstatique	Commentaire
STABILITÉ GÉOMÉTRIQUE TRANSVERSALE DE BÂTIMENTS DIVERS	**PORTIQUE ARTICULÉ EN PIED**	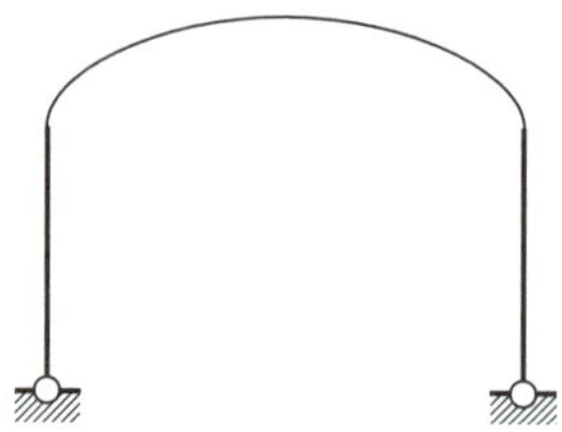	Hyperstatique degré 1	Toiture en arc, encastrée en tête des poteaux
		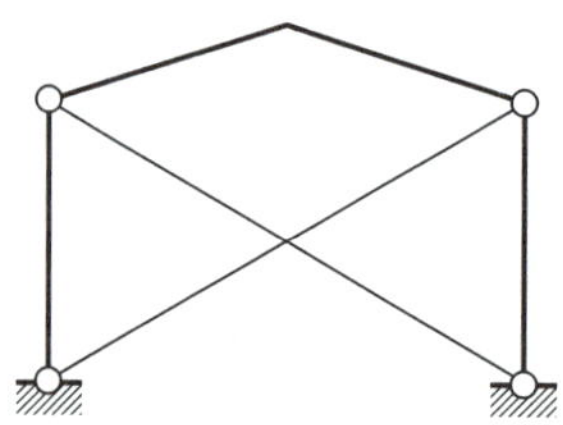	Hyperstatique degré 1	A pour inconvénient de ne pas laisser le passage. Utilisé comme pan de fer en pignon
	PORTIQUE ENCASTRÉ EN PIED	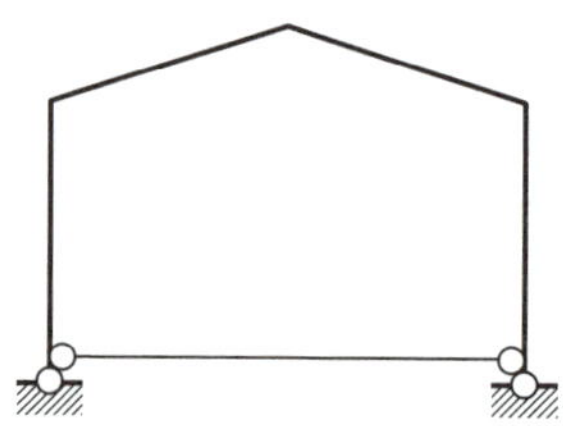	Hyperstatique degré 2	Pour limiter les efforts horizontaux en pied des poteaux.
		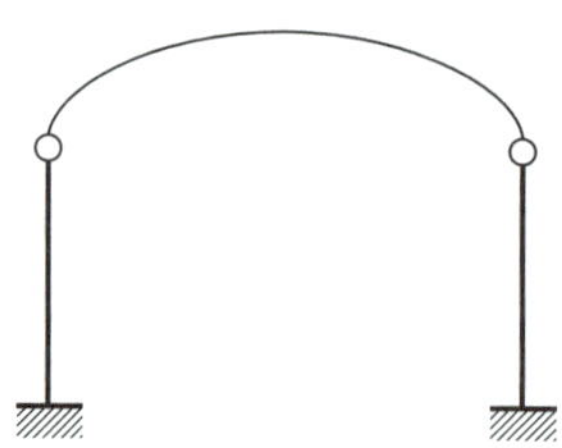	Hyperstatique degré 1	Toiture en arc articulée en tête des poteaux.

	TYPES	Schématisation	Isostatique ou Hyperstatique	Commentaire
STABILITÉ GÉOMÉTRIQUE LONGITUDINALE DE BÂTIMENT	PALÉE ARTICULÉE EN PIED	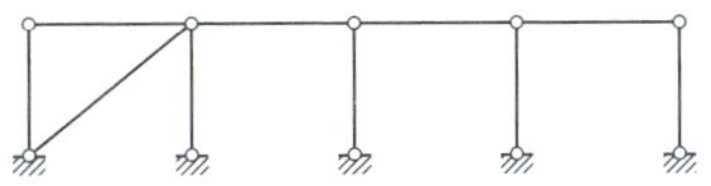	Isostatique	Cas le plus courant, mais passage impossible dans la palée de stabilité. *Nota : on évite de faire travailler les diagonales en compression (risque de flambement).*
		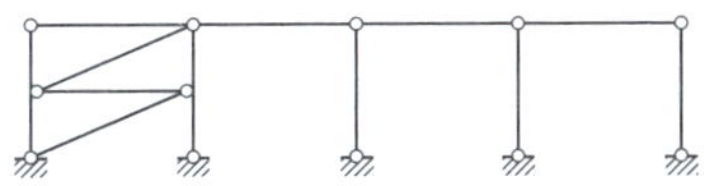	Hyperstatique degré 2 (poteaux continus)	Variante du cas précédent, lorsque les longueurs des diagonales sont trop grandes.
		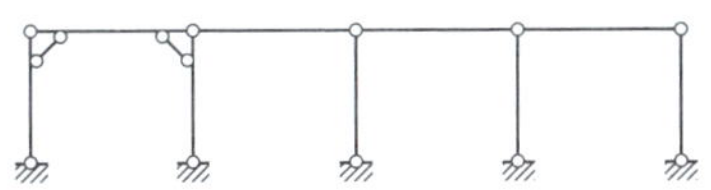	Hyperstatique degré 1	Solution avec bracon. Permet le passage
		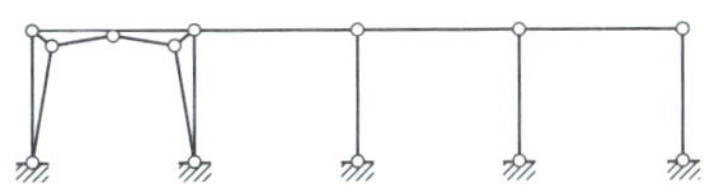	Hyperstatique degré 1	Stabilité en K brisé. Permet le passage
		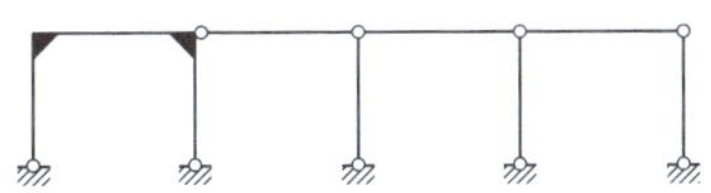	Hyperstatique degré 1	Stabilité avec palée de stabilité encastrée en tête. Permet le passage.
	PALÉE ENCASTRÉE EN PIED	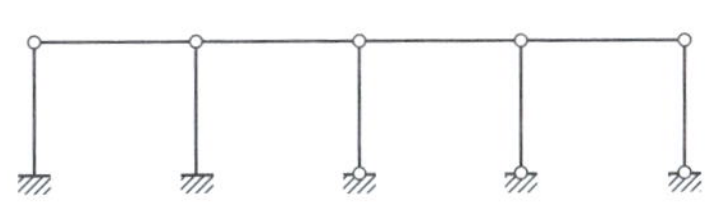	Hyperstatique degré 1	Stabilité avec palée de stabilité encastrée en pied. Permet le passage. Massif de fondation plus important dans la palée de stabilité, à cause du moment à transmettre au sol.

	Schématisation	Isostatique ou Hyperstatique	Commentaire
STABILITÉ GÉOMÉTRIQUE DE TOITURE DE BÂTIMENT	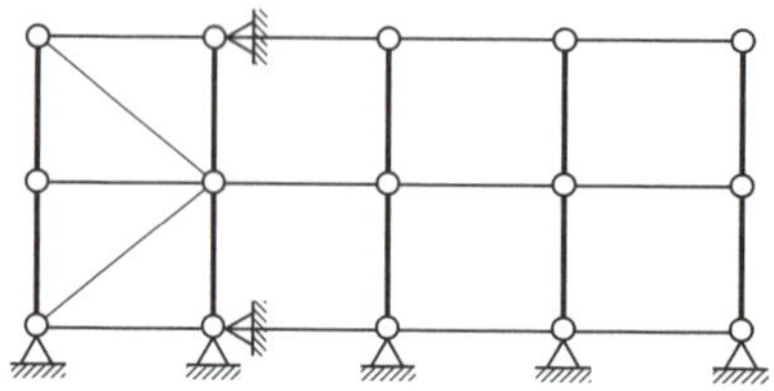	Isostatique	Solution avec une diagonale par versant. Les appuis simples sont induits par la stabilité transversale et par la stabilité longitudinale qui est supposée être dans la première travée.
	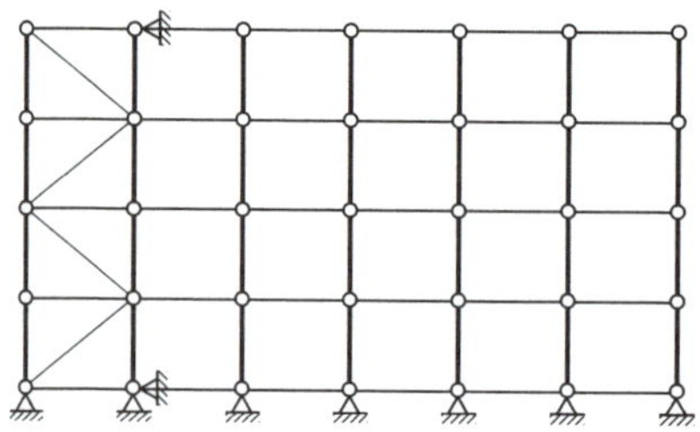	Isostatique	Variante du cas précédent : Solution avec deux diagonales par versant. Utilisé lorsque la longueur des diagonales est trop grandes, ou pour reprendre des efforts amenés par un potelet.
STABILITÉ GÉOMÉTRIQUE D'ENSEMBLE POUR UN BÂTIMENT			

EXEMPLE DE STABILITÉ GÉOMÉTRIQUE

BÂTIMENT INDUSTRIEL

Longitudinale	Transversale	en Toiture
Croix de Saint-André dans la première travée.	File 1 : Pan de fer articulé en pied et en tête avec croix de Saint-André. Files 2 à 5 : portique encastré en tête et articulé en pied.	Diagonalisation dans la première travée.

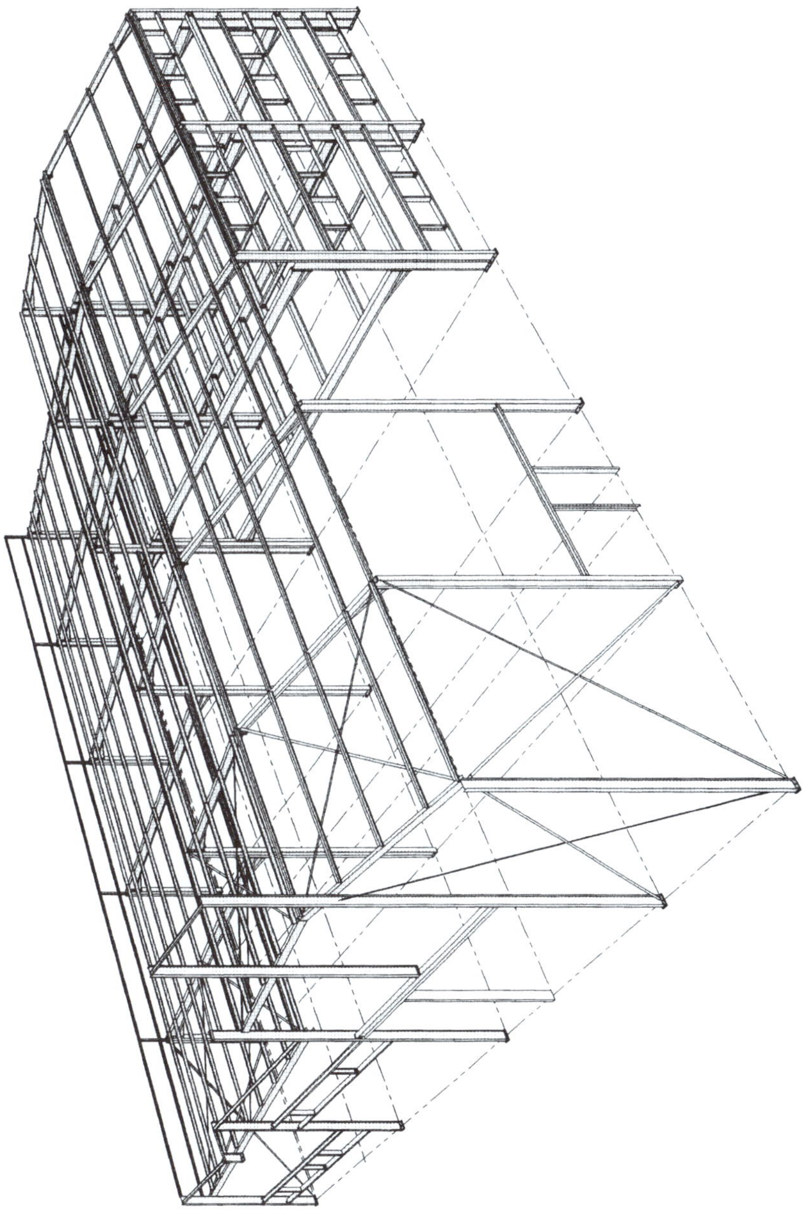

DESSIN TECHNISOFT LOGICIEL ATOM

	Longitudinale	Transversale	en Toiture
	Dans la 3e travée : – Portique de stabilité encastré en tête et articulé en pied. – Croix de Saint-André dans la partie supérieure.	Portique encastré en tête et articulé en pied.	Diagonalisation à chaque niveau.

EXEMPLE DE STABILITÉ GÉOMÉTRIQUE

BÂTIMENT INDUSTRIEL

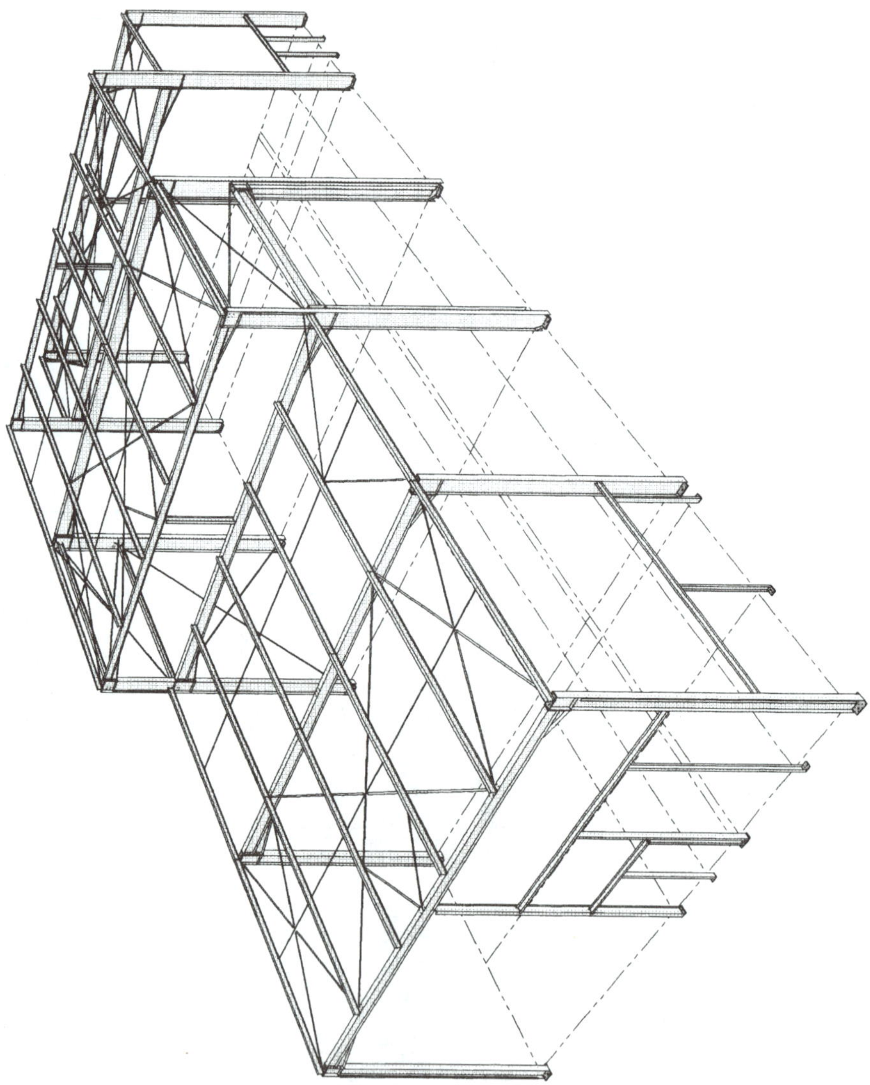

DESSIN TECHNISOFT LOGICIEL ATOM

11.3.2 STABILITÉ AU POINT DE VUE DE LA RÉSISTANCE ET DE LA FORME

Pour assurer la stabilité au point de vue de la résistance et de la forme de l'ouvrage, il faut que chaque élément qui compose la structure soit vérifié aux États Limites Ultimes (E.L.U.) et aux États Limites de Service (E.L.S.)

Les E.L.U. correspondent à la vérification de la résistance des éléments.

Les E.L.S. correspondent à la vérification des déformations ou des déplacements des éléments.

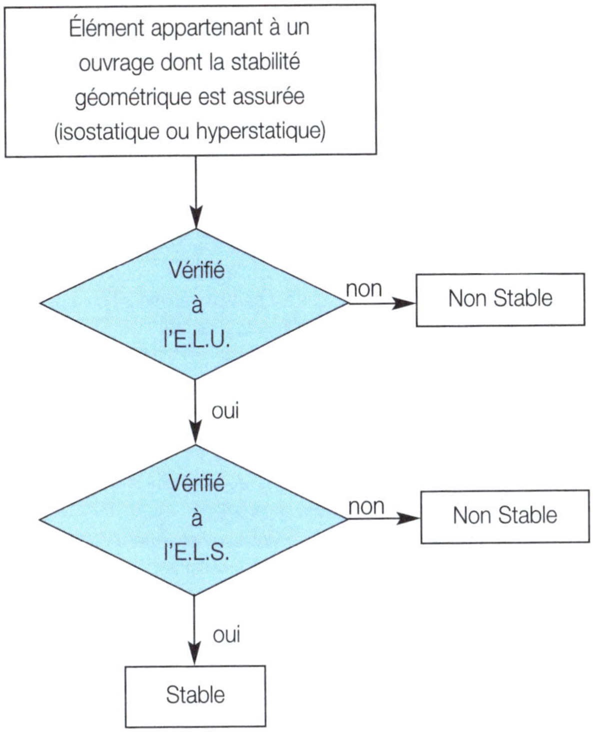

Solutions :
- Augmenter les inerties.
- Rendre plus hyperstatique (en modifiant les liaisons, ou en augmentant le nombre de barres)
- Limiter les portées en s'attachant sur des points fixes.
- Éviter de faire travailler les barres à la compression (risque de flambement)

EXEMPLE	• **Solive de plancher** non vérifiée à l'E.L.U. et à l'E.L.S. 	**Solutions proposées :** – réduire la longueur de la solive (pas toujours possible) – augmenter l'inertie de la solive (solution la plus courante) – modifier les liaisons aux extrémités (bi-encastrer) – augmenter la qualité de l'acier de la solive – réduire l'écartement des solives.
	• **Panne, lisse de bardage** non vérifiées à l'E.L.U. et à l'E.L.S.	**Solutions proposées :** – idem solive ci-dessus mais avec la possibilité d'ajouter une lierne pour créer un appui supplémentaire.
	• **Portique non vérifié** à l'E.L.U. et à l'E.L.S. 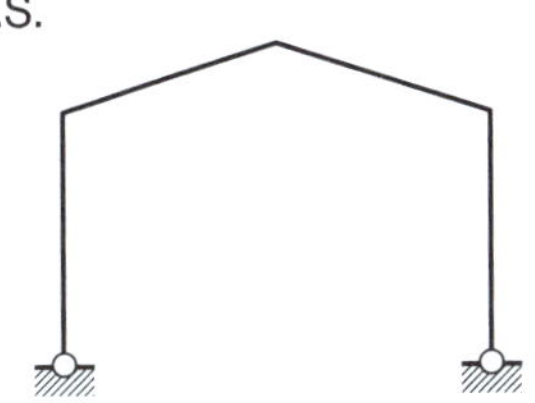	**Solutions proposées :** – réduire les longueurs (pas toujours possible) – augmenter les inerties (solution la plus courante) – rendre plus hyperstatique – augmenter la qualité de l'acier – remplacer la traverse par une poutre en treillis qui à charge égale permet d'avoir une portée plus importante – réduire l'écartement des portiques.

11.4 ASSEMBLAGES DANS LES BÂTIMENTS ET PLANCHERS MÉTALLIQUES

En construction métallique on rencontre essentiellement 3 types de liaisons : l'appui simple, l'articulation, l'encastrement.

Résultat de la RDM : dans une poutre en forme de I, c'est l'âme qui reprend essentiellement l'effort tranchant, les ailes qui reprennent essentiellement le moment fléchissant. L'effort normal est repris par l'âme et les ailes.

Principe général pour concevoir un assemblage articulé ou encastré :

– pour réaliser un assemblage articulé, relier les âmes des poutres entre elles.

– pour réaliser un assemblage encastré, relier les âmes des poutres entre elles et les ailes des poutres entre elles.

	Dessin	Modélisation	Commentaire
PIED DE POTEAU SUR MASSIF DE FONDATION	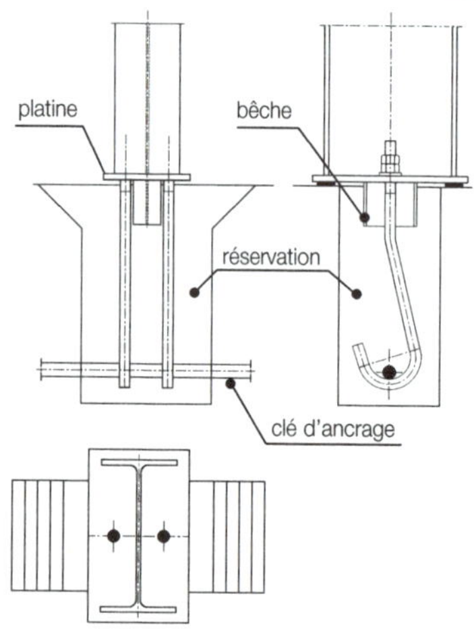	Articulation admise si la dimension de la platine < 300 mm Articulation dans les deux plans	**Articulation par platine, avec ou sans bêche** Utilisée dans la majorité des bâtiments industriels, agricoles. L'effort vertical vers le bas est transmis au massif par une surface de platine suffisante. L'effort vertical vers le haut est transmis au massif par les tiges d'ancrage. L'effort horizontal est transmis au massif par l'adhérence entre la platine et le massif. Dans le cas où l'adhérence est insuffisante on place une bêche qui reprend les efforts horizontaux. La réservation est remplie de béton après réglage de l'ossature.
	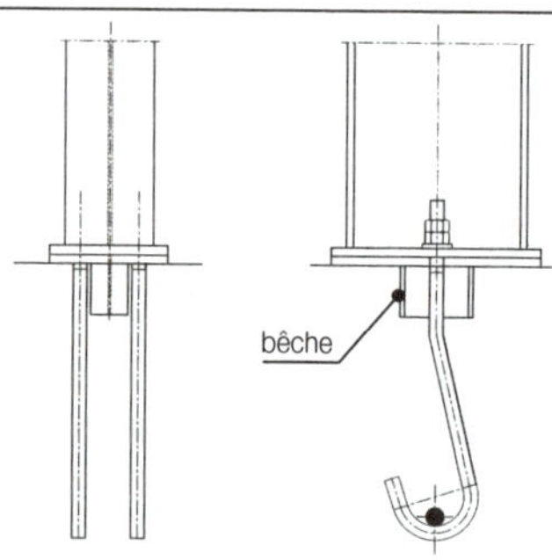	Articulation admise si la dimension de la platine < 300 mm Articulation dans les deux plans	**Articulation par platine pré-scellée** Plus facile à mettre en œuvre que le cas précédent car ne nécessite pas un coulage de béton après le montage de l'ossature, mais il n'y a pas de possibilité de réglage des appuis.
	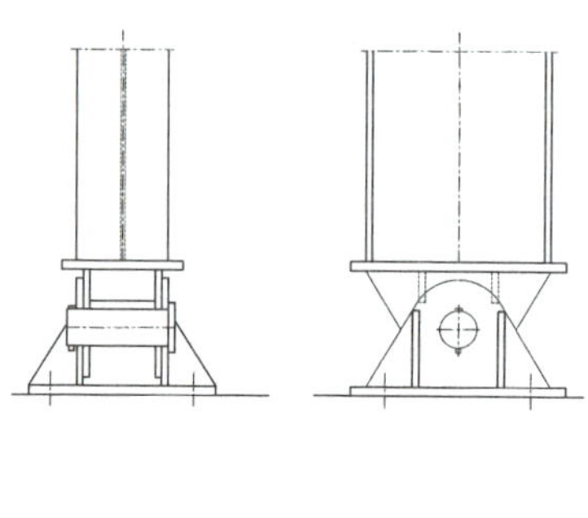	Articulation	**Articulation avec axe** Utilisé pour des charges verticales plus importantes que les cas ci-dessus. Des charges verticales plus importantes imposent une surface de platine > 300 mm pour limiter la contrainte sur le béton. Les solutions avec platines ne sont plus possibles pour admettre l'articulation. On peut également utiliser un tube (qui a une bonne tenue au flambement) pour le poteau.

	Dessin	Modélisation	Commentaire
PIED DE POTEAU SUR MASSIF DE FONDATION	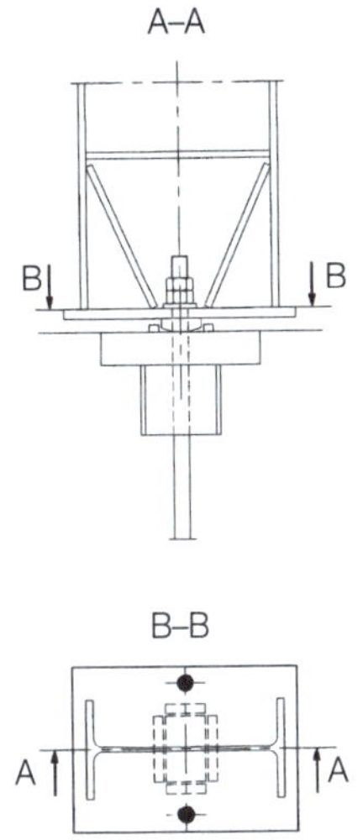	Articulation	**Articulation avec grain** Utilisé pour des charges verticales importantes lorsque la solution avec platine ne peut être retenue (surface de platine > 300 mm pour limiter la contrainte sur le béton). Le grain peut être un plat d'épaisseur comprise entre 30 et 60 mm dont les bords sont chanfreinés ou à base cylindrique. Le grain est maintenu horizontalement par des butées nommées boîte à grain. Les tiges d'ancrage peuvent ou non traverser le grain.
	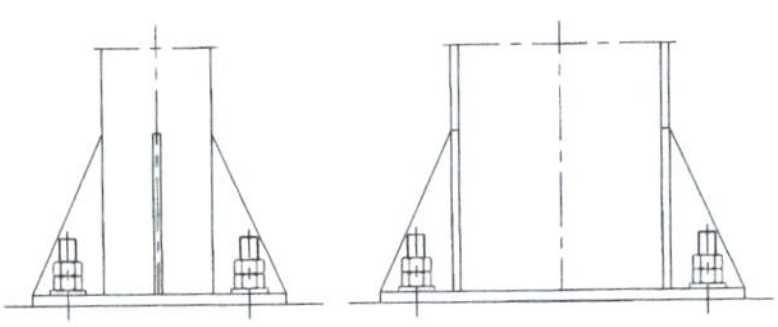	Encastrement	**Encastrement par platine** On peut utiliser ou non une platine prescellée comme pour les pieds de poteaux articulés par platine. Pour limiter les déformations de cette platine, il faut que son épaisseur soit suffisante, sinon il faut placer des raidisseurs. Le poteau peut être en profilé de type I ou H ou en tube.
DISPOSITIFS D'ANCRAGE	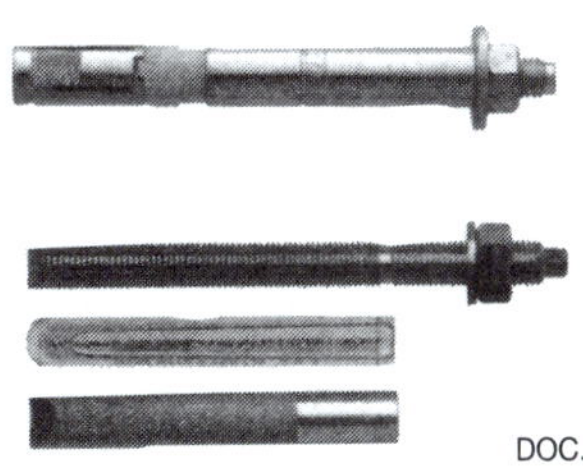 DOC. HILTI	Encastrement	**Chevilles autoexpansibles ou chimiques** Utilisées pour des charges modérées, par exemple, en pied de potelet.
	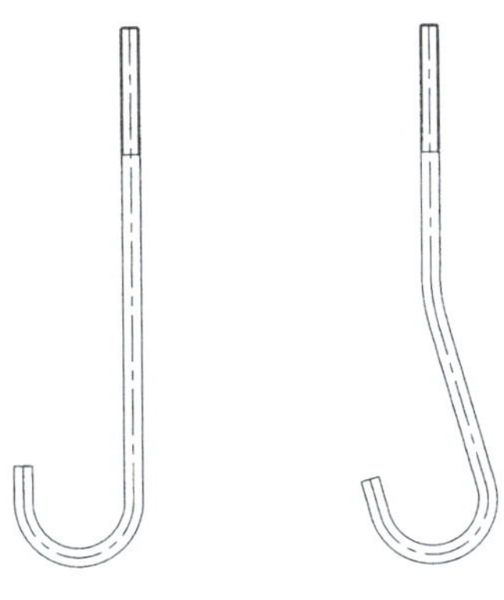	Encastrement	**Tiges courbées** Solution la plus courante d'ancrage qui peut reprendre des efforts importants. L'effort de traction dans la tige est transmis au béton par adhérence dans la partie droite de la tige et par compression sur le béton dans la partie courbe de la tige. **Tiges contre-courbées** Variante de la tige courbée mais permet en plus à la tige de rester verticale pendant le réglage de la structure grâce à l'alignement de la clé d'ancrage et de l'axe de la tige.

Assemblages dans les bâtiments et planchers métalliques

	Dessin	Modélisation	Commentaire
DISPOSITIF D'ANCRAGE	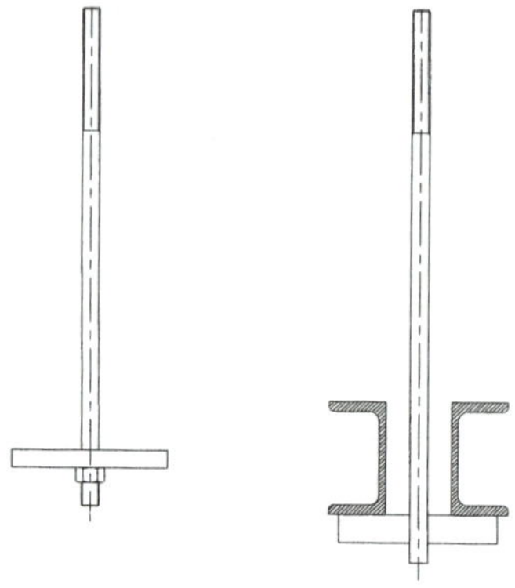	Encastrement	**Tiges avec plaque d'ancrage** Solution utilisée pour des efforts de traction très importants. **Tiges avec sommier** Solution utilisée pour des efforts encore plus importants. Les tiges s'appuient sur un sommier constitué de 2 barres en U dont les extrémités sont ancrées dans le massif de fondation.
POTEAU SUR POTEAU	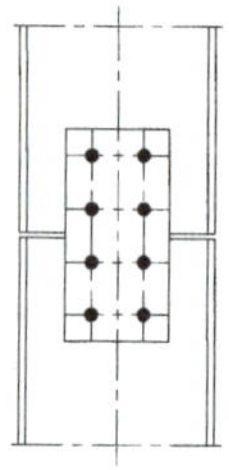	Articulation	**Articulation par éclissage d'âme** Exemple : – Discontinuité de poteau On attache deux éclisses de part et d'autre de l'âme des deux poteaux par boulonnage. Les deux éclisses et le boulonnage sont dimensionnés pour pouvoir transmettre un effort normal et un effort tranchant.
	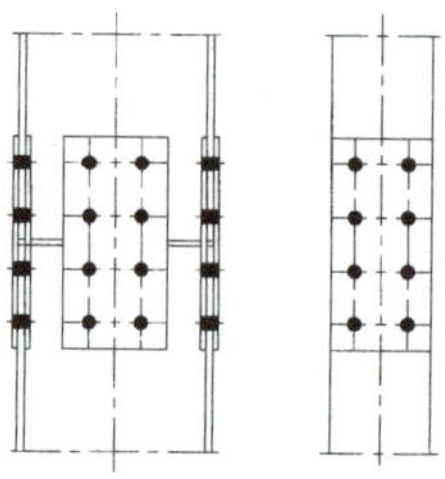	Encastrement	**Encastrement par éclissage d'âme et couvre-joint d'ailes** Exemple : – Continuité de poteau. Même principe que l'articulation par éclissage d'âme ci-dessus, mais avec en plus des couvre-joints d'ailes pour transmettre le moment fléchissant. Ces couvre-joints d'ailes transmettent également une partie de l'effort normal.
	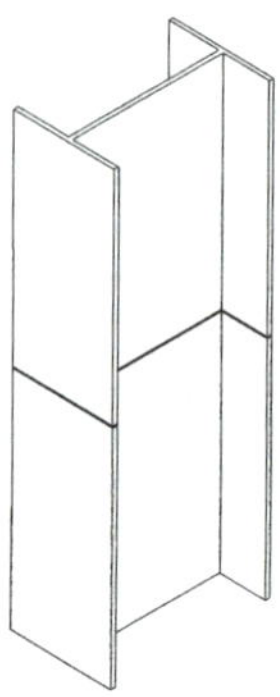	Encastrement	**Encastrement par raboutement** Exemple : – Continuité de poteau. La solution consiste à rabouter les deux poteaux par une soudure bout à bout qui doit transmettre un effort normal, un effort tranchant et un moment fléchissant.

	Dessin	Modélisation	Commentaire
POTEAU SUR POTEAU	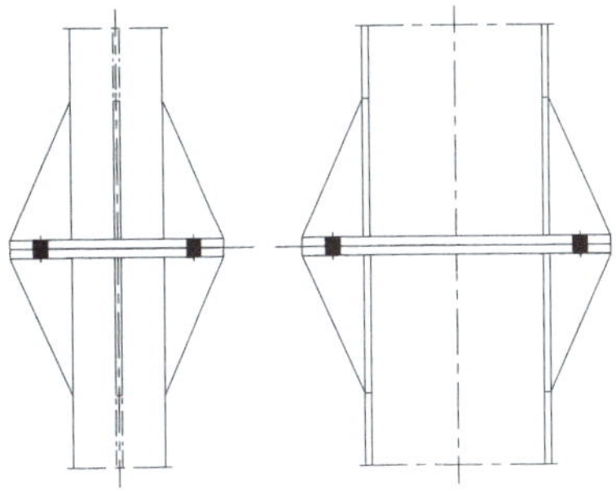	Encastrement	**Encastrement par platine d'extrémité** Exemple : – Continuité de poteau. On soude une platine à l'extrémité de chaque poteau. Les deux platines sont assemblées par boulons. Pour limiter les déformations des platines il faut que leur épaisseur soit suffisante, sinon il faut placer des raidisseurs.
POUTRE SUR POTEAU	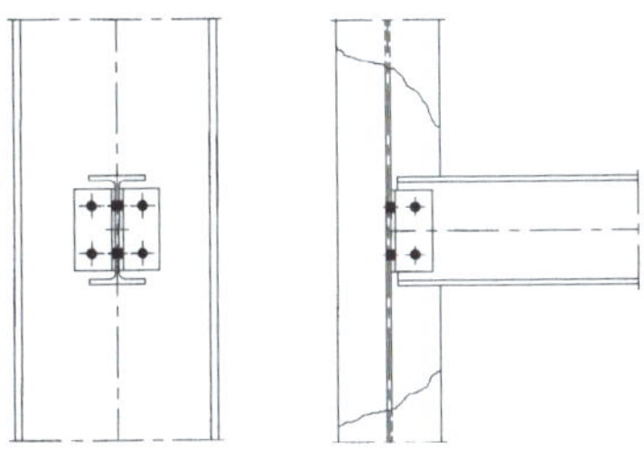	Articulation	**Articulation par doubles cornières** Exemple : – Solive de plancher sur poteau Solution très courante pour réaliser une articulation. On relie l'âme de la poutre à l'âme du poteau avec deux cornières fixées par des boulons. Laisser un jeu entre l'extrémité de la poutre et le poteau de l'ordre de 10 mm. Pour des raisons d'encombrement on peut être amené à placer les boulons en file horizontale. Dans ce cas on utilise des plats pliés à la place des cornières.
	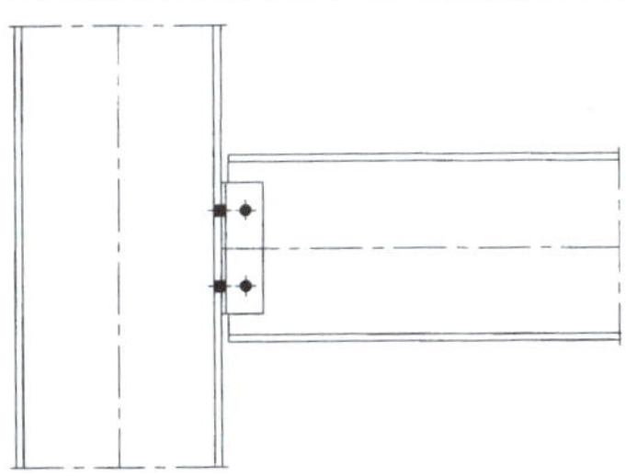	Articulation	**Articulation par doubles cornières** Exemple : – Poutre de plancher sur poteau. Même principe que l'articulation ci-dessus. L'âme de la poutre est reliée à l'âme du poteau mais par l'intermédiaire d'une aile du poteau.
	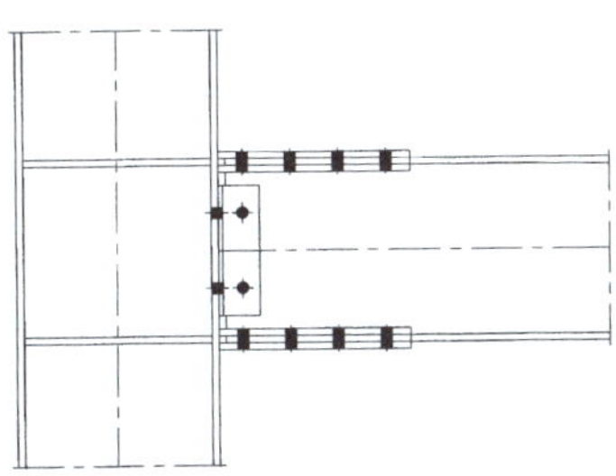	Encastrement	**Encastrement par double cornières en joint d'ailes** Exemple : – Traverse de portique sur poteau. Même principe que l'articulation ci-dessus, mais avec en plus des plats soudés (qui peuvent être remplacés par des plats pliés boulonnés) sur une aile du poteau et avec 2 raidisseurs horizontaux entre les ailes du poteau pour relier la deuxième aile du poteau.

Assemblages dans les bâtiments et planchers métalliques

	Dessin	Modélisation	Commentaire
POUTRE SUR POTEAU	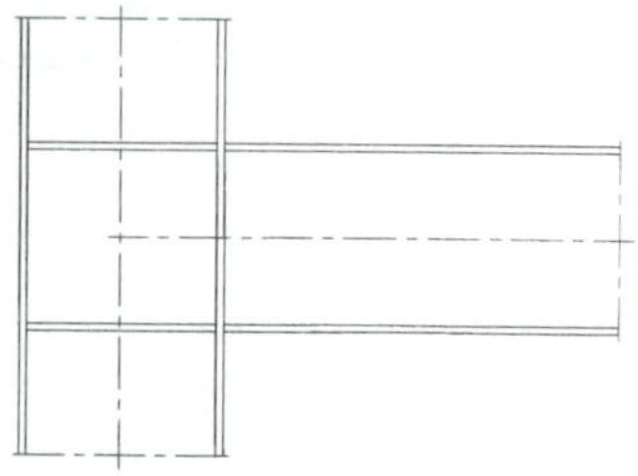	Encastrement	**Encastrement par soudure** Exemple : – Traverse de portique sur poteau. La poutre est soudée sur une aile du poteau. On place des raidisseurs horizontaux à l'intérieur des ailes du poteau pour relier la deuxième aile du poteau.
	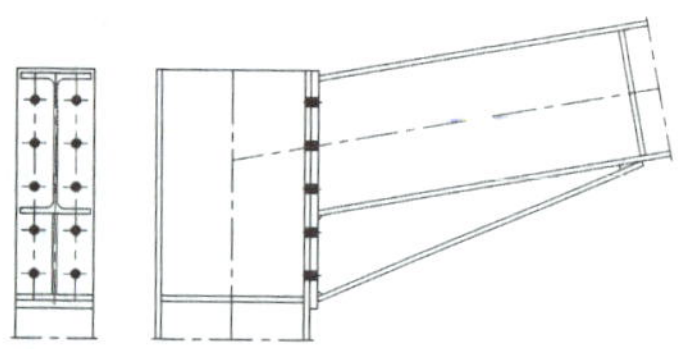 Solution avec jarret sans boulons extérieurs	Encastrement	**Encastrement par platine d'extrémité.** Exemple : – Traverse de portique sur poteau. On soude une platine à l'extrémité de la poutre. La platine est assemblée sur le poteau par 2 files boulons. Généralement on utilise des boulons à haute résistance (HR 8.8 ou HR 10.9) ce qui permet d'appliquer la norme NF P 22-460 relative à cet assemblage. Pour limiter les déformations et pour augmenter la capacité de cet assemblage à reprendre les efforts, il est possible de placer des raidisseurs et 2 boulons appelés « extérieurs » dans la zone tendue. Pour des raisons de dispositions constructives (position des boulons) ou de résistance on peut être amené à utiliser un jarret (inertie variable) au droit de l'assemblage.
	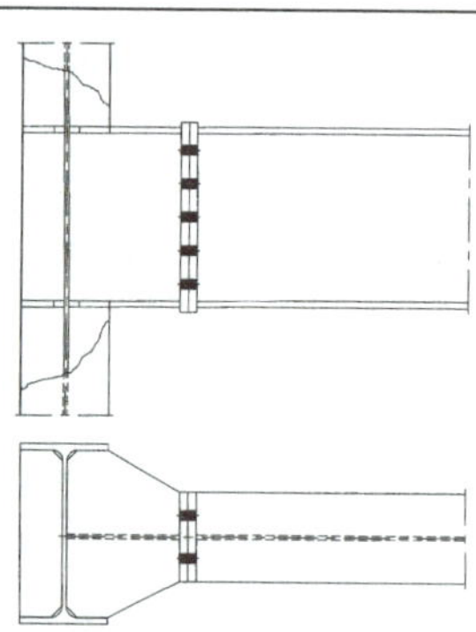	Encastrement	**Encastrement sur l'âme du poteau** Exemple : – Tête de portique de stabilité dans le long-pan. Il n'est pas possible de réaliser correctement un encastrement par platine d'extrémité sur l'âme du poteau à cause de déformations trop importantes que cela occasionnerait dans celle-ci. Il faut rigidifier l'âme avec la possibilité de monter les boulons.
DIAGONALE SUR POTEAU	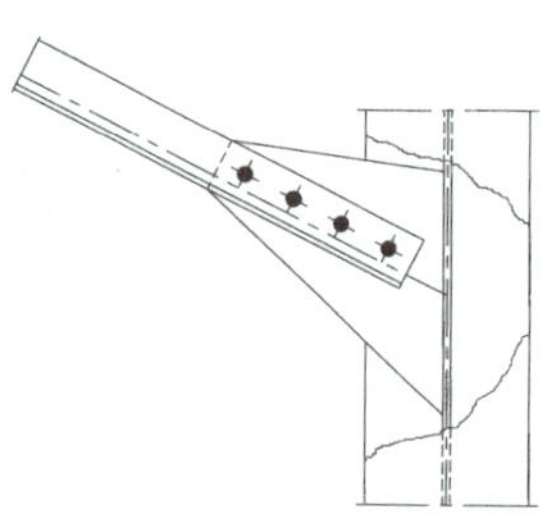	Articulation	**Articulation par gousset** Exemple : – Diagonale de palée de stabilité sur poteau. Gousset soudé sur le poteau, ou boulonné directement sur une aile du poteau, ou boulonné dans l'âme du poteau avec double cornière. Diagonale boulonnée sur le gousset.

	Dessin	Modélisation	Commentaire
POTELET SUR POUTRE	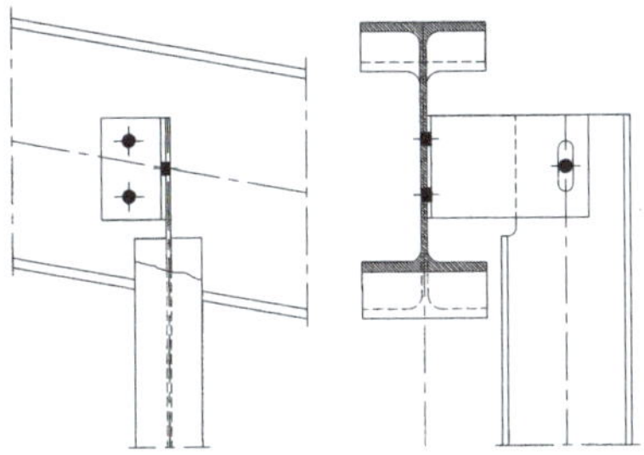	Appui simple	**Appui simple avec plat plié** Exemple : – Tête de potelet sur traverse de portique. Le plat plié est fixé sur la poutre par boulons. Le potelet est fixé sur le plat plié par l'intermédiaire d'un boulon dans un trou oblong pour permettre une translation dans la direction souhaitée.
POUTRE SUR POUTRE	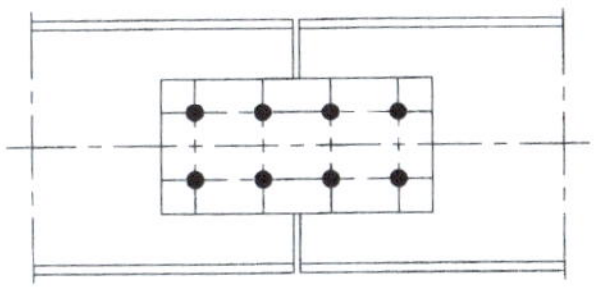	Articulation	**Articulation par éclissage d'âme** Exemple : – Discontinuité de poutre. On attache deux éclisses de part et d'autre de l'âme des deux poutres par boulonnage. Les deux éclisses et le boulonnage sont dimensionnés pour pouvoir transmettre un effort normal et un effort tranchant.
	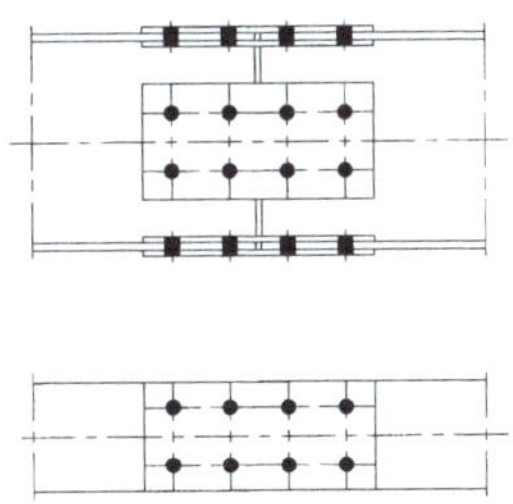	Encastrement	**Encastrement par éclissage d'âme et couvre-joint d'ailes** Exemple : – Continuité de poutre. Même principe que l'articulation par éclissage d'âme ci-dessus, mais avec en plus des couvre-joints d'ailes pour transmettre le moment fléchissant. Ces couvre-joints d'ailes transmettent également une partie de l'effort normal.
	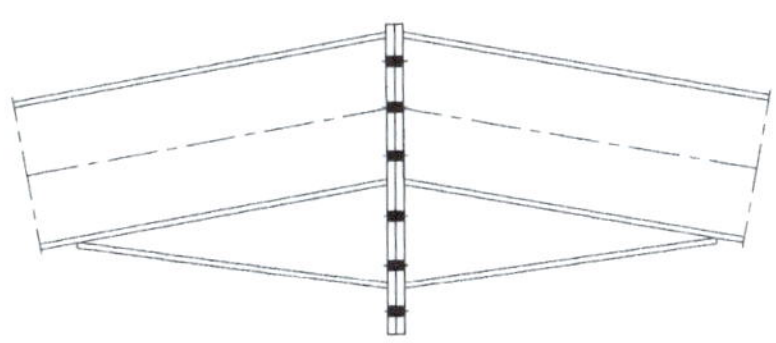 Solution avec jarrets et boulons extérieurs	Encastrement	**Encastrement par platine d'extrémité** Exemple : – Faîtage de portique. On soude une platine à l'extrémité de chaque poutre. Les platines sont assemblées par 2 files de boulons. Généralement on utilise des boulons à haute résistance (HR 8.8 ou HR 10.9) ce qui permet d'appliquer la norme NF P 22-460 relative à cet assemblage. Pour limiter les déformations et pour augmenter la capacité de cet assemblage à reprendre les efforts, il est possible de placer des raidisseurs « extérieurs » et des boulons « extérieurs » dans la zone tendue. Pour des raisons de disposition constructives (positions des boulons) ou de résistance on peut être amené à utiliser des jarrets (inerties variables) au droit de l'assemblage.

Assemblages dans les bâtiments et planchers métalliques

	Dessin	Modélisation	Commentaire
POUTRE SUR POUTRE	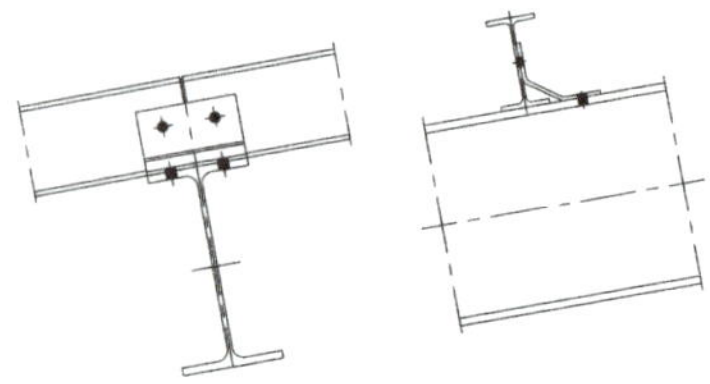	Articulation	**Articulation de poutres reposant sur une autre poutre perpendiculairement** Exemple : – panne reposant sur une traverse. Fixation par l'intermédiaire d'une échantignole. – solive de plancher reposant sur une poutre. Fixation directement par boulons entre l'aile supérieure de la poutre portante et l'aile inférieure de l'autre poutre
	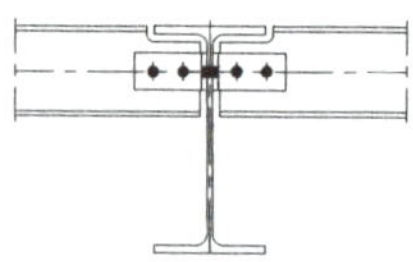 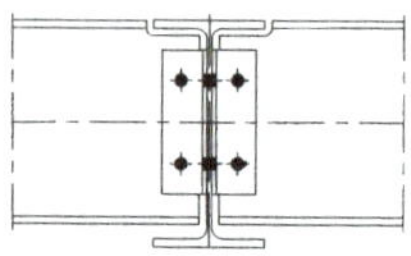	Articulation	**Articulation de poutres perpendiculaire situées au même niveau** Exemple : – Solives de plancher sur poutre. Attachées par doubles cornières (ou plat plié) et boulons. Pour avoir le même niveau supérieur on réalise un grugeage dans les solives.
DIAGONALE SUR DIAGONALE	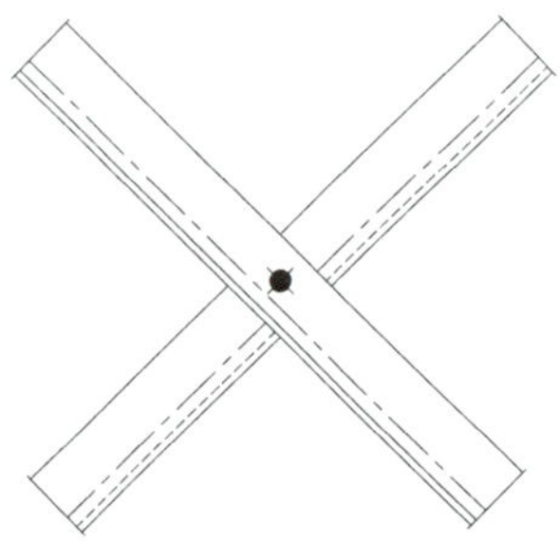	Pas de liaison	**Liaison entre deux diagonales continues de grande longueur** Exemple : – Croisement de 2 diagonales en simple cornière dans une stabilité en Croix de Saint-André. Les 2 diagonales continues sont attachées par un boulon pour limiter leur déplacement dû à la flexibilité de ces deux diagonales.
	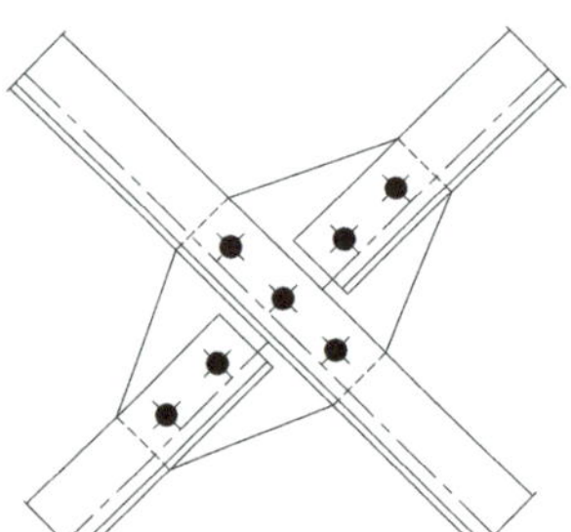	Articulation	**Articulation de diagonales par gousset** Exemple : – Croisement de diagonales en doubles cornières dans une stabilité en Croix de Saint-André. Le gousset est fixé sur la diagonale continue par boulons. La diagonale discontinue est articulée sur le gousset par boulons.

	Dessin	Modélisation	Commentaire
DISPOSITIFS POUR ASSEMBLAGES DE TUBES	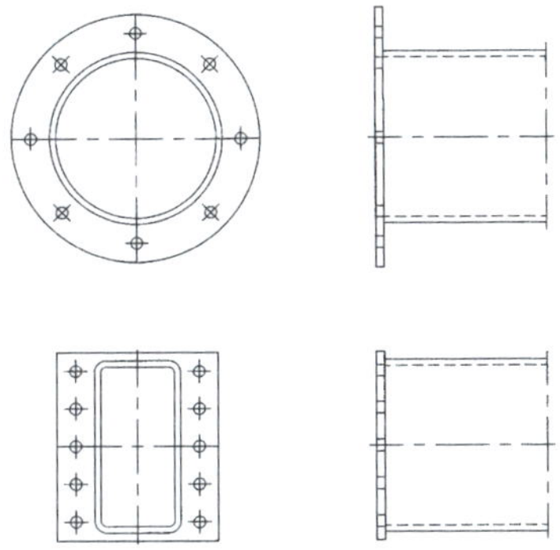	Encastrement	**Encastrement par bride pleine** Exemple : – Interruption de poteau – Traverse de portique en tête de poteau
	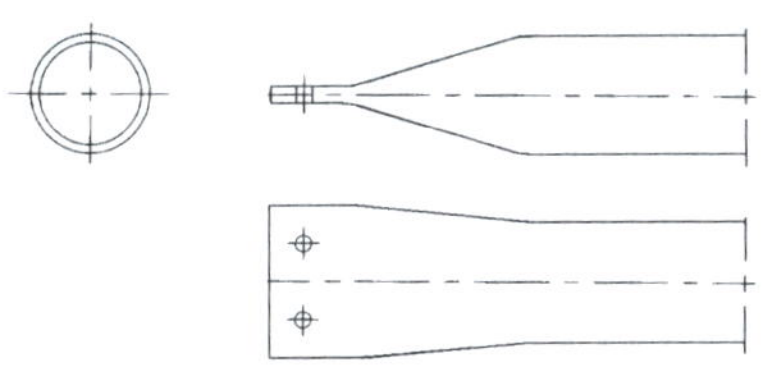	Articulation	**Articulation par aplatissement de tube** Exemple : – Diagonales ou montants de poutre en treillis sur membrure.
	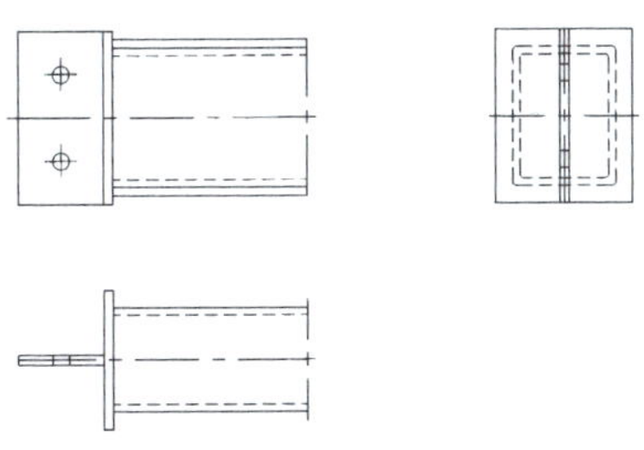	Articulation	**Articulation par chape soudée** Exemple : – Diagonale de stabilité sur gousset.

11.5 GARDE-CORPS ET RAMPES MÉTALLIQUES

11.5.1 GARDE-CORPS ET RAMPES D'ESCALIER

NF P 01-012

Utilisés dans les habitations, bureaux, locaux où le **public a accès**.

VOCABULAIRE

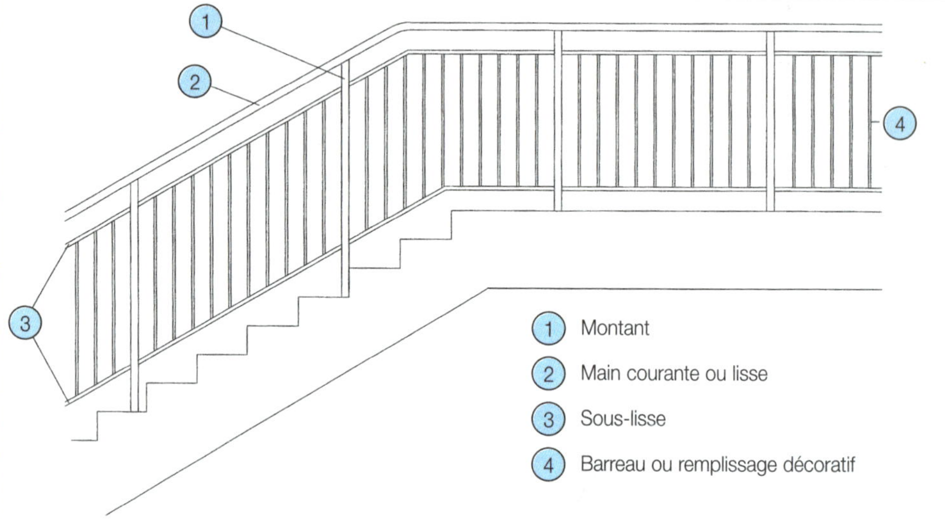

1. Montant
2. Main courante ou lisse
3. Sous-lisse
4. Barreau ou remplissage décoratif

DIMENSIONS DES GARDE-CORPS

Hauteur

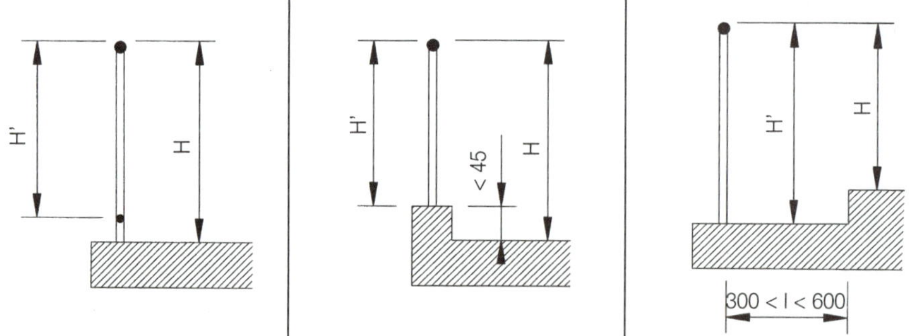

H : hauteur normale de protection $H \geq 1000$ mm
H : hauteur réduite de protection $H' \geq 900$ mm

Remplissage

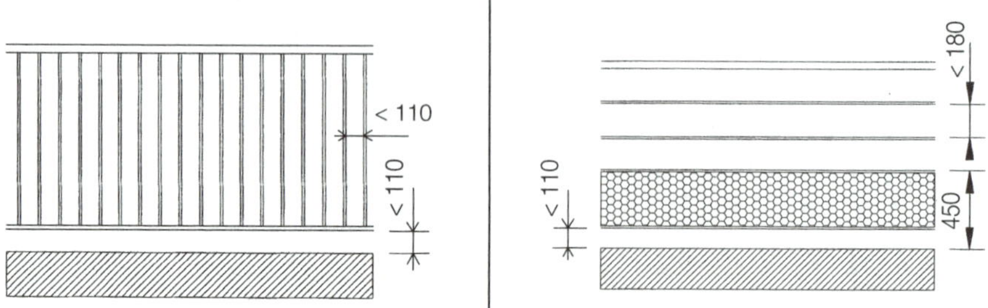

	Hauteur de protection et remplissage
DIMENSIONS DES RAMPES D'ESCALIER	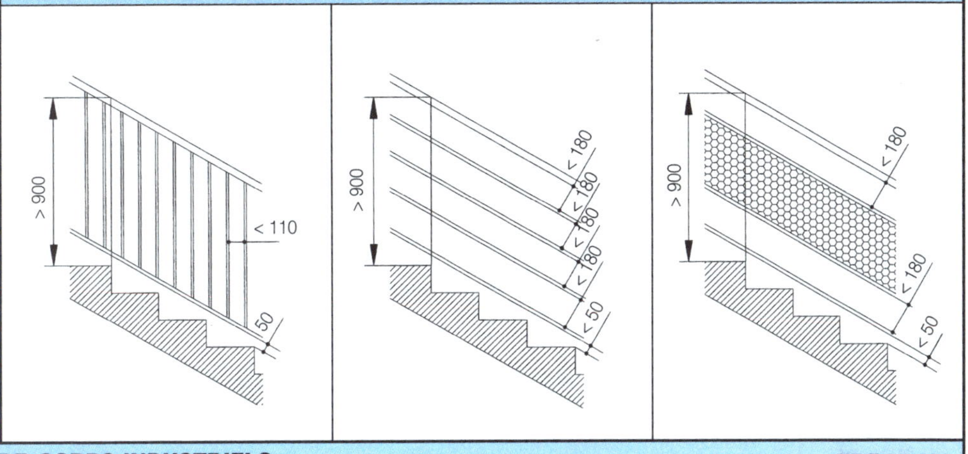

11.5.2 GARDE-CORPS INDUSTRIELS — NF E 85-101

Utilisés dans les installations industrielles et bâtiments industriels où le **public n'a pas accès**.

EXEMPLE DE GARDE-CORPS FIXE

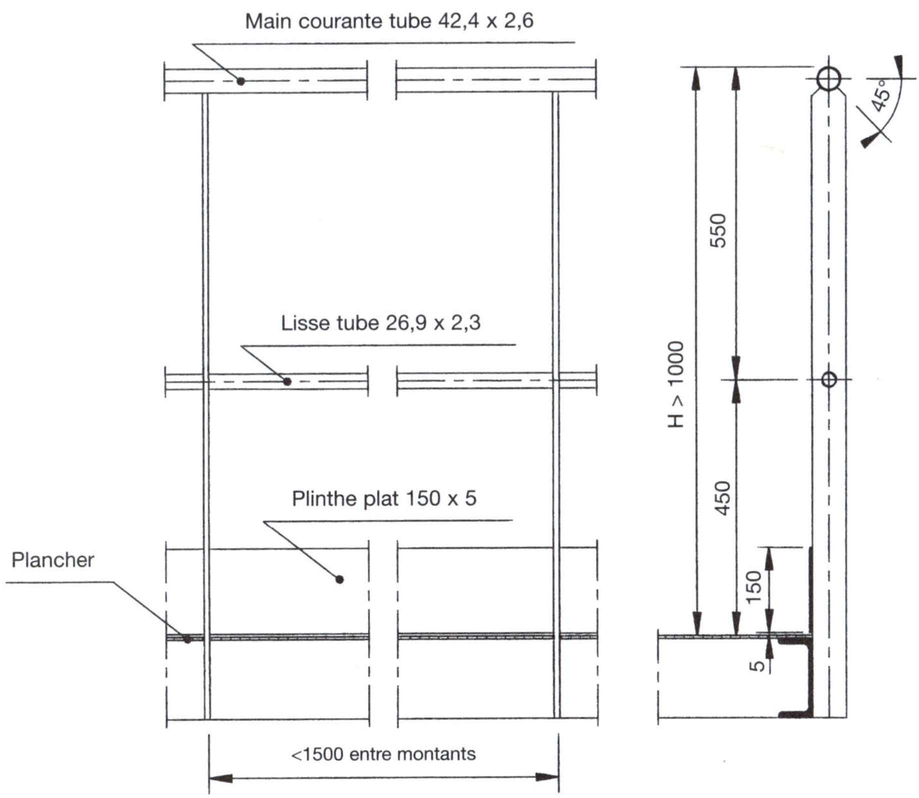

11.6 ESCALIERS MÉTALLIQUES

VOCABULAIRE ET CHOIX DES DIMENSIONS NF E 85-031

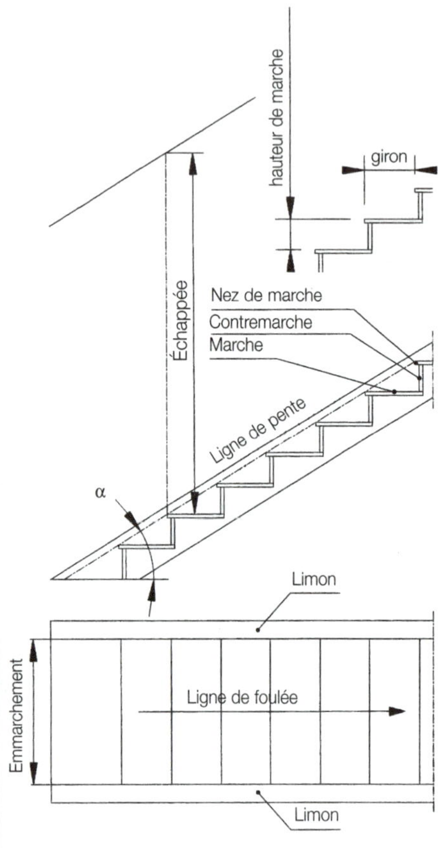

• **Définitions :**

- Un **escalier** est une suite de marches qui permettent de passer d'un niveau à un autre.
- Un **palier** dont la fonction est de permettre un repos pendant la montée, est une aire plane située à chaque étage au départ et à l'arrivée d'une volée d'escalier.

Placé entre deux niveaux on parle de **palier intermédiaire.**

- Une **volée** est une partie droite ou courbe d'escalier comprise entre deux paliers successifs.

Les marches peuvent être encastrées entre deux limons ou reposer sur un ou deux limons.

• **Choix des dimensions :**

Formule de Rondelet (appelée loi du pas moyen).

h : hauteur de marche

g : giron

Nota : toutes les marches ont le même giron sur la ligne de foulée.

$$600 \text{ mm} < 2h + g < 660 \text{ mm}$$

dans la mesure du possible faire :

$$\mathbf{2h + g = 630\ mm}$$

d'autre part :

$$\tan \alpha = \frac{h}{g}$$

TYPES COURANTS D'ESCALIERS

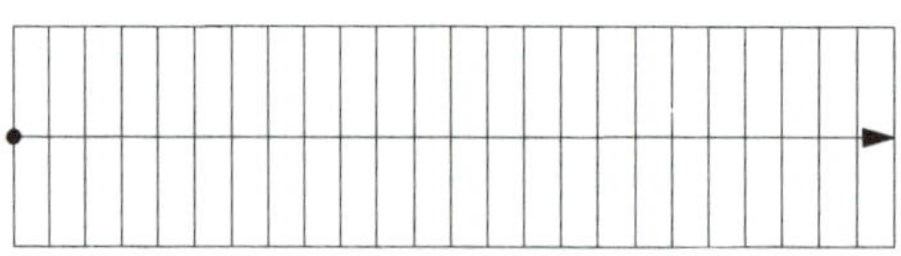

Escalier droit sans palier intermédiaire
(une volée)

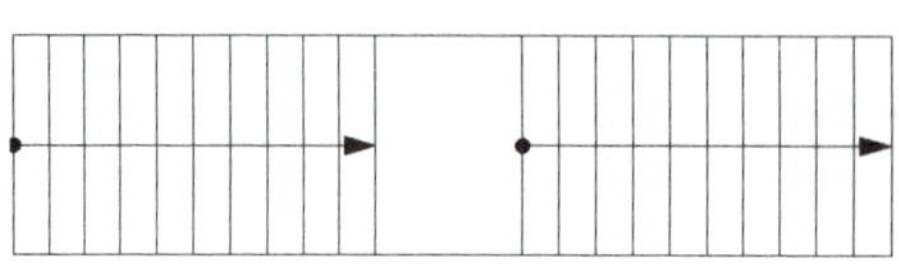

Escalier droit avec un palier intermédiaire
(deux volées)

TYPES COURANTS D'ESCALIERS

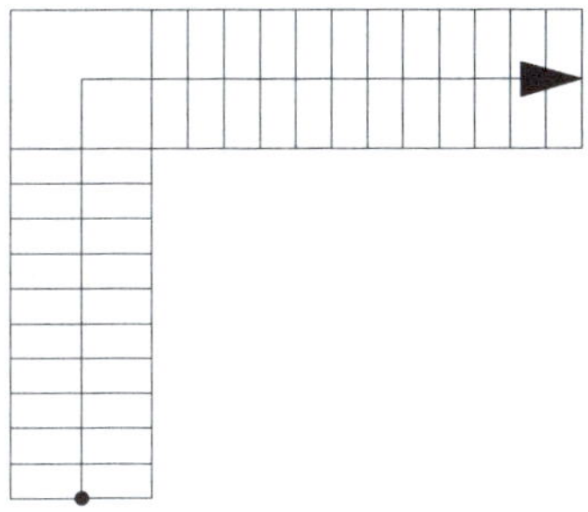

Escalier à quartier tournant avec un palier intermédiaire
(deux volées)

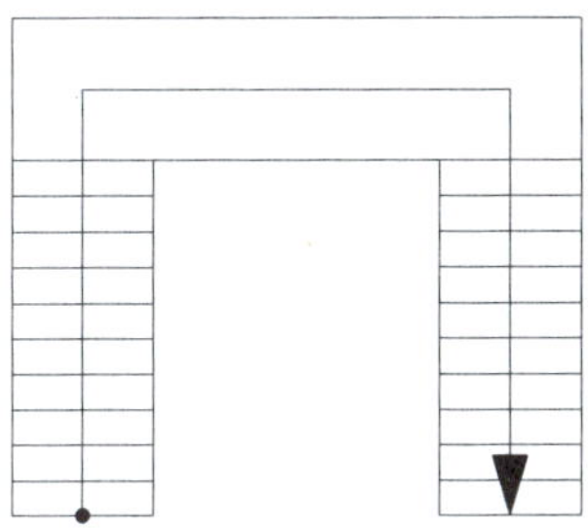

Escalier à quartier tournant avec double palier intermédiaire
(deux volées)

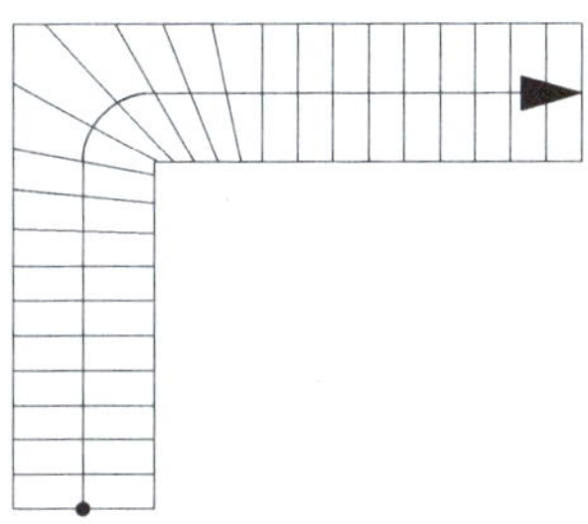

Escalier balancé à quartier tournant
(une volée)
Le balancement d'un escalier est une transformation de l'épure théorique de l'escalier à quartier tournant comportant une volée droite suivie d'une volée rayonnante de telle façon que la partie la plus étroite des marches rayonnantes soit agrandie de manière constante dans la partie tournante et offre plus de sécurité. Le balancement se prolonge sur 3 à 5 marches de la volée droite.
Le **giron** reste **constant** tout le long de la **ligne de foulée**.

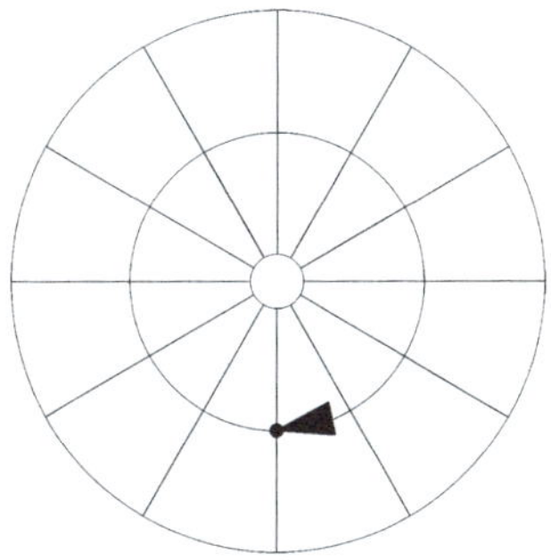

Escalier hélicoïdal
avec colonne centrale et marches radiales

CHOIX D'UN MOYEN D'ACCÈS FIXE ENTRE DEUX NIVEAUX ET CLASSIFICATION

NF E85-011

Angles d'inclinaison	Pente
6°	10 %
15°	26 %
20°	36 %
30°	58 %
38°	78 %
45°	100 %

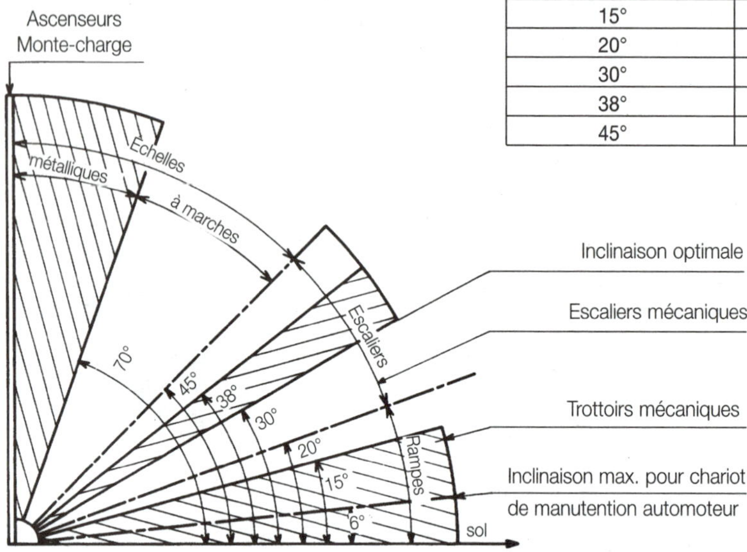

Note : les zones hachurées définissent les inclinaisons recommandées.

11.6.1 ESCALIER MÉTALLIQUE À VOLÉE DROITE : INSTALLATION INDUSTRIELLE NF E 85 - 031

TYPE D'USAGE

• **Escaliers principaux :** passages fréquents avec ou sans charge, accès à un niveau occupé par du personnel relativement nombreux, voie préférentielle pour évacuation en cas de sinistre.

• **Escaliers secondaires :** passages individuels peu fréquents et sans charge, accès à un niveau peu occupé par le personnel, escalier de secours éventuel pour personnel isolé.

CHOIX DES DIMENSIONS

Dénomination	Escaliers principaux	Escaliers secondaires
Emmarchement	1000 - 1200 - 1500	800
Angle d'inclinaison	$30° \leq \alpha \leq 38°$	$38° \leq \alpha \leq 45°$
Hauteur de marche : h	170 - 180 - 190	≤ 200
Giron : g	290 - 270 - 250	à calculer
Échappée	2200	2400
Volées le plus défavorable de : – dénivellation maximale ou – nombre maximal de marches	4000 20 marches	5000 25 marches

Remarques :

– sur la même volée les espacements entre marches doivent être rigoureusement égaux.

– entre deux volées consécutives un palier intermédiaire doit être prévu obligatoirement. La longueur minimale de ce palier est fixée à 1200 mm si les volées ne sont pas alignées et 1800 mm si les volées sont alignées.

EXEMPLE

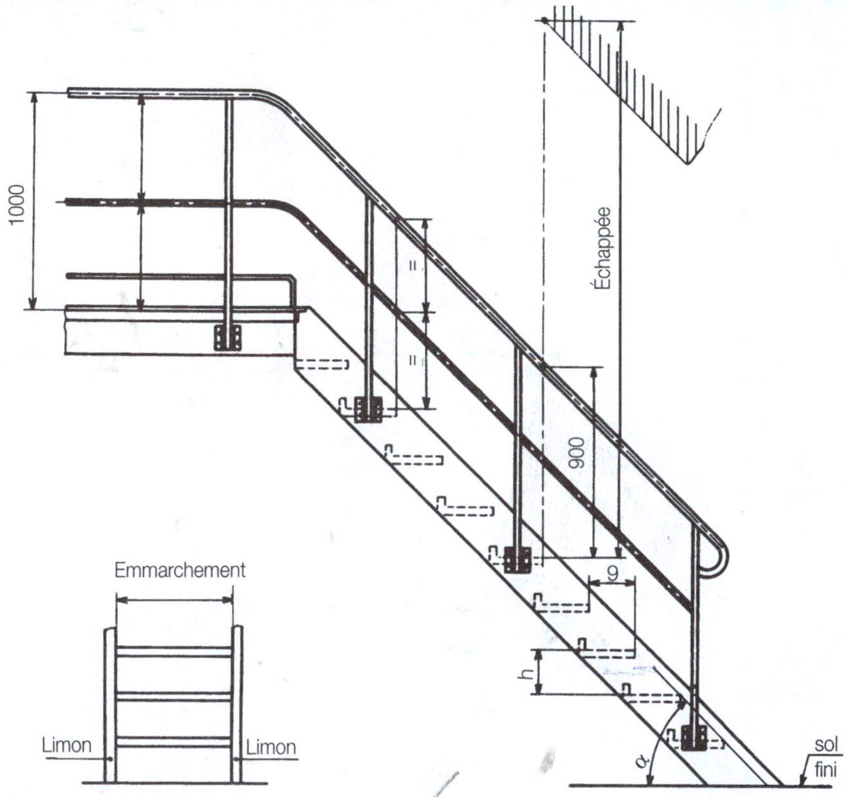

CHOIX DU GIRON ET DE LA HAUTEUR DES MARCHES

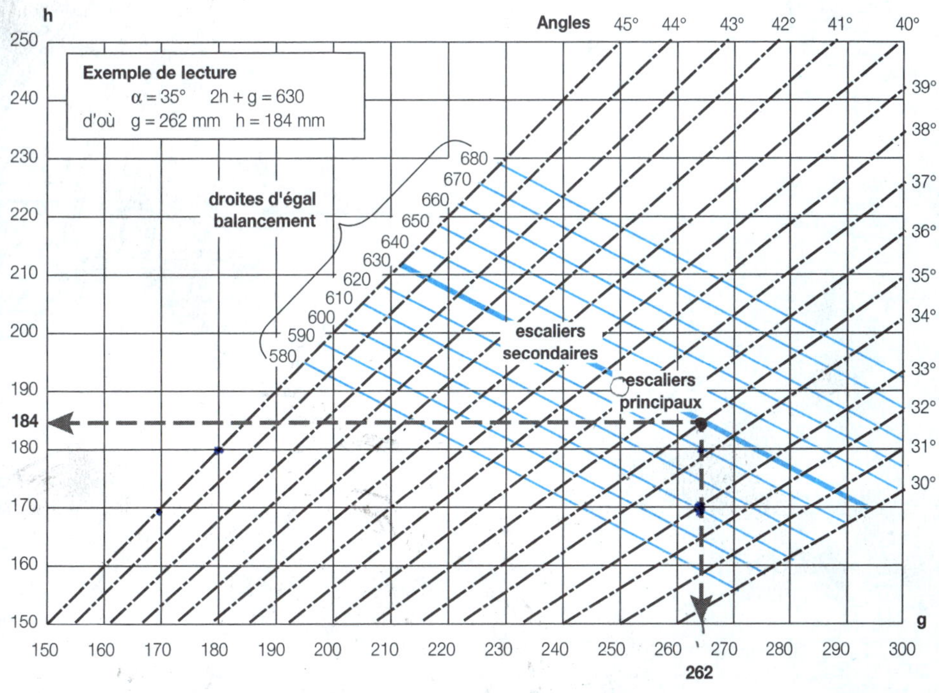

EXEMPLE DE RÉALISATION INDUSTRIELLE

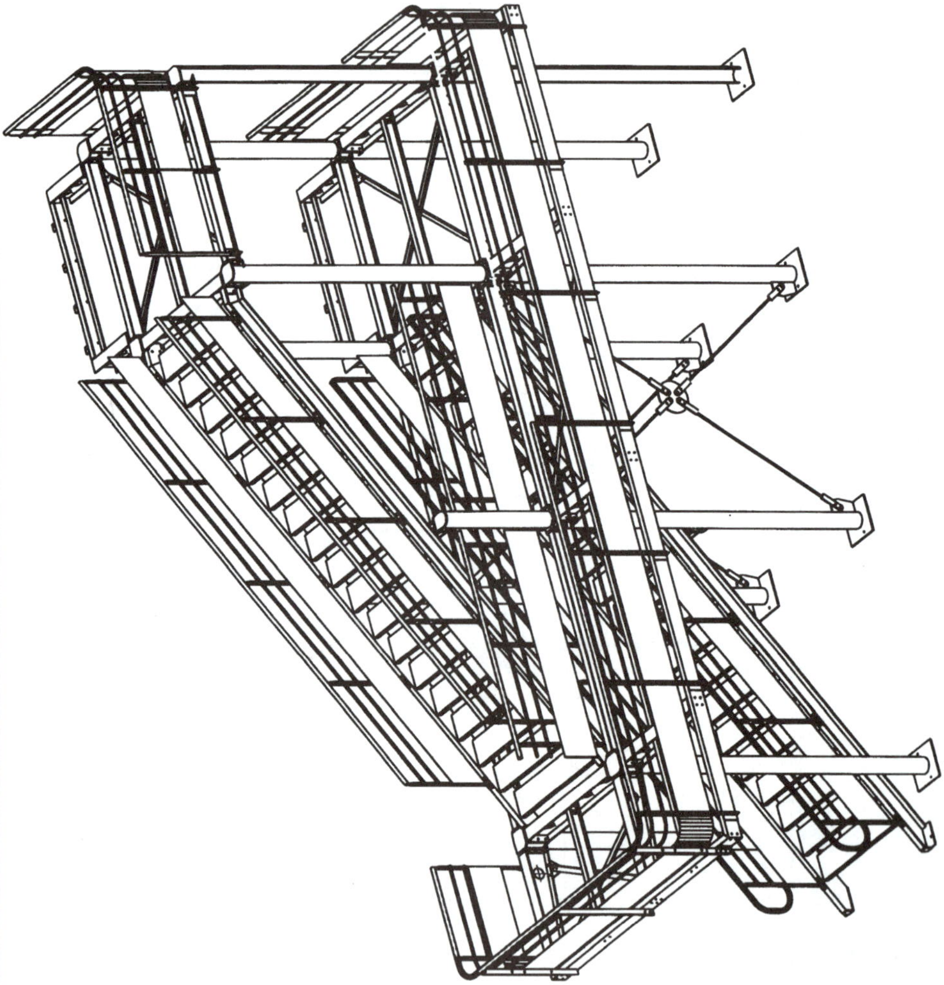

DOC. CADEX
LOGICIEL
STEELCAD

11.6.2 ÉCHELLE VERTICALE MÉTALLIQUE FIXE (ÉCHELLE À CRINOLINE) : INSTALLATION INDUSTRIELLE

NF E 85 - 010

VOCABULAIRE
DIMENSIONS
RÉSISTANCE

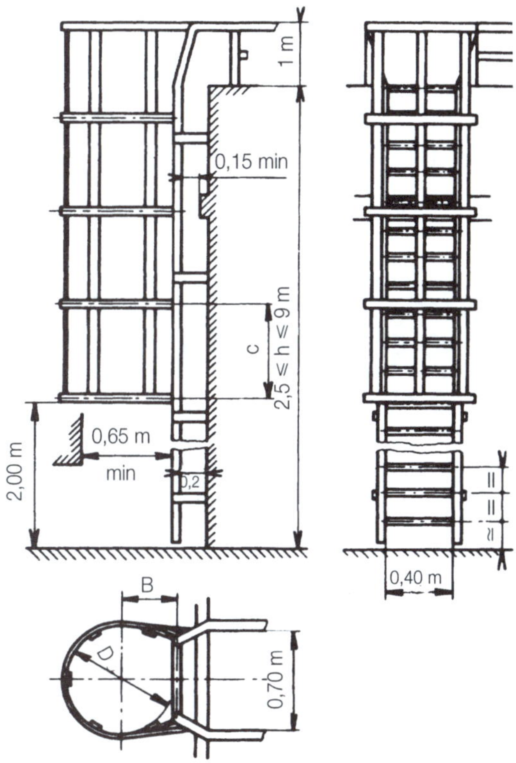

• **Utilisation :** Les échelles à crinoline sont utilisées dans le cas où l'accès entre niveaux ne s'effectue que de façon occasionnelle, ou lorsqu'il n'est pas possible d'installer un escalier.

• **Définitions :**

- **Volée d'échelle :** hauteur d'échelle entre deux paliers successifs.
- **Crinoline :** ensemble constitué par des montants verticaux et des arceaux horizontaux solidaires des montants de l'échelle. Sa fonction est de limiter les chutes.

• **Dimensions** :

– Échelle

250 mm ⩽ espacement des échelons ⩽ 300 mm

– Crinoline

Type réduit : D = 600 mm

Type normal : permettant le passage d'un homme portant un appareil respiratoire.

D = 700 mm ; B = 350 mm ;

C < 1 500 mm.

Les arceaux doivent être reliés entre eux par cinq montants verticaux uniformément répartis.

• **Résistance** :

– Échelons

Soit f la flèche au milieu d'un échelon.

f ⩽ 1 mm sous une charge de 150 daN placée au milieu de l'échelon.

– Montants

Doivent supporter simultanément un ensemble de charges de 150 daN appliqué au milieu des échelons tous les 2 m.

– Crinoline

L'ensemble arceaux et montants doit supporter en un point quelconque d'un arceau un effort de 100 daN.

11.7 COUVERTURES

Définition : Dispositif étanche aux précipitations atmosphériques recouvrant la partie supérieure des bâtiments.
Dans le domaine de la construction métallique on distingue essentiellement :
- les **couvertures fibres-ciment.**
- les **couvertures en matériaux métalliques.**

11.7.1 COUVERTURES FIBRES-CIMENT — D'APRÈS DOCUMENTATION ETERNIT

PROPRIÉTÉS

Matériau : Mélange homogène de ciment, de fibres organiques naturelles et de synthèse.
Propriétés : Imperméable, non gélif, imputrescible, incombustible, excellent absorbant de la condensation, insensible aux végétaux et agents chimiques, très bonne résistance à la corrosion, absorbe beaucoup et réverbère peu les sons, bonne résistance au choc accidentel, poids élevé en moyenne 0,14 kN/m^2, entraxe faible 1,385 m dans le cas le plus courant, cordon d'étanchéité indispensable pour des pentes < 16 %.

PRINCIPAUX TYPES

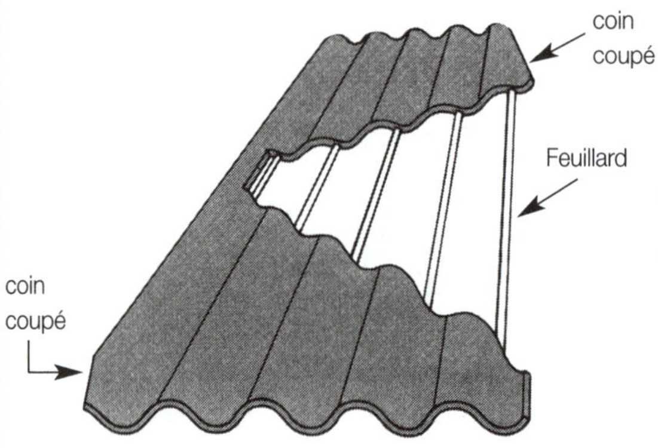

DOC. ETERNIT

Plaque Coloronde Natura FR Eternit

Présentation :
Plaque ondulée (5 ou 6 ondes), profil 177/51, conforme à la classe C1X de la norme NF EN 494.
Équipée de Feuillards de Retenue (FR) en polypropylène, elle satisfait à la spécification de résistance au choc de la norme NF P 33-303.

Mise en œuvre :
Avis technique n° 5/94-1034. Prête à poser grâce à la coupe des coins réalisée en usine.

CARACTÉRISTIQUES COURANTES

Longueur en m	Masse en kg		Recouvrement longitudinal	Recouvrement transversal
	5 ondes	6 ondes		toutes pentes ≥ 9 %
1,250	16,1	19,2	$\frac{1}{2}$ onde	200 mm
1,525	19,7	-		
1,585	20,5	20,7		
1,750	22,6	27,0		

• ***Profil 5 ondes***

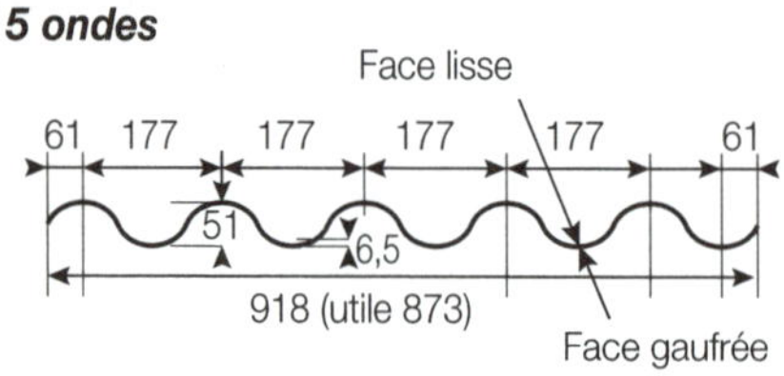

• ***Profil 6 ondes***

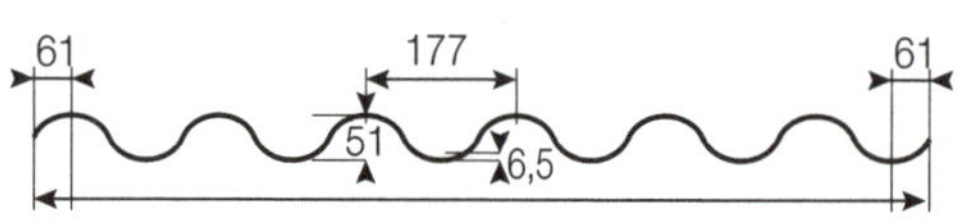

Coloris par incrustation **:**
Noir, rouge-brun, ocre.

ETERNIT : BP 33 – 78540 VERNOUILLET

11.7.2 COUVERTURES EN MATÉRIAUX MÉTALLIQUES

D'APRÈS DOCUMENTATION SOLLAC

PROPRIÉTÉS

Matériau : Bac acier galvanisé prélaqué ou plastifié.
Poids relativement faible 0,06 kN/m², grande longueur d'où rapidité de pose, différents types de nervurage, mais mauvais isolant thermique et acoustique d'où la nécessité d'associer si besoin un isolant, risques de corrosion.

PRINCIPAUX TYPES

On distingue principalement 3 types :
- Couvertures sèches
- Couvertures support d'étanchéité
- Couvertures par panneaux sandwichs

11.7.2.1 COUVERTURES SÈCHES

TYPES

Type de couverture économique, composée de plaques d'acier nervurées, utilisé pour des pentes > 7 %.
Longueur des plaques 1,5 à 12 m.
Revêtements : galvanisé ou galvanisé prélaqué.
Pour améliorer l'isolation, on peut adjoindre un isolant tendu au-dessus des pannes, ou disposé entre les pannes ou encore posé sur un plafond.

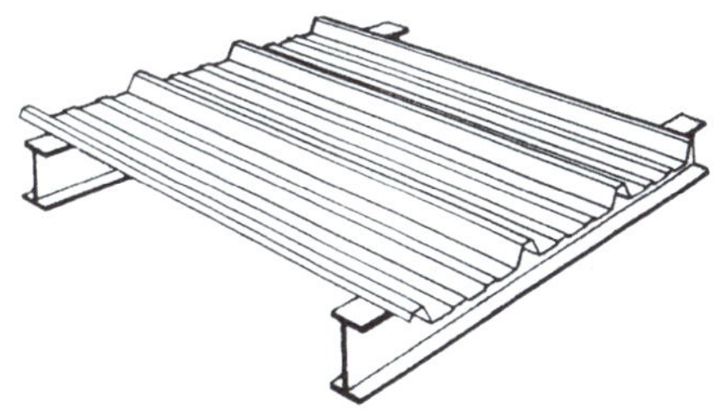

NORMALISATION

DTU 40-35 : Couverture en plaques nervurées
NF A 36-322 : Produits sidérurgiques
NF P 34-301 : Tôles d'acier galvanisées, prélaquées en continu
NF P 34-401 : Couvertures plaques nervurées en acier galvanisées, prélaquées ou non
NF P 34-503 : Couvertures plaques nervurées en tôle d'acier galvanisées, revêtues ou non

CARACTÉRISTIQUES

TYPE NERVESCO 3.35.1000T

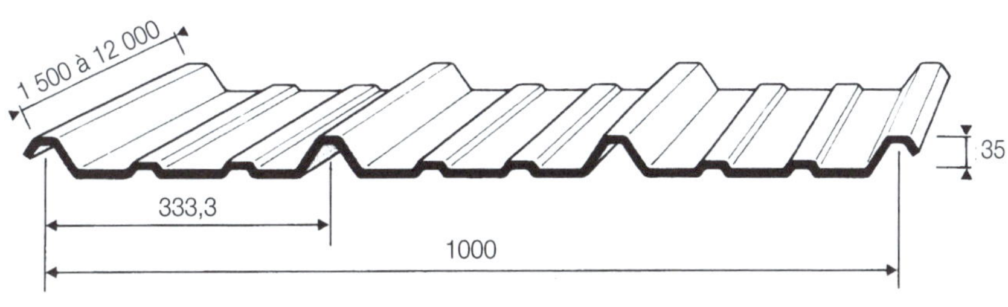

Caractéristiques de la plaque	Épaisseur de la plaque en mm	
	0,63	0,75
masse en kg/m²	5,85	6,97
portée limite d'utilisation en m	2,00	2,75

Détail géométrique

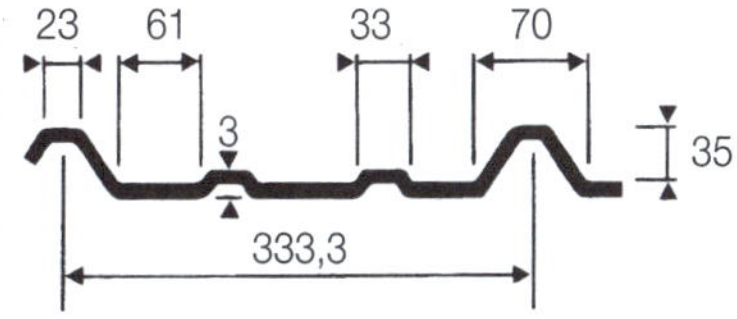

TABLEAU D'UTILISATION TYPE NERVESCO 3.35.1000T

• **Portées d'utilisation en mètres** (fixations en sommet de nervures ou en plage)
PV d'essais Veritas : DLC/788 415/1 exploité selon annexe C1 du DTU 40-35.

charges de soulèvement		charges descendantes		charges non pondérées daN/m²	charges descendantes		charges de soulèvement – toutes nervures fixées		charges de soulèvement – 2 nervures fixées sur 3	
épaisseurs en mm		épaisseurs en mm			épaisseurs en mm		épaisseurs en mm		épaisseurs en mm	
0,75	0,63	0,75	0,63		0,63	0,75	0,63	0,75	0,63	0,75
2,75	2,00	2,75	2,00	**50**	2,00	2,75	2,00	2,75	2,00	2,75
2,75	2,00	2,50	2,00	**75**	2,00	2,75	2,00	2,75	2,00	2,75
2,75	2,00	2,30	2,00	**100**	2,00	2,75	2,00	2,75	2,00	2,55
2,70	2,00	2,15	2,00	**125**	2,00	2,65	2,00	2,75	1,90	2,25
2,45	2,00	2,00	1,85	**150**	2,00	2,45	2,00	2,50	1,70	2,05
2,25	1,85	1,90	1,75	**175**	1,90	2,25	1,90	2,30	1,55	1,90
2,10	1,75	1,80	1,70	**200**	1,80	2,10	1,75	2,15	1,35	1,75
		1,75	1,65	**225**	1,70	2,00				
		1,70	1,55	**250**	1,60	1,90				

• **Résistance caractéristique minimale des fixations (daN)**

	fixation en sommet		fixation en plage	
	épaisseurs en mm		épaisseurs en mm	
	0,63	0,75	0,63	0,75
toutes nervures fixées	293	389	300	400
2 nervures fixées sur 3	330	422	300	400

11.7.2.2 COUVERTURES SUPPORT D'ÉTANCHÉITÉ

TYPES

Type de couverture composé d'un support en tôles d'acier nervurées, d'un isolant, d'une étanchéité, et éventuellement d'une protection rapportée.
Pente ≥ 1 %
Longueur des plaques 2 à 12 m.
Revêtement : galvanisé ou galvanisé prélaqué.

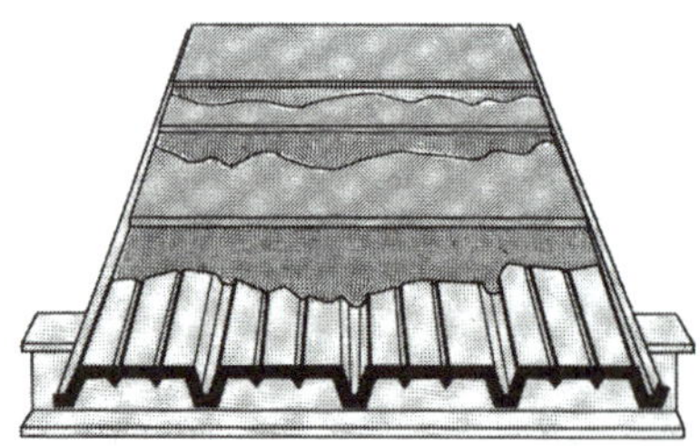

NORMALISATION

NF P 84-206 (référence au DTU 43-3) : Mise en œuvre des toitures en tôles d'acier nervurées avec revêtement d'étanchéité.
NF P 34-310 : Tôles et bandes d'acier de construction galvanisées à chaud destinées au bâtiment.
NF P 34-301 : Tôles et bandes d'acier de construction galvanisées prélaquées ou revêtues d'un film organique calandré, destinées au bâtiment.

CARACTÉRISTIQUES TYPE TOITESCO C 21S

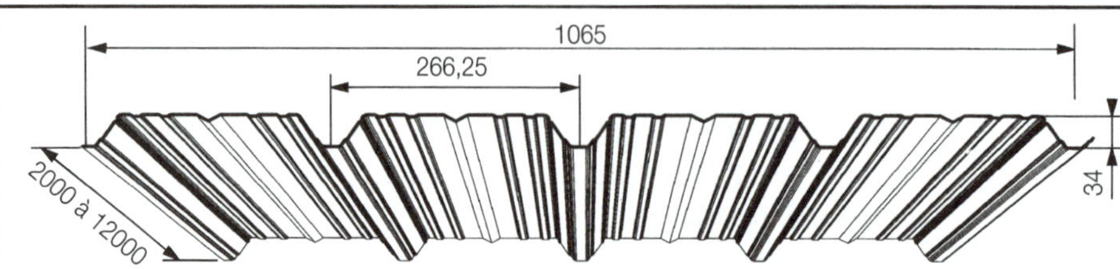

CARACTÉRISTIQUES TYPE TOITESCO C 21S

Épaisseur en mm	0,77	1,00
masse en kg/m²	6,92	8,99

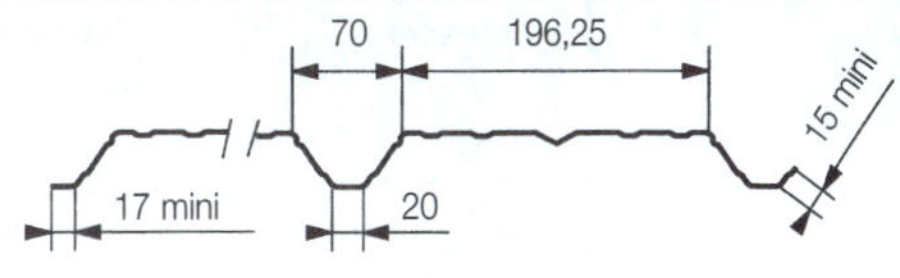

TABLEAU D'UTILISATION TYPE TOITESCO C 21S

Portées d'utilisation en mètres

Critères de flèche : L/200 sous le total des charges descendantes et L/250 sous la charge d'exploitation.

Travée simple			**Charge en kN/m²**			**Travée continue**					
Épaisseurs			Charge d'exploitation	Totale	Charge permanente	Cas général			2 Travées égales		
						Épaisseurs			Épaisseurs		
1,00	0,88	0,77				0,77	0,88	1,00	0,77	0,88	1,00
2,45	2,35	2,25	1,00	**1,10**	0,10	2,55	2,65	2,90	2,55	2,65	2,90
2,45	2,35	2,25	1,00	**1,15**	0,15	2,55	2,65	2,90	2,55	2,65	2,90
2,45	2,35	2,25	1,00	**1,20**	0,20	2,55	2,65	2,85	2,55	2,65	2,90
2,40	2,30	2,20	1,00	**1,25**	0,25	2,55	2,65	2,80	2,55	2,65	2,85
2,10	2,00	1,90	1,00	**2,00**	1,00	2,20	2,25	2,40	2,20	2,25	2,40
2,30	2,20	2,10	1,25	**1,40**	0,15	2,45	2,55	2,70	2,50	2,60	2,70
2,30	2,20	2,10	1,25	**1,45**	0,20	2,45	2,55	2,70	2,50	2,60	2,70
2,15	2,05	1,95	1,50	**1,60**	0,10	2,30	2,40	2,50	2,35	2,45	2,55
2,15	2,05	1,95	1,50	**1,65**	0,15	2,30	2,40	2,50	2,35	2,45	2,55
2,15	2,05	1,95	1,50	**1,70**	0,20	2,30	2,40	2,50	2,35	2,45	2,55
2,15	2,05	1,95	1,50	**1,75**	0,25	2,30	2,40	2,50	1,75	2,40	2,55
1,90	1,80	1,75	1,50	**2,70**	1,20	1,75	1,95	2,05	1,75	1,95	2,05
2,05	1,95	1,90	1,75	**1,90**	0,15	2,20	2,30	2,40	2,20	2,30	2,40
2,05	1,95	1,90	1,75	**2,00**	0,25	2,20	2,25	2,40	2,20	2,25	2,40
1,95	1,90	1,80	2,00	**2,15**	0,15	2,10	2,15	2,30	2,15	2,15	2,30
1,95	1,90	1,80	2,00	**2,25**	0,25	2,10	2,10	2,25	2,10	2,10	2,25

11.7.2.3 COUVERTURES PAR PANNEAUX SANDWICHS

TYPES

Panneau constitué par deux profils galvanisés prélaqués ou non et d'une mousse de polyuréthane injectée en continu constituant l'âme du panneau. L'épaisseur de l'isolant peut être comprise entre 30 et 80 mm.

Le coefficient K du panneau est compris entre 0,70 et 0,28 W/m².°C.

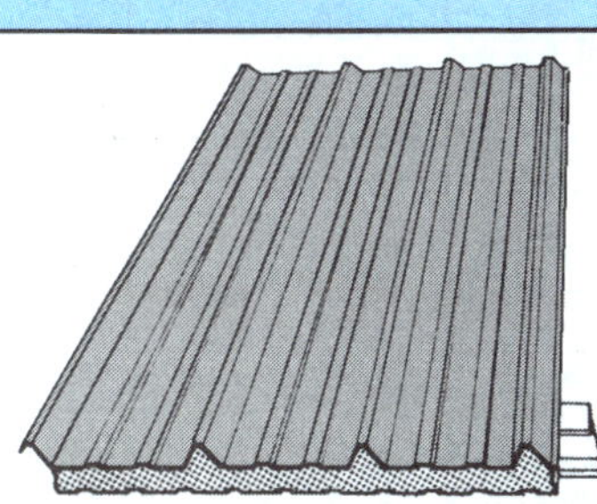

NORMALISATION

DTU 40-35 : Couverture en plaques nervurées issues de tôles d'acier galvanisées prélaquées ou de tôles d'acier galvanisées.

NF A 36-322 : Produits sidérurgiques

NF P 34-301 : Tôles d'acier galvanisées prélaquées en continu.

NF P 34-401 : Couvertures plaques nervurées en acier galvanisées, prélaquées ou non.

NF P 34-503 : Couvertures plaques nervurées en tôles d'acier galvanisées revêtues ou non.

CARACTÉRISTIQUES TYPE ONDATHERM 201

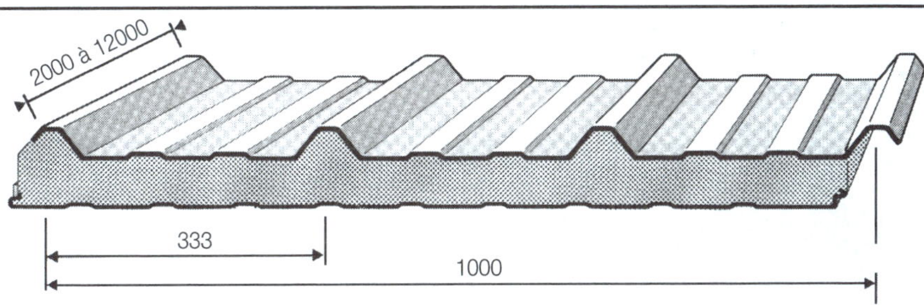

CARACTÉRISTIQUES TYPE ONDATHERM 201 (suite)

Épaisseur de la mousse en mm	Coefficient de transmission thermique surfacique : K en W/m². °C	Masse en kg/m² épaisseurs des parements en mm		
		0,63/0,63	0,63/0,50	0,50/0,50
30	0,69	12,4	11,3	10,1
40	0,53	12,8	11,7	10,5
50	0,43	13,2	12,1	10,9
60	0,36	13,6	12,5	11,3
70	0,13	14,0	12,9	11,7
80	0,28	14,4	13,3	21,1

Détail géométrique

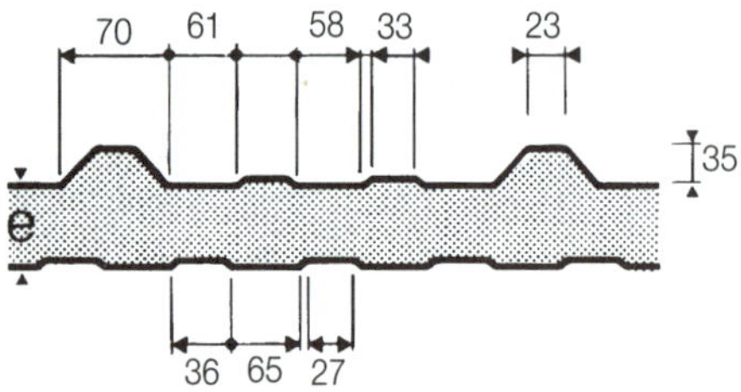

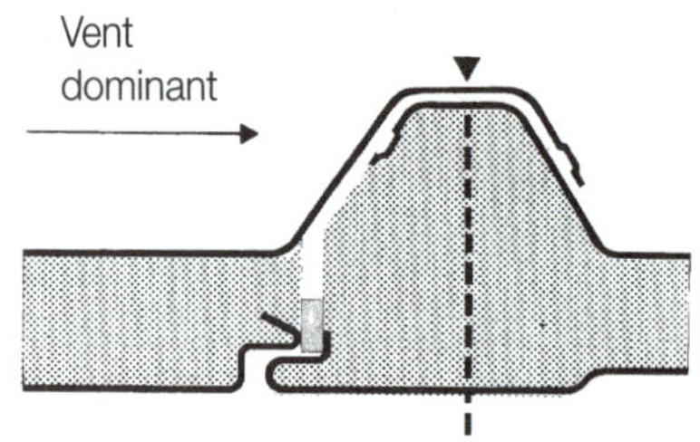

TABLEAU D'UTILISATION TYPE ONDATHERM 201

Portée d'utilisation en mètres

• ***Ondatherm 201/70*** Épaisseur de la mousse : 70 mm

charges de soulèvement (épaisseurs en mm) 0,50/0,50	charges de soulèvement (épaisseurs en mm) 0,63/0,50	charges descendantes (épaisseurs en mm) 0,50/0,50	charges descendantes (épaisseurs en mm) 0,63/0,50	charges non pondérées daN/m²	charges descendantes (épaisseurs en mm) 0,63/0,50	charges descendantes (épaisseurs en mm) 0,50/0,50	charges de soulèvement, toutes nervures fixées (épaisseurs en mm) 0,63/0,50	charges de soulèvement, toutes nervures fixées (épaisseurs en mm) 0,50/0,50	charges de soulèvement, 2 nervures fixées sur 3 (épaisseurs en mm) 0,63/0,50	charges de soulèvement, 2 nervures fixées sur 3 (épaisseurs en mm) 0,50/0,50
5,80	5,95	5,80	5,95	**50**	7,00	7,00	7,00	7,00	7,00	6,35
5,80	5,95	5,05	5,20	**75**	6,20	6,05	6,55	5,20	5,15	4,15
5,60	5,70	4,55	4,70	**100**	5,50	5,35	5,35	4,20	3,65	3,00
4,35	5,00	4,15	4,30	**125**	4,90	4,80	4,30	3,50	2,85	2,35
3,60	4,40	3,85	4,00	**150**	4,45	4,35	3,50	2,85	2,35	1,90
3,05	3,70	3,60	3,75	**175**	4,10	4,00	2,95	2,40	1,95	1,60
2,65	3,20	3,40	3,50	**200**	3,85	3,70	2,55	2,10	1,70	1,40
		3,20	3,30	**225**	3,60	3,50				
		3,05	3,15	**250**	3,40	3,30				

• ***Ondatherm 201/80*** Épaisseur de la mousse : 80 mm

charges de soulèvement (épaisseurs en mm) 0,50/0,50	charges de soulèvement (épaisseurs en mm) 0,63/0,50	charges descendantes (épaisseurs en mm) 0,50/0,50	charges descendantes (épaisseurs en mm) 0,63/0,50	charges non pondérées daN/m²	charges descendantes (épaisseurs en mm) 0,63/0,50	charges descendantes (épaisseurs en mm) 0,50/0,50	charges de soulèvement, toutes nervures fixées (épaisseurs en mm) 0,63/0,50	charges de soulèvement, toutes nervures fixées (épaisseurs en mm) 0,50/0,50	charges de soulèvement, 2 nervures fixées sur 3 (épaisseurs en mm) 0,63/0,50	charges de soulèvement, 2 nervures fixées sur 3 (épaisseurs en mm) 0,50/0,50
6,30	6,45	6,30	6,45	**50**	7,90	7,70	7,90	7,45	7,90	6,70
6,30	6,45	5,50	5,65	**75**	6,80	6,50	6,90	5,45	5,20	4,20
5,65	6,05	4,95	5,05	**100**	5,95	5,70	5,55	4,40	3,70	3,00
4,40	5,30	4,55	4,65	**125**	5,35	5,15	4,30	3,50	2,85	2,35
3,60	4,40	4,20	4,30	**150**	4,85	4,75	3,50	2,85	2,35	1,90
3,05	3,70	3,95	4,05	**175**	4,50	4,40	2,95	2,45	2,00	1,60
2,65	3,20	3,70	3,80	**200**	4,15	4,05	2,55	2,10	1,70	1,40
		3,50	3,60	**225**	3,75	3,75				
		3,35	3,45	**250**	3,40	3,40				

11.8 BARDAGES

Définition : Revêtement de façade mis en place par fixation mécanique. Façade légère à une ou double peau avec isolant intégré. Les différents procédés de bardage répondent à des propriétés appropriées à leur emploi dans tous les types de construction.

Dans le domaine de la construction métallique on distingue essentiellement :

- les **bardages fibres-ciment.**
- les **bardages en matériaux métalliques.**

11.8.1 BARDAGES FIBRES-CIMENT

D'APRÈS DOCUMENTATION ETERNIT

BARDAGE VERTICAL

Les plaques (les mêmes que pour la couverture) sont posées verticalement, à recouvrement transversal et longitudinal. C'est le cas le plus courant. La pose se fait sur les lisses.

BARDAGE HORIZONTAL

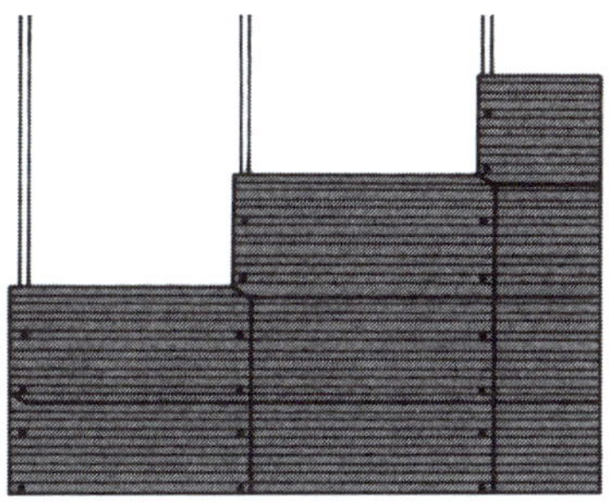

Les plaques, les mêmes que pour la couverture, sont disposées horizontalement avec recouvrement.

11.8.2 BARDAGES EN MATÉRIAUX MÉTALLIQUES

D'APRÈS DOCUMENTATION SOLLAC

PROPRIÉTÉS

Matériau : Bac acier galvanisé prélaqué ou plastifié.

Poids relativement faible 0,06 kN/m^2, grande longueur, d'où rapidité de pose, différents types de nervurage, mais mauvais isolant thermique et acoustique, d'où la nécessité d'associer si besoin un isolant, risques de corrosion.

PRINCIPAUX TYPES

On distingue principalement 3 types :

- Bardage simple peau.
- Bardage double peau.
- Bardage par panneaux sandwichs.

11.8.2.1 BARDAGE SIMPLE PEAU

TYPES

Ce type de bardage est constitué par une simple paroi composée de profils nervurés galvanisés, prélaqués ou plastifiés.
Longueur courante des éléments 1,5 à 12 m
Portées courantes de 1,500 m à 5,000 m.

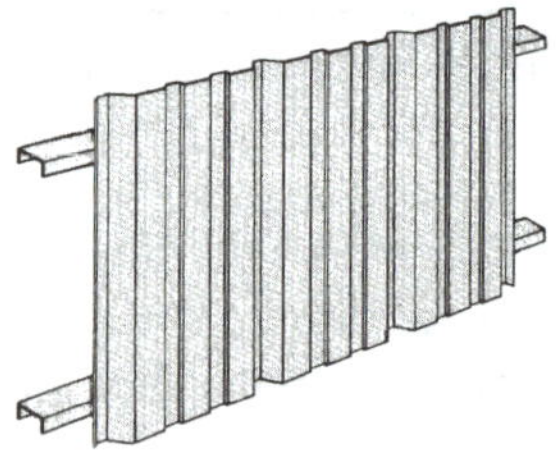

NORMALISATION

Règles professionnelles pour la fabrication et la mise en œuvre des bardages métalliques CITAG / SNFA / SNPPA.
NF A 36-322 : Produits sidérurgiques.
NF P 34-301 : Tôles d'acier galvanisées prélaquées en continu.

CARACTÉRISTIQUES TYPE NERVESCO 3.35.1000

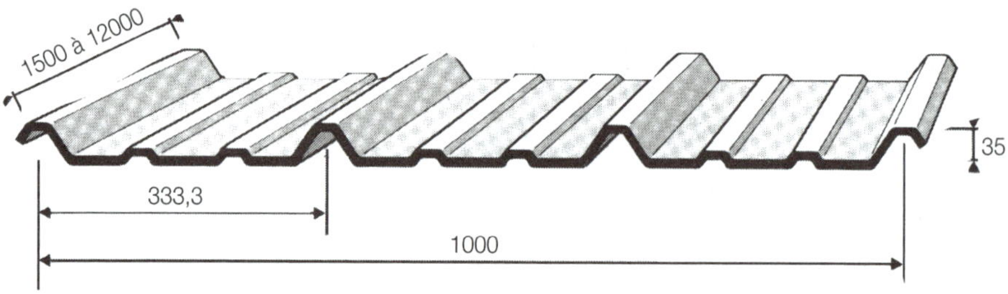

Épaisseur de la plaque en mm	0,63	0,75
Masse en kg/m^2	5,85	6,97

Détail géométrique

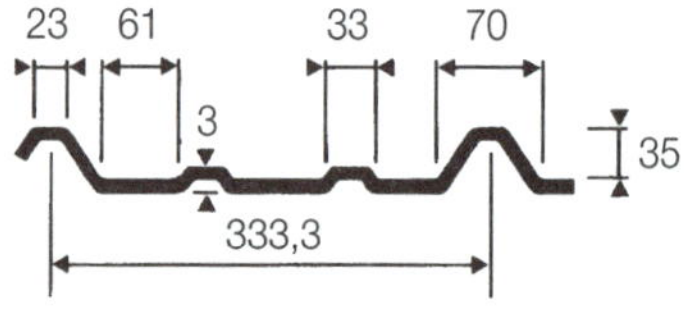

TABLEAU D'UTILISATION TYPE NERVESCO 3.35.1000

Charges admissibles en daN/m^2

dépression (1) épaisseurs en mm		pression épaisseurs en mm		portée en m	pression épaisseurs en mm		dépression (1) épaisseurs en mm	
0,75	0,63	0,75	0,63		0,63	0,75	0,63	0,75
	268		197	**1,60**	182		188	
228	185	201	143	**1,80**	146	193	157	174
170	132	153	102	**2,00**	119	157	134	141
131	106	110	80	**2,20**	100	129	116	120
104	87	24	64	**2,40**	85	107	102	108
86	73	68	52	**2,60**	73	91	89	98
71		55		**2,80**	63	78	77	89
60		46		**3,00**	53	66	67	80
				3,20	46	57	59	71
				3,40		49	52	63
				3,60		43		56

(1) ne tient pas compte de la résistance des fixations.

11.8.2.2 BARDAGE DOUBLE PEAU

TYPES

L'isolation des bardages simple peau n'étant pas assurée, le bardage double peau remédie à cet inconvénient. Ce type de bardage est constitué par :

- un parement intérieur appelé plateau fixé de façon jointive sur la face extérieure des poteaux de l'ossature principale. Ils sont posés horizontalement (portées de 5 à 6 m)
- un isolant thermique dont le choix est fonction du coefficient de transmission thermique recherché.
- un parement extérieur constitué de profils nervurés disposés verticalement et fixés sur le parement intérieur.

La perforation possible apporte l'avantage d'une correction acoustique.

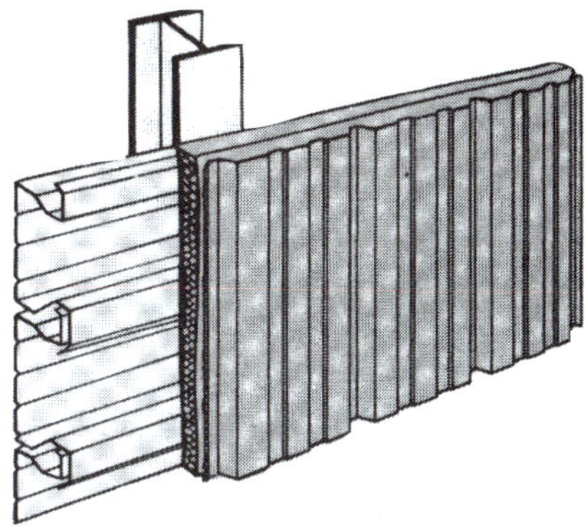

NORMALISATION

Règles professionnelles pour la fabrication et la mise en œuvre des bardages métalliques CITAG / SNFA / SNPPA.

NF A 36-322 : Produits sidérurgiques

NF P 34-301 : Tôles d'acier galvanisées prélaquées en continu.

CARACTÉRISTIQUES TYPE MURESCO 70.500

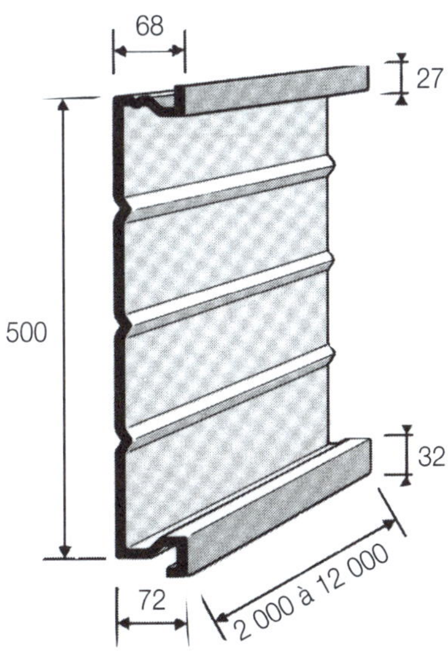

	épaisseur tôle en mm	masse en kg/m²
tôle pleine	0,75	8,36
	1,00	11,15
tôle perforée	0,75	7,31
	1,00	9,75

TABLEAU D'UTILISATION TYPE MURESCO 70.500

• **Tôle pleine** (charges admissibles en daN/m²)

dépression épaisseur en mm		pression épaisseurs en mm		portée en m	pression épaisseurs en mm		dépression épaisseurs en mm	
1,00	0,75	1,00	0,75		0,75	1,00	0,75	1,00
215	161	228	148	**3,00**	196		198	
184	138	199	128	**3,20**	173		178	237
160	120	175	111	**3,40**	154		161	215
140	105	154	97	**3,60**	138	220	146	195
124	93	137	86	**3,80**	124	197	134	179
111	83	123	77	**4,00**	113	178	123	164
99	74	111	69	**4,20**	103	161	114	152
89	67	98	62	**4,40**	94	147	104	139
80	60	87	56	**4,60**	86	134	95	127
73	55	77	51	**4,80**	78	123	86	115
67	50	69	46	**5,00**	72	114	79	105
61	46	62		**5,20**	67	105	73	97
		56		**5,40**	62	96	67	89
		50		**5,60**	57	89	62	83
		46		**5,80**	54	82	57	76
		42		**6,00**	50	76	53	71
				6,20	47	70	49	65
				6,40	44	65	46	61
				6,50	43	63	44	59

• **Tôle perforée** (charges admissibles en daN/m²)

dépression épaisseur en mm		pression épaisseurs en mm		portée en m	pression épaisseurs en mm		dépression épaisseurs en mm	
1,00	0,75	1,00	0,75		0,75	1,00	0,75	1,00
179	134	196	128	**3,00**	167		178	
156	117	172	110	**3,20**	147		159	212
138	104	151	96	**3,40**	131		143	190
123	92	130	84	**3,60**	117	183	129	172
103	77	114	75	**3,80**	105	165	118	157
87	65	100	67	**4,00**	95	149	108	143
74	55	88	60	**4,20**	87	136	99	132
63	47	79	55	**4,40**	79	124	90	120
54	41	71	49	**4,60**	72	114	82	109
47	35	64		**4,80**	66	104	74	99
41	31	58		**5,00**	61	96	67	89
		52		**5,20**	56	88	60	80
		48		**5,40**	52	80	55	73
				5,60	48	74	50	66
				5,80		68	45	60
				6,00		63	41	55

11.8.2.3 BARDAGE PAR PANNEAUX SANDWICHS

TYPES

Dans ce type de bardage les composants (peau extérieure, isolant, peau intérieure) sont préassemblés en atelier pour constituer des panneaux monoblocs.
Ces panneaux préfabriqués sont composés de deux parements le plus souvent en tôle traitée enserrant un isolant minéral ou solidarisés par une mousse de synthèse injectée, constituant l'âme isolante de l'élément.
L'épaisseur de l'isolant peut être comprise entre 30 et 80 mm.
Le coefficient K du panneau est compris entre 0,69 et 0,23 W/m^2.°C selon l'épaisseur de l'isolant.

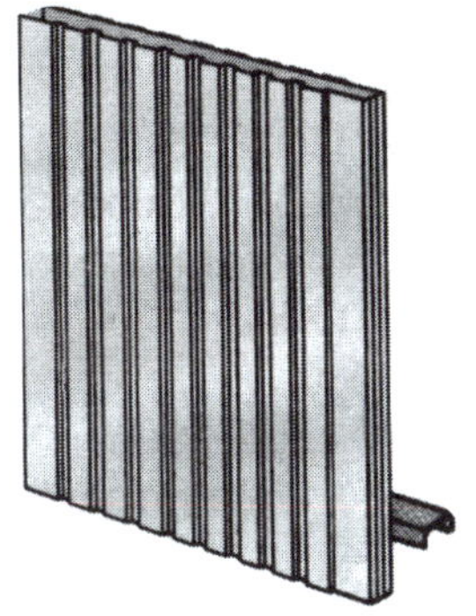

NORMALISATION

Avis technique 2/78 - 140 du CSTB N°2, bulletin des avis techniques n°286.
Règles professionnelles pour la fabrication et la mise en œuvre des bardages métalliques CITAG/SNFA/SNPPA.
NF A 36-322 : Produits sidérurgiques
NF P 34-301 : Tôles d'acier galvanisées prélaquées en continu.

CARACTÉRISTIQUES TYPE ONDATHERM 103

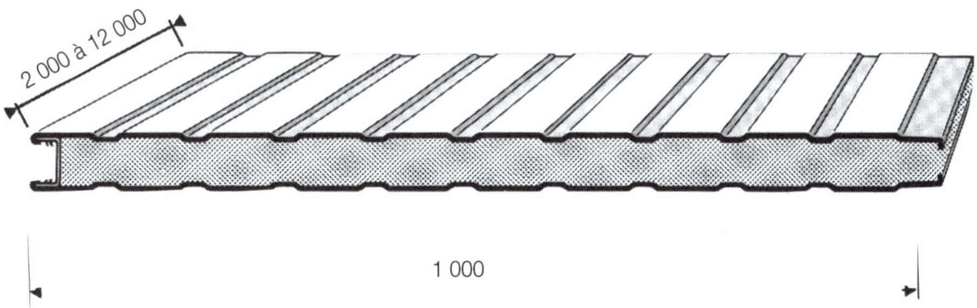

Épaisseur de la mousse en mm	Coefficient de transmission thermique surfacique : K W/m^2.°C	Masse en kg/m^2 épaisseurs des parements en mm	
		0,50/0,50	0,63/0,63
30	0,69	9,40	11,10
40	0,53	10,00	11,70
50	0,43	10,50	12,10
60	0,34	11,00	12,60
80	0,28	11,80	13,50

CARACTÉRISTIQUES TYPE ONDATHERM 103

Détails géométriques

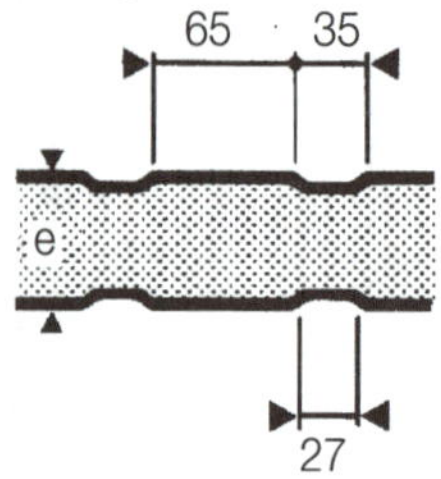

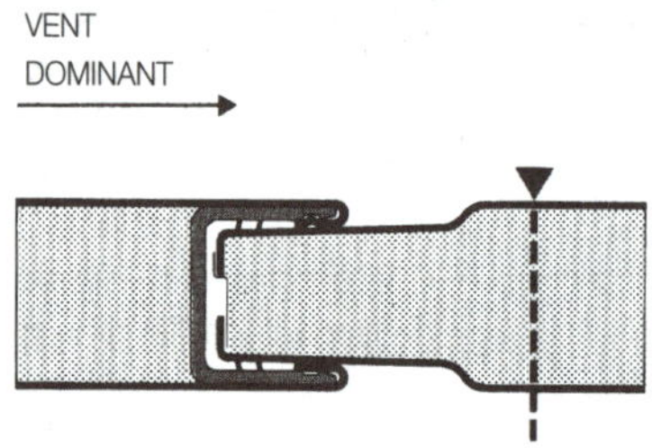

TABLEAU D'UTILISATION TYPE ONDATHERM 103

• ***Ondatherm 103/40*** (charges admissibles en daN/m²)

dépression		pression		portée en m	pression		dépression		
épaisseur des parements en mm		épaisseurs des parements en mm			épaisseurs des parements en mm		épaisseurs des parements en mm		
0,50/0,50 **3** *(1)*	0,63/0,63 **3** *(1)*	0,50/0,50	0,63/0,63		0,63/0,63	0,50/0,50	0,63 **3** *(1)*	0,50/0,50 **3** *(1)*	**3** *(1)*
167	185	167	185	**2,00**	184	168	184	90	150
140	155	140	155	**2,20**	168	155	168	82	136
117	130	117	130	**2,40**	154	142	150	75	125
99	109	99	109	**2,60**	140	129	138	69	115
86	94	86	94	**2,80**	126	117	126	64	107
74	81	74	81	**3,00**	114	106	114	60	100
64	70	64	70	**3,20**	103	95	103	56	94
55	61	55	61	**3,40**	93	85	93	53	85
48	52	48	52	**3,60**	83	76	83	50	76
40	45	40	45	**3,80**	74	68	74	47	68
	37		37	**4,00**	66	60	66	45	60
				4,20	58	52	58	43	52
				4,40	50	44	50	41	44
				4,60	42	38	42	38	38
				4,70	39	34	39	34	34

• ***Ondatherm 103/50*** (charges admissibles en daN/m²)

dépression		pression		portée en m	pression		dépression			
épaisseur des parements en mm		épaisseurs des parements en mm			épaisseurs des parements en mm		épaisseurs des parements en mm			
0,50/0,50 **3** *(1)*	0,63/0,63 **3** *(1)*	0,50/0,50	0,63/0,63		0,63/0,63	0,50/0,50	0,63/0,63 **3** *(1)*	**5** *(1)*	0,50/0,50 **3** *(1)*	**5** *(1)*
220	248	220	248	**2,00**	224	209	180	224	90	150
190	208	190	208	**2,20**	207	193	164	207	82	136
163	177	163	177	**2,40**	190	178	150	190	75	125
139	153	139	153	**2,60**	174	164	138	174	69	115
119	132	119	132	**2,80**	159	149	129	159	64	107
104	115	104	115	**3,00**	145	136	120	145	60	100
92	102	92	102	**3,20**	131	123	113	131	56	94
81	90	81	90	**3,40**	119	112	106	119	53	88
72	80	72	80	**3,60**	108	102	100	108	50	83
63	70	63	70	**3,80**	98	92	95	98	47	79
55	62	55	62	**4,00**	88	84	88	88	45	75
48	53	48	53	**4,20**	79	75	79	79	43	71
42	46	42	46	**4,40**	70	66	70	70	41	66
				4,60	62	58	62	62	39	58
				4,70	58	54	58	58	38	54

(1) nombre minimum de fixations au m linéaire par lisse

11.9 PLANCHERS

Définition : Aire horizontale séparant deux étages successifs dans une construction.
Fonction : Ils servent à augmenter la surface disponible, permettre la circulation, et à supporter les charges auxquelles ils sont soumis.
Composition : une partie portante, un revêtement constituant le sol fini. Le plafond est réalisé sous la partie portante.

PRINCIPAUX TYPES DE PLANCHER

- Plancher métallique.
- Plancher à coffrage perdu.
- Plancher collaborant.

11.9.1 PLANCHERS MÉTALLIQUES

D'APRÈS LA DOCUMENTATION DIAMOND

Un revêtement en tôle larmée, striée, ou gaufrée, ou encore un caillebotis est fixé sur une ossature métallique constituée de profilés laminés (essentiellement des I et parfois des U).
Ce type de plancher est utilisé à l'intérieur ou à l'extérieur pour des activités industrielles.

EXEMPLE D'OSSATURE

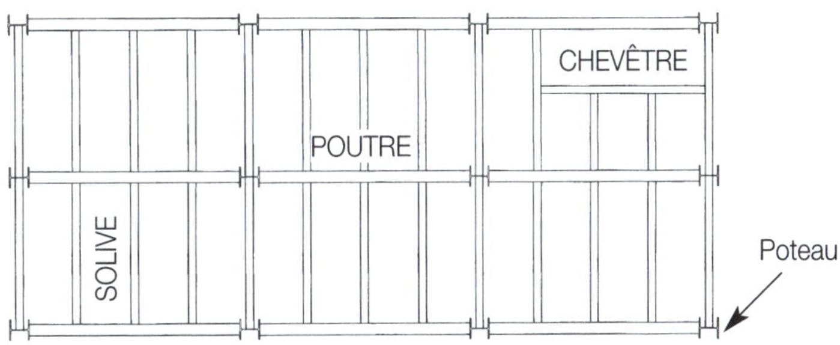

EXEMPLES DE REVÊTEMENT EN CAILLEBOTIS

Caillebotis électroforgé

Caillebotis pressé

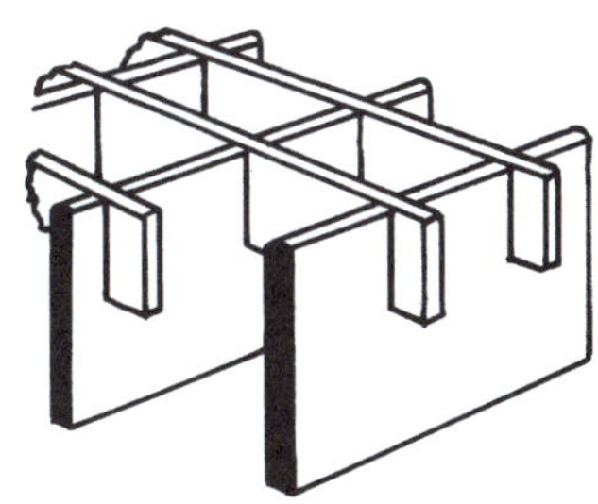

Caillebotis pressé cranté simple

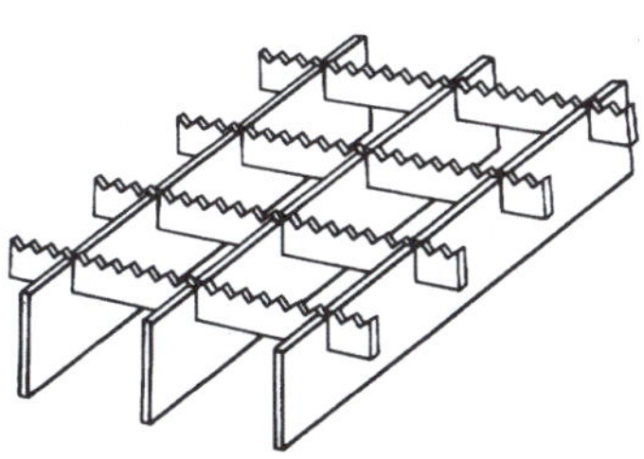

Caillebotis pressé cranté double

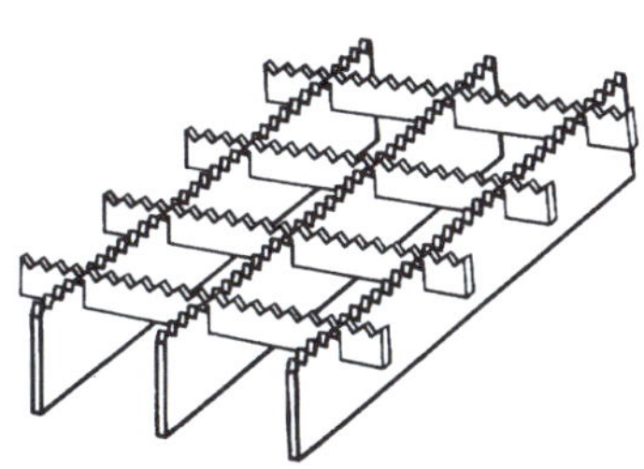

DIAMOND : ROUTE DE CORMEILLES, BP 41 – 14101 LISIEUX CEDEX

VOCABULAIRE D'UN PANNEAU EN CAILLEBOTIS

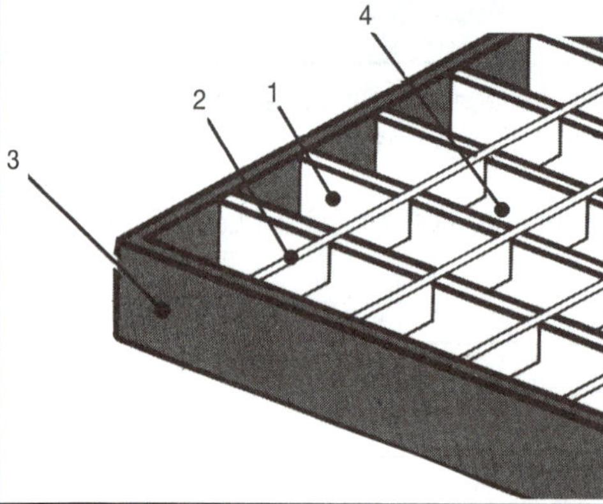

Numéro	Légende
1	**Barre porteuse :** en fer plat qui supporte la charge
2	**Barre transversale :** entretoise en fer plat, carré torsadé ou rond qui assure la liaison des barres porteuses.
3	**Bordure :** fer plat qui forme le cadre du panneau.
4	**Maille :** Vide entre les barres porteuses et les barres transversales.

MONTAGE D'UN CAILLEBOTIS

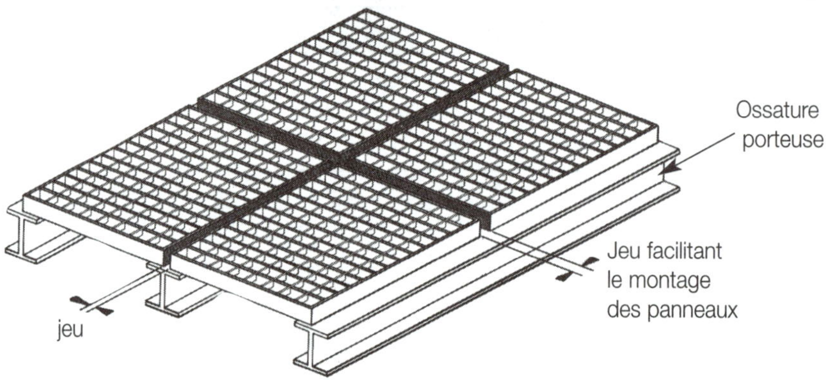

EXEMPLES DE FIXATION POUR CAILLEBOTIS

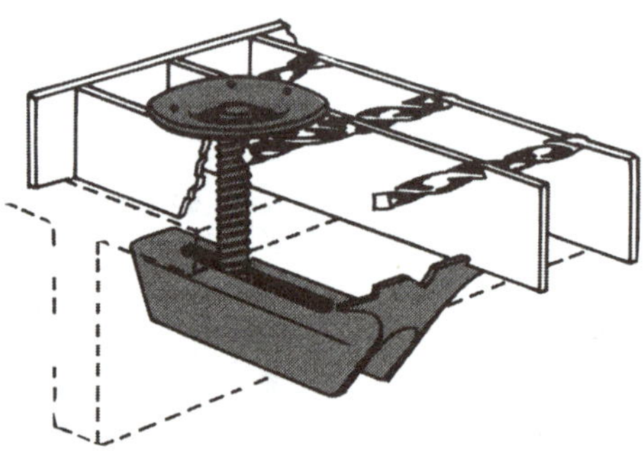

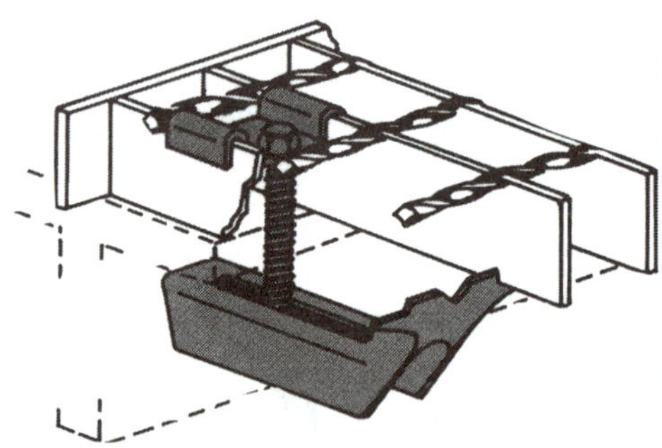

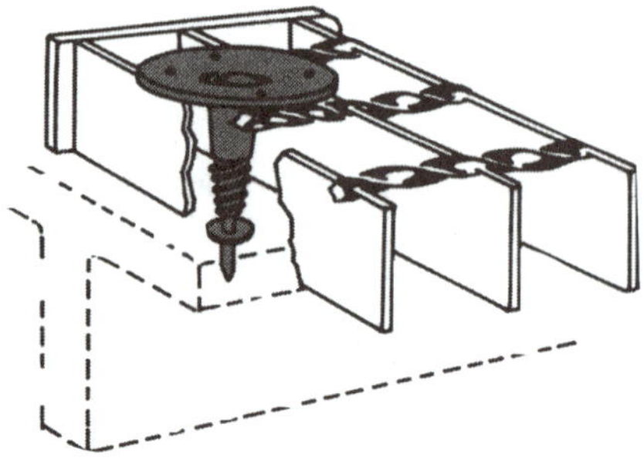

- Prévoir en règle générale 4 attaches par panneau.
- La fixation des panneaux peut également être assurée par des points de soudure sur l'ossature porteuse.

11.9.2 PLANCHERS À COFFRAGE PERDU

D'APRÈS LA DOCUMENTATION SOLLAC

TYPES

La solution consiste à utiliser un profil métallique (bac acier) dont le rôle est de servir uniquement de coffrage pour le coulage du béton.
Ce coffrage est calculé pour supporter le poids du béton avant sa prise (dans sa phase « liquide »).
C'est la dalle de béton et ses armatures en acier qui reprennent les charges.
L'adhérence entre la tôle d'acier et le béton n'est pas nécessaire, d'où l'utilisation de profil simplement nervuré et non cranté.

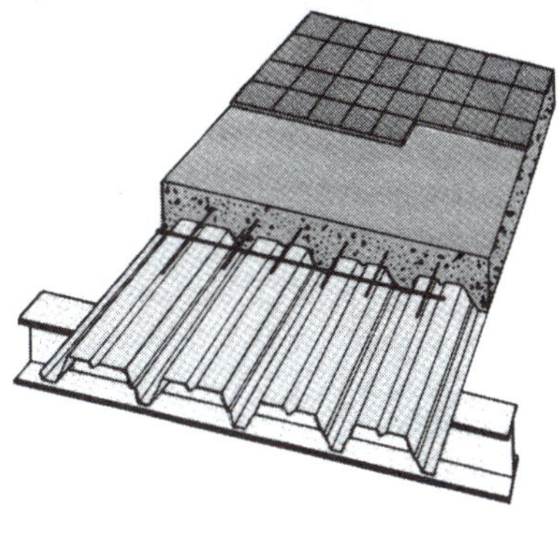

NORMALISATION

NF A 36-322 : Produits sidérurgiques.
NF P 34-301 : Tôles d'acier galvanisées prélaquées en continu.

CARACTÉRISTIQUES TYPE TOITESCO 4.35.1030S

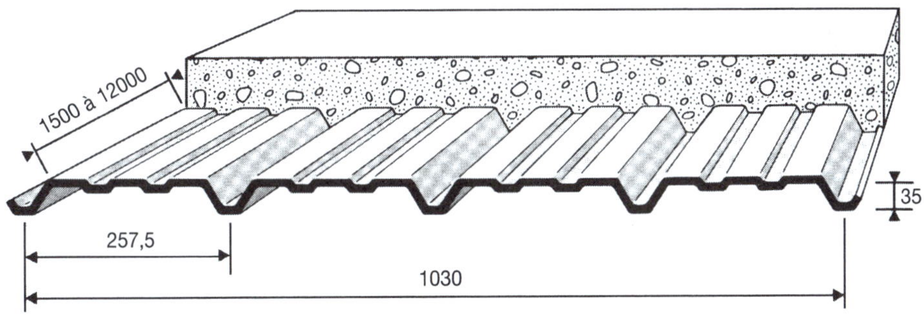

épaisseurs tôle en mm	masse en kg/m²
0,75	5,93
1,00	7,06

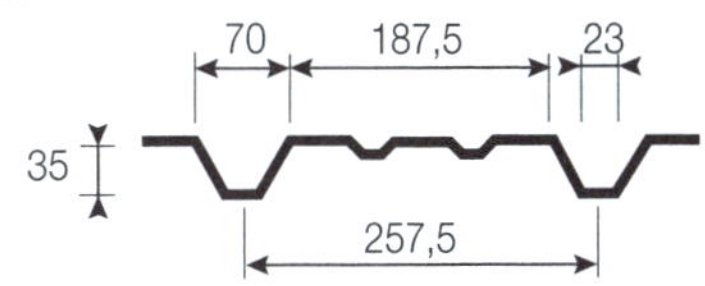

épaisseur de la dalle en cm	6	8	10	12	14	16	18	20
masse en kg/m² (hors nervures)	150	200	250	300	350	400	450	500

masse du béton dans les nervures : 16 kg/m²

volume du béton dans les nervures : 0,0065 m³/m²

TABLEAU D'UTILISATION TYPE TOITESCO 4.35.1030S

Portée d'utilisation en mètres

flèche L/300					flèche L/300				
épaisseur en mm (2 appuis)		**épaisseur de la dalle en cm**	épaisseur en mm (3 appuis)		épaisseur en mm (2 appuis)		**épaisseurs de la dalle en cm**	épaisseur en mm (3 appuis)	
1,00	0,75		0,75	1,00	1,00	0,75		0,75	1,00
1,92	1,76	**6**	2,28			1,54	**6**	1,94	2,78
1,78	1,64	**8**	2,06	2,26	156	1,36	**8**	1,74	1,90
1,68	1,48	**10**	1,88	2,12	1,40	1,24	**10**	1,58	1,78
1,58	1,36	**12**	1,76	1,98	1,30	1,14	**12**	1,48	1,66
1,48	1,28	**14**	1,64	1,86	1,22	1,06	**14**	1,38	1,56
1,38	1,21	**16**	1,56	1,76	1,14	1,00	**16**	1,30	1,48
1,28	1,16	**18**	1,50	1,68	1,10	0,96	**18**	1,24	1,40
1,24	1,10	**20**	1,44	1,62	1,04	0,92	**20**	1,20	1,36

11.9.3 PLANCHER COLLABORANT

D'APRÈS LA DOCUMENTATION SOLLAC

TYPES

Ce type de plancher est constitué de profils nervurés en tôle d'acier galvanisée associés à une dalle de béton. Les profils utilisés sont étudiés pour permettre une parfaite adhérence du béton avec l'acier. Ces profils jouent le rôle de l'armature en zone inférieure tendue. Au niveau des appuis c'est la zone supérieure qui est tendue, d'où la nécessité de placer des armatures (appelées chapeaux).

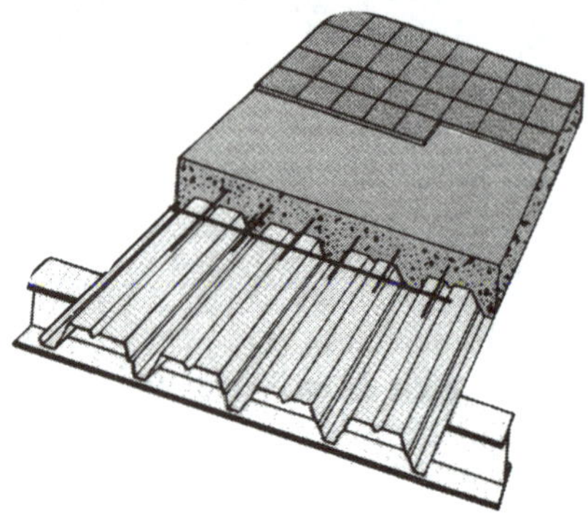

NORMALISATION

Avis technique 3/87 – 137
NF EN 10142 Tôles et bandes en acier doux galvanisées à chaud et en continu pour formage à froid.

CARACTÉRISTIQUES TYPE COFRASTRA 70

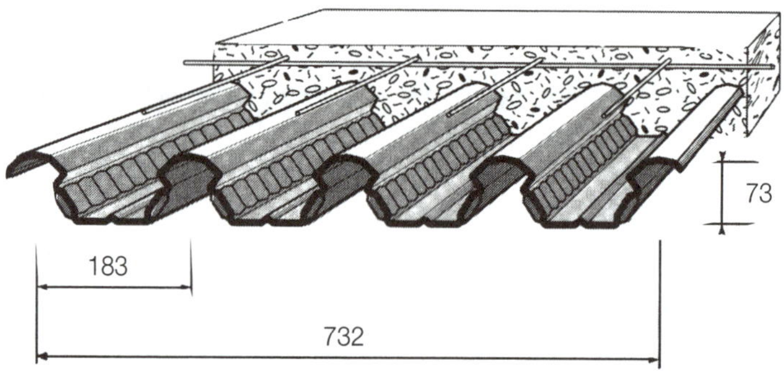

épaisseur tôle en mm	épaisseur tôle en mm
0,75	10,05
1,00	13,40

Détail géométrique

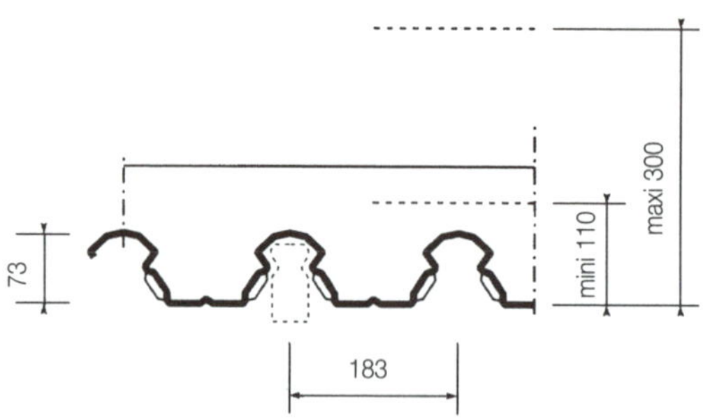

épaisseur de la dalle en cm	11	12	13	14	15	16	17	18	19	20	22	25	30
litrage en l/m²	84	94	104	114	124	134	144	154	164	174	194	224	274
poids en daN/m²	211	236	260	283	308	332	356	380	404	428	476	548	668

DÉTERMINATION TYPE COFRASTRA 70

Tôle interrompue sur appuis

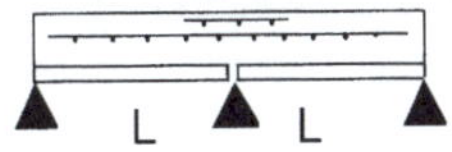

Charge d'exploitation : 250 daN/m²					Charge d'exploitation : 350 daN/m²				
L en m	Treillis Soudés	d en cm	Chapeaux	Étais	L en m	Treillis soudés	d en cm	Chapeaux	Étais
< 2,80	P903	11	P903	0	< 2,80	P903	11	P903	0
2,80 à 3,00	P903	11	P100	1	2,80 à 2,90	P903	11	P200	1
3,00 à 3,20	P903	11	P200	1	2,90 à 3,05	P903	11	P300	1
3,20 à 3,40	P903	11	P300	1	3,05 à 3,30	P903	11	P400	1
3,40 à 3,65	P903	11	P400	1	3,30 à 3,75	P903	11	P500	1
3,65 à 3,95	P903	11	P500	1	3,75 à 3,95	P903	11	P600	1
3,95 à 4,30	P903	12	P500	1	3,95 à 4,25	P903	12	P600	1
4,30 à 4,65	P903	13	P600	1	4,25 à 4,30	P903	12	P700	1
4,65 à 5,00	P903	14	P600	1	4,30 à 4,65	P903	13	P700	1
5,00 à 5,40	P903	15	P700	1	4,65 à 5,00	P903	14	P700	1
5,40 à 5,75	P903	16	P700	1	5,00 à 5,30	P903	15	P700	1
5,75 à 6,10	P903	17	P800	1	5,30 à 5,35	P903	15	P800	1
6,10 À 6,20	P903	18	P800	1	5,35 à 5,45	P903	16	P700	1
6,20 à 6,40	P903	18	P800	2	5,45 à 5,55	P903	16	P800	1
6,40 à 6,60	P903	19	P800	2	5,55 à 5,75	P903	17	P800	1
6,60 à 6,85	P903	20	P800	2	5,75 à 5,95	P903	18	P800	1
6,85 à 6,95	P903	20	P600 + P700	2	5,95 à 6,10	P903	19	P800	2
6,95 à 7,00	P903	21	P800	2	6,10 à 6,25	P903	19	P800	2
7,00 à 7,15	P903	21	P600 + P700	2	6,25 à 6,40	P903	19	P800	2
7,15 à 7,40	P903	22	P600 + P700	2	6,40 à 6,75	P903	21	P600 + P700	2
7,40 à 7,50	P903	23	P600 + P700	2	6,75 à 6,90	P903	22	2 × P600	2
					6,90 à 7,00	P903	22	P600 + P700	2
					7,00 à 7,05	P903	23	2 × P600	2
					7,05 à 7,20	P903	23	2 × P700	2
					7,20 à 7,40	P903	24	2 × P700	2
					7,40 à 7,45	P903	25	2 × P700	2

DÉTERMINATION TYPE COFRASTRA 70 (suite)

Tôle interrompue sur appuis

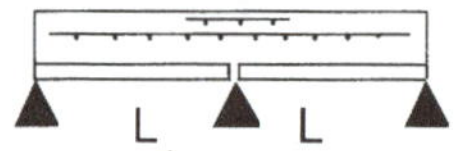

Charge d'exploitation : 500 daN/m²					Charge d'exploitation : 1000 daN/m²				
L en m	Treillis Soudés	d en cm	Chapeaux	Étais	L en m	Treillis soudés	d en cm	Chapeaux	Étais
< 2,80	P903	11	P100	0	< 2,80	P100	11	P500	0
2,80 à 2,90	P903	11	P400	1	2,80 à 2,90	P200	11	P600	1
2,90 à 3,30	P903	11	P500	1	2,90 à 3,10	P200	11	P700	1
3,30 à 3,35	P903	11	P600	1	3,10 à 3,30	P200	12	P700	1
3,35 à 3,75	P100	11	P600	1	3,30 à 3,50	P200	13	P700	1
3,75 à 3,95	P100	11	P700	1	3,50 à 3,70	P200	14	P700	1
3,95 à 4,30	P100	12	P700	1	3,70 à 3,90	P200	15	P700	1
4,30 à 4,55	P100	13	P700	1	3,90 à 4,05	P200	16	P800	1
4,55 à 4,75	P100	14	P700	1	4,05 à 4,20	P200	17	P800	1
4,75 à 4,90	P100	15	P700	1	4,20 à 4,35	P200	18	P800	1
4,90 à 5,00	P200	15	P800	1	4,435 à 4,50	P200	19	P800	1
5,00 à 5,15	P200	16	P800	1	4,50 à 4,70	P400	20	P800	1
5,15 à 5,45	P200	17	2 × P600	1	4,70 à 4,80	P400	21	P800	1
5,45 à 5,60	P200	18	2 × P600	1	4,80 à 5,00	P400	22	2 × P600	1
5,60 à 5,75	P200	19	2 × P600	1	5,00 à 5,10	P400	23	2 × P600	1
5,75 à 5,90	P200	20	2 × P600	1	5,10 à 5,25	P400	24	2 × P600	1
5,90 à 5,95	P903	21	P800	2	5,25 à 5,35	P400	25	2 × P600	2
5,95 à 6,35	P200	21	P600 + P700	2	5,35 à 5,40	P100	26	P800	2
6,35 à 6,50	P100	22	P600 + P700	2	5,40 à 5,75	P300	27	P600 + P700	2
6,50 à 6,65	P100	23	P600 + P700	2	5,75 à 5,90	P300	28	P600 + P700	2
6,65 à 6,75	P100	24	P600 + P700	2	5,90 à 6,00	P300	29	P600 + P700	2
6,75 à 6,90	P100	25	2 × P700	2	6,00 à 6,05	P300	30	P600 + P700	2
6,90 à 7,15	P100	26	2 × P700	3					
7,15 à 7,25	P100	27	2 × P700	3					
7,25 à 7,35	P100	28	2 × P700	3					
7,35 à 7,45	P100	29	2 × P700	3					
7,45 à 7,50	P100	30	2 × P700	3					

CARACTÉRISTIQUES DIMENSIONNELLES DES TREILLIS SOUDÉS

Désignation	Section cm²/ml		Diamètre des fils en mm		Maille en mm		Poids en daN/m²	Longueur standard en m
	en long	en travers	en long	en travers	en long	en travers		
P903	0,64	0,64	3,5	3,5	150	150	1,000	4,80
P100	1,06	1,06	4,5	4,5	150	150	1,657	4,8
P200	1,31	1,19	5,0	5,5	150	200	1,952	4,80
P300	1,58	1,19	5,5	5,5	150	200	2,182	4,80
P300	1,58	1,19	5,5	5,5	150	200	2,182	4,80
P400	1,58	1,19	5,0	5,5	100	200	2,475	4,80
P500	2.83	1,19	6,0	5,5	100	200	3,155	6,00
P600	3,85	1,28	7,0	7,0	100	300	4,027	6,00
P700	5,03	1,70	8,0	8,0	100	300	5,267	6.00
P800	6,36	2,12	9,0	9,0	100	300	6,653	6,00

AUTRES POSSIBILITÉS DE MONTAGE DES TÔLES

• ***Portée simple***

Valeur des charges d'exploitation :
- 250 daN/m²
- 350 daN/m²
- 500 daN/m²
- 1 000 daN/m²

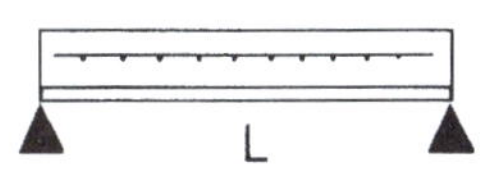

• ***Pose en continu sur 3 appuis***

Valeur des charges d'exploitation :
- 250 daN/m²
- 350 daN/m²
- 500 daN/m²
- 1 000 daN/m²

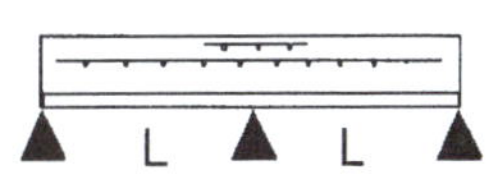

• ***Pose en continu sur 4 appuis***

Valeur des charges d'exploitation :
- 250 daN/m²
- 350 daN/m²
- 500 daN/m²
- 1 000 daN/m²

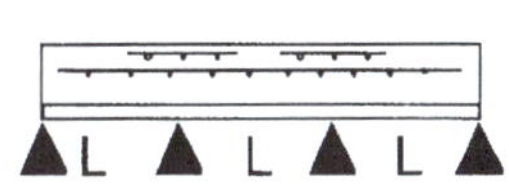

12 OUVRAGES EN CHAUDRONNERIE ET TUYAUTERIE – RÉSERVOIRS

12.1 CAPACITÉ DES RÉSERVOIRS

CAPACITÉ NOMINALE

La norme définit des capacités nominales. Les dimensions L et D ont cependant été choisies de telle manière que la capacité réelle d'un réservoir soit toujours supérieure à sa capacité nominale, quelle que soit la forme du fond et quelle que soit l'épaisseur.

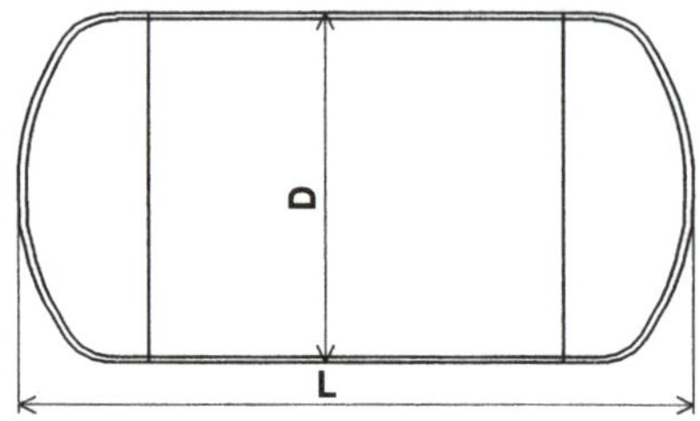

■ APPAREILS CHAUDRONNÉS HORIZONTAUX (selon la norme NF E 86-021)

Longueur extérieure L en mm	Capacités nominales en m³ – Diamètres extérieurs D en mm																	
	700	800	900	1000	1100	1200	1400	1600	1800	2000	2200	2400	2600	2800	3000	3200	3600	4000
1 000																		
1100		0,4																
1200				0,63		1												
1400	0,4		0,63		1		1,6											
1600		0,63						2,5										
1800				1		1,6												
2000	0,63		1		1,6		2,5		4									
2200																		
2500		1		1,6				4		6,3								
2800			1,6			2,5						10						
3200	1				2,5		4		6,3		10		*12,5*					
3600		1,6										*12,5*		16	*20*			
4000				2,5		4		6,3		10	*12,5*		16	*20*		25		
4500			2,5						10			16	*20*		25		32	
5000					4		6,3			*12,5*	16			25		32		40
5600								10	*12,5*			20	25		32		40	50
6400						6,3				16	20	25		32		40	50	
7200							10	*12,5*	16	*20*			32		40	50		63
8000											25	32		40	50		63	80
9000								16	*20*	25			40	50		63		
10000											32	40			63		80	100
11000													50	63				
12500											40	50				80	100	
14000													63		80	100		
16000														80	100			
18000													80	100				

Note :

Éviter autant que possible les capacités en caractères maigres.

Les capacités encadrées sont celles dont l'usage est recommandé.

12.2 SUPPORTS

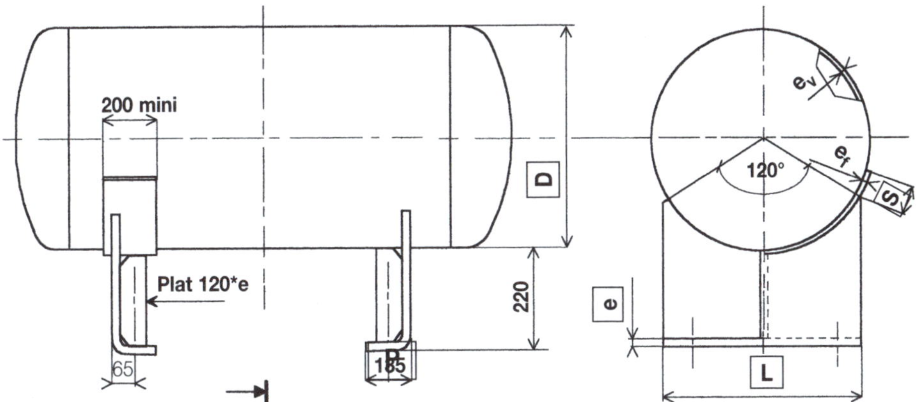

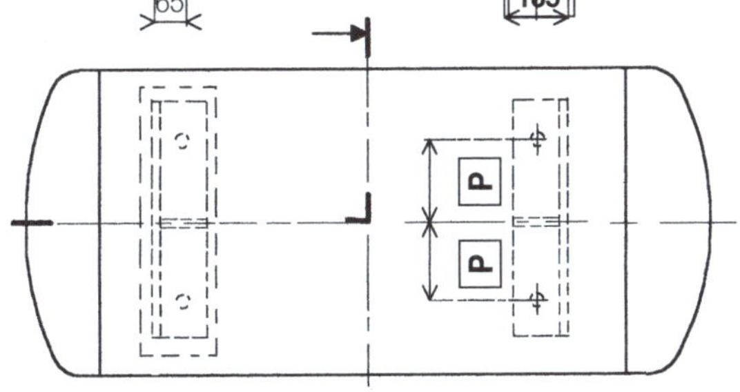

e_f = épaisseur de la fourrure
e_v = épaisseur de la virole
$e_f = 0,7\ e_v$

114,3 ⩽ D ⩽ 600

DIMENSIONS DES PIEDS SUPPORTS (BERCEAUX)

Diamètre extérieur D (mm)	**Support**			**Fourrure**	
	e (mm)	**L** (mm)	**P** (mm)	**S mini** (mm)	**S maxi** (mm)
114,3	6	120	30	5	15
139,7	6	140	35	5	20
168,3	6	165	45	10	
193,7	6	185	50	10	25
219,1	8	210	60	10	30
273	8	255	85	15	35
323,9	8	300	110	15	40
355,6	8	325	125	20	45
406,4	8	370	145	20	55
450	10	410	145	25	60
500	10	450	165	25	65
550	10	495	190	30	70
600	10	540	210	30	80

DIMENSIONS DES PIEDS SUPPORTS (BERCEAUX) (suite)

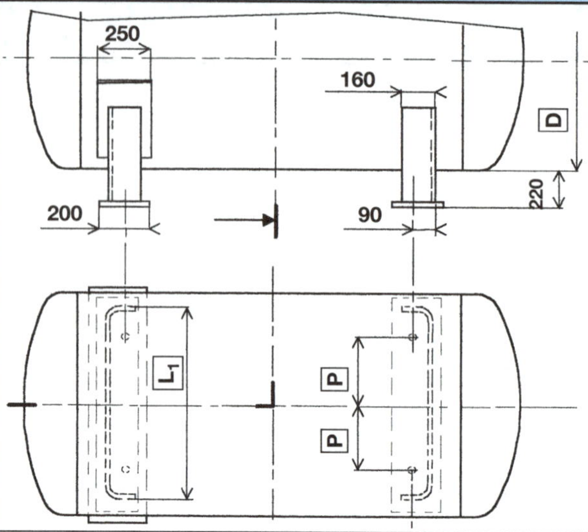

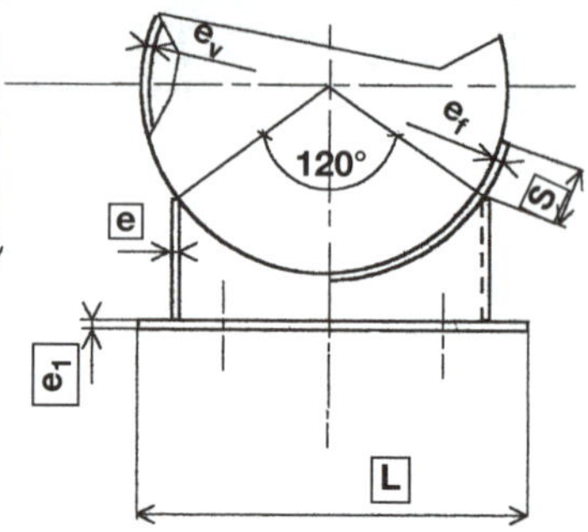

e_f = épaisseur de la fourrure
e_v = épaisseur de la virole
$e_f = 0.7\ e_v$

650 ⩽ D ⩽ 1600

voir tableau page 209

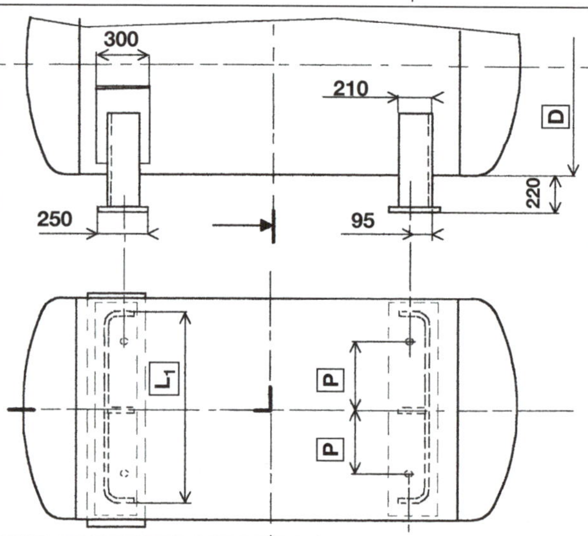

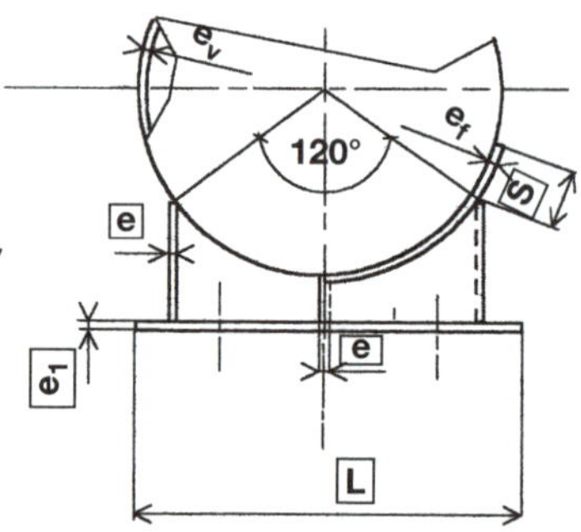

e_f = épaisseur de la fourrure
e_v = épaisseur de la virole
$e_f = 0{,}7\ e_v$

1 700 ⩽ D ⩽ 2400

voir tableau page 209

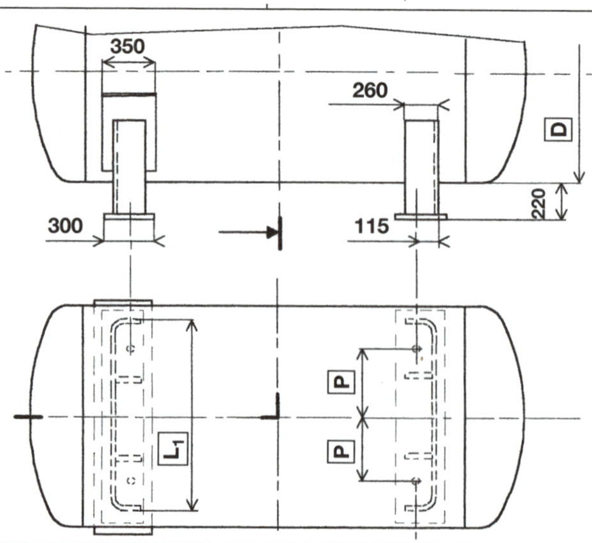

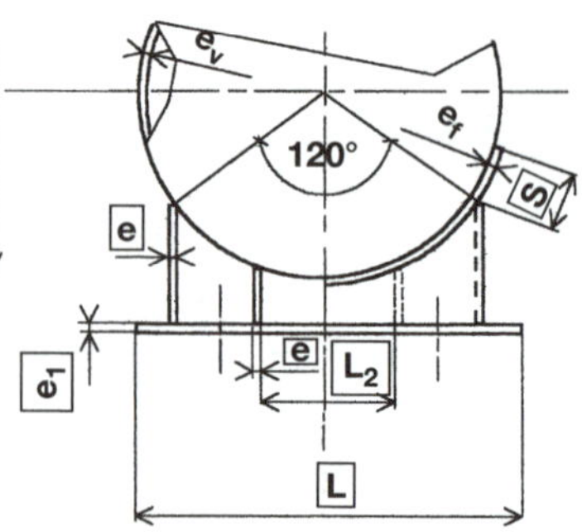

e_f = épaisseur de la fourrure
e_v = épaisseur de la virole
$e_f = 0{,}7\ e_v$

2 500 ⩽ D ⩽ 3 200

voir tableau page 209

DIMENSIONS DES PIEDS SUPPORTS (BERCEAUX) (suite)

Diamètre extérieur D (mm)	Support					Fourrure	
	e (mm)	e_1 (mm)	L_1 (mm)	L (mm)	P (mm)	S min (mm)	S max (mm)
650	8	12	560	610	190	35	85
700	8	12	600	650	210	35	90
750	8	12	650	700	235	40	100
800	8	12	690	740	255	40	105
850	8	12	740	790	280	45	110
900	8	12	780	830	300	50	120
950	8	12	820	870	320	50	125
1 000	8	12	860	910	340	50	130
1 050	8	12	910	960	365	55	140
1 100	8	12	950	1 000	385	60	145
1 150	8	12	1 000	1 050	410	60	150
1 200	8	12	1 040	1 090	430	65	160
1 250	10	15	1 080	1 130	450	65	165
1 300	10	15	1 120	1 170	470	70	170
1 400	10	15	1 210	1 260	515	75	185
1 500	10	15	1 300	1 350	560	80	195
1 600	10	15	1 380	1 430	600	85	210
1 700	10	15	1 470	1 520	625	90	225
1 800	10	15	1 560	1 610	670	95	235
1 900	10	15	1 640	1 690	710	100	250
2 000	10	15	1 730	1 780	755	105	260
2 100	12	20	1 820	1 870	800	110	275
2 200	12	20	1 900	1 950	840	115	290
2 300	12	20	1 990	2 040	885	120	300
2 400	12	20	2 080	2 130	930	125	315

D (mm)	e (mm)	e_1 (mm)	L_1 (mm)	L (mm)	L_2 (mm)	P (mm)	S min (mm)	S max (mm)
2 500	12	20	2 160	2 210	720	945	130	330
2 600	12	20	2 250	2 300	750	990	135	340
2 700	12	20	2 340	2 390	780	1 035	140	355
2 800	12	20	2 420	2 470	810	1 075	145	365
2 900	12	20	2 510	2 560	840	1 120	150	380
3 000	15	20	2 600	2 650	870	1 165	155	395
3 100	15	20	2 680	2 730	900	1 205	160	405
3 200	15	20	2 770	2 820	930	1 250	170	420

POSITION DES SUPPORTS (BERCEAUX)

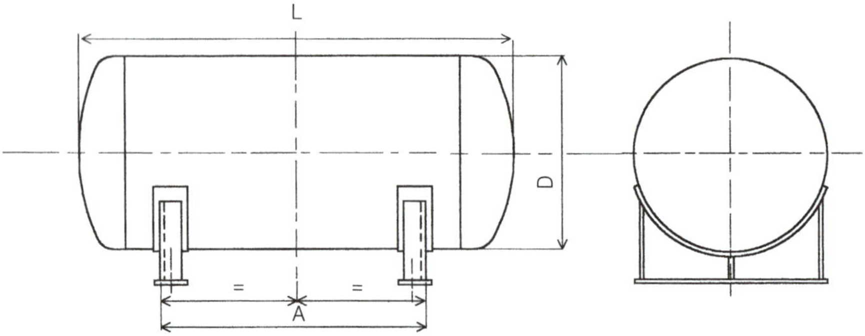

Capacité nominale (m³)	**Capacité réelle** (litres)	**Longueur extérieure** L (mm)	**Diamètre extérieur** D (mm)	**A** (mm)
1	1 290	1 800	1 000	920
1,6	1 725	2 000	1 100	1 030
2,5	2 930	2 800	1 200	1 740
4	4 570	3 200	1 400	1 980
6,3	7 210	4 000	1 600	2 560
10	10 680	4 500	1 800	2 910
16	17 720	4 960 (1)	2 200	3 020
25	27 130	6 400	2 400	4 280
32	35 800	7 120 (2)	2 600	4 820
40	46 300	8 000	2 800	5 520
50	52 470	9 000	2 800	6 520
63	67 060	10 000	3 000	7 350
80	95 564	14 000	3 000	11 350

(1) Longueur L = 4 960 pour $L_{théorique}$ = 5 000
(2) Longueur L = 7 120 pour $L_{théorique}$ = 7 200
} réduit à cause du format des tôles

DIMENSIONS DES PIEDS-SUPPORTS POUR APPAREILS VERTICAUX

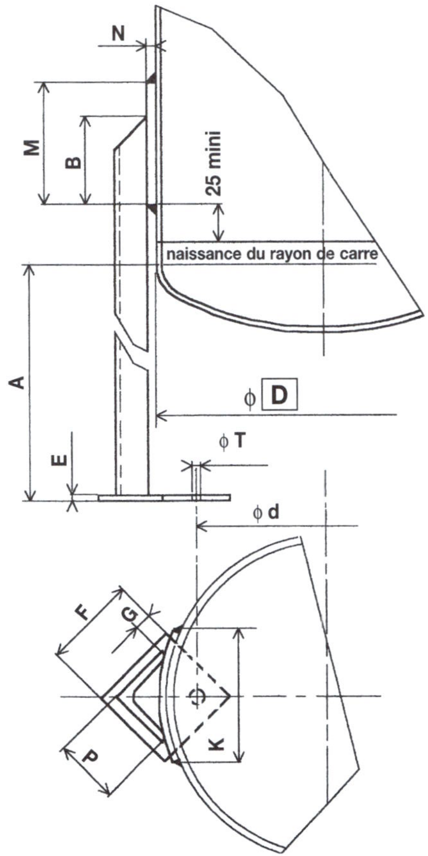

Diamètre extérieur de l'appareil D (mm)	Pied-support							Boulonnerie		Fourrure			Masse maximale admissible sur l'ensemble des pieds-supports (kg)
	Nombre	Cornière P (mm)	A (1) (mm)	B (mm)	E (mm)	F (mm)	G (mm)	d (mm)	Trou T (mm)	K (mm)	M (mm)	N (mm)	
700	4	60 × 60 × 6	1 000	120	10	120	40	620	28	180	150		4 750
800	4	60 × 60 × 6	1 000	120	10	120	40	720	28	180	150		4 750
1 000	4	80 × 80 × 8	1 100	160	12	150	50	920	28	220	190	Épaisseur de virole du réservoir + 2	13 500
1 100	4	80 × 80 × 8	1 100	160	12	150	50	1 020	28	220	190		13 500
1 200	4	80 × 80 × 8	1 200	160	12	150	50	1 120	28	220	190		11 400
1 400	4	100 × 100 × 10	1 200	200	15	200	70	1 320	32	240	230		39 000
1 800	4	100 × 100 × 10	1 400	200	15	200	70	1 720	32	240	230		30 000
2 200	4	120 × 120 × 12	1 500	240	20	240	80	2 120	32	270	270		40 000
2 600	6	150 × 150 × 15	1 600	300	20	300	100	2 520	36	320	330		124 000
2 800	6	150 × 150 × 15	1 700	300	20	300	100	2 720	36	320	330		113 000
3 200	8	150 × 150 × 15	1 800	300	20	300	100	3 120	36	320	330		135000

(1) Hauteur recommandée pour les fonds bombés à grand rayon de carre (sauf exigences particulières).
Dans le cas d'une hauteur supérieure aux valeurs retenues, les dimensions des pieds-supports doivent être calculées.

12.3 JUPES

DIMENSIONS DES JUPES

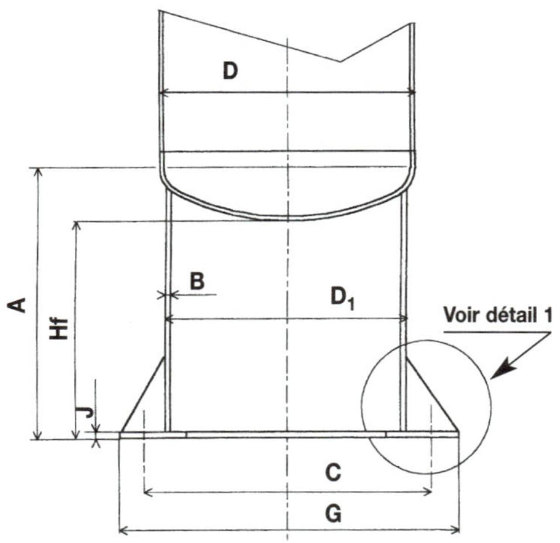

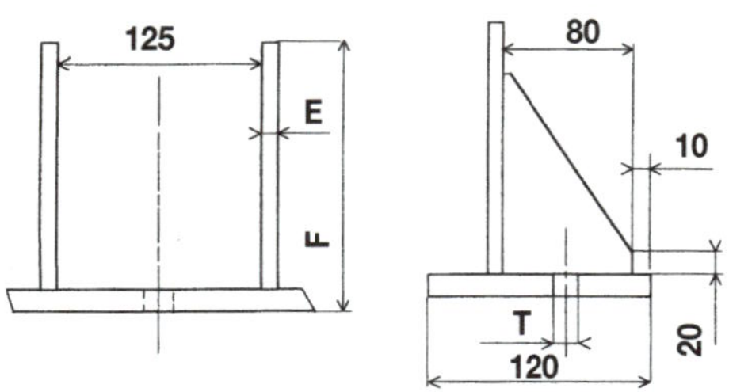

Diamètre extérieur du réservoir D (mm)	Jupe			Renfort			Couronne de base			Boulonnerie			Charge maximale admissible (daN)
	Diamètre extérieur D_1 (mm)	A (1) (mm)	B (2) (mm)	Nombre (3)	E (mm)	F (mm)	G (mm)	J (mm)	Cercle de perçage C (mm)	Nombre	Filetage	Trou T H 14 (mm)	
700	670	1 000	4	8	6	150	880	10	800	4	M16	19	2 000
800	760	1 000	4	8	6	150	980	10	900	4	M16	19	3 200
900	860	1 100	4	8	8	150	1 080	12	1 000	4	M16	19	5 000
1 000	950	1 100	4	8	8	150	1 180	12	1 100	4	M16	19	5 000
1 100	1 050	1 100	4	8	8	150	1 280	12	1 200	4	M16	19	8 000
1 200	1 140	1 200	4	8	8	150	1 380	12	1 300	4	M16	19	12 600
1 400	1 330	1 200	5	8	10	150	1 580	15	1 500	4	M20	24	20 000
1 600	1 520	1 300	5	8	10	150	1 780	15	1 700	4	M20	24	32 000
1 800	1 710	1 400	5	8	10	150	1 980	15	1 900	4	M20	24	24 000
2 000	1 900	1 400	5	8	10	150	2 180	15	2 100	4	M20	24	50 000
2 200	2 090	1 500	6	8	12	250	2 380	20	2 300	4	M20	24	80 000
2 400	2 280	1 500	6	8	12	250	2 580	20	2 500	4	M20	24	100 000
2 600	2 460	1 600	6	12	12	250	2 780	20	2 700	6	M24	28	160 000
2 800	2 660	1 700	6	12	12	250	2 980	20	2 900	6	M24	28	200 000
3 000	2 840	1 700	6	12	12	250	3 180	20	3 100	6	M24	28	200 000
3 200	3 040	1 800	6	16	12	250	3 380	20	3 300	8	M28	28	200 000
3 600	3 420	1 900	8	16	16	250	3 780	30	3 700	8	M24	28	200 000
4 000	3 800	2 000	8	16	16	250	4 180	30	4 100	8	M24	28	200 000

(1) Hauteur recommandée pour les fonds bombés à grand rayon de carre (sauf exigences particulières). Dans le cas d'une hauteur supérieure aux valeurs retenues, l'épaisseur de la jupe doit être calculée.
(2) Une surépaisseur de corrosion égale à 2 mm est comprise.
(3) Le nombre des renforts est égal au double de celui des pièces de boulonnerie.

EMBASES DE JUPES

Les actions particulières du vent, de la neige et des séismes, ainsi que les efforts particuliers dus aux dilatations thermiques ou à la présence d'un agitateur, doivent faire l'objet d'une étude complémentaire.

Diamètre extérieur de l'appareil (mm)	Appareils autostables		Appareils soumis à des efforts de renversement (1)	
	Embase de type I		Embases de types II, III	
	Nombre minimal de boulons	Diamètre minimal du boulon (mm)	Nombre minimal de boulons	Diamètre minimal du boulon (mm)
⩽ 1 100	4	16	8	16
1 200 à 2 000	4	20	12	20
2 100 à 3 600	8	24	16	24
3 700 à 5 000	12	30	20	30

(1) Calculer les efforts dans la boulonnerie et en vérifier la section résistante selon NF E 03.014

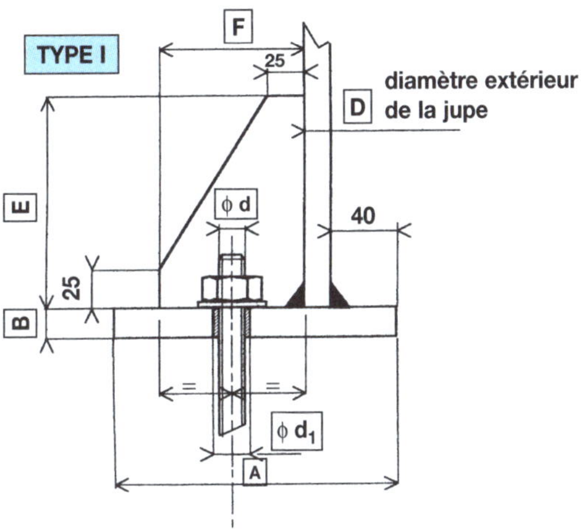

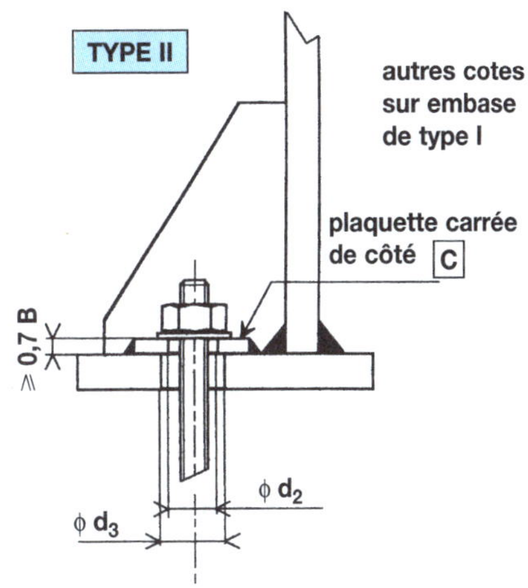

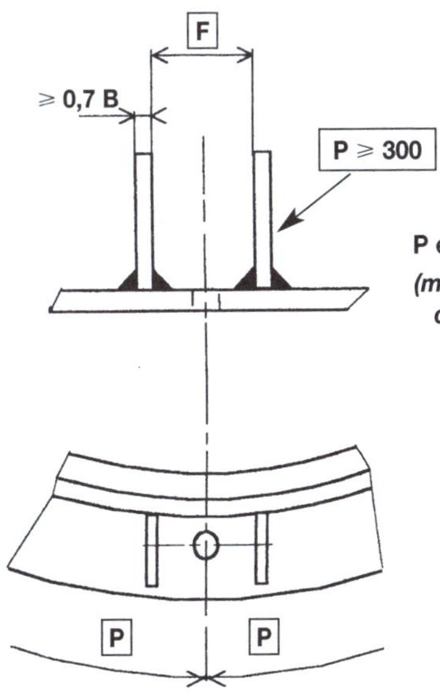

P entraxe des boulons
(mesuré sur le ϕ D + F cercle de perçage)

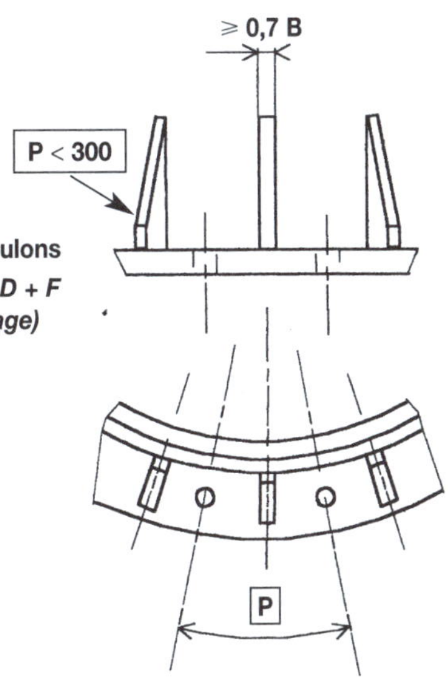

EMBASES DE JUPES (suite)

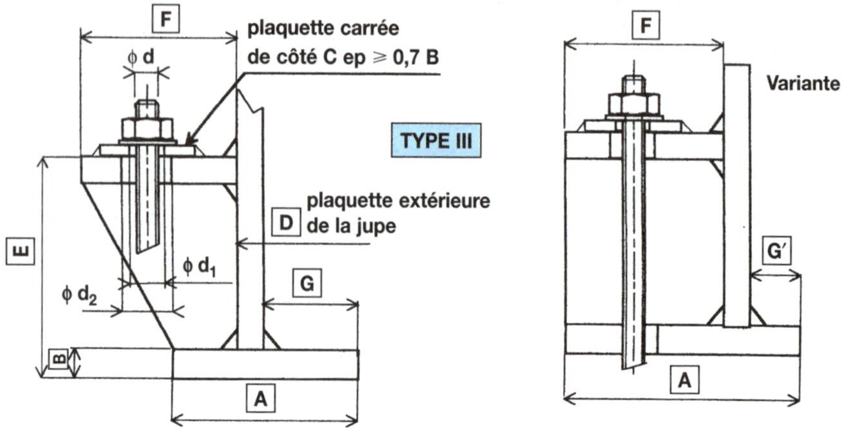

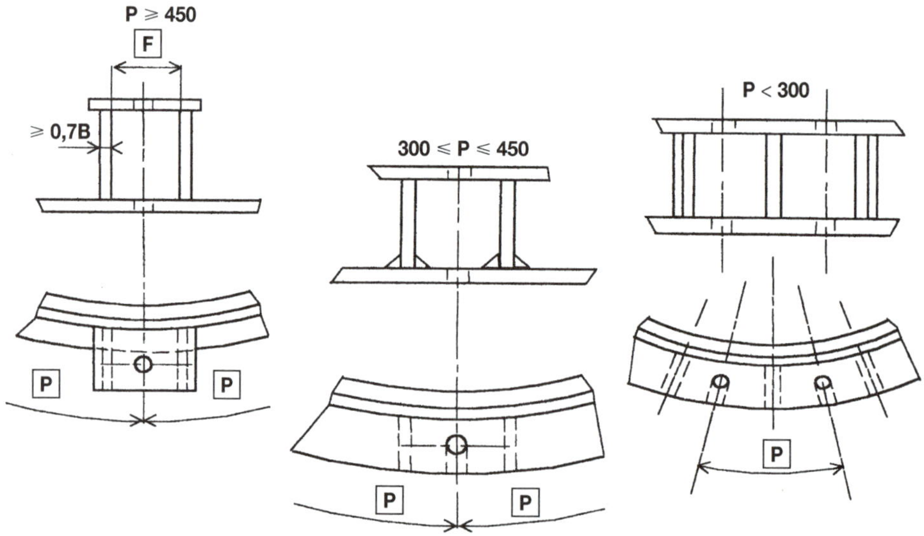

Diamètre de boulon d (mm)	Ø d_1 (mm)	Ø d_2 (mm)	Ø d_3 (mm)	A (mm)	B (mm)	C (mm)	E (mm)	F (mm)	G (mm)	G′ *variante* (mm)
Embases type I et II										
16	20	18	28	180	16	50	150	120		
20	24	22	36	190	16	70	150	120		
24	28	26	42	200	20	80	200	140		
30	35	33	48	210	20	80	200	140		
Embases type III										
24	25	42		200	20	80	250	140	150	60
30	33	48		210	20	90	250	140	165	70
36	39	56		230	25	100	300	160	180	70
42	45	66		250	25	110	300	170	200	80

- Toutes les soudures sont continues
- Les plaquettes carrées sont soudées après mise en place de l'appareil.

12.4 TOURILLONS DE LEVAGE

Les tourillons de levage sont définis pour les appareils verticaux. Le rapport hauteur sur diamètre est au moins égal à 3.
C'est le cas en particulier des colonnes de distillation et appareils similaires.

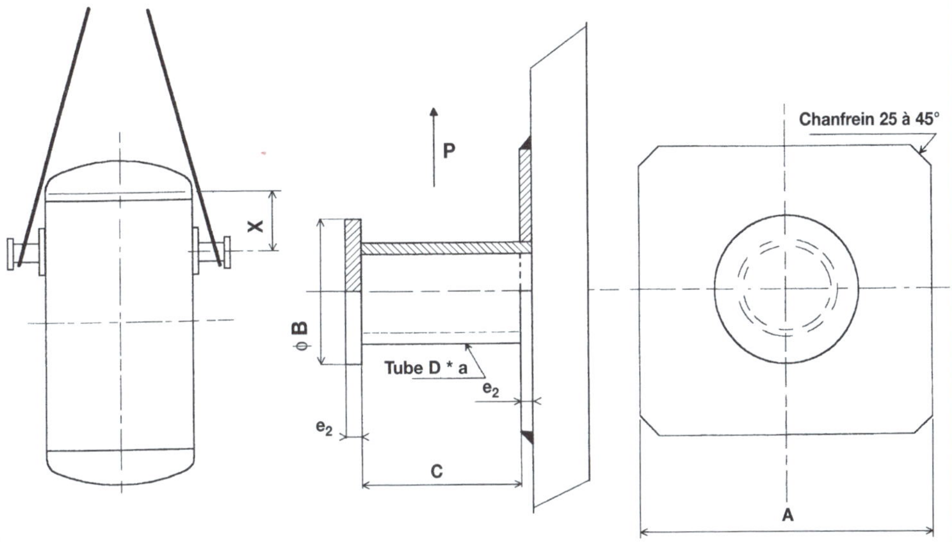

CARACTÉRISTIQUES DES TOURILLONS DE LEVAGE

Force admissible par tourillon P (N)	Fourrure A mini (mm)	Tube D (mm)	Tube a (mm)	Tampon B (mm)	Tampon e_2 (mm)	C (mm)	Masse par tourillon (kg)
40 000	500	168,3	8	250	8	150	10
60 000	500	168,3	10	250	10	150	12,5
80 000	500	168,3	12,5	250	12	150	15
100 000	600	219,1	12,5	300	14	150	22,5
150 000	600	219,1	20	300	16	150	30
200 000	600	219,1	25	300	18	150	35
500 000	700	273,1	25	350	25	180	57

– Fixer la valeur de la cote X en fonction des dimensions de la colonne.
– Prévoir un trou sur la fourrure à l'extérieur du tube pour la décompression lors du soudage.

12.5 FONDS

FONDS À PETIT RAYON DE CARRE (PRC)

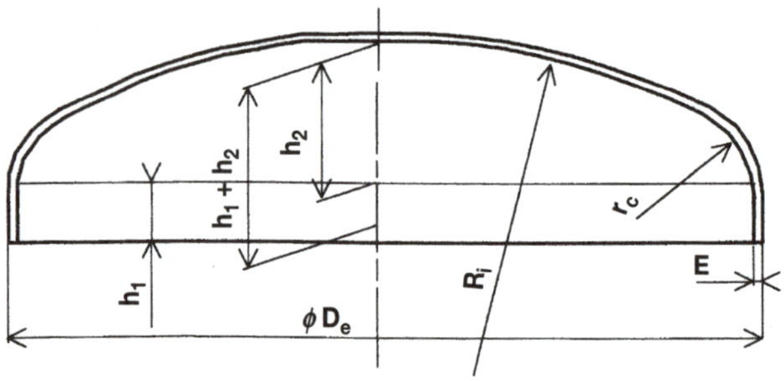

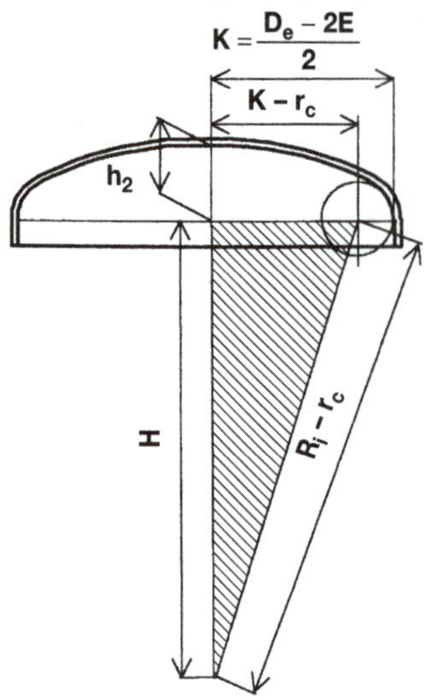

Pour ϕ D_e de ... à ...	r_c
500 à 750	30
800 à 750	40
1 000 à 3 400	50

$$H = \sqrt{(R_i - r_c)^2 - (K - r_c)^2}$$

$$h_2 = R_i - H$$

E	3	4	5	6	8	10	12	14	16	18	20
h_1	25		30	40	50		55	60	65	70	

D_e	E de	E à	R_i
500	3	8	500
550	3	8	600
600	3	8	600
650	3	8	700
700	3	8	700
750	3	8	800
800	3	8	800
850	3	8	900
900	3	8	900
950	3	8	950
1 000	3	8	1 100
1 100	3	8	1 250
1 200	3	8	1 350
1 300	4	8	1 500
1 400	4	8	1 600
1 500	4	12	1 700
1 600	4	12	1 800
1 700	5	12	1 900

D_e	E de	E à	R_i
1 800	5	12	2 100
1 900	6	12	2 300
2 000	6	12	2 300
2 100	6	12	2 500
2 200	6	12	2 750
2 300	6	12	2 750
2 400	6	12	3 000
2 500	6	20	3 000
2 600	6	20	3 300
2 700	6	20	3 300
2 800	6	20	3 600
2 900	6	20	3 600
3 000	6	20	4 000
3 100	6	20	4 400
3 200	6	20	4 400
3 300	6	20	4 400
3 400	6	20	4 400

FONDS À GRAND RAYON DE CARRE (GRC)

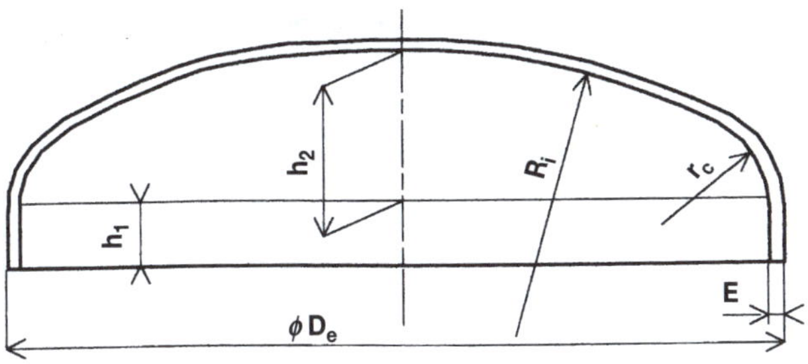

$$K = \frac{D_e - 2E}{2}$$

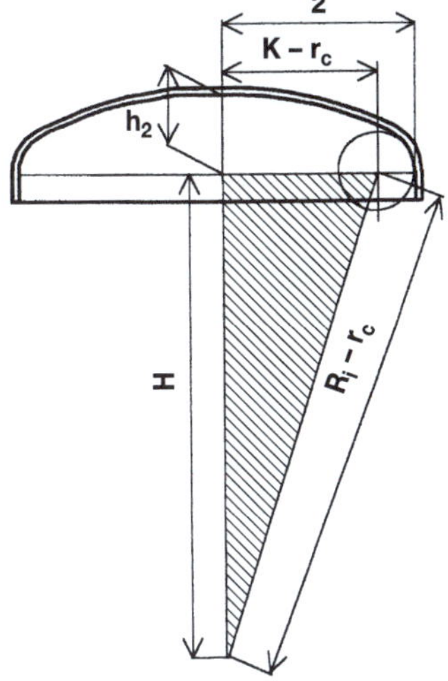

$$R_i = D_e$$

$$H = \sqrt{(R_i - r_c)^2 - (K - r_c)^2}$$

$$r_c = \frac{D_e}{10}$$

$$h_2 = R_i - H$$

E	2	3	4	5	6	8	10	11	12	14	16	18	20	22	25	28	32	35	40
h_1	20	25		40		50		55		60	65	70		75	80	90	100	110	120

D_e	*E*	
	de	à
150	2	5
200	2	5
250	2	5
300	2	10
350	2	10
400	2	12
450	2	12
500	2	16
550	2	18
600	3	20
650	3	20
700	3	22
750	3	25
850	3	28
900	4	28
950	4	32
1 000	4	32
1 100	4	35
1 200	5	35
1 250	5	35
1 300	5	35
1 400	5	40
1 500	5	40
1 600	6	40

D_e	*E*	
	de	à
1 600	6	40
1 700	6	40
1 800	6	40
1 900	6	40
2 000	6	40
2 100	6	40
2 200	6	40
2 300	6	40
2 400	6	40
2 500	6	40
2 600	6	40
2 700	6	40
2 800	6	40
2 900	6	40
3 000	6	40
3 100	8	40
3 200	8	40
3 300	8	40
3 400	8	40
3 500	10	40
3 600	12	40
3 700	12	40
3 800	12	40
4 000	12	40

FONDS ELLIPTIQUES (ELL)

Le rapport du grand axe au petit axe de l'éllipse méridienne qui engendre la surface intérieure est égal à 1,9.

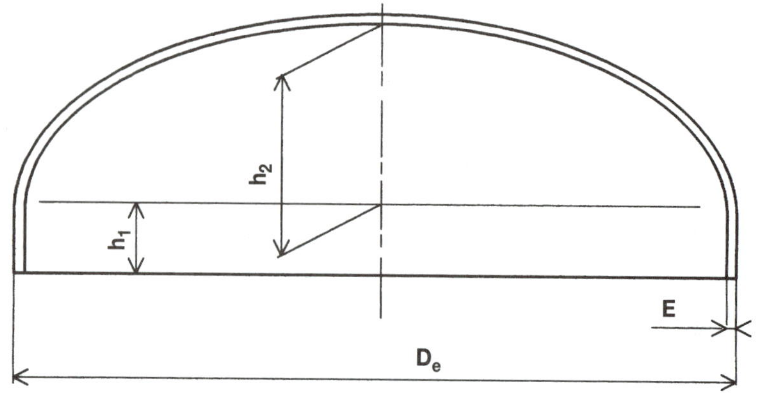

$$h_2 = \frac{De - 2E}{3,8}$$

E	4	5	6	8	9	10	11	12	14	16	18	20	22	25	28	32	35	40	50
h_1	40			50			55		60	65	70		75	80	90	100	110	120	130

D_e	E de	E à
400	4	40
450	4	40
500	4	50
550	4	50
600	4	60
650	4	60
700	4	70
750	4	70
800	4	80
850	4	80
900	4	80
950	4	80
1 000	4	80
1 100	4	80
1 200	4	80
1 250	4	80
1 300	4	80
1 400	4	80
1 500	4	80
1 600	4	80
1 700	4	80
1 800	4	80

D_e	E de	E à
1 900	4	80
2 000	4	80
2 100	6	80
2 200	6	80
2 300	6	80
2 400	6	80
2 500	6	80
2 600	6	80
2 700	6	80
2 800	6	80
2 900	6	80
3 000	6	80
3 100	12	80
3 200	12	80
3 300	13	80
3 400	13	80
3 500	14	80
3 600	14	80
3 700	16	80
3 800	16	80
3 900	16	80
4 000	16	80

12.6 OUVERTURES

Les diamètres libres *(clairs)* de ces ouvertures constituent le minimum pratique et ont été déterminés à partir des bases de calcul suivantes :

- PMA = 40 bars;
- tMS ⩽ 110 °C;
- Acier S 255;
- coefficient de soudure Z = 0,7;
- Surépaisseur de corrosion = 3 mm;
- Calculs selon le CODAP;
- Contrainte admissible = $\frac{Rm}{3}$ soit 113 N/mm^2.

La hauteur H de la tubulure peut être majorée dans le cas d'isolation thermique.

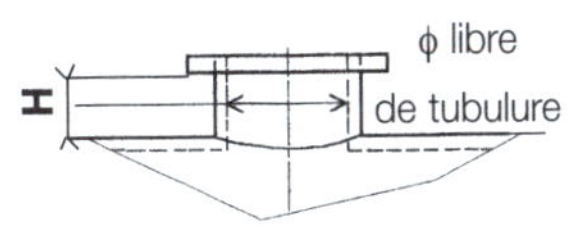

Pour les DN ⩾ 350, les couvercles seront percés de deux trous M12 pour les vis de décollage du joint.

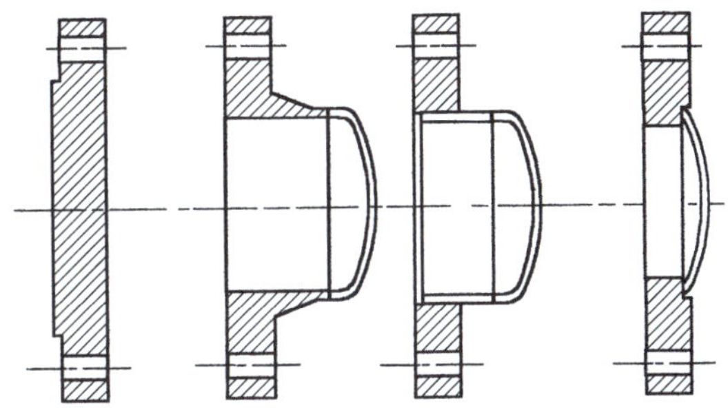

Type A (pour tout DN) — ***Type B*** (pour DN ⩾ 350) — ***Type C*** (pour DN ⩾ 350)

OUVERTURES CIRCULAIRES D'INSPECTION OU D'ACCÈS

Désignation	Ouvertures d'inspection											Ouvertures d'accès			
Trou de	**Regard**		**Poing**							**Tête**		**Homme**		**Secours**	
Diamètre libre	50		100							320		427	476	574	671
H de tubulure	200									250		250		300	
Bride DN	50	65	80	100	125	150	200	250	300	350	400	450	500	600	700

Couvercle à charnières

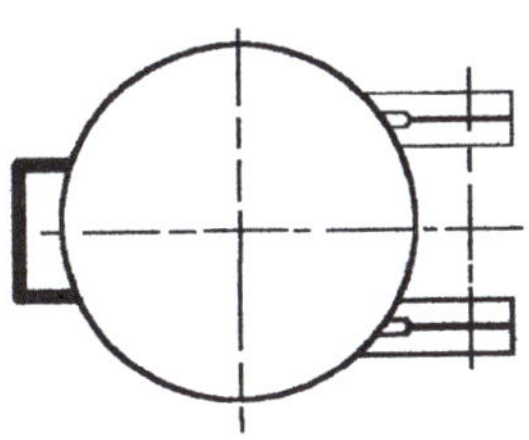

Couvercle sans organe de manutention

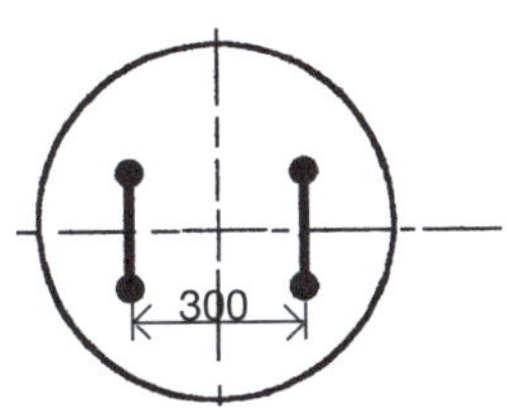

Dispositif à potence

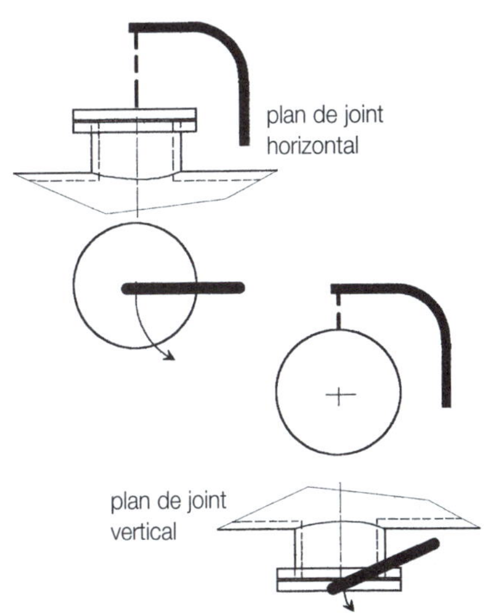

12.7 JOINTS

NATURE DES JOINTS

La nature du joint employé dépend de la pression, de la température et de la nature du fluide transporté ou stocké. L'état de surface des portées de joint est très important. Il est défini par un indice de rugosité *Rt*, exprimé en microns.

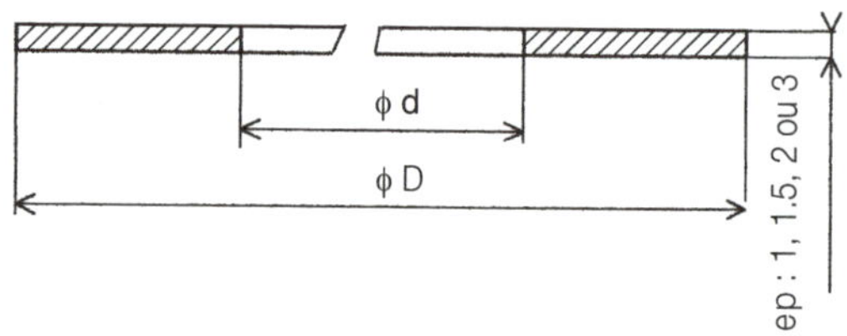

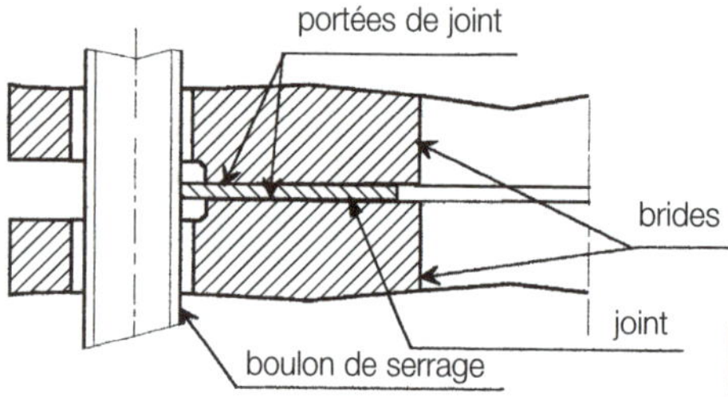

Nature du joint	*Rt*
amiante-élastomère	100
métallo-plastique, joints spiralés	40
métallique	16
métallique; spéciaux du type annulaire	6,3

TYPES DE JOINTS

■ JOINT À JAQUETTE

Il est composé d'une âme et d'un recouvrement non métallique : la jaquette.

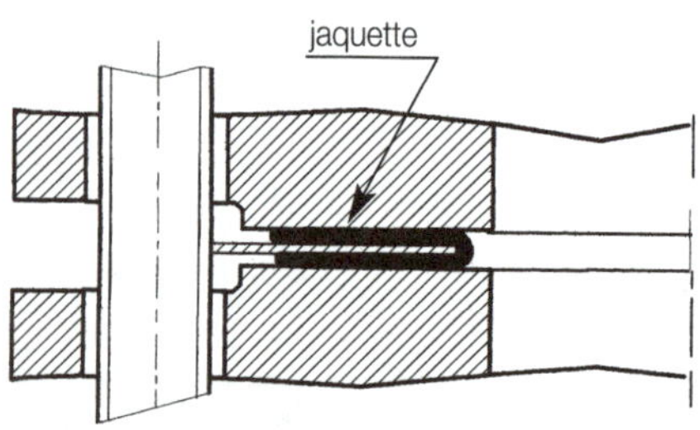

■ JOINT MÉTALLO-PLASTIQUE

Il est composé d'une âme et d'un recouvrement métallique.

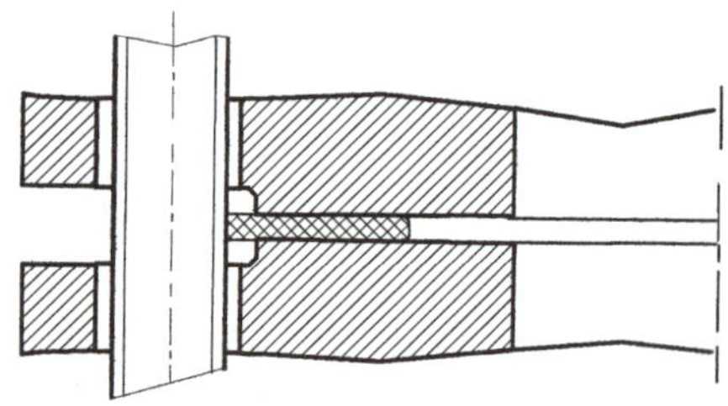

■ JOINT LENTICULAIRE

Les brides à face de joint plate ou surélevée sont usinées spécialement.

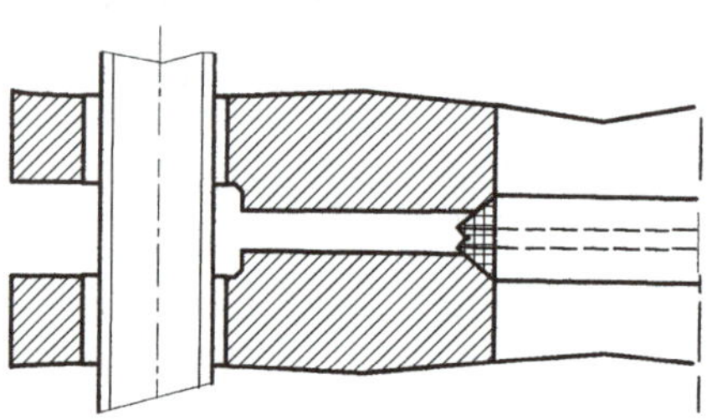

■ JOINT MÉTALLIQUE STRIÉ

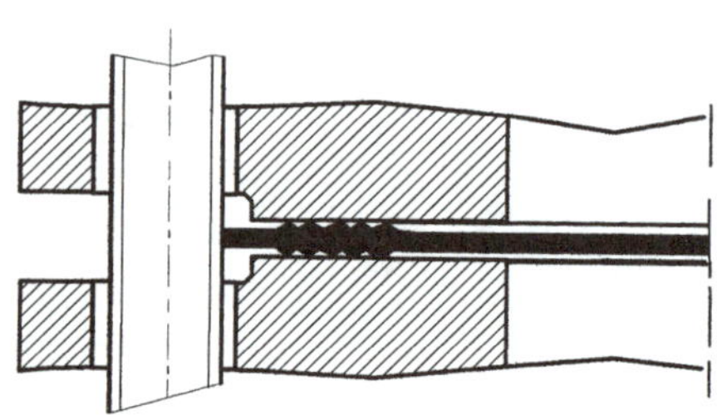

TYPES DE JOINTS (suite)

■ JOINT SPIRALÉ

Il est constitué d'une ou deux bandes de métal nervurées et enroulées en spirale(âme) avec insertion d'un ruban isolant entre chaque pli (intercalaire).

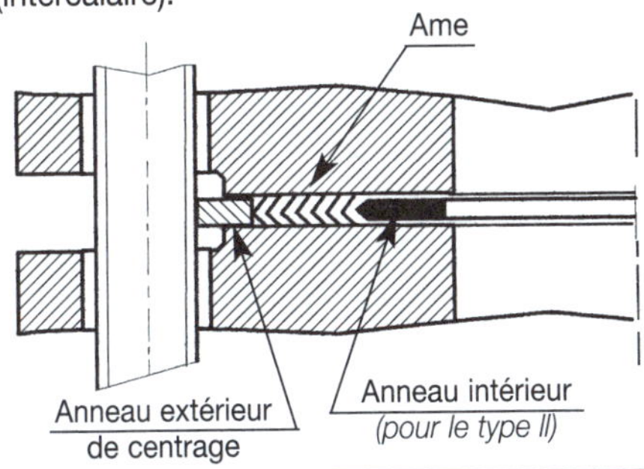

■ JOINT PLAT

Il est constitué d'amiante et élastomère pour bride à emboîtement

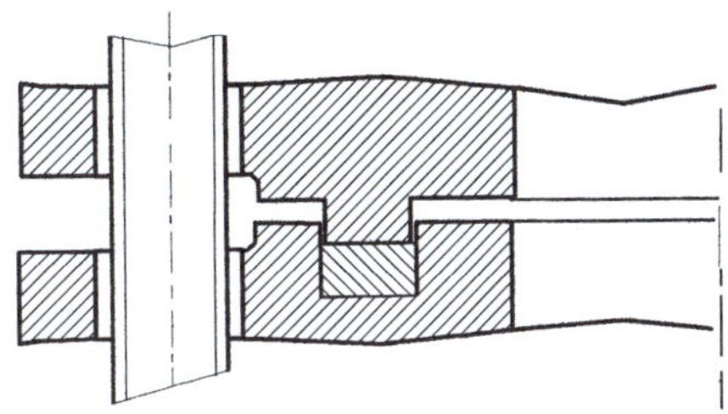

DIMENSIONS DES JOINTS

Diamètre nominal DN n° (1) (mm)	**D** (mm)					**d** (mm)
	ISO PN 6	**ISO PN 10**	**ISO PN 16**	**ISO PN 25**	**ISO PN 40**	
10	40	48	48	48	48	23
15	45	53	53	53	53	27
20	55	63	63	63	63	33
25	65	73	73	73	73	40
32	78	84	84	84	84	48
40	88	94	94	94	94	54
50	98	109	109	109	109	66
65	118	129	129	129	129	82
80	134	144	144	144	144	95
100	154	164	164	170	170	120
125	184	194	194	196	196	148
150	209	220	220	226	226	176
(175)	239	250	250	256	268	204
200	264	275	275	286	293	229
250	319	330	330	343	355	283
300	375	380	386	403	420	332
350	425	440	446	460	477	371
400	475	491	498	517	549	423
450	530	541	558	567	574	466
500	580	596	620	627	631	517
600	681	698	737	734		619
700	786	813				720
800	893	920				822
900	993	1020				923
1000	1093	1127				1027

(1) Éviter, autant que possible, le diamètre nominal entre parenthèses.

12.8 BRIDES

BRIDES À SOUDER

■ **PLATE À EMMANCHER**

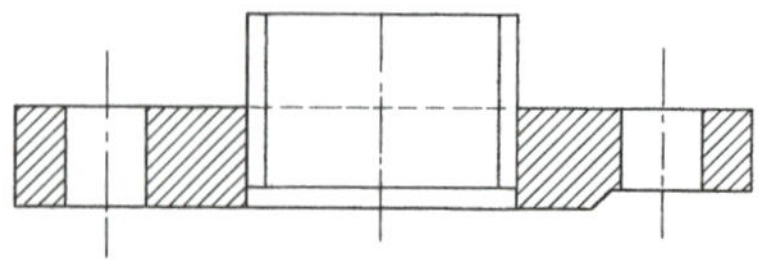

■ **À COLLERETTE À EMMANCHER**

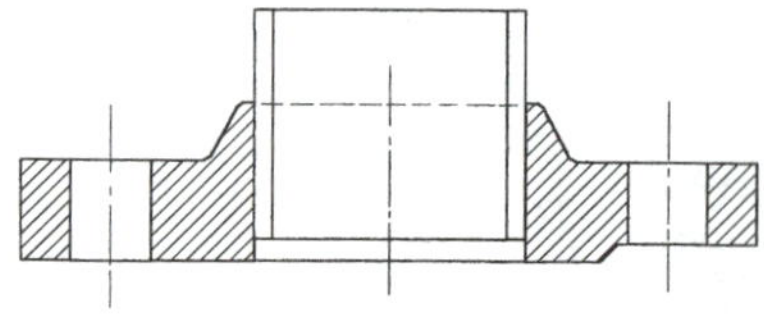

■ **À COLLERETTE BOUT À BOUT**

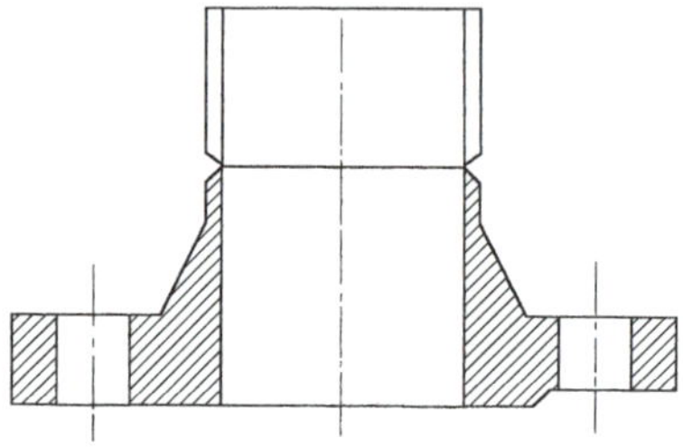

■ **À COLLERETTE À EMBOÎTER**

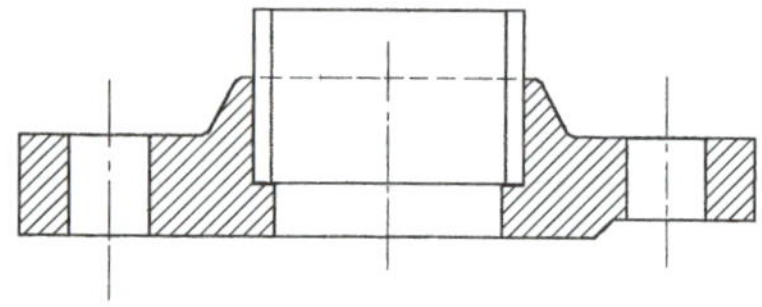

BRIDES TOURNANTES

■ **TYPE 2 – COLLET TYPE 31**

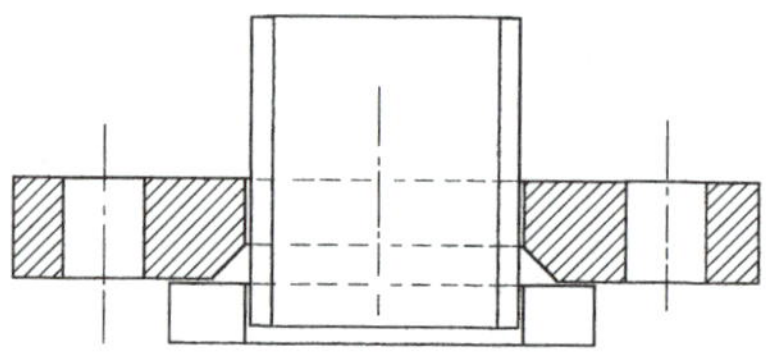

■ **TYPE 3 – COLLET TYPE 32**

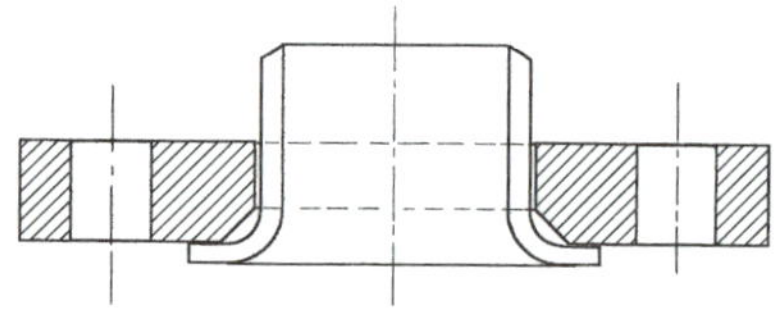

■ **TYPE 3 – COLLET TYPE 34**

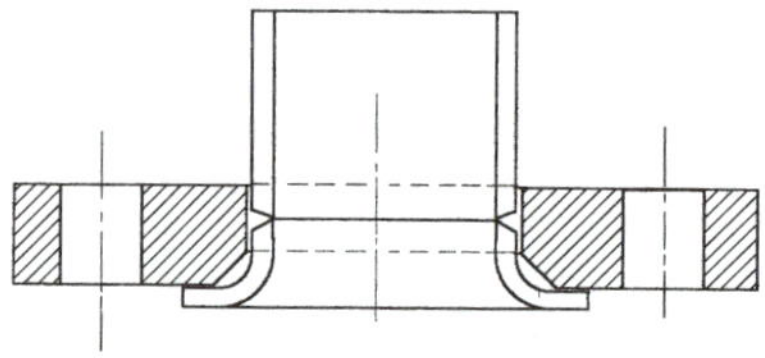

■ **TYPE 4 – COLLET TYPE 33**

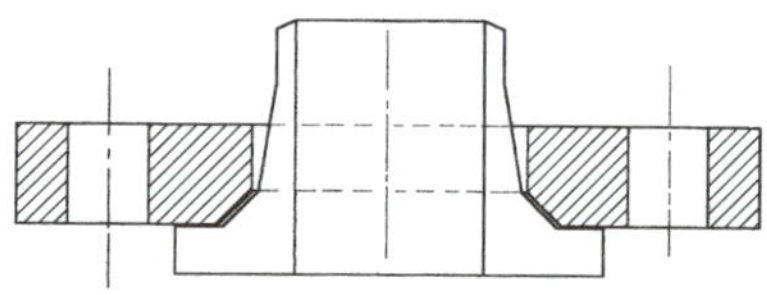

COLLETS

■ **TYPE 31** (1)

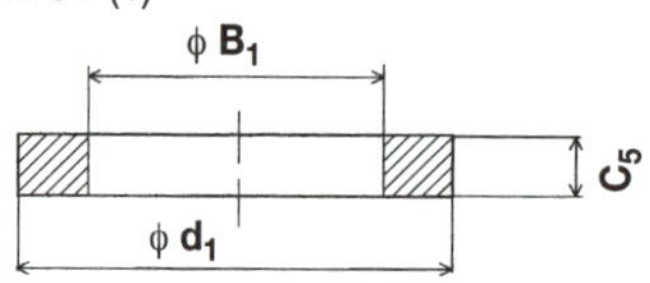

■ **TYPE 32** (1)

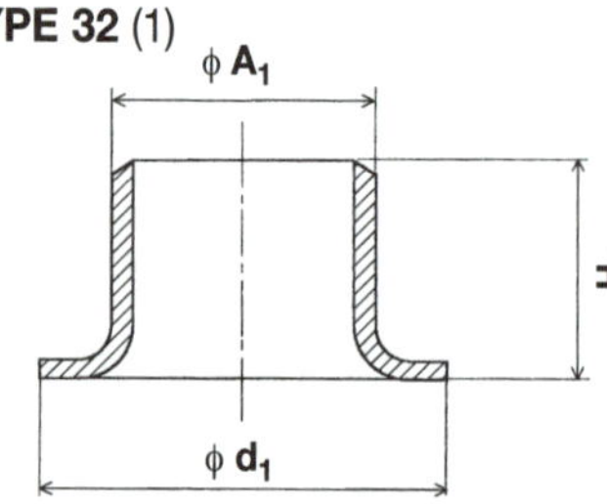

■ **TYPE 33** (1)

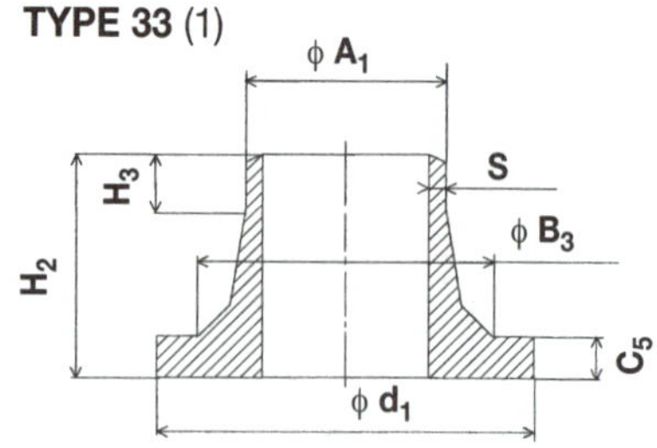

■ **TYPE 34** (1)

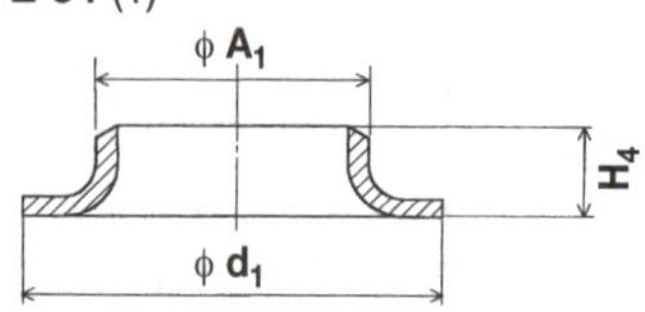

(1) Les différentes valeurs sont données dans les tableaux page 226.

LES BRIDES : FACES DE JOINT

• Face de joint plate

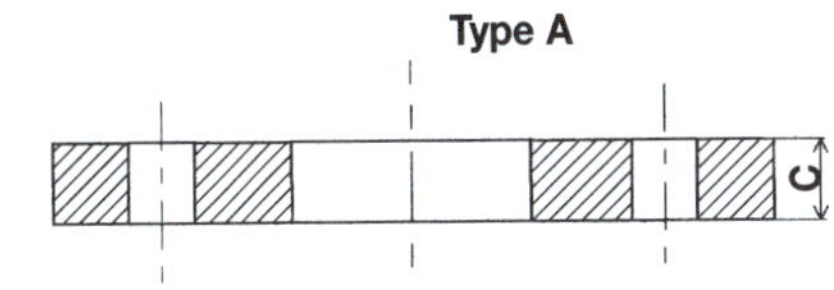

• Face de joint surélevée

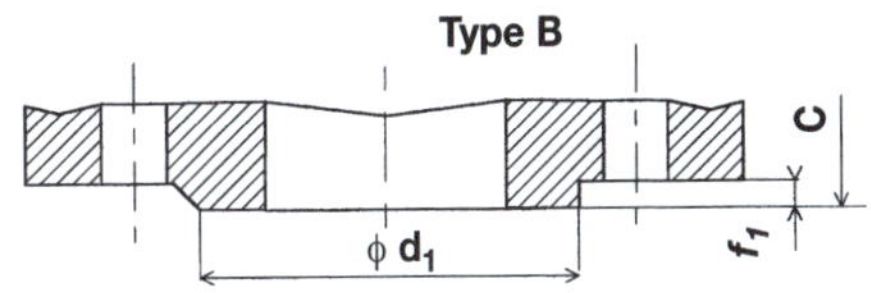

• Face pour joint annulaire

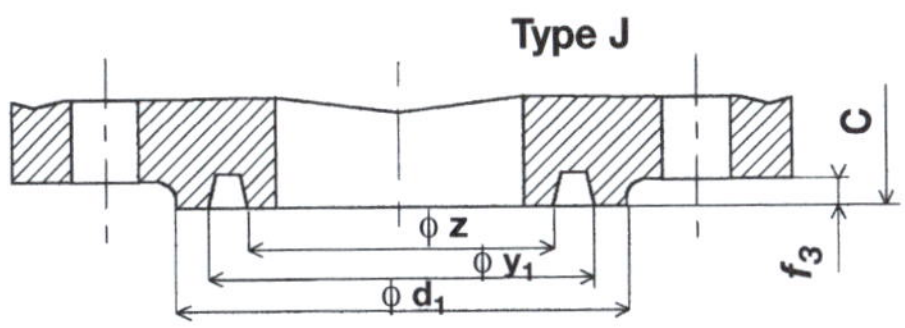

• Face de joint à emboîtement double

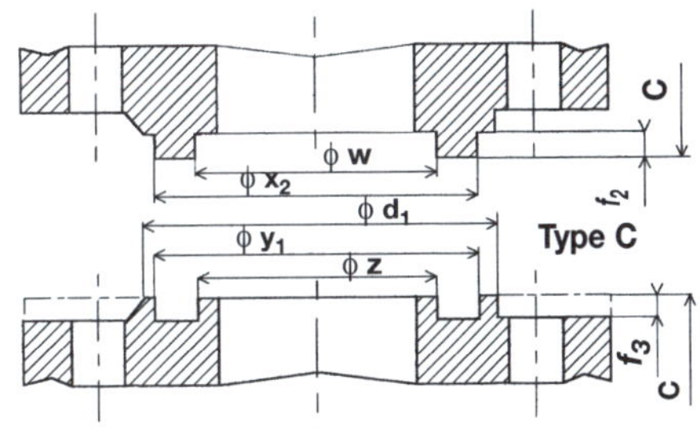

DN (mm)	d_1 (mm) ISO PN 2,5	ISO PN 6	ISO PN 10	ISO PN 16	ISO PN 25	ISO PN 40	f_1 (mm)	f_2 (mm)	f_3 (mm)	w (mm)	x_2 (mm)	y_1 (mm)	z (mm)
10	Voir ISO PN 6	33	Voir ISO PN 40	Voir ISO PN 40	Voir ISO PN 40	41	2	4	3	24	34	35	23
15	Voir ISO PN 6	38	Voir ISO PN 40	Voir ISO PN 40	Voir ISO PN 40	46	2	4	3	29	39	40	28
20	Voir ISO PN 6	48	Voir ISO PN 40	Voir ISO PN 40	Voir ISO PN 40	56	2	4	3	36	50	51	35
25	Voir ISO PN 6	58	Voir ISO PN 40	Voir ISO PN 40	Voir ISO PN 40	65	2	4	3	43	57	58	42
32	Voir ISO PN 6	69	Voir ISO PN 40	Voir ISO PN 40	Voir ISO PN 40	76	2	4	3	51	65	66	50
40	Voir ISO PN 6	78	Voir ISO PN 40	Voir ISO PN 40	Voir ISO PN 40	84	3	4	3	61	75	76	60
50	Voir ISO PN 6	88	Voir ISO PN 40	Voir ISO PN 40	Voir ISO PN 40	99	3	4	3	73	87	88	72
65	Voir ISO PN 6	108	Voir ISO PN 40	Voir ISO PN 40	Voir ISO PN 40	118	3	4	3	95	109	110	94
80	Voir ISO PN 6	124	Voir ISO PN 40	Voir ISO PN 40	Voir ISO PN 40	132	3	4	3	106	120	121	105
100	Voir ISO PN 6	144	Voir ISO PN 40	Voir ISO PN 40	Voir ISO PN 40	156	3	4,5	3,5	129	149	150	128
125	Voir ISO PN 6	174	Voir ISO PN 40	Voir ISO PN 40	Voir ISO PN 40	184	3	4,5	3,5	155	175	176	154
150	Voir ISO PN 6	199	Voir ISO PN 40	Voir ISO PN 40	Voir ISO PN 40	211	3	4,5	3,5	183	203	204	182
200	Voir ISO PN 6	254	266	266	274	284	3	4,5	3,5	239	259	260	238
250	Voir ISO PN 6	309	319	319	330	345	3	4,5	3,5	292	312	313	291
300	Voir ISO PN 6	363	370	370	389	409	4	4,5	3,5	343	363	364	342
350	Voir ISO PN 6	413	429	429	448	465	4	5	4	395	421	422	394
400	Voir ISO PN 6	463	480	480	503	535	4	5	4	447	473	474	446
450	Voir ISO PN 6	518	530	548	548	560	4	5	4	497	523	524	496
500	Voir ISO PN 6	568	582	609	609	615	4	5	4	549	575	576	548
600	Voir ISO PN 6	667	682	720	720	735	5	5	4	649	675	676	648

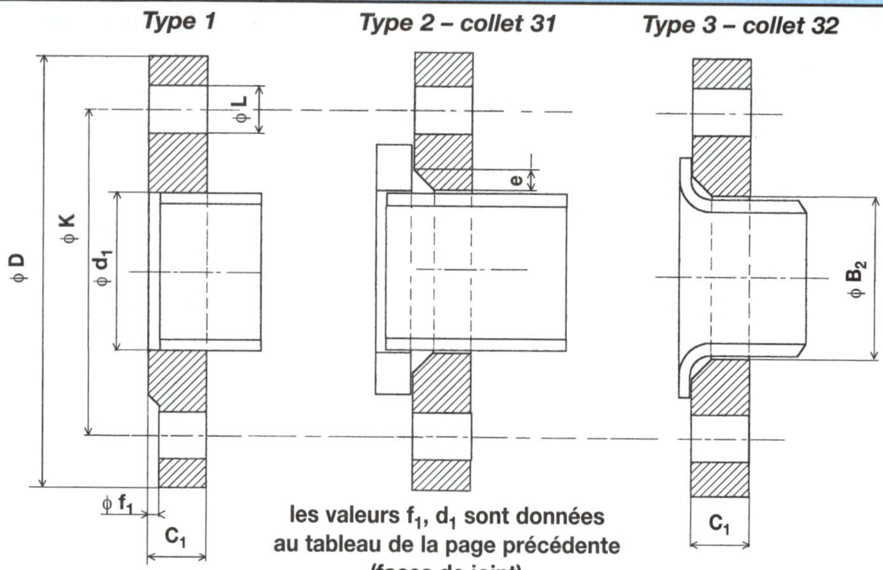

les valeurs f_1, d_1 sont données au tableau de la page précédente (faces de joint)

BRIDES : ISO PN 6

DN (mm)	Dimensions de raccordement (mm)			Boulonnerie		A_1 (mm)	B_2 (mm)	C_1 (mm)	e (mm)
	D	K	L	nombre	diamètre (mm)				
10	75	50	11	4	M 10	17,2	21	12	3
15	80	55	11	4	M 10	21,3	25	12	3
20	90	65	11	4	M 10	26,9	31	14	4
25	100	75	11	4	M 10	33,7	38	14	4
32	120	90	14	4	M 12	42,4	46	16	5
40	130	100	14	4	M 12	48,3	53	16	5
50	140	110	14	4	M 12	60,3	65	16	5
65	160	130	14	4	M 12	76,1	81	16	6
80	190	150	18	4	M 16	88,9	94	18	6
100	210	170	18	4	M 16	114,3	120	18	6
125	240	200	18	8	M 16	139,7	145	20	6
150	265	225	18	8	M 16	168,3	174	20	6
200	320	280	18	8	M 16	219,1	226	22	6
250	375	335	18	12	M 16	273,0	281	24	8
300	440	395	22	12	M 20	323,9	333	24	8
350	490	445	22	12	M 20	355,6	365	24	8
400	540	495	22	16	M 20	406,1	416	24	8
450	595	550	22	16	M 20	457,0	467	24	8
500	645	600	22	20	M 20	508,0	519	26	8
600	755	705	26	20	M 24	610,0	622	26	8

BRIDES :
ISO PN 10,
PN 16,
PN 25
PN 40

Type 1

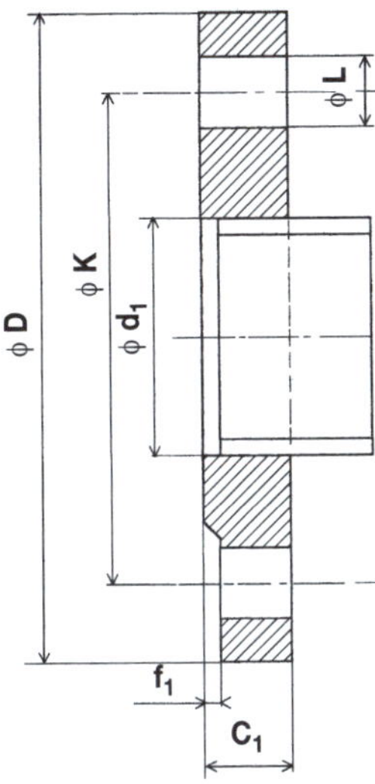

Type 2 – collet 31

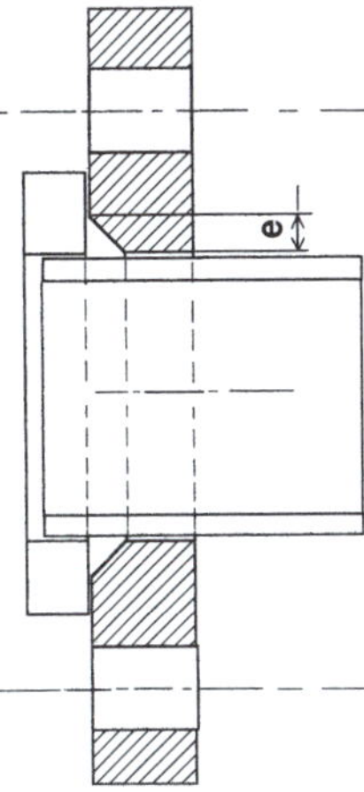

Type 3 – collet 32

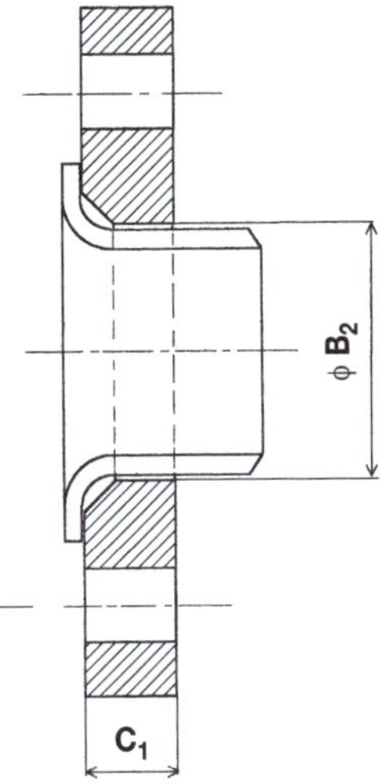

les valeurs f_1, d_1 sont données au tableau page 223 (faces de joint)

Type 3 – collet 34

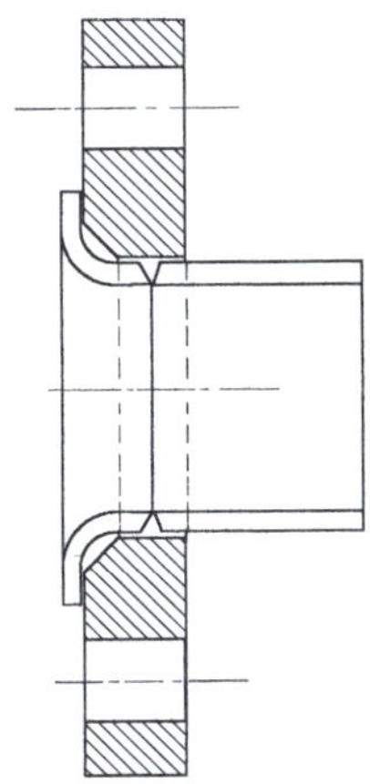

Type 5

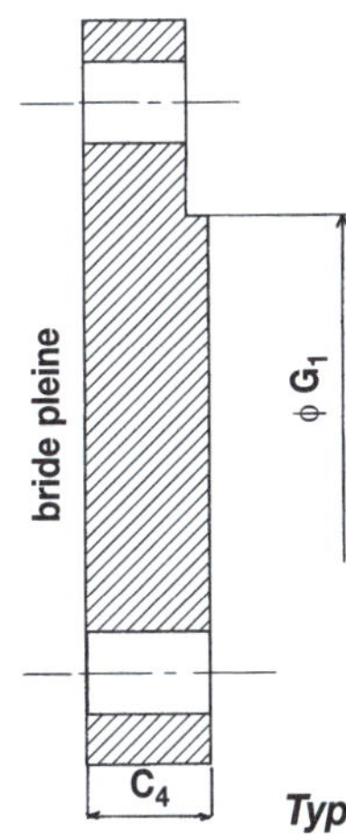

Type 11

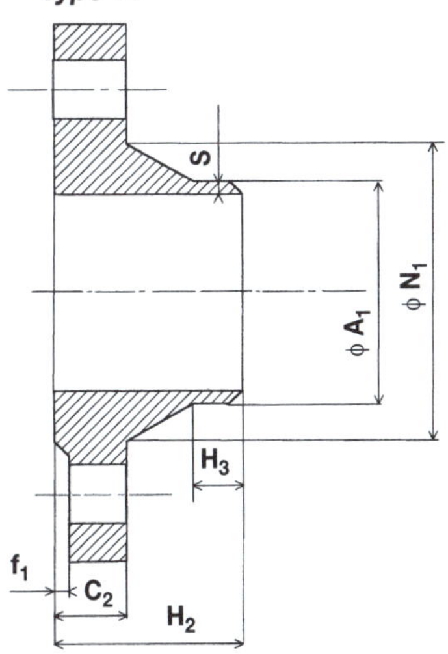

Type 12

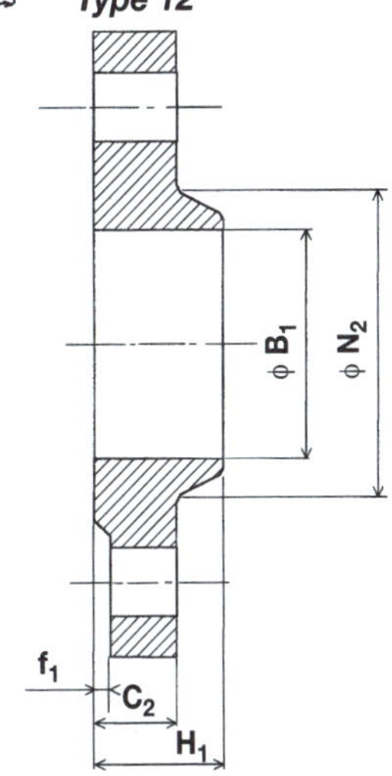

BRIDES :
ISO PN 10

DN (mm)	Dimensions de raccordement (mm)			Boulonnerie		A_1 (mm)	B_1 (mm)	B_2 (mm)	B_3 (mm)	C_1 (mm)	C_2 (mm)	C_4 (mm)	C_5 (mm)	e (mm)	G_1 (mm)	H_1 (mm)	H_2 (mm)	H_3 (mm)	H_4 (mm)	N_1 (mm)	N_2 (mm)	S (mm)
	D	K	L	nombre	diamètre (mm)																	
10	**Prendre les brides ISO PN 16 (1)**																		6			
15																			6			
20																			7			
25																			9			
32																			10			
40																			10			
50																			12			
65																			12			
80																			13			
100																			13			
125																			14			
150																			18			
200	340	295	22	8	M 20	219,1	221,5	226	240	24	24	24	20	6	190	44	62	16	22	234	246	6,3
250	395	350	22	12	M 20	273,0	276,5	281	294	26	26	26	22	6	240	46	68	16	22	288	298	6,3
300	445	400	22	12	M 20	323,9	327,5	333	348	26	26	26	22	8	290	46	68	16		342	350	7,1
350	505	460	22	16	M 20	355,6	359,5	365	400	30	26	26	22	8	325	53	68	16		390	400	8,0
400	565	515	26	16	M 24	406,4	411,0	416	450	32	26	28	24	8	375	57	72	16		440	456	8,8
450	615	565	26	20	M 24	457,0	462,0	467	498	35	28	28	24	8	425	62	72	16		488	502	10,0
500	670	620	26	20	M 24	508,0	513,5	519	550	38	28	30	26	8	475	67	75	16		540	559	11,0
600	780	725	30	20	M 27	610,0	616,5	622	650	42	30	34	26	8	575	75	80	18		640	658	12,5

(1) Les brides ISO PN 10 n'existent pas dans cette gamme de DN

BRIDES : ISO PN 16

DN (mm)	Dimensions de raccordement (mm)			Boulonnerie		A_1 (mm)	B_1 (mm)	B_2 (mm)	B_3 (mm)	C_1 (mm)	C_2 (mm)	C_4 (mm)	C_5 (mm)	e (mm)	G (mm)	H_1 (mm)	H_2 (mm)	H_3 (mm)	N_1 (mm)	N_2 (mm)	S (mm)
	D	K	L	nombre	diamètre (mm)																
10	Dimensions identiques à celles des brides ISO PN 40					17,2	18,0	21	31	14	14	14	12	3	—	20	35	6	28	30	2,0
15						21,3	22,0	25	35	14	14	14	12	3	—	20	35	6	32	35	2,0
20						26,9	27,5	31	42	16	16	16	14	4	—	24	38	6	39	45	2,3
25						33,7	34,5	38	49	16	16	16	14	4	—	24	38	6	46	52	2,3
32						42,4	43,5	46	59	18	18	18	14	5	—	26	40	6	56	60	2,6
40						48,3	49,5	53	67	18	18	18	14	5	—	26	42	7	64	70	2,6
50						60,3	61,5	65	77	20	20	20	16	5	—	28	45	8	74	84	2,9
65	185	145	18	4	M 16	76,1	77,5	81	96	20	20	20	16	6	55	32	45	10	92	104	2,9
80	200	160	18	8	M 16	88,9	90,5	94	114	20	20	20	16	6	70	34	50	10	110	118	3,2
100	220	180	18	8	M 16	114,3	116,0	120	134	22	22	22	18	6	90	40	52	12	130	140	3,6
125	250	210	18	8	M 16	139,7	141,5	145	162	22	22	22	18	6	115	44	55	12	158	168	4,0
150	285	240	22	8	M 20	168,3	170,5	174	188	24	24	24	20	6	140	44	55	12	184	195	4,5
200	340	295	22	12	M 20	219,1	221,5	226	240	26	24	26	20	6	190	44	62	16	234	246	6,3
250	405	355	26	12	M 24	273,0	276,5	281	294	29	26	26	22	8	240	46	70	16	288	298	6,3
300	460	410	26	12	M 24	323,9	327,5	333	348	32	28	28	24	8	290	46	78	16	342	350	7,1
350	520	470	26	16	M 24	355,6	359,0	365	400	35	30	30	26	8	325	57	82	16	390	400	8,0
400	580	525	30	16	M 27	406,4	411,0	416	454	38	32	32	28	8	375	63	85	16	444	456	8,8
450	640	585	30	20	M 27	457,0	462,0	467	500	42	34	36	30	8	425	68	87	16	490	502	10,0
500	715	650	33	20	M 30	508,0	513,5	519	556	46	36	40	32	8	475	73	90	16	546	559	11,0
600	840	770	36	20	M 33	610,0	616,5	622	660	52	38	44	32	8	575	83	95	18	650	658	12,5

LES BRIDES ISO PN 25

DN (mm)	Dimensions de raccordement (mm)			Boulonnerie		A_1 (mm)	B_1 (mm)	B_2 (mm)	B_3 (mm)	C_1 (mm)	C_2 (mm)	C_4 (mm)	C_5 (mm)	e (mm)	G_1 (mm)	H_1 (mm)	H_2 (mm)	H_3 (mm)	N_1 (mm)	N_2 (mm)	S (mm)
	D	K	L	nombre	diamètre (mm)																
10	Prendre les brides ISO PN 40 (1)																				
15																					
20																					
25																					
32																					
40																					
50																					
65																					
80																					
100																					
125																					
150																					
200	360	310	26	12	M 24	219,1	221,5	226	250	32	30	32	26	6	190	52	80	16	244	256	8,0
250	425	370	30	12	M 27	273,0	276,5	281	302	35	32	32	26	8	240	60	88	18	296	310	10,0
300	485	450	30	16	M 27	323,9	327,5	333	356	38	34	34	28	8	290	67	92	18	350	364	10,0
350	555	490	33	16	M 30	355,6	359,5	365	408	42	38	38	32	8	325	72	100	20	398	418	11,0
400	620	550	36	16	M 33	406,4	411,0	416	462	46	40	40	34	8	375	78	110	20	452	472	12,5
450	670	600	36	20	M 33	457,0	462,0	467	510	50	42	44	36	8	425	84	110	20	500	520	14,2
500	730	660	36	20	M 33	508,0	513,5	519	569	56	44	48	38	8	475	90	125	20	558	580	16,0
600	845	770	39	20	M 36	610,0	616,5	622	670	68	46	54	40	8	575	100	125	20	660	684	17,5

(1) Les brides ISO PN 25 n'existent pas dans cette gamme de DN

BRIDES : ISO PN 40

DN (mm)	Dimensions de raccordement (mm) D	K	L	Boulonnerie nombre	diamètre (mm)	A_1 (mm)	B_1 (mm)	B_2 (mm)	B_3 (mm)	C_1 (mm)	C_2 (mm)	C_4 (mm)	C_5 (mm)	e (mm)	G_1 (mm)	H_1 (mm)	H_2 (mm)	H_3 (mm)	N_1 (mm)	N_2 (mm)	S (mm)
10	90	60	14	4	M 12	17,2	18,0	21	31	14	14	14	12	3	—	22	35	6	28	30	2,6
15	95	65	14	4	M 12	21,3	22,0	25	35	14	14	14	12	3	—	22	38	6	32	35	2,6
20	105	75	14	4	M 12	26,9	27,5	31	42	16	16	16	14	4	—	26	40	6	40	45	2,9
25	115	85	14	4	M 12	33,7	34,5	38	49	16	16	16	14	4	—	28	40	6	46	52	3,2
32	140	100	18	4	M 16	42,4	43,5	46	59	18	18	18	14	5	—	30	42	6	56	60	3,6
40	150	110	18	4	M 16	48,3	49,5	53	67	18	18	18	14	5	—	32	45	7	64	70	3,6
50	165	125	18	4	M 16	60,3	61,5	65	77	20	20	20	16	5	—	34	48	8	74	84	4,0
65	185	145	18	8	M 16	76,1	77,5	81	96	22	22	22	16	6	55	38	52	10	92	104	5,0
80	200	160	18	8	M 16	88,9	90,5	94	114	24	24	24	18	6	70	40	58	12	110	118	5,6
100	235	190	22	8	M 20	114,3	116,0	120	138	26	24	26	20	6	90	44	65	12	134	145	6,3
125	270	220	26	8	M 24	139,7	141,5	145	166	28	26	28	22	6	115	48	68	12	162	170	6,3
150	300	250	26	8	M 24	168,3	170,5	174	194	30	28	30	24	6	140	52	75	12	190	200	7,1
200	375	320	30	12	M 27	219,1	221,5	226	250	36	34	36	28	6	190	52	88	16	244	260	8,0
250	450	385	33	12	M 30	273,0	276,5	281	312	42	38	38	30	8	240	60	105	18	306	312	10,0
300	515	450	33	16	M 30	323,9	327,5	333	368	48	42	42	34	8	290	67	115	18	362	380	10,0
350	580	510	36	16	M 33	355,6	359,5	365	418	54	46	46	36	8	325	72	125	20	408	424	11,0
400	660	585	39	16	M 36	406,4	411,0	416	472	60	50	50	42	8	375	78	135	20	462	478	12,5
450	685	610	39	20	M 36	457,0	462,0	467	510	66	50	54	46	8	425	84	135	20	500	522	14,2
500	755	670	42	20	M 39	508,0	513,5	519	572	72	52	60	50	8	475	90	140	20	562	576	16,0
600	890	795	48	20	M 45	610,0	616,5	622	676	84	60	70	54	8	575	100	150	20	666	686	17,5

12.9 ÉCHANGEURS THERMIQUES

TYPES D'ÉCHANGEURS THERMIQUES

Ils sont classés en trois familles :
- **à tubes en U**, la plaque est fixe et se configure selon l'un des détails de 1 à 7,
- **à tête glissante ou mobile**, selon un détail A ou B,
- **à deux plaques fixes**, détails 1 à 7.

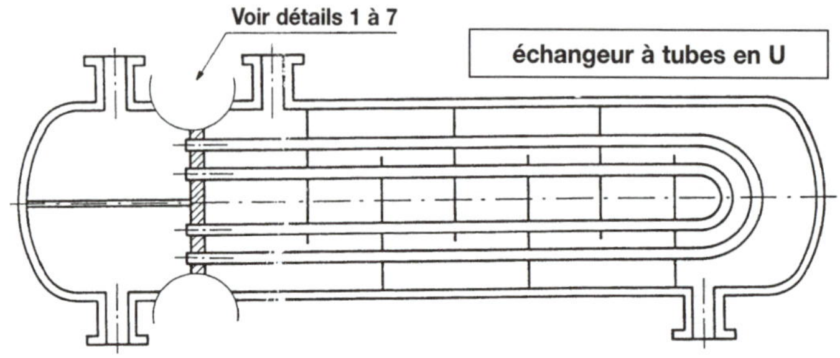

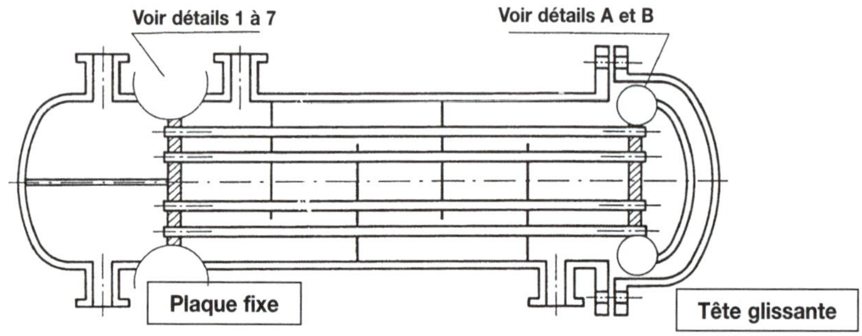

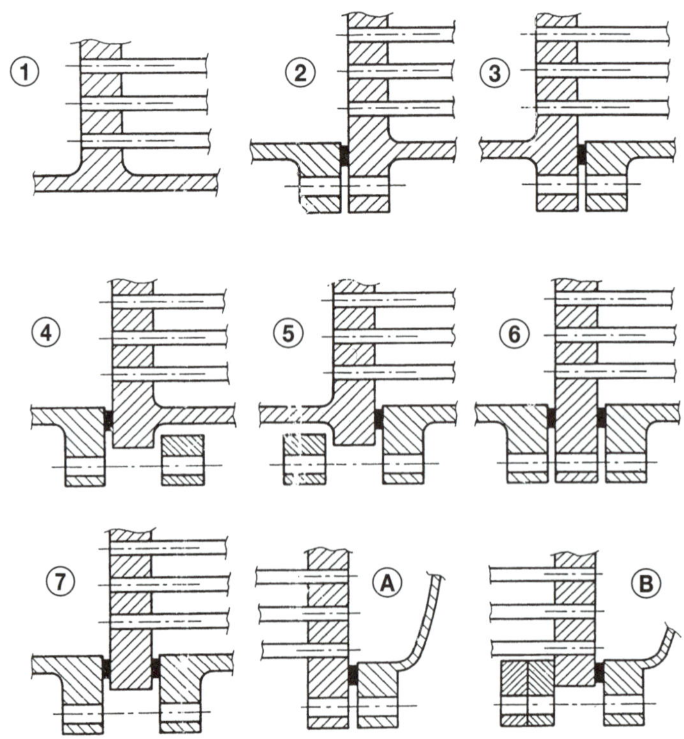

13 MISE EN FORME DES ÉLÉMENTS

13.1 CISAILLAGE

LA COUPE

Le cisaillage est une opération de découpage mécanique qui consiste à rompre le métal par glissement sous l'action de deux lames tranchantes.
Il est indispensable que ces lames soient écartées d'un jeu « J ». (1)
Ce jeu crée un couple qui pourrait faire pivoter la tôle. (2)
Il doit être compensé.
À cet effet, les cisailles guillotines sont équipées de « presse-tôle ». (3)

(1)

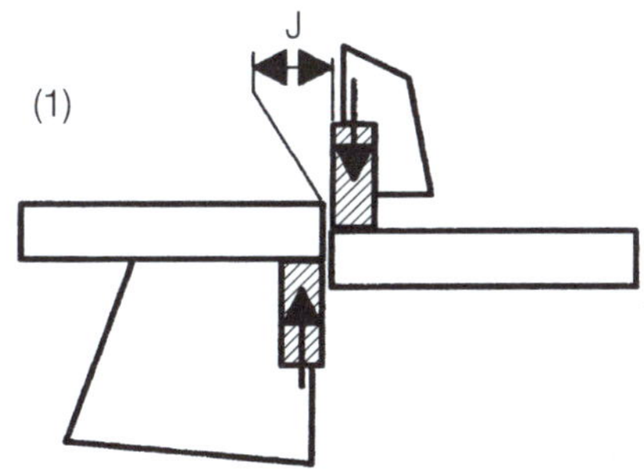

(2)

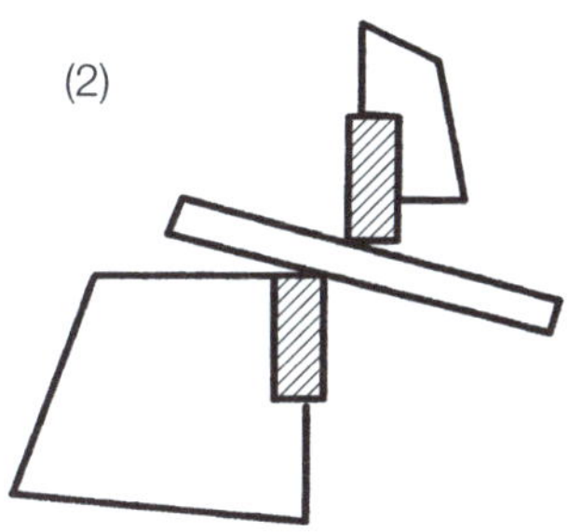

(3)

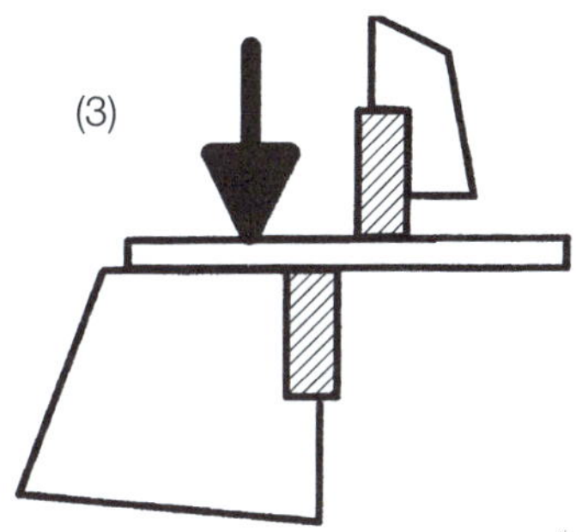

LES RÉGLAGES

Deux paramètres sont à considérer pour déterminer les réglages :
1) l'épaisseur du métal ;
2) sa résistance au glissement Rg.

Les réglages :

- Le jeu « J » doit être égal au 1/10 de l'épaisseur de métal à trancher.
- L'angle d'attaque « α » doit augmenter avec la Rg du métal et varie de :

$$2° < \alpha < 6°$$

La figure ci-contre montre que si α augmente, F diminue.

Le métal oppose une résistance au glissement selon la surface $S = \frac{E^2}{2 \cdot tg\alpha}$,

l'effort de cisaillage $F = S \cdot Rg$ soit :

$$F = \frac{E^2.Rg}{2.tg\alpha}$$

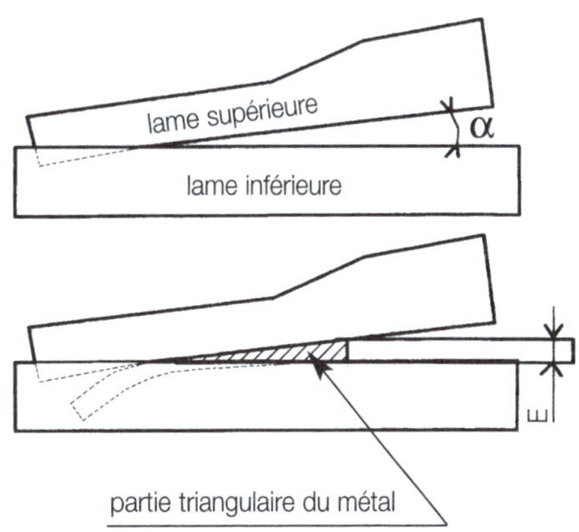

Exemple :
- Aluminium $\alpha = 2°$.
- Acier non allié $\alpha = 3{,}1°$.
- Inox $\alpha = 5{,}1°$.

13.2 TRONÇONNAGE - MEULAGE

LA FICHE SIGNALÉTIQUE

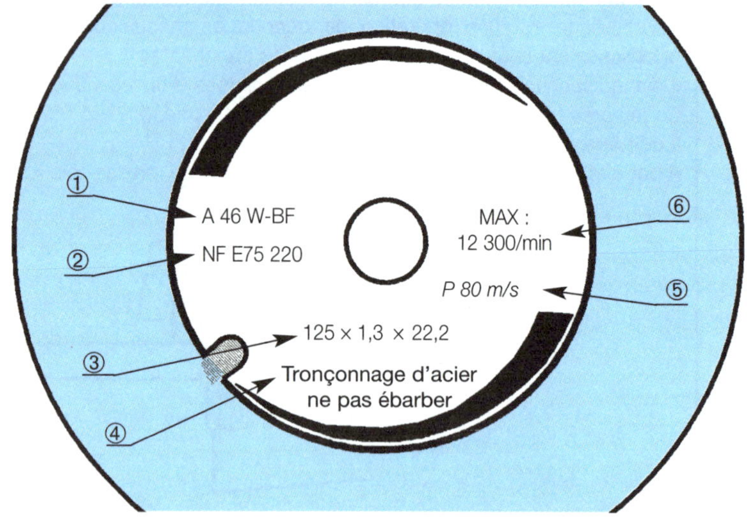

① **A** = abrasif alumineux
46= grosseur du grain 0,4 mm
W = grain très dur
BF = agglomérant en résine avec armature

② **NF E75 220** = N° de la norme se rattachant à ce disque abrasif.

③ **125 * 1,3 * 22,2** = diamètre du disque * épaisseur * diamètre de l'alésage.

④ Limites d'utilisation du disque.

⑤ ***P 80 m/s*** = Vitesse linéique autorisée pour ce disque.

⑥ **12 300/min** = fréquence de rotation tr/min.

LES CARACTÉRISTIQUES

Un disque de tronçonnage ou une meule se caractérise par :
- **la nature de l'abrasif :** **A** = alumineux ou **C** = carbure de silicium.
- **la grosseur G en mm de grain d'abrasif :**

N°	G	N°	G	N°	G	N°	G	N°	G	N°	G	N°	G
8	4,1	16	1,8	30	0,6	80	0,3	120	0,15	220	0,07	320	0,04
10	3,4	20	1,4	36	0,5	90	0,2	150	0,12	240	0,06	400	0,03
12	2,6	24	1	46	0,4	100	0,16	180	0,09	280	0,05	500	0,01

- **la dureté ou le grade du grain**, désigné dans l'ordre croissant :
  - Tendre : **D, E, F, G, H, I, J, K**
  - Moyen : **L, M, N, O**
  - Dur et très dur : **P, Q, R, S, T, U, W, Z.**
- **le type d'agglomérant :**
  V = vitrifié
  S = silicate
  R = caoutchouc
  RF = caoutchouc avec armature
  B = résine
  BF = résine avec armature
  E = gomme laque.

Exemple de désignation pour la commande d'un disque ou d'une meule :
230 * 3,2 * 22,2 A 36 S – BF

13.3 OXYCOUPAGE

L'oxycoupage est l'exploitation de la propriété du fer à brûler dans l'oxygène lorsqu'il est à température d'ignition; environ 1 370 °C (expérience de Lavoisier)

Ce procédé ne peut donc s'appliquer qu'aux alliages **ferreux.**

Cependant : les fontes, trop riches en carbone, ne pourront être oxycoupées qu'avec un apport en **fer** sous forme de poudre.

Les aciers inoxydables, trop riches en chrome et en nickel, ne peuvent pas être oxycoupés.

LES PARAMÈTRES

Quel que soit le procédé, manuel ou automatique, le seul facteur à considérer est l'épaisseur « E » de métal à traverser.

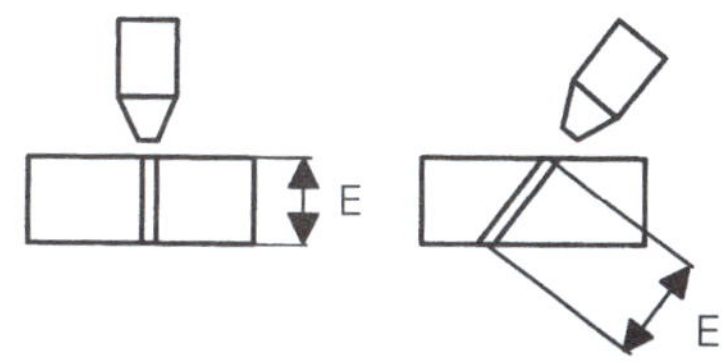

Les paramètres à considérer sont :

- le calibre de la buse ou ajutage ;
  (diamètre du jet de coupe en mm)
- la vitesse d'avance en m/h;
- la pression, en bar, affichée au manomètre de l'oxygène de coupe;
- la pression, en bar, affichée au manomètre de l'oxygène de chauffe ;
  NB : si l'installation ne comprend qu'un seul manomètre pour l'oxygène, les deux valeurs s'ajoutent.
- la pression, en bar, affichée au manomètre de l'acétylène.

DOC. S.A.F.
(15 RUE DES ÉPLUCHES – 95310 SAINT-OUEN-L'AUMÔNE)

LA VALEUR DES PARAMÈTRES

Épaisseur	Calibre de la buse	Vitesse en m/h pour les coupes		Pression en bar pour l'oxygène		Pression en bar acétylène	Largeur de la saignée	Consommation en litres/mètre	
		Curvilignes	Rectilignes	Coupe	Chauffe			Oxygène	Acétylène
5	55/100	30	48	1,8	1,5	0,3	1,6	39	6
8	10/10	27	42	2,5	1,5	0,3	1,8	49	7
10	10/10	25	40	2,6	1,5	0,3	1,8	57	8
12	10/10	22	36	2,7	1,5	0,3	2	71	10
15	15/10	22	36	3,2	1,5	0,3	2,4	121	10
20	15/10	21	34	2,8	1,5	0,3	2,4	155	14
25	15/10	20	33	3,2	1,5	0,3	2,4	188	16
30	15/10	18	32	3,5	1,5	0,3	2,4	231	19
35	15/10	16	30	3,8	1,5	0,3	2,4	285	23
40	20/10	16	30	3,7	1,5	0,3	3,2	438	25
50	20/10	15	28	4	2	0,5	3,2	482	29
60	20/10	14,5	27	4,5	2	0,5	3,2	515	32
70	20/10	14	24	4,8	2	0,5	3,2	547	34
80	20/10	13,5	22	5	2	0,5	3,2	583	39
90	20/10	13	20	5,2	2	0,5	3,2	628	44
100	25/10	12	21	5	2	0,5	4,3	850	46

13.4 DÉCOUPAGE PLASMA

PRINCIPE

Plasma est un terme employé industriellement pour définir un état d'énergie très élevé.
Il s'agit ici d'un découpage par fusion qui peut s'appliquer à tous les métaux ferreux ou non ferreux.
Une très haute température (environ 3 000 °C) est obtenue par constriction (1) d'un arc électrique établi entre une électrode de tungstène et une tuyère de cuivre.
L'installation comprend :
- le banc de découpage : chariot croisé piloté par un logiciel de contournage en x, y ;
- le générateur spécialisé de 15 A à 120 A ;
- la buse.

L'opération de découpage peut s'opérer en arc immergé.

(1) Resserrement circulaire

ACIERS NON ALLIÉS OU FAIBLEMENT ALLIÉS

La buse

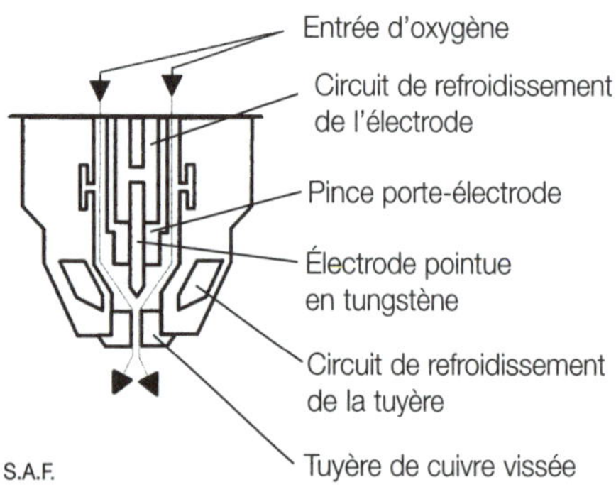

DOC. S.A.F.

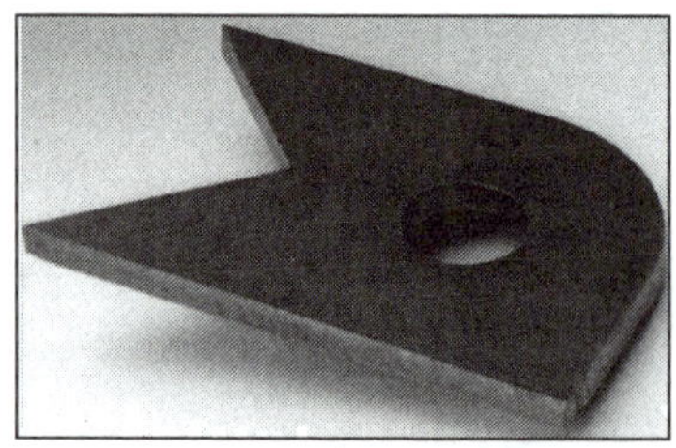

Les pièces découpées avec cette technique se déforment peu.

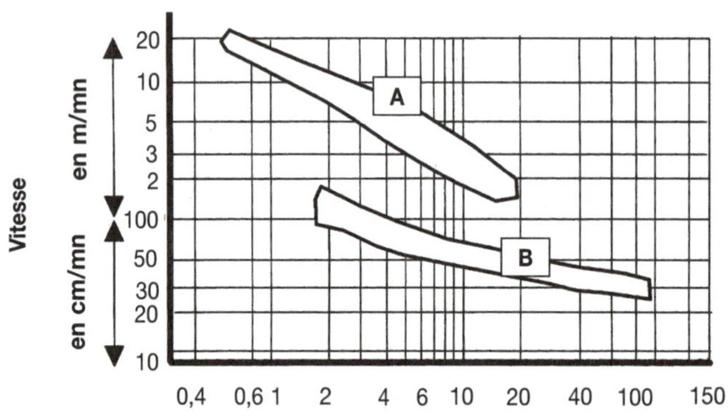

A = coupe plasma oxygène

B = oxycoupage

Épaisseur en mm

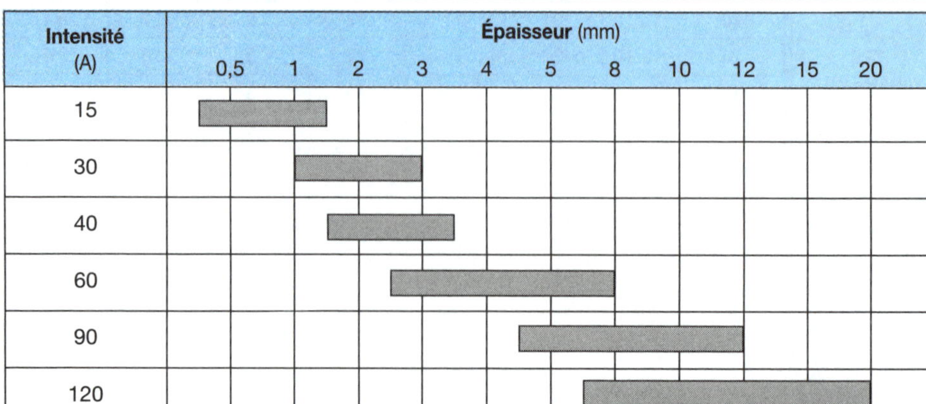

SYSTÈME VORTEX

L'argon, l'azote, l'hydrogène peuvent être utilisés comme gaz plasmagène.
L'électrode de cuivre doit être équipée d'un insert :
- de tungstène pour l'azote ;
- d'hafnium pour l'oxygène.

Ci-contre, une buse équipée d'une électrode plate injectant le gaz plasmagène et l'eau en Vortex (1), ce qui augmente sensiblement les performances du procédé.

(1) Tourbillon creux

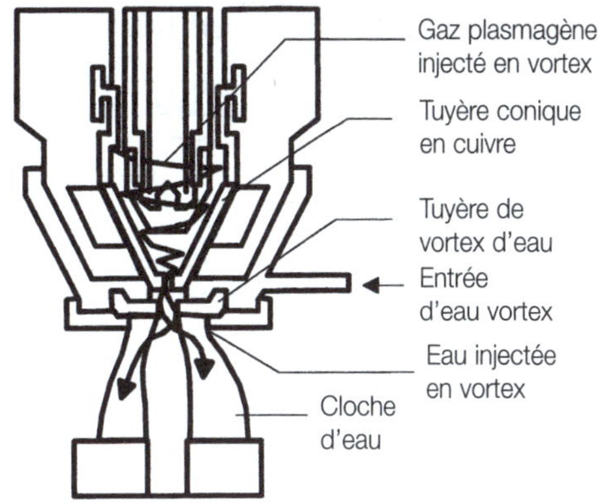

ACIERS INOXYDABLES

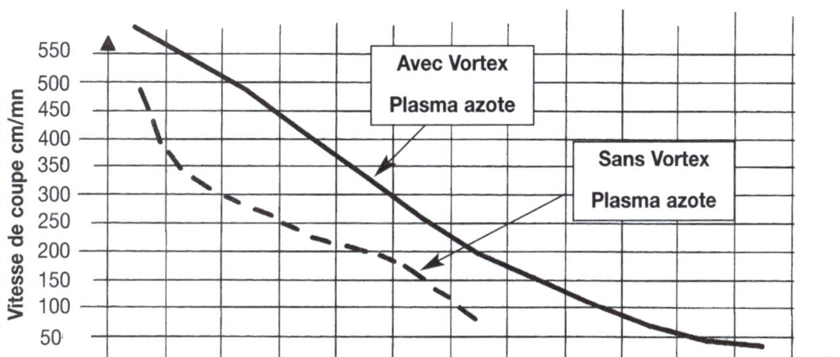

Ep en mm	1	2	3	4	5	6	8	10	12	15	20	25	
	60	90	90	120	120	120	120	180	180	180	180	240	I (A)
	30	40	40	60	60	60	60						I (A)

ALUMINIUM ET ALLIAGES

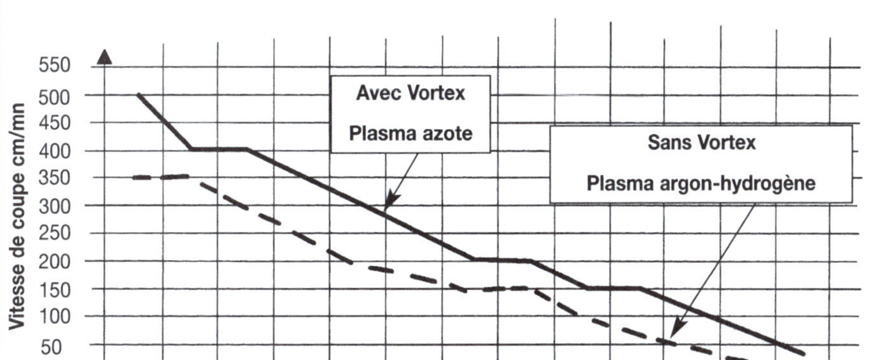

Ep en mm	1	2	3	4	5	6	8	10	15	20	25	30	40	
	60	90	120	120	120	120	120	180	180	240	240	240	240	I (A)
	30	60	60	60	90	60	90	120	120	120	120	120		I (A)

13.5 DÉCOUPAGE LASER

PRINCIPE

Le laser est une lumière infrarouge de 10,5 × 10^{-12} m de longueur d'onde. L'énergie est très concentrée, et la puissance très importante est de l'ordre de 100 à 1 000 kW/cm^2. Le faisceau laser porte le matériau à son point de fusion et le gaz de coupe injecté sous pression chasse la matière à l'état liquide.

Les gaz employés sont :

- l'oxygène pour les aciers non alliés ou faiblement alliés;
- l'oxygène, l'air comprimé ou l'azote pour les aciers inoxydables;
- l'azote pour l'aluminium et ses alliages;
- l'argon, l'hélium pour le titane.

Le canon laser est obligatoirement supporté par un chariot croisé piloté par un logiciel de contournage en x y.

Découpage au laser.

DOMAINES D'APPLICATIONS

• Un exemple de la qualité de découpage

Matériaux	Laser YAG	Laser CO_2	Largeur saignée	Épaisseur
Aciers	Très bonne	Très bonne	0,35 mm	6 mm
Inoxydables	Très bonne	Très bonne	0,25 mm	4 mm
Aluminium	Bonne	Moyenne	0,20 mm	1 mm
Cuivre	Moyenne	Difficile	0,60 mm	2 mm
Titane	Bonne	Bonne	1,2 mm	8 mm
Céramiques	Moyenne	Bonne	0,60 mm	3 mm
Polyéthylènes	Médiocre	Très bonne	0,3 mm	5 mm
Tissus	Médiocre	Très bonne	0,5 mm	15 mm
Bois	Médiocre	Très bonne	0,6 mm	18 mm

Laser CO_2 – Puissance 1500 W – régime continu

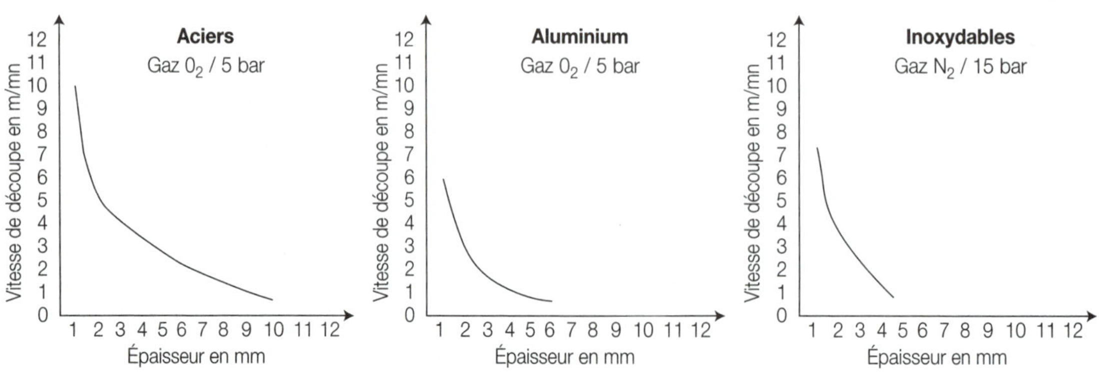

13.6 PLIAGE DES TÔLES

PRESSE-PLIEUSE

Opération de déformation plastique linéaire.
Les facteurs à considérer sont :
- l'épaisseur « e » de la tôle,
- la longueur du pli.

Les paramètres :
(en pliage en l'air pour un acier non-allié)
- l'ouverture du *Vé* en mm « **V** »
  - e ⩽ 10 mm **V** = 8e
  - e > 10 mm **V** = 10e
- le rayon intérieur « **Ri** » en mm

$$\mathbf{Ri} = \frac{\mathbf{V}}{6}$$

- l'effort de pliage « **F** » en kN (1)

$$\mathbf{F} = \frac{66\,e^2}{\mathbf{V}}$$

(1) 10 kN = 0,981 tonne

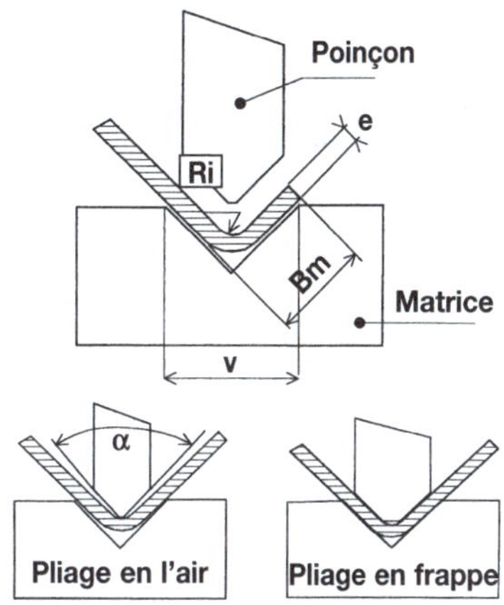

Bm : bord mini

Le pliage en l'air utilise les outils dont l'angle α < 90°. Le point mort bas doit compenser l'élasticité résiduelle par une pénétration plus importante.
En pliage en frappe, les outils sont taillés à l'angle précis à obtenir. La tôle est matricée, l'écrouissage est important. Il n'y a plus d'élasticité résiduelle.
L'effort nécessaire est de 4 à 5 fois supérieur à l'effort du pliage en l'air.

ABAQUE

F en kN/m

V	6	8	10	12	16	20	25	32	40	50	63	80	100	125	160	200
Bm	4	5,5	7	8,5	11	14	17,5	22	28	35	45	55	71	89	113	140
Ri	1	1,3	1,6	2	2,6	3,3	4	5	6,5	8	10	13	16	20	26	33
Ép.																
0,6	40	40														
0,8	70	50	40													
1	110	80	70	60												
1,2	160	120	100	80	60											
1,5		170	150	130	90	80										
2			270	220	170	130	110									
2,5				350	260	210	170	130								
3					380	300	240	190	150							
4						540	420	340	270	210						
5							670	520	420	330	260					
6								750	600	480	380	300				
8									1070	850	680	530	430			
10										1 340	1 050	850	670	530		
12												1 200	960	780	600	
15													1 500	1 200	950	750

: Utilisation conseillée (cases grisées)

Exemple : pour une tôle en S 235; épaisseur 5 mm; **F** = 420 kN; **V** = 40 ; **Bm** = 28 ; **Ri** = 6,5

Abaque d'après AMADA-PROMECAM

CALCUL DE LA LONGUEUR DÉVELOPPÉE

Réalisée avec une matrice dont V = 8e, la longueur développée de l'équerre ci-contre est égale à A + B – 2e, **2e** est le **ΔL** qu'il faut soustraire au cumul des cotes extérieures.

Pour l'oméga : (2.B + 2.H + A) – 4 ΔL.

ΔL a été mis au point empiriquement par des constructeurs de presses-plieuses.
Il varie avec la valeur angulaire du pli.
Ex. : tôle en S 235, ep 5, V = 40,

- pour α = 135°, ΔL = – 3
- pour α = 90°, ΔL = – 10
- pour α = 45°, ΔL = – 3,5

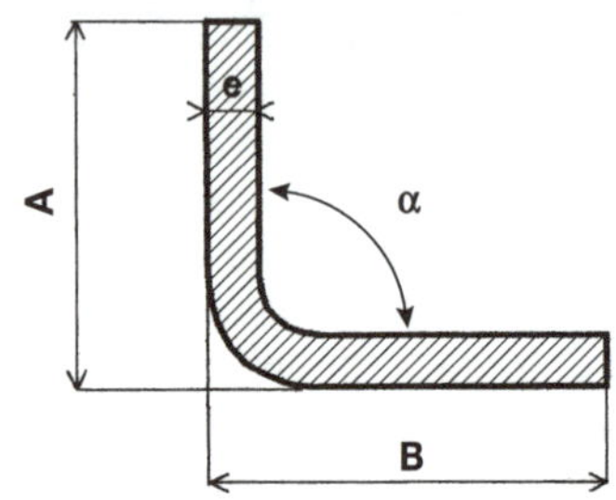

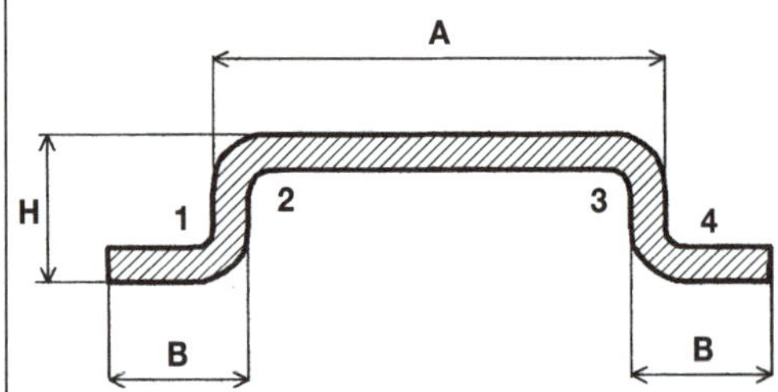

PLIAGE SUR ÉLASTOMÈRE

Le pliage sur coussin d'élastomère s'applique aux métaux tendres : aluminium et alliages, cuivre, laiton, etc., ou lorsque l'état de surface ne peut être altéré.
Il convient pour ep < 2.5 mm.
La pièce épouse la forme du poinçon grâce à la réaction élastique du coussin.

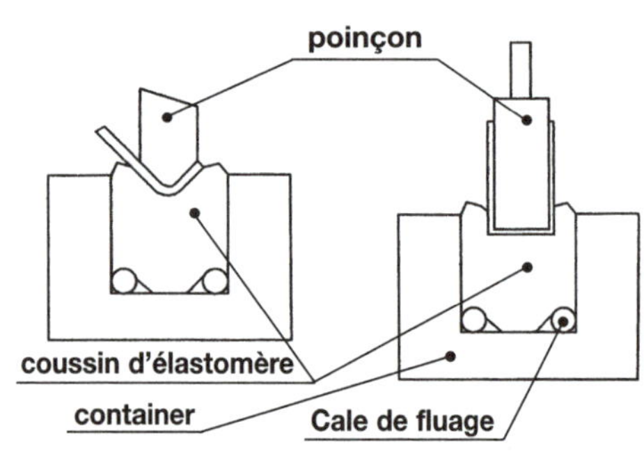

L'ANISOTROPIE

Le laminage étire les grains du métal. Les tôles présentent ainsi un sens du laminage.
L'imbrication économique peut situer les plis à réaliser soit dans le sens du laminage, rangée B, ou dans une position perpendiculaire à ce sens, rangée A.
Avec le même réglage, les pièces issues de la rangée A présenteront un angle plus ouvert.
Le laminage est la principale source de l'anisotropie des tôles.

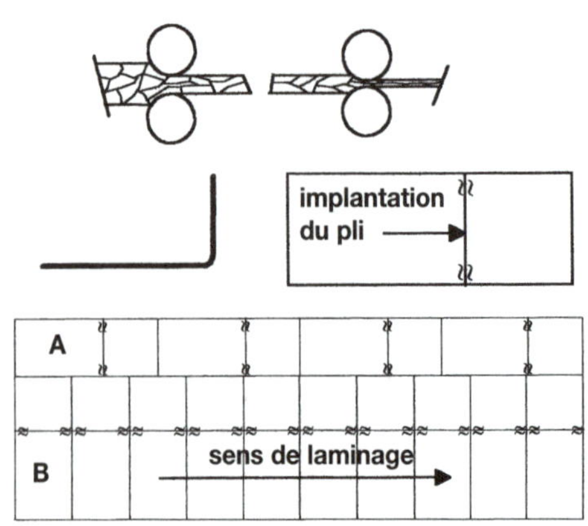

PLIEUSE SIMPLE

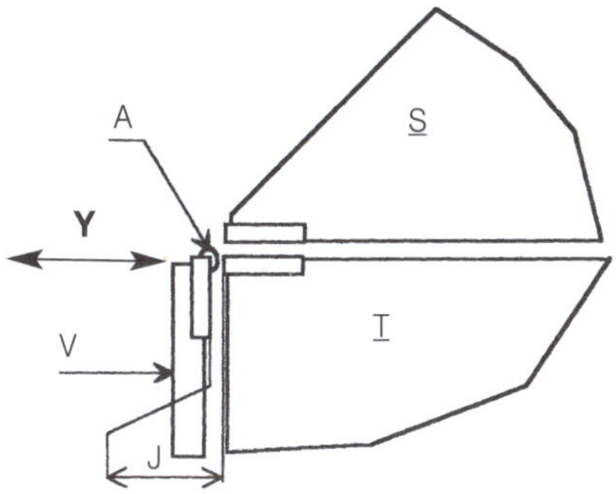

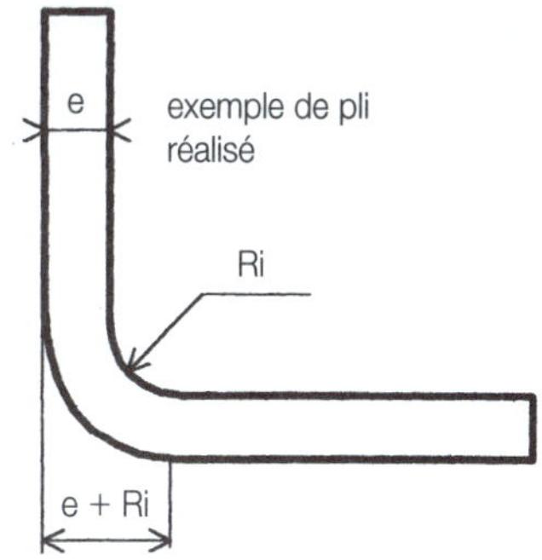

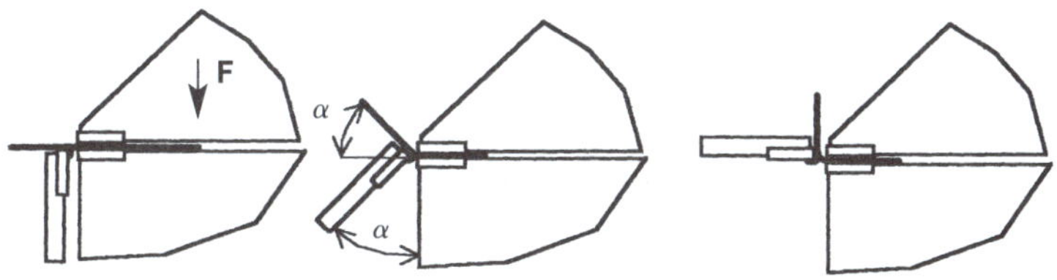

S = sommier,
T = table,
V = volet,
A = articulation du volet,
J = jeu réglable en **Y**.

Le volet ne se déplace pas par rapport à l'axe A d'articulation.

Ri, rayon intérieur = 1,5e d'où **J** = 2,5e.

PLIEUSE UNIVERSELLE

L'axe **A** d'articulation du volet peut se déplacer en **Y** pour une utilisation en plieuse simple.
Le volet de pliage et la table peuvent s'abaisser en **X** (d) par rapport à cet axe qui reste solidaire du bâti de la machine.
Cet aménagement permet la réalisation de plis à grand rayon de carre (1, 2) ou le cintrage de viroles autour d'un mandrin fixé à chaque extrémité dans l'axe d'articulation du volet (A, B, C).
Ce cintrage se pratique en plusieurs reprises. La virole doit être retournée sur le mandrin lorsqu'elle est à la moitié de sa réalisation. (B)

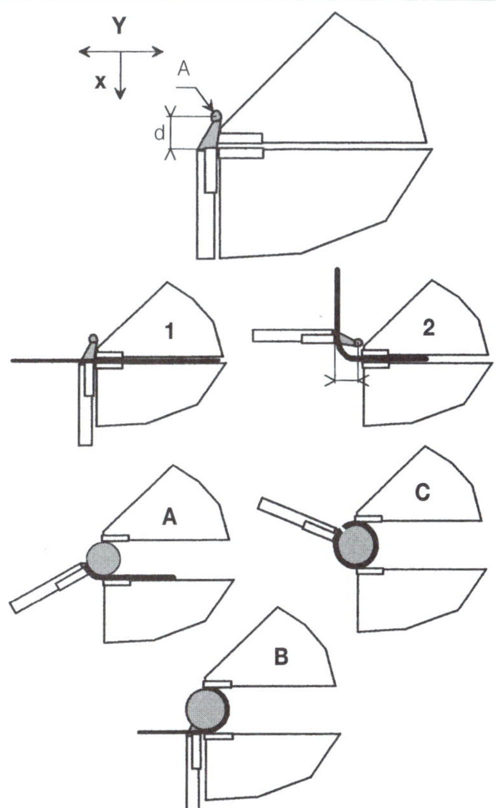

DESSIN DE DÉFINITION DU CAPOT

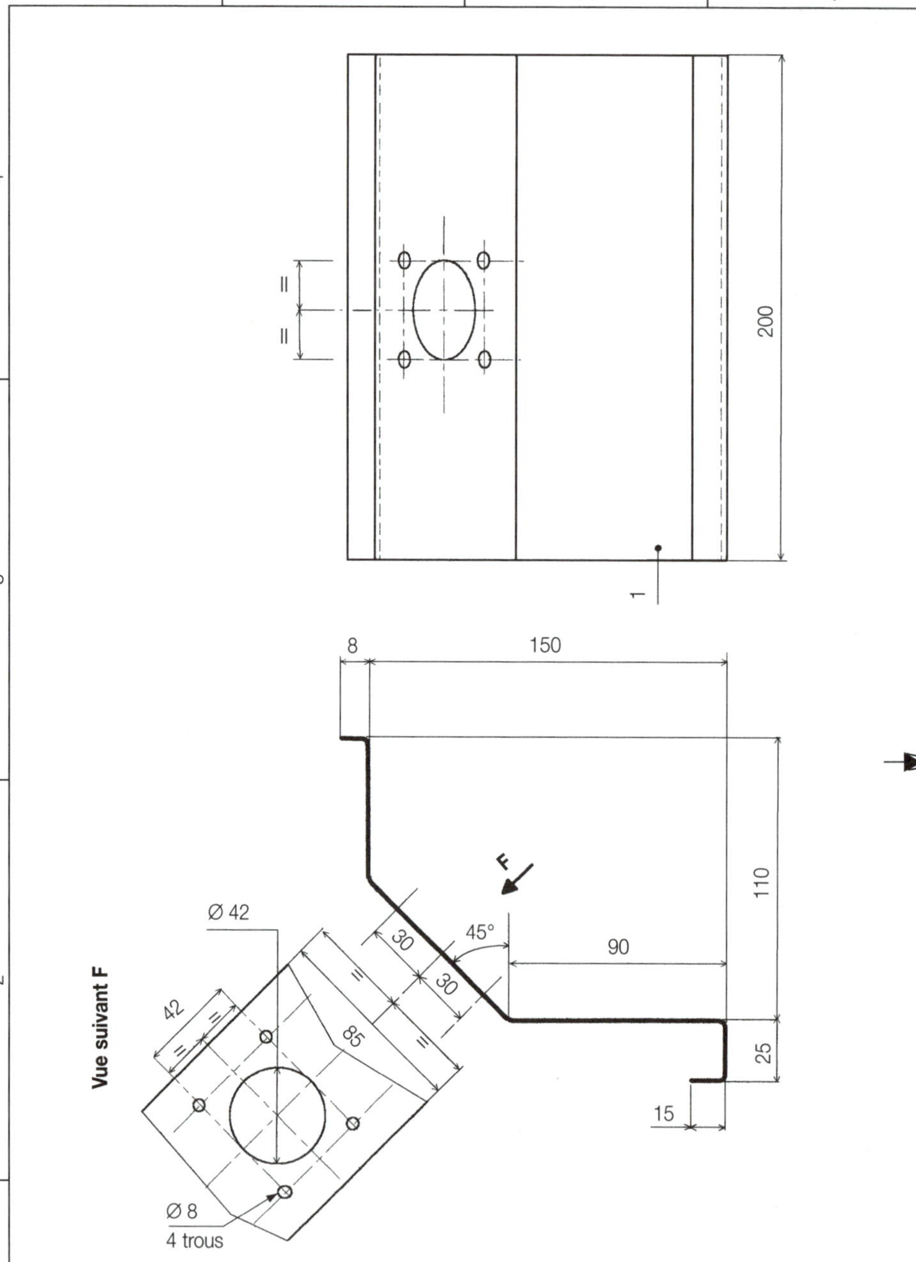

1	1	CAPOT	S 235	ep 2	
Rep	Nbr	Désignation	Matière	Obser…	
Dessiné par : le	CAPOT			Indice	Date
				A	
				B	
Vérifier par : le				C	
				D	
	Ech :		Plan n°		

LE CONTRAT DE PHASE

PHASE N° 40 PLIAGE

Client :	Élément : CAPOT Rep 1	Organisme de contrôle :
Commande N° :	Plan n° :	Points d'arrêt après :
Ensemble : Pupitre de commande	Révision, ind. date :	Procédure n° :
Machine : Presse-plieuse n° (2m – 800 kN).	Matrice n°	Poinçon n°

N° de l'opération	Nature	Rep du PmB	Cote machine	Valeur de V	Force de pliage
– 41	**Pli n° 2**	117	65,4	16	33 kN
– 42	**Pli n° 3**	117	121,4	16	33 kN
– 43	**Pli n° 5**	155	13	16	33 kN
– 44	**Pli n° 4**	155	23	16	33 kN
– 45	**Pli n° 1**	150	6	10	54 kN

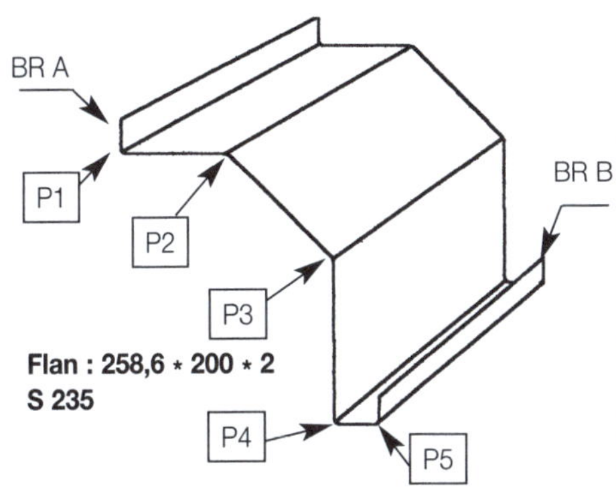

Opération n° 41

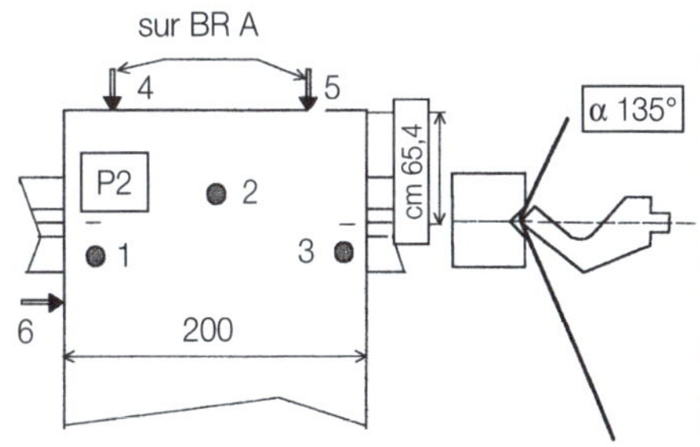

Opération n° 42

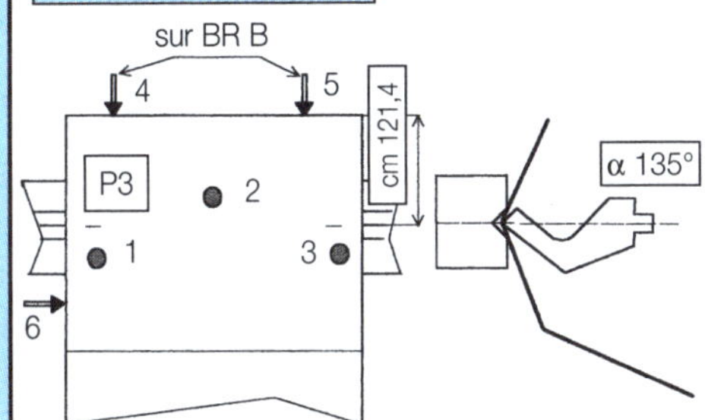

Opération n° 43

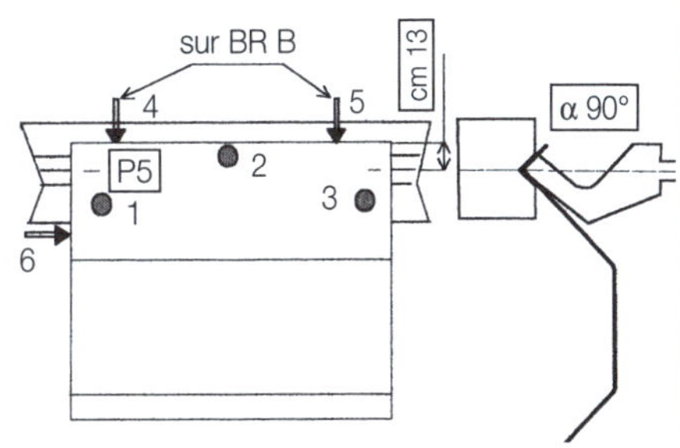

Opération n° 44

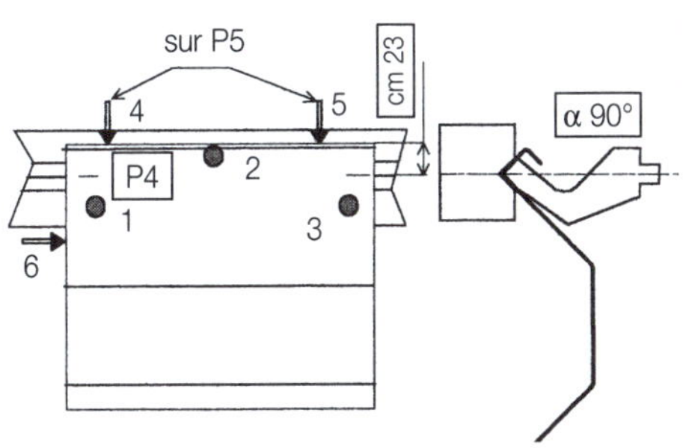

Opération n° 45

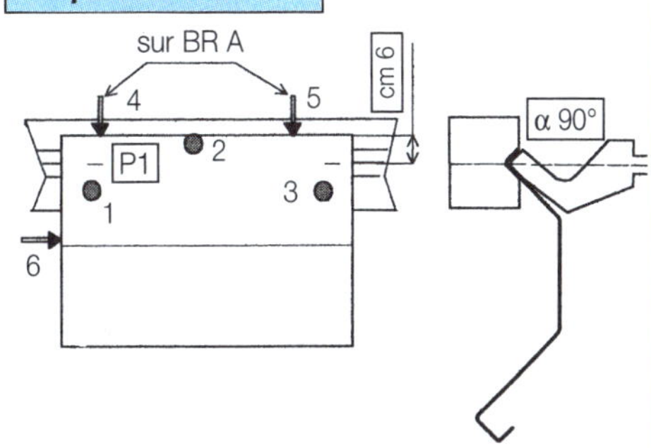

13.7 ROULAGE DES TÔLES

ROULEUSES PYRAMIDALE ET CROQUEUSE

Le type pyramidal n'offre que le déplacement dans un plan vertical du seul rouleau supérieur.
L'entraxe des rouleaux B, C est constant.
Le méplat d'amorçage (d) est très important.

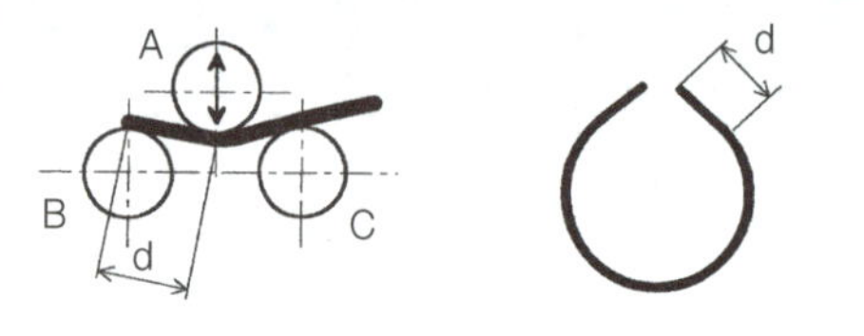

Le type croqueuse à quatre rouleaux permet un excellent amorçage sans qu'il n'y ait besoin de retourner le flan. L'entraînement est assuré par rotation et pression des rouleaux A et D. Une pression trop importante peut provoquer un effet de laminage.

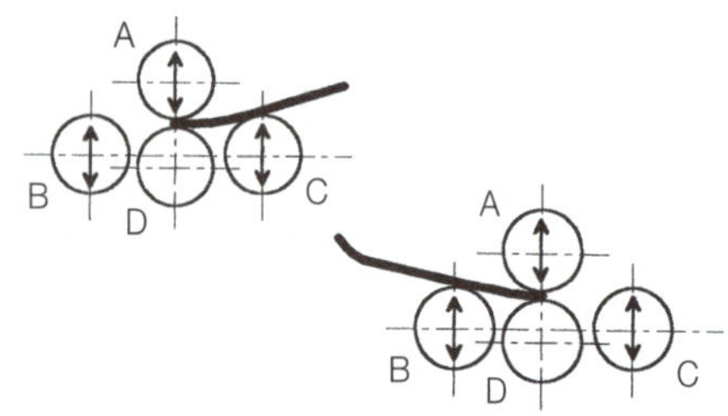

Les rouleaux B et C se rapprochent au fur et à mesure que le cintrage s'accentue. Excellent amorçage et réalisation de cylindres de faible diamètre.

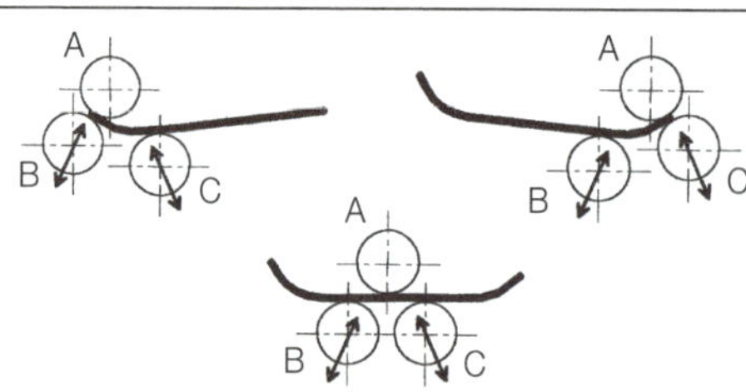

CINTRAGE TRONCONIQUE ET MISE EN POSITION

Un défaut de perpendicularité entre la transformée de la base (Tr) et les rouleaux aboutit à un roulage en hélice.

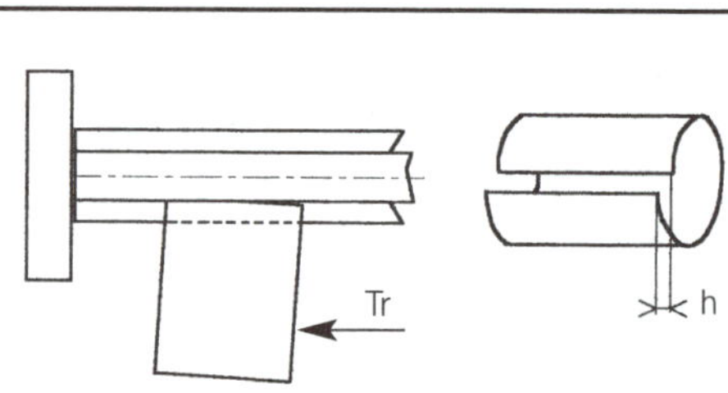

Le sommet S du tronc de cône, tel qu'il se situerait dans l'espace, doit rester immobile.
La butée à rouleau, située entre les rouleaux, oblige le flan à glisser amenant chaque génératrice en ligne avec le rouleau supérieur.

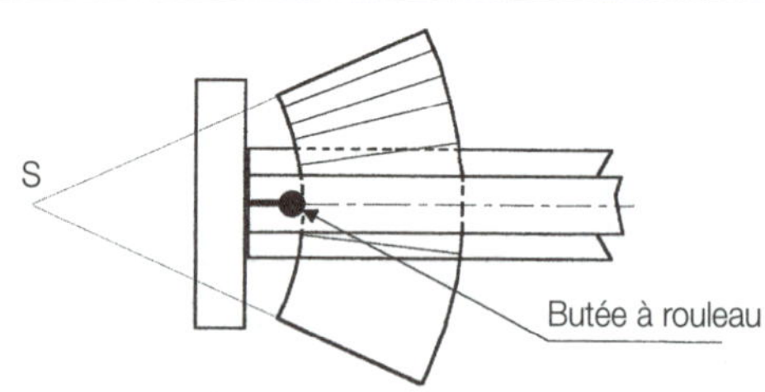

DOC. AMB-PICOT

ROULAGE D'UN LIMON HÉLICOÏDAL-CYLINDRIQUE

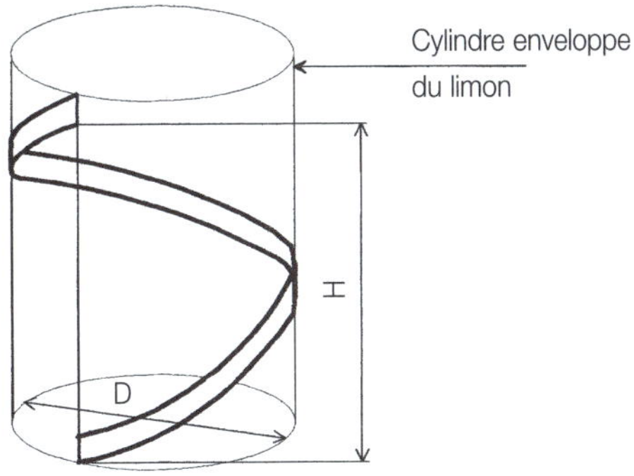

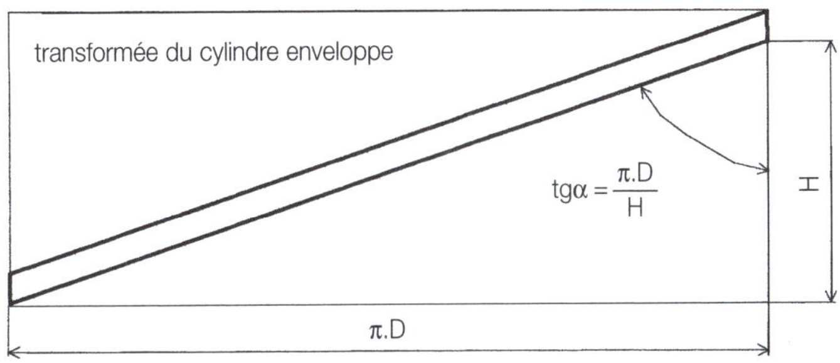

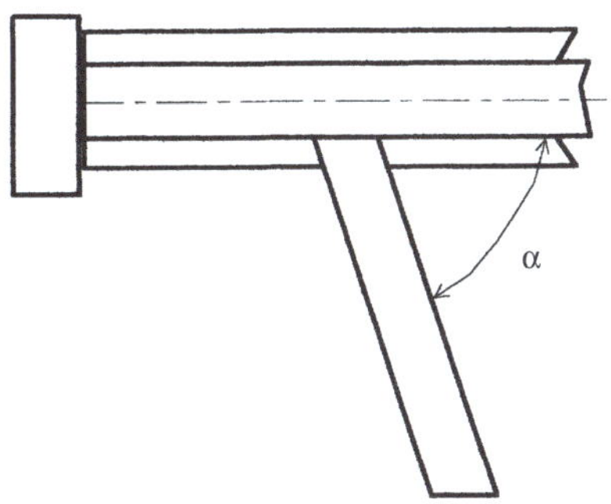

LE SUPPORTAGE DES VIROLES

Pour les viroles de grand diamètre et de faible épaisseur, il convient de supporter la tôle en cours de cintrage pour conserver la rotondité de la section.

Les soutiens (en partie inférieure) et les potences facilitent la manipulation des flancs.

Ce sont également des éléments de sécurité active.

DOC. AMB-PICOT

13.8 EMBOUTISSAGE

PRESSE À SIMPLE EFFET

Quelles que soient les installations d'emboutissage, des règles très strictes doivent être observées, notamment :

- les poinçons et matrices parfaitement polis,
- un jeu **J** strictement égal à l'épaisseur de la tôle,
- une lubrification abondante (huile soluble ou suif).

En fonction de la nature du métal :

- **Rm** et **Rp**, rayons des matrice et poinçon,
- la vitesse **V** de pénétration du poinçon.

L'emboutissage sur presse à simple effet est la configuration la plus simple. Il présente l'inconvénient du plissage de la tôle qui pourrait se conclure par la formation de culottes détruisant pièce et outils.

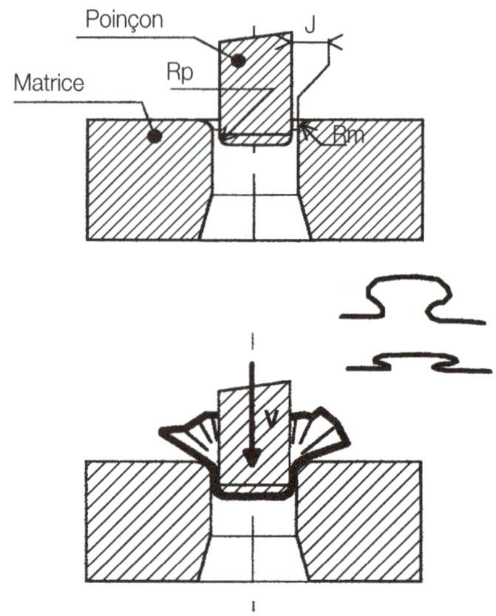

PRESSE À DOUBLE ET TRIPLE EFFET

La presse à double effet associe un serre-flan cylindrique qui plaque la tôle contre la matrice avant l'intervention du poinçon.

La pression qu'il exerce doit éviter la formation de plis et laisser glisser la tôle pour éviter son déchirement. (A)

Le taux d'écrouissage du métal est très élevé.

Certaines matrices sont aménagées d'un drageoir qui fait office de matrice de poinçonnage.

C'est alors le serre-flan qui découpe le flan. (B)

La presse est dite à triple effet lorsqu'un éjecteur, un vérin hydraulique le plus souvent, éjecte la pièce emboutie. (C)

Les presses utilisées peuvent être mécaniques, bielles, vilebrequins, cames etc., les presses hydrauliques offrent l'avantage d'une vitesse de descente du poinçon parfaitement réglable et constante.

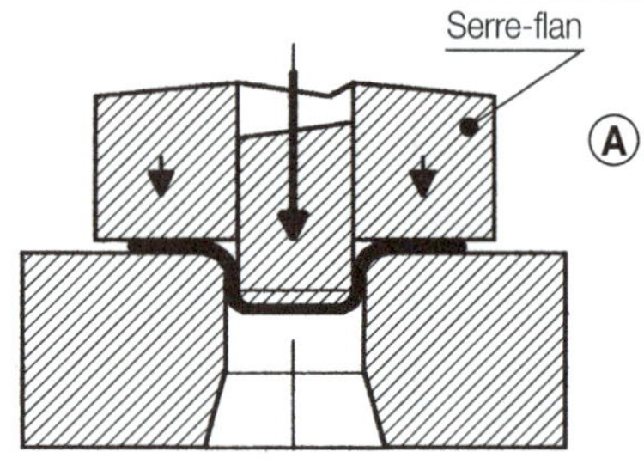

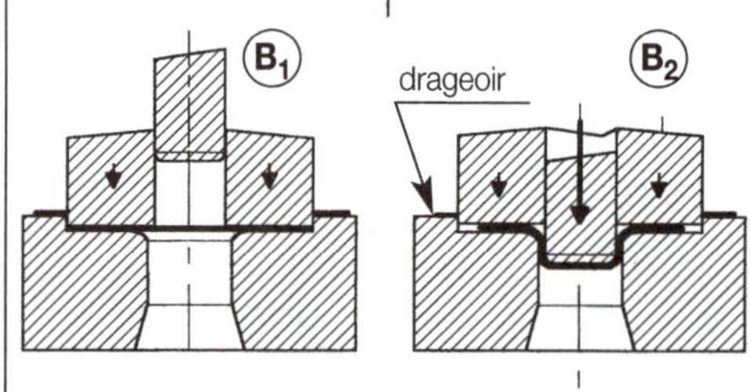

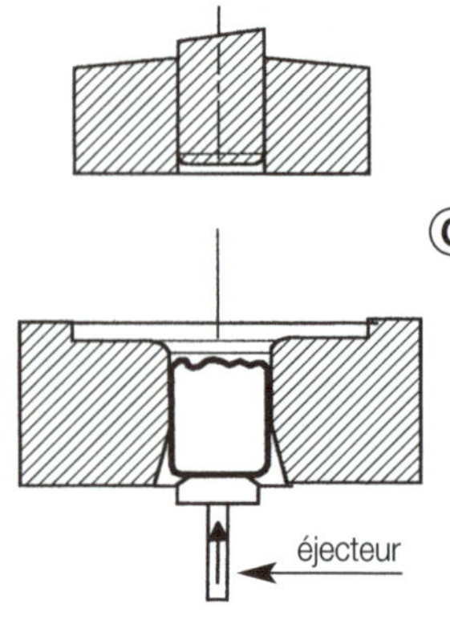

SURFACE ÉQUIVALENTE

L'emboutissage réalise des pièces non développables. L'opération ne diminue pas l'épaisseur, c'est donc la surface de la pièce terminée qui est traduite en une surface équivalente du flan.

Premier théorème de GULDIN.

La surface engendrée par une ligne courbe, en révolution autour d'un axe, est égale au produit de la longueur de cette ligne par le chemin parcouru par son centre de gravité.

– surface de la pièce emboutie :

$$S = L \cdot 2\pi \cdot r$$

– diamètre du flan :

$$2 \cdot \left(r\sqrt{\frac{S}{\pi}}\right)$$

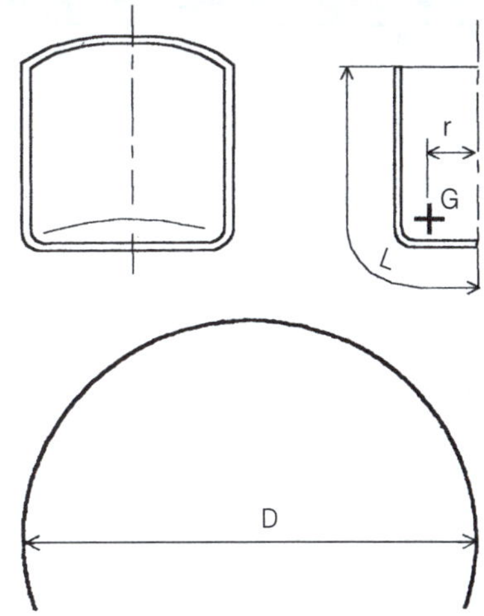

LE ROGNAGE

Les pièces embouties présentent des bords très irréguliers qui découlent des lignes de grande compacité du métal. L'opération de rognage s'opère au tour pour les pièces cylindriques, **H**, ou par poinçonnage, **D**.

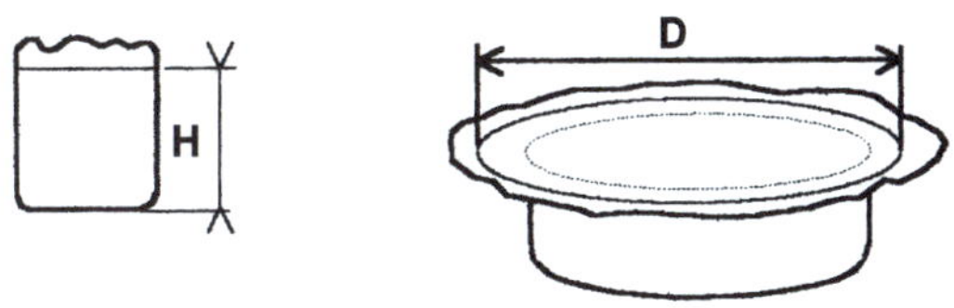

TAUX DE RÉDUCTION

Le taux de réduction s'exprime dans le rapport Dn/Dn-1, où **n** est le n° de rang de la passe (1).

Ce taux, pour des métaux recuits, est de :

- 0,47 pour le cuivre,
- 0,50 pour l'acier,
- 0,53 pour l'aluminium.

(1) Applicable uniquement sur tôles minces élaborées pour l'emboutissage profond.

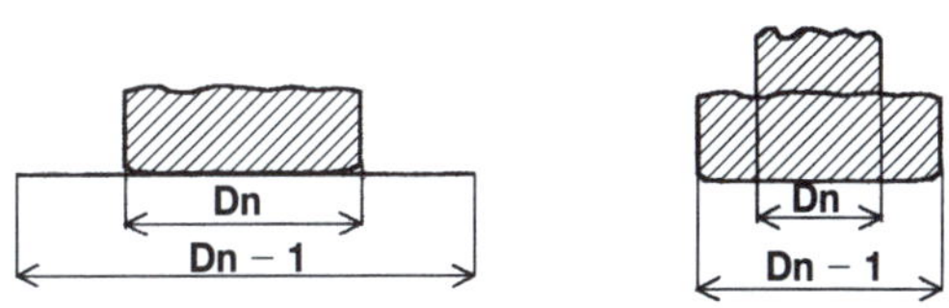

1re passe **2e passe**

L'EMBOUTISSABILITÉ

Les poinçons plongent lentement jusqu'à l'apparition d'une amorce de fissure.

I l'essai **ERICHSEN**
bille : indice : flèche **f**

II l'essai **K.W.I.**

indice : $\frac{d' - d}{d}$

III l'essai **P.V.I.**
indices : **d** et **e'**

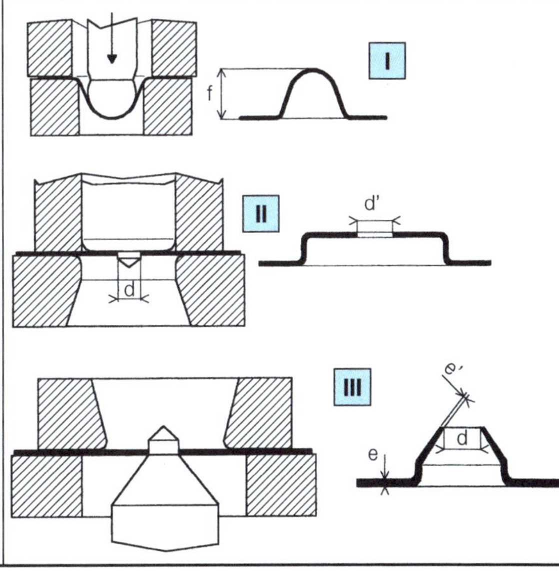

13.9 REPOUSSAGE AU TOUR - FLUOTOURNAGE - FILAGE

LE REPOUSSAGE AU TOUR

Moyen très économique d'obtenir des pièces de révolution non développables.
En version mécanisée, le brunissoir est remplacé par une molette montée sur un chariot.
La fréquence de rotation varie selon le diamètre du flan, de 50 à 2 000 tr/min.
Mandrin et flan sont imbibés de suif.
Les mandrins composés permettent la réalisation de pièces de forme ogivale.

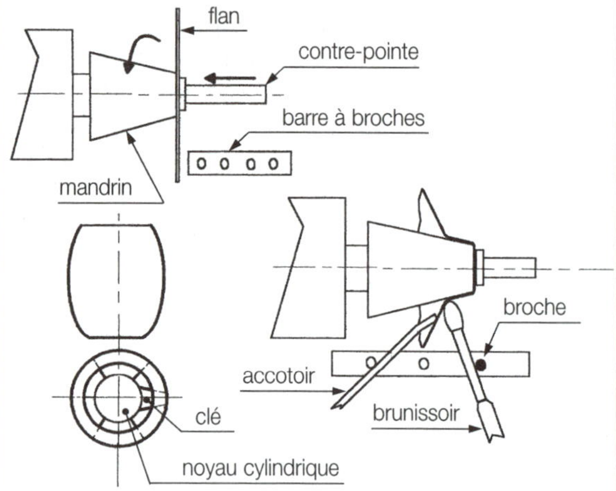

LE FLUOTOURNAGE

Le taux d'écrouissage très élevé qui résulte de la **diminution d'épaisseur** améliore sensiblement les caractéristiques mécaniques du métal.
L'industrie aéronautique utilise beaucoup ce procédé. En fabrication des biens de consommation, il permet de réaliser, en grandes séries, les casseroles en acier inoxydable à fond épais et paroi mince.
Les tours à fluotourner, à copier ou à commande numérique, sont des machines très puissantes.

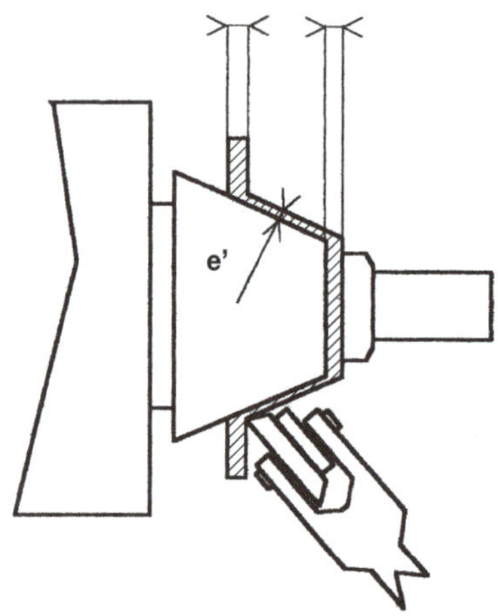

LE FILAGE

Le filage peut être inverse **I** ou direct **II**.
C'est ici le volume de la pièce terminée qui est traduit en un volume équivalent d'un palet ou lopin.
Second théorème de GULDIN.
Le volume engendré par une surface, en révolution autour d'un axe, est égal au produit de cette surface par le chemin parcouru par son centre de gravité.
Procédé très employé industriellement :
- emballages pour cosmétiques, aérosol...
- boulonnerie, carters de filtre à huile, etc. en plomb, aluminium, ou aciers non-alliés.

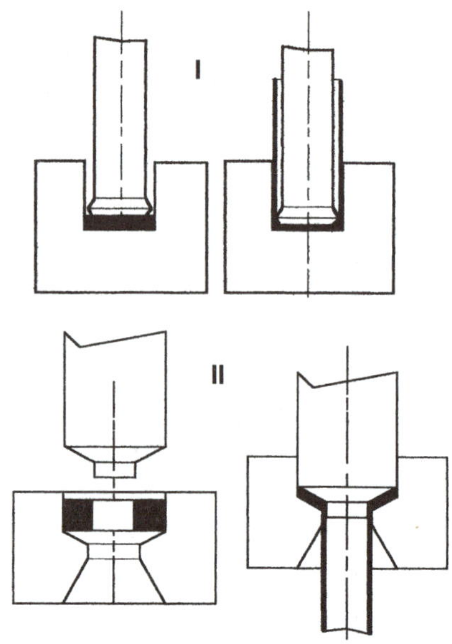

13.10 CINTRAGE DES TUBES

LE COUDE À 90°

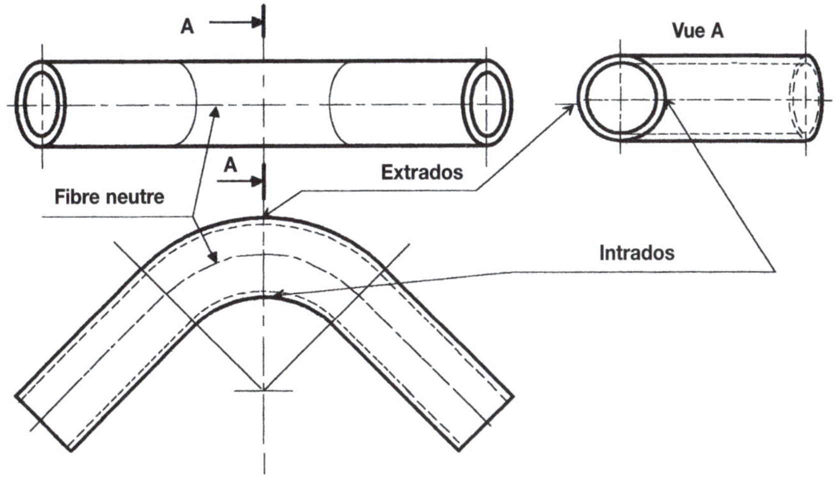

LES DÉFORMATIONS

L'extrados est soumis à une contrainte d'extension, alors que l'intrados est comprimé.
Cette combinaison crée les forces **F** et **F'** qui tendent à ovaliser la section du tube. Le sabot de la cintreuse par poussée oppose les forces **F1** et **F'1**.
Ce système antagoniste se retrouve également en cintrage par enroulement ou à chaud lorsque le tube est empli de sable tassé.

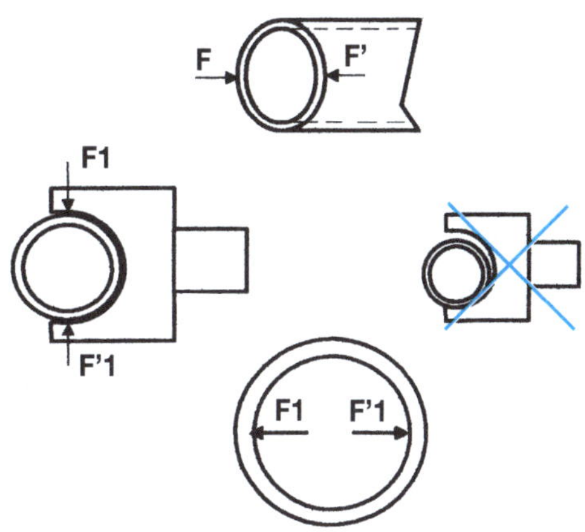

LE CINTRAGE PAR ENROULEMENT

Une forme **F** entraîne le tube fixé en **P** en un mouvement de rotation.
Un mandrin ou olive, solidaire du bâti de la machine, assure le maintien de la section circulaire.
Sa position est déterminante pour la réussite du cintrage, la partie cylindrique du mandrin doit dépasser de **X** = **D/4** la naissance du rayon.
Il provoque un léger allongement des fibres extérieures et plaque fortement les fibres intérieures contre le fond de la gorge de la forme F.

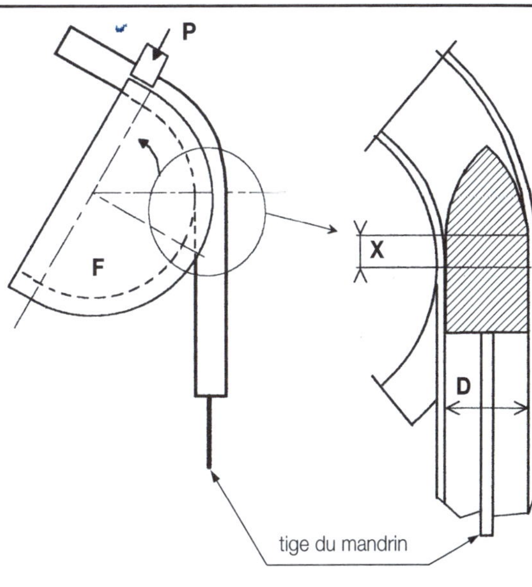

LONGUEUR DÉVELOPPÉE ET MISE EN POSITION

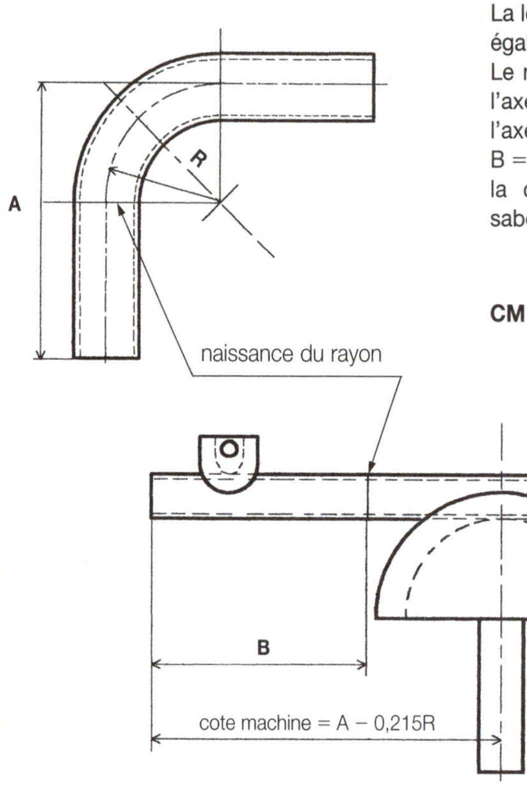

La longueur développée de la courbe à 90° est égale à $\pi \times R/2$.
Le milieu de cette courbe doit coïncider avec l'axe du sabot, il y a donc de part et d'autre de l'axe la valeur de $\pi \times R/4$ soit 0,785R.
B = A – R, la cote de mise en position du tube, la cote machine, par rapport à l'axe du sabot =(A – R) + 0,785R.

CM d'un coude à 90° = A – 0,215R

LE CINTRAGE À CHAUD

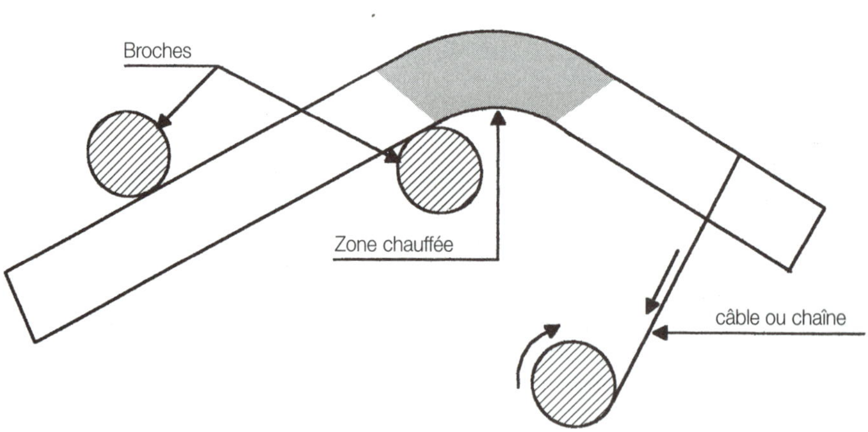

Le cintrage à chaud est très employé industriellement et peut s'adresser à des tubes atteignant 700 mm de diamètre et 25 mm d'épaisseur.
Il s'opère sur des marbres à broches, la déformation du tube est obtenue par la traction d'un enrouleur ou d'un vérin.

Les tubes doivent être entièrement bourrés de sable fin et très sec. Le tassage est obtenu par martelage, les extrémités sont obturées par des disques soudés.
Pour les grosses tuyauteries, le chauffage est assuré soit en four-tunnel à toiture escamotable ou par induction à l'aide d'un solénoïde qui entoure le tube.

14 ASSEMBLAGES THERMIQUES

14.1 DIFFÉRENTS PROCÉDÉS DE SOUDAGE

Ce chapitre n'évoquera que les procédés d'assemblages thermiques assurant la continuité métallique des pièces à assembler.
Quelle que soit l'installation , elle répond toujours au schéma ci-dessous.

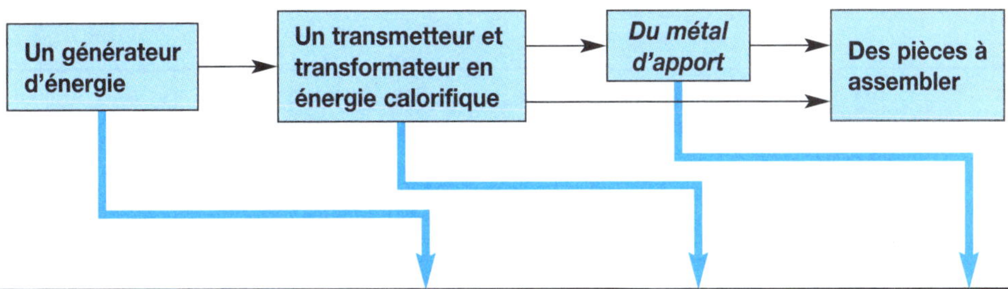

AU GAZ	**OXYACÉTYLÉNIQUE**	Procédé manuel centrale de détente et de distribution des gaz	Chalumeau soudeur règle la nature et la puissance de la flamme de chauffe (3 150 °C)	Baguettes d'acier de différents diamètres. La flamme protège le bain de fusion
À L'ARC ÉLECTRIQUE	**à l'ÉLECTRODE ENROBÉE**	Procédé manuel un générateur de courants alternatif, continu, redressé	L'arc est créé entre l'électrode et la pièce à souder (3 100 °C)	Une âme en acier, enrobée d'une matière assurant la protection du bain de fusion et une action physico-métallurgique.
	M. I. G. *Métal Inert Gaz* **M. A. G.** *Métal Actif Gaz*	Semi-automatisé un générateur de courants alternatif, continu, redressé	L'arc est créé entre le fil de métal d'apport, en bobine, et la pièce à souder (3 100 °C)	Métal d'apport de la même nature que les pièces. Le bain de fusion est protégé par un gaz.
	ARC SUBMERGÉ **ou** **(SOUS FLUX SOLIDE)**	Uniquement un générateur de courants alternatif, continu, redressé	L'arc est créé entre le fil de métal d'apport, en bobine, et la pièce à souder (3 100 °C)	Métal d'apport de la même nature que les pièces. Le bain de fusion est protégé par un flux en poudre.
	T. I. G. *Tungstène Inert Gaz*	Procédé manuel rarement automatisé un générateur de courants alternatif, continu, redressé	L'arc est créé entre une électrode de tungstène et la pièce à souder (16 000 °C)	Métal d'apport de la même nature que les pièces. Le bain de fusion est protégé par un gaz.
	PLASMA	Le plus souvent un générateur de courants alternatif, continu, redressé	L'arc est créé entre une électrode de tungstène et la pièce à souder (24 000 °C)	Métal d'apport de la même nature que les pièces. Le bain de fusion est protégé par un gaz.

Différents procédés de soudage

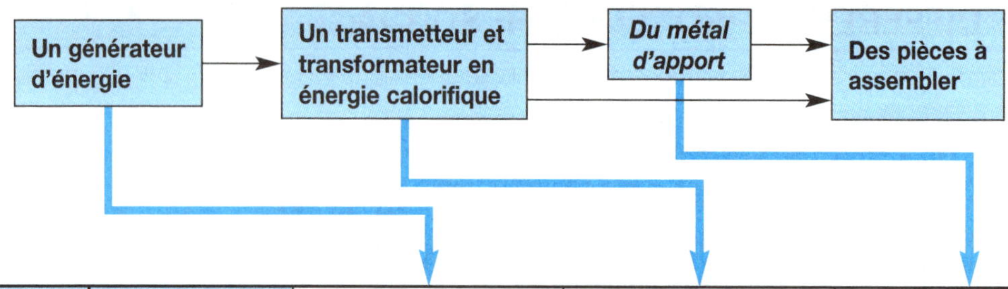

PAR RÉSISTANCE	**PAR POINTS**	Un transformateur de courant pouvant élever l'intensité jusqu'à 60 000 A	Des électrodes de cuivre qui amèneront les pièces à la température de fusion par effet Joule	SANS
	À LA MOLETTE ou galets	Un transformateur de courant pouvant élever l'intensité jusqu'à 60 000 A	Des molettes de cuivre qui amèneront les pièces à la température de fusion par effet Joule	Peut être utilisé sous forme de bandes métalliques de la même nature que les pièces
	EN BOUT par résistance par étincelage	Un transformateur de courant pouvant élever l'intensité jusqu'à 60 000 A	Des mâchoires de cuivre qui amèneront les pièces à la température de fusion par effet Joule	SANS
DIVERS	**PAR FRICTION**	Un bâti, un puissant moteur capable de tourner à plusieurs milliers de tours/mn	Un vérin opérant une poussée axiale qui amène les surfaces en contact à température de fusion	SANS
	ALUMINO-THERMIQUE	Une réaction exothermique entre l'aluminium et l'oxyde de fer	Un creuset qui contient les éléments en réaction et les extrémités à assembler (2 500 °C)	SANS
	LASER	Uniquement automatisé, une installation permettant l'excitation des atomes.	Un canon de focalisation du faisceau laser	SANS
	BOMBARDEMENT ÉLECTRONIQUE	Uniquement automatisé, un générateur capable de délivrer des tensions de l'ordre de 50 000 V	Un canon de focalisation, une chambre sous vide pour la soudure	SANS

14.2 MODE OPÉRATOIRE DE SOUDAGE : M. O. S.

ANALYSES PRÉALABLES

La soudure est l'objet de conditions particulières.

– Sécurité des personnes et des biens,

– Classe du réservoir (C.O.D.A.P.),

– Cahier des charges du donneur d'ordres.

NON → La soudure peut être réalisée sans homologation préalable

OUI ↓

La composition de l'acier de base favorise la transformation martensitique.

% de carbone ou % carbone équivalent % C Eq,

$$\% \, C \, Eq = \% \, C + \frac{Mn}{6} + \frac{Ni + Cu}{15} + \frac{Cr + Mo + V}{5}$$

NON → La soudure peut être réalisée sans homologation préalable

OUI ↓

La soudure peut être réalisée sans homologation préalable

Mise au point d'un M. O. S, essais sur coupons *(filiation de points de dureté HV5, résilience, traction),*

Homologation du descriptif du M. O. S : le D. M. O. S par un organisme agréé.

↓

Selon la méthode développée dans cet ouvrage,

Pour définir les paramètres de soudage, le soudeur doit posséder :

- **l'abaque thermique général,**
- **la courbe de susceptibilité à la fissuration de l'acier concerné,**
- **la courbe TRCS de l'acier concerné.**

14.3 SOUDAGE OXYACÉTYLÉNIQUE

LE CHALUMEAU OXYACÉTYLÉNIQUE

Flamme Neutre

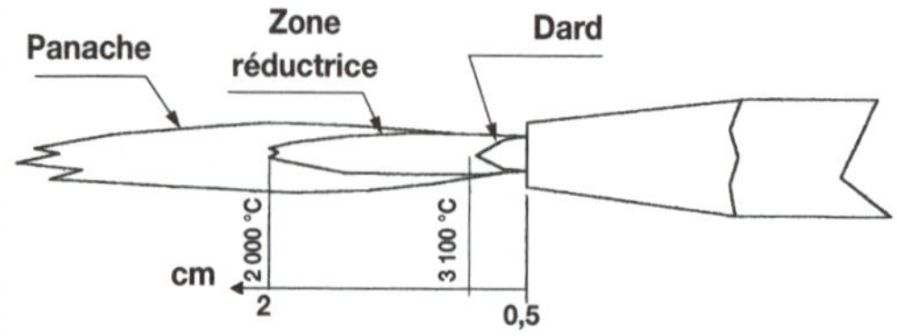

Flamme oxydante

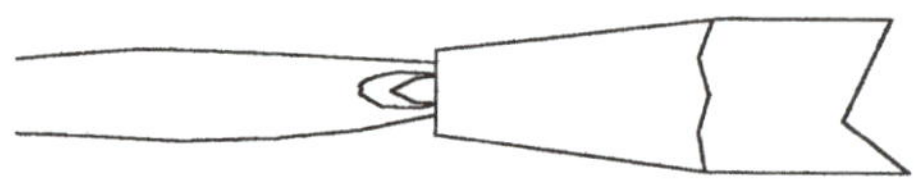

Flamme Carburante

Schéma des gradients de températures

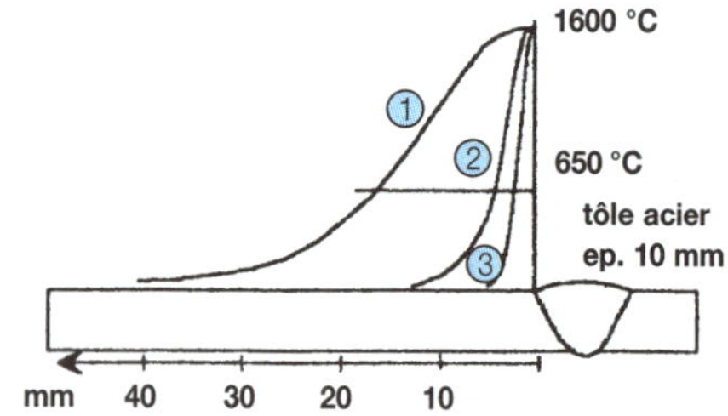

① : flamme oxyacétylénique
② : arc électrode enrobée
③ : arc T.I.G.

SOUDURE AUTOGÈNE

Les 3150 °C de la flamme permettent d'amener le métal de base à température de fusion et réaliser une soudure autogène.(*continuité métallique*)
Le chalumeau oxyacétylénique n'est plus guère employé que pour quelques cas de soudage des tuyauteries.

Épaisseur des tubes à souder	Calibre de la buse	Diam. du fil d'apport	Vitesse de soudage m/h
2	100	2	5
3	200	2	3,3
4	250	2	2,5
5	315	3	2
6	400	3	1,6

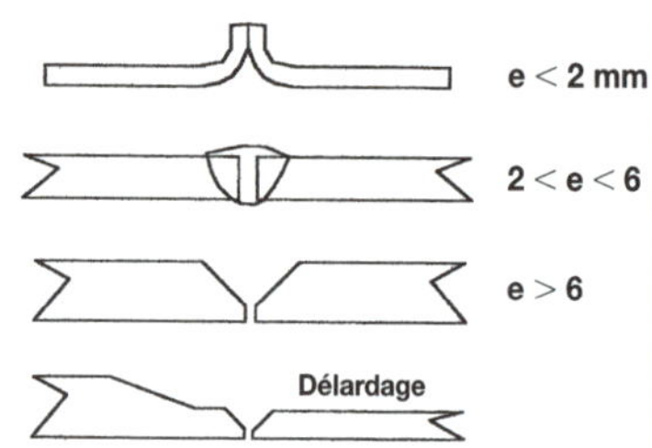

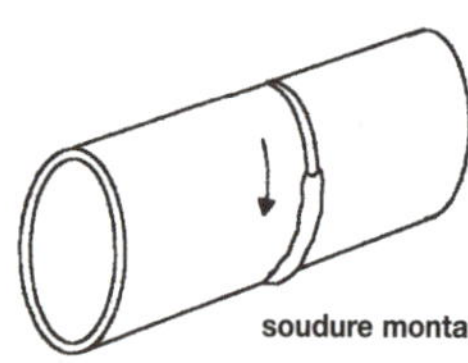

soudure montante sur tube

SOUDURE HÉTÉROGÈNE (SOUDO-BRASAGE)

Le soudo-brasage est une soudure hétérogène.
Le métal de base n'est pas fondu.
La température de mouillage est de :

- acier : 750-900 °C
- cuivre : 890 °C
- fonte : 650-800 °C

Le métal d'apport est le plus souvent du laiton à 40 % de zinc.
Dans tous les cas il réclame des pièces parfaitement propres et l'utilisation d'un flux décapant.
Le procédé est intéressant pour :

- l'assemblage des pièces de fonte,
- l'assemblage des pièces galvanisées avec utilisation d'une flamme très oxydante.

Ne jamais soudo-braser l'acier inoxydable.

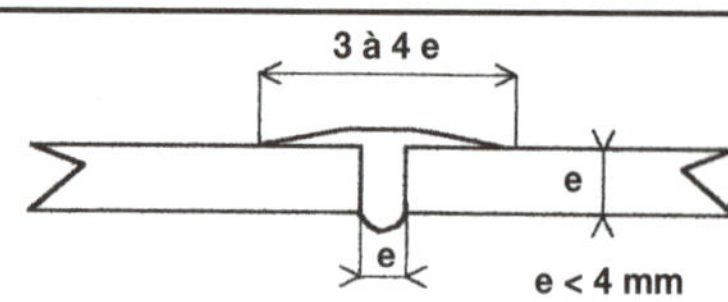

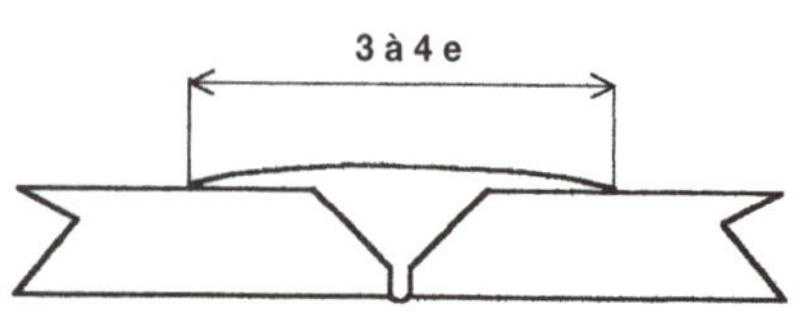

e > 4 mm

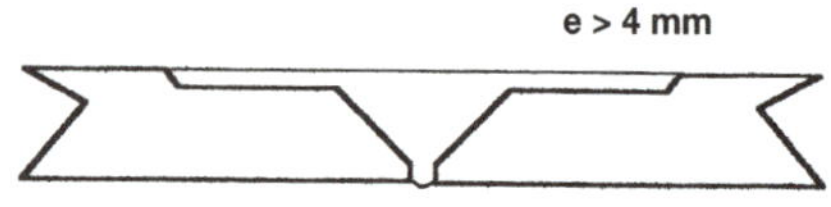

14.4 SOUDAGE PAR RÉSISTANCE PAR POINTS

LES PARAMÈTRES

Le soudage par résistance par points est une soudure autogène. Le point assure la continuité métallique.

Les paramètres sont :

- les épaisseurs $e_1 + e_2$
- la résistance ohmique des pièces à assembler.

La quantité **Q** de chaleur à fournir pour obtenir la fusion est :

$\mathbf{Q = R \cdot I^2 \cdot t}$ où

R = la somme des résistances

I = intensité du courant

t = le temps de passage de ce courant

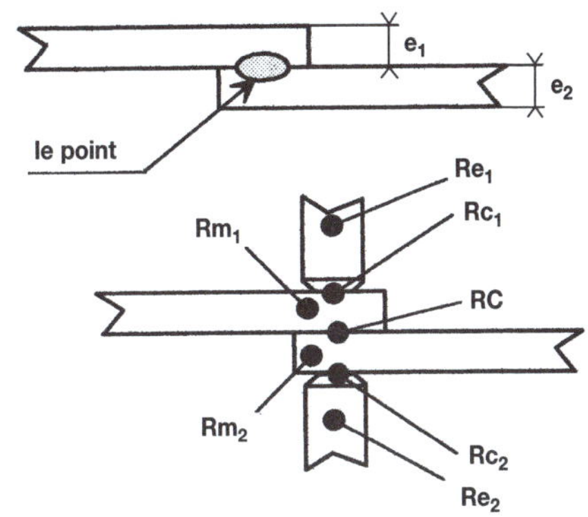

LA SÉQUENCE DE SOUDAGE

Un effort F doit être appliqué à l'assemblage, ses fonctions sont :

- contact correct des pièces :
- diminution des résistances Rc_1 et Rc_2

Le diamètre « d » des électrodes pour les aciers non-alliés est :

d = 2E + 2,5 mm ($E = e_1 + e_2$)

La séquence de soudage la plus simple se décompose en trois fonctions :

a = l'accostage

t = le soudage

f = le forgeage

Selon le matériel employé ;

c = cadence (Nb de points/mn)

L'accroissement de F lors du forgeage améliore les caractéristiques mécaniques par diminution de la taille des grains.

Un postchauffage « p » ralentit la vitesse de refroidissement et peut aussi constituer le TTAS (1) d'hypertrempe pour les aciers inoxydables.

Distance minimum entre deux points :

ex = 10 . E ($E = e_1 + e_2$)

(1) Traitement thermique après soudage

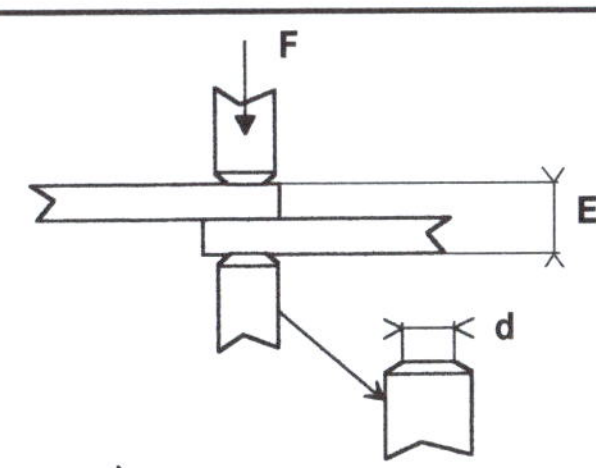

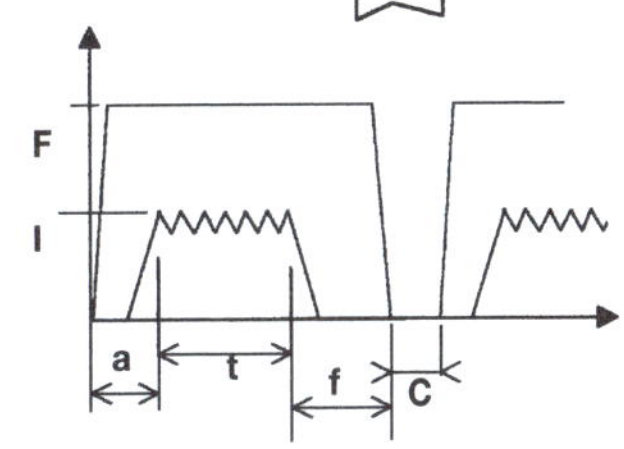

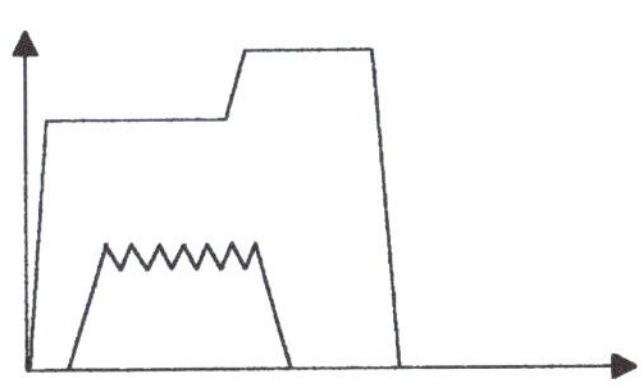

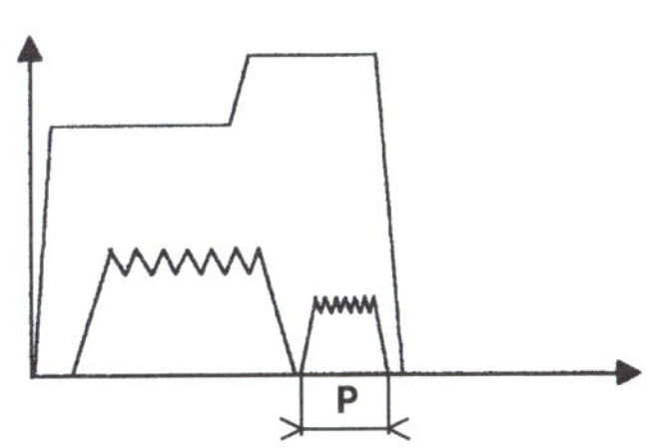

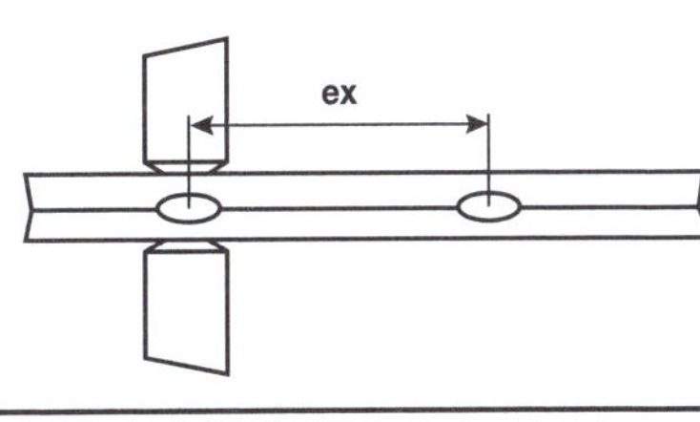

Soudage par résistance par points

ACIERS NON-ALLIÉS

Épaisseur e_1 ou e_2 (en mm)	Intensité du courant (en A)	Temps de soudage (en s)	Effort F (en daN)	Diamètre d (en mm)
0,5	6 000	0,1	100	3,5
1	9 000	0,2	200	5
1,5	12 000	0,25	330	6
2	14 000	0,28	450	7
2,5	16 000	0,32	500	8
3	18 500	0,4	600	8,5

ACIER INOXYDABLE

Épaisseur e_1 ou e_2 (en mm)	Intensité du courant (en A)	Temps de soudage (en s)	Effort F (en daN)	Diamètre d (en mm)
0,5	3 200	0,06	140	2,5
1	7 000	0,12	350	4,5
1,5	9 000	0,16	450	5,5
2	12 000	0,24	800	7
2,5	14 000	0,28	950	8
3	16 500	0,32	1 100	8,5

ALUMINIUM ET ALLIAGES

Épaisseur e_1 ou e_2 (en mm)	Intensité du courant (en A)	Temps de soudage (en s)	Effort F (en daN)	Diamètre d (en mm)
0,5	18 000	0,08	140	3
1	28 000	0,14	240	4,5
1,5	34 000	0,24	350	6
2	42 000	0,28	450	7
2,5	52 000	0,29	530	8
3	63 500	0,3	650	9

LE CONTRÔLE

Il s'agit d'un essai destructif : le **déboutonnage**.
Les éprouvettes sont séparées par une rotation relative.
Le cylindre qui enveloppe la zone fondue est soumis à une contrainte de cisaillement.
L'essai est concluant si la zone fondue reste solidaire de l'une des pièces.

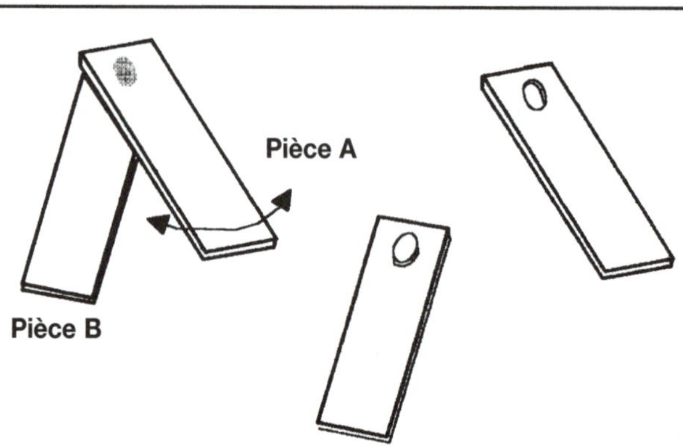

14.5 SOUDAGE À L'ARC ÉLECTRIQUE : SOUDABILITÉ

SOUDABILITÉ

Un matériau métallique est soudable lorsqu'il est possible d'assurer la **continuité métallique** par la constitution de joints soudés, qui par leurs **caractéristiques locales et les conséquences globales** de leur présence, satisfont aux propriétés requises choisies comme base de jugement. *(selon la recommandation 150 A.185)*

DOC. SAF

SOUDURE AUTOGÈNE

La continuité métallique entre deux pièces ne peut être obtenue qu'à partir d'un état liquide leur permettant une germination et la naissance de grains qui leur seront communs lors du refroidissement.

Un chanfrein est nécessaire pour intéresser toute l'épaisseur.
Pour remplir ce chanfrein on utilise un métal d'apport d'une composition métallique identique ou voisine de celle des pièces à assembler.
La soudure idéale est celle qui assure la continuité métallique en ne modifiant pas l'homogénéité du métal.

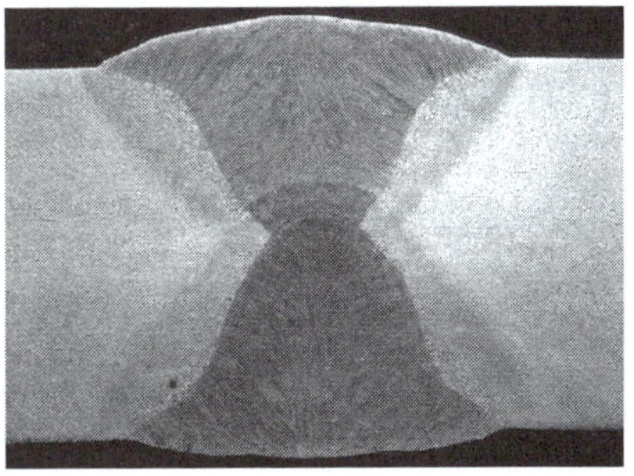

DOC. SAF

Préparation des bords avant soudage

chanfrein en X

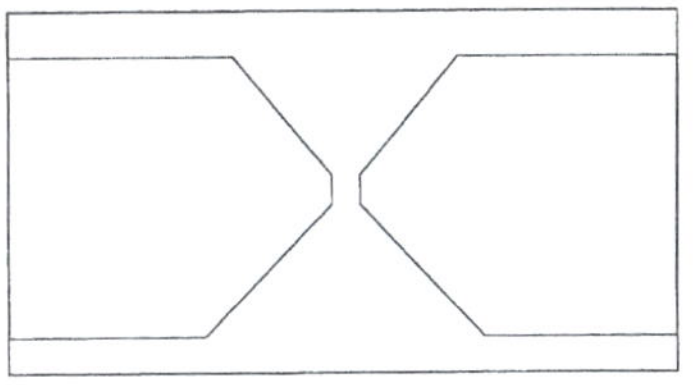

LE JOINT SOUDÉ

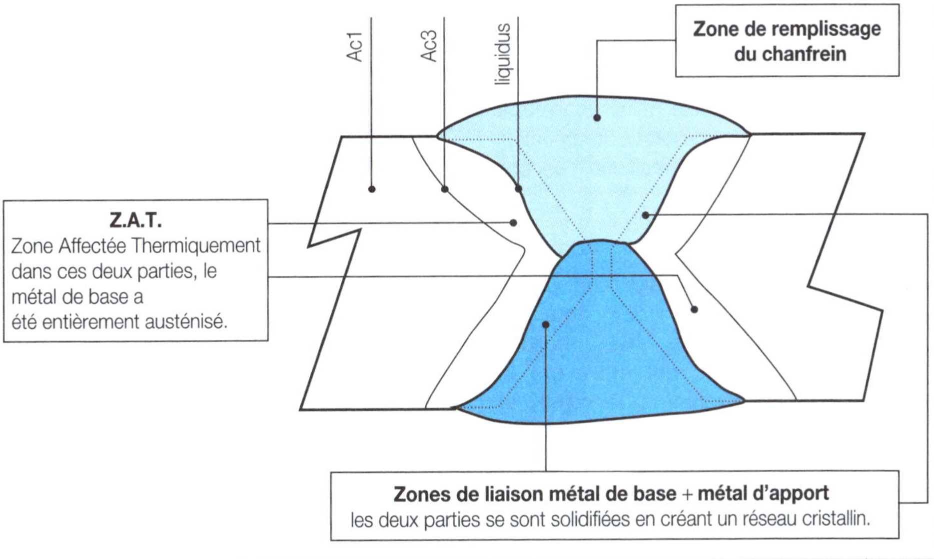

14.6 DILATATION ET RETRAIT

LES LOIS PHYSIQUES

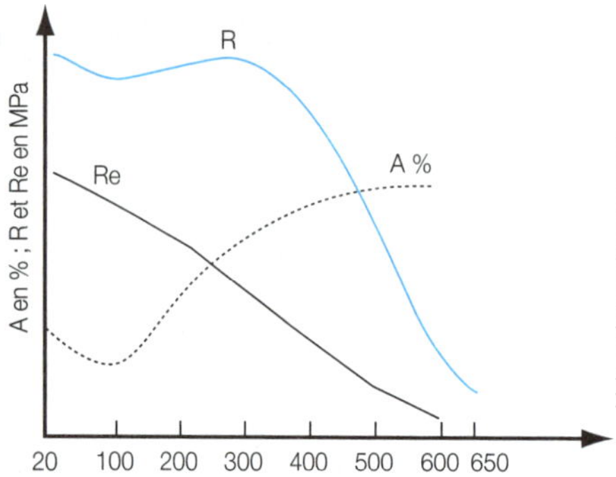

Au-delà de 650 °C, toutes les déformations sont **plastiques : R et Re tendent vers 0.**

Retraits transversaux approximatifs de deux types de joints sur coupons libres

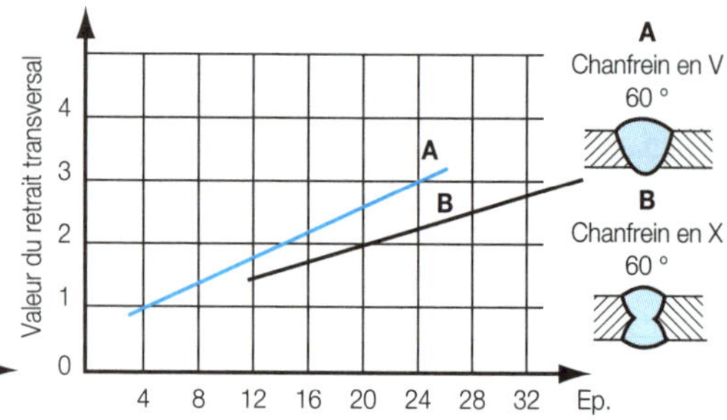

LES DÉFORMATIONS

Toute pièce métallique soumise à un échauffement *(figure 1)* se dilate *(la dilatation)*, elle se contracte au refroidissement *(le retrait)*.

Ce phénomène inéluctable se produit lors du cycle thermique du soudage.

Chaque matériau est caractérisé par son coefficient de dilatation linéaire qui exprime la variation de longueur par °C et mm de longueur.

Une barre d'acier de 2000 mm de long, chauffée à 100 °C mesurerait 2 002,4 mm.

Elle atteindrait 2 003,8 mm à 650 °C.

Ce cycle dilatation-retrait peut s'exercer librement si la pièce métallique n'est pas bridée.

En soudage, la zone chauffée est toujours entourée de parties froides qui entravent la dilatation et le retrait et donnent naissance à des contraintes plus ou moins élevées. *(figure 2)*

Figure 1

Le barreau d'acier est à 20°C. Une extrémité est soudée l'autre est en butée.

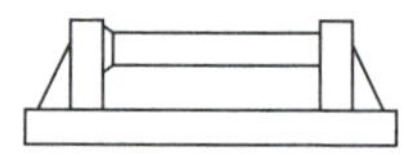

a

Porté à 200 °C, il se dilate en déformation **élastique**. Son diamètre augmente

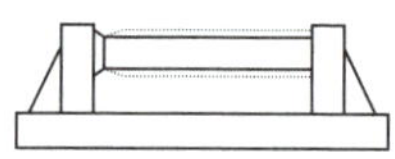

De retour à 20 °C, il reprend très exactement sa forme initiale. Le retrait est le symétrique de la dilatation.

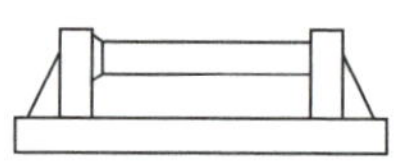

b

Porté à 800 °C, il se dilate en déformation **plastique**. Son diamètre augmente

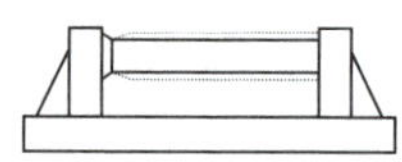

De retour à 20 °C, il conserve sa déformation. Le volume est resté sensiblement le même qu'au départ. La longueur diminue, il ne subsiste aucune contrainte dans le barreau.

Figure 2

Le barreau d'acier est à 20 °C. Les deux extrémités sont soudées

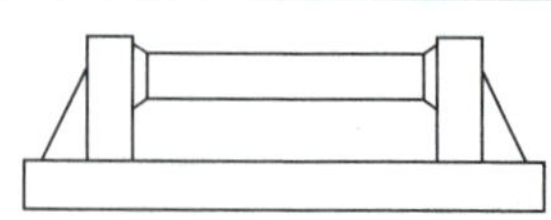

Porté à 800 °C, il se dilate en déformation **plastique**. Son diamètre augmente.

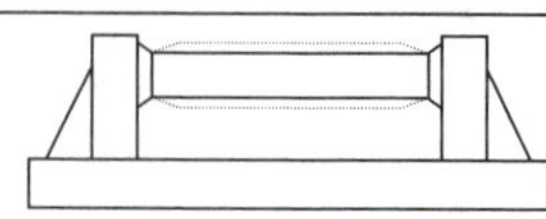

De retour à 20 °C, il conserve sa déformation mais ne peut diminuer en longueur. Cette impossibilité engendre d'énormes contraintes de traction.

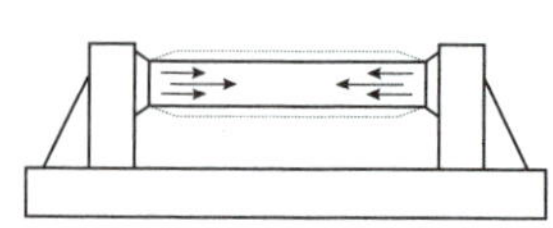

14.7 DÉFORMATIONS EN SOUDAGE

INFLUENCE DU PROCÉDÉ

Le coefficient de diffusivité (*vitesse à laquelle la chaleur diffuse dans le corps*) et la concentration énergétique du procédé de soudage, sont deux facteurs très importants qui conditionnent l'ampleur des contraintes.

Schéma des gradients de températures

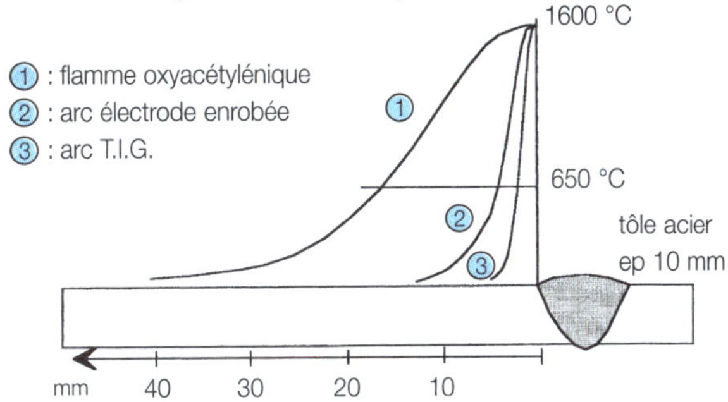

LE PRÉVENTIF ET LE CURATIF

Quelles que soient les précautions prises lors du soudage, il demeure toujours un système de tensions internes, de traction ou compression, qui peut compromettre le service de l'ensemble soudé. (*bâtis devant être usinés à des cotes précises, appareils à pression de haute sécurité etc.).*

Ces tensions peuvent être annulées par un recuit de relaxation ou détensionnement effectué dans un four.

Montée à température 120-150 °C/h, jusqu'à 620-650 °C, maintien 3 à 5 mn/mm d'épaisseur jamais inférieur à 1 h, refroidissement 100/150 °C/h.

Des pièces de forte masse, de grande rigidité, ne se déforment pas ou très peu.
Ce sont les soudures qui travaillent au maximum.

Soudage de deux tubes bout à bout

Constriction des tubes due au retrait de la soudure

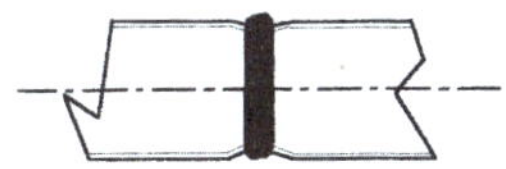

Prédéformation en pavillon

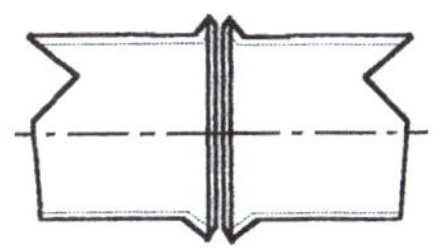

Piquage tubulaire

Effet de cintrage sur le tube pénétré *(les soudures travaillent en flexion)*

Un système de forces antagonistes, symétrique par rapport à l'axe du tube, peut s'opposer aux effets du retrait.

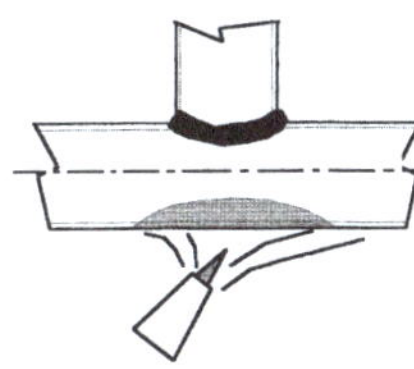

Préparation recommandée, les soudures travaillent en traction. Assemblage de sécurité

Par déformation préalable en sens inverse

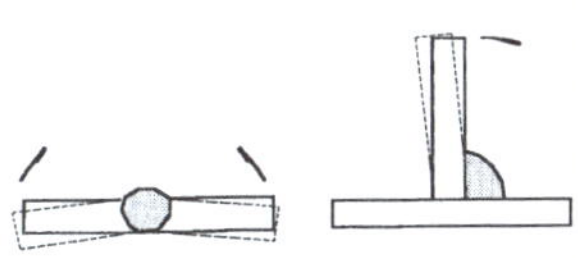

Un angle de déformation de 1° par passe

Par écartement différentiel

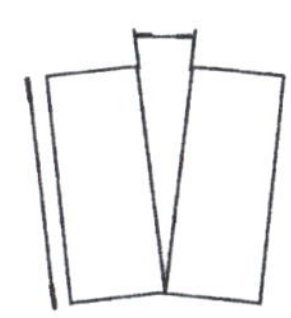

Un écartement « e » de 0,5 à 2 % de la longueur suivant l'épaisseur et le mode de soudage.

14.8 EFFETS DU REFROIDISSEMENT

Le refroidissement est une période très importante de l'opération de soudage dont le soudeur doit absolument se préoccuper.

Une trop grande vitesse de refroidissement peut avoir des effets néfastes sur le résultat :

- augmentation du niveau de contraintes dues à la dilatation et au retrait,
- apparition d'îlots martensiques si la vitesse de refroidissement Vr est supérieure à la vitesse critique de trempe VCT de l'acier.

Ces deux éléments réunis font apparaître les fissures.

LA VITESSE DU REFROIDISSEMENT

La rapidité avec laquelle la chaleur se transmettra d'un milieu à l'autre, donc la vitesse de refroidissement, est fonction de deux paramètres :

- la diffusivité des milieux,
- la différence de température entre ces milieux.

La B. W. R. A. *(British Welding Research Association)* a défini un indice de sévérité thermique, prenant en compte la forme de l'assemblage et l'épaisseur à souder, et en calculant le nombre de couloirs d'évacuation des calories.

Le concepteur du joint doit éviter au maximum les différences dans la vitesse de refroidissement d'un assemblage soudé. *(voir le CODAP, code français de construction des appareils à pression)*

La différence de température entre les milieux Z. A. T. et métal environnant peut être atténuée par un préchauffage localisé.

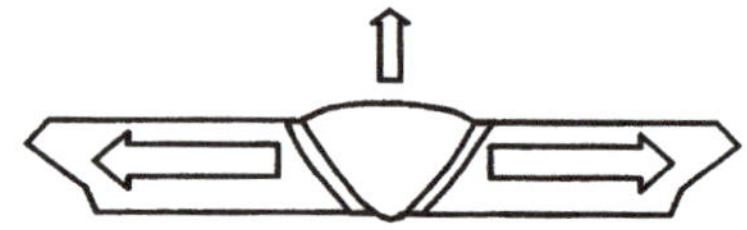

La diffusivité est beaucoup plus importante dans le milieu métallique

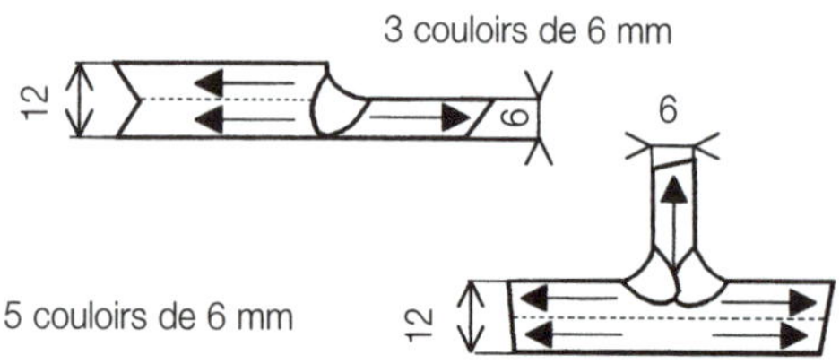

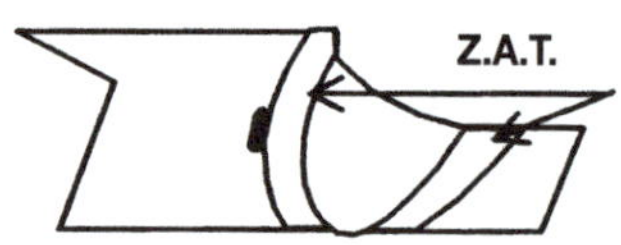

C'est dans la zone refroidie le plus rapidement que l'îlot martensitique risque de se former

Délardage

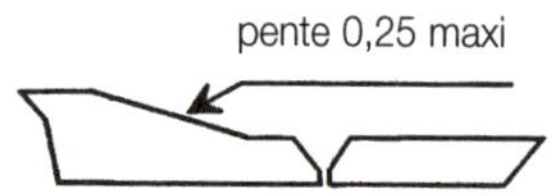

Rainure de décharge

sur fond plat ou plaque tubulaire

EFFETS DES ÉLECTRODES

Le volume de métal déposé est également un élément important.

En toutes choses égales par ailleurs, l'utilisation d'une électrode de diamètre 3,2 mm peut imposer un préchauffage à 125 °C, alors qu'une électrode de diamètre 5 mm assure toute la sécurité.

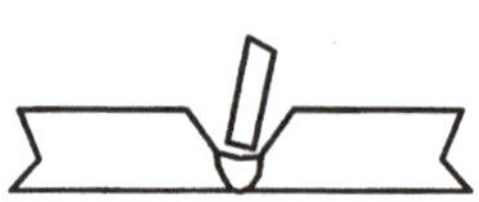

électrode Ø 3,2

électrode Ø 5, le volume de métal déposé est plus important, le refroidissement est plus lent

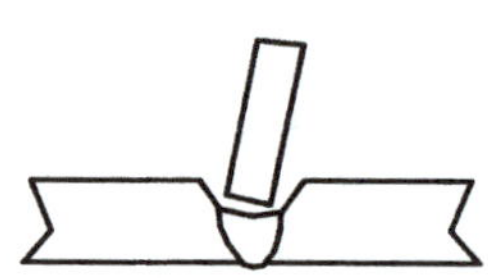

14.9 DÉFAUTS DES JOINTS SOUDÉS

TYPOLOGIE DES DÉFAUTS

Manque de pénétration ou collage

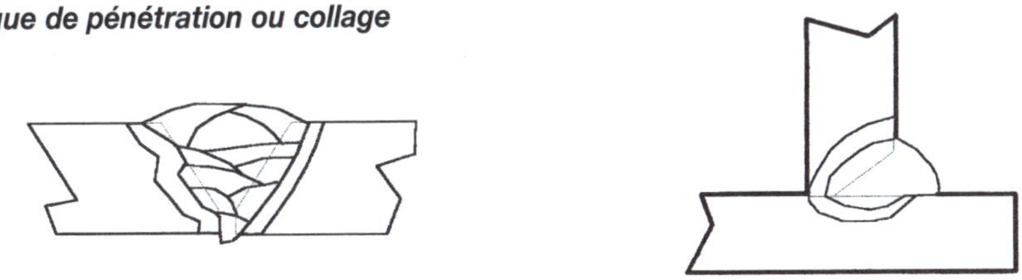

Inclusion d'Hydrogène

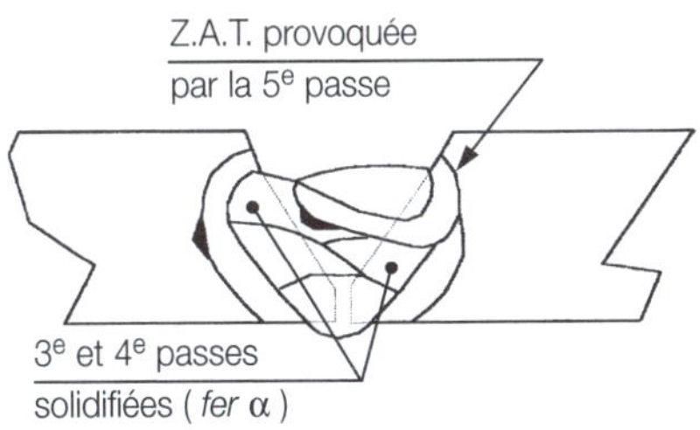

Inclusion de laitier

Ne se rencontre que dans les soudures multipasses exécutées soit à l'électrode enrobée ou en arc submergé

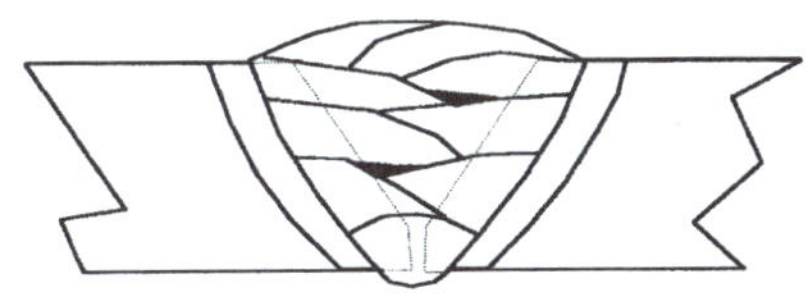

Les fissures

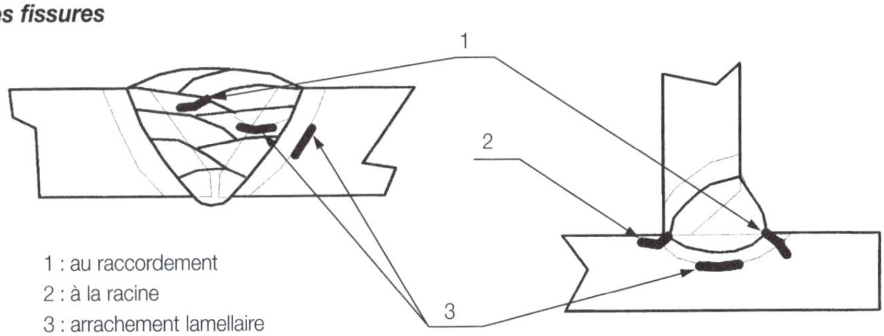

LES CAUSES ET LES REMÈDES

• **L'oxygène et l'azote de l'air ambiant :**
Quel que soit le procédé, le bain de fusion sera toujours protégé soit par un flux provenant de l'enrobage ou submergeant l'arc, soit par une atmosphère gazeuse.

• **L'hydrogène contenu dans l'enrobage des électrodes ou le flux protecteur :**
Les électrodes ou le flux en poudre seront déshydratés en étuve.

• **Des matières grasses, de la rouille, de la peinture situées au voisinage du joint :**
Qu'ils soient chanfreinés ou non, les bords seront toujours soigneusement décapés.

• **Naissance d'un système de contraintes élevées dû à la dilatation et au retrait :**
Pour éviter un trop grand écart, si la température ambiante est inférieure à 0 °C, les pièces seront « dégourdies » à 50 °C.

• **Concentration de l'hydrogène dissout :**
L'hydrogène diffuse très rapidement dans l'acier liquide et le fer γ (gamma), mais se stabilise dans le fer α (alpha) pour s'y concentrer. Il n'y a plus de continuité métallique.

• **Apparition d'îlots martensitiques :**
La martensite (très dure et très fragile) se forme à la limite des Z A.T. (comme l'hydrogène) où la vitesse de refroidissement est la plus grande.

L'hydrogène et/ou la martensite sont toujours à la base de la création des fissures.

14.10 ÉNERGIE DE L'ARC ÉLECTRIQUE

ÉNERGIE NOMINALE

L'énergie, exprimée en joules, correspond à une action développant une puissance *P* en un temps T.

En soudage, on utilise l'énergie nominale $\boxed{En = \frac{60 . U . I}{1\,000\ V}}$ en kilo-joules/cm (kJ/cm),

où **U** = tension de l'arc électrique,
I = intensité de l'arc électrique,
V = vitesse de soudage en cm/mn.

ÉNERGIE TRANSMISE

Cette énergie est celle de l'arc électrique. En soudage M.I.G, M.A.G ou T.I.G, il y a des pertes par rayonnement. L'énergie transmise aux pièces à souder :

$$Ed = En . \eta$$

$\eta = 1$ pour le soudage à l'électrode enrobée ou sous flux solide,

$\eta = 0{,}7$ pour le soudage M.I.G. ou M.A.G.,

$\eta = 0{,}5$ pour le soudage T.I.G.

ÉNERGIE ÉQUIVALENTE

La géométrie de l'assemblage, la forme du chanfrein, dont dépend le volume de métal déposé pour le remplissage, entraînent à considérer un coefficient K pour le calcul de l'énergie équivalente :

$$Eq = Ed . K$$

Tôles ep = 20 mm
Ouverture des chanfreins = 60°
Section de remplissage

– 115 mm^2 

– 230 mm^2 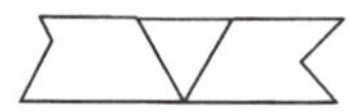

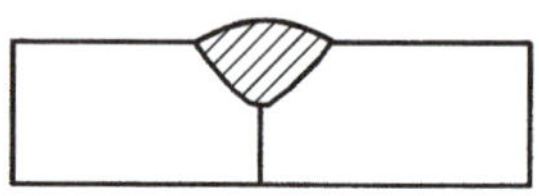

Soudage à plat **K** = 1

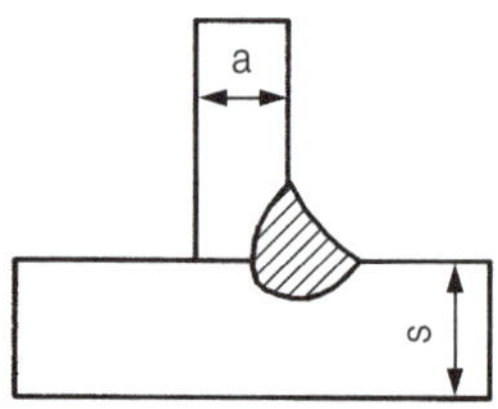

a/s	0	0,25	0,5	0,75	1
K	1	0,97	0,89	0,78	0,67

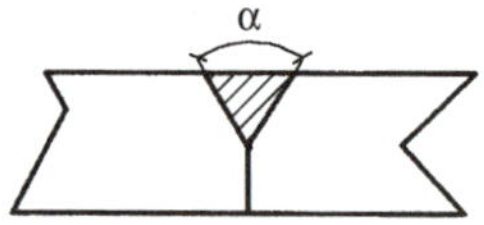

α	60°	75°	90°	105°	130°
K	0,6	0,63	0,67	0,7	0,75

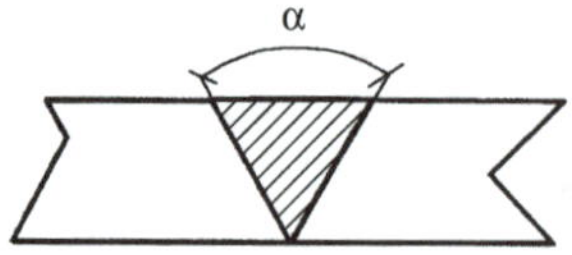

α	60°	75°	90°	105°	130°
K	1,5	1,72	2	2,38	3

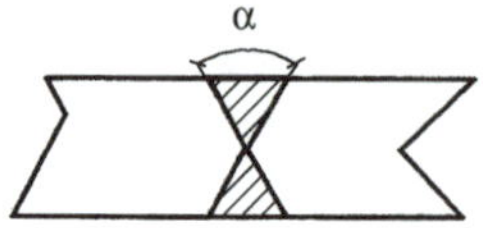

α	60°	75°	90°	105°	130°
K	0,75	0,85	1	1,2	1,5

En procédés automatiques, sous flux solide, laser ou T.I.G le cas échéant, il est commode d'afficher et d'assurer la vitesse d'avance en cm/mn.
Cela l'est beaucoup moins en soudage manuel à l'électrode enrobée.
Le soudeur doit s'entraîner et être très qualifié.

LA VITESSE DE SOUDAGE

La puissance de l'arc électrique (U,I), l'intensité réglée pour chaque diamètre d'électrode, font qu'elles présentent une constante de fusion.
La vitesse d'avance en cm/mn de la réalisation d'un joint soudé peut s'apprécier dans le rapport de la longueur de cordon déposé pour 10 cm d'électrode consommée.

Cordons de soudure réalisés avec 10 cm d'une électrode de ∅ 3,2 mm

- **Avance rapide**

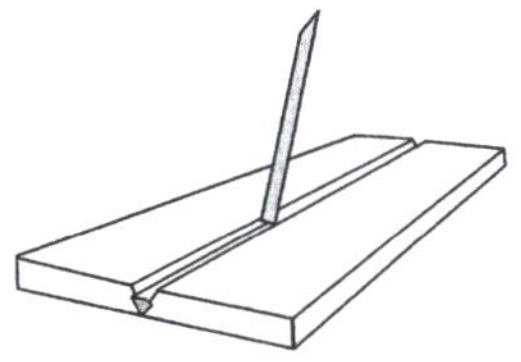

la longueur du cordon est de 8 cm, sa section est de 10 mm^2

- **Avance lente**

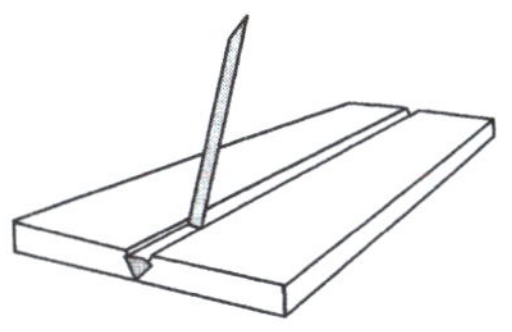

la longueur du cordon est de 3.8 cm, sa section est de 21 mm^2

Tableau donnant l'énergie nominale **En**, en fonction du diamètre et de la longueur (en cm) du cordon de soudure réalisé et ceci pour 10 cm d'électrode consommée.
NB : les parties grisées correspondent à un domaine d'utilisation normale.

En kJ/cm \ ∅ mm	2,5	3,2	4	5	6,3
6	**6,4**	10	16	21,2	
8	**4,7**	**8**	12	16	23`
10	**3,8**	**6,5**	9	12.7	18.3
12	3	**5.2**	**8**	10.6	16,8
14	2,5	**4,5**	**6,5**	**9**	14,4
16		**3,8**	**5,6**	**7,9**	**12,7**
18		3,4	**5**	**7,1**	**11,2**
20		3	4,4	**6,3**	**10,1**
25		2,4	3,5	**5**	**8**
30			2,7	4,3	**6,7**
40			2	3,2	**5**
50				2,6	4

14.11 PRÉPARATION DES BORDS

La préparation des bords avant soudure, le chanfreinage, est une opération très importante qui doit impérativement respecter les valeurs dimensionnelles consignées.

Le chanfrein doit être exempt de toute souillure, matière grasse, oxyde etc.

C'est une opération d'usinage qui peut être exécutée :

- ébauchée par oxycoupage et meulée ensuite,
- sur cisaille guillotine spéciale munie d'une double lame et d'un tablier basculant,
- sur tour *(tube)* ou raboteuse *(tôle),*
- à la molette sur machine fixe ou portative.

LES DIFFÉRENTS TYPES DE CHANFREIN

La forme du chanfrein est fonction :

- du procédé de soudage utilisé,
  figure 1 ⓐ = électrode enrobée,
  1 ⓑ = T.I.G,
  1 ⓒ = Plasma
- de la position de la soudure,
  figure 1 ⓓ = soudage à plat,
  1 ⓔ = soudage en *corniche*
- de l'accessibilité endroit/envers.
  figure 1 ⓕ = sans reprise à l'envers,
  1 ⓖ *et 1* ⓗ *= avec reprise à l'envers.*
- de l'épaisseur des pièces.

Figure 1 Tôle ep 10 mm

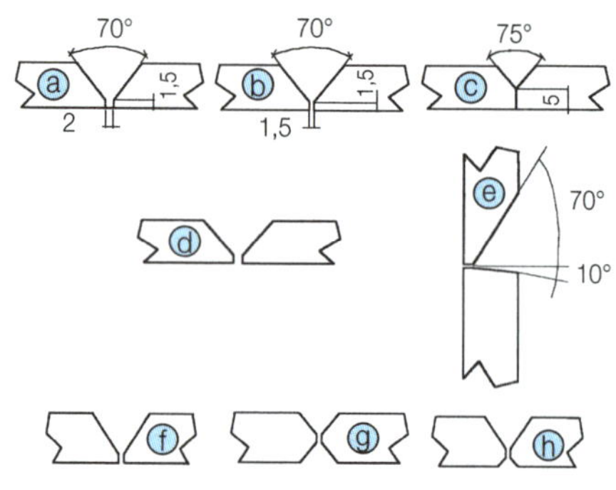

Ep mm	Types de chanfrein	Domaines d'applications	Avantages/Inconvénients	Eq	Vr Δt (800-500)
1,5 < e < 4	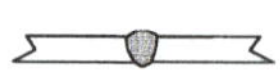 **bout à bout**	Tous joints courants.	Fortes déformations. Consommation minimum de métal d'apport	↗	↘
3 < e < 14	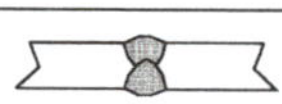 **bout à bout** reprise envers	Tous joints courants.	Consommation minimum de métal d'apport. Meulage envers de la première passe.	↗	↘
5 < e < 20	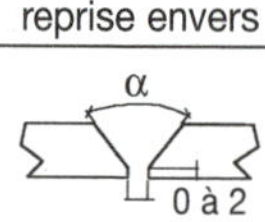 **en Vé**	Tous joints courants.	Première passe très délicate exécutée avec une électrode faible diamètre.	↘	↗
5 < e < 16	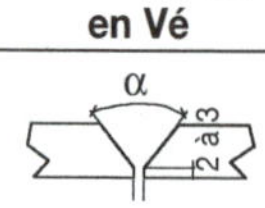 **en Vé-talon** J = 1 à 2	Soudure de grande ou très grande sécurité.	1re passe en forte intensité. Reprise envers si e > 8 mm	↗	↘
e > 6	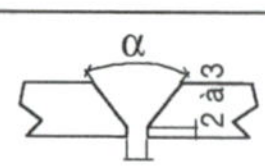 **en Vé-talon** J = 2,5 à 4	Soudure de grande sécurité.	Pas de reprise envers. **Préparation recommandée sur tube toutes positions.**	↗	↘
e > 6	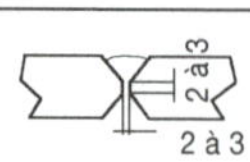 **en X**	Tous joints courants.	Meulage envers de la première passe. Diminue la consommation de métal d'apport	↘	↗
e > 20	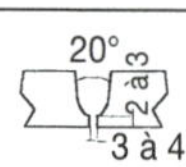 **en tulipe**	Soudure de grande sécurité.	Diminue la consommation de métal d'apport. 1re passe en forte intensité	↗	↘

14.12 SUSCEPTIBILITÉ À LA FISSURATION

Les fissures sont les défauts les plus difficiles à éviter.

Les contraintes de traction trouvent un terrain favorable lorsqu'une zone d'un assemblage est fragilisée par la **présence de martensite** (*ou d'hydrogène ; surtout pour l'arrachement lamellaire, les tôles sont très peu ductiles dans le sens de l'épaisseur*).

La martensite n'apparaît que lorsque les conditions suivantes sont réunies : un pourcentage de carbone (*ou carbone équivalent*) suffisamment élevé, une austénisation de l'acier et une vitesse de refroidissement plus grande que la vitesse critique de trempe.

LA VITESSE DE REFROIDISSEMENT

L'Institut de soudure a mis au point des courbes de Transformation en Refroidissement Continu en condition de Soudage (TRCS), pour les plages de températures où le risque de transformation martensitique est le plus grand : (*Δt 700-300 °C et Δt 800-500 °C*).

Si la Vr était inférieure à 15 s, *(courbe ①)*, **une partie de l'austénite se transformerait en martensite à la limite de la Z.A.T.**

Ces mêmes TRCS présentent la courbe *(courbe ②)* de dureté en ordonnée droite, exprimée en HV 5.

Le risque de fissuration apparaît à partir de la dureté critique ; 350 HV5c.

Il est évident d'après cette *courbe* ② que la dureté augmente considérablement avec la rapidité du refroidissement.

La figure ci-contre, présente les courbes de refroidissement mettant en relation l'épaisseur de la pièce à souder et l'énergie de soudage adoptée.

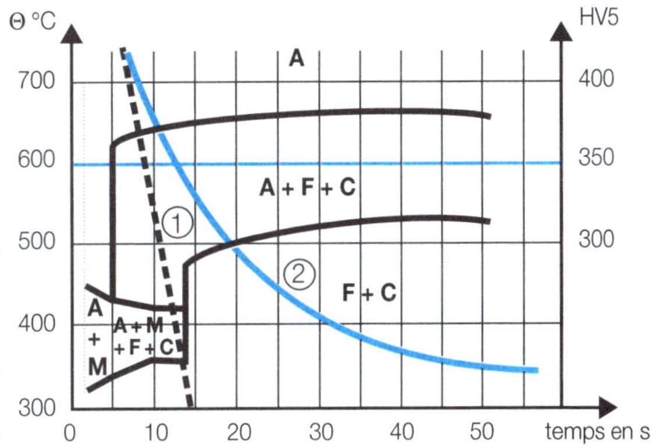

A = Austénite ; F = Ferrite ; C = Cémentite ; M = Martensite

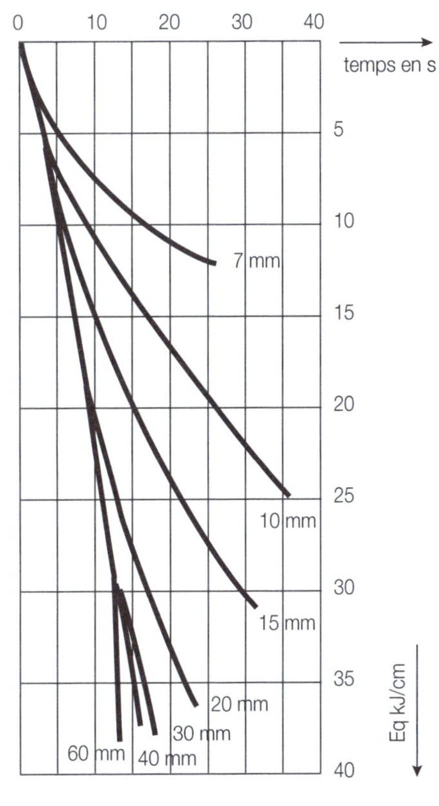

DOC. INSTITUT DE SOUDURE

Susceptibilité à la fissuration

Le niveau des contraintes que subissent les soudures, lors de leur refroidissement, est très difficile à évaluer.

La méthode des implants a permis de définir l'énergie de soudage, pour un acier donné et par épaisseur, situant l'assemblage dans une zone de sécurité.

Ce sont les courbes de susceptibilité à la fissuration.

TEMPÉRATURE DE PRÉCHAUFFAGE

Soudage à froid (sans préchauffage)

– Acier S355 (E36) épaisseur 20 mm

– Électrodes basiques étuvées 2 h à 350 °C stockées 150 °C.

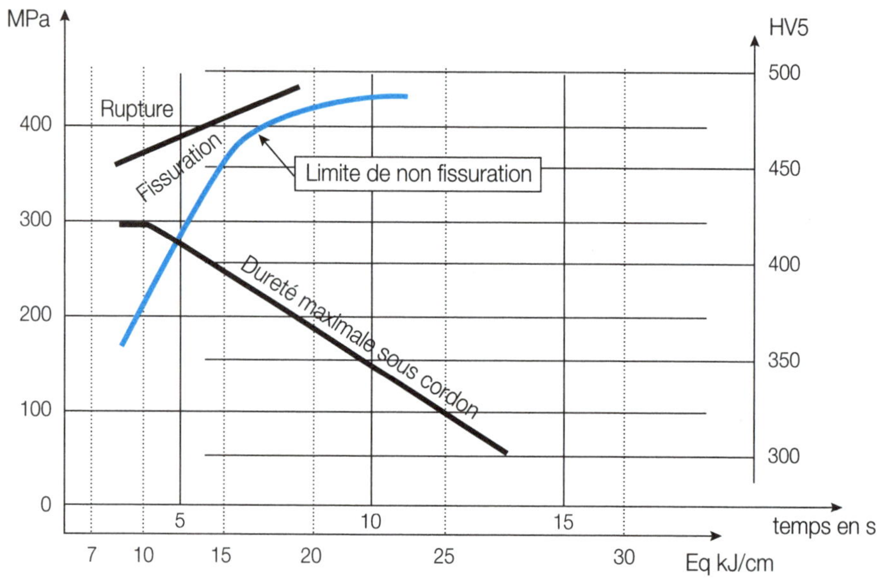

Le préchauffage est une opération très importante dont il convient absolument de respecter la température déterminée.

Une différence de l'ordre de 20 °C peut avoir des conséquences désastreuses.

Les petites pièces peuvent être préchauffées par induction, les plus grosses par des brûleurs au gaz.

Le préchauffage doit intéresser une zone égale à 10 à 15 fois l'épaisseur de la pièce, de part et d'autre de la soudure. Pour les pièces très épaisses, cette zone peut être fixée à 35 cm.

Températures de préchauffage

– Acier S355 (E36) soudé à l'électrode basique étuvée.

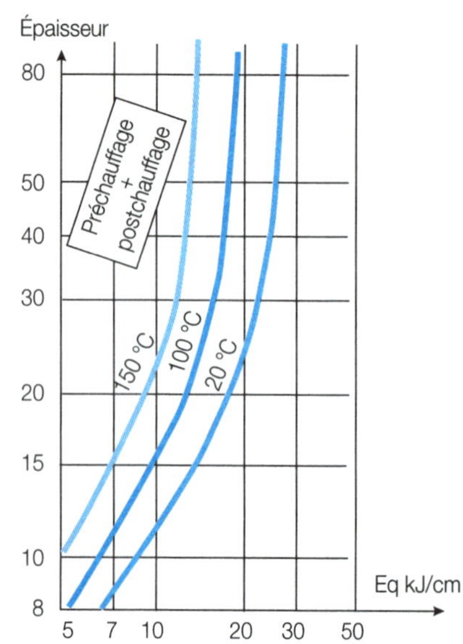

L'IRSID (1) a mis au point un abaque qui, en regroupant tous les aspects de la procédure, permet de déterminer la température de préchauffage si besoin est.
Selon l'assemblage à réaliser, le soudeur émet l'hypothèse d'une **En** = 18 kJ pour électrodes Ø 4 mm ①, ② **K** = 0,75, ③ η = 1, ④ l'épaisseur = 20. (page 260)
Le point ⑤ signale que **Tr** serait de l'ordre de 6 s, (*transformation martensitique trop importante page 263*).
Un préchauffage à 300 °C ⑥ ⑦ permettrait d'obtenir ⑧ **Tr** > 20 s et une soudure exécutée en toute sécurité. (*Attention au coût de ce préchauffage.*)

(1) Institut de recherches de la sidérurgie française

L'UTILISATION DE L'ABAQUE GÉNÉRAL

Abaque thermique général de l'IRSID didactisé

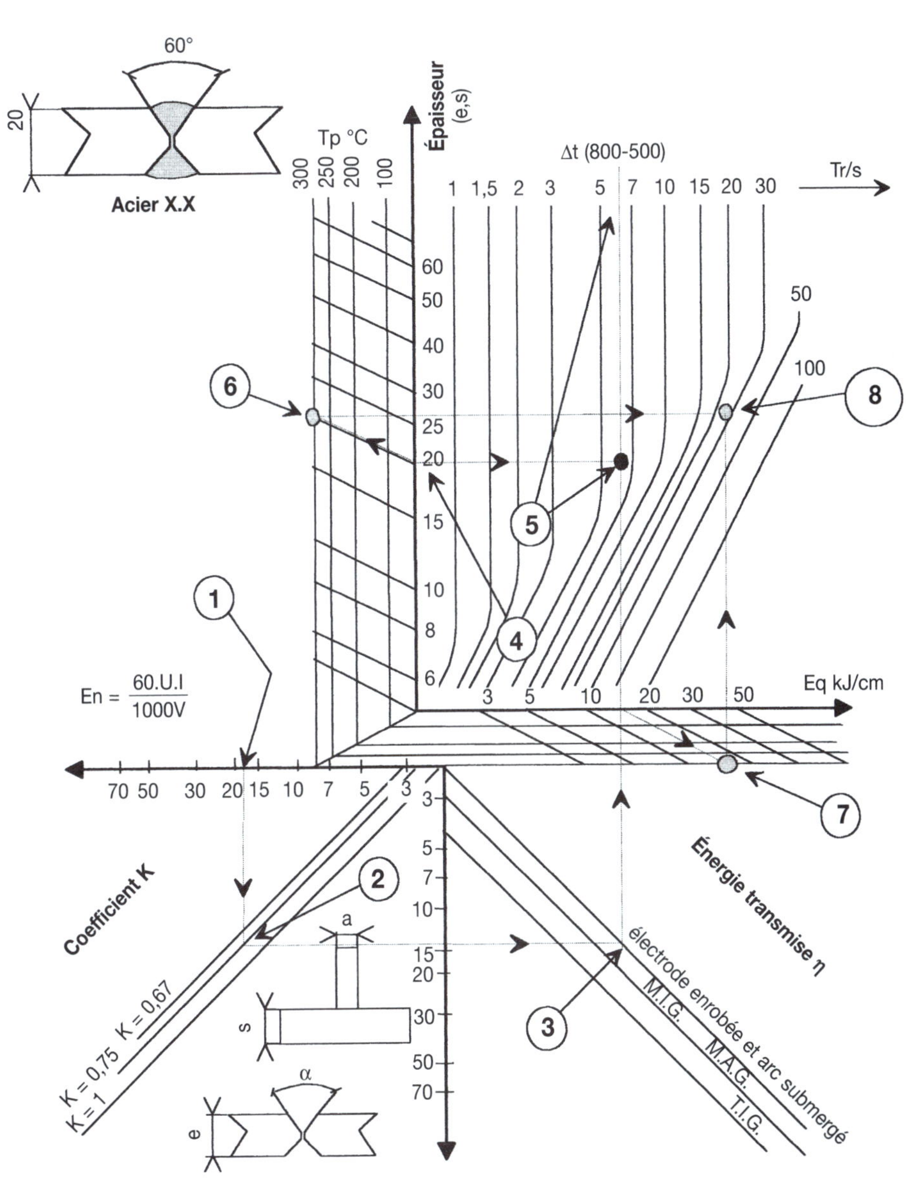

14.13 ÉLECTRODES ENROBÉES

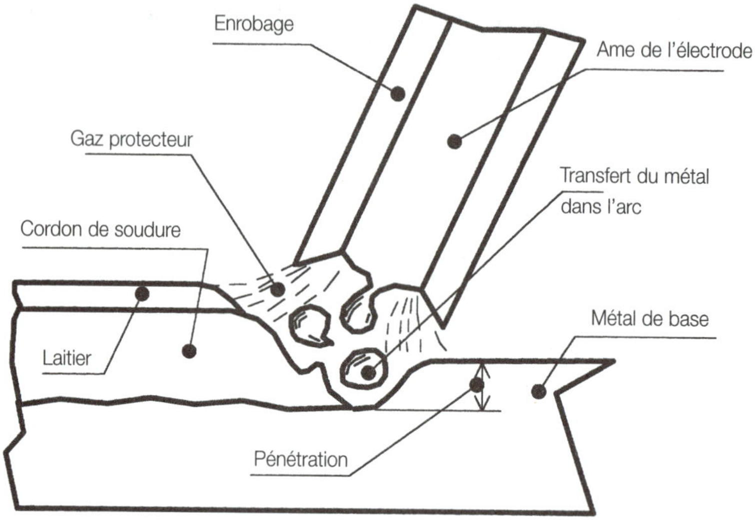

NB : l'arc électrique émet des rayons infrarouges et ultraviolets dont il faut se garantir des brûlures.

L'ÂME MÉTALLIQUE

L'âme métallique est un cylindre d'une longueur variant de 300 à 450 mm, dont les diamètres courants sont : **1,6 ; 2 ; 2,5 ; 3,15 ; 4, 5 et 6 mm**.

Les nuances et qualités d'acier qui constituent cette âme sont très variées (*voir normes pages suivantes*), et offrent au soudeur une large gamme permettant de contrôler la nature de l'alliage qui constituera le cordon (*on peut admettre un taux de dilution, Ma/Mb de 50 %*).

Ma/Mb : Métal d'apport/Métal de base

L'ENROBAGE

L'enrobage assure trois fonctions fondamentales :

- **Électrique** ; en favorisant la stabilité de l'arc (*ionisation*), en abaissant la tension d'amorçage des électrodes Ua, par rapport à la tension à vide du générateur Uo (*Uo > Ua*).
- **Physique** ; son poids influence la forme du cordon. La présence de poudre de fer peut faire varier le rendement de 115 à 210 %.
- **Métallurgique** ; sa fusion dégage des gaz protecteurs contre l'oxygène et l'azote de l'air ambiant, et amène des éléments Mn, Si, Cr en compensation des pertes subies par l'âme. Il ralentit la vitesse de refroidissement.

Mince ou pelliculaire	***Semi-épais***	***Épais***	***Très épais*** avec poudre de fer
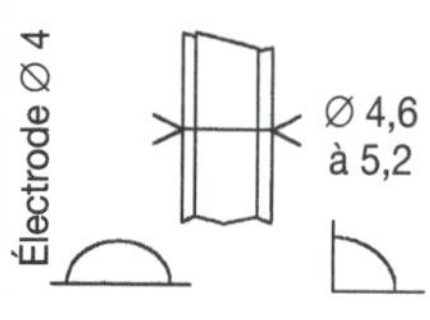	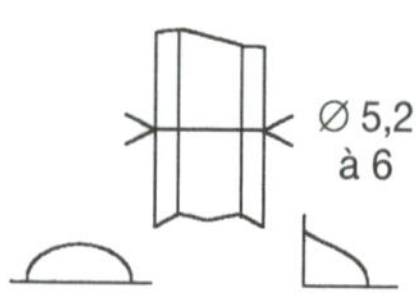	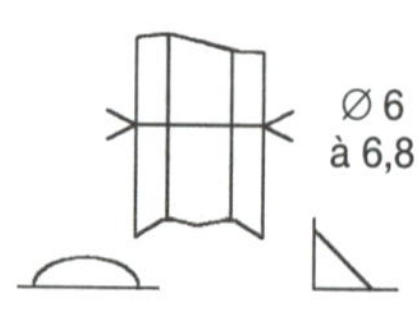	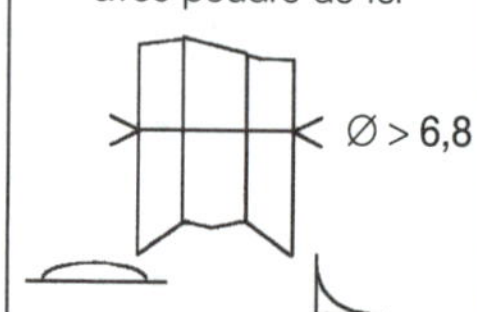

Les deux types d'enrobage principalement utilisés sont le **basique** et le **rutile** (*voir normes pages suivantes*).

14.13.1 LES ÉLECTRODES ENROBÉES (ACIERS NON-ALLIÉS)

L'ACIER

L'acier est très finement élaboré dans les stations de mise à nuance.
Les opérations ont lieu dans un récipient sous vide, l'acier étant mis en rotation entre poche et récipient à l'aide d'un gaz neutre (argon).
On insuffle de l'oxygène pour activer la décarburation et réchauffer le métal.
Ce procédé permet une grande précision dans l'ajustement de la composition chimique de l'acier.

LA NORME NF A 81309

E 51 3 / 3 B 190 3 6 H

E : Symbole général

51 :

Symb	Charge de rupture R mini en MPa	Limite élastique Re mini en MPa
E 43	430-510	320
E 51	510-610	360

3 / 3 (premier chiffre) :

Symb	Allongement mini %		Énergie d'impact Temp °C pour 28 J mini Valeur mini. ⩾ 16 J
	E43	**E51**	
0			
1	20	18	+ 20
2	22	20	0
3	24	22	– 20
4	24	22	– 30
5	24	22	– 40

3 / 3 (second chiffre) :

Symb	Énergie d'impact Temp °C pour 28 J mini Valeur mini. ⩾ 16 J
0	
1	+ 20
2	0
3	– 20
4	– 30
5	– 40

B :

Symbole	Type d'enrobage
A	Acide (oxyde de fer)
AR	Acide (rutile)
B	Basique
C	Cellulosique
O	Oxydant
R	Rutile (enrobage semi-épais)
RR	Rutile (très épais)
S	Autres types

190 : Rendement (si > 105 %) arrondi aux 10 % les plus proches

3 :

Symb	Position de soudage
1	Toutes positions
2	Toutes positions, sauf verticale descendante
3	À plat, en gouttière, en angle à plat
4	À plat, en gouttière
5	Verticale descendante

6 :

Polarité à l'électrode	Courant de soudage			
	CC uniquement	CC et CA tension à vide minimale (CA)		
		50	70	90
+ ou –	–	1	4	7
–	–	2	5	8
+	0	3	6	9

Les électrodes sont repérées de 0 à 9.
CC = Courant Continu CA = Courant Alternatif.

H :

Teneur en hydrogène diffusible
H si 5 < teneur en ml/100 g < 10
BH si teneur en ml/100 g ⩽ 5

14.13.2 LES ÉLECTRODES ENROBÉES (ACIERS ALLIÉS)

L'ACIER

Les normes européennes distinguent deux grandes familles d'aciers : Les aciers alliés et les aciers non-alliés. Ils sont dits à bas carbone jusqu'à 0,30 %, à haut carbone de 0,30 à 0,70 %, à très haut carbone de 0,70 à 1 %.

Les aciers non-alliés peuvent contenir au maximum : 1,8 % de manganèse (Mn), 0,5 % de silicium (Si), 0,3 % de chrome (Cr), 0,08 % de molybdène (Mo).

LA NORME NF A 81340

E Y55 1NiMo B 120 2 6 BH

E : Symbole général

Y55 :

Symbole	Limite élastique Re 0,2 %
Y 42	420
Y 46	460
Y 50	500
Y 55	550
Y 62	620
Y 69	690
Y 79	790
Y 89	890

B :

Symbole	Type d'enrobage
B	Basique
R	Rutile (enrobage semi-épais)

120 : Rendement (si > 105 %) arrondi aux 10 % les plus proches

2 :

Symb	Position de soudage
1	Toutes positions
2	Toutes positions, sauf verticale descendante
3	À plat, en gouttière, en angle à plat
4	À plat, en gouttière
5	Verticale descendante

6 :

Polarité à l'électrode	Courant de soudage			
	CC uniquement	CC et CA tension à vide minimale (CA)		
		50	70	90
+ ou –	–	1	4	7
–	–	2	5	8
+	0	3	6	9

Les électrodes sont repérées de 0 à 9.
CC = Courant Continu   CA = Courant Alternatif.

BH : **Teneur en hydrogène diffusible**
H si 5 < teneur en ml/100 g < 10
BH si teneur en ml/100 g ⩽ 5

1NiMo :

Symboles	**Composition Chimique %**								**KCV – 20 °C J/cm²**	
	C	**Mn**	**Cr**	**Ni**	**Mo**	**Autres éléments**	**S**	**P**	Valeur moyenne	Valeur individuelle
Mn Mo	⩽ 0,12	⩽ 1,4			0,2 à 0,6		⩽ 0,03	⩽ 0,03	⩾ 59	⩾ 35
2 Mn Mo	⩽ 0,12	1,4 à 2,4			0,2 à 0,6		⩽ 0,03	⩽ 0,03	⩾ 59	⩾ 35
1 Ni Mo	⩽ 0,12	⩽ 1,4		0,6 à 1,2	0,2 à 0,6		⩽ 0,03	⩽ 0,03	⩾ 59	35
1 Ni Mo Cu	⩽ 0,12	⩽ 1,4		0,6 à 1,2	0,2 à 0,6	Cu 0,3 à 0,6	⩽ 0,03	⩽ 0,03		
1,5 Ni Mo V	⩽ 0,12	⩽ 1,4		0,6 à 1,8	0,2 à 0,6	V 0,05 à 0,3	⩽ 0,03	⩽ 0,03		
2 Mn 1 Ni Mo	⩽ 0,12	1,4 à 2,4		1,6 à 1,2	0,2 à 0,6		⩽ 0,03	⩽ 0,03	⩾ 59	⩾ 35
2 Mn 1,5 Ni Mo	⩽ 0,12	1,4 à 2,4		1,2 à 1,8	0,2 à 0,6		⩽ 0,03	⩽ 0,03	⩾ 59	⩾ 35
2 Mn 2 Ni Mo	⩽ 0,12	1,4 à 2,4		1,8 à 2,6	0,2 à 0,6		⩽ 0,03	⩽ 0,03	⩾ 59	⩾ 35
1 Ni Cr Mo	⩽ 0,12	⩽ 1,4		0,6 à 0,12	0,2 à 0,6		⩽ 0,03	⩽ 0,03		
1,5 Ni Cr Mo	⩽ 0,12	⩽ 1,4		1,2 à 1,8	0,2 à 0,6		⩽ 0,03	⩽ 0,03		
2 Mn 1 Ni Cr Mo	⩽ 0,12	1,4 à 2,4	0,15 à 0,6	0,6 à 1,2	0,2 à 0,6		⩽ 0,03	⩽ 0,03		
2 Mn 1,5 Ni Cr Mo	⩽ 0,12	1,4 à 2,4	0,15 à 0,6	1,2 à 1,8	0,2 à 0,6		⩽ 0,03	⩽ 0,03		
2 Mn 2 Ni Cr Mo	⩽ 0,12	1,4 à 2,4	0,15 à 0,6	1,8 à 2,6	0,2 à 0,6		⩽ 0,03	⩽ 0,03		
2 Mn 2 Ni 1 Cr Mo	⩽ 0,12	1,4 à 2,4	0,15 à 0,6	1,8 à 2,6	0,2 à 0,6		⩽ 0,03	⩽ 0,03		
Mn Ni Cr Cu	⩽ 0,12	⩽ 1,4	0,15 à 0,6	0,3 à 0,6		Cu 0,3 à 0,6	⩽ 0,03	⩽ 0,03	⩾ 59	⩾ 35
Mn 1 Cr M0	⩽ 0,18	⩽ 1,4	0,6 à 1,6		0.2 à 0.6		⩽ 0,03	⩽ 0,03		
Mn 1 Cr 1 Mo V	⩽ 0,15	⩽ 1,4	0,6 à 1,6		0.2 à 0.6	V 0.05 à 0.3	⩽ 0,03	⩽ 0,03		

14.13.3 LES ÉLECTRODES ENROBÉES (ACIERS INOXYDABLES)

L'ACIER

Au-delà des seuils évoqués précédemment, l'acier est dit allié. Il est fortement allié dès que l'un des additifs atteint ou dépasse 5 % de la masse.
À l'intérieur de chacune des deux familles, on distingue 2 classes de qualité.
Aciers non-alliés de base, de qualité ou spéciaux.
Aciers alliés de qualité ou spéciaux *(les aciers inoxydables font partie des aciers alliés spéciaux).*

LA NORME NF A 81343

E Z 19 12 3 L R 2 3

E → Symbole général

Symbole	Type d'enrobage
B	Basique
R	Rutile (enrobage semi-épais)

Symb	Position de soudage
1	Toutes positions
2	Toutes positions, sauf verticale descendante
3	À plat, en gouttière, en angle à plat
4	À plat, en gouttière
5	Verticale descendante

Polarité à l'électrode	Courant de soudage			
	CC uniquement	CC et CA tension à vide minimale (CA)		
		50	70	90
+ ou –	–	1	4	7
–	–	2	5	8
+	0	3	6	9

Les électrodes sont repérées de 0 à 9.
CC = Courant Continu   CA = Courant Alternatif.

Symboles	Composition Chimique %									
	C max	Mn max	Si max	Cr	Ni	Mo	Nb	Cu	S max	P max
Z 13	0,12	1	0,9	11-13,5					⩽ 0,03	⩽ 0,03
Z 17	0,1	1	0,9	15-18	0,4-0,8				⩽ 0,03	⩽ 0,03
Z 17.4.1	0,06	1,5	0,9	15-17	4-6	0,7-1,.3			⩽ 0,03	⩽ 0,03
Z 19.9	0,07	2,5	0,9	18-21	9-11				⩽ 0,03	⩽ 0,03
Z 19.9 L	0,03	2,5	0,9	18-21	9-11				⩽ 0,03	⩽ 0,03
Z 19.9 Nb	0,08	2,5	0,9	18-21	9-11		0,64-1		⩽ 0,03	⩽ 0,03
Z 19.12.2	0,08	2,5	0,9	17-20	11-14	2-2,5			⩽ 0,03	⩽ 0,03
Z 19.12.2 L	0,03	2,5	0,9	17-20	11-14	2-2,5			⩽ 0,03	⩽ 0,03
Z 19.12.2.Nb	0,08	2,5	0,9	17-20	11-14	2-2,5	0,48-1		⩽ 0,03	⩽ 0,03
Z 19.12.3	0,07	2,5	0,9	17-20	10-13	2,5-3			⩽ 0,03	⩽ 0,03
Z 19.12.3 L	0,03	2,5	0,9	17-20	10-13	2,5-3			⩽ 0,03	⩽ 0,03
Z 19.12.3 Nb	0,08	2,5	0,9	17-20	10-13	2,5-3	0,64-1,1		⩽ 0,03	⩽ 0,03
Z 19.13. 4	0,08	2,5	0,9	18-21	12-14	3-4			⩽ 0,03	⩽ 0,03
Z 22.12	0,15	2,5	0,9	20-23	10-13				⩽ 0,03	⩽ 0,03
Z 23.12	0,15	2,5	0,9	22-25	12-14				⩽ 0,03	⩽ 0,03
Z 23.12 L	0,05	2,5	0,9	22-25	12-14				⩽ 0,03	⩽ 0,03
Z 23.12 Nb	0,08	2,5	0,9	22-25	12-14		0,7-1		⩽ 0,03	⩽ 0,03
Z 23.12.2	0,12	2,5	0,9	22-25	12-14	2-3			⩽ 0,03	⩽ 0,03
Z 16.8.2	0,1	2,5	0,5	14,5-16,5	7,5-9,5	1-2			⩽ 0,03	⩽ 0,03
Z 18.8 Mn	0,2	5-7	0,9	17-20	7-9				⩽ 0,03	⩽ 0,03
Z 25-20	0,15	2,5	0,75	25-28	20-22				⩽ 0,03	⩽ 0,03
Z 25.20.2	0,12	2,5	0,75	25-28	20-22	2-3			⩽ 0,03	⩽ 0,03
Z 25.20 C	0,25-0,45	2,5	1	24-28	18-22				⩽ 0,03	⩽ 0,03
Z 20.25.5 L Cu	0,04	2,5	0,9	19-22	24-26	4-6		1-3	⩽ 0,03	⩽ 0,03
Z 29.9	0,15	2,5	0,9	28-32	8-13,5				⩽ 0,03	⩽ 0,03

14.14 BRASAGE

De très nombreux secteurs industriels font appel au brasage pour leurs assemblages : l'industrie électronique, pour la soudure à l'étain des composants sur les circuits imprimés, le secteur de la bijouterie avec des métaux d'apport à base d'or ou d'argent.

Dans le domaine des structures métalliques, ce procédé est très employé en tuyauterie cuivre ou pour l'assemblage des métaux ne supportant pas d'élévation importante de température. C'est une soudure hétérogène. Seul le métal d'apport est amené à température de fusion.

LA CAPILLARITÉ

Les pièces à assembler doivent être parfaitement propres.
Le jeu J tel que :

$$0{,}05 \text{ mm} \leqslant \mathbf{J} < 0{,}2 \text{ mm}$$

Les pièces sont amenées à température de mouillage qui correspond à la température de fusion du métal d'apport

Il suffit de déposer le métal d'apport en un endroit quelconque de l'assemblage, il diffuse partout dans le joint; c'est la **capillarité**.

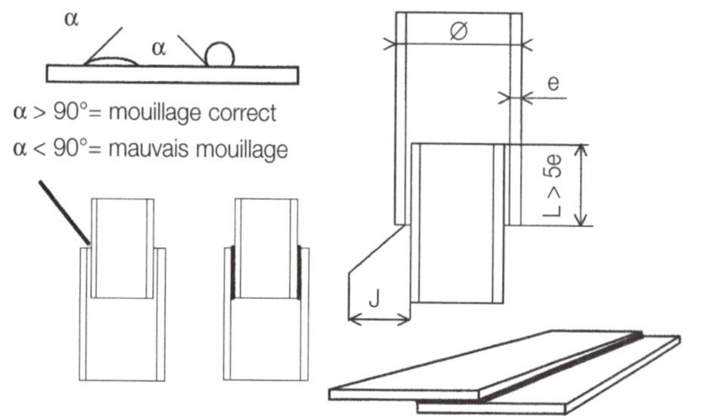

LE BRASAGE

		Aciers non-alliés	Aciers alliés	Aciers inoxydables	Fonte Grise	Cuivre et alliages	Aluminium et alliages	Tungstène
Tendre	Jeu	0,05				0,02 à 0,12	0,15 à 0,25	
	M. A.	Pb + Sn				Sn + Pb	Sn + Zn	
	°C	300 °C				183 °C électronique	200 °C	
Fort	Jeu	0,05 à 0,12	0,05 à 0,12	0,05 à 0,12	0,05 à 0,12	0,02 à 0,12	0,15 à 0,25	0,05 à 0,12
	M. A.	Cu + Zn	Ag + Ni	Cu + Ni	Ag + Cu	Cu + Ag	Zn + Al	Ni + Nb
	°C	750 à 900 °C	750 à 900 °C	750 à 900 °C	600 à 750 °C	600 à 750 °C	380 °C	750 à 900 °C

Le métal d'apport, peut être livré en fil, en baguette ou en grains.

LES MOYENS DE CHAUFFAGE

Manuel :
- Fers ou lampe à souder, chalumeau O. A.

Automatisés :
- Par résistance (1), au solénoïde (2), dans un bac à bain de sel ou par brasage au trempé.

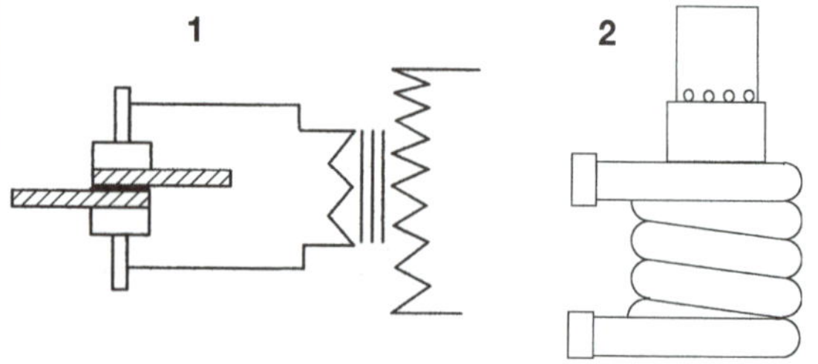

Le métal d'apport, en grain, et le flux décapant sont déposés au droit du joint avant la montée en température.

14.15 CONTRÔLES EN SOUDAGE

Les contrôles en soudage constituent une opération de la plus haute importance.
Seuls sont habilités à les conduire :
- les soudeurs eux-mêmes, lorsqu'ils sont qualifiés selon la norme européenne En 287, et qu'il s'agit d'opérations directement liées à la procédure de soudage.
- les opérateurs qualifiés par le C.O.F.R.E.N.D (1), selon leur niveau.

Toutes les informations figurent sur le D.M.O.S (2) :

(1) Comité français des essais non destructifs
(2) Descriptif du mode opératoire de soudage

AVANT

1 Le numéro du lot des électrodes ou du métal d'apport à employer.
(un lot d'électrodes s'identifie par un N° de coulée de l'acier constituant l'âme métallique ainsi que par le type d'enrobage.)

2 La température et la durée de l'étuvage des électrodes.

3 La géométrie du chanfrein.

4 Le réglage de la tension et de l'intensité de soudage du poste générateur.

5 La température et l'étendue du préchauffage.

PENDANT

1 Les conditions de stockage des électrodes pour éviter la reprise d'humidité de l'enrobage.

2 La température entre les passes de soudage.

3 La qualité de l'élimination du laitier.

4 Les contrôles visuels ou par ressuage entre passes.

APRÈS

1 Les essais destructifs de caractérisation des éprouvettes.
- texture (pliage)
- traction,
- résilience,
- dureté,
- macro et micrographie.

2 Les essais non destructifs,
- ressuage,
- magnétoscopie,
- ultrasons,
- radiographie.

3 Le cycle thermique du TTAS (1), temps de montée en température, température atteinte, durée du maintien à cette température, durée du refroidissement.

(1) Traitement thermique après soudage

DOC. SONASPECTION

14.15.1 ESSAIS DESTRUCTIFS

L'IMPLANTATION DES ÉPROUVETTES

① Éprouvette prismatique de traction d'une largeur de 20 mm sur toute l'épaisseur de l'assemblage.

② Éprouvette cylindrique de traction, longueur 120 mm, Ø 10.
Elle est prélevée au tiers supérieur de l'épaisseur.

③ Éprouvettes de pliage endroit et envers, largeur 50 mm, épaisseur 10 mm ou épaisseur de l'assemblage.

④ Éprouvettes de pliage de côté, épaisseur 10 mm, largeur égale à l'épaisseur de l'assemblage.

⑤ Éprouvettes de résilience. La section normalisée est de 10 × 10 mm. Elle peut être de 10 × 7,5 ou 10 × 5 selon l'épaisseur de l'assemblage.

⑥ Éprouvette de macrographie, micrographie et dureté.

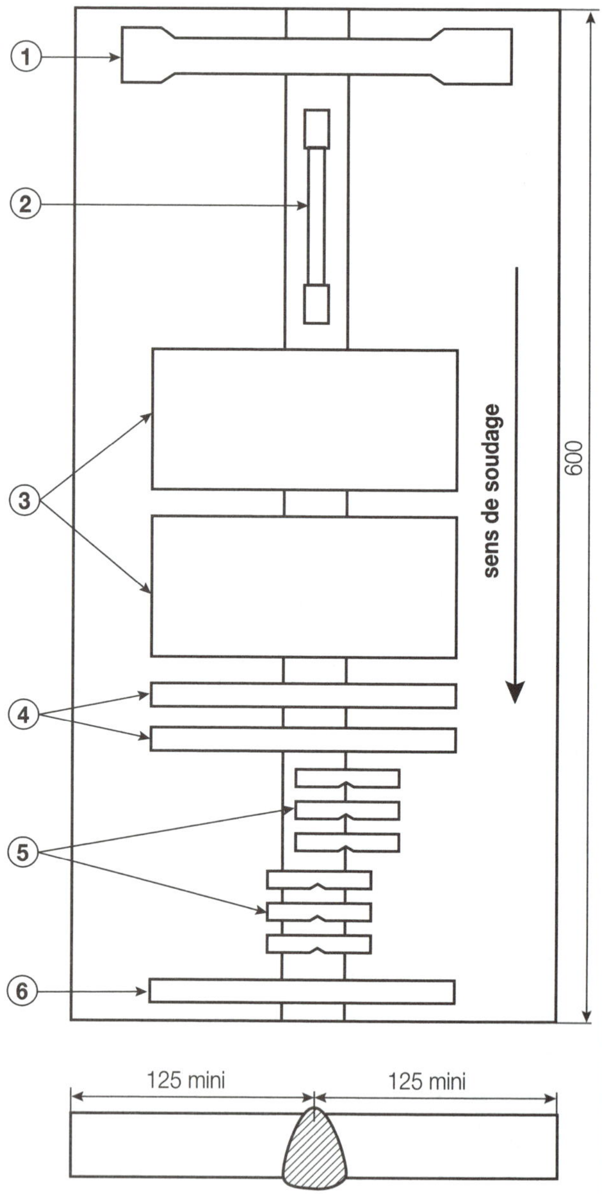

MACROGRAPHIE

MICROGRAPHIE

La macrographie est un témoin de référence du nombre et de la répartition des passes pour juger de l'application des limites de validité fixées par la qualification du mode opératoire. Aucune fissure ni collage n'est accepté.
La micrographie ne doit pas révéler de structures anormales de trempe, de micro-fissures ou de précipités pouvant nuire au bon comportement de l'acier dans le cas des aciers inoxydables austénitiques.

ESSAI DE TEXTURE PLIAGE

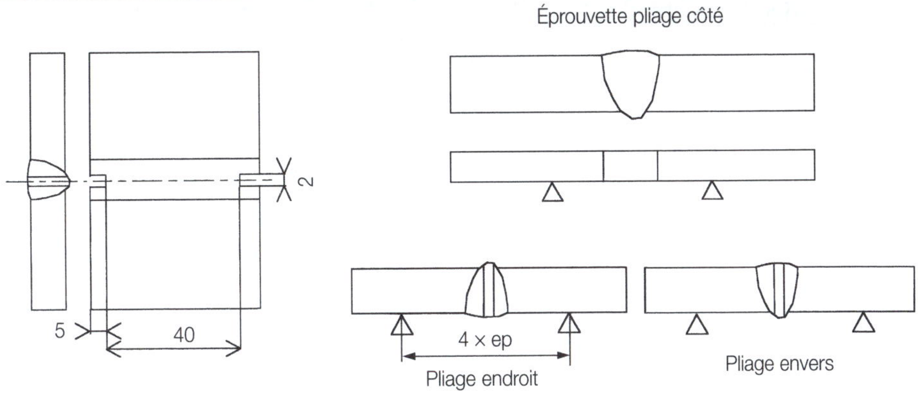

L'essai de pliage doit être conduit jusqu'à un angle de 120°.
Pour les assemblages d'épaisseur > 12 mm les éprouvettes de pliage endroit et envers peuvent être remplacées par des éprouvettes de pliage coté.

RÉSILIENCE

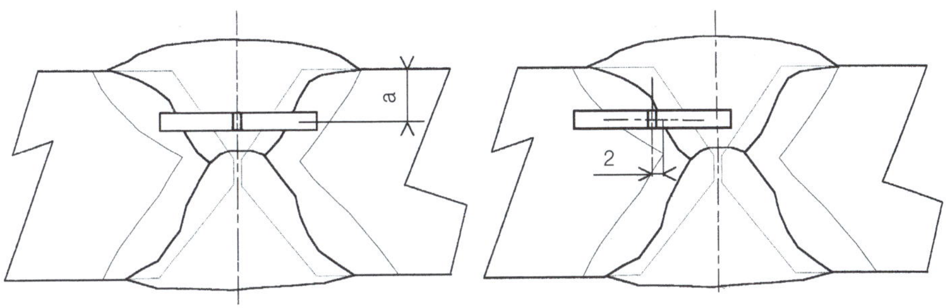

Le prélèvement des éprouvettes varie selon l'épaisseur de l'assemblage :
a = à mi-épaisseur pour e ⩽ 50,
a = au tiers supérieur pour 50 < e ⩽ 80,
a = au quart supérieur pour e > 80.

DURETÉ

Soudure sans reprise envers

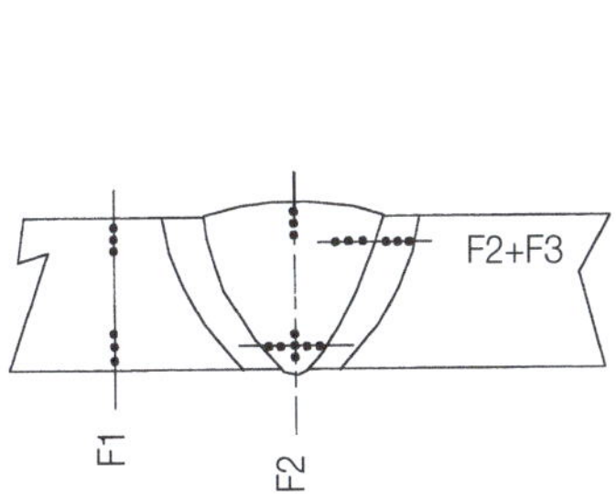

Soudure avec reprise envers

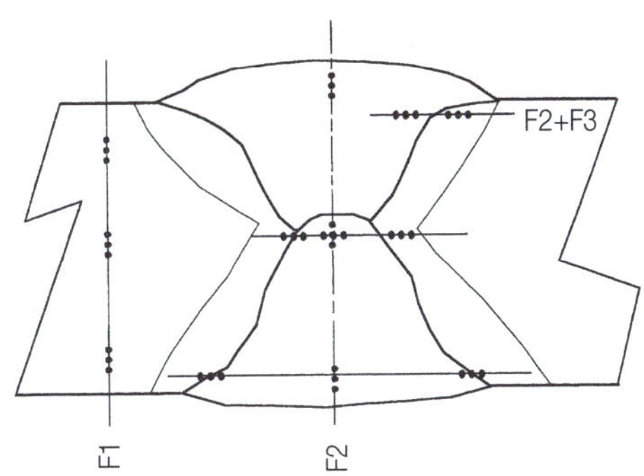

La mesure des duretés s'opère en dureté Vickers HV5. Ce sont généralement des groupes de trois points distants de 0,5 mm qui constituent la filiation.
Trois zones sont obligatoirement mesurées :
- le métal de base F1,
- le métal déposé F2,
- la zone affectée thermiquement Z.A.T. F3.

14.15.2 ESSAIS NON-DESTRUCTIFS

VISUELS

Ce contrôle s'opère essentiellement par le soudeur lui-même.
Il lui permet d'affiner ses réglages et de régler sa vitesse d'avance.

1 la présence de caniveaux
2 une sur-épaisseur ou une sous-épaisseur (gorge a)
3 un manque de pénétration.

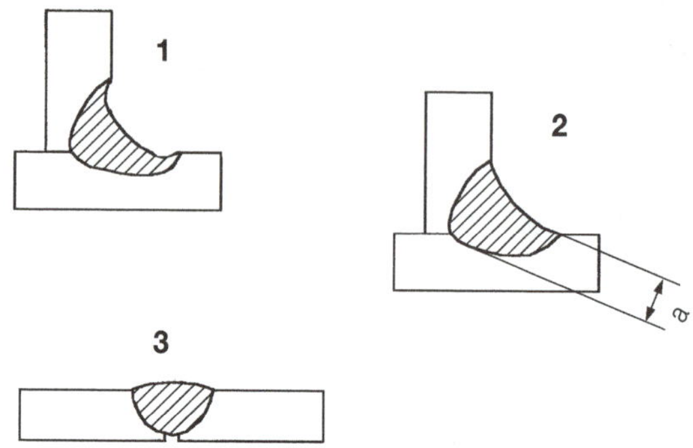

D'ÉTANCHÉITÉ

Ce contrôle s'effectue par remplissage d'eau et montée en pression. Il permet en outre de vérifier la contenance du réservoir.
La pression d'épreuve est de 1,5 à 2 fois la pression de service.
Compte tenu du danger que cela représente, le contrôle à l'air comprimé ne peut s'opérer que pour des pressions inférieures à 3 MPa.
Pour les petites capacités, lorsqu'il est recherché une étanchéité parfaite, le contrôle peut se faire en immergeant le réservoir, soumis à un vide poussé, dans une atmosphère d'hélium. Un spectromètre de masse, placé à l'intérieur du réservoir, mesure la quantité d'hélium éventuellement pénétré.
Ce procédé ne permet pas de localiser la fuite.

PAR RESSUAGE

Le ressuage consiste à badigeonner la soudure et son environnement d'un liquide très fluide et très peu volatil :
« le rouge d'organol »

La grande fluidité de ce produit lui permet de pénétrer les micro-fissures débouchantes. (1)
Après un essuyage minutieux, la zone est recouverte de talc en suspension dans un aérosol. (2)
Les résidus de rouge d'organol présents dans les fissures, apparaissent sous la forme d'auréoles rouges. (3)

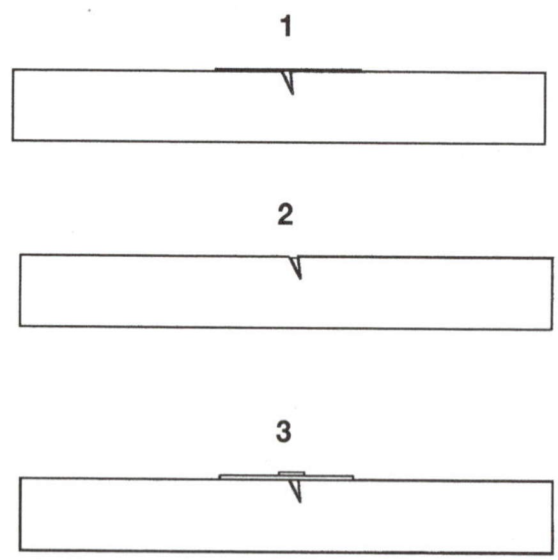

FLUORESCENCE

La fluorescence s'effectue dans les mêmes conditions que le ressuage.
Le rouge d'organol est remplacé par une encre fluorescente mise en évidence sous une lumière ultraviolette.
Le talc est remplacé par un renforçateur à base de silice.

MAGNÉTO-SCOPIE

La magnétoscopie consiste à enduire une pièce d'une encre chargée en poudre de fer et à créer un champ magnétique perpendiculaire au défaut probable.
Si la pièce *(ferromagnétique)* est homogène, la poudre de fer restera répartie uniformément.
A l'endroit d'un défaut, les lignes d'induction étant déviées, il se produit une concentration de poudre de fer, que ce défaut soit débouchant ou non.
- un electro-aimant classique, (1)
- une bobine d'induction créant un courant de Foucault (2)

1

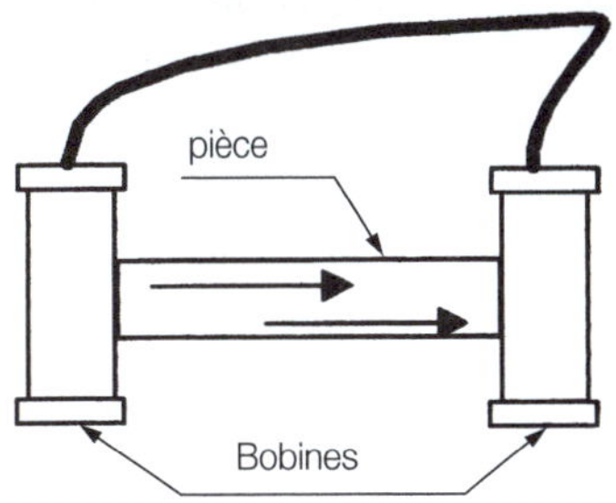

2

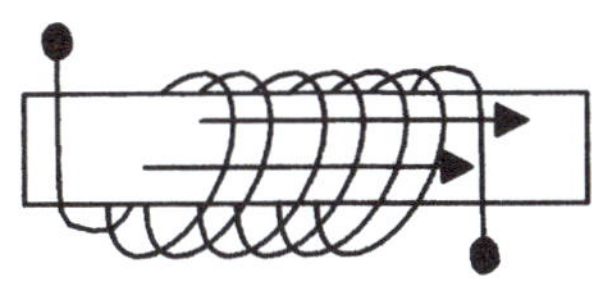

LES ULTRASONS U. S.

La méthode consiste à émettre un signal ultrasonore, émis par un palpeur, sous un angle d'incidence, dans une pièce perméable aux ultrasons et d'en recueillir l'onde réfléchie.
Si les U. S. ne rencontrent aucun obstacle, ils atteindront la face inférieure de la pièce et se réfléchiront suivant un angle de réflexion égal à l'angle d'incidence. (1)
Si les U. S. rencontrent un défaut sur leur parcours, celui-ci constituera une surface réfléchissante et le palpeur recueillera deux ondes réfléchies. (2)
Tous les palpeurs sont émetteurs-recepteurs.
Il en existe différents types dont la particularité essentielle est l'angle d'incidence d'émission des U. S.
Il est indispensable avant l'opération :
- d'étalonner l'oscilloscope et le palpeur à l'aide de la cale étalon.
- de constituer l'interface d'émission des U. S. en lubrifiant la surface de la pièce sur laquelle glissera le palpeur. *(de la colle de tapissier convient très bien)*

1

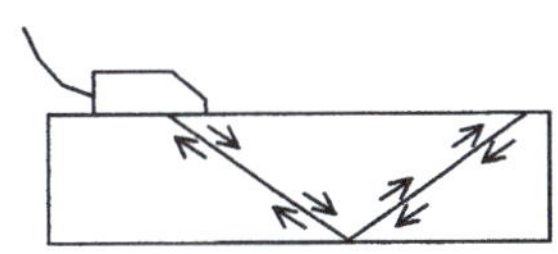

2

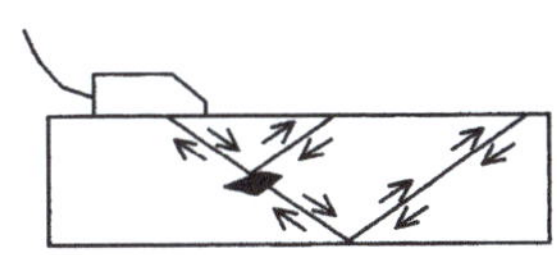

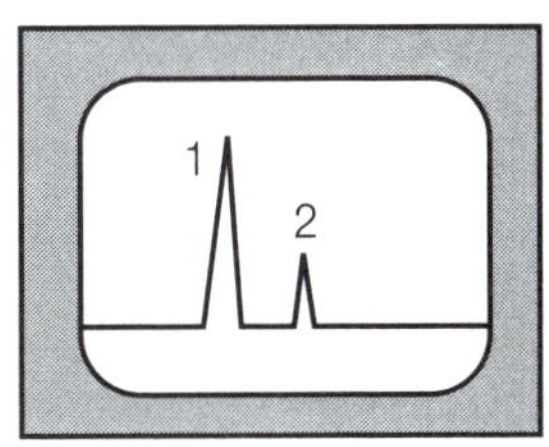

déplacement du palpeur

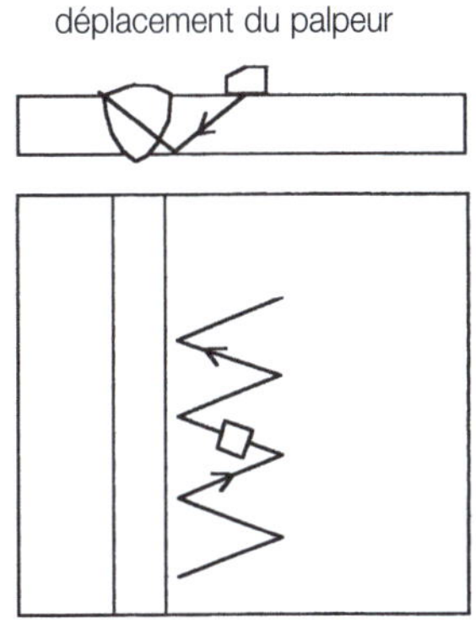

RADIOGRAPHIE

La soudure et la ZAT sont traversées par une émission de rayons X ou γ *(gamma)*.
Les rayons X sont créés par des canons alimentés par un courant à très haute tension.
Les rayons γ sont émis par les éléments radioactifs, lorsqu'ils sont utilisés, le procédé s'appelle la **gammagraphie**.
Les défauts rencontrés apparaissent, sur les films, selon des taches plus ou moins sombres suivant leur nature.

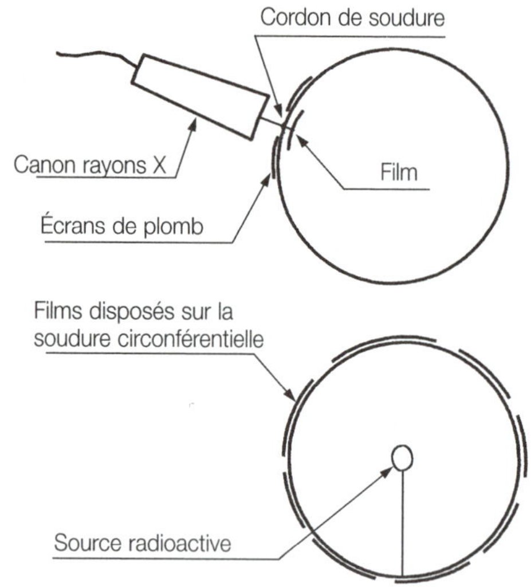

Désignation	Type de défaut	Apparence radiographique
Inclusions gazeuses	Cavités sphériques ou longiformes	Taches sombres nettement définies
Inclusion de laitier ou autres matières étrangères	Cavités allongées contenant le laitier ou l'élément étranger	Taches sombres à contours irréguliers souvent parallèles à la soudure
Mauvaise reprise au changement d'électrode	Brusque variation de section du cordon de soudure	Taches sombres isolées à la reprise d'une soudure
Manque de pénétration	Fusion incorrecte entre le métal de base et le métal d'apport	Lignes sombres continues ou intermittentes, au milieu de la soudure
Fissures longitudinales ou transversales	Fractures dans le métal Arrachement lamellaire	Fines lignes sombres rectilignes ou non
Caniveaux	Rainures ou gorges à la surface de la tôle parallèles à la soudure	Lignes sombres, parfois larges et diffuses, le long du bord de la soudure

14.15.3 TYPES DE SOUDURES ET TYPES DE CONTRÔLES

TYPES DE SOUDURES

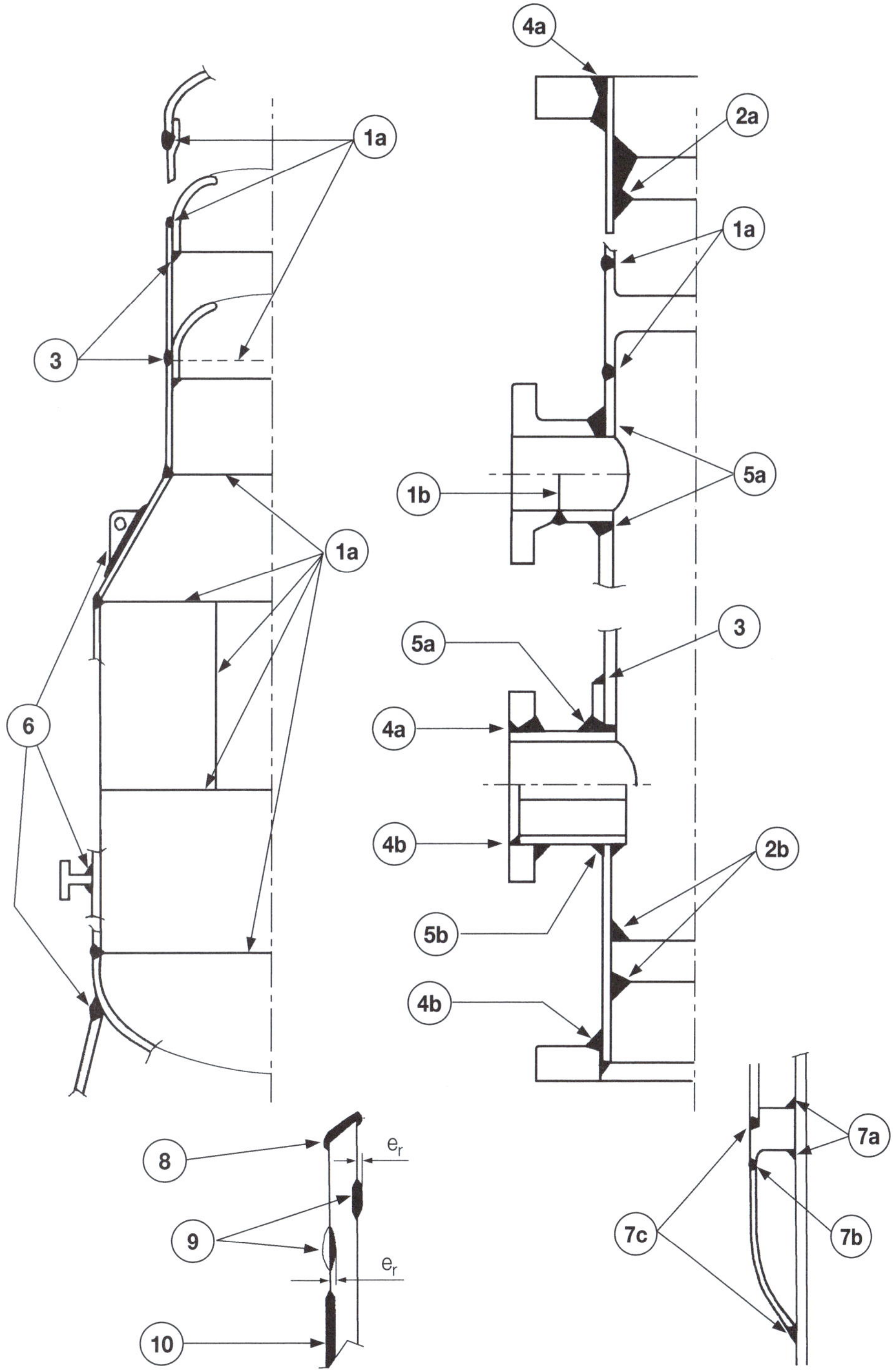

Note : se reporter au tableau page suivante pour les légendes de la figure et les contrôles à effectuer.

TYPES DE CONTRÔLES

N°	Assemblage			Examens	Étendue A	Étendue B Z=1	Étendue B Z= 0,85	Étendue C
1a	Soudures bout à bout	sur un corps d'appareil ou sur une tubulure		– RI ou US – MG	T T	T T	P P	P O
1b	Soudures bout à bout	circulaire sur une tubulure de $d_i > 80$ mm		– RI ou US – MG	T T	T O	P O	P O
2a	Soudures d'un fond plat d'une plaque tubulaire sur une enveloppe	Soudures pénétrantes		– RI ou US – MG	T T	T T	P P	P O
2b	Soudures d'un fond plat d'une plaque tubulaire sur une enveloppe	Soudures non-pénétrantes		– MG ou RS				P
3	Soudures d'assemblages par recouvrement d'éléments soumis à la pression			– MG ou RS	T	T	P	P
4a	Soudures d'une bride plate ou d'un collet sur : – un corps d'appareil – une tubulure dont $d_i > 80$ mm	Soudures pénétrantes		– RI ou US – MG ou RS	T T	T T	P P	P O
4b	Soudures d'une bride plate ou d'un collet sur : – un corps d'appareil – une tubulure dont $d_i > 80$ mm	Soudures non-pénétrantes		– MG ou RS				P
5a	Soudures d'une tubulure ou d'un piquage sur un corps d'appareil	$d_i > 80$	Soudures pénétrantes	– RI ou US – MG ou RS	T T	T T	P P	P O
5b	Soudures d'une tubulure ou d'un piquage sur un corps d'appareil	$d_i > 80$	Soudures non-pénétrantes	– MG ou RS				P
5a	Soudures d'une tubulure ou d'un piquage sur un corps d'appareil	$d_i \leqslant 80$	Soudures pénétrantes	– RI ou US – MG ou RS	T T	T T	P P	O O
5b	Soudures d'une tubulure ou d'un piquage sur un corps d'appareil	$d_i \leqslant 80$	Soudures non-pénétrantes	– MG ou RS				O
6	Soudures d'attaches provisoires (après leur enlèvement), d'attaches définitives, de raidisseurs, d'oreilles de levage, etc. sur un élément d'appareil soumis à pression	Aciers au carbone et carbone-manganèse dont $R_{max} \leqslant 570$ N/mm^2 et $e_v \leqslant 30$ mm, les aciers austénitiques et les aciers alliés au nickel		– RS	T	T	T	T
6	Soudures d'attaches provisoires (après leur enlèvement), d'attaches définitives, de raidisseurs, d'oreilles de levage, etc. sur un élément d'appareil soumis à pression	Aciers d'autres nuances et $e_v > 30$ mm		– MG	T	T	T	T
7a	Soudures d'une double enveloppe sur un corps d'appareil	Pièces intermédiaires		– MG ou RS	T	T	P	O
7b	Soudures d'une double enveloppe sur un corps d'appareil	Double enveloppe	Soudures bout à bout	– RI ou US – MG	T T	T T	P P	P O
7c	Soudures d'une double enveloppe sur un corps d'appareil	Double enveloppe	Soudures angulaires ou par recouvrement	– MG ou RS	T	T	P	O
8	Beurrage			– US	T	T	T	T
9	Rechargements	$e_r \leqslant 5$ mm		– MG	T	T	T	T
9	Rechargements	$e_r > 5$ mm		– US	T	T	T	T
10	Revêtements			Déterminés en accord avec l'acheteur				

Examens	Étendue	Appareils
RI = Radiographie	T = contrôle total	A, B, C = catégorie
US = Ultrasons	P = contrôle partiel ; 10 %	Z = coefficient de soudure
MG = Magnétoscopie	O = examen visuel	d_i = ∅ int. des tubulures
RS = Ressuage		e_r = épaisseur du rechargement

14.16 SOUDAGE DES ACIERS INOXYDABLES

L'INOXYDABILITÉ

Un acier n'est inoxydable que par la présence d'une pellicule, très fine et très adhérente d'oxyde de chrome.
Cette protection se crée, assez rapidement, pour un alliage à partir de 13 % de chrome, lorsqu'il est au contact de l'oxygène de l'air ou dans une atmosphère suffisamment oxygénée.

Soumise à un cycle thermique, par les effets de la dilatation et du retrait, cette enveloppe peut se détruire partiellement. Dans le cas d'un soudage, lorsqu'il y a création d'un nouvel alliage, il faut absolument veiller à ce que cet oxyde de chrome puisse se former.

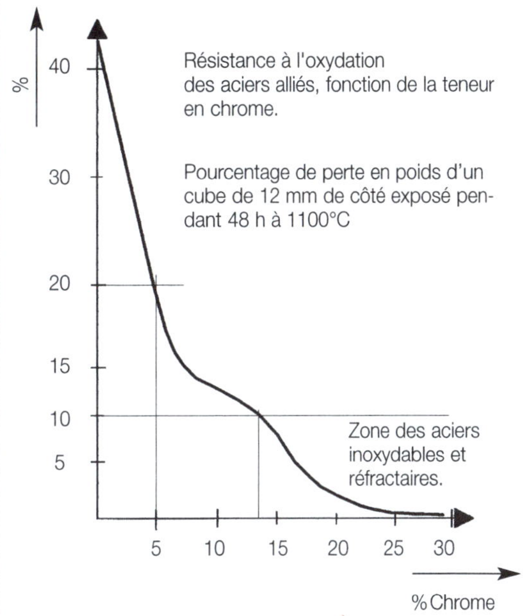

PASSIVATION

Toute intervention ayant entraîné une montée en température sera suivie d'une **passivation**, qui consiste à brosser énergiquement toute la zone montée en température avec une solution à 30 % d'acide fluorhydrique ou nitrique jusqu'à disparition des auréoles.
Il existe des pâtes spécialisées qui suppriment le brossage.

AUSTÉNITIQUE

L'acier inoxydable **austénitique** cristallise à toutes températures sous la forme γ, et présente des qualités de grande malléabilité *(A % de 40 à 60)*.
- sa diffusivité est moitié plus faible que celle des aciers non-alliés et le rend très sensible aux échauffements locaux; son coefficient de dilatation thermique est de 50 à 60 % supérieur favorisant ainsi les déformations.
- aucun risque de transformation martensitique : pas de préchauffage.

FERRITIQUE

L'acier inoxydable **ferritique** cristallise à toutes températures sous la forme α, aucun risque de transformation martensitique : pas de préchauffage.
- les caractéristiques physiques, diffusivité, coefficient de dilatation sont sensiblement les mêmes que pour les aciers non-alliés.
- excellente résistance à l'oxydation et sulfuration à haute température.

MARTENSITIQUE

L'acier inoxydable **martensitique** est pratiquement auto-trempant par refroidissement à l'air. Il nécessite un préchauffage et un postchauffage.
- association de l'inoxydabilité et de la résistance des aciers trempés.
- les caractéristiques physiques, diffusivité, coefficient de dilatation sont sensiblement les mêmes que pour les aciers non-alliés.

Soudage des aciers inoxydables

L'ENROBAGE

L'enrobage rutile peut très bien être utilisé, il favorise l'aspect du cordon de soudure. L'enrobage basique permet d'obtenir plus sûrement la composition du métal fondu, il facilite également la création des oxydes de chrome.

Le soudage des aciers inoxydables doit faire face à deux préoccupations majeures :

– la précipitation de carbures de chrome, Cr_4C,

– la phase σ *(Sigma)*

LA CORROSION INTER-GRANULAIRE

Les carbures de chrome précipitent aux joints de grains fragilisant considérablement la liaison cristallographique.

C'est **une corrosion inter-granulaire** qui fait perdre l'inoxydabilité des zones voisines par appauvrissement en chrome.

Le soudeur peut l'éviter en utilisant :

- des aciers à très bas carbone *(l'acier à 0,02 % C y est pratiquement insensible)*
- des aciers dits stabilisés au titane ou au niobium *(leur affinité pour le carbone est plus grande que celle du chrome, ils créent leurs propres carbures sans danger pour la corrosion).*

On peut remédier à la corrosion inter-granulaire par un traitement thermique : **l'hypertrempe** qui consiste à élever la température à 1000-1100 °C suivi d'un refroidissement rapide *(les Cr_4C sont remis en solution).*

Cr_4C aux joints de grains d'austénite et appauvrissement des zones voisines.
(grossissement 1000)

LA PHASE SIGMA

La phase σ est beaucoup plus pernicieuse, pratiquement irréversible si elle se crée à partir de la ferrite.

C'est un nouvel état que prend le fer α, beaucoup plus dur et fragile que la martensite *(martensite 720 HV, phase σ 900 HV).*

La sensibilité des aciers austéno-ferritiques commence à partir de 3 % de ferrite.

Le diagramme de **Schaeffler** permet de composer l'alliage du cordon réalisé, qui évitera cette phase σ.

Il traduit un alliage austéno-ferritique en des équivalents :

- Chrome (α) : Cr_{eq} ,
- Nickel (γ) : Ni_{eq}

[Cr_{eq} a = % Cr + % Mo + 1,5 % Si + 0,5 % Nb]

[Ni_{eq} = % Ni + 30 % C + 0,5 % Mn]

UTILISATION DU DIAGRAMME DE SCHAEFFLER

Le diagramme de Schaeffler permet d'identifier la famille à laquelle l'alliage appartient, et surtout, de connaître le pourcentage de ferrite s'il en contient.
Considérons deux aciers inoxydables : **A** et **B**.

	Types et normes			Composition chimique %							
	AFNOR	U.S.A	UGINE	C	Cr	Ni	Mn	Si	Mo	S	P
A	Z4 CN 18 14	347	NS 95	0,04	18,1	13,9	1,4	0,52	0,22	0,01	0,02
B	Z3 CN 18 10	304	NS 22 S	0,03	18,6	10,4	1,07	0,5	0,43	0,01	0,03

Leur composition chimique permet de calculer les équivalents α et γ.

- **Équivalent α**

(Cr_{eq} = % Cr + % Mo + 1,5 % Si + 0,5 % Nb)

Acier **A :** $Cr_{eq} = 18{,}1 + 0{,}22 + 0{,}78 = \mathbf{19{,}1}$

Acier **B :** $Cr_{eq} = 18{,}6 + 0{,}43 + 0{,}75 = \mathbf{19{,}78}$

- **Équivalent γ**

(Ni_{eq} = % Ni + 30 % C + 0,5 % Mn)

Acier **A :** $Ni_{eq} = 13{,}9 + 1{,}2 + 0{,}7 = \mathbf{15{,}8}$

Acier **B :** $Ni_{eq} = 10{,}4 + 0{,}9 + 0{,}53 = \mathbf{11{,}83}$

Conclusions :

L'acier A est purement austénitique.
L'acier B est un austéno-ferritique à 7 % de ferrite.

Diagramme de Schaeffler

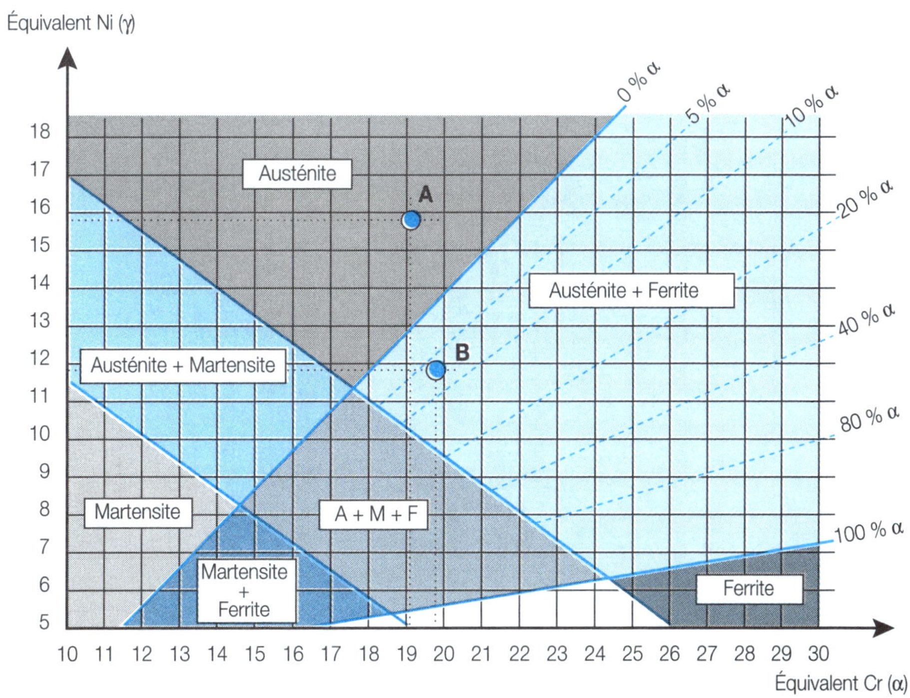

LE CHOIX DE LA NUANCE DU MÉTAL D'APPORT

• **Acier A :**

L'acier **A**, purement austénitique, ne pose pas le problème du risque d'une transformation en phase σ. Par contre son pourcentage de carbone, 0.04 % le rend sujet à une précipitation de carbures de chrome, d'autant qu'il n'est pas stabilisé au titane ou niobium. Il faudra envisager une hypertrempe en TTAS *(traitement thermique après soudure)*, sans oublier la passivation.

• **Acier B :**

L'acier **B** 7 % de ferrite, est très susceptible de créer la phase σ. **Il faudra absolument que le métal d'apport concoure à constituer un alliage dont la teneur en ferrite ne dépasse pas 3 %.**
L'alliage à créer, le cordon de soudure, sera constitué du métal d'apport et de la partie du métal de base qui participera à la constitution du joint *(zone de liaison page 255)*.

On peut considérer un taux de dilution Ma/Mb de 50 % en soudage à l'électrode enrobée. Il passe à 70 % de Ma pour 30 % de Mb en T.I.G.
L'électrode Z 19-12-2 *(tableau page 269)* ; Cr_{eq} = 21,35, Ni_{eq} = 15,65, figure en **C** et assure un alliage austéno-ferritique à **1,5 % de ferrite.**

Il faudra un métal d'apport du type **D** ; Cr_{eq} = 17,8, Ni_{eq} = 13,8 si l'on réalisait cet assemblage au procédé T.I.G.

Ma/Mb = Métal d'apport/Métal de base

Diagramme de Schaeffler

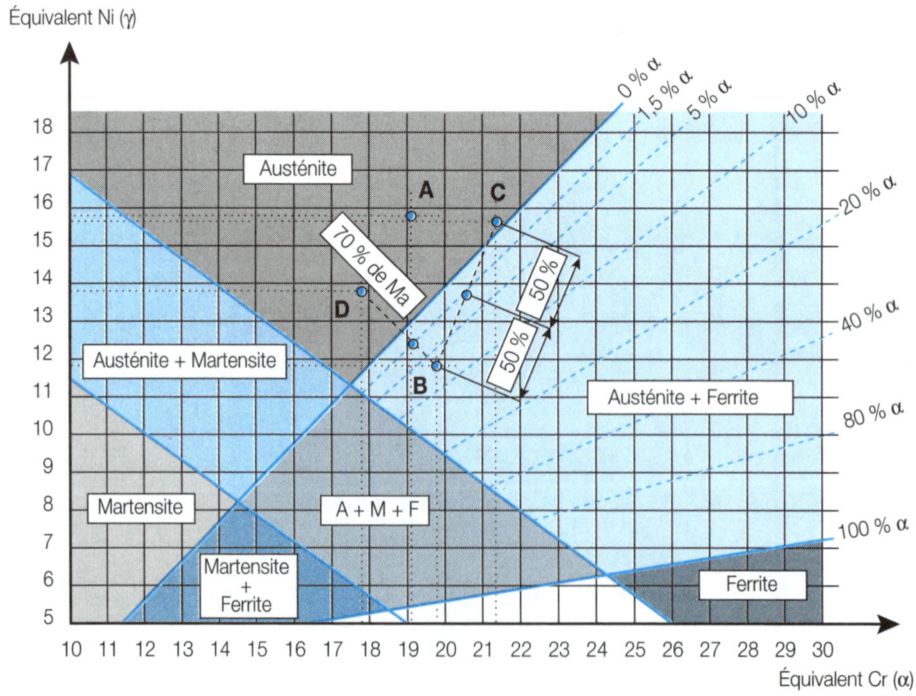

14.17 REPRÉSENTATION SYMBOLIQUE DES SOUDURES

NF EN 22553 – ISO 2553

Les joints soudés peuvent être représentés en respectant les recommandations générales applicables au dessin technique. Dans un but de simplification il convient d'utiliser une représentation symbolique.

SYMBOLISATION D'UNE SOUDURE

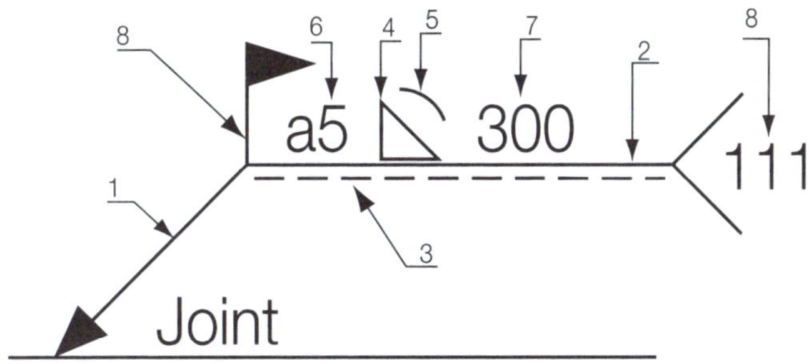

Numéro	Désignation
1	Ligne de repère
2	Ligne de référence
3	Ligne d'identification
4	Symbole de soudure
5	Symbole supplémentaire
6	Cotes principales relatives à la section transversale du cordon de soudure
7	Cotes relatives aux dimensions longitudinales du cordon de soudure
8	Indications complémentaires

LIGNE DE REPÈRE

Représentation : Inclinée et terminée par une flèche qui touche la ligne de joint.

Position

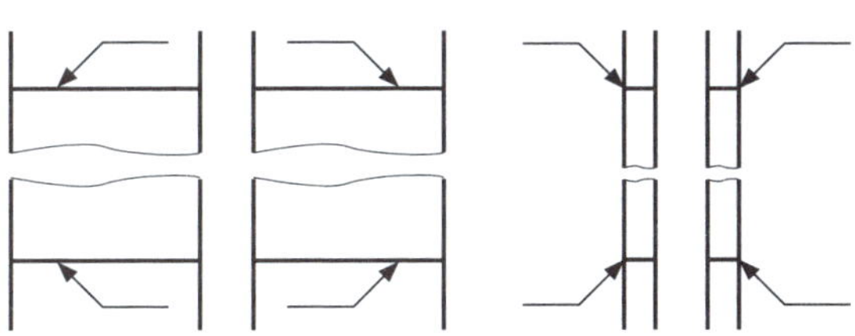

Cas général : position quelconque

Soudures 

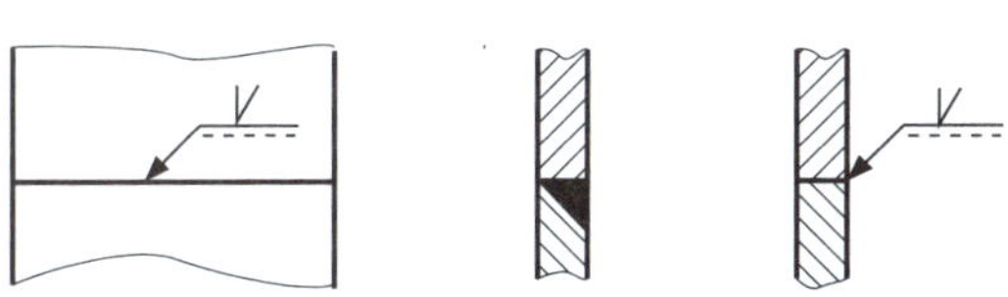

Cas de soudure en :
- demi V
- demi Y
- demi U

position dirigée vers la tôle qui est préparée.

Représentation symbolique des soudures

LIGNE DE RÉFÉRENCE ET D'IDENTIFICATION	**Représentation :** doivent être tracées de préférence **parallèles** (en cas d'impossibilité perpendiculaires) **au bord inférieur du dessin.** La ligne d'identification (trait interrompu) peut être tracée au-dessus ou au-dessous de la ligne de référence (trait continu).

SYMBOLES ÉLÉMENTAIRES	Désignation	Représentation simplifiée	Symbole	Désignation	Représentation simplifiée	Symbole
	Soudure sur bords relevés complètement fondus	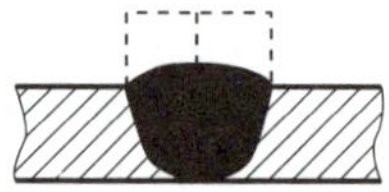		Soudure par points	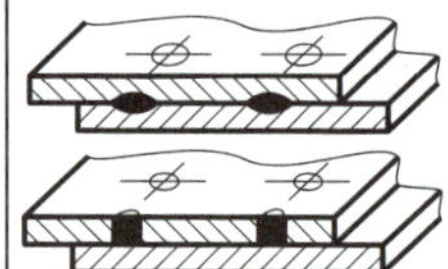	○
	Soudure sur bords droits		||			
	Soudure en V		V	Soudure en ligne continue avec recouvrement	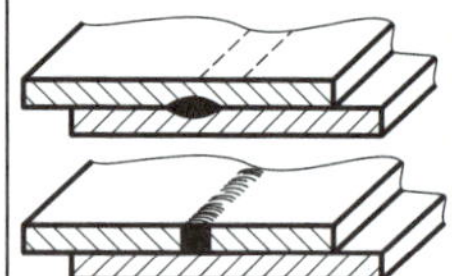	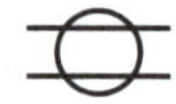
	Soudure en demi V			Soudure en V à flancs droits		
	Soudure en Y		Y	Soudure en demi V à flancs droits		
	Soudure en demi Y			Soudure sur chant		|||
	Soudure en U (ou en tulipe)			Soudure par rechargement	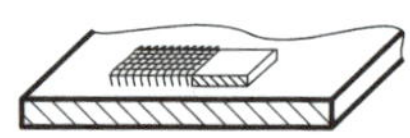	
	Soudure en demi U			Assemblage de surface	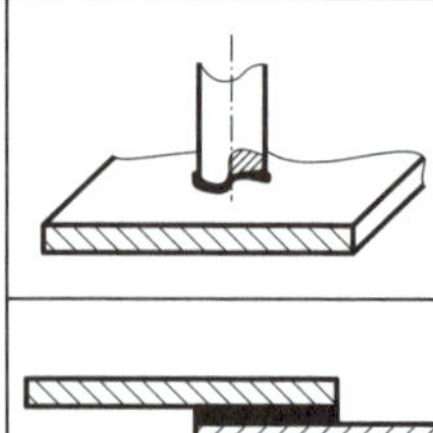	=
	Reprise à l'envers					
	Soudure d'angle	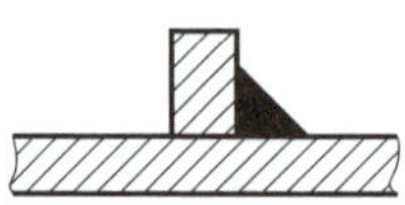		Assemblage oblique		
	Soudure en entailles (en bouchon)	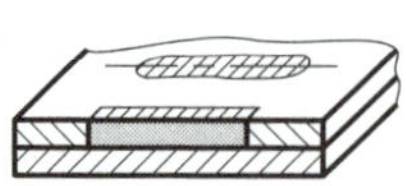		Assemblage replié		

	Désignation	Représentation simplifiée	Symbole
EXEMPLES DE COMBINAISONS DES SYMBOLES ÉLÉMENTAIRES DE SOUDURES SYMÉTRIQUES	Soudure en double V (ou en X)		
	Soudure en K		
	Soudure en X avec méplat		
	Soudure en K avec méplat		
	Soudure en double U		

SYMBOLES SUPPLÉMENTAIRES

But : Ils peuvent compléter les symboles élémentaires pour caractériser la forme de la surface extérieure de la soudure.

Forme de la surface de la soudure	Symbole	Forme de la surface de la soudure	Symbole
Plate		Les bords du cordon doivent être convenablement mouillés	
Convexe		Support à l'envers subsistant	M
Concave		Support à l'envers enlevable	MR

Représentation symbolique des soudures

	Désignation	Représentation simplifiée	Symbole
EXEMPLES D'APPLICATIONS DES SYMBOLES SUPPLÉMENTAIRES	Soudure en V plate		
	Soudure en double V (ou en X) convexe		
	Soudure d'angle concave	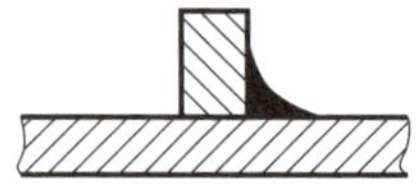	
	Soudure en V plate avec reprise à l'envers plate		
	Soudure d'angle avec bords de cordon de soudure convenablement mouillés	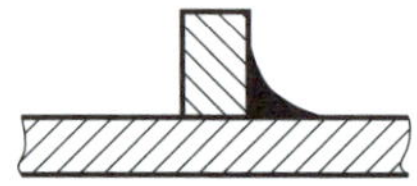	

	Représentation	Position de la soudure
POSITION DU SYMBOLE PAR RAPPORT À LA LIGNE DE RÉFÉRENCE		Pour les soudures symétriques, les symboles sont placés des deux côtés de la ligne de référence (trait continu). Dans ce cas la ligne d'identification (trait interrompu) doit être omise.
	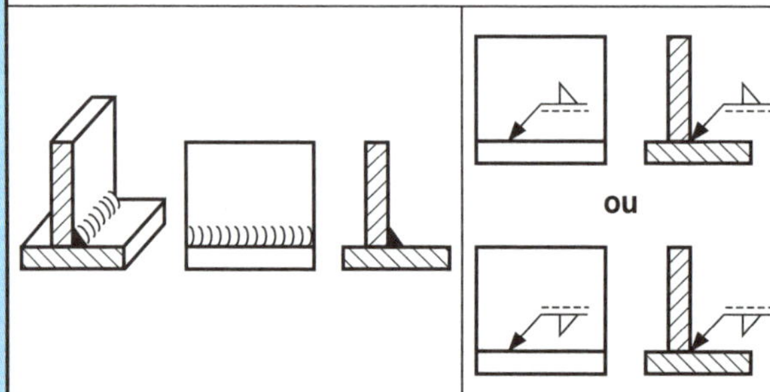	Le symbole est placé du côté de la ligne de référence (trait continu) si la face extérieure de la soudure est du côté de la ligne de repère.
	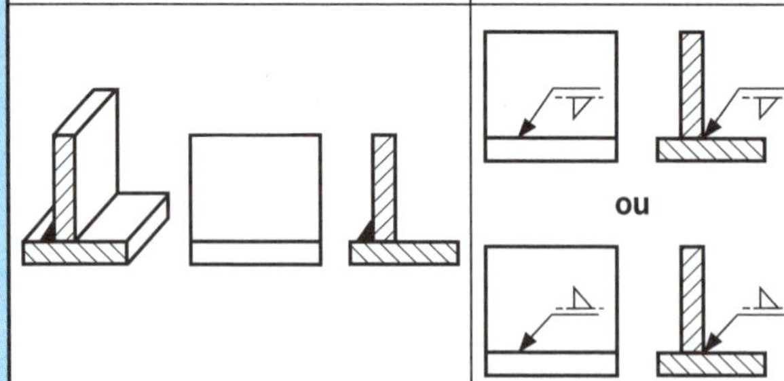	Le symbole est placé du côté de la ligne d'identification (trait interrompu) si la face extérieure de la soudure est du côté opposé à la ligne de repère.
	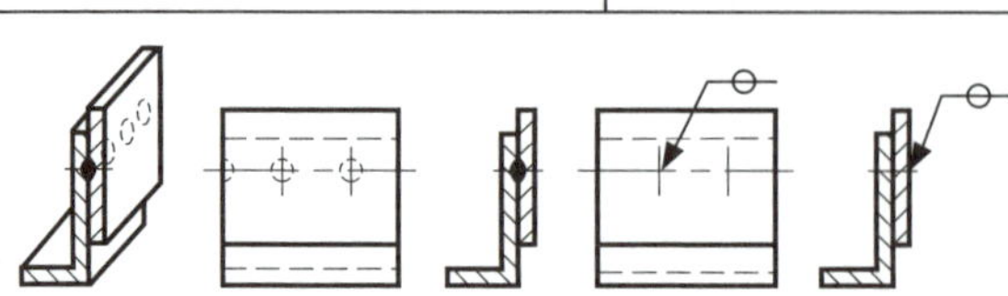	Dans le cas des soudures faites dans le plan du joint, le symbole se trouve « à cheval » sur la ligne de référence (trait continu). Dans ce cas la ligne d'identification (trait interrompu) doit être omise.

	DÉSIGNATION ET SYMBOLE	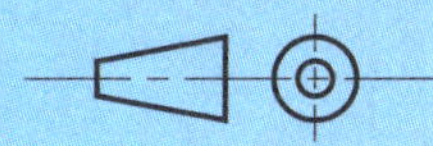		
		Représentation	Symbolisation	
			soit	soit
EXEMPLES DE POSITION DE SYMBOLES	SOUDURE SUR BORDS RELEVÉS ⅃L	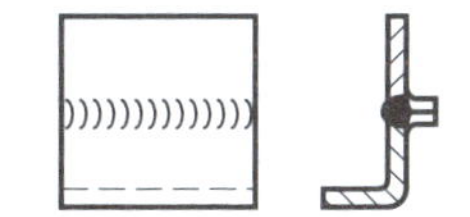	ou 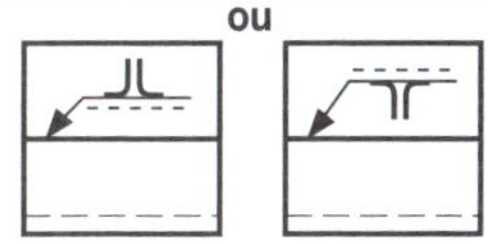	ou 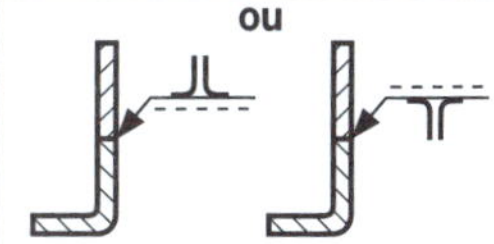
	SOUDURE SUR BORDS DROITS ||	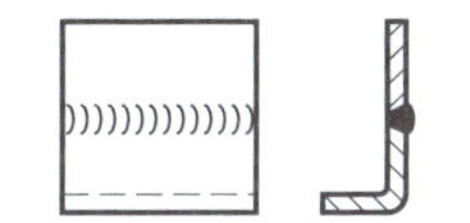	ou 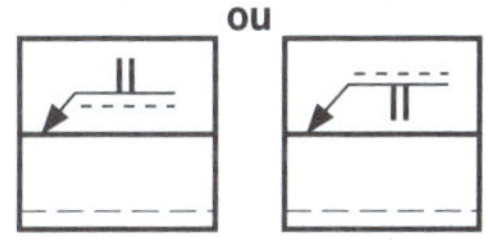	ou 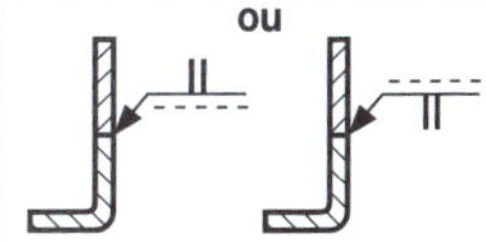
		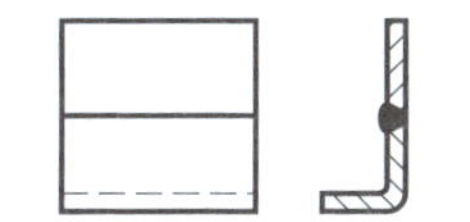	ou 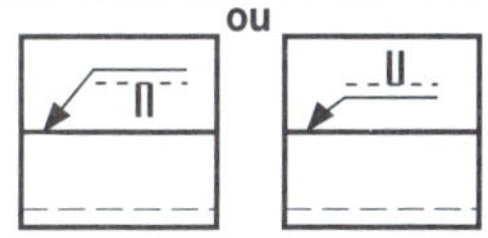	ou 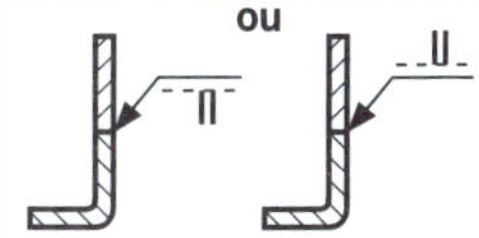
		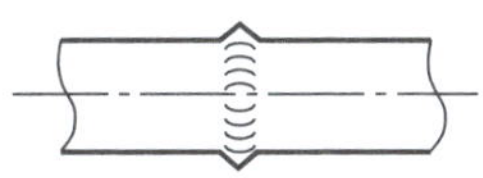	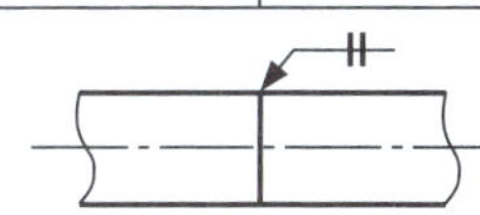	
	SOUDURE EN V		ou 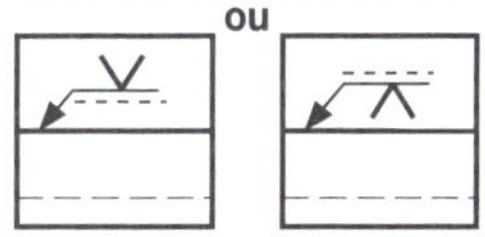	ou 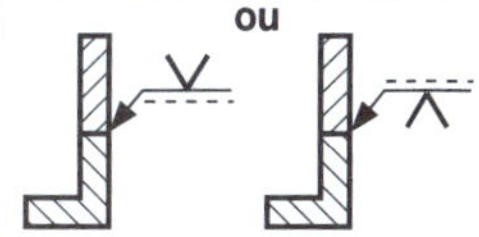
		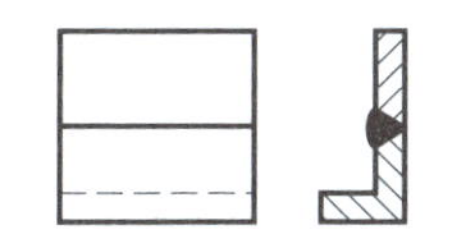	ou 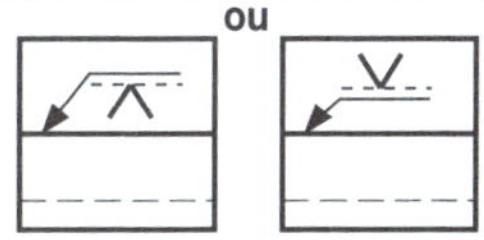	ou 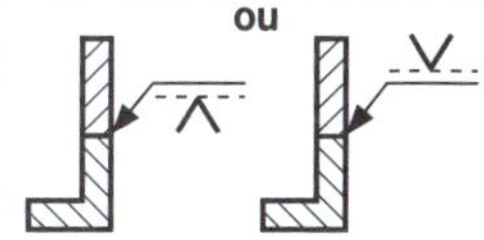
	SOUDURE EN DEMI V	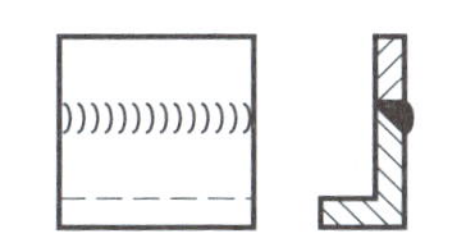	ou 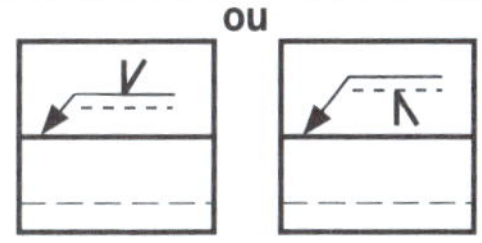	ou 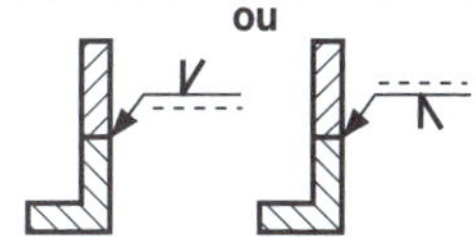
		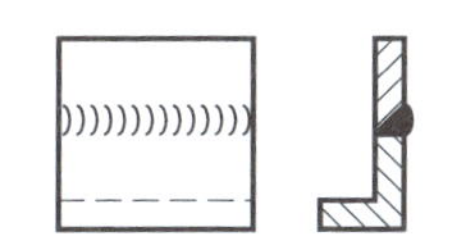	ou 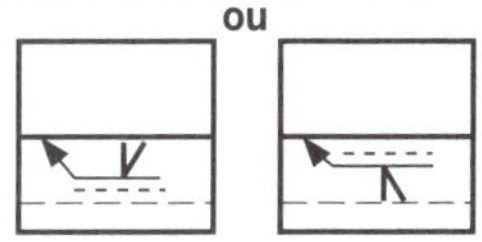	ou 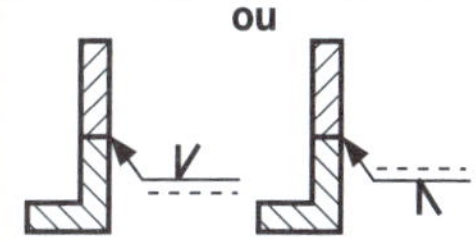
		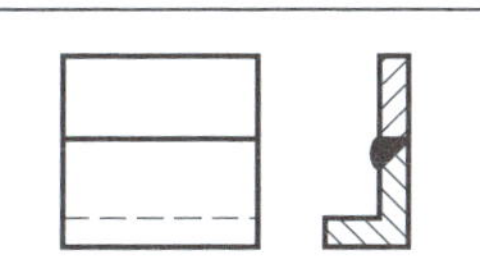	ou 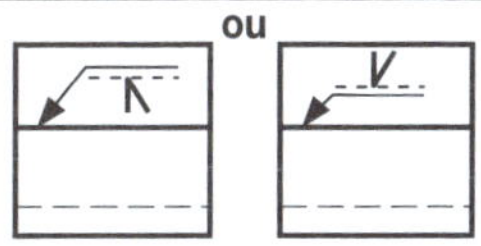	ou 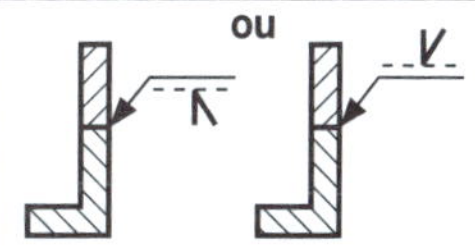

	DÉSIGNATION ET SYMBOLE	Représentation	Symbolisation soit	Symbolisation soit
		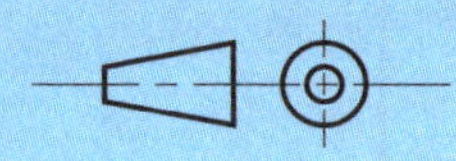		
EXEMPLES DE POSITION DE SYMBOLES	SOUDURE EN ENTAILLE ⊓	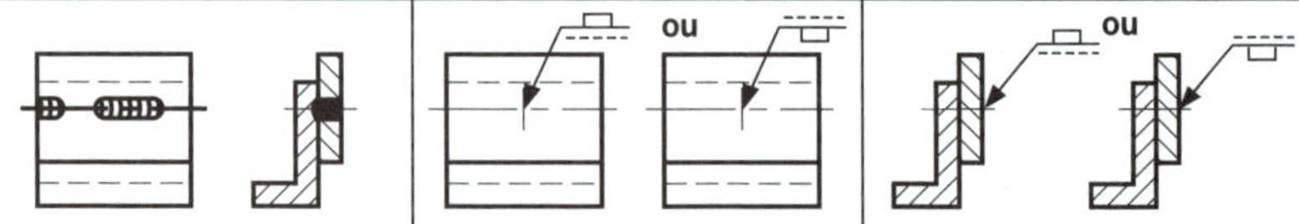		
	SOUDURE PAR POINTS ○	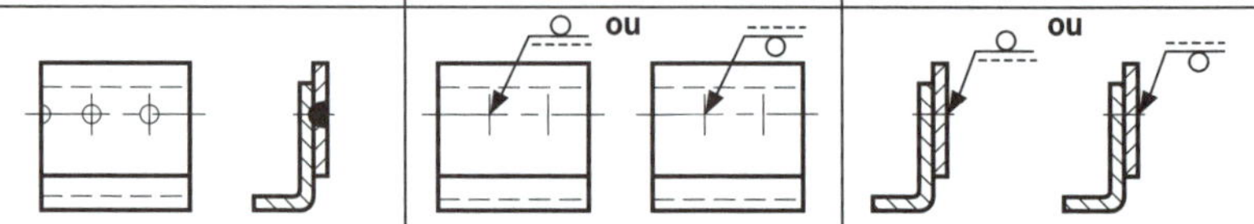		
		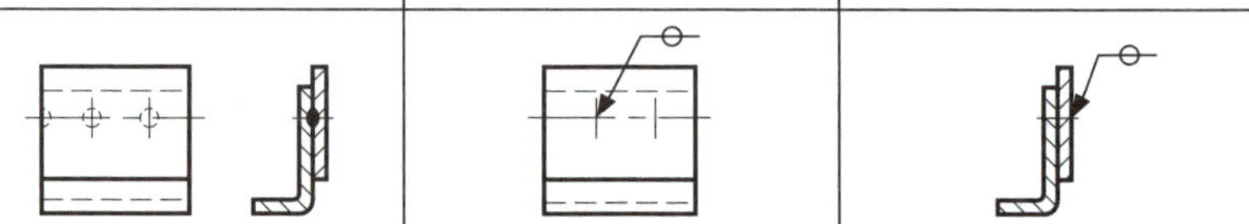		
	SOUDURE D'ANGLE ◺	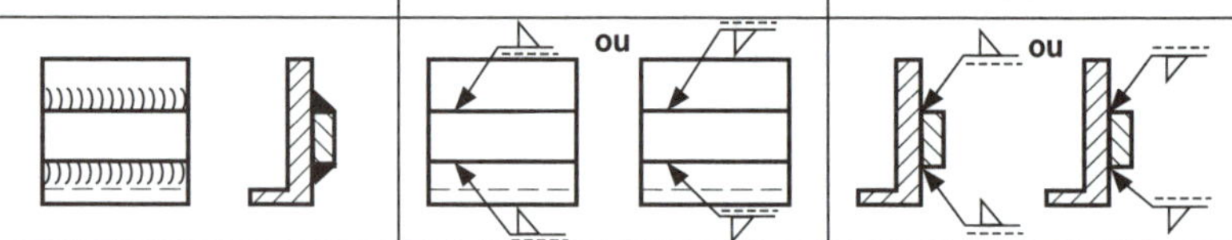		
		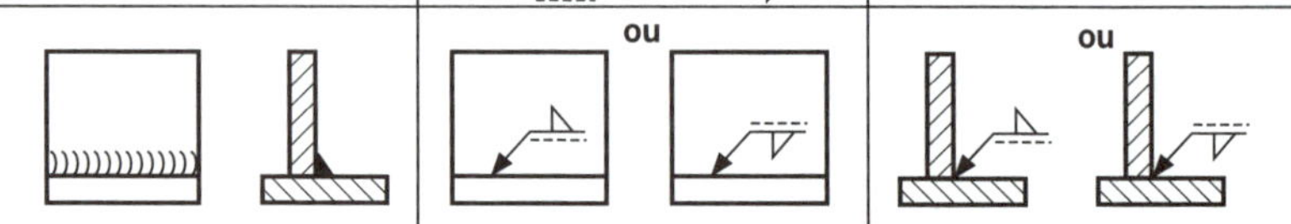		
		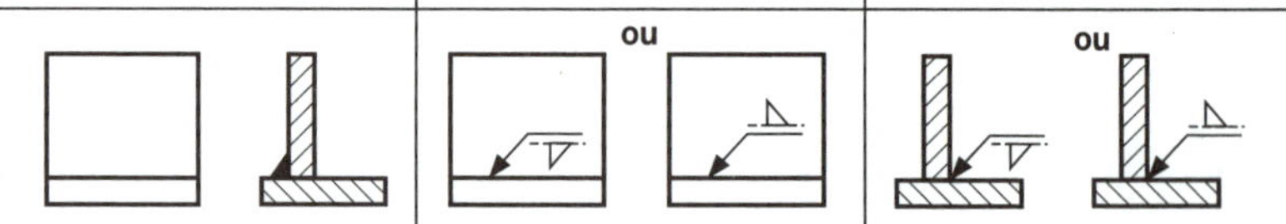		
		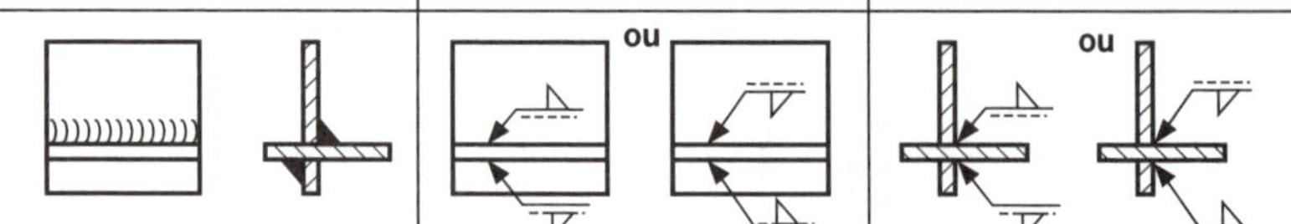		
		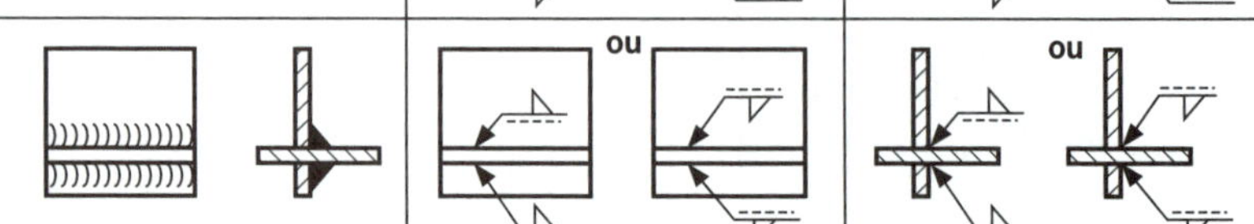		
		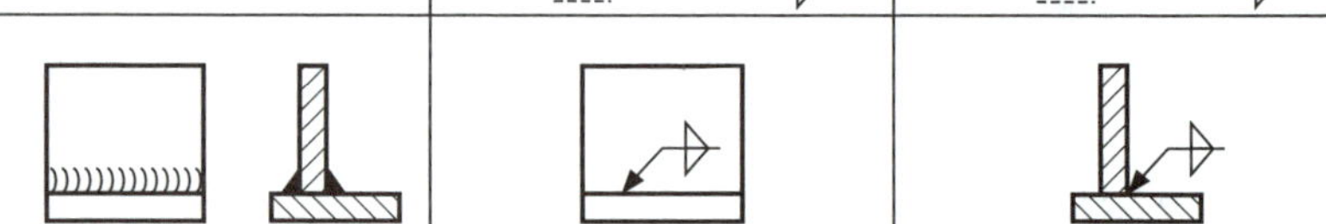		

	DÉSIGNATION ET SYMBOLE	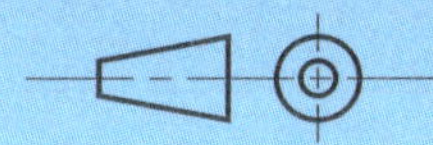		
		Représentation	Symbolisation	
			soit	soit
EXEMPLES DE POSITION DE SYMBOLES	SOUDURE D'ANGLE 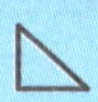	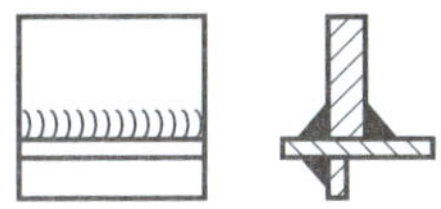	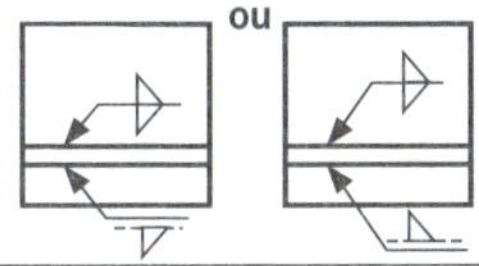	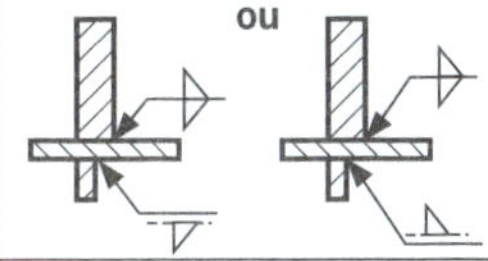
		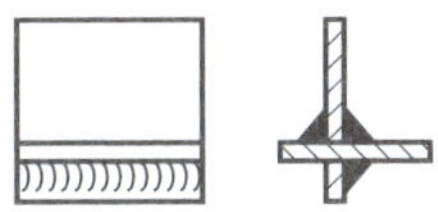	non recommandée dans cette vue	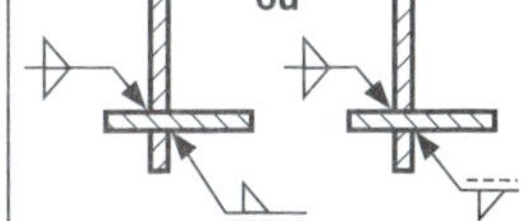
		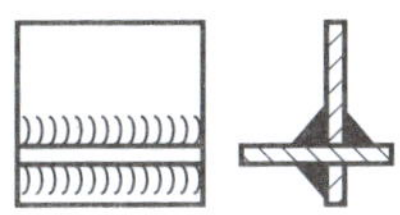	non recommandée dans cette vue	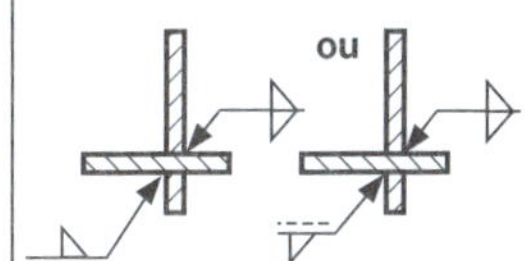
		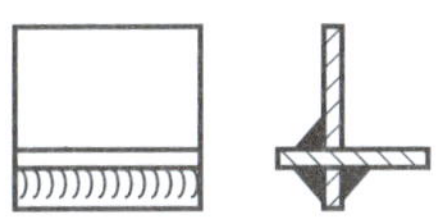	non recommandée dans cette vue	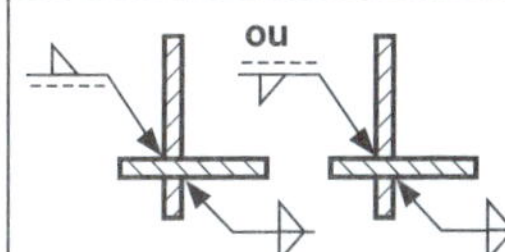
		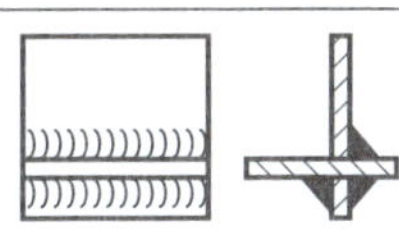	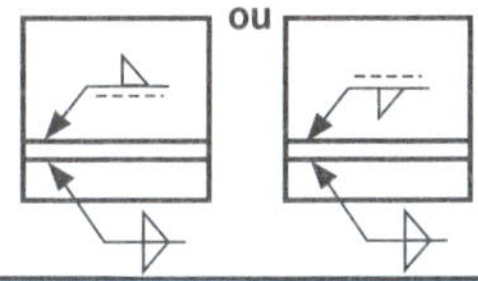	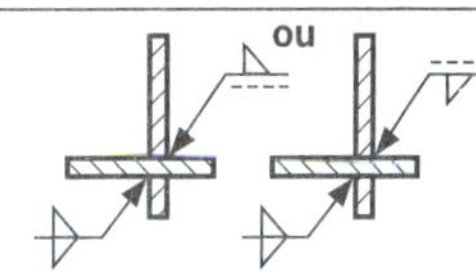

	Position incorrecte		
	Symbole	Représentation	Symbolisation incorrecte
EXEMPLES DE POSITION **INCORRECTE** DE SYMBOLES		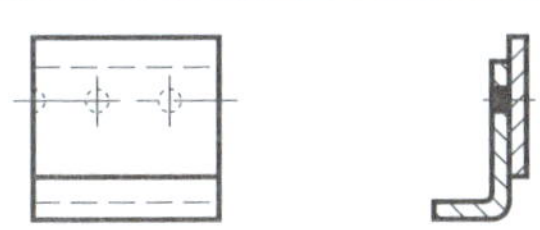	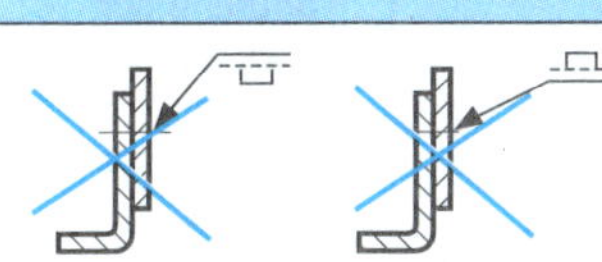
	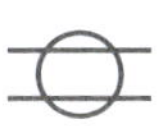	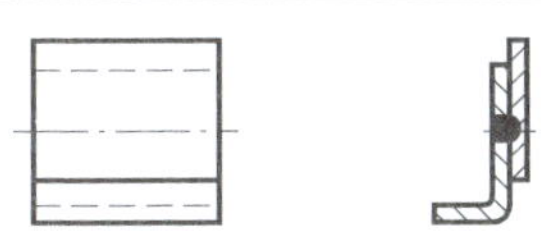	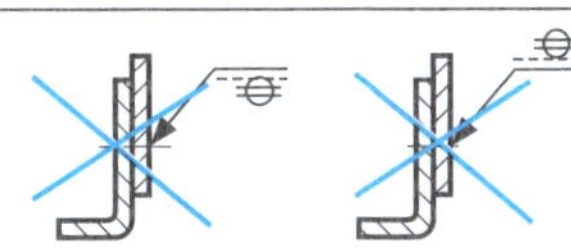
		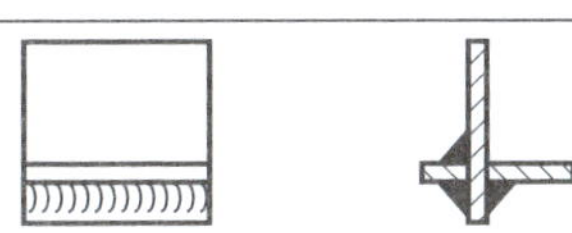	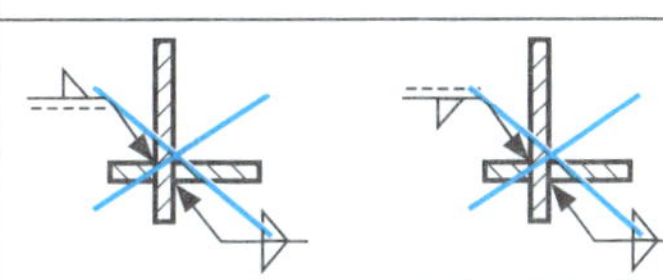
			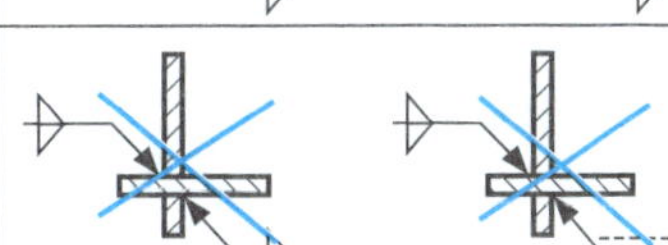

COTATION DES SOUDURES

Position des cotes

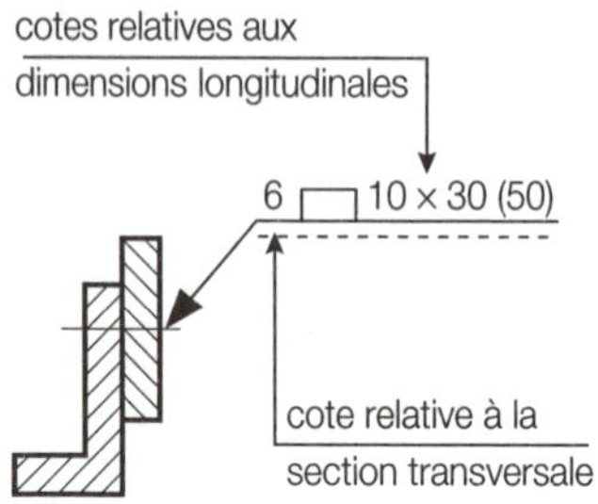

- **À gauche du symbole** les **cotes** principales relatives à la **section transversale.**
- **À droite du symbole** les **cotes** relatives aux **dimensions longitudinales.**
L'absence d'indication après le symbole indique que la soudure est continue sur toute la longueur des éléments soudés.

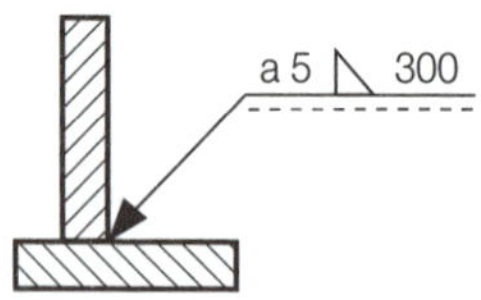

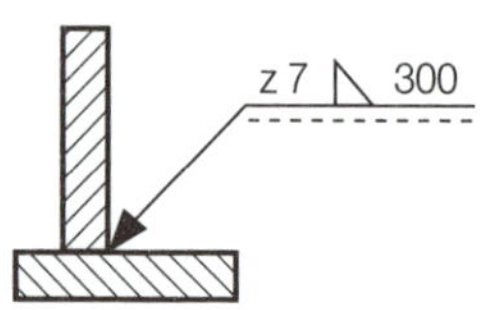

- Cas des **soudures d'angle**
Il existe **deux méthodes** pour définir la section du cordon :
  - avec la valeur de la gorge du cordon.
  Placer la **lettre *a* devant la valeur de la gorge du cordon.**
  - avec la valeur du côté du cordon.
  Placer la **lettre *z* devant la valeur du côté du cordon.**

Nota : $z = a\sqrt{2}$

gorge

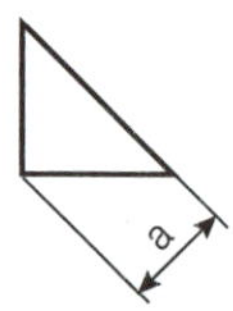

côté

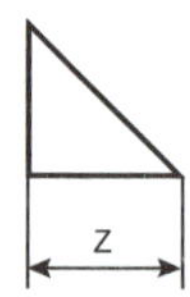

Désignation	Représentation	Inscription	Exemple
Soudure sur bords relevés non complètement pénétrée	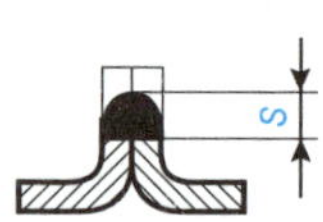	s ‖	3 ‖
Soudure bout à bout	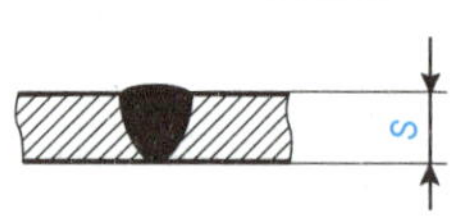	V	V
	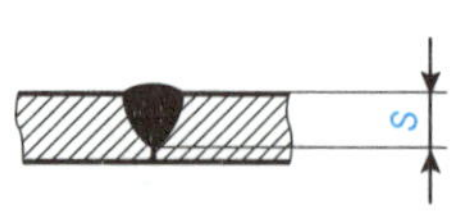	s ‖	3 ‖
	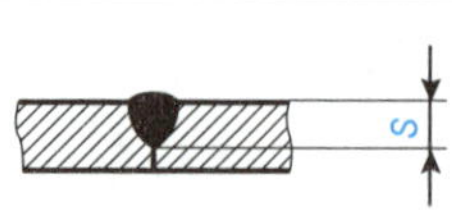	sY	3Y

Désignation	Représentation	Inscription	Exemple
Soudure d'angle continue	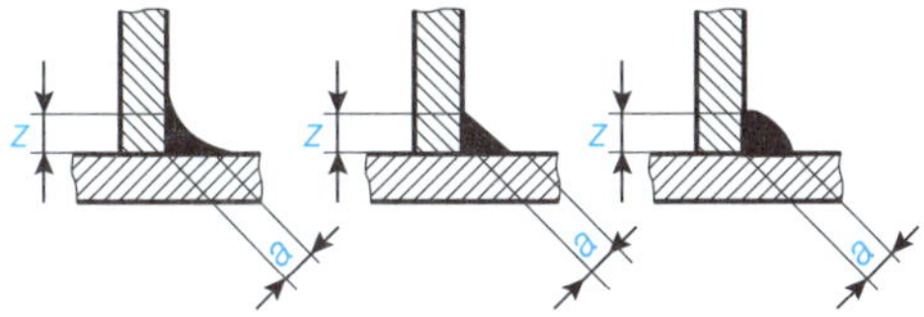	a a ◺ ou z z ◺	a 5 ◺ ou z 7 ◺
Soudure d'angle discontinue	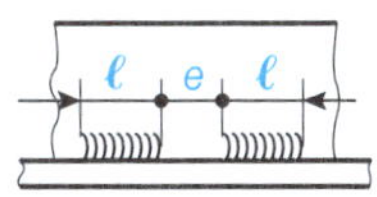 *n* : nombre d'éléments de soudure	a a ◺ n × ℓ (e) ou z z ◺ n × ℓ (e)	a 5 ◺ 10 × 50 (100) ou z 7 ◺ 10 × 50 (100)
Soudure d'angle discontinue à éléments alternés	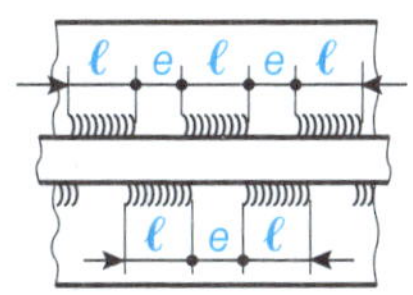 *n* : nombre d'éléments de soudure	a a ▷ n × ℓ (e) a a ▷ n × ℓ (e) ou z z ▷ n × ℓ (e) z z ▷ n × ℓ (e)	a 5 ▷ 10 × 50 (100) a 5 ▷ 10 × 50 (100) ou z 7 ▷ 10 × 50 (100) z 7 ▷ 10 × 50 (100)
Soudure en entailles	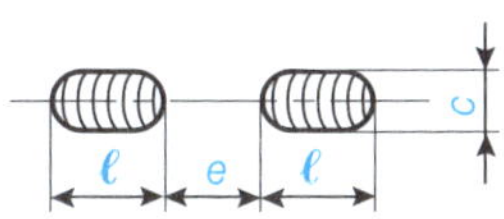 *n* : nombre d'entailles	c ▭ n × ℓ (e)	5 ▭ 10 × 20 (50)
Soudure en ligne	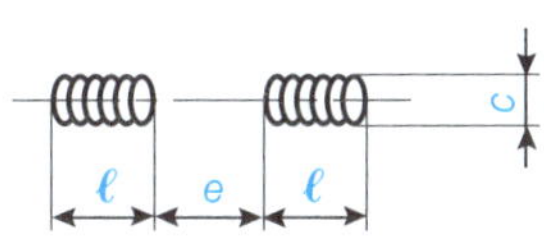 *n* : nombre d'éléments de soudure	c ⊖ n × ℓ (e)	5 ⊖ 10 × 20 (50)
Soudure en bouchons	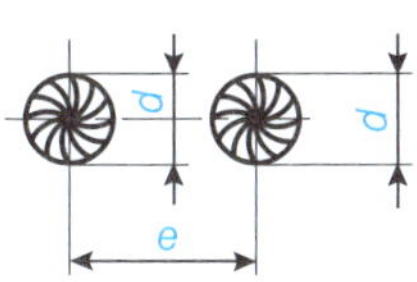 *n* : nombre de bouchons	d ▭ n (e)	5 ▭ 10 (50)
Soudure par points	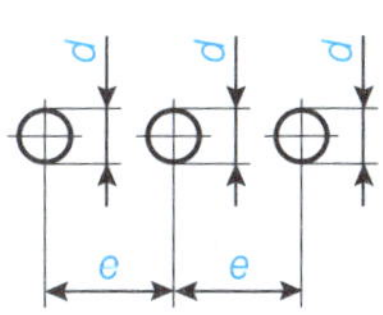 *n* : nombre de points	d ○ n (e)	5 ○ 10 (50)

Représentation symbolique des soudures

INDICATIONS COMPLÉMENTAIRES

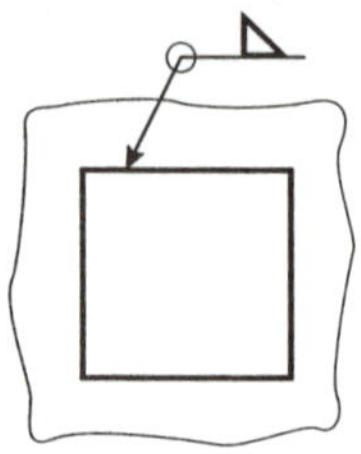

Soudures périphériques

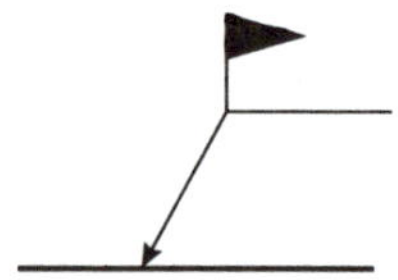

Soudures faites sur chantier

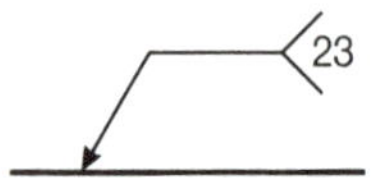

Indication du procédé de soudage

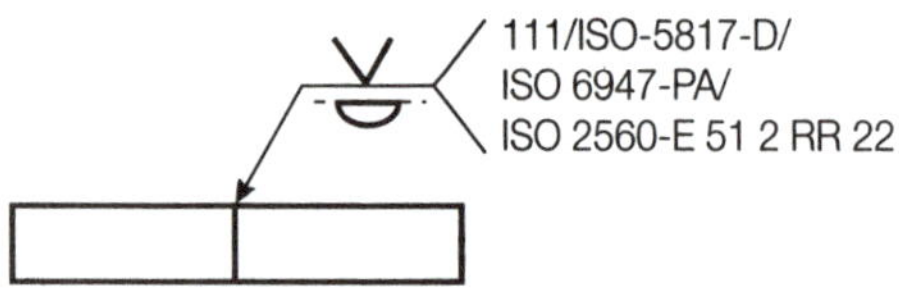

Renseignements sur le joint

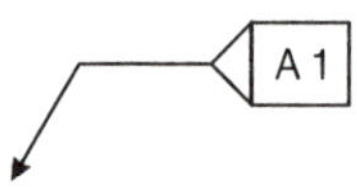

Référence à une feuille séparée

Des indications complémentaires peuvent être nécessaires pour fournir des précisions sur la soudure.

- **Soudures périphériques**
Lorsque la soudure doit être exécutée sur tout le pourtour d'une pièce, ajouter un symbole circulaire.

- **Soudures faites sur chantier**
Lorsque la soudure doit être exécutée sur le chantier, ajouter un drapeau.

- **Indication du procédé de soudage**
Lorsqu'il est nécessaire d'indiquer le procédé de soudage, ajouter un nombre inscrit entre deux branches d'une fourche terminant la ligne de référence.

- **Renseignements**
Lorsqu'il est nécessaire d'indiquer des renseignements sur le joint et ses dimensions, ajouter dans la fourche (séparés par une barre oblique) dans l'ordre suivant : procédé, niveau de réception, position de travail, métal d'apport, ou faire référence à une feuille séparée.

PROCÉDÉS DE SOUDAGE Extrait ISO 4063

1	**Soudage électrique à l'arc ; soudage à l'arc**
11	Soudage à l'arc avec électrode fusible sans protection gazeuse
111	Soudage à l'arc avec électrode enrobée
12	Soudage à l'arc sous flux en poudre; soudage à l'arc sous flux
121	Soudage à l'arc sous flux en poudre avec fil-électrode
13	Soudage à l'arc sous protection gazeuse avec fil-électrode fusible
131	soudage MIG : soudage à l'arc sous protection de gaz inerte avec fil-électrode fusible
135	Soudage MAG : soudage à l'arc sous protection de gaz actif avec fil-électrode fusible
136	Soudage à l'arc sous protection de gaz actif avec fil-électrode fourré
141	Soudage TIG : soudage à l'arc en atmosphère inerte avec électrode de tungstène
15	Soudage au plasma
2	**Soudage par résistance**
21	Soudage par points (par résistance)
22	Soudage à la molette
23	Soudage par bossages
3	**Soudage aux gaz**
311	Soudage oxyacétylénique
4	**Soudage par pression ; soudage à l'état solide**
41	Soudage par ultrasons
42	Soudage par friction
7	**Autres procédés de soudage**
751	Soudage au laser
76	Soudage par faisceau d'électrons
9	**Brasage**
91	Brasage fort
94	Brasage tendre
97	Soudobrasage

15 ORGANES D'ASSEMBLAGE ET ACCESSOIRES

15.1 BOULONS NON PRÉCONTRAINTS NF E 25-100, NF E 25-400

Vocabulaire : ce type de boulon est aussi appelé Boulon Ordinaire.

Composition : les boulons sont constitués de :

- une vis (avec, en construction métallique et en général, une tête de forme hexagonale et un filetage à pas gros).
- un écrou hexagonal.
- éventuellement 1 ou 2 rondelles.

CLASSES DE QUALITÉ

Vis								
3.6	4.6	5.6	4.8	5.8	6.8	8.8	10.9	12.9
Écrou								
hauteur ≥ 0,8 d			4	5	6	8	10	12
0,8 d > hauteur ≥ 0,5 d			04	05	06	08		

CONJUGAISON VIS-ÉCROU

Classes de qualité de l'écrou	Vis conjuguée	
	Classes de qualité	**Diamètres**
4 et 04	3.6 4.6 4.8	> M16
5 et 05	3.6 4.6 4.8	≤ M16
	5.6 5.8	tous diamètres
6 et 06	6.8	tous diamètres
8 et 08	8.8	tous diamètres
10	10.9	tous diamètres
12	12.9	≤ M39

CARACTÉRISTIQUES MÉCANIQUES DES VIS

Classe	3.6	4.6	5.6	4.8	5.8	6.8	8.8	10.9	12.9
σ_r (MPa)	300	400	500	400	500	600	800	1 000	1 200
σ_e (MPa)	180	240	300	320	400	480	640	900	1 080

Le premier chiffre (3, 4, 5, 6, 8, 10, 12) multiplié par 100 indique environ la résistance minimale à la rupture (σ_r) en MPa.
Le produit des deux chiffres multiplié par 10 indique la limite élastique (σ_e) en MPa.

Boulons non précontraints

CONTRAINTE CARACTÉRISTIQUE DES BOULONS

NF P 22-430

Classe de qualité	4.6	4.8	5.6	5.8	6.6	6.8	8.8	10.9
σ_{red} **(MPa)**	240	280	300	340	350	410	550	670

La contrainte caractéristique σ_{red} sert à la vérification des boulons et correspond à la plus petite des deux valeurs suivantes :
- limite d'élasticité de la vis (σ_e)
- 7/10 de la résistance minimale à la rupture de la vis (σ_r)

MARQUAGE DES VIS

Marquage	**Commentaire**
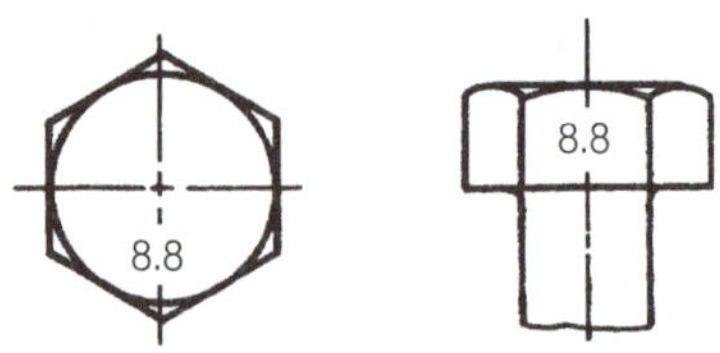	Les vis à tête hexagonale de diamètre ≥ M5 doivent être marquées pour les classes de qualité ≥ 4.6. Le marquage se fait de préférence sur le dessus de la tête, en creux ou en relief, ou sur le côté de la tête en creux.

MARQUAGE DES ÉCROUS

Classe de qualité		4 et 5	6	8	10	12
Marquage au choix	**Symbole de désignation**	Pas de marquage				
	Symbole codé	Pas de marquage	Utilisation des symboles horaires NF E 25-400			

Classe de qualité		04	05	06	08
Marquage au choix	**Symbole de désignation**	Pas de marquage			
	Symbole codé	Pas de marquage			

ÉLÉMENT DE FIXATION CRITÈRES GÉNÉRAUX DE CLASSIFICATION

NF E 25-003

■ NOTION DE GRADE

Caractérise les tolérances dimensionnelles. En boulonnerie les grades A et B correspondent à des produits élaborés à froid, le grade C principalement à des produits forgés à chaud.

Ordre croissant :
- grade C,
- grade B,
- grade A.

■ NOTION DE TYPE

Caractérise la confiance dans les caractéristiques géométriques et mécaniques.
- Type 1 : Contrôle renforcé.
- Type 2 : Produit qui correspond aux normes.
- Type 3 : Contrôle réduit par rapport au type 2.

NORMES DE RÉFÉRENCE POUR VIS À TÊTE HEXAGONALE

Indice de classement	Norme européenne	Norme internationale	Intitulé
E 25-112	NF EN 24014	ISO 4014	Vis à tête hexagonale partiellement filetées grades A et B
E 25-113	NF EN 24015	ISO 4015	Vis à tête hexagonale partiellement filetées tige réduite grade B
E 25-114	NF EN 24017	ISO 4017	Vis à tête hexagonale entièrement filetées grades A et B
E 25-115-1	NF EN 24016	ISO 4016	Vis à tête hexagonale partiellement filetées grade C
E 25-115-2	NF EN 24018	ISO 4018	Vis à tête hexagonale entièrement filetées grade C

Pour d'autres formes de tête de vis se référer au Mémotech Dessin Industriel

DÉSIGNATION DES VIS SELON LES NORMES INTERNATIONALES ISO

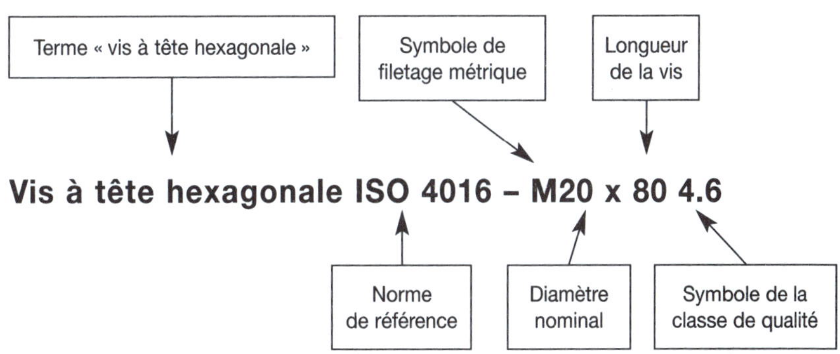

DÉSIGNATION DES VIS SELON LA NORME FRANÇAISE

NF E 25-004

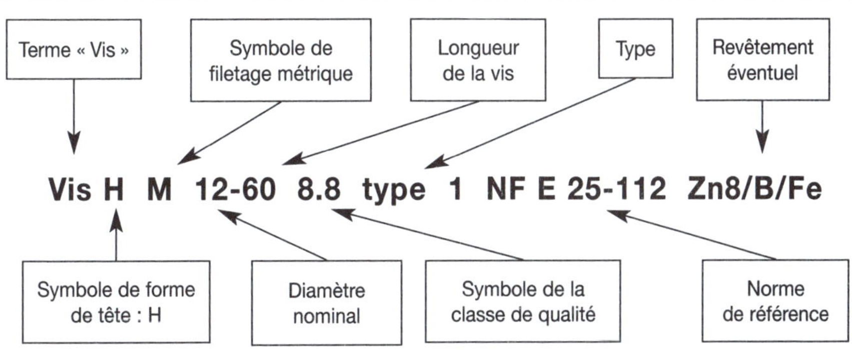

Boulons non précontraints

CHOIX DU DIAMÈTRE DE LA VIS EN FONCTION DES ÉPAISSEURS DES PIÈCES À ASSEMBLER

CM66

Boulons diamètre d en mm	Tôles et âmes de profilés d'épaisseur en mm	Cornières de largeur d'aile en mm	Ailes de fers U de hauteur en mm	Ailes de poutrelles H de profil
8	2	30		
10	3	35		
12	4	40-45	80	
14	5	50	100 à 130	100 et 120
16	6	60	140 à 160	140
18	7	70	175 à 180	150 et 160
20	8	80-90	200 à 220	180
22	10 à 14	100-120	240 à 300	200 à 240
> 24	> 14	> 120		> 240

Pour plus de détail : consulter le trusquinage des cornières, des âmes et des ailes des poutrelles page 81.

VIS

CARACTÉRISTIQUES DIMENSIONNELLES

ISO 4016

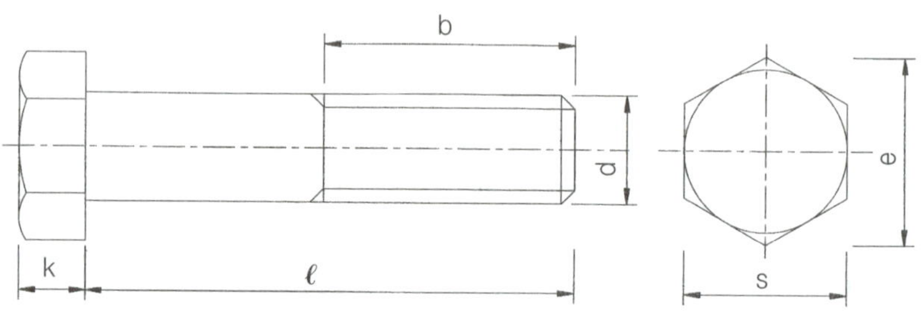

Diamètre	Pas	Longueur de la tige	Longueur de la partie filetée			Rayon sous tête	Tête de la vis			Section du noyau
							Surangle	Hauteur de tête	Surplat	
d	P	ℓ	b			r	e mini	k	S	As
mm	mm	mm	ℓ ≤ 125 mm	125< ℓ ≤ 200 mm	ℓ > 200 mm	mm	mm	mm	mm	mm²
M5	0,8	25-30-35-40-45-50	16	–	–	0,2	8,63	3,5	8	14,2
M6	1	30-35-40-45-50-55 60	18	–	–	0,25	10,89	4	10	20,1
M8	1,25	40-45-50-55-60-65 70-80	22	–	–	0,4	14,20	5,3	13	36,6
M10	1,5	45-50-55-60-65-70 80-90-100	26	–	–	0,4	17,59	6,4	16	58
M12	1,75	55-60-65-70-80-90 100-110-120	30	–	–	0,4	19,85	7,5	18	84,3
M14	2	60-65-70-80-90-100 110-120-130-140	34	40	– –	0,6	22,78	8,8	21	115
M16	2	65-70-80-90-100-110 120-130-140-150-160	38	44	–	0,6	26,17	10	24	157
M18	2,5	80-90-100-110-120 130-140-150-160-180	42	48	–	0,6	29,56	11,5	27	192

En gras : les diamètres préférentiels.

(SUITE PAGE CI-CONTRE)

VIS CARACTÉRISTIQUES DIMENSIONNELLES ISO 4016 (suite)

Diamètre	Pas	Longueur de la tige	Longueur de la partie filetée			Rayon sous tête	Tête de la vis			Section du noyau
							Surangle	Hauteur de tête	Surplat	
d	P	ℓ	b			r	e mini	k	S	As
mm	mm	mm	ℓ ≤ 125 mm	125< ℓ ≤ 200 mm	ℓ > 200 mm	mm	mm	mm	mm	mm²
M20	2,5	80-90-100-110-120 130-140-150-160-180 200	46	52	–	0,8	32,95	12,5	30	245
M22	2,5	90-100-110-120-130 140-150-160-180 200-220	50	56	69	0,8	37,29	14	34	303
M24	3	100-110-120-130-140 150-160-180-200 220-240	54	60	73	0,8	39,55	15	36	353
M27	3	110-120-130-140-150 160-180-200-240-260	60	66	79	1	45,2	17	41	459
M30	3,5	120-130-140-150-160 180-200-220-240-260 280-300	66	72	85	1	50,85	18,7	46	561
M33	3,5	130-140-150-160-180 200-240-260-280 300-320	–	78	91	1	55,37	21	50	694
M36	4	140-150-160-180-200 220-240-260-280-300 320-340-360	–	84	97	1	60,79	22,5	55	817
M42	4,5	180-200-220-240-260 280-300-320-340-360 380-400-420	–	96	109	1,2	71,3	26	65	1121

En gras : les diamètres préférentiels

NORMES DE RÉFÉRENCE POUR LES ÉCROUS À TÊTES HEXAGONALES

Norme française	Norme européenne	Intitulé	Classes de qualité
NF 25-401	NF EN 24032	Écrous hexagonaux grades A et B Symbole H	Toutes classes sauf classe 12 pour diamètre > M16
NF E 25-402	NF EN 24034	Écrous hexagonaux grade C Symbole H	4 et 5

Pour d'autres types d'écrous se référer au Mémotech Dessin Industriel.

DÉSIGNATION DES ÉCROUS SELON LA NORME FRANÇAISE NF E25-004

Écrou H, M 16, 10, type 1, NF E 25-401, Zn8/B/Fe

- Terme Écrou → Écrou
- Symbole de forme : « H » pour hexagonal → H
- Symbole de filetage métrique → M
- Diamètre de l'écrou → 16
- Symbole de la classe de qualité → 10
- Le type : sans précision il s'agit du type 2 → type 1
- Référence de la norme → NF E 25-401
- Revêtement éventuel → Zn8/B/Fe

Boulons non précontraints

DÉSIGNATION DES BOULONS SELON LA NORME FRANÇAISE

NF E25-004

Les boulons étant composés d'une vis et d'un écrou de même diamètre :
- Utiliser la **même désignation que pour la vis**, suivie d'une **désignation simplifiée d'écrou.**
- Si la classe de l'écrou est différente de celle de la vis, elle doit être précisée.

Terme « Boulon » → Désignation de la vis → Désignation de l'écrou

Boulon H, M 16-80, 8.8, NF E 25-112, écrou H, NF E 25-401, Zn8/B/Fe

ÉCROUS

CARACTÉRISTIQUES DIMENSIONNELLES

NF E 25-401

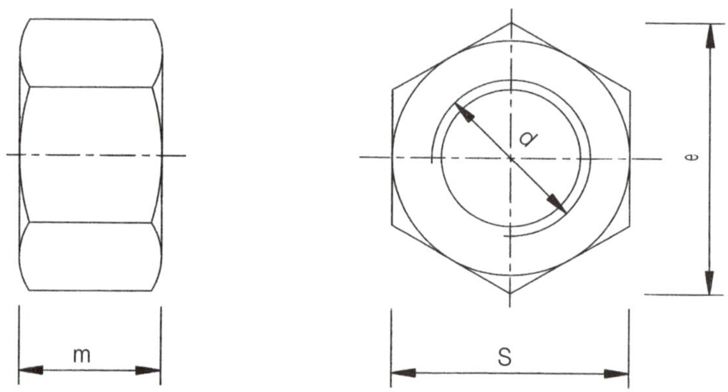

Diamètre	Pas	Hauteur		Surangle	Surplat	
d	P	m max	m min	e min	S max	S min
mm	mm	mm	mm	mm	mm	mm
M5	0,8	4,7	4,4	8,79	8	7,78
M6	1	5,2	4,9	11,05	10	9,78
M8	1,25	6,8	6,44	14,38	13	12,73
M10	1,5	8,4	8,04	17,77	16	15,73
M12	1,75	10,8	10,37	20,03	18	17,73
(M14)	2	12,8	12,1	23,35	21	20,67
M16	2	14,8	14,1	26,75	24	23,67
M18	2,5	15,8	15,1	29,56	27	26,16
M20	2,5	18	16,9	32,95	30	29,16
M22	2,5	19,4	17,8	37,29	34	33
M24	3	21,5	20,2	39,55	36	35
M27	3	23,8	22,2	45,20	41	40
M30	3,5	25,6	24,3	50,85	46	45
M33	3,5	28,7	27,1	55,37	50	49
M36	4	31	29,4	60,79	55	53,8

En gras : les diamètres préférentiels

La dimension M14 doit être évitée autant que possible.
Les dimensions intermédiaires M18, M22, M27, M33, ont été supprimées par l'ISO.
Elles ne doivent plus être utilisées pour de nouveaux projets.

UTILISATION DES RONDELLES PLATES

Les rondelles plates de grade A sont prévues pour être utilisées avec de la boulonnerie de grade A ou B, de diamètre nominal correspondant.
Les rondelles plates de grade C sont prévues pour être utilisées dans des assemblages sans exigence particulière. Le diamètre nominal doit correspondre à celui de la boulonnerie employée.

DIMENSIONS DES RONDELLES PLATES

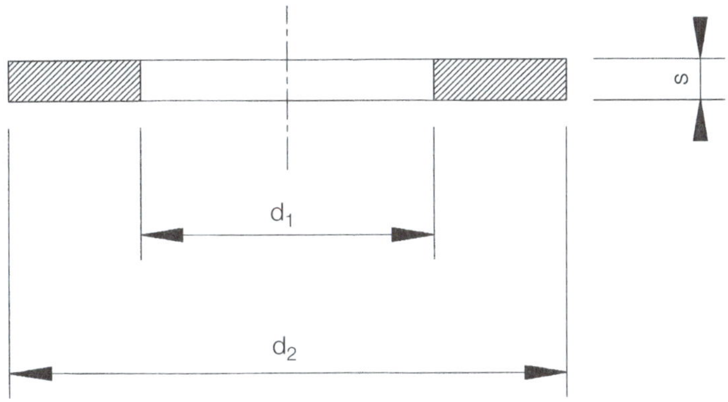

RONDELLES PLATES GRADE A

CARACTÉRISTIQUES DIMENSIONNELLES

NF E 25-514

Diamètre nominal	Diamètre du trou	Épaisseur	Série étroite Symbole Z	Série moyenne Symbole M	Série large Symbole L
d	d_1	s	d_2	d_2	d_2
mm	mm	mm	mm	mm	mm
1,6	1,7	0,5	3,5	5	6
2	2,2	0,5	4	5,5	7
2,5	2,7	0,5	5	7	10
3	3,2	0,8	6	8	12
4	4,3	0,8	8	10	14
5	5,3	1	10	12	16
6	6,4	1,2	12	14	18
(7)	7,4	1,5	14	16	20
8	8,4	1,5	16	18	22
10	10,5	2	20	22	27
12	13	2,5	24	27	32
(14)	15	2,5	27	30	36
16	17	3	30	32	40
(18)	19	3	32	36	45
20	21	3	36	40	50
(22)	23	3	40	45	55
24	25	4	45	50	60
(27)	28	4	48	55	65
30	31	4	52	60	70

Les diamètres entre parenthèses doivent être évités autant que possible.

Boulons non précontraints

RONDELLES PLATES GRADE C

CARACTÉRISTIQUES DIMENSIONNELLES

NF E 25-513

Diamètre nominal	Diamètre du trou	Épaisseur	Série étroite Symbole Z	Série moyenne Symbole M	Série large Symbole L	Série très large Symbole LL
d	d_1	s	d_2	d_2	d_2	d_2
mm	mm	mm	mm	mm	mm	mm
3	3,2	0,8	6	8	12	14
4	4,3	0,8	8	10	14	16
5	5,3	1	10	12	16	20
6	6,4	1,2	12	14	18	24
(7)	7,4	1,5	14	16	20	27
8	8,4	1,5	16	18	22	30
10	10,5	2	20	22	27	36
12	13	2,5	24	27	32	40
(14)	15	2,5	27	30	36	45
16	17	3	30	32	40	50
(18)	19	3	32	36	45	55
20	21	3	36	40	50	60
(22)	23	3	40	45	55	–
24	25	4	45	50	60	–
(27)	28	4	48	55	65	–
30	31	4	52	60	70	–
(33)	34	5	–	65	–	–
36	37	5	–	70	–	–
(39)	40	6	–	75	–	–
42	43	6	–	80	–	–

Les diamètres entre parenthèses doivent être évités autant que possible.

DÉSIGNATION DES RONDELLES PLATES

– Le terme rondelle.
– Le symbole de la série (Z pour étroite, M pour moyenne, L pour large).
– Le diamètre nominal d en mm.
– La matière lorsqu'elle est autre que de l'acier au carbone.
– La référence de la norme.
– Le revêtement éventuel.

Exemple : **Rondelle L12 NF E 25-513, Zn5/B/Fe**

CHOIX DE LA LONGUEUR DE LA VIS EN FONCTION DES ÉPAISSEURS DES PIÈCES À ASSEMBLER

d	ℓ	45	50	55	60	65	70	80	90	100	110	120	130	140	150	160	180	200
10	pas	1,5	1,5	1,5	1,5	1,5	1,5	1,5	1,5	1,5								
	x mini - 2 Pas	3	3	3	3	3	3	3	3	3								
	m maxi	8,4	8,4	8,4	8,4	8,4	8,4	8,4	8,4	8,4								
	b	26	26	26	26	26	26	26	26	26								
	E mini	**21**	**26**	**31**	**36**	**41**	**46**	**56**	**66**	**76**								
	E maxi	**34**	**39**	**44**	**49**	**54**	**59**	**69**	**79**	**89**								
12	pas			1,75	1,75	1,75	1,75	1,75	1,75	1,75	1,75	1,75						
	x mini = 2 Pas			3,5	3,5	3,5	3,5	3,5	3,5	3,5	3,5	3,5						
	m maxi			10,8	10,8	10,8	10,8	10,8	10,8	10,5	10,8	10,8						
	b			30	30	30	30	30	30	30	30	30						
	E mini			**27**	**32**	**37**	**42**	**52**	**62**	**72**	**82**	**92**						
	E maxi			**41**	**46**	**51**	**56**	**66**	**76**	**86**	**96**	**106**						
14	pas				2	2	2	2	2	2	2	2	2	2				
	x mini = 2 Pas				4	4	4	4	4	4	4	4	4	4				
	m maxi				12,8	12,8	12,8	12,8	12,8	12,8	12,8	12,8	12,8	12,8				
	b				34	34	34	34	34	34	34	34	40	40				
	E mini				**28**	**33**	**38**	**48**	**58**	**68**	**78**	**88**	**92**	**102**				
	E maxi				**43**	**48**	**53**	**63**	**73**	**83**	**93**	**103**	**113**	**123**				
16	pas					2	2	2	2	2	2	2	2	2	2	2		
	x mini = 2 Pas					4	4	4	4	4	4	4	4	4	4	4		
	m maxi					14,8	14,8	14,8	14,8	14,8	14,8	14,8	14,8	14,8	14,8	14,8		
	b					38	38	38	38	38	38	38	44	44	44	44		
	E mini					**29**	**34**	**44**	**54**	**64**	**74**	**84**	**88**	**98**	**108**	**118**		
	E maxi					**46**	**51**	**61**	**71**	**81**	**91**	**101**	**111**	**121**	**131**	**141**		
18	pas							2,5	2,5	2,5	2,5	2,5	2,5	2,5	2,5	2,5	2,5	
	x mini = 2 Pas							5	5	5	5	5	5	5	5	5	5	
	m maxi							15,8	15,8	15,8	15,8	15,8	15,8	15,8	15,8	15,8	15,8	
	b							42	42	42	42	42	48	48	48	48	48	
	E mini							**41**	**51**	**61**	**71**	**81**	**85**	**95**	**105**	**115**	**135**	
	E maxi							**59**	**69**	**79**	**89**	**99**	**109**	**119**	**129**	**139**	**159**	
20	pas							2,5	2,5	2,5	2,5	2,5	2,5	2,5	2,5	2,5	2,5	2,5
	x mini = 2 Pas							5	5	5	5	5	5	5	5	5	5	5
	m maxi							18	18	18	18	18	18	18	18	18	18	18
	b							46	46	46	46	46	52	52	52	52	52	52
	E mini							**37**	**47**	**57**	**67**	**77**	**81**	**91**	**101**	**111**	**131**	**151**
	E maxi							**57**	**67**	**77**	**87**	**97**	**107**	**117**	**127**	**137**	**157**	**177**
22	pas								2,5	2,5	2,5	2,5	2,5	2,5	2,5	2,5	2,5	2,5
	x mini = 2 Pas								5	5	5	5	5	5	5	5	5	5
	m maxi								19,4	19,4	19,4	19,4	19,4	19,4	19,4	19,4	19,4	19,4
	b								50	50	50	50	56	56	56	56	56	56
	E mini								**43**	**53**	**63**	**73**	**77**	**87**	**97**	**107**	**127**	**147**
	E maxi								**66**	**76**	**86**	**96**	**106**	**116**	**126**	**136**	**156**	**176**
24	pas									3	3	3	3	3	3	3	3	3
	x mini = 2 Pas									6	6	6	6	6	6	6	6	6
	m maxi									21,5	21,5	21,5	21,5	21,5	21,5	21,5	21,5	21,5
	b									54	54	54	60	60	60	60	60	60
	E mini									**49**	**59**	**69**	**73**	**83**	**93**	**103**	**123**	**143**
	E maxi									**73**	**83**	**93**	**103**	**113**	**123**	**133**	**153**	**173**
27	pas										3	3	3	3	3	3	3	3
	x mini = 2 Pas										6	6	6	6	6	6	6	6
	m maxi										23,8	23,8	23,8	23,8	23,8	23,8	23,8	23,8
	b										60	60	66	66	66	66	66	66
	E mini										**53**	**63**	**67**	**77**	**87**	**97**	**117**	**137**
	E maxi										**80**	**90**	**100**	**110**	**120**	**130**	**150**	**170**
30	pas											3,5	3,5	3,5	3,5	3,5	3,5	3,5
	x mini = 2 Pas											7	7	7	7	7	7	7
	m maxi											25,6	25,6	25,6	25,6	25,6	25,6	25,6
	b											66	72	72	72	72	72	72
	E mini											**58**	**62**	**72**	**82**	**92**	**112**	**132**
	E maxi											**87**	**97**	**107**	**117**	**127**	**147**	**167**
33	pas												3,5	3,5	3,5	3,5	3,5	3,5
	x mini = 2 Pas												7	7	7	7	7	7
	m maxi												28,7	28,7	28,7	28,7	28,7	28,7
	b												78	78	78	78	78	78
	E mini												**56**	**66**	**76**	**86**	**106**	**126**
	E maxi												**94**	**104**	**114**	**124**	**144**	**164**
36	pas													4	4	4	4	4
	x mini = 2 Pas													8	8	8	8	8
	m maxi													31	31	31	31	31
	b													84	84	84	84	84
	E mini													**60**	**70**	**80**	**100**	**120**
	E maxi													**101**	**111**	**121**	**140**	**161**
39	pas														4	4	4	4
	x mini = 2 Pas														8	8	8	8
	m maxi														32	32	32	32
	b														90	90	90	90
	E mini														**64**	**74**	**94**	**114**
	E maxi														**110**	**120**	**140**	**160**

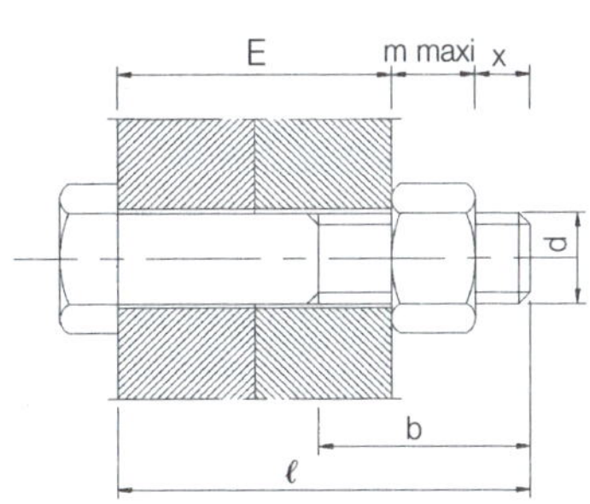

Les diamètres en gras sont préférentiels
Diamètre des trous d_{tr} d'après la norme NF P 22-431 :
– d_{tr} = d + 1 mm si d < 10 mm
– d_{tr} = d + 2 mm si 12 < d < 22
– d_{tr} = d + 3 mm si d > 24 mm

15.2 BOULONS PRÉCONTRAINTS NF E 27-701, NF E 27-702, NF E 27-711

Vocabulaire : Ce type de boulon est aussi appelé Boulon Haute Résistance ou encore Boulon HR.

Utilisation : Boulon utilisé en Construction métallique et précontraint par un couple de serrage déterminé et appliqué à l'aide d'une clé dynamométrique.

Principe d'assemblage : Pour l'assemblage de 2 pièces par boulons HR, les efforts de cisaillement ne sont pas repris par les vis, mais par le frottement des pièces en contact.

COMPOSITION

- 1 vis à tête hexagonale à collerette ou à embase à haute résistance.
- 1 écrou hexagonal à haute résistance.
- **1 rondelle** plate à haute résistance côté écrou pour les **vis à embase.**
- **2 rondelles** plates chanfreinées d'un seul côté et à haute résistance pour les **vis à collerette.**

MATÉRIAUX

Défini par les normes :
- pour les vis et écrous : NF A 35-556
- pour les rondelles : NF A 35-552 et NF A 35-553.

CLASSES DE QUALITÉ

Vis	8.8	10.9
Écrou	8	10

CONJUGAISON VIS-ÉCROU

Classe de qualité de l'écrou	Classe de qualité de la vis conjuguée
8	8.8
10	10.9

CARACTÉRISTIQUES MÉCANIQUES DE LA VIS

Classe	8.8	10.9
σ_r (MPa)	800	1 000
σ_e (MPa)	640	900

Pour les vis le premier chiffre (8 ou 10) multiplié par 100 indique environ la résistance minimale à la rupture (σ_r) en MPa. Le produit des deux chiffres (8 × 8 ou 10 × 9) multiplié par 10 indique la limite élastique de la vis (σ_e) en MPa.

MARQUAGE NF E 27-701

Éléments	Marquage	Commentaire
Vis	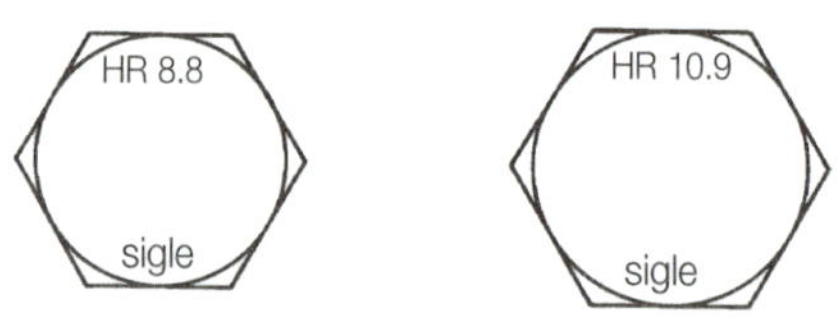	Les vis **doivent** être marquées HR 8.8 ou HR 10.9 par forgeage sur la partie supérieure de la tête.
Écrou	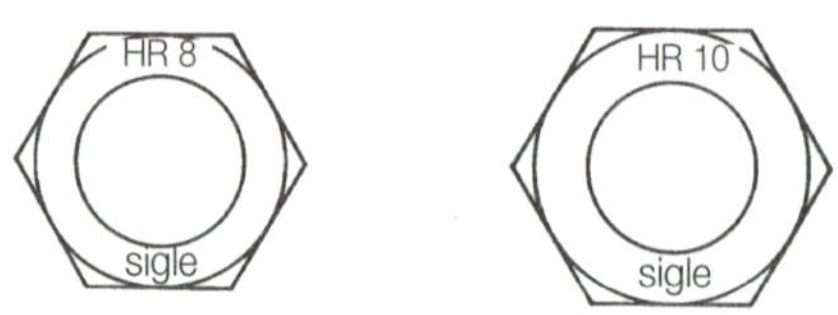	Les écrous **doivent** être marqués HR 8 ou HR 10. Le marquage est effectué en creux sur l'une des faces d'appui.
Rondelle	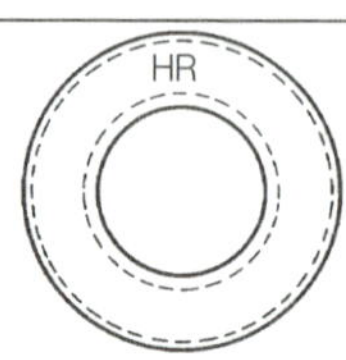	Les rondelles **doivent** être marquées HR en creux. Pour les rondelles avec chanfreins, le marquage doit être effectué sur la face opposée à ceux-ci.

TYPES ET FORMES DES VIS

■ VIS À COLLERETTE

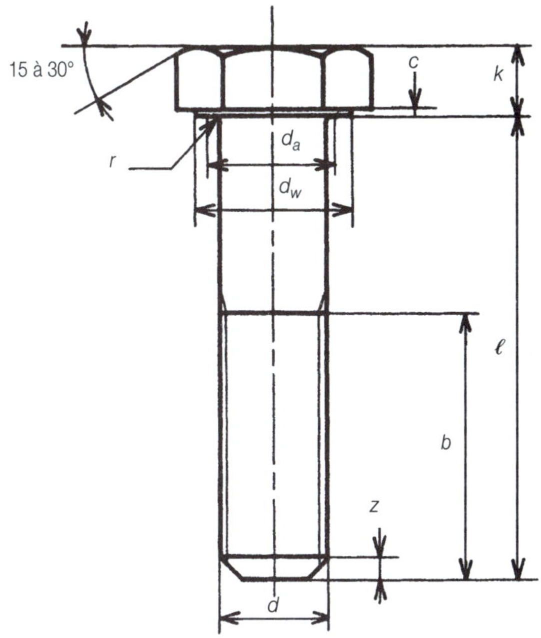

■ VIS À EMBASE

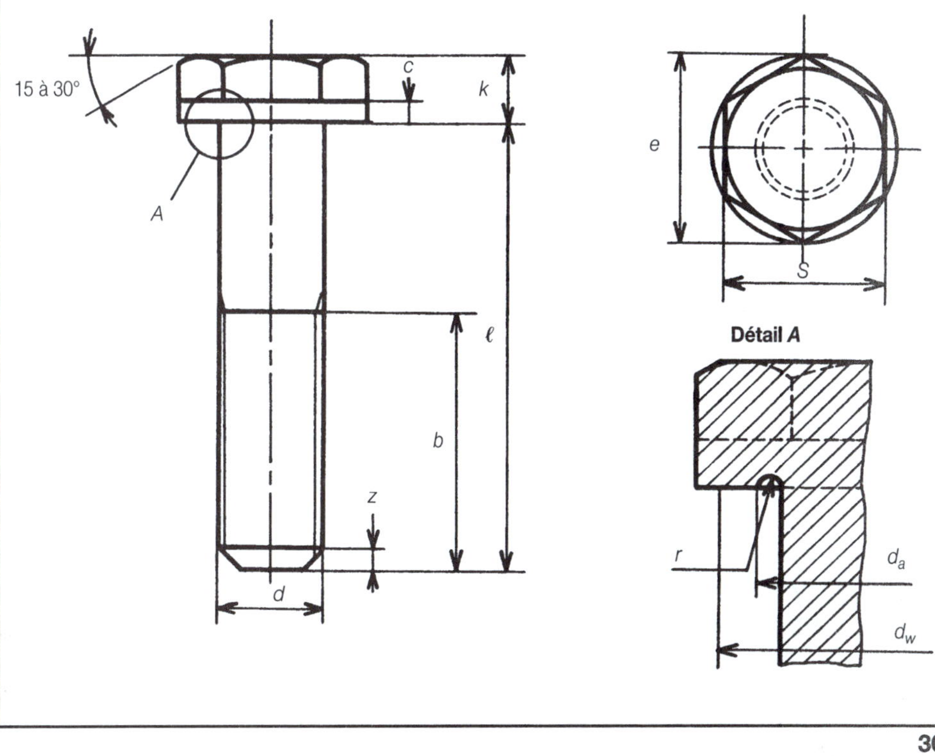

CARACTÉRISTIQUES DIMENSIONNELLES DES VIS À COLLERETTE

e : surangle e min = 1,13 S min
d_w : diamètre extérieur de la surface d'appui d_w min = 0,95 S min

Classe de qualité	Diamètre	Pas	Longueur	Longueur de la partie filetée		Rayon sous tête min	Longueur du téton	Tête de la vis			Collerette			Section du noyau
								Hauteur	Surplat		Diamètre intérieur de la face d'appui	Hauteur		
	d	P	ℓ	b		r min	z	k	S nom	S min	d_a max	C min	C max	As
	mm	mm	mm	ℓ ≤ 120 mm	120 < ℓ ≤200 mm	mm	mm	mm	mm	mm	mm	mm	mm	mm²
8.8	12	1,75	50-60-70-80-90 100-110-120	30	–	0,6	2,6	8	19	18,48	14,7	0,4	0,8	84,3
	14	2	50-60-70-80-90-100 110-120-130-140-150 160-170-180-190-200	34	40	0,6	2,6	9	22	21,16	16,7	0,4	0,8	115
	16	2	60-70-80-90-100-110 120-130-140-150-160 170-180-190-200	38	44	0,6	3	10	24	23,16	18,7	0,4	0,8	157
	18	2,5	60-70-80-90-100-110 120-130-140-150-160 170-180-190-200	42	48	0,8	3	12	27	26,16	21,2	0,4	0,8	192
	20	2,5	70-80-90-100-110-120 130-140-150-160-170 180-190-200	46	52	0,8	3,8	13	30	29,16	24,4	0,4	0,8	245
	22	2,5	70-80-90-100-110-120 130-140-150-160-170 180-190-200	50	56	0,8	3,8	14	32	31	26,4	0,4	0,8	303
	24	3	80-90-100-110-120 130-140-150-160-170 180-190-200	54	60	0,8	4,5	15	36	35	28,4	0,4	0,8	353
	27	3	80-90-100-110-120-130 140-150-160-170-180 190-200	60	66	1	4,5	17	41	40	32,4	0,4	0,8	459
	30	3,5	90-100-110-120-130 140-150-160-170-180 190-200	66	72	1	5,3	19	46	45	35,4	0,4	0,8	561

CARACTÉRISTIQUES DIMENSIONNELLES DES VIS À COLLERETTE (suite)

e : surangle   e min = 1,13 S min
d_w : diamètre extérieur de la surface d'appui d_w min = 0,95 S min

Classe de qualité	Diamètre	Pas	Longueur	Longueur de la partie filetée		Rayon sous tête min	Longueur du téton	Tête de la vis			Collerette			Section du noyau
								Hauteur	Surplat		Diamètre intérieur de la face d'appui	Hauteur		
	d	P	ℓ	b		r min	z	k	S nom	S min	d_a max	C min	C max	As
	mm	mm	mm	ℓ ≤ 120 mm	120 < ℓ ≤200 mm	mm	mm	mm	mm	mm	mm	mm	mm	mm²
10.9	12	1,75	50-60-70-80-90 100-110-120	30	–	0,8	2,6	8	22	21,16	14,7	0,4	0,8	84,3
	14	2	50-60-70-80-90-100 110-120-130-140-150 160-170-180-190-200	34	40	0,8	2,6	9	24	23,16	16,7	0,4	0,8	115
	16	2	60-70-80-90-100-110 120-130-140-150-160 170-180-190-200	38	44	0,8	3	10	27	26,16	18,7	0,4	0,8	157
	18	2,5	60-70-80-90-100-110 120-130-140-150-160 170-180-190-200	42	48	1	3	12	30	29,16	21,2	0,4	0,8	192
	20	2,5	70-80-90-100-110-120 130-140-150-160-170 180-190-200	46	52	1	3,8	13	32	31	24,4	0,4	0,8	245
	22	2,5	70-80-90-100-110-120 130-140-150-160-170 180-190-200	50	56	1,2	3,8	14	36	35	26,4	0,4	0,8	303
	24	3	80-90-100-110-120 130-140-150-160-170 180-190-200	54	60	1,2	4,5	15	41	40	28,4	0,4	0,8	353
	27	3	80-90-100-110-120-130 140-150-160-170-180 190-200	60	66	1,5	4,5	17	46	45	32,4	0,4	0,8	459
	30	3,5	90-100-110-120-130 140-150-160-170-180 190-200	66	72	1,5	5,3	19	50	49	35,4	0,4	0,8	561

CARACTÉRISTIQUES DIMENSIONNELLES DES VIS À EMBASE

e : surangle e min = 1,13 S min
d_w : diamètre extérieur de la surface d'appui d_w min = 0,95 S min

Classe de qualité	Diamètre	Pas	Longueur	Longueur de la partie filetée		Rayon sous tête min	Longueur du téton	Tête de la vis			Embase			Section du noyau
								Hauteur	Surplat		Diamètre intérieur de la face d'appui	Épaisseur du bord		
	d	P	ℓ	b		r min	z	k	S nom	S min	d_a max	C min	C max	As
	mm	mm	mm	ℓ ≤ 120 mm	120 < ℓ ≤200 mm	mm	mm	mm	mm	mm	mm	mm	mm	mm²
8.8	12	1,75	50-60-70-80-90 100-110-120	30	–	0,8	2,6	8	19	18,48	15,2	2,7	3,3	84,3
	14	2	50-60-70-80-90-100 110-120-130-140-150 160-170-180-190-200	34	40	0,8	2,6	9	22	21,16	17,2	2,7	3,3	115
	16	2	60-70-80-90-100-110 120-130-140-150-160 170-180-190-200	38	44	1	3	10	24	23,16	20	2,7	3,3	157
	18	2,5	60-70-80-90-100-110 120-130-140-150-160 170-180-190-200	42	48	1	3	12	27	26,16	22	3,7	4,3	192
	20	2,5	70-80-90-100-110-120 130-140-150-160-170 180-190-200	46	52	1,5	3,8	13	30	29,16	26	3,7	4,3	245
	22	2,5	70-80-90-100-110-120 130-140-150-160-170 180-190-200	50	56	1,5	3,8	14	32	31	28	3,7	4,3	303
	24	3	80-90-100-110-120 130-140-150-160-170 180-190-200	54	60	1,5	4,5	15	36	35	30	3,7	4,3	353
	27	3	80-90-100-110-120-130 140-150-160-170-180 190-200	60	66	1,5	4,5	17	41	40	33	4,7	5,3	459
	30	3,5	90-100-110-120-130 140-150-160-170-180 190-200	66	72	1,5	5,3	19	46	45	36	4,7	5,3	561

CARACTÉRISTIQUES DIMENSIONNELLES DES VIS À EMBASE (suite)

e : surangle e min = 1,13 S min
d_w : diamètre extérieur de la surface d'appui d_w min = 0,95 S min

Classe de qualité	Diamètre	Pas	Longueur	Longueur de la partie filetée		Rayon sous tête min	Longueur du téton	Tête de la vis			Embase			Section du noyau
								Hauteur	Surplat		Diamètre intérieur de la face d'appui	Épaisseur du bord		
	d	P	ℓ	b		r min	z	k	S nom	S min	d_a max	C min	C max	As
	mm	mm	mm	ℓ ≤ 120 mm	120 < ℓ ≤200 mm	mm	mm	mm	mm	mm	mm	mm	mm	mm²
10.9	12	1,75	50-60-70-80-90 100-110-120	30	–	0,8	2,6	8	22	21,16	15,2	2,7	3,3	84,3
	14	2	50-60-70-80-90-100 110-120-130-140-150 160-170-180-190-200	34	40	0,8	2,6	9	24	23,16	17,2	2,7	3,3	115
	16	2	60-70-80-90-100-110 120-130-140-150-160 170-180-190-200	38	44	1	3	10	27	26,16	20	2,7	3,3	157
	18	2,5	60-70-80-90-100-110 120-130-140-150-160 170-180-190-200	42	48	1	3	12	30	29,16	22	3,7	4,3	192
	20	2,5	70-80-90-100-110-120 130-140-150-160-170 180-190-200	46	52	1,5	3,8	13	32	31	26	3,7	4,3	245
	22	2,5	70-80-90-100-110-120 130-140-150-160-170 180-190-200	50	56	1,5	3,8	14	36	35	28	3,7	4,3	303
	24	3	80-90-100-110-120 130-140-150-160-170 180-190-200	54	60	1,5	4,5	15	41	40	30	3,7	4,3	353
	27	3	80-90-100-110-120-130 140-150-160-170-180 190-200	60	66	1,5	4,5	17	46	45	33	4,7	5,3	459
	30	3,5	90-100-110-120-130 140-150-160-170-180 190-200	66	72	1,5	5,3	19	50	49	36	4,7	5,3	561

CARACTÉRISTIQUES DIMENSIONNELLES DES ÉCROUS NON REVÊTUS

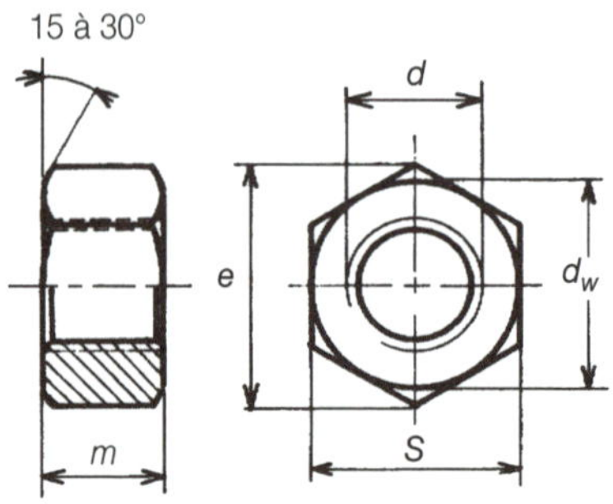

e min = 1,13 S min
d_w min = 0,95 S min

Classe de qualité	d	P	S nom	S min	d_w min	m
8	12	1,75	19	18,48	17,55	11
	14	2,00	22	21,16	20,10	13
	16	2,00	24	23,16	22,00	15
	18	2,50	27	26,16	24,90	16
	20	2,50	30	29,16	27,70	18
	22	2,50	32	31,00	29,45	20
	24	3,00	36	35,00	33,30	22
	27	3,00	41	40,00	38,00	24
	30	3,50	46	45,00	42,80	27
10	12	1,75	22	21,16	20,10	11
	14	2,00	24	23,16	22,00	13
	16	2,00	27	26,16	24,90	15
	18	2,50	30	29,16	27,70	16
	20	2,50	32	31,00	29,45	18
	22	2,50	36	35,00	33,30	20
	24	3,00	41	40,00	38,00	22
	27	3,00	46	45,00	42,80	24
	30	3,50	50	49,00	46,60	27

CARACTÉRISTIQUES DIMENSIONNELLES DES RONDELLES NON REVÊTUES

Chanfreinées pour vis à collerette

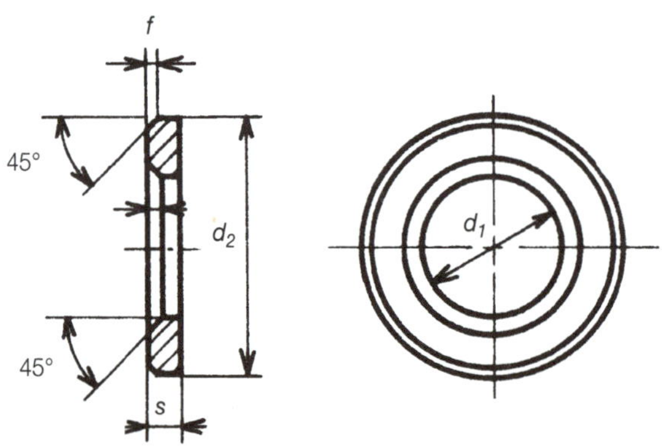

d	d_1	d_2	s	f	c
12	13	24	3	1	1,5
14	15	27	3	1	1,5
16	17	30	3	1	1,6
18	19,5	34	4	1	1,6
20	21,5	37	4	1	1,6
22	23,5	40	4	1	2,0
24	25,5	44	4	1	2,0
27	28,5	50	5	1	2,0
30	31,5	55	5	1	2,0

Sans chanfrein pour vis à embase

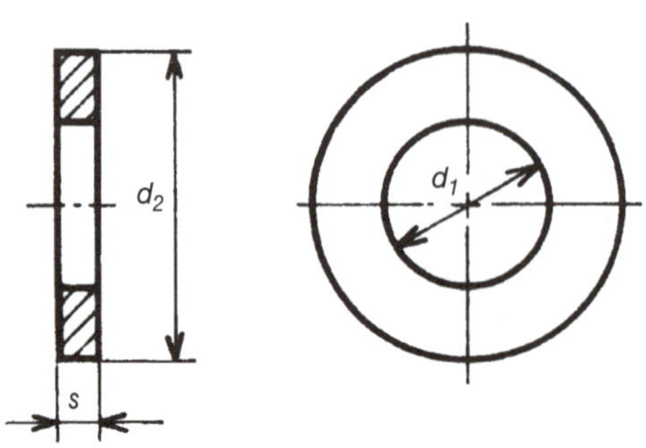

DÉSIGNATION

Appellation « Boulon »

Classe de qualité : 10.9 ou 8.8

Diamètre nominal

Référence aux normes

Boulon HR 10.9, M 18-80 NF E 27-711

Symbole « HR » : pour boulon à collerette
Symbole « HR à embase » : pour boulon à embase

Symbole de filetage M

Longueur de la vis ℓ

UTILISATION

Normes relatives à l'utilisation des boulons HR :

- NF P 22-460 : Disposition constructive et vérification des assemblages.
- NF P 22-461 : Détermination du coefficient conventionnel de frottement.
- NF P 22-462 : Usinage et préparation des assemblages.
- NF P 22-463 : Exécution des assemblages.
- NF P 22-464 : Programme de pose des boulons.
- NF P 22-466 : Méthodes de serrage et de contrôle des boulons.
- NF P 22-468 : Serrage par rotation contrôlée de l'écrou.
- NF P 22-469 : Étalonnage des clés dynamométriques.

CHOIX DE LA LONGUEUR DE LA VIS EN FONCTION DES ÉPAISSEURS DE PIÈCES À ASSEMBLER

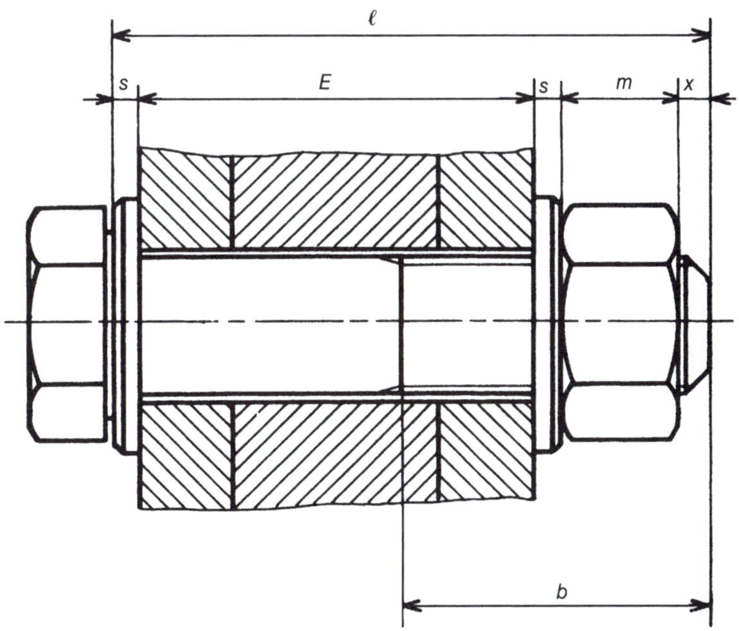

Boulons précontraints

CHOIX DE LA LONGUEUR DE LA VIS EN FONCTION DES ÉPAISSEURS DES PIÈCES À ASSEMBLER

d	ℓ	50	60	70	80	90	100	110	120	130	140	150	160	170	180	190	200
12	s	3	3	3	3	3	3	3	3								
	m	11	11	11	11	11	11	11	11								
	x mini = 2 Pas	3,5	3,5	3,5	3,5	3,5	3,5	3,5	3,5								
	30	30	30	30	30	30	30	30	30								
	E mini	**22**	**32**	**42**	**52**	**62**	**72**	**82**	**92**								
	E maxi	**30**	**40**	**50**	**60**	**70**	**80**	**90**	**100**								
14	s	3	3	3	3	3	3	3	3	3	3	3	3	3	3	3	3
	m	13	13	13	13	13	13	13	13	13	13	13	13	13	13	13	13
	x mini = 2 Pas	4	4	4	4	4	4	4	4	4	4	4	4	4	4	4	4
	b	34	34	34	34	34	34	34	34	40	40	40	40	40	40	40	40
	E mini	**18**	**28**	**38**	**48**	**58**	**68**	**78**	**88**	**92**	**102**	**112**	**122**	**132**	**142**	**152**	**162**
	E maxi	**27**	**37**	**47**	**57**	**67**	**77**	**87**	**97**	**107**	**117**	**127**	**137**	**147**	**157**	**167**	**177**
16	s		3	3	3	3	3	3	3	3	3	3	3	3	3	3	3
	m		15	15	15	15	15	15	15	15	15	15	15	15	15	15	15
	x mini = 2 Pas		4	4	4	4	4	4	4	4	4	4	4	4	4	4	4
	b		38	38	38	38	38	38	38	44	44	44	44	44	44	44	44
	E mini		**24**	**34**	**44**	**54**	**64**	**74**	**84**	**88**	**98**	**108**	**118**	**128**	**138**	**148**	**158**
	E maxi		**35**	**45**	**55**	**65**	**75**	**85**	**95**	**105**	**115**	**125**	**135**	**145**	**155**	**165**	**175**
18	s		4	4	4	4	4	4	4	4	4	4	4	4	4	4	4
	m		16	16	16	16	16	16	16	16	16	16	16	16	16	16	16
	x mini = 2 Pas		5	5	5	5	5	5	5	5	5	5	5	5	5	5	5
	b		42	42	42	42	42	42	42	48	48	48	48	48	48	48	48
	E mini		**21**	**31**	**41**	**51**	**61**	**71**	**81**	**85**	**95**	**105**	**115**	**125**	**135**	**145**	**155**
	E maxi		**31**	**41**	**51**	**61**	**41**	**81**	**91**	**101**	**111**	**121**	**131**	**141**	**151**	**161**	**171**
20	s			4	4	4	4	4	4	4	4	4	4	4	4	4	4
	m			18	18	18	18	18	18	18	18	18	18	18	18	18	18
	x mini = 2 Pas			5	5	5	5	5	5	5	5	5	5	5	5	5	5
	b			46	46	46	46	46	46	52	52	52	52	52	52	52	52
	E mini			**27**	**37**	**47**	**57**	**67**	**77**	**81**	**91**	**101**	**111**	**121**	**131**	**141**	**151**
	E maxi			**39**	**49**	**59**	**69**	**79**	**89**	**99**	**109**	**119**	**129**	**139**	**149**	**159**	**169**
22	s			4	4	4	4	4	4	4	4	4	4	4	4	4	4
	m			20	20	20	20	20	20	20	20	20	20	20	20	20	20
	x mini = 2 Pas			5	5	5	5	5	5	5	5	5	5	5	5	5	5
	b			50	50	50	50	50	50	56	56	56	56	56	56	56	56
	E mini			**23**	**33**	**43**	**53**	**63**	**73**	**77**	**87**	**97**	**107**	**117**	**127**	**137**	**147**
	E maxi			**37**	**47**	**57**	**67**	**77**	**87**	**97**	**107**	**117**	**127**	**137**	**147**	**157**	**167**
24	s				4	4	4	4	4	4	4	4	4	4	4	4	4
	m				22	22	22	22	22	22	22	22	22	22	22	22	22
	x mini = 2 Pas				6	6	6	6	6	6	6	6	6	6	6	6	6
	b				54	54	54	54	54	60	60	60	60	60	60	60	60
	E mini				**29**	**39**	**49**	**59**	**69**	**73**	**83**	**93**	**103**	**113**	**123**	**133**	**143**
	E maxi				**44**	**54**	**64**	**74**	**84**	**94**	**104**	**114**	**124**	**134**	**144**	**154**	**164**
27	s				5	5	5	5	5	5	5	5	5	5	5	5	5
	m				24	24	24	24	24	24	24	24	24	24	24	24	24
	x mini = 2 Pas				6	6	6	6	6	6	6	6	6	6	6	6	6
	b				60	60	60	60	60	66	66	66	66	66	66	66	66
	E mini				**23**	**33**	**43**	**53**	**63**	**67**	**77**	**87**	**97**	**107**	**117**	**127**	**137**
	E maxi				**40**	**50**	**60**	**70**	**80**	**90**	**100**	**110**	**120**	**130**	**140**	**150**	**160**
30	s					5	5	5	5	5	5	5	5	5	5	5	5
	m					27	27	27	27	27	27	27	27	27	27	27	27
	x mini = 2 Pas					7	7	7	7	7	7	7	7	7	7	7	7
	b					66	66	66	66	72	72	72	72	72	72	72	72
	E mini					**28**	**38**	**48**	**58**	**62**	**72**	**82**	**92**	**102**	**112**	**122**	**132**
	E maxi					**46**	**56**	**66**	**76**	**86**	**96**	**106**	**116**	**126**	**136**	**146**	**156**

Nota : La longueur de vis dépassant de l'écrou doit être la plus faible possible pour pouvoir utiliser la douille de serrage

DÉTERMINATION DU COUPLE DE SERRAGE EN FONCTION DU COEFFICIENT K DONNÉ PAR LE FABRICANT DES BOULONS

Diamètre des boulons d	Limite élastique de la vis σ_{eb}	Section résistante de la vis A_s	Précontrainte $P_V = 0{,}8 \cdot \sigma_{eb} \cdot A_s$	**Boulons HR 8.8** **Couple de serrage** des boulons en **m.N** en fonction du **coefficient K** donné par le fabricant des boulons. $C = 0{,}88 \cdot K \cdot d \cdot \sigma_{eb} \cdot A_s \cdot 10^{-3}$										
mm	MPa	mm²	N	**0,12**	**0,13**	**0,14**	**0,15**	**0,16**	**0,17**	**0,18**	**0,19**	**0,20**	**0,21**	**0,22**
12	640	84,3	43162	68	74	80	85	91	97	103	108	114	120	125
14	640	115	58880	109	118	127	136	145	154	163	172	181	190	199
16	640	157	80384	170	184	198	212	226	241	255	269	283	297	311
18	640	192	98304	234	253	272	292	311	331	350	370	389	409	428
20	640	245	125440	331	359	386	414	442	469	497	524	552	580	607
22	640	303	155136	451	488	526	563	601	638	676	713	751	788	826
24	640	353	180736	573	620	668	716	763	811	859	907	954	1002	1050
27	640	459	235008	838	907	977	1047	1117	1187	1256	1326	1396	1466	1536
30	640	561	287232	1137	1232	1327	1422	1517	1611	1706	1801	1896	1991	2085

Diamètre des boulons d	Limite élastique de la vis σ_{eb}	Section résistante de la vis A_s	Précontrainte $P_V = 0{,}8 \cdot \sigma_{eb} \cdot A_s$	**Boulons HR 10.9** **Couple de serrage** des boulons en **m.N** en fonction du **coefficient K** donné par le fabricant des boulons. $C = 0{,}88 \cdot K \cdot d \cdot \sigma_{eb} \cdot A_s \cdot 10^{-3}$										
mm	MPa	mm²	N	**0,12**	**0,13**	**0,14**	**0,15**	**0,16**	**0,17**	**0,18**	**0,19**	**0,20**	**0,21**	**0,22**
12	900	84,3	60696	96	104	112	120	128	136	144	152	160	168	176
14	900	115	82800	153	166	179	191	204	217	230	242	255	268	281
16	900	157	113040	239	259	279	298	318	338	358	378	398	418	438
18	900	192	138240	328	356	383	411	438	465	493	520	547	575	602
20	900	245	176400	466	505	543	582	621	660	699	737	776	815	854
22	900	303	218160	634	686	739	792	845	898	950	1003	1056	1109	1161
24	900	353	254160	805	872	939	1006	1074	1141	1208	1275	1342	1409	1476
27	900	459	330480	1178	1276	1374	1472	1570	1669	1767	1865	1963	2061	2159
30	900	561	403920	1600	1733	1866	1999	2133	2266	2399	2533	2666	2799	2932

15.3 CHEVILLES

d'après Doc. Hilti
(HILTI : 103 BOULEVARD JOURDAN – 75014 PARIS)

En structures métalliques, les chevilles sont utilisées pour la fixation d'éléments métalliques sur des supports en béton ou en maçonnerie.

TYPES DE CHEVILLES

Types	Procédé	Exemples d'applications
Chevilles femelles	Frappe et expansion	Fixations de suspensions, rails, consoles, mains courantes…
	Autoforeuse et expansion	
	Autoexpansion	
Chevilles mâles	Autoexpansion (1 cône)	Fixations pour ancrages, pièces de fortes épaisseurs, rails, platines…
	Double expansion (2 cônes)	
	Expansion cylindrique totale (2 cônes)	
Chevilles chimiques	Scellement par résine	Mêmes applications que les chevilles mâles, mais sans risque d'éclatement du support (béton) pour des fixations proches du bord.

EXEMPLE DE CHEVILLE FEMELLE

Type HKD-S

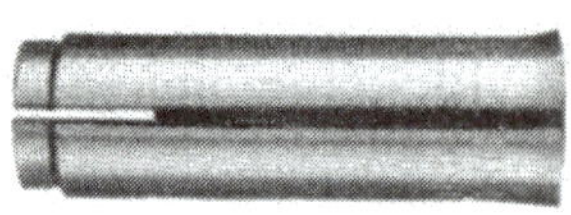

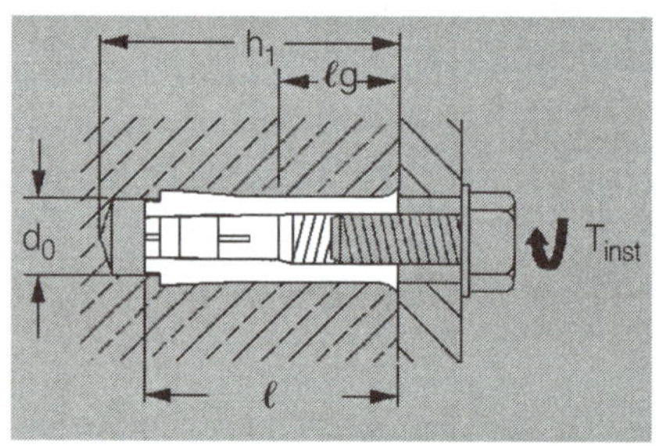

Type HKD-S	Effort de traction	Effort de cisaillement	Distance mini au bord	Entraxe mini	Diamètre de perçage	Profondeur de perçage	Profondeur de taraudage	Longueur totale de la cheville	Couple de serrage
	N	V	e	p	d_0	h_1	ℓg	ℓ	T_{inst}
	daN	daN	mm	mm	mm	mm	mm	mm	N.m
M6x25	240	200	90	50	8	27	11	25	5
M8x30	380	320	105	60	10	33	13	30	10
M10x30	380	400	140	80	12	33	12	30	10
M10x40	500	440	140	80	12	43	15	40	20
M12x50	850	810	175	100	15	54	18	50	40
M16x65	1150	1290	230	130	20	70	23	65	80
M20x80	1600	1950	280	160	25	85	34	80	160

EXEMPLES DE CHEVILLES MÂLES

Type HSL

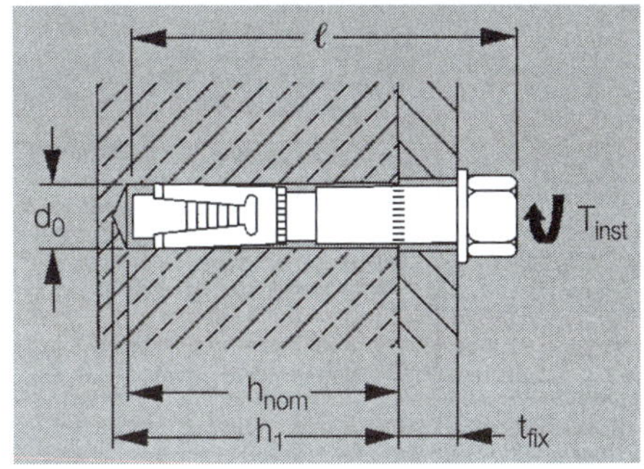

Type HSL	Effort de traction	Effort de cisaillement	Distance mini au bord	Entraxe mini	Diamètre de perçage	Profondeur de perçage	Épaisseur maxi à fixer	Longueur totale de la cheville	Couple de serrage
	N	V	e	p	d_0	h_1	t_{fix}	ℓ	T_{inst}
	daN	daN	mm	mm	mm	mm	mm	mm	N.m
M8/0	600	960	97	97	12	75	2	72	25
M8/20	600	960	97	97	12	75	20	92	25
M8/40	600	960	97	97	12	75	40	112	25
M10/20	830	1610	112	112	15	85	20	104	50
M10/40	830	1610	112	112	15	85	40	124	50
M12/25	1070	2000	120	120	18	95	25	115	80
M12/50	1070	2000	120	120	18	95	50	140	80
M16/25	2150	3690	157	157	24	120	25	142	120
M16/50	2150	3690	157	157	24	120	50	167	120
M20/30	2980	5050	195	195	28	150	30	175	250
M20/60	2980	5050	195	195	28	150	60	205	250
M24/30	3410	5940	232	232	32	175	30	200	300
M24/60	3410	5940	232	232	32	175	60	230	300

Type HSL-G

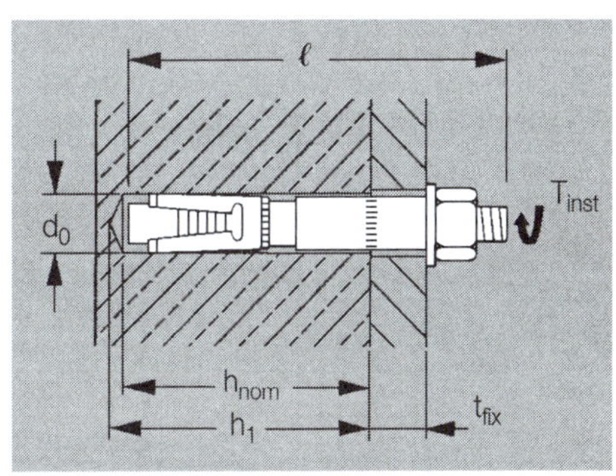

EXEMPLE DE CHEVILLE MÂLE (suite)

Type HSL-G	Effort de traction	Effort de cisaillement	Distance mini au bord	Entraxe mini	Diamètre de perçage	Profondeur de perçage	Épaisseur maxi à fixer	Longueur	Couple de serrage
	N	V	e	p	d_0	h_1	t_{fix}	ℓ	T_{inst}
	daN	daN	mm	mm	mm	mm	mm	mm	N.m
M8/20	600	960	97	97	12	75	20	92	25
M8/40	600	960	97	97	12	75	40	112	25
M8/60	600	960	97	97	12	75	60	135	25
M10/20	830	1610	112	112	15	85	20	104	50
M10/40	830	1610	112	112	15	85	40	124	50
M10/60	830	1610	112	112	15	85	60	144	50
M12/25	1670	2000	120	120	18	95	25	115	80
M12/50	1070	2000	120	120	18	95	50	140	80
M12x70	1070	2000	120	120	18	95	70	160	80
M16/25	2150	3690	157	157	24	120	25	142	120
M16/50	2150	3690	157	157	24	120	50	167	120
M16x80	2150	3690	157	157	24	120	80	197	120
M20/30	2980	5050	195	195	28	150	30	175	250
M20/60	2980	5050	195	195	28	150	60	205	250

EXEMPLES DE CHEVILLES CHIMIQUES

Tige filetée avec rondelle et écrou **HAS**

Ampoule **HEA**

Douille **HIS**

Montage sans douille : HEA + HAS

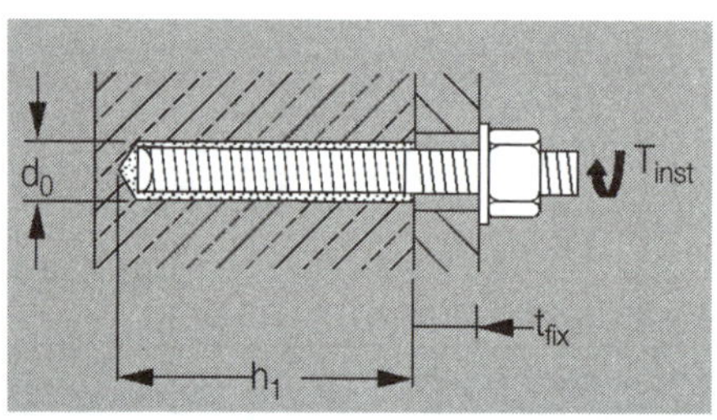

Montage avec douille : HEA + HIS

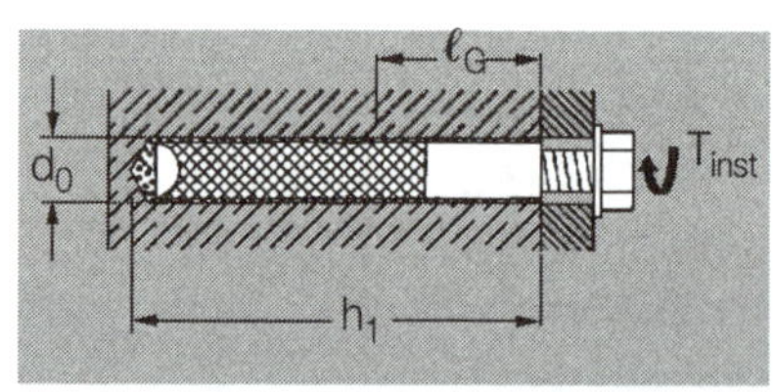

Type HEA + HAS ou HEA + HIS	Effort de traction	Effort de cisaillement	Distance mini au bord	Entraxe mini	Diamètre de perçage sans douille	Diamètre de perçage avec douille	Profondeur de perçage	Épaisseur maxi à fixer	Profondeur de taraudage douille	Couple de serrage
	N	V	e	p	d_0	d_0	h_1	t_{fix}	ℓ_G	T_{inst}
	daN	daN	mm	mm	mm	mm	mm	mm	mm	N.m
M8	505	400	45	40	10	12	80	22	25	15
M10	860	650	55	45	12	15	90	30	35	30
M12	1150	840	63	55	14	18	110	37	35	50
M16	1900	1550	85	63	18	25	125	49	65	125
M20	2870	2600	105	85	25	30	170	50	75	240
M24	4100	3660	105	105	28	–	210	57	–	410

15.4 ÉLÉMENTS STANDARD

15.4.1 ÉCHANTIGNOLES

Définition : Pièce réalisée en plat plié servant à fixer une panne sur une traverse de portique ou sur un arbalétrier.

FORMES ET CARACTÉRISTIQUES DIMENSIONNELLES D'ÉCHANTIGNOLES STANDARDISÉES

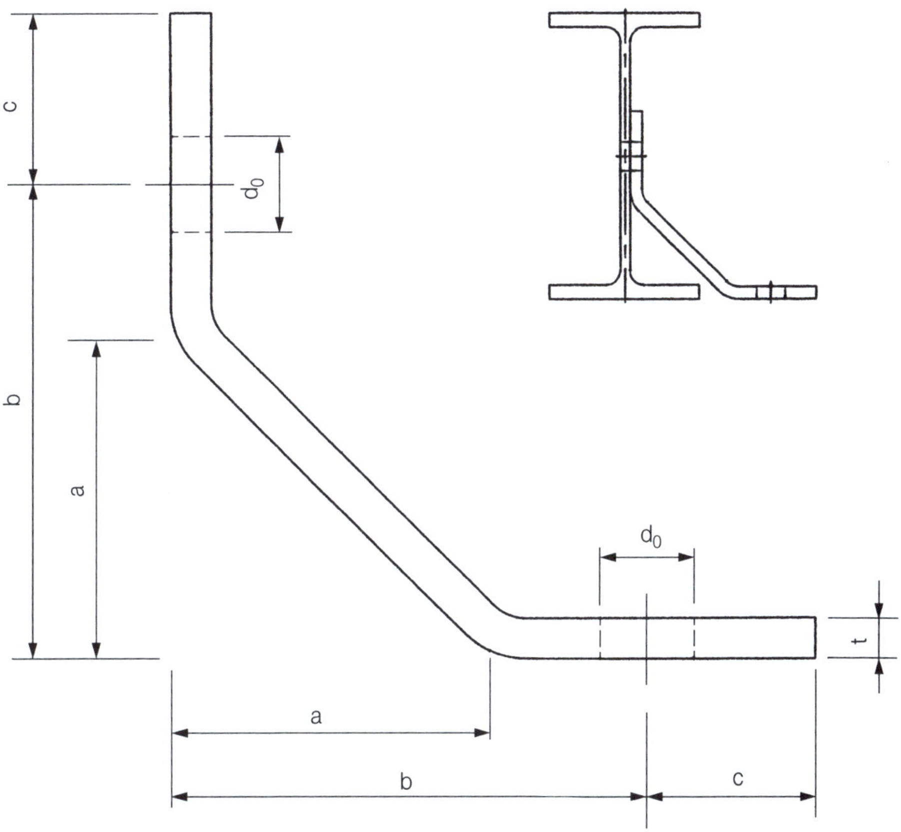

Panne à fixer	a en mm	b en mm	c en mm	t en mm	d_0 en mm	diamètre boulons en mm
IPN 80	24	40	17	5	11	10
IPN100	28	50	22	5	14	12
IPN120 IPE120	38	60	22	6	14	12
IPN140 IPE140	48	70	22	6	14	12

15.4.2 TIGE D'ANCRAGE

Définition : Éléments employés pour solidariser un poteau avec sa fondation en béton.

FORMES ET CARACTÉRISTIQUES DIMENSIONNELLES DE TIGES D'ANCRAGE STANDARDISÉES

Tige courbée

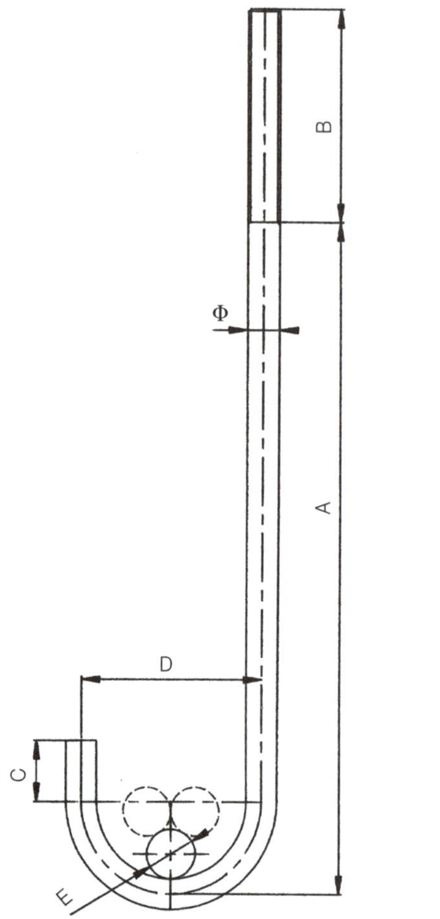

Tige contre courbée

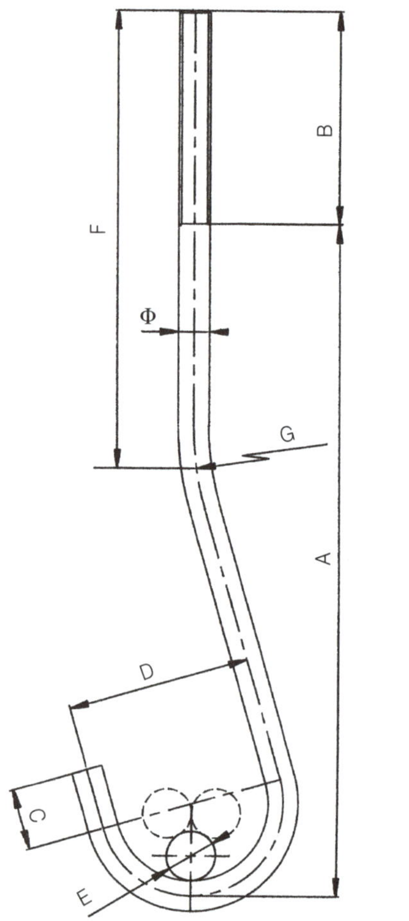

Caractéristiques dimensionnelles (en mm)		Diamètre Φ de la tige d'ancrage en mm							
		14	16	18	20	22	24	27	30
A	22 × Φ	308	352	396	440	484	528	594	660
B	4 × Φ	84	96	108	120	132	144	162	180
C	2 × Φ	28	32	36	40	44	48	54	60
D	6 × Φ	84	96	108	120	132	144	162	180
E	Clé d'ancrage en acier HA	20	25	25	32	32	40	40	3 × 25
F	15 × Φ	210	240	270	300	330	360	405	450
G	10 × Φ	140	160	180	200	220	240	270	300
longueur développée	Tige courbée	510	583	656	728	801	874	983	1093
	Tige contre courbée	503	575	647	719	791	863	971	1079
Filetage	Pas	2	2	2,5	2,5	2,5	3	3	3,5
section du noyau en mm^2		115	157	192	245	303	353	459	561

16 ÉLÉMENTS DE CALCUL EN MÉCANIQUE

16.1 STATIQUE DANS LE PLAN

BUT DE LA STATIQUE

La statique permet d'étudier les conditions d'équilibre des solides au repos qui supportent des actions.

FORCE

Une force $\vec{F}$ est caractérisée par :
– un point application
– une direction
– un sens
– une intensité

Unité : **newton** (N).
multiples utilisés :
- le déca-newton : 1 daN = 10 N
- le kilo-newton : 1 kN = 1 000 N

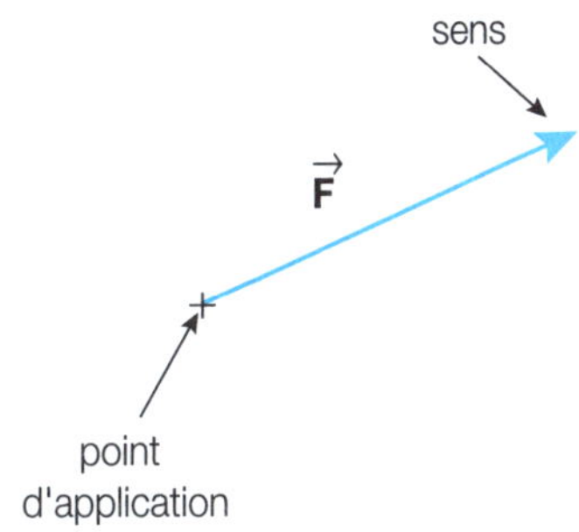

MOMENT D'UNE FORCE

Moment de la force $\vec{F}$ d'origine A par rapport au point O :

$$\overrightarrow{M_{/0} F} = \overrightarrow{OA} \wedge \vec{F}$$

Unité : **newton mètre** (N.m)
multiples utilisés :
- le déca-newton mètre : 1 daN.m = 10 N.m
- le kilo-newton mètre : 1 kN.m = 1 000 N.m

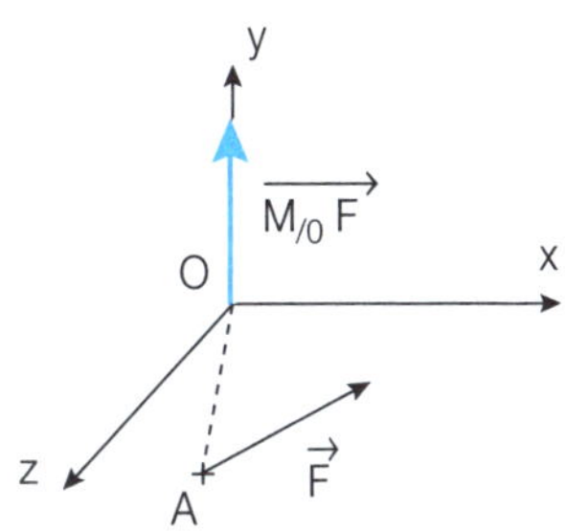

LIAISONS DANS LE PLAN

Nom de la liaison	Modélisation	Déplacements	Inconnues
Appui Simple	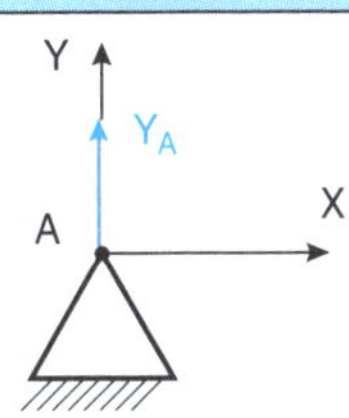	Translation d'axe X ↑ 0 Translation d'axe Y = 0 Rotation d'axe Z ↑ 0 2 déplacements	$X_A = 0$ $Y_A \neq 0$ $M_A = 0$ 1 inconnue
Articulation	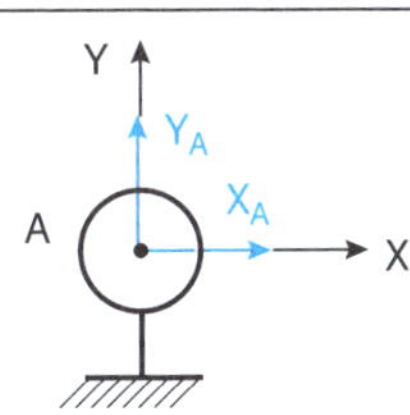	Translation d'axe X = 0 Translation d'axe Y = 0 Rotation d'axe Z ↑ 0 1 déplacement	$X_A \neq 0$ $Y_A \neq 0$ $M_A = 0$ 2 inconnues
Encastrement	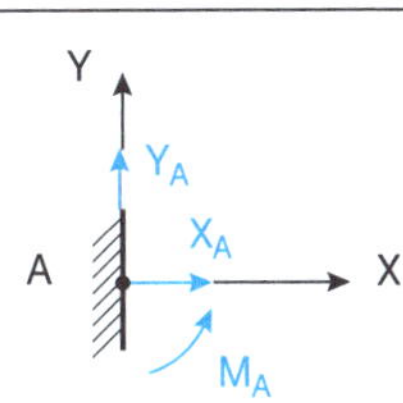	Translation d'axe X = 0 Translation d'axe Y = 0 Rotation d'axe Z = 0 0 déplacement	$X_A \neq 0$ $Y_A \neq 0$ $M_A \neq 0$ 3 inconnues

Statique dans le plan

PRINCIPE FONDAMENTAL DE LA STATIQUE (PFS)	Le solide est en équilibre : Torseur des forces extérieures = Torseur nul $\{\tau_{ext}\}=\{0\}$
APPLICATION ANALYTIQUE DU PFS	Le solide est en équilibre → **3 équations** par solide 1re équation → **Somme des forces en projection sur l'axe X = 0** 2e équation → **Somme des forces en projection sur l'axe Y = 0** 3e équation → **Somme des moments sur l'axe Z par rapport à un point quelconque = 0**
DEGRÉ D'HYPERSTATICITÉ	Degré d'hyperstaticité = nombre d'équations – nombre d'inconnues liaison
ISOSTATIQUE	**Degré d'hyperstaticité = 0** **Nombre d'inconnues liaison = nombre d'équations** On peut résoudre avec le PFS.
HYPERSTATIQUE	**Degré d'hyperstaticité < 0** **Nombre d'inconnues liaison > nombre d'équations** On ne peut pas résoudre avec le PFS seul. Il manque des équations. On trouve les équations manquantes avec la résistance des matériaux (RDM).
HYPOSTATIQUE	**Degré d'hyperstaticité > 0** **Nombre d'inconnues liaison < nombre d'équations** On ne peut pas résoudre. C'est un mécanisme.
APPLICATION GRAPHIQUE DU PFS	Le solide est en équilibre : Le **dynamique** et le **funiculaire** des forces sont **fermés.**
POUTRE TREILLIS PLANE OU SYSTÈME RÉTICULÉ PLAN OU SYSTÈME TRIANGULÉ PLAN	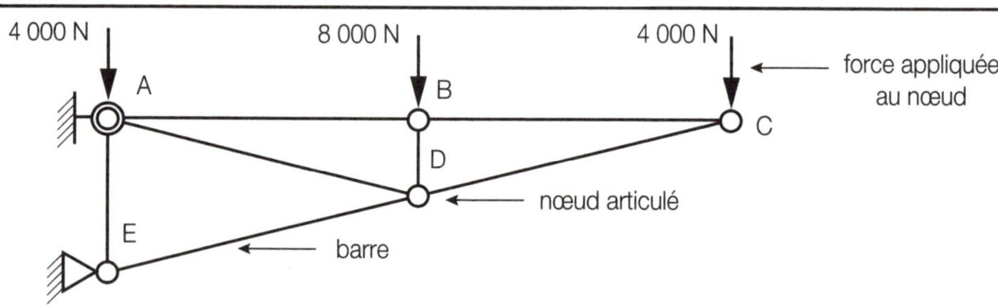 Système composé de **barres** rectilignes **articulées** entre elles à leurs extrémités **aux nœuds** et dans un même plan. **Les forces** sont appliquées **aux nœuds** dans le plan moyen de la poutre. Les barres sont tendues ou les barres sont comprimées 
CALCUL DES EFFORTS DANS LES BARRES	Méthode analytique : Méthode de **Ritter** Méthode graphique : Épure de **Crémona**

MÉTHODE ANALYTIQUE DE RITTER

Principe : Appliquer le PFS sur des tronçons de la poutre treillis.
- La poutre treillis doit être en équilibre.
- Choisir des **sections** judicieuses **coupant 3 barres au plus** non concourantes au même nœud.
- Pour chaque section, appliquer le PFS à l'un des 2 tronçons obtenus.

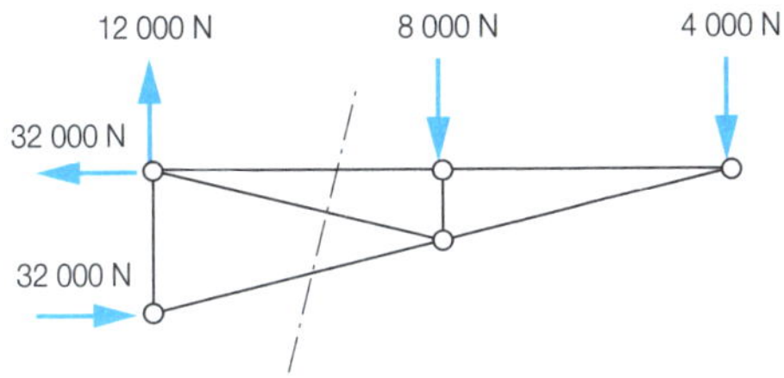

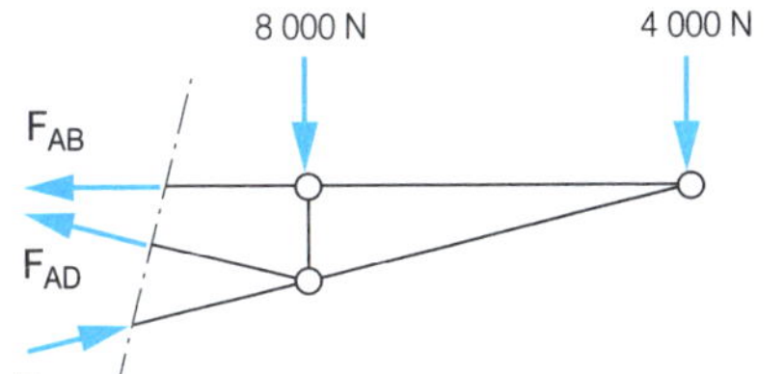

Équilibre du tronçon de droite

ÉPURE DE CRÉMONA

• **Principe :** L'épure de Crémona est un ensemble de dynamiques qui traduisent l'équilibre de chaque nœud de la poutre treillis.

Poutre treillis à étudier

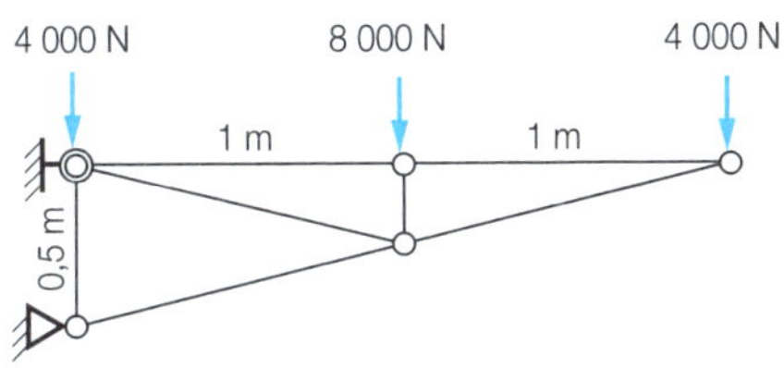

• **Règles à adopter pour le tracé de l'épure :**

1. la poutre treillis doit être en équilibre

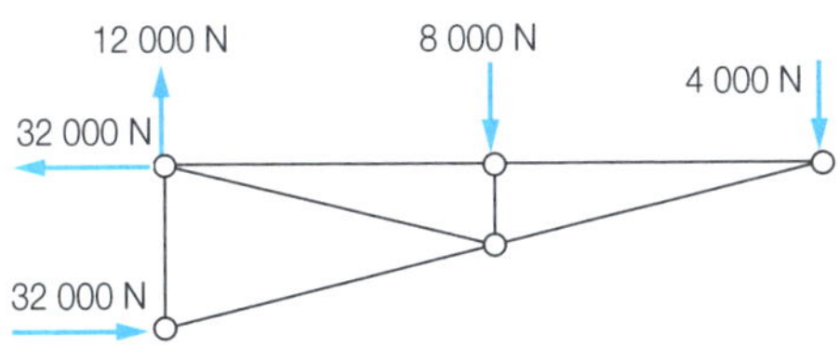

2. Repérer chaque nœud par une lettre
3. Numéroter les zones
4. Choisir un sens de rotation positif autour des nœuds

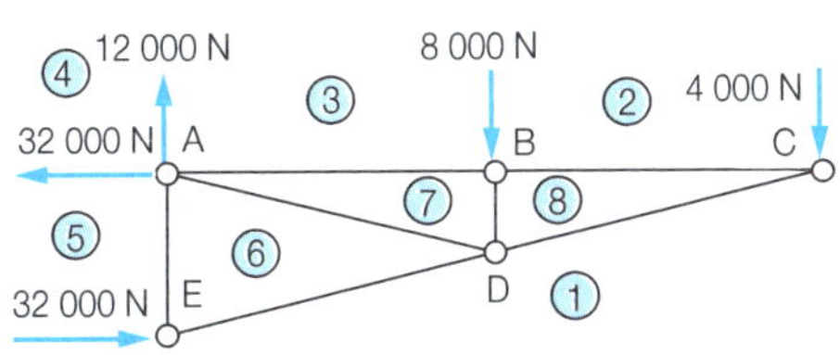

5. Tracer l'épure de Crémona en adoptant une échelle et en commençant par les forces connues. Continuer en recherchant les forces inconnues dans les barres.

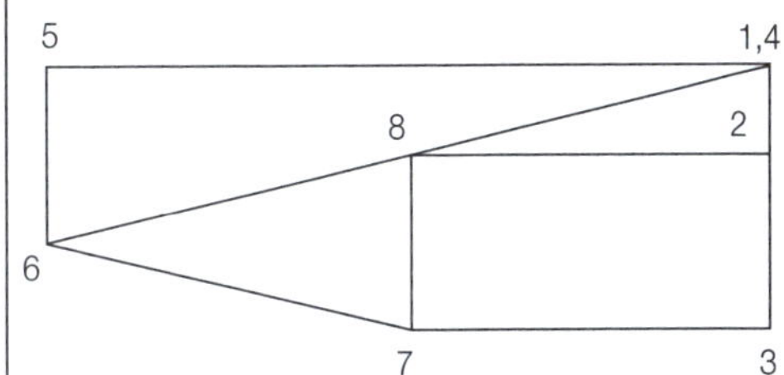

6. Faire un tableau récapitulatif des résultats obtenus qui donne les sollicitations (traction ou compression) et l'intensité des forces dans les barres.

Barres	Sollicitation	Intensité en N
AB	Traction	16 000
AD	Traction	16 492
AE	Traction	8 000
BC	Traction	16 000
BD	Compression	8 000
CD	Compression	16 492
DE	Compression	32 985

16.2 MOMENT STATIQUE - CENTRE DE GRAVITÉ

SYSTÈME D'AXES

Le système d'axes correspond aux **axes** utilisés par l'**Eurocode 3** et adoptés par les fabricants de produits sidérurgiques

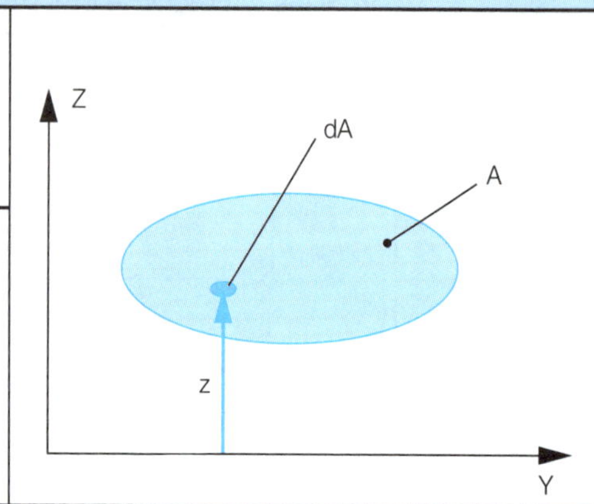

MOMENT STATIQUE

Définition : Le moment statique de la surface A par rapport à l'axe Y est défini par :

$$S_Y = \sum z.dA \quad \text{ou encore} \quad S_Y = \int_A z.dA$$

Unité : **m³**

Unité courante : **cm³**

CENTRE DE GRAVITÉ

Définition : Le centre de gravité de la surface A est un point G tel que par rapport à un axe quelconque passant par G, le moment statique est nul.

$$S_{GY} = 0$$

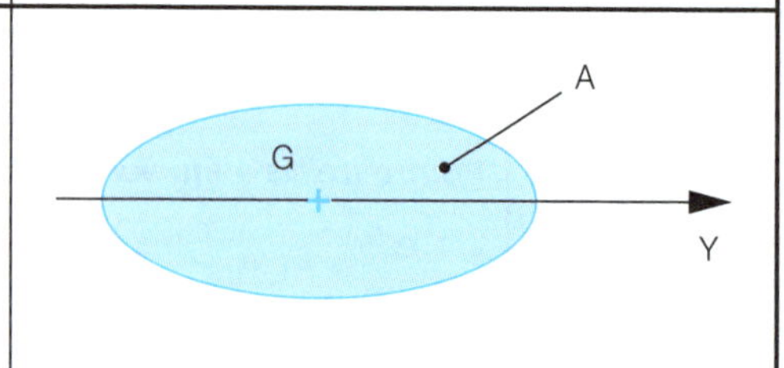

CALCUL DU MOMENT STATIQUE

Si on connaît le moment statique de la surface A par rapport à un axe Y_1 parallèle à l'axe Y et distant de z alors :

$$S_Y = S_{Y1} + A.z$$

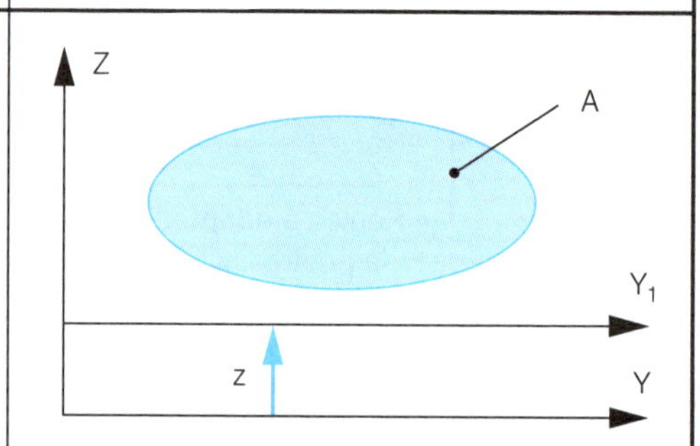

Si l'axe Y_1 passe par le centre de gravité de la section :

$$S_{GY1} = 0 \quad \text{d'où}$$

$$S_Y = A.z_G$$

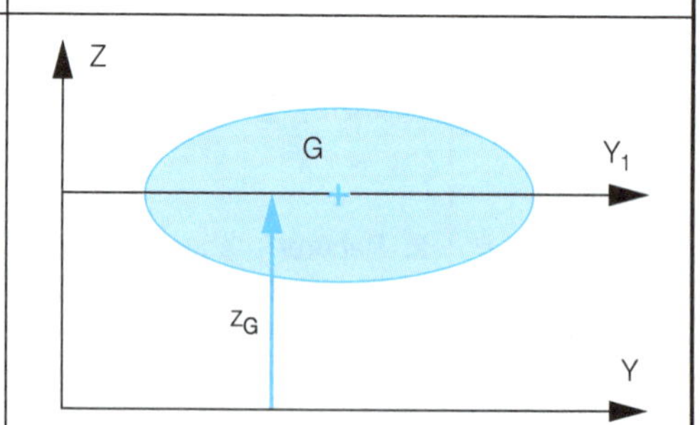

EXEMPLES DE CALCUL DE MOMENT STATIQUE

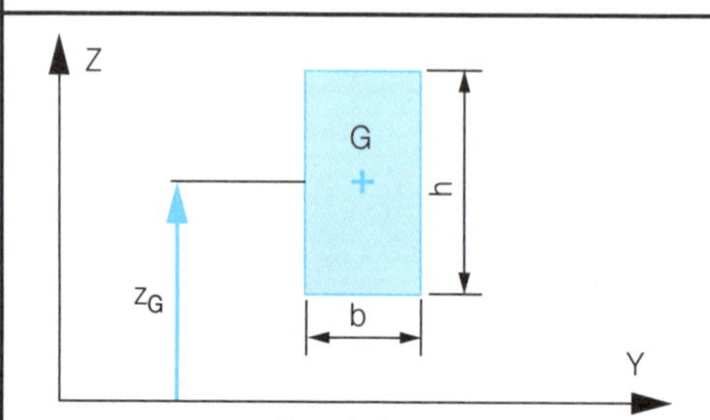

$S_Y = b.h.z_G$

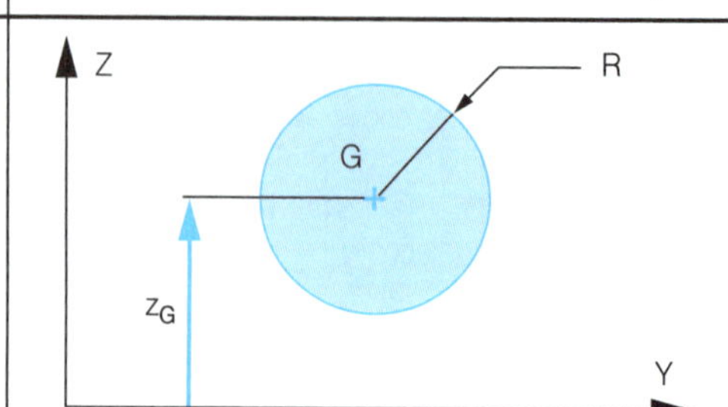

$S_Y = \pi.R^2.z_G$

16.3 CENTRE DE GRAVITÉ

POSITION DU CENTRE DE GRAVITÉ G D'UNE SURFACE PLANE ET HOMOGÈNE

On décompose la surface A en surfaces dont on connaît la position du centre de gravité.

$$\mathbf{A = A_1 + A_2 + ... = \sum A_i}$$

$$S_{GY} = A\,.z_G = A_1.\,z_{G1} + A_2.\,z_{G2} + \ldots = \sum A_i\,.\,z_{Gi}$$

$$z_G = \frac{A_1.z_{G1} + A_2.z_{G2} + \ldots}{}$$

$$z_G = \frac{\sum A_i\,.\,z_{Gi}}{A}$$

$$S_{GZ} = A\,.y_G = A_1.y_{G1} + A_2.y_{G2} + \ldots = \sum A_i\,.y_{Gi}$$

$$y_G = \frac{A_1.y_{G1} + A_2.y_{G2} + \ldots}{}$$

$$y_G = \frac{\sum A_i\,.y_{Gi}}{A}$$

EXEMPLE DE CALCUL ET DISPOSITION PRATIQUE

• ***Données***

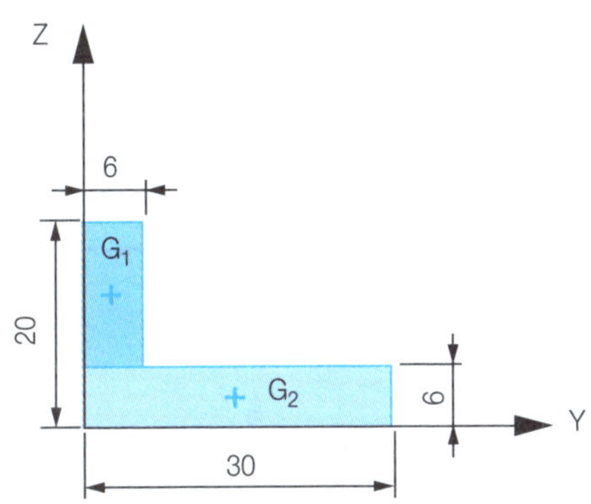

• ***Résultat***

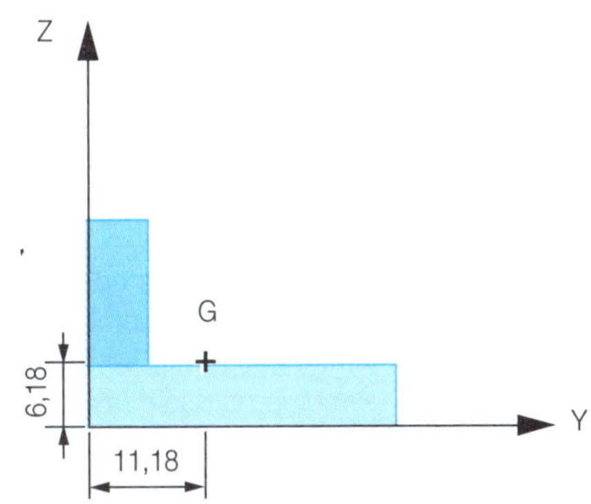

N° de la surface	Surfaces Ai en mm²	Position horizontale de Gi y_{Gi} en mm	Produit $A_i\,.y_{Gi}$ en mm³	Position verticale de Gi z_{Gi} en mm	Produit $A_i\,.\,z_{Gi}$ en mm³
1	14 × 6 = 84	3	84 × 3 = 252	13	84 × 13 = 1092
2	30 × 6 =180	15	180 × 15 = 2700	3	180 × 3 = 540
Somme des surfaces	84 + 180 = **264**	Somme des produits	252 + 2700 = **2952**	Somme des produits	1092 + 540 = **1632**
Résultats		$y_G = \frac{2952}{264}$ = **11,18 mm**		$z_G = \frac{1632}{264}$ = **6,18 mm**	

Centre de gravité	
PROPRIÉTÉ DE LA POSITION DU CENTRE DE GRAVITÉ	Si un solide possède un axe de symétrie, le **centre de gravité G** se trouve sur cet **axe de symétrie.**
POSITION DU CENTRE DE GRAVITÉ G D'UN VOLUME HOMOGÈNE	Même démarche que pour une surface (voir précédemment), mais on travaille avec des volumes, et on obtient 3 composantes. $x_G = \frac{\sum V_i \,.\, x_{Gi}}{V}$ $\quad$ $y_G = \frac{\sum V_i \,.\, y_{Gi}}{V}$ $\quad$ $z_G = \frac{\sum V_i \,.\, z_{Gi}}{V}$
1er THÉORÈME DE GULDIN : POSITION DU CENTRE DE GRAVITÉ D'UNE LIGNE PLANE	**Principe :** Faire tourner la ligne plane quelconque autour d'un axe situé dans son plan. **1er théorème de Guldin :** L'aire A de la surface engendrée par la rotation complète d'une ligne plane quelconque autour d'un axe situé dans son plan est égale au produit de sa longueur L par la longueur de la circonférence décrite par son centre de gravité. $\mathbf{A = L \,.\, 2\neq \,.\, y_G}$ 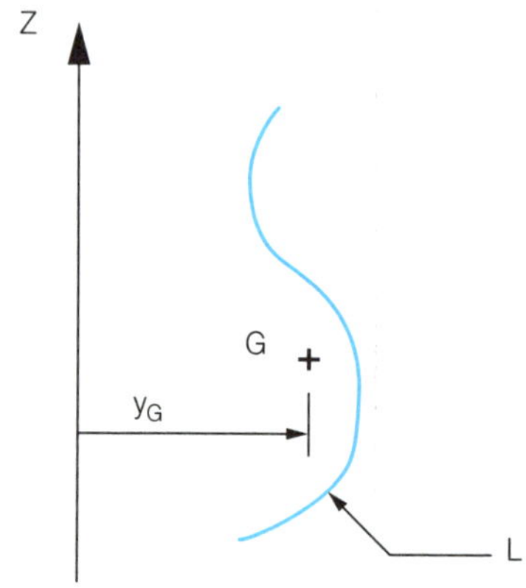
EXEMPLE	Position du centre de gravité d'une ligne représentée par un demi-cercle de rayon R. Le centre de gravité se situe sur l'axe Y (axe de symétrie pour le demi-cercle). **Détermination de** y_G : Le demi-cercle engendre en tournant complètement autour de l'axe Z une sphère de rayon R. Aire de la sphère : $A = 4\neq \,.\, R^2$ Longueur du demi-cercle : $L = \neq R$ $A = L.2\neq.y_G$ $4\neq.R^2 = \neq R.2\neq.y_G$ d'où $y_G = \frac{2R}{\neq}$ 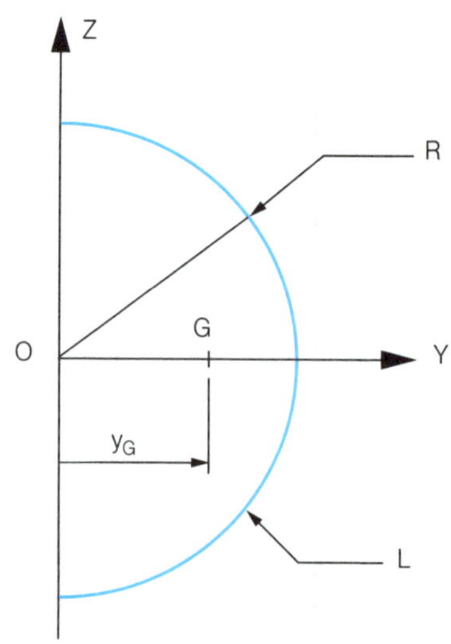

2e THÉORÈME DE GULDIN : POSITION DU CENTRE DE GRAVITÉ D'UNE SURFACE PLANE

Principe : Faire tourner la surface plane autour d'un axe qui ne la traverse pas et situé dans son plan.

2e théorème de Guldin : Le volume V engendré par la rotation complète d'une surface plane autour d'un axe qui ne la traverse pas et situé dans son plan est égal au produit de son aire A par la longueur de la circonférence décrite par son centre de gravité.

$$\mathbf{V = A \cdot 2\neq \cdot y_G}$$

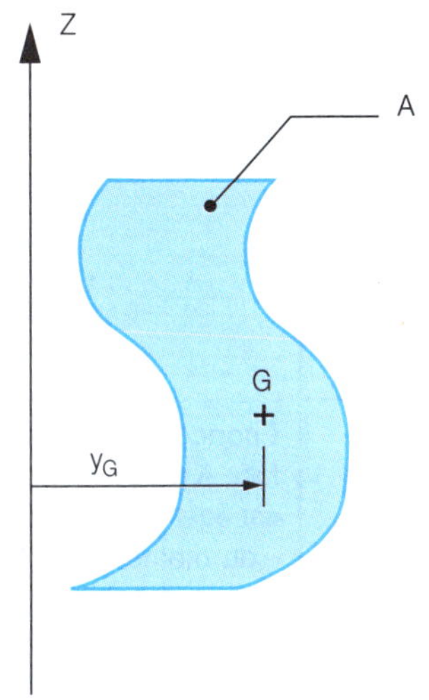

EXEMPLE

Position du centre de gravité d'une surface représentée par un demi-cercle de rayon R.

Le centre de gravité se situe sur l'axe Y (axe de symétrie pour le demi-cercle).

Détermination de y_G : Le demi-cercle engendre en tournant complètement autour de l'axe Z une sphère de rayon R.

Volume de la sphère : $V = \dfrac{4 . \pi . R^3}{3}$

Aire du demi-cercle : $A = \dfrac{\pi . R^2}{2}$

$$V = A . 2\pi . y_G$$

$$\frac{4 . \pi . R^3}{3} = \frac{\pi . R^2}{2} . 2\pi . y_G$$

d'où

$$y_G = \frac{4R}{3\pi}$$

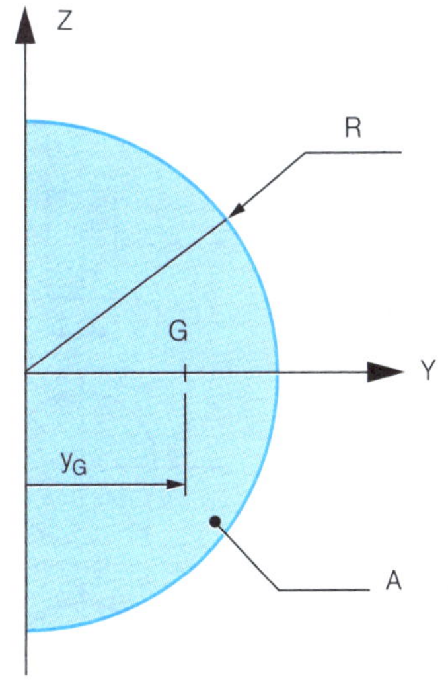

16.4 MOMENT QUADRATIQUE

DÉFINITION

Le moment quadratique de la surface A par rapport à l'axe Y est défini par :

$I_Y = \sum z^2 . dA$ ou encore $I_Y = \int_A z^2 . dA$

Unité : m^4
Unité courante : cm^4

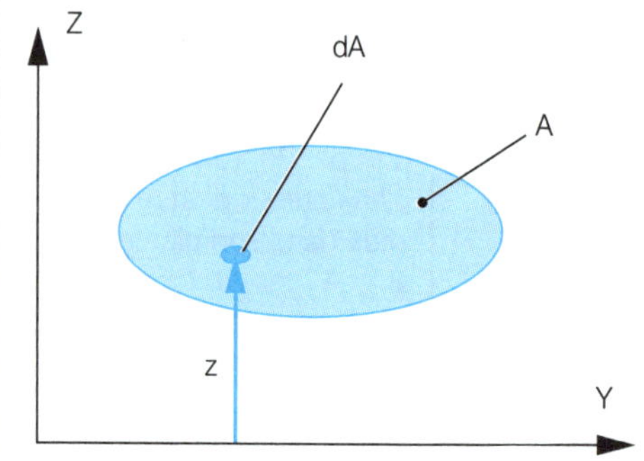

THÉORÈME DE HUYGENS

Énoncé : Le moment quadratique d'une surface A par rapport à l'axe Y situé dans son plan est égal à la somme :

- du moment quadratique de la surface A par rapport à l'axe Y_1 parallèle à l'axe Y et passant par le centre de gravité G de la surface.
- du produit de l'aire de surface A par le carré de la distance d entre les deux axes Y et Y_1.

$$I_Y = I_{GY1} + \mathbf{A \cdot d^2}$$

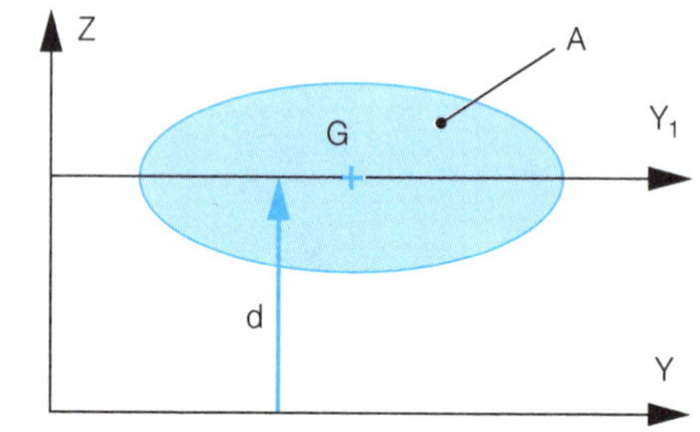

VALEURS COURANTES DE MOMENTS QUADRATIQUES

Surfaces	I_{GY}	I_{GZ}
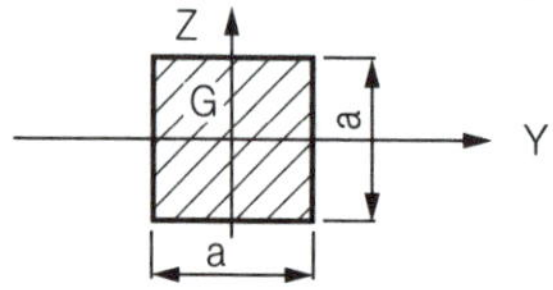	$\frac{a^4}{12}$	$\frac{a^4}{12}$
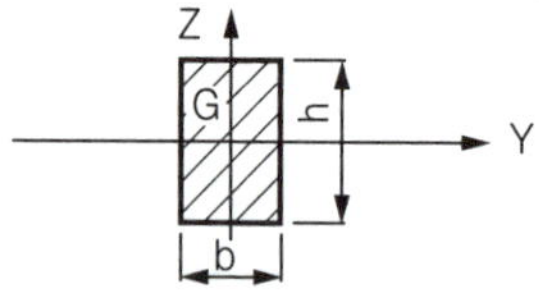	$\frac{b \cdot h^3}{12}$	$\frac{h \cdot b^3}{12}$
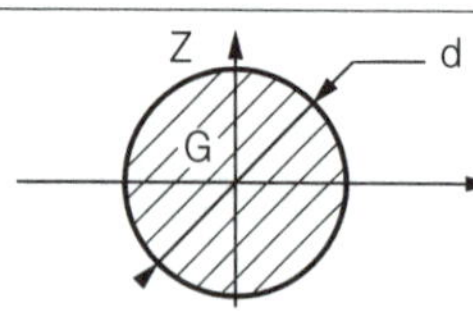	$\frac{\pi \cdot d^4}{64}$	$\frac{\pi \cdot d^4}{64}$
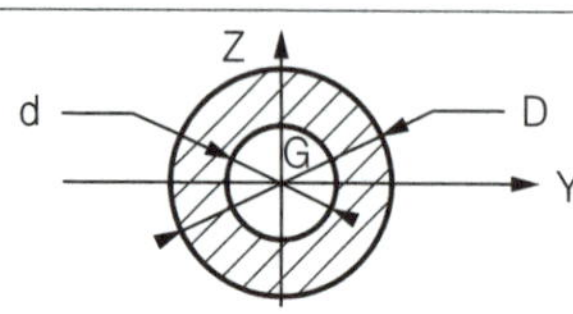	$\frac{\pi \cdot (D^4 - d^4)}{64}$	$\frac{\pi \cdot (D^4 - d^4)}{64}$

Profils en I, H, L, T... : valeurs données dans les tableaux dimensionnels

EXEMPLE DE CALCUL

Calcul de I_{Gy}

$$I_{Gy} = I_{Gy}^{①} + I_{Gy}^{②} + I_{Gy}^{③}$$

Surfaces	Schémas	Calculs
①	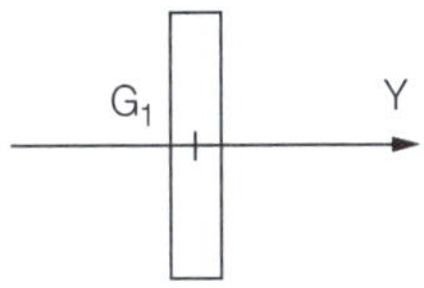	$\frac{4 \times 36^3}{12} = 15\ 552\ cm^4$
②	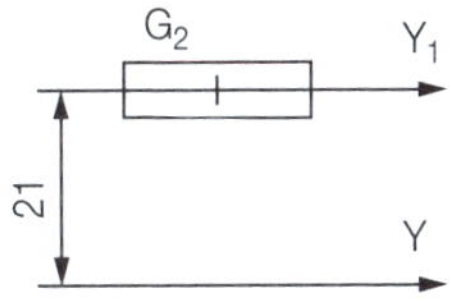	$\frac{20 \times 6^3}{12} + (20 \times 6)\ .\ (18 + 3)^2 =$ $360 + 52\ 920 = 53\ 280\ cm^4$
③	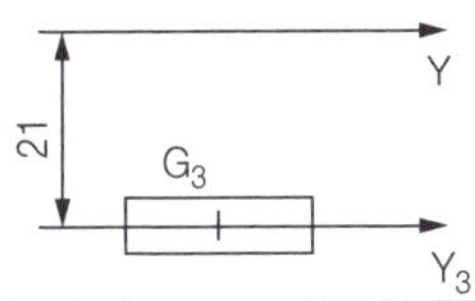	$\frac{20 \times 6^3}{12} + (20 \times 6)\ .\ (18 + 3)^2$ $= 360 + 52\ 920 = 53\ 280\ cm^4$
Résultat		15 552 + 53 280 + 53 280 = **122 112 cm⁴**

Calcul de I_{Gz}

$$I_{Gz} = I_{Gz}^{①} + I_{Gz}^{②} + I_{Gz}^{③}$$

Surfaces	Schémas	Calculs
①	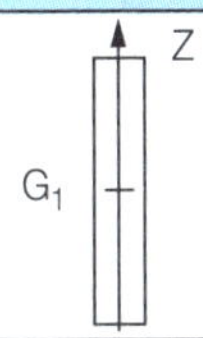	$\frac{36 \times 4^3}{12} = 192\ cm^4$
②	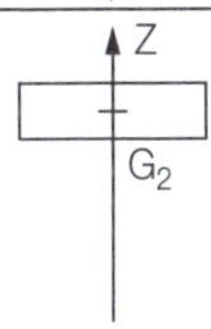	$\frac{6 \times 20^3}{12} = 4\ 000\ cm^4$
③	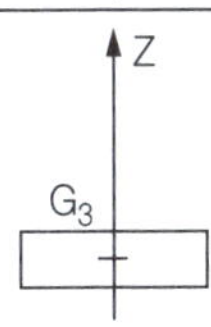	$\frac{6 \times 20^3}{12} = 4\ 000\ cm^4$
Résultat		192 + 4 000 + 4 000 = **8 192 cm⁴**

Conclusion : $I_{Gy} > I_{Gz}$. Pour augmenter le moment quadratique de façon significative, il est préférable d'augmenter le terme élevé au cube ou d'éloigner les surfaces de l'axe par rapport auquel on calcule le moment quadratique pour augmenter d qui est au carré.

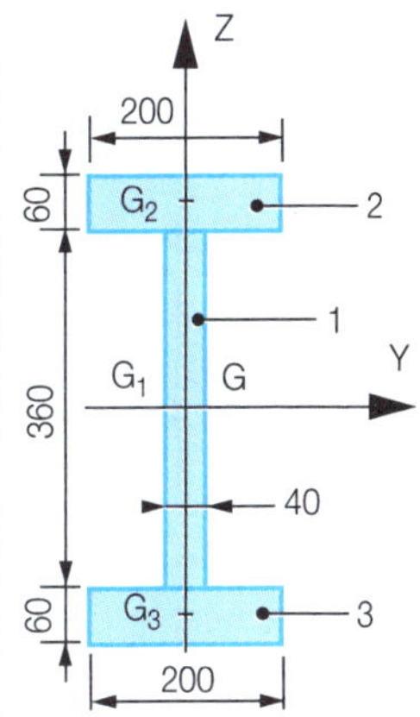

16.5 RÉSISTANCE DES MATÉRIAUX

FORMULAIRE : POUTRE DROITE ISOSTATIQUE

Cas Schéma Mécanique	Actions aux liaisons en A	 en B	Diagramme Effort tranchant V_Y	Diagramme Moment fléchissant M_Z	Flèche f
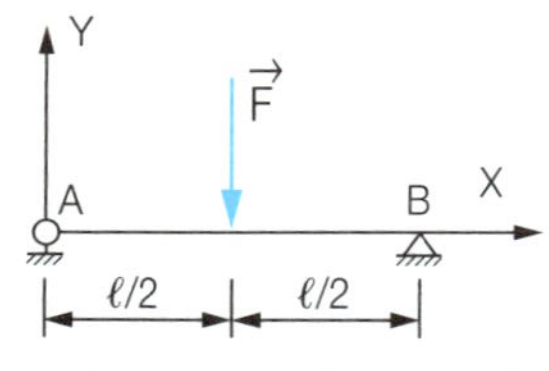	$Y_A = \frac{F}{2}$	$Y_B = \frac{F}{2}$	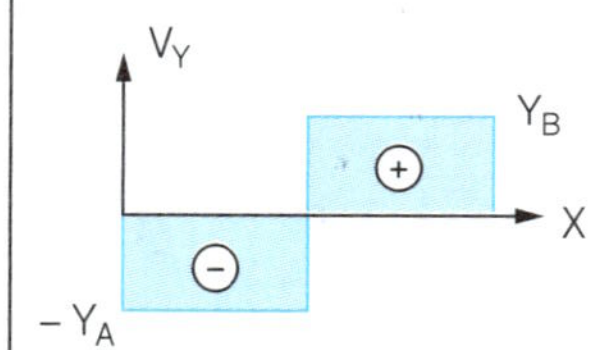	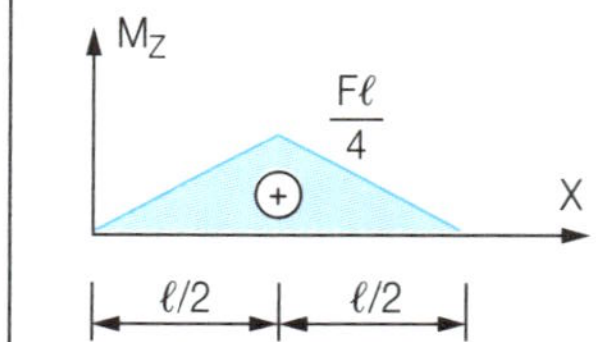	$f_{maxi}\left(\frac{\ell}{2}\right) = \frac{-F\ell^3}{48\,EI_Z}$
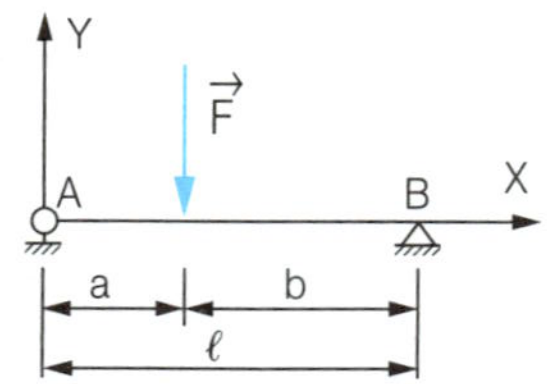	$Y_A = \frac{F\,.\,b}{\ell}$	$Y_B = \frac{F\,.\,a}{\ell}$	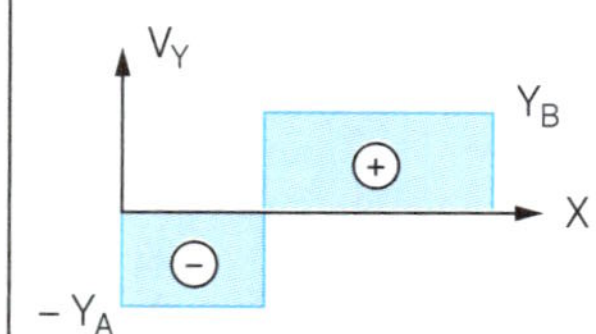	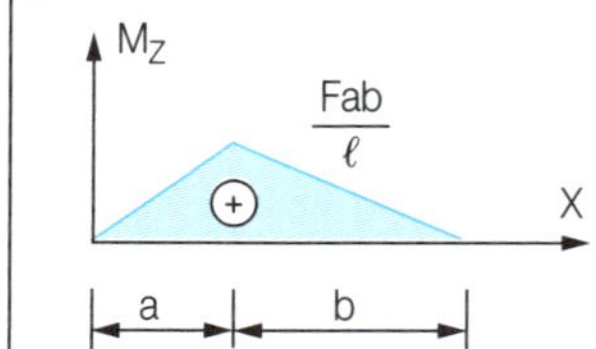	$f\left(\frac{\ell}{2}\right) = \frac{-Fa}{2\,EI_Z}\left(\frac{\ell^2}{8} - \frac{a^2}{6}\right)$
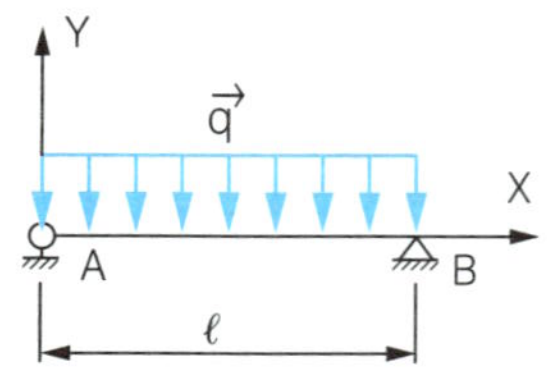	$Y_A = \frac{q\,.\,\ell}{2}$	$Y_B = \frac{q\,.\,\ell}{2}$	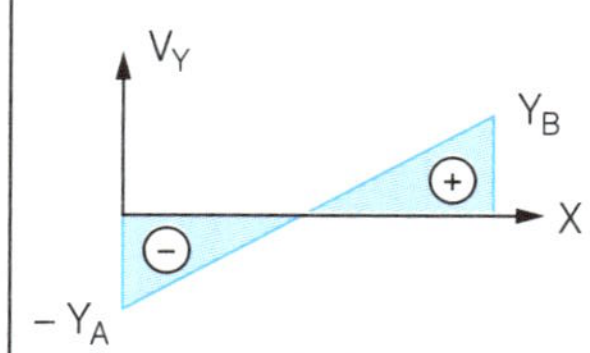	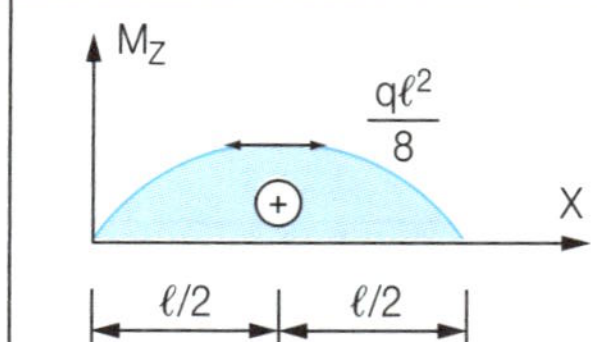	$f_{maxi}\left(\frac{\ell}{2}\right) = \frac{-5q\ell^4}{384\,EI_Z}$
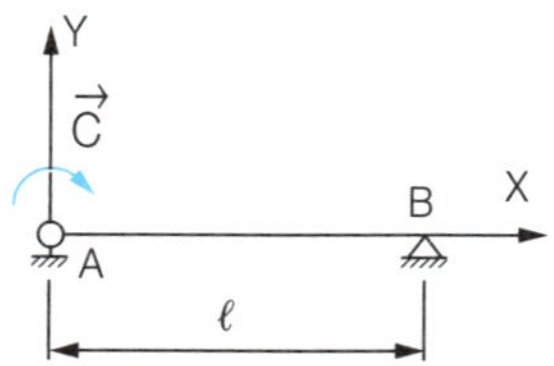	$Y_A = -\frac{C}{\ell}$	$Y_B = \frac{C}{\ell}$		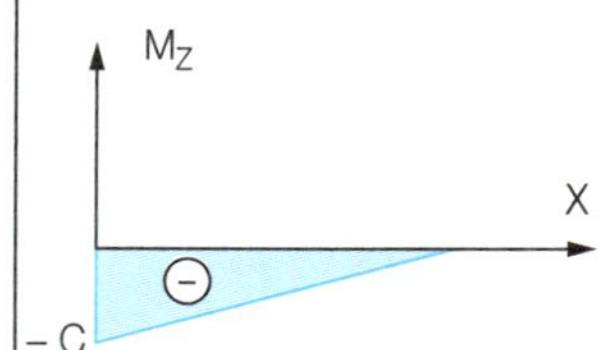	$f\left(\frac{\ell}{2}\right) = \frac{-C\ell^2}{16\,EI_Z}$ $f_{maxi}(x_i) = \frac{-C\ell^2}{27\,EI_Z}$ avec $x_i = 0{,}423\ell$

FORMULAIRE : POUTRE DROITE ISOSTATIQUE (suite)

Cas – Schéma Mécanique	Actions aux liaisons – en A	Actions aux liaisons – en B	Diagramme Effort tranchant V_Y	Diagramme Moment fléchissant M_Z	Flèche f
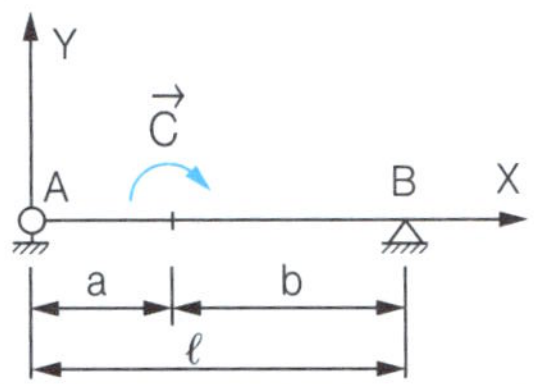	$Y_A = -\frac{C}{\ell}$	$Y_B = \frac{C}{\ell}$		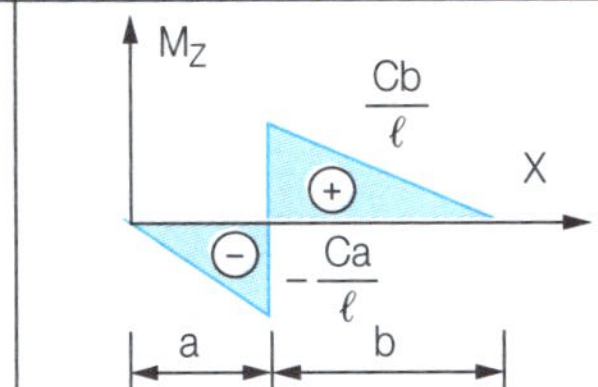	$f(a) = \frac{-Cab(b-a)}{3\,EI_Z\ell}$
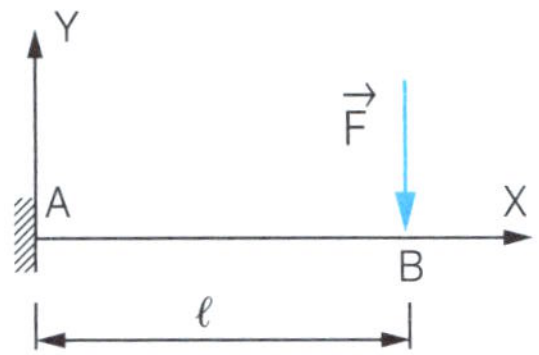	$Y_A = F$ $M_A = F\ell$	–	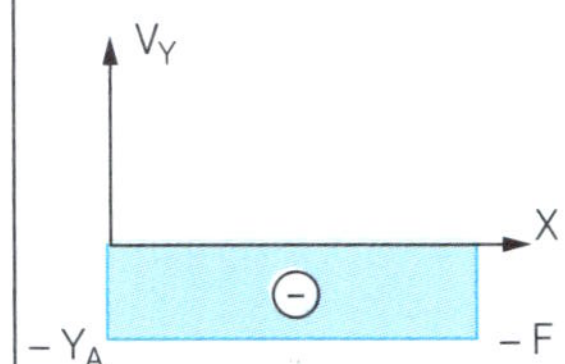	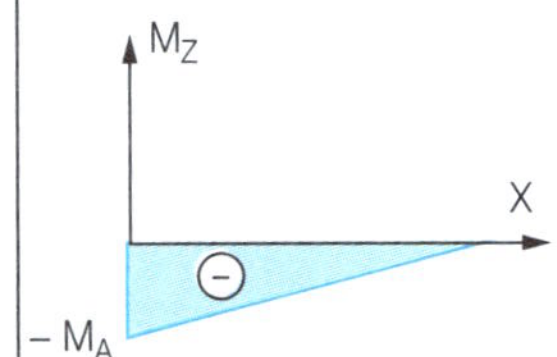	$f_{maxi}(\ell) = \frac{-F\ell^3}{3\,EI_Z}$
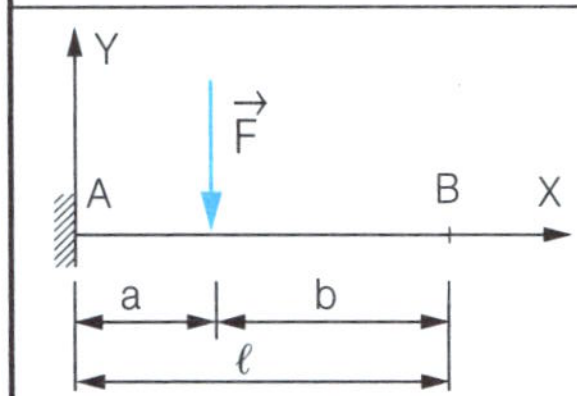	$Y_A = F$ $M_A = Fa$	–	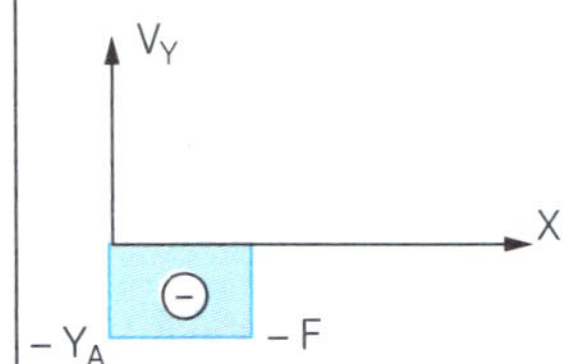	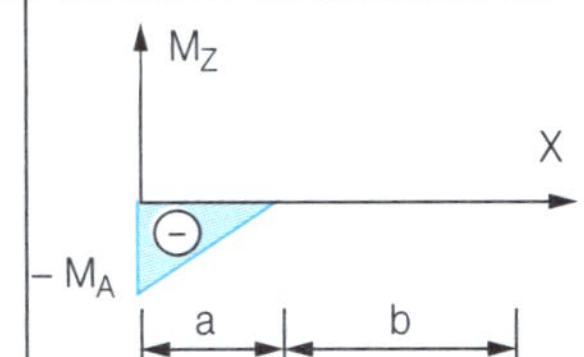	$f_{maxi}(\ell) = \frac{-Fa^2}{6\,EI_Z}(3\ell - a)$
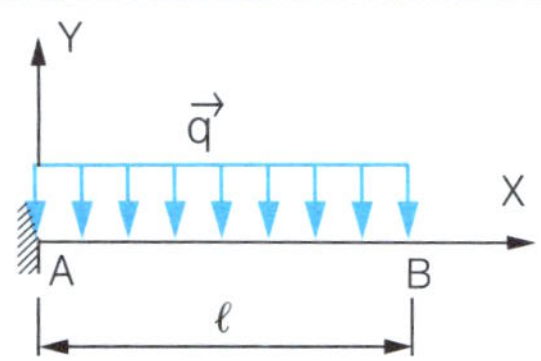	$Y_A = q\ell$ $M_A = \frac{q\ell^2}{2}$	–	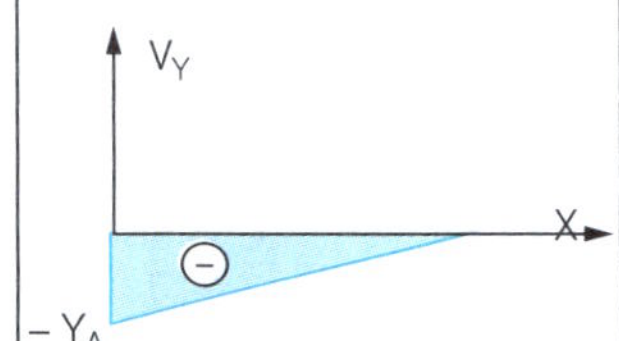	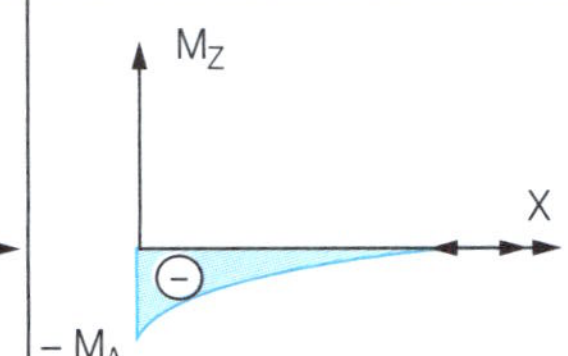	$f_{maxi}(\ell) = \frac{-q\ell^4}{8\,EI_Z}$

FORMULAIRE : POUTRE DROITE HYPERSTATIQUE DEGRÉ 1

Cas Schéma Mécanique	Actions aux liaisons en A	Actions aux liaisons en B	Diagramme Effort tranchant V_Y	Diagramme Moment fléchissant M_Z	Flèche f
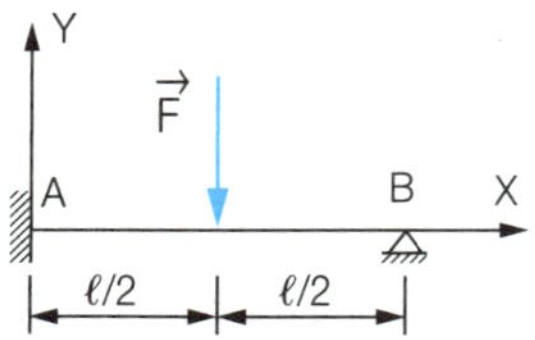	$Y_A = \frac{11F}{16}$ $M_A = \frac{3F\ell}{16}$	$Y_B = \frac{5F}{16}$	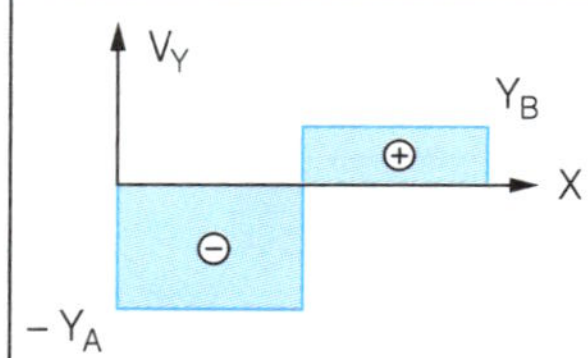	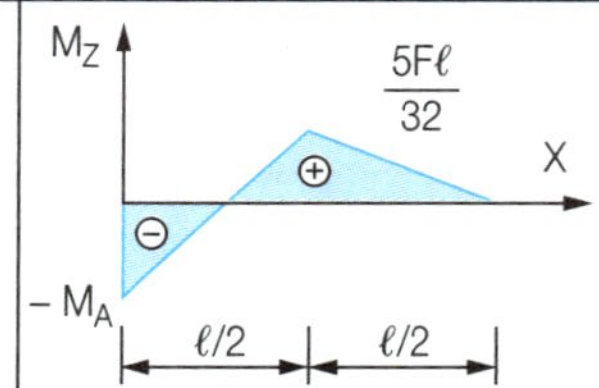	$f\left(\frac{\ell}{2}\right) = \frac{-7F\ell^3}{768\,EI_Z}$
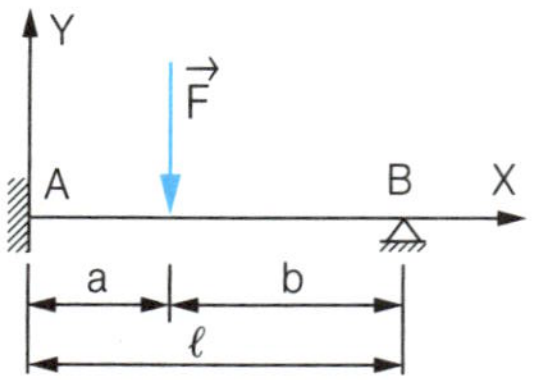	$Y_A = \frac{Fb}{2\ell^3}(3\ell^2 - b^2)$ $M_A = \frac{Fa(\ell^2 - a^2)}{2\ell^2}$	$Y_B = \frac{Fa^2}{2\ell^3}(2\ell + b)$	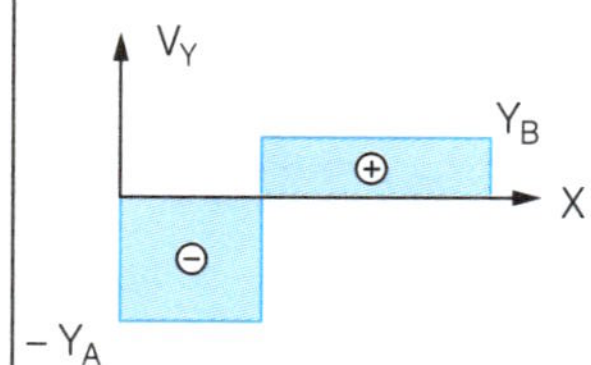	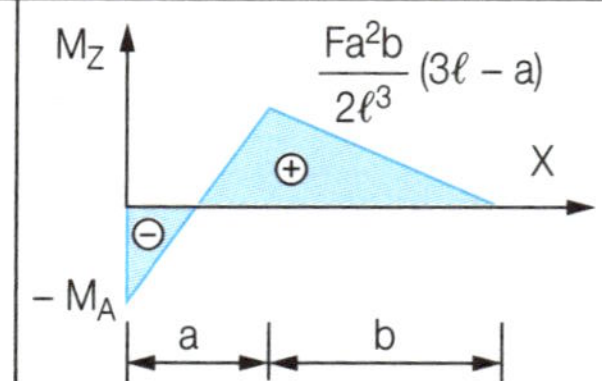	$f(a) = \frac{-Fa^2b^2}{12EI_Z\ell^3}(3\ell + b)$
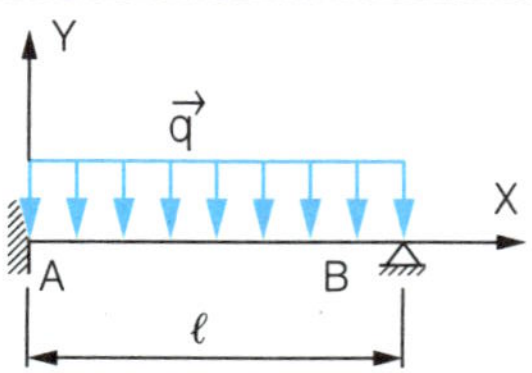	$Y_A = \frac{5q\ell}{8}$ $M_A = \frac{q\ell^2}{8}$	$Y_B = \frac{3q\ell}{8}$	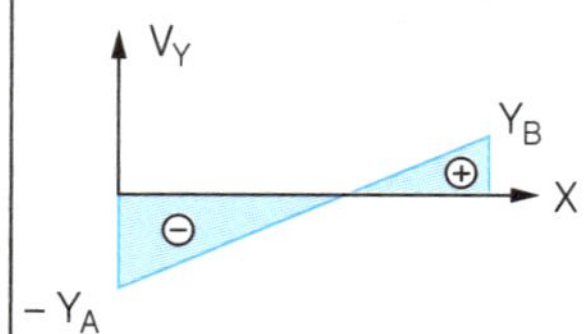	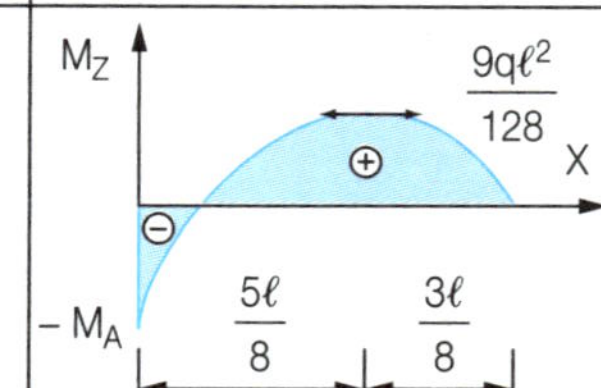	$f\left(\frac{\ell}{2}\right) = \frac{-q\ell^4}{192\,EI_Z}$
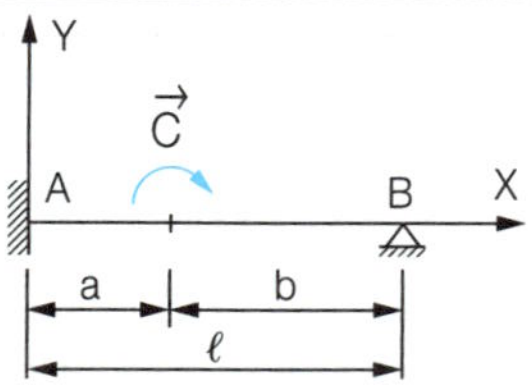	$Y_A = \frac{-3C}{2\ell^3}(\ell^2 - b^2)$ $M_A = \frac{C}{2\ell^2}(\ell^2 - 3b^2)$	$Y_B = \frac{3C}{2\ell^3}(\ell^2 - b^2)$	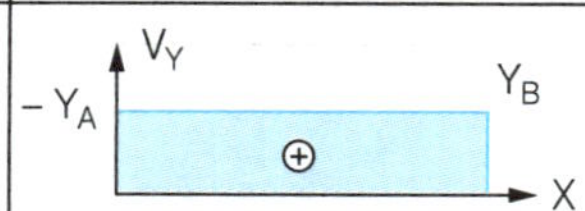	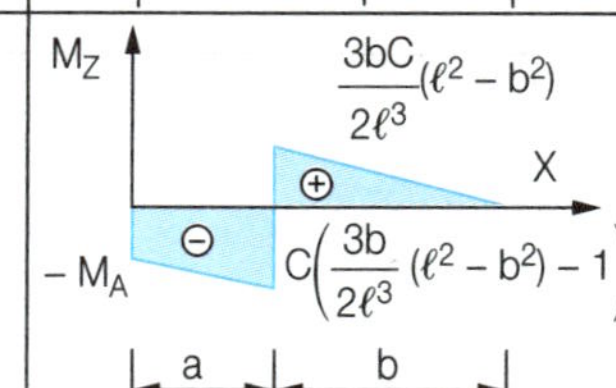	

FORMULAIRE: POUTRE DROITE HYPERSTATIQUE DEGRÉ 3

Cas Schéma Mécanique	Actions aux liaisons en A	Actions aux liaisons en B	Diagramme Effort tranchant V_Y	Diagramme Moment fléchissant M_Z	Flèche f
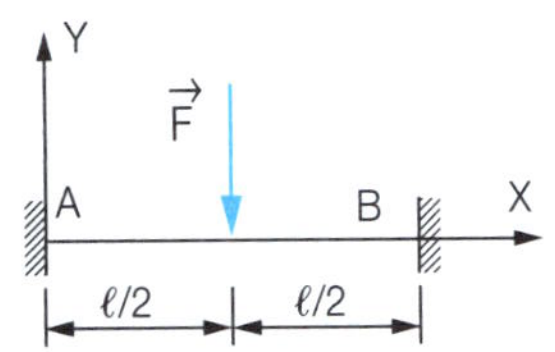	$Y_A = \frac{F}{2}$ $M_A = \frac{F\ell}{8}$	$Y_B = \frac{F}{2}$ $M_B = -\frac{F\ell}{8}$	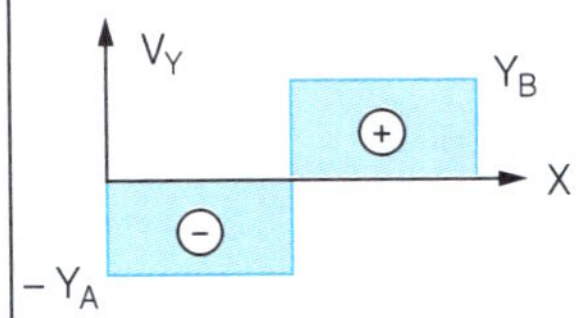	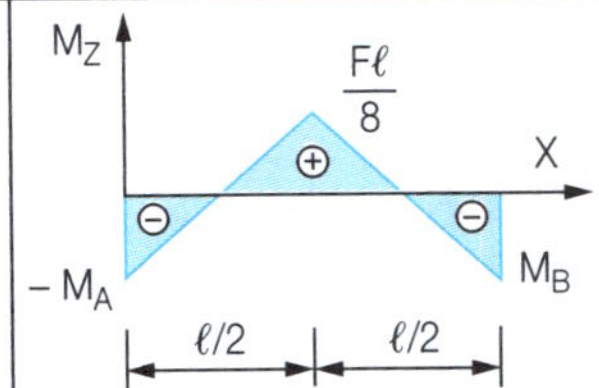	$f_{maxi}\left(\frac{\ell}{2}\right) = -\frac{F\ell^3}{192\ EI_Z}$
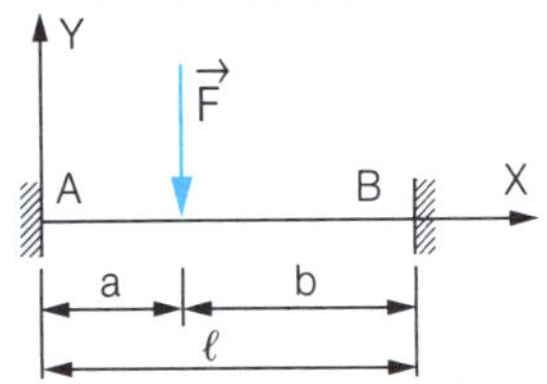	$Y_A = \frac{Fb^2}{\ell^3}(3a + b)$ $M_A = \frac{Fab^2}{\ell^2}$	$Y_B = \frac{Fa^2}{\ell^3}(3b + a)$ $M_B = -\frac{Fa^2b}{\ell^2}$	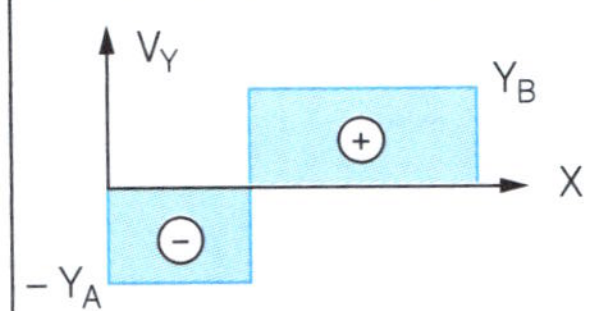	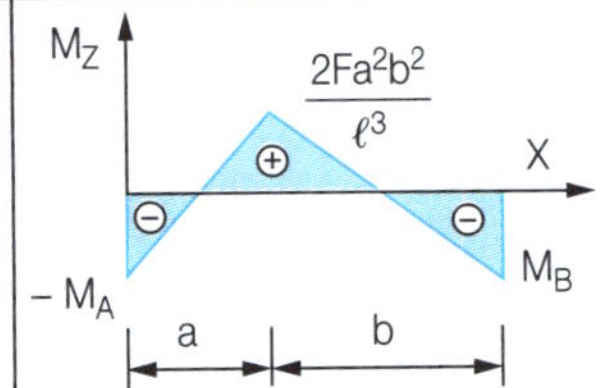	$f(a) = -\frac{Fa^3b^3}{3\ EI_Z\ell^3}$
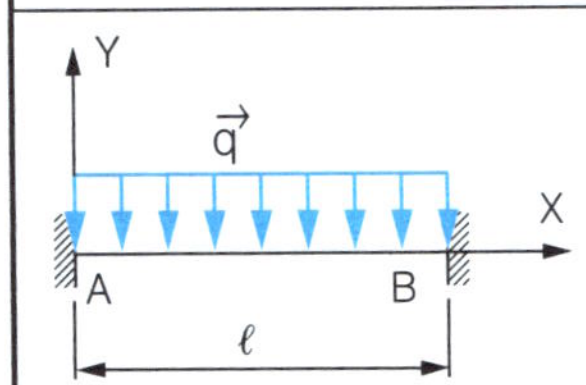	$Y_A = \frac{q\ell}{2}$ $M_A = \frac{q\ell^2}{12}$	$Y_B = \frac{q\ell}{2}$ $M_B = -\frac{q\ell^2}{12}$	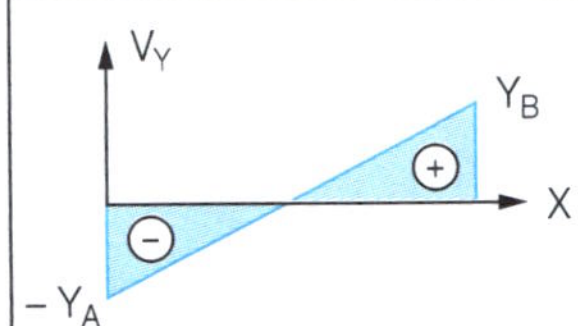	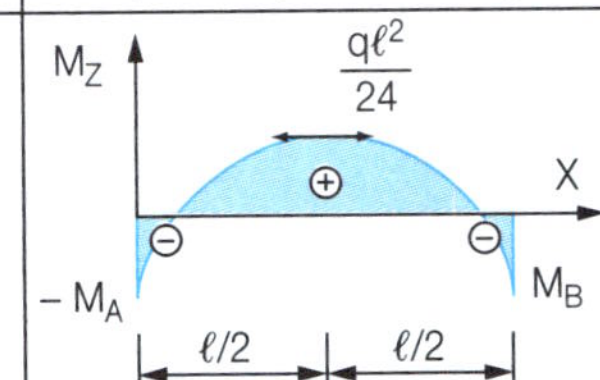	$f_{maxi}\left(\frac{\ell}{2}\right) = -\frac{q\ell^4}{384\ EI_Z}$
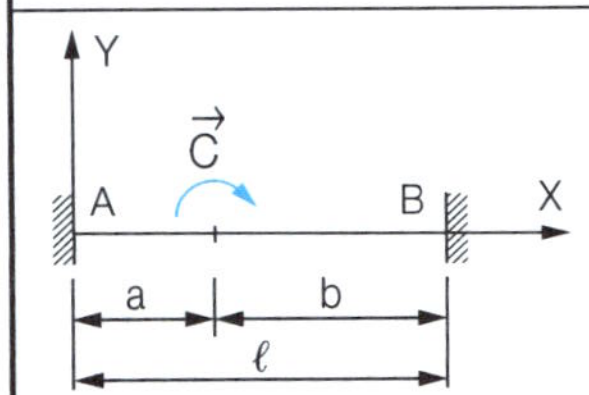	$Y_A = -\frac{6Cab}{\ell^3}$ $M_A = \frac{Cb\,(2\ell - 3b)}{\ell^2}$	$Y_B = \frac{6Cab}{\ell^3}$ $M_B = -\frac{Ca\,(3a - 2\ell)}{\ell^2}$	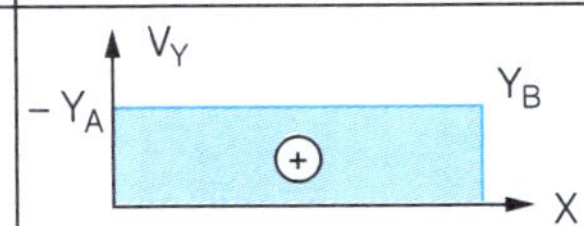	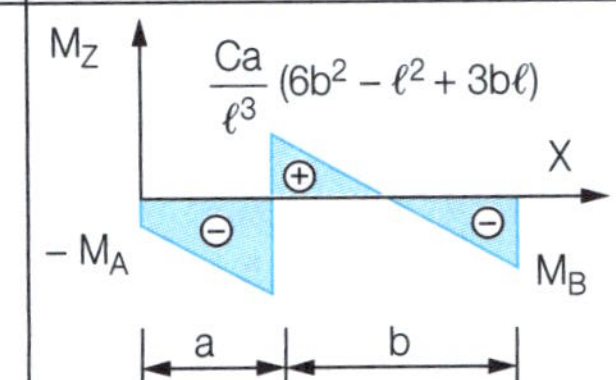	

FORMULAIRE : POUTRES CONTINUES HYPERSTATIQUES

■ HYPERSTATIQUE DEGRÉ 1

Schéma mécanique

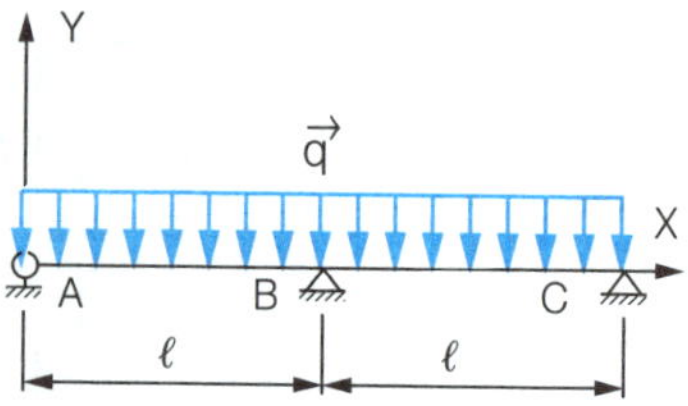

Actions aux liaisons

$Y_A = \dfrac{3q\ell}{8}$

$Y_B = \dfrac{5q\ell}{4}$

$Y_C = Y_A$

Flèche : f

$f\left(\dfrac{\ell}{2}\right) = \dfrac{q\ell^4}{192\ EI_Z}$

Effort tranchant : V_Y

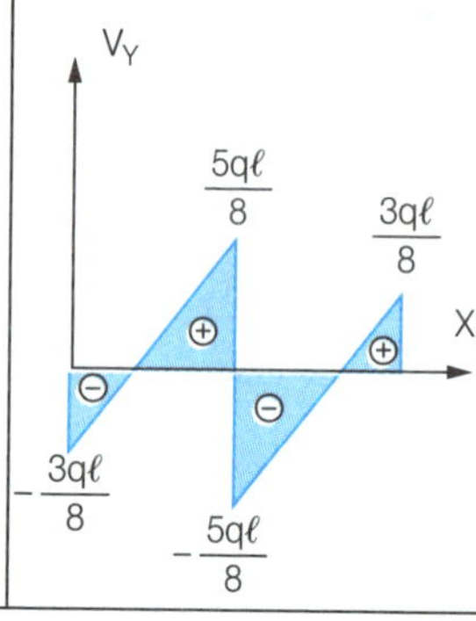

Moment fléchissant : M_Z

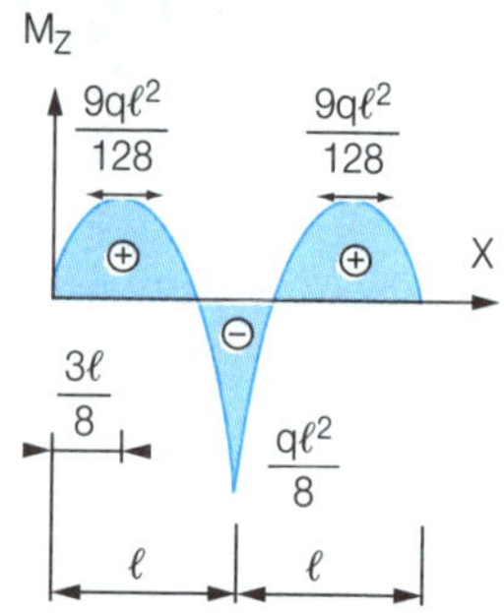

■ HYPERSTATIQUE DEGRÉ 2

Schéma mécanique

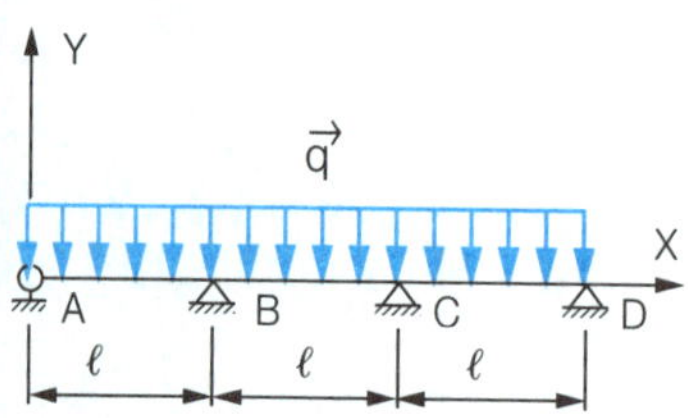

Actions aux liaisons

$Y_A = \dfrac{2q\ell}{5}$

$Y_B = \dfrac{11q\ell}{10}$

$Y_C = Y_B$

$Y_D = Y_A$

Flèche : f

$f\left(\dfrac{\ell}{2}\right) = \dfrac{27q\ell^4}{4\ 000\ EI_Z}$

$f\left(\dfrac{3\ell}{2}\right) = \dfrac{13q\ell^4}{25\ 000\ EI_Z}$

Effort tranchant : V_Y

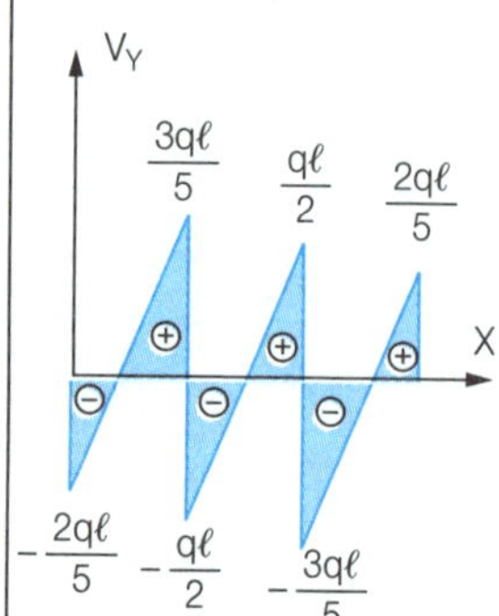

Moment fléchissant : M_Z

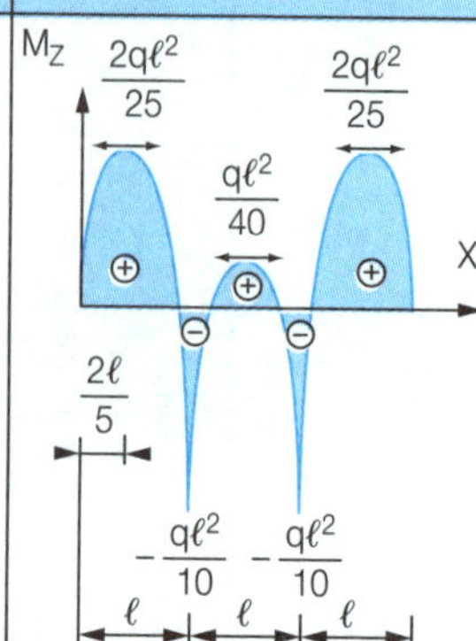

SOLLICITATIONS COURANTES : CONTRAINTES ET DÉFORMATIONS

Sollicitations		Contraintes		Déformations
Noms	**Exemples et diagrammes**	**Expressions**	**Répartitions**	
Traction $N_X > 0$ $V_Y = 0$ $M_Z = 0$	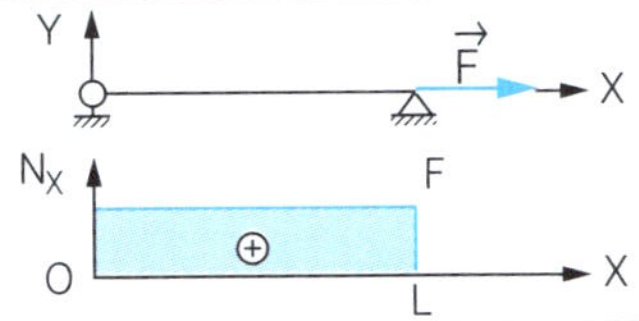	$\sigma_X = \dfrac{N_X}{A}$	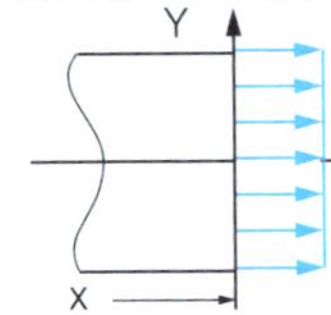 A : section de la poutre	$\Delta L = \dfrac{N_X \cdot L}{E \cdot A}$ $\Delta L > 0$ d'où un allongement
Compression sans risque de flambement $N_X < 0$ $V_Y = 0$ $M_Z = 0$	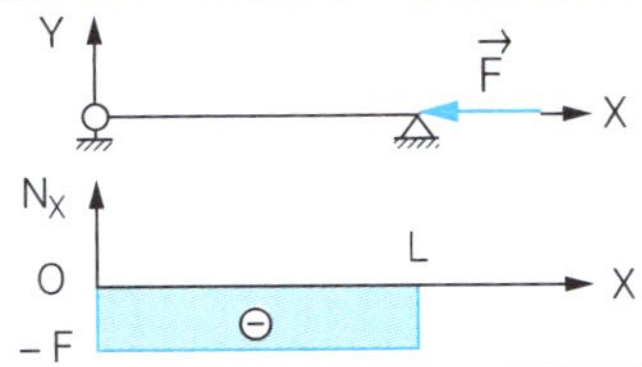	$\sigma_X = \dfrac{N_X}{A}$	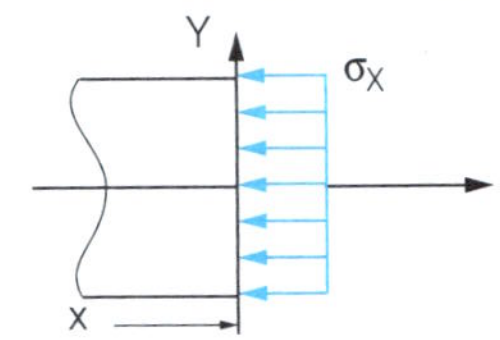	$\Delta L = \dfrac{N_X \cdot L}{E \cdot A}$ $\Delta L < 0$ d'où un raccourcissement
Flexion Simple $N_X = 0$ $V_Y \neq 0$ $M_Z \neq 0$	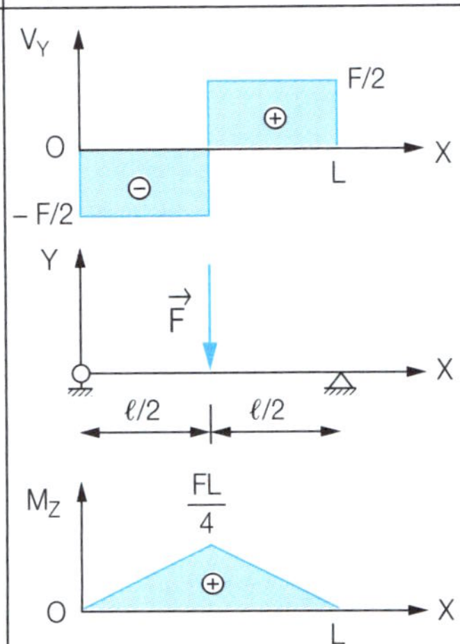	due à V_Y : $\tau_Y = \dfrac{V_Y \cdot S_Z(y)}{b(y) \cdot I_Z}$ $\tau_{Y moyen} = \dfrac{V_Y}{A}$	$S_z(y)$: Moment statique de l'aire hachurée par rapport à l'axe Z 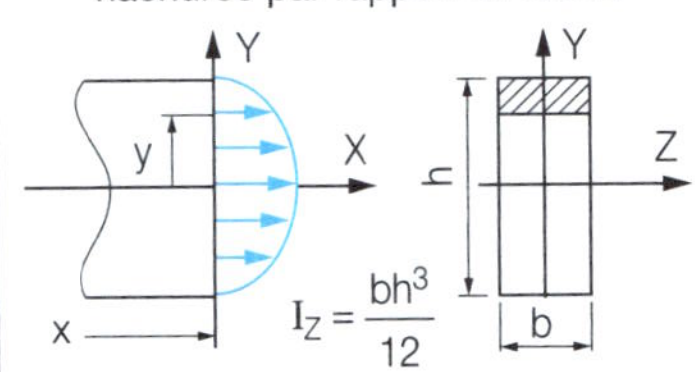	négligeable vis-à-vis de la déformation de flexion
		due à M_Z : $\sigma_X = -\dfrac{M_Z}{I_Z} \cdot y$	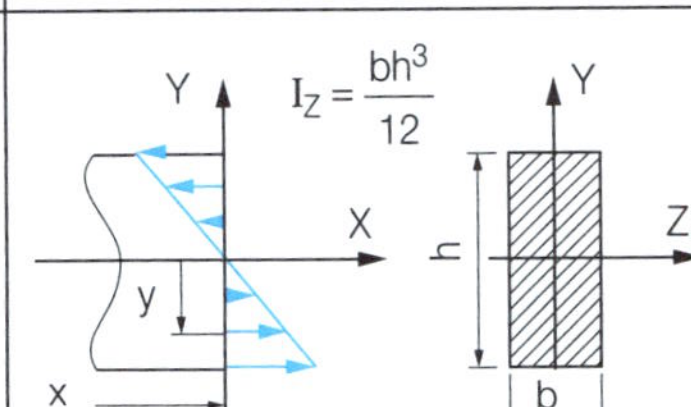	$y''(x) = \dfrac{M_Z(x)}{E \cdot I_Z}$ dérivée seconde de la déformée y(x)

SOLLICITATIONS COURANTES : CONTRAINTES ET DÉFORMATIONS (suite)

Sollicitations		Contraintes		Déformations
Noms	**Exemples et diagrammes**	**Expressions**	**Répartitions**	
Flexion composée $N_X \neq 0$ $V_Y \neq 0$ $M_Z \neq 0$	Superposition de traction ou compression avec flexion simple 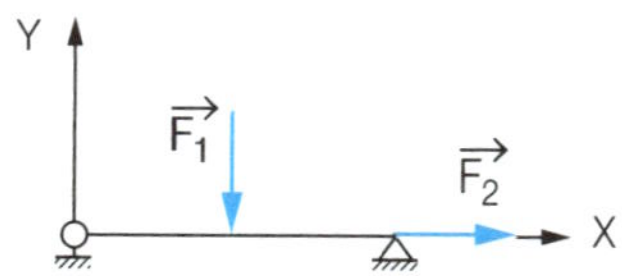	$\sigma_X = \frac{N_X}{A} - \frac{M_Z}{I_Z} . y$	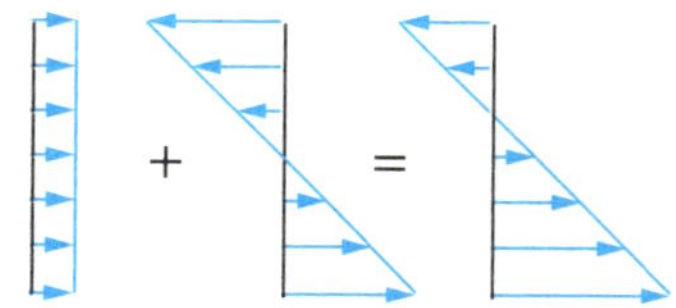	Allongement ou raccourcissement avec déformée de flexion simple
Flexion déviée $N_X = 0$ $V_Y \neq 0$ $V_Z \neq 0$ $M_X = 0$ $M_Y \neq 0$ $M_Z \neq 0$	Superposition de : 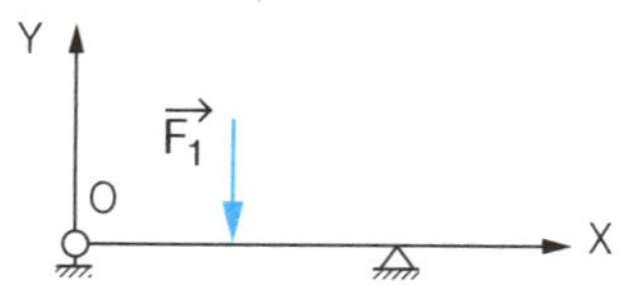 flexion simple dans le plan XOY 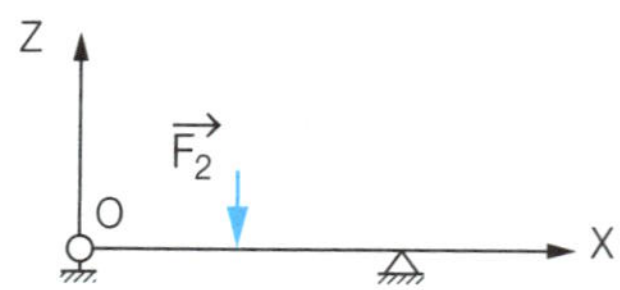 flexion simple dans le plan ZOX.	$\sigma_X = \sigma_X{}^1 + \sigma_X{}^2$ $\sigma_X{}^1 = -\frac{M_Z}{I_Z} . y$ $\sigma_X{}^2 = \frac{M_Y}{I_Y} . z$	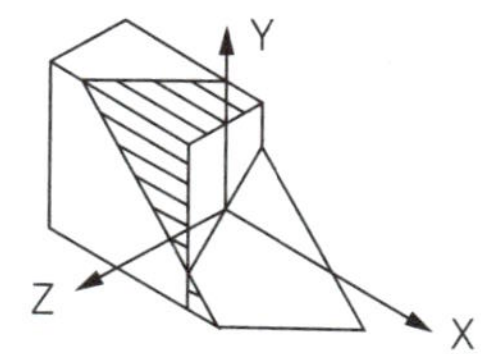 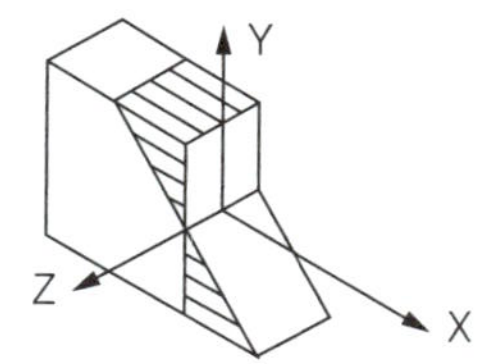 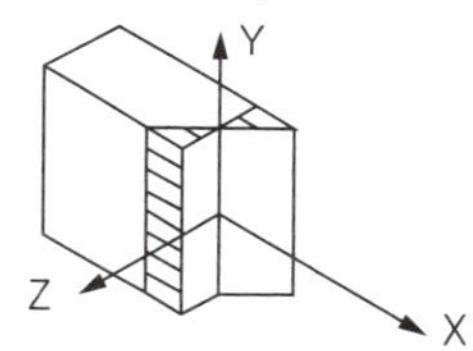	Superposition de : la déformée y(x) et de la déformée z(x)

INTÉGRALES DE MOHR POUR LES POUTRES DROITES

Cas M \ Cas m	① m, m	② m_g, m_t, m_d, $\ell/2$	③ m_g, m_t, m_d, $\ell/2$	④ m_g, m_d, $\ell/2$, $m_g = - m_d$	⑤ m_g	⑥ m_d	⑦ m, a, b
ⓐ M, M	$M.m$	$\frac{1}{2} M.(m_g + m_d)$	$\frac{1}{2} M.(m_g + m_d)$	0	$\frac{1}{2} M.m_g$	$\frac{1}{2} M.m_d$	$\frac{1}{2} M.m$
ⓑ M_g, M_t, M_d, $\ell/2$	$\frac{1}{2} (M_g + M_d).m$	$\frac{1}{6} (2M_g.m_g + M_g.m_d + M_d.m_g + 2M_d.m_d)$	$\frac{1}{6} (2M_g.m_g + M_g.m_d + M_d.m_g + 2M_d.m_d)$	$\frac{1}{6} (M_g - M_d).m_g$	$\frac{1}{6} (2M_g + M_d).m_g$	$\frac{1}{6} (M_g + 2M_d).m_d$	$\frac{1}{6} [M_g.(1 + \beta) + M_d.(1 + \alpha)].m$
ⓒ M_g, M_t, M_d, $\ell/2$	$\frac{1}{2} (M_g + M_d).m$	$\frac{1}{6} (2M_g.m_g + M_g.m_d + M_d.m_g + 2M_d.m_d)$	$\frac{1}{6} (2M_g.m_g + M_g.m_d + M_d.m_g + 2M_d.m_d)$	$\frac{1}{6} (M_g - M_d).m_g$	$\frac{1}{6} (2M_g + M_d).m_g$	$\frac{1}{6} (M_g + 2M_d).m_d$	$\frac{1}{6} [M_g.(1 + \beta) + M_d.(1 + \alpha)].m$
ⓓ M_g, M_d, $\ell/2$, $M_g = - M_d$	0	$\frac{1}{6} M_g.(m_g - m_d)$	$\frac{1}{6} M_g.(m_g - m_d)$	$\frac{1}{3} M_g.m_g$	$\frac{1}{6} M_g.m_g$	$-\frac{1}{6} M_g.m_d$	$\frac{1}{6} M_g.m.(1 - 2\alpha)$
ⓔ M_g	$\frac{1}{2} M_g.m$	$\frac{1}{6} M_g.(2m_g + m_d)$	$\frac{1}{6} M_g.(2m_g + m_d)$	$\frac{1}{6} M_g.m_g$	$\frac{1}{3} M_g.m_g$	$\frac{1}{6} M_g.m_d$	$\frac{1}{6} M_g.m.(1 + \beta)$
ⓕ M_d	$\frac{1}{2} M_d.m$	$\frac{1}{6} M_d.(m_g + 2m_d)$	$\frac{1}{6} M_d.(m_g + 2m_d)$	$-\frac{1}{6} M_d.m_g$	$\frac{1}{6} M_d.m_g$	$\frac{1}{3} M_d.m_d$	$\frac{1}{6} M_d.m.(1 + \alpha)$
ⓖ M, a, b	$\frac{1}{2} M.m$	$\frac{1}{6} M.[m_g.(1 + \beta) + m_d.(1 + \alpha)]$	$\frac{1}{6} M.[m_g.(1 + \beta) + m_d.(1 + \alpha)]$	$\frac{1}{6} M.m_g.(1 - 2\alpha)$	$\frac{1}{6} M.m_g.(1 + \beta)$	$\frac{1}{6} M.m_d.(1 + \alpha)$	$\frac{1}{3} M.m$

Introduire les valeurs de **M et m** avec **leur signe** et ne pas oublier de **multiplier** le résultat par $\frac{\ell}{EI}$ avec $\alpha = \frac{a}{\ell}$ et $\beta = \frac{b}{\ell}$

INTÉGRALES DE MOHR POUR LES POUTRES DROITES (suite)

Cas M \ Cas m	① m m	② m_g m_t m_d $\ell/2$	③ m_g m_t m_d $\ell/2$	④ m_g m_d $\ell/2$ $m_g = -m_d$	⑤ m_g	⑥ m_d	⑦ m a b
ⓗ M $\ell/2$	$\frac{1}{2}M.m$	$\frac{1}{4}M.(m_g+m_d)$	$\frac{1}{4}M.(m_g+m_d)$	0	$\frac{1}{4}M.m_g$	$\frac{1}{4}M.m_d$	$\frac{1}{12}M.m.\frac{(3-4\alpha^2)}{\beta}$ valable pour $\alpha<\beta$
ⓘ M_g	$\frac{1}{3}M_g.m$	$\frac{1}{12}M_g.(3m_g+m_d)$	$\frac{1}{12}M_g.(3m_g+m_d)$	$\frac{1}{6}M_g.m_g$	$\frac{1}{4}M_g.m_g$	$\frac{1}{12}M_g.m_d$	$\frac{1}{12}M_g.m.(1+\beta+\beta^2)$
ⓙ M_d	$\frac{1}{3}M_d.m$	$\frac{1}{12}M_d.(m_g+3m_d)$	$\frac{1}{12}M_d.(m_g+3m_d)$	$\frac{1}{6}M_d.m_d$	$\frac{1}{12}M_d.m_g$	$\frac{1}{4}M_d.m_d$	$\frac{1}{12}M_d.m.(1+\alpha+\alpha^2)$
ⓚ M $\ell/2$	$\frac{2}{3}M.m$	$\frac{1}{3}M.(m_g+m_d)$	$\frac{1}{3}M.(m_g+m_d)$	0	$\frac{1}{3}M.m_g$	$\frac{1}{3}M.m_d$	$\frac{1}{3}M.m.(1+\alpha\beta)$
ⓛ M_g	$\frac{2}{3}M_g.m$	$\frac{1}{12}M_g.(5m_g+3m_d)$	$\frac{1}{12}M_g.(5m_g+3m_d)$	$\frac{1}{6}M_g.m_g$	$\frac{5}{12}M_g.m_g$	$\frac{1}{4}M_g.m_d$	$\frac{1}{12}M_g.m.(5-\alpha-\alpha^2)$
ⓜ M_d	$\frac{2}{3}M_d.m$	$\frac{1}{12}M_d.(3m_g+5m_d)$	$\frac{1}{12}M_d.(3m_g+5m_d)$	$-\frac{1}{6}M_d.m_g$	$\frac{1}{4}M_d.m_g$	$\frac{5}{12}M_d.m_d$	$\frac{1}{12}M_d.m.(5-\beta-\beta^2)$
ⓝ M_g M_d M_0 M_t $\ell/2$ — $M_0 = M_t - \frac{M_g+M_d}{2}$; M_g M_t M_d M_0 $\ell/2$ — $M_0 = M_t + \frac{M_g+M_d}{2}$	$\frac{1}{6}(M_g+4M_t+M_d).m$	$\frac{1}{6}(M_g.m_g+4M_t.m_t+M_d.m_d)$	$\frac{1}{6}(M_g.m_g+4M_t.m_t+M_d.m_d)$	$\frac{1}{6}(M_g-M_d).m_g$	$\frac{1}{6}(M_g+2M_t).m_g$	$\frac{1}{6}(2M_t+M_d).m_d$	$\frac{1}{6}[-2M_0.(1+\alpha+\alpha^2)+(4M_0-M_g+M_d).(1+\alpha)+3M_g].m$

Introduire les valeurs de **M et m** avec **leur signe** et ne pas oublier de **multiplier** le résultat par $\frac{\ell}{EI}$ avec $\alpha=\frac{a}{\ell}$ et $\beta=\frac{b}{\ell}$

INTÉGRALES DE MOHR POUR LES POUTRES DROITES (suite)

Cas M \ Cas m	⑧ m, $\ell/2$	⑨ m_g	⑩ m_d	⑪ m, $\ell/2$	⑫ m_g	⑬ m_d	⑭ m_g, m_d, m_0, m_t, $\ell/2$; $m_0 = m_t - \frac{m_g + m_d}{2}$; $m_0 = m_t + \frac{m_g + m_d}{2}$
ⓐ M, M	$\frac{1}{2}M\,.\,m$	$\frac{1}{3}M\,.\,m_g$	$\frac{1}{3}M\,.\,m_d$	$\frac{2}{3}M\,.\,m$	$\frac{2}{3}M\,.\,m_g$	$\frac{2}{3}M\,.\,m_d$	$\frac{1}{6}M.(m_g + 4m_t + m_d)$
ⓑ M_g, M_t, M_d, $\ell/2$	$\frac{1}{4}(M_g + M_d).m$	$\frac{1}{12}(3M_g + M_d).m_g$	$\frac{1}{12}(M_g + 3M_d).m_d$	$\frac{1}{3}(M_g + M_d).m$	$\frac{1}{12}(5M_g + 3M_d).m_g$	$\frac{1}{12}(3M_g + 5M_d).m_d$	$\frac{1}{6}(M_g.m_g + 4M_t.m_t + M_d.m_d)$
ⓒ M_g, M_t, M_d, $\ell/2$	$\frac{1}{4}(M_g + M_d).m$	$\frac{1}{12}(3M_g + M_d).m_g$	$\frac{1}{12}(M_g + 3M_d).m_d$	$\frac{1}{3}(M_g + M_d).m$	$\frac{1}{12}(5M_g + 3M_d).m_g$	$\frac{1}{12}(3M_g + 5M_d).m_d$	$\frac{1}{6}(M_g.m_g + 4M_t.m_t + M_d.m_d)$
ⓓ M_g, M_d, $\ell/2$, $M_g = -M_d$	0	$\frac{1}{6}M_g\,.\,m_g$	$\frac{1}{6}M_d.m_d$	0	$\frac{1}{6}M_g\,.\,m_g$	$\frac{1}{6}M_d\,.\,m_d$	$\frac{1}{6}M_g.(m_g - m_d)$
ⓔ M_g	$\frac{1}{4}M_g\,.m$	$\frac{1}{4}M_g.m_g$	$\frac{1}{12}M_g.m_d$	$\frac{1}{3}M_g.m$	$\frac{5}{12}M_g.m_g$	$\frac{1}{4}M_g.m_d$	$\frac{1}{6}M_g.(m_g + 2m_t)$
ⓕ M_d	$\frac{1}{4}M_d\,.m$	$\frac{1}{12}M_d.m_g$	$\frac{1}{4}M_d.m_d$	$\frac{1}{3}M_d.m$	$\frac{1}{4}M_d.m_g$	$\frac{5}{12}M_d.m_d$	$\frac{1}{6}M_d.(2m_t + m_d)$
ⓖ M, a, b	$\frac{1}{12}M.m.$ $(3 - 4\alpha^2)/\beta$ valable pour $\alpha<\beta$	$\frac{1}{12}M\,.m_g.(1 + \beta + \beta^2)$	$\frac{1}{12}M\,.\,m_d.(1 + \alpha + \alpha^2)$	$\frac{1}{3}M.m.(1 + \alpha\beta)$	$\frac{1}{12}M.m_g.(5 - \alpha - \alpha^2)$	$\frac{1}{12}M.m_d.(5 - \beta - \beta^2)$	$\frac{1}{6}M.[-2m_0.(1 + \alpha + \alpha^2) + (4m_0 - m_g + m_d).(1 + \alpha) + 3m_g]$

Introduire les valeurs de **M et m** avec **leur signe** et ne pas oublier de **multiplier** le résultat par $\frac{\ell}{EI}$ avec $\alpha = \frac{a}{\ell}$ et $\beta = \frac{b}{\ell}$

INTÉGRALES DE MOHR POUR LES POUTRES DROITES (suite)

Cas M \ Cas m	⑧ 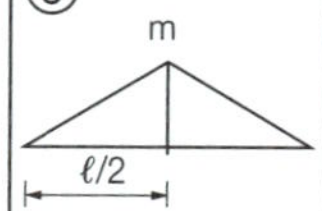	⑨ 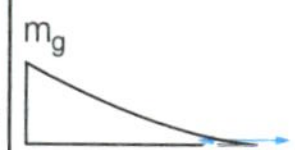	⑩ 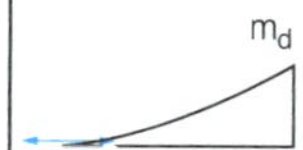	⑪ 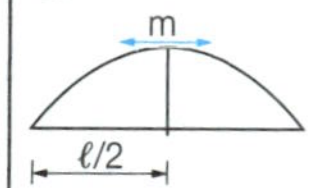	⑫ 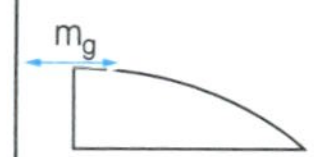	⑬ 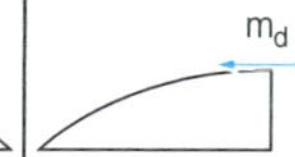	⑭ 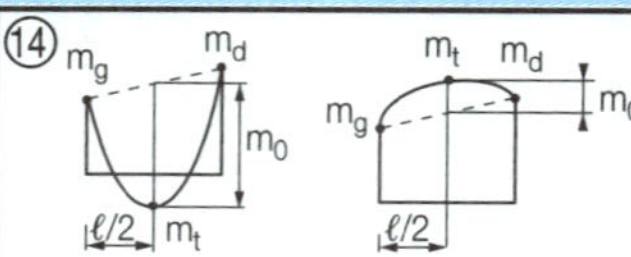 $m_0 = m_t - \frac{m_g + m_d}{2}$; $m_0 = m_t + \frac{m_g + m_d}{2}$
ⓗ 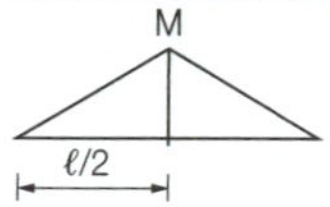	$\frac{1}{3}$ M . m	$\frac{7}{48}$ M . m_g	$\frac{7}{48}$ M . m_d	$\frac{5}{12}$ M . m	$\frac{17}{48}$ M . m_g	$\frac{17}{48}$ M . m_d	$\frac{1}{24}$ M . $(m_g + 10m_t + m_d)$
ⓘ 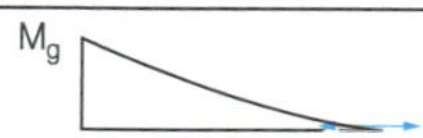	$\frac{7}{48}$ M_g . m	$\frac{1}{5}$ M_g . m	$\frac{1}{30}$ M_g . m_d	$\frac{1}{5}$ M_g . m	$\frac{3}{10}$ M_g . m_g	$\frac{2}{15}$ M_g . m_d	$\frac{1}{60}$ M_g . [5 . $(3m_g + m_d)$ + $12m_o$]
ⓙ 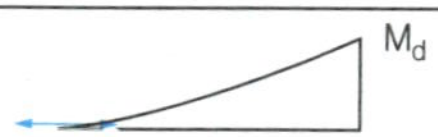	$\frac{7}{48}$ M_d . m	$\frac{1}{30}$ M_d . m_g	$\frac{1}{5}$ M_d . m_d	$\frac{1}{5}$ M_d . m	$\frac{2}{15}$ M_d . m_g	$\frac{3}{10}$ M_d . m_d	$\frac{1}{60}$ M_d . [5 . $(m_g + 3m_d)$ + $12m_o$]
ⓚ 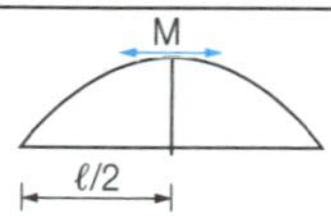	$\frac{5}{12}$ M . m	$\frac{1}{5}$ M . m_g	$\frac{1}{5}$ M . m_d	$\frac{8}{15}$ M . m	$\frac{8}{15}$ M . m_g	$\frac{7}{15}$ M . m_d	$\frac{1}{15}$ M . [5 . $(m_g + m_d)$ + $8m_o$]
ⓛ 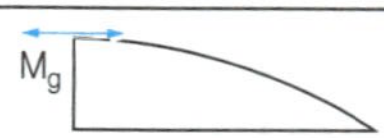	$\frac{17}{48}$ M_g . m	$\frac{3}{10}$ M_g . m_g	$\frac{2}{15}$ M_g . m_d	$\frac{7}{15}$ M_g . m	$\frac{8}{15}$ M_g . m_g	$\frac{11}{30}$ M_g . m_d	1/60 M_g . [5 . $(5m_g + 3m_d)$ + $28m_o$] ou 1/60 M_g . $(11m_g + 28m_t + m_d)$
ⓜ 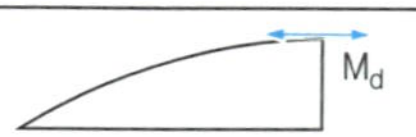	$\frac{17}{12}$ M_d . m	$\frac{2}{15}$ M_d . m_g	$\frac{3}{10}$ M_d . m_d	$\frac{7}{15}$ M_d . m	$\frac{11}{30}$ M_d . m_g	$\frac{8}{15}$ M_d . m_d	1/60 M_d . [5 . $(3m_g + 5m_d)$ + $28m_o$] ou 1/60 M_d . $(m_g + 28m_t + 11m_d)$
ⓝ 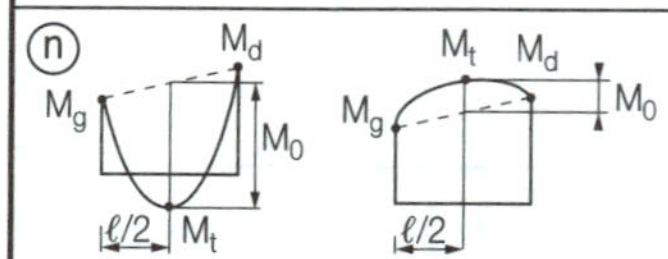 $M_0 = M_t - \frac{M_g + M_d}{2}$; $M_0 = M_t + \frac{M_g + M_d}{2}$	$\frac{1}{24}$ $(M_g + 10M_t + M_d)$. m	$\frac{1}{60}$ [5 . $(3m_g + M_d)$ + $12m_o$] . m_g	$\frac{1}{60}$ [5 . $(M_g + 3M_d)$ + $12M_o$] . m_d	$\frac{1}{15}$ [5 . $(M_g + M_d)$ + $8M_o$] . m	$\frac{1}{60}$ [5 . $(5M_g + 3M_d)$ + $28M_o$] . m_g ou $\frac{1}{60}$ $(11M_g + 28M_t + M_d)$. m_g	$\frac{1}{60}$ [5 . $(3M_g + 5M_d)$ + $28M_o$] . m_d ou $\frac{1}{60}$ $(M_g + 28M_t + 11M_d)$. m_d	—

Introduire les valeurs de **M et m** avec **leur signe** et ne pas oublier de **multiplier** le résultat par $\frac{\ell}{EI}$ avec $\alpha = \frac{a}{\ell}$ et $\beta = \frac{b}{\ell}$

17 ÉLEMENTS DE CALCUL EN CONSTRUCTION MÉTALLIQUE

17.1 BOULONS NON PRÉCONTRAINTS

DISPOSITION CONSTRUCTIVE D'UN BOULONNAGE SELON NF P 22-430

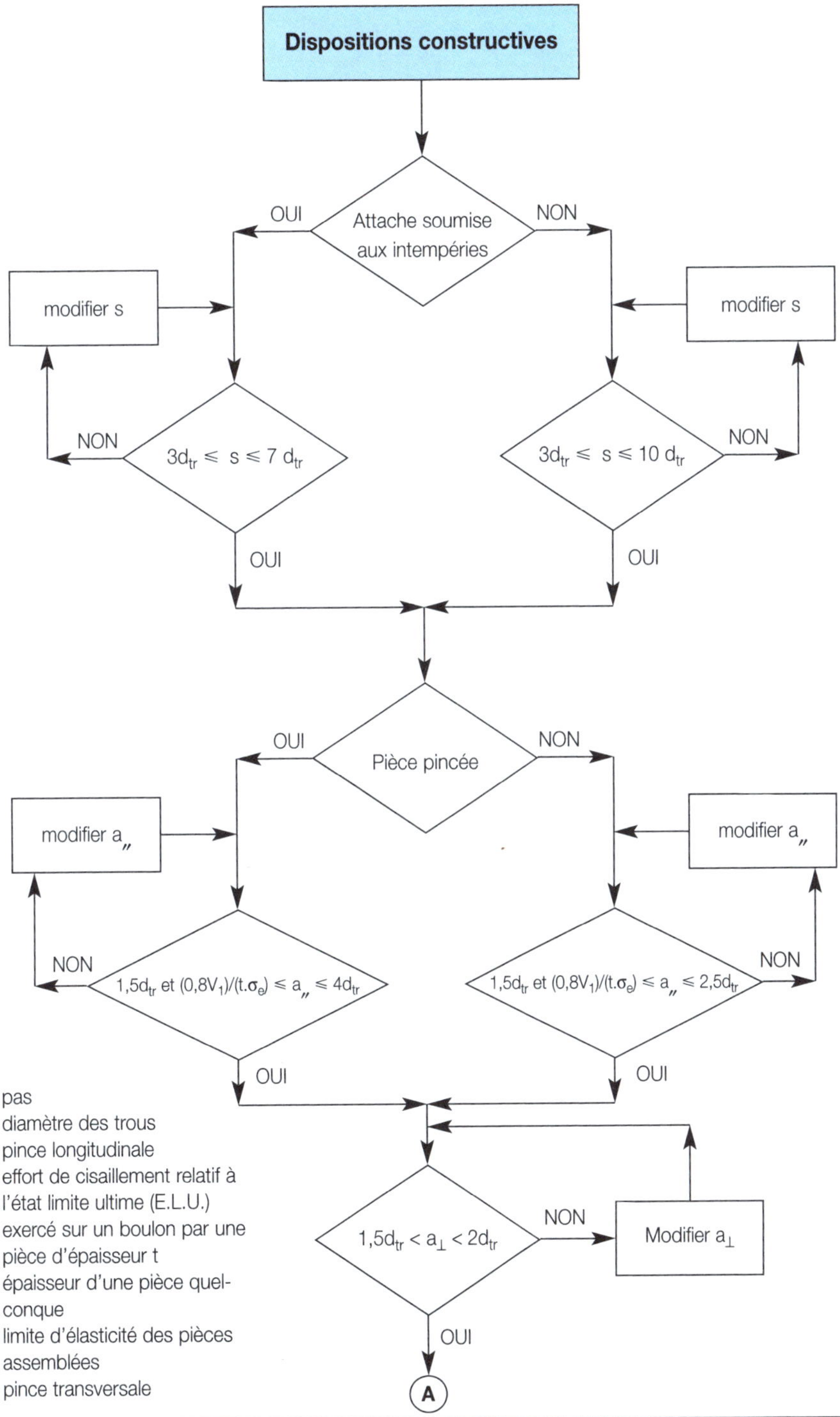

s : pas
d_{tr} : diamètre des trous
$a_{//}$: pince longitudinale
V_1 : effort de cisaillement relatif à l'état limite ultime (E.L.U.) exercé sur un boulon par une pièce d'épaisseur t
t : épaisseur d'une pièce quelconque
σ_e : limite d'élasticité des pièces assemblées
$a_\perp$: pince transversale

DISPOSITION CONSTRUCTIVE D'UN BOULONNAGE SELON NF P 22-430 (suite)

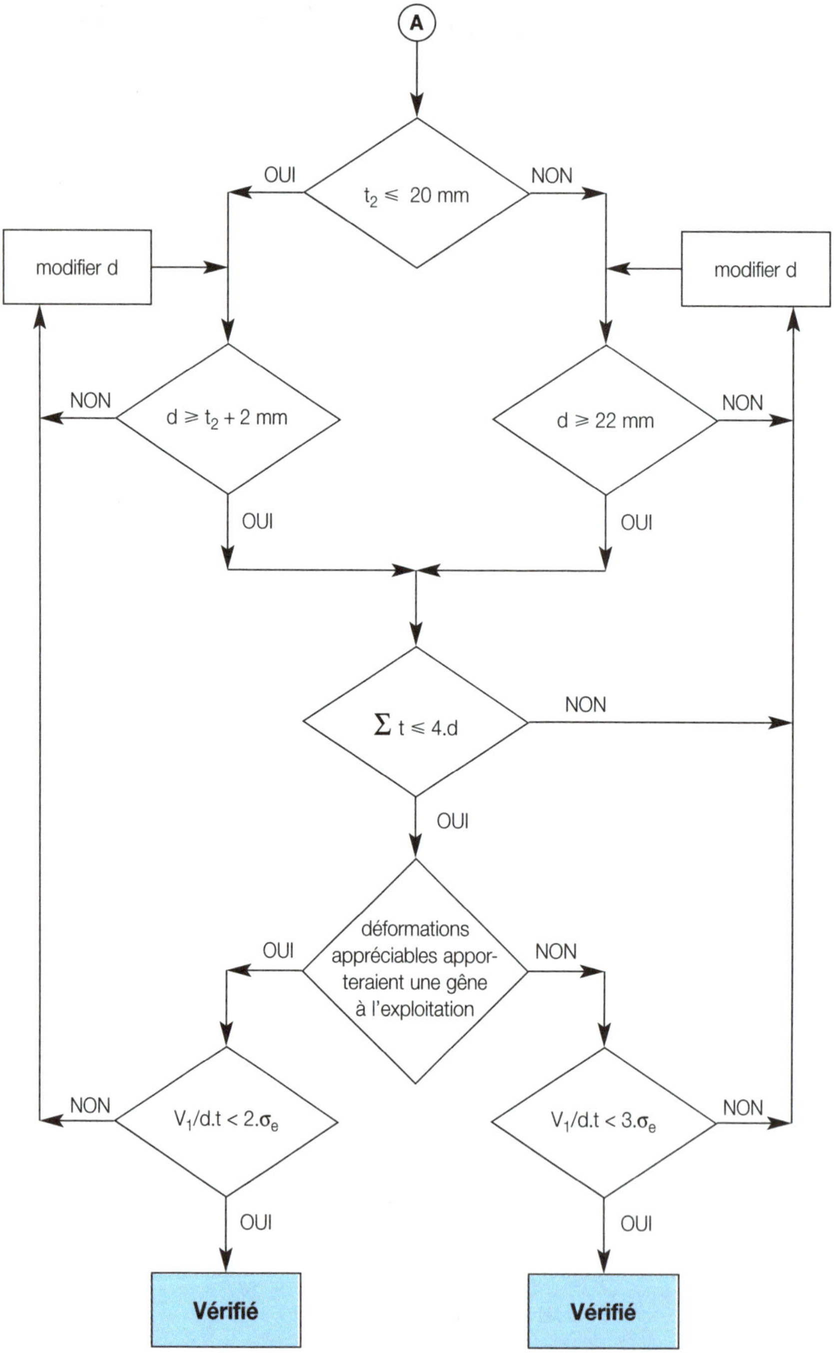

t : épaisseur d'une pièce quelconque

V_1 : effort de cisaillement relatif à l'état limite ultime (E.L.U.) exercé sur un boulon par une pièce d'épaisseur t

σ_e : limite d'élasticité du métal constituant les pièces assemblées

t_2 : les pièces assemblées étant classées par ordre d'épaisseurs décroissantes, t_2 est l'épaisseur de la deuxième

d : diamètre du boulon

RÉSISTANCE D'UN BOULONNAGE SELON NF P 22-430

CALCUL À L'ÉTAT LIMITE ULTIME (E.L.U.)

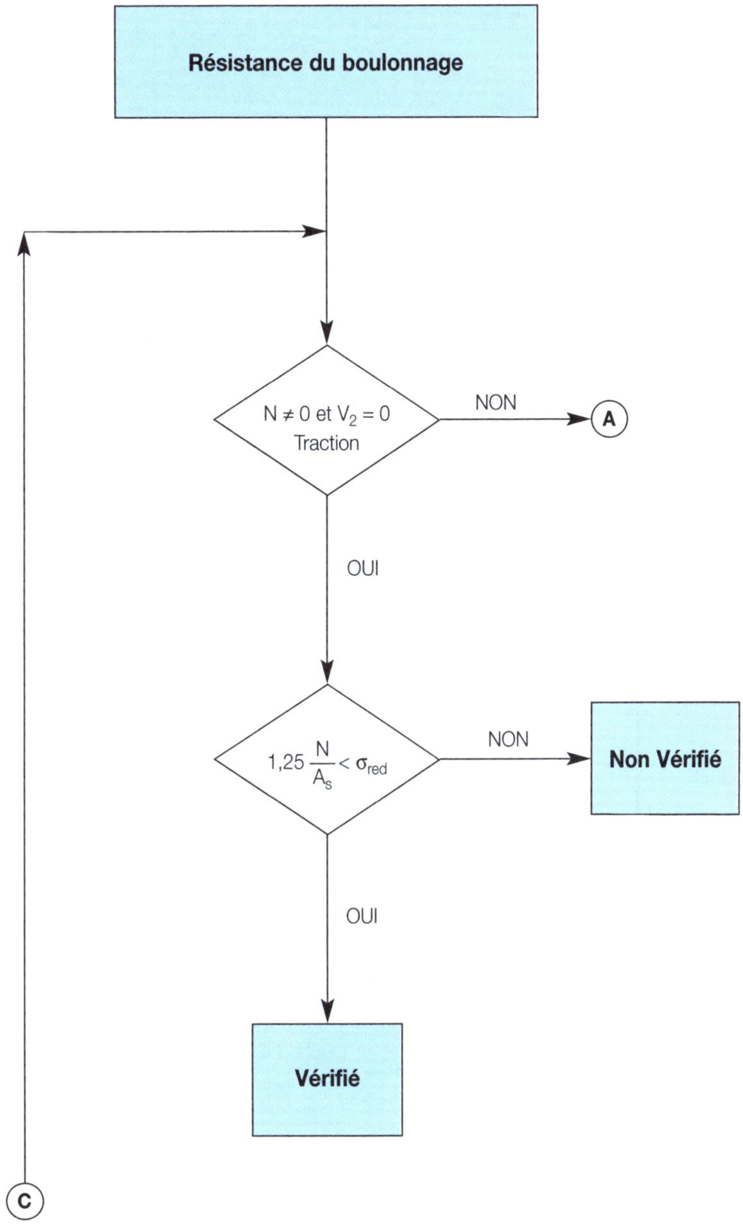

N : effort normal de traction relatif à l'état limite ultime (E.L.U.) exercé sur un boulon

V_2 : effort de cisaillement relatif à l'état limite ultime (E.L.U.) exercé sur l'assemblage

A_s : section résistante de la partie filetée de la vis

σ_{red} : contrainte caractéristique servant de contrainte de vérification des boulons

RÉSISTANCE D'UN BOULONNAGE SELON NF P 22-430

CALCUL À L'ÉTAT LIMITE ULTIME (E.L.U.) (suite)

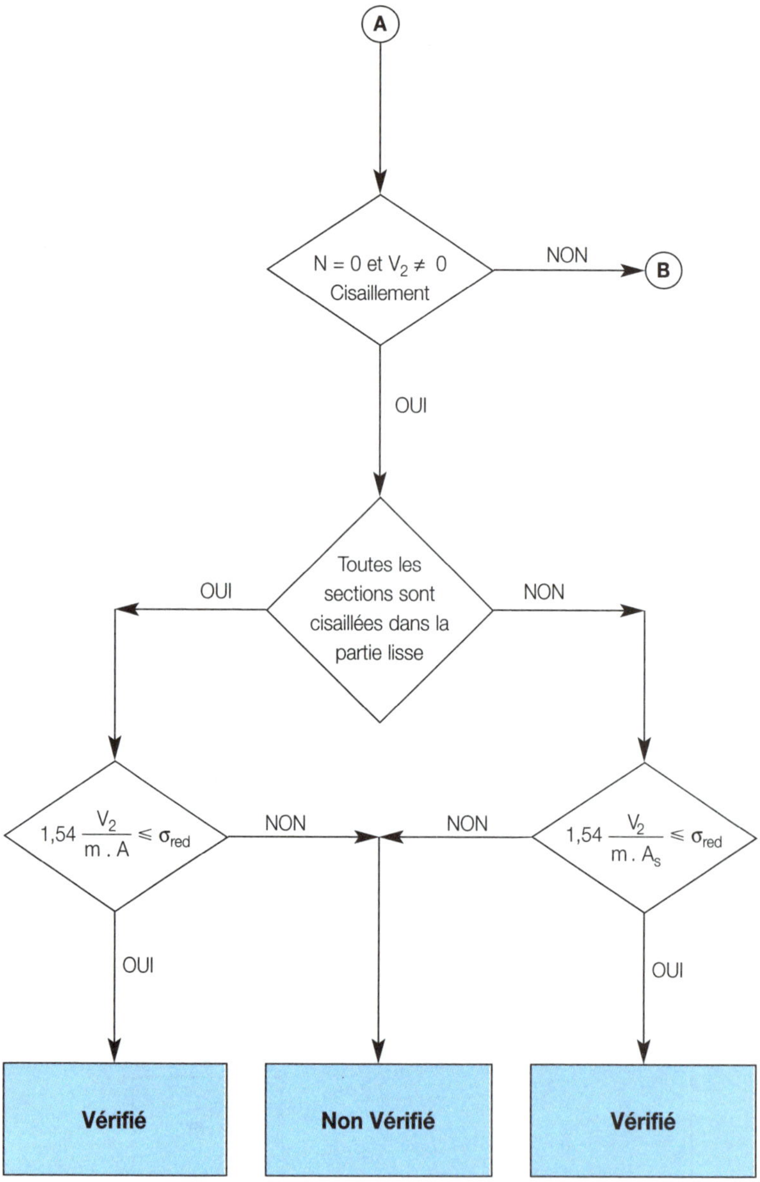

N : effort normal de traction relatif à l'état limite ultime (E.L.U.) exercé sur un boulon

V_2 : effort de cisaillement relatif à l'état limite ultime (E.L.U.) exercé sur l'assemblage

m : nombre de plans de cisaillement

A : section de la tige lisse

A_s : section résistante de la partie filetée de la vis

σ_{red} : contrainte caractéristiques servant de contrainte de vérification des boulons

RÉSISTANCE D'UN BOULONNAGE SELON NF P 22-430

CALCUL À L'ÉTAT LIMITE ULTIME (E.L.U.) (suite)

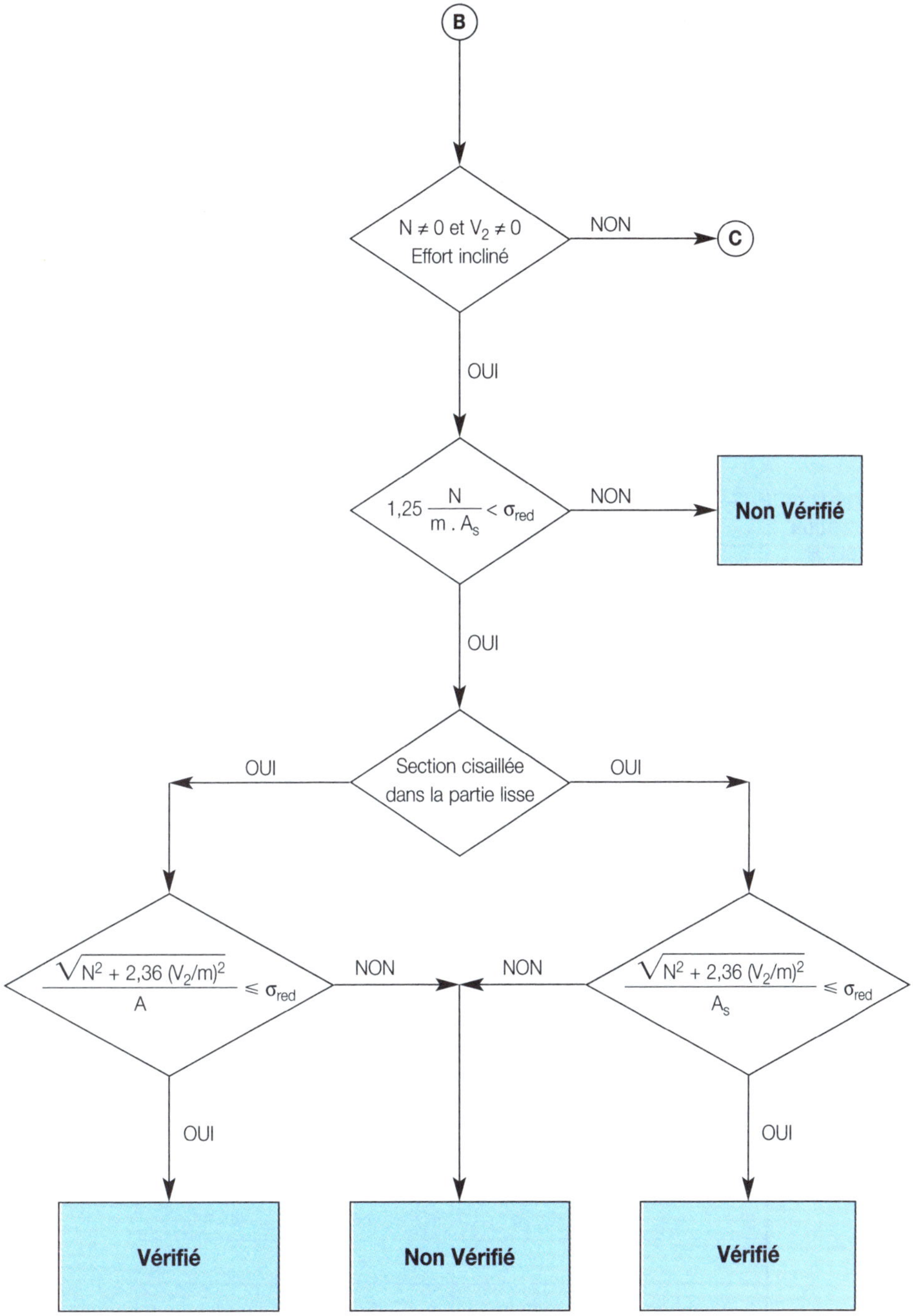

N : effort normal de traction relatif à l'état limite ultime (E.L.U.) exercé sur un boulon
V_2 : effort de cisaillement relatif à l'état limite ultime (E.L.U.) exercé sur l'assemblage
m : nombre de plans de cisaillement
A_s : section résistante de la partie filetée de la vis
A : section de la tige lisse
σ_{red} : contrainte caractéristique servant de contrainte de vérification des boulons

17.2 SOUDURES

DÉTERMINATION D'UN CORDON D'ANGLE EN FONCTION DES ÉPAISSEURS DES PIÈCES À ASSEMBLER

Épaisseur de la pièce à souder en mm	Cordon minimal en mm	Cordon maximal en mm
2	1,5	1,5
4	2	2,8
6	2,3	4
8	2,5	5,5
10	2,7	7
12	3	8
14	3,4	10
16	3,7	11
18	4	12,5
20	5	14
22	5,7	15,2
24	6,2	16,8
26	6,7	18,4
28	7,2	19,8
30	7,8	21
32	8,3	22,8
34	9	24
36	9,5	25,5
38	10,2	27
40	10,9	28,3
42	11,5	30
44	12,2	31,3
46	12,9	33
48	13,5	34,8
50	14,2	36,2

EXEMPLE DE DÉTERMINATION

Pièce	Épaisseur en mm	Cordon mini en mm	Cordon maxi en mm
1	6	2,3	4
2	12	3	8

Zone commune : 3 à 4 mm
Choix d'un cordon de 4 mm
à vérifier par le calcul selon NF P 22-470

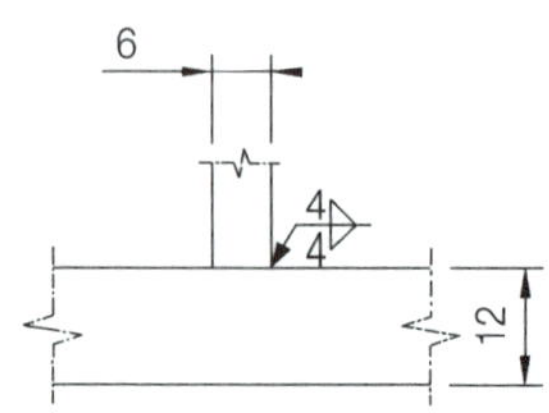

RÉSISTANCE D'UN CORDON DE SOUDURE VÉRIFICATION SELON NF P 22-470

CALCUL À L'ÉTAT LIMITE ULTIME (E.L.U.)

Résistance d'un cordon de soudure

↓

Calculer l'effort pondéré dans un cordon

↓

Calculer la contrainte f dans un cordon

↓

Calculer les contraintes $\sigma_\perp, \tau_\perp, \tau_{//}$ projections de f

↓

Calculer le coefficient k fonction du matériau

↓

$k\sqrt{\sigma_\perp^2 + 3\,(\tau_\perp^2 + \tau_{//}^2)} \leq \sigma_e$ et $\sigma_\perp \leq \sigma_e$

NON → **Non Vérifié**

OUI → **Vérifié**

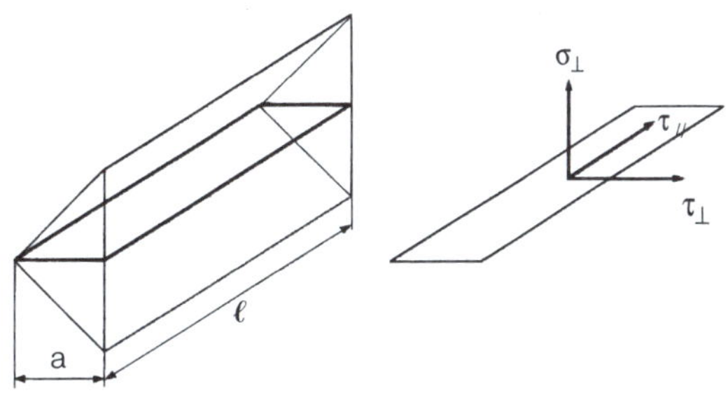

k = 0,7 pour acier S235

17.3 ÉLÉMENTS TENDUS

VÉRIFICATION D'UN ÉLÉMENT TENDU SELON L'ADDITIF 80

CALCUL À L'ÉTAT LIMITE ULTIME (E.L.U.)

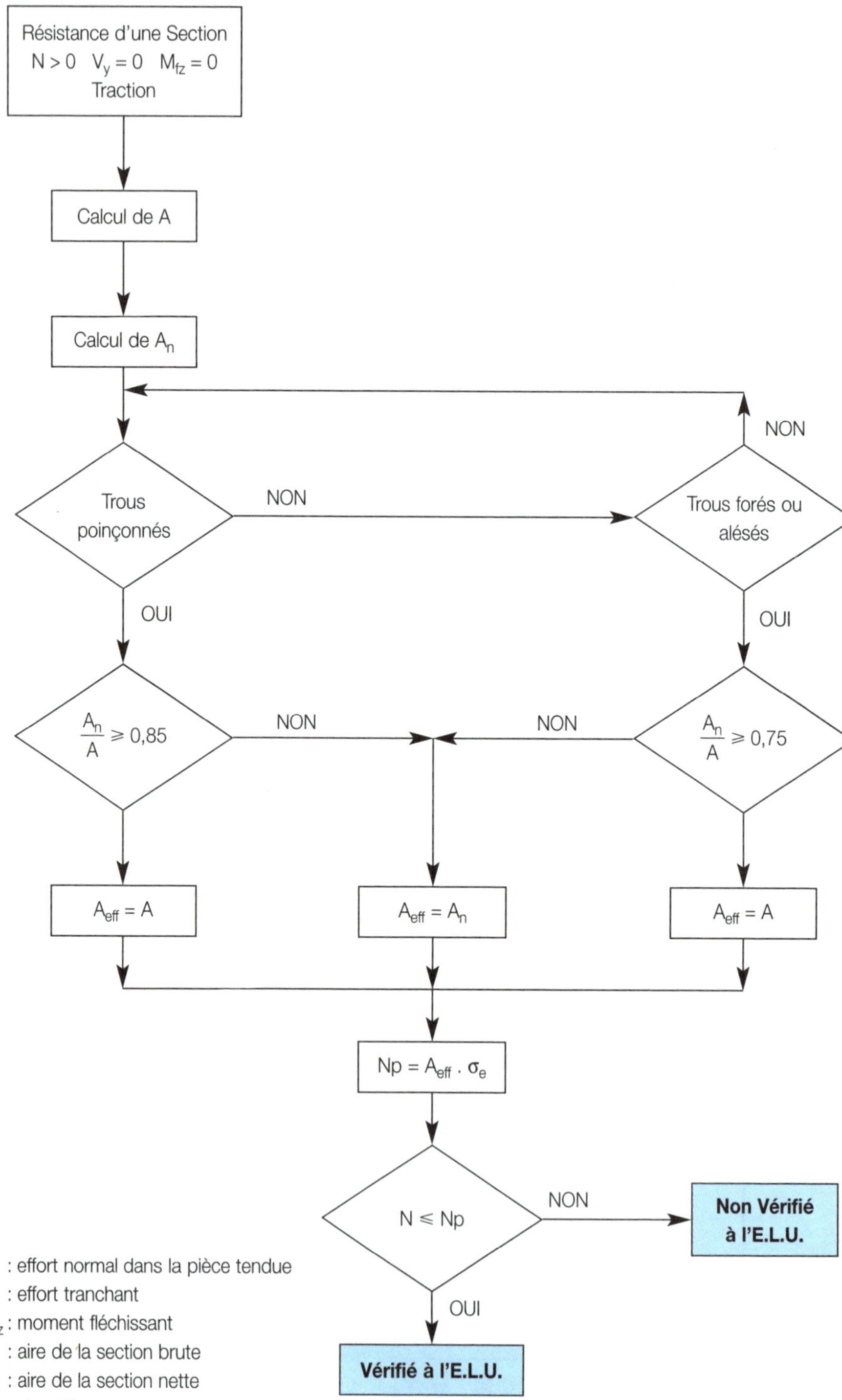

N : effort normal dans la pièce tendue

V_y : effort tranchant

M_{fz} : moment fléchissant

A : aire de la section brute

A_n : aire de la section nette

A_{eff} : aire efficace

N_p : effort normal de plastification

σ_e : contrainte limite d'élasticité

17.4 ÉLÉMENTS FLÉCHIS

VÉRIFICATION D'UN ÉLÉMENT FLÉCHI SELON L'ADDITIF 80

CALCUL À L'ÉTAT LIMITE ULTIME (E.L.U.)

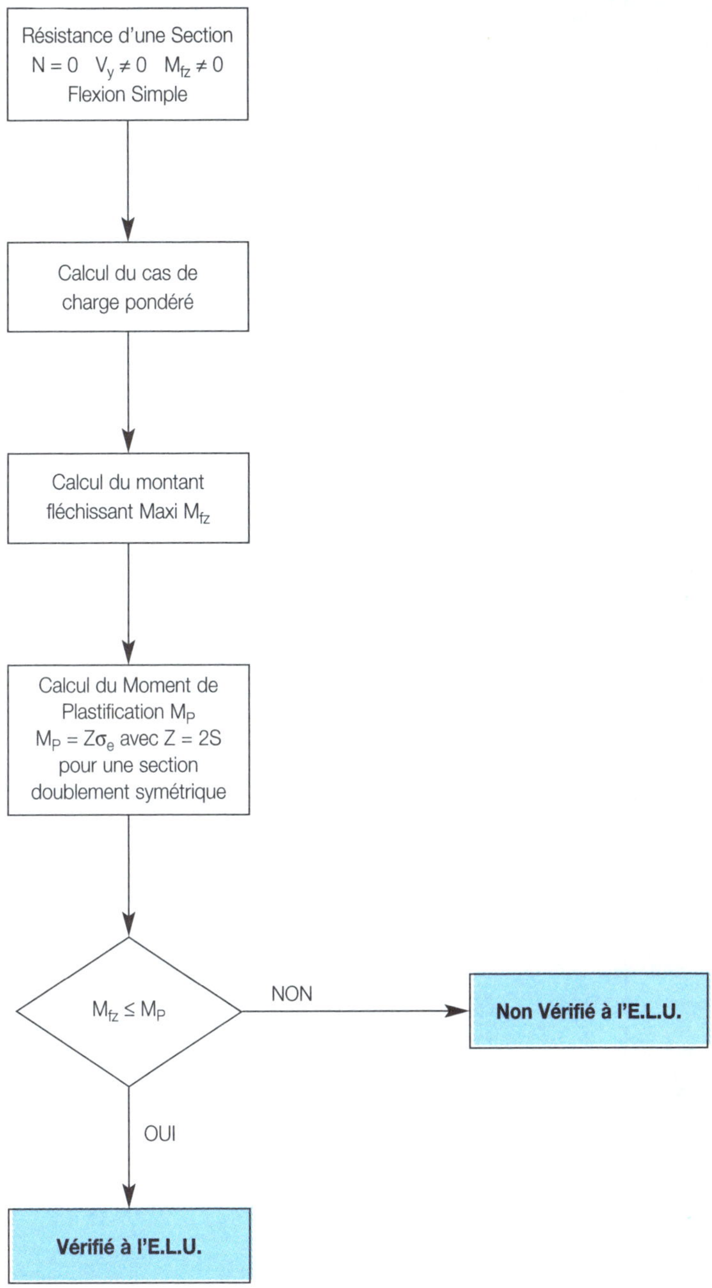

N : effort normal dans la pièce tendue

V_y : effort tranchant

M_{fz} : moment fléchissant

M_P : moment de plastification

Z : module plastique de la section

S : moment statique donné dans les catalogues

VÉRIFICATION D'UN ÉLÉMENT FLÉCHI SELON L'ADDITIF 80

CALCUL À L'ÉTAT LIMITE DE SERVICE (E.L.S.)

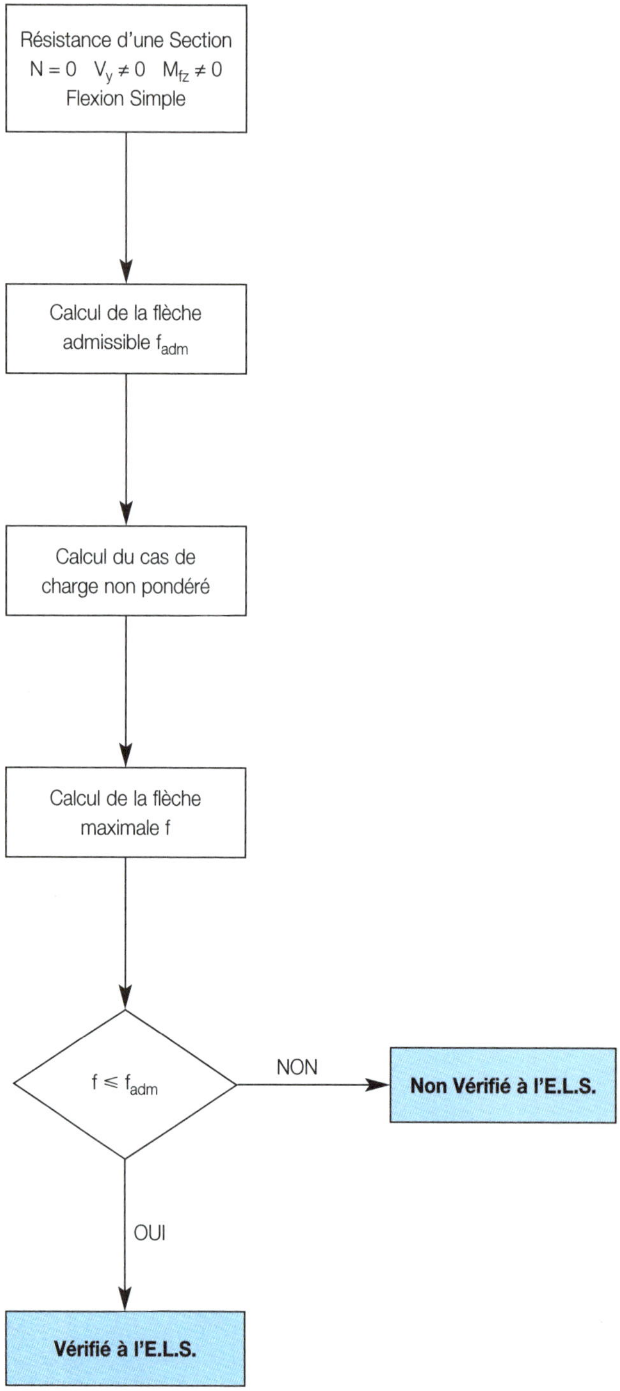

N : effort normal dans la pièce tendue

V_y : effort tranchant

M_{fz} : moment fléchissant

18 LOGICIELS

18.1 EN CONSTRUCTION MÉTALLIQUE

	Nom du logiciel	Société	Domaine d'application	Descriptif
EXEMPLES DE LOGICIELS	Robot Millenium	RoboBAT 2 rue Lavoisier Montbonnot Zirst 38334 Saint-Ismier Cedex	Calcul de structures	Composé de différents modules : – Calcul – Pondérations – Neige et vent – Dimensionnement charpente métallique : CM66 + additif 80, EC3 – Calcul des assemblages.
	Robot-Vital-CN	RoboBat	Fabrication assistée par ordinateur (FAO)	– Pilotage des machines outils à commande numérique. – Mise en barre. – Dessins de fabrication, traçage.
	ATOM	Technisoft 4 avenue du maréchal Leclerc 71300 Montceaux-les-Mines	CAO	Logiciel spécialisé en construction métallique composé de modules : – Bâtiment (bâtiments classiques avec saisie conversationnelle). – Building (logiciel indépendant ou complément du module bâtiment avec saisie 3D. Génération du dossier de plans du bureau d'études). – Calepinage (plans de calepinage des couvertures et bardages). – Traçage (fiches de traçage, nomenclature, mise en tôle).
	ATOMCAD	Technisoft	CAO	Logiciel 2D spécialisé en construction métallique. Génération du dossier de plans du bureau d'études. Doté d'une bibliothèque de symboles paramétrés, d'un langage intégré pour créer sa propre bibliothèque. Utilisation possible du module traçage d'Atom.
	ISICAL	Technisoft	Calcul de structures	Calcul de structures 2D pour portiques et treillis avec vérification des profils selon Additif 80 (cas des bâtiments fermés ou ouverts), détermination automatique des liaisons, vérification des éléments d'ossature secondaire, caractéristiques pour PRS, poutres continues, poutres de roulement.
	Power Frame	Buildsoft 8 Prince of Wales Terrace BRAY Co. Wicklow Irlande	Calcul de structures	Permet de dimensionner des structures 2D/3D selon les Eurocodes et documents d'application nationale. Pour les structures en acier, le logiciel vérifie la résistance et le risque de flambement (déversement de chacun des éléments en effectuant un calcul du second ordre). Toutes les liaisons sont paramétrables. Le logiciel dispose également d'un générateur de structures 2D/3D.

EXEMPLES DE LOGICIELS (suite)

Nom du logiciel	Société	Domaine d'application	Descriptif
Power Connect	Buildsoft	Calcul d'assemblages	Calcule et visualise des assemblages du type poutre-poteau, poutre-poutre, pieds de poteaux. Le logiciel vérifie alors si l'assemblage adopté convient et indique sa rigidité effective.
X-Steel	Tekla France 42, chemin Albert Einstein Zone industrielle 81000 Albi	CAO	Ensemble de programmes pour la conception de modèles 3D destinés à l'élaboration de structures métalliques.
Aster	CTICM Domaine de Saint-Paul 78470 Saint-Rémy-les-Chevreuses	Calcul d'assemblages	Vérification des assemblages soudés des profils creux suivant les normes NF P 22-250, NF P 22-255, NF P 22-258.
Calenc/EC3	CTICM	Calcul d'assemblages	Dimensionnement automatique et vérification des assemblages encastrés poutre-poteau et poutre-poutre avec platine soudée et boulon, suivant la norme NF P 22-460 et conforme à l'EC3.
Cosaq	CTICM	Calcul des structures	Analyse globale statique et dynamique de structures spatiales paramétrables. Résistance des barres (statique - sismique).
EC3 tools	CTICM	Vérifications de résistance selon l'EC3 (1)	Ensemble de modules pour l'application des règles de l'EC3, avec élaboration de notes de calcul détaillées.
PEP micro	CTICM	Analyse	Analyse élastique ou élasto-plastique de structures planes à barres avec prise en compte des effets du second ordre et des liaisons semi-rigides.
Autocad	Autodesk	CAO	Logiciel non spécifique à la construction métallique, mais adaptable par création de bibliothèques, menus.
RDM Le Mans	I.U.T. Le Mans	Calculs des structures, éléments finis	– Poutres – Ossatures – Éléments finis.

(1) EC3 : Eurocode 3

18.2 EN CHAUDRONNERIE TUYAUTERIE

EXEMPLES DE LOGICIELS

Nom du logiciel	Société	Domaine d'application	Descriptif
INFOTRACE (5.0)	INFOPLAN 1 rue Lavoisier 59140 Dunkerque	Traçage	D'une utilisation très simple, ce logiciel permet le calcul des intersections et des développements des solides les plus utilisés en chaudronnerie, tôlerie et tuyauterie industrielle. Liaisons avec tous les logiciels de D.A.O et sortie imprimante échelle 1. Visualisation en vues 2D et 3D avec point de vue paramétrable, gestion des faces cachées et rendu réaliste.
INFOPLIS (2.0)	INFOPLAN	Pliage à la presse	Permet l'étude de faisabilité d'une pièce pliée en pliage ou dépliage. Visualisation précise à l'échelle des outils et de la tôle en épaisseur. Livré avec bibliothèque d'outils de vé et contre-vé, ce logiciel permet d'établir les gammes et phases d'une pièce pliée et l'impression opérations successives avec paramètres de réglage de la machine, des gabarits de contrôle échelle 1/1...
INFOCOUP (1.6)	INFOPLAN	Mise en tôle	Permet le calcul automatique d'imbrication de pièces rectangulaires parmi plusieurs formats de tôles choisies. Visualisation à l'échelle des tôles imbriquées. Calcul du taux de chutes. Calcul de surfaces et poids. Élaboration des documents imprimés permettant à l'opérateur machine de suivre les opérations de débit.
INFOSOUD (3.2)	INFOPLAN	Soudage	En base de données partageable en réseau, il vous permet d'éditer et de gérer les qualifications des soudeurs et opérateurs-soudeurs suivant les normes européennes EN 287-1, EN 287-2 et additif RCC-M 93. Il permet de gérer les reconductions et le partage des soudeurs entre plusieurs sites ou chantiers...
INFOMOS (2.0)	INFOPLAN	Soudage	En base de données partageable en réseau, il vous permet de saisir vos modes opératoires de soudage qualifiés (QMOS) selon NF EN 288.3 ou AQUAP ou AUTRES. A partir des QMOS, vous éditez les FMOS et le cahier de soudage avec les révisions, la liste de diffusion et l'ensemble des fiches qui le composent.
INFOTUBE (3.0)	INFOPLAN	Tuyauterie	Permet de calculer la préfabrication d'une ligne de tuyauterie à plusieurs tronçons de différents diamètres incluant coudes, cintrages, tronçonnages ou accessoires. Pour l'atelier, impression d'un dossier comprenant les trois vues orthogonales ainsi qu'un iso simplifié et fiches de fabrication avec angle en VG, angle de décalage, longueurs à couper, coupe des coudes... Ce logiciel est fourni avec une base de données ouverte comprenant les coudes et tubes aux normes françaises et américaines, ainsi que les principaux accessoires (brides, vannes, T...).

INFOPLAN

INDEX

Imprimé en France, par l'imprimerie Hérissey à Évreux (Eure) - N° 97401 - Dépôt légal : août 2004